Bayesian statistics and its applications

贝叶斯统计学及其应用

（第 2 版）

韩　明　编著

同济大学 出版社
TONGJI UNIVERSITY PRESS

·上海·

内 容 提 要

本书系统地介绍了贝叶斯统计学的基础理论以及在一些领域中的应用. 全书共 16 章,内容分为 4 个部分:第一部分,介绍贝叶斯统计学的发展和应用概况,包括第 1 章(绪论);第二部分,介绍贝叶斯统计学的基础理论,包括第 2—6 章;第三部分,介绍贝叶斯统计学在一些领域中的应用,包括第 7—15 章;第四部分,介绍贝叶斯计算方法及有关软件,包括第 16 章. 另外,本书还有三个附录,附录 A:贝叶斯学派开山鼻祖——托马斯·贝叶斯小传,附录 B:WinBUGS 软件及其基本使用介绍;附录 C:OpenBUGS 软件及其基本使用介绍. 本书中的一些例题、应用案例,采用 R 软件,WinBUGS 软件和 OpenBUGS 软件并给出了相应的代码.

本书注重可读性,力求图文并茂;既有继承国内相关教材的传统部分,又有汲取国外相关教材中流行的直观、灵活的风格. 在介绍贝叶斯统计学在各领域中的应用部分,选取近些年有关文献(特别是一些有应用背景的论文),具有实用性,并具有时代气息.

本书可供高等院校有关专业的高年级本科生、研究生作为教材(或参考书)使用,还可供相关专业的教师和科技人员、广大自学者参考.

图书在版编目(CIP)数据

贝叶斯统计学及其应用/韩明编著. -- 2 版. -- 上海:同济大学出版社,2023.8
 ISBN 978-7-5765-0765-2

Ⅰ.①贝… Ⅱ.①韩… Ⅲ.①贝叶斯统计量 Ⅳ.①O212.8

中国国家版本馆 CIP 数据核字(2023)第 017947 号

贝叶斯统计学及其应用(第 2 版)

韩 明 编著

责任编辑 陈佳蔚　**责任校对** 徐逢乔　**封面设计** 潘向蓁

出版发行	同济大学出版社　www. tongjipress. com. cn
	(地址:上海市四平路 1239 号　邮编:200092　电话:021-65985622)
经　销	全国各地新华书店
印　刷	常熟市大宏印刷有限公司
开　本	787 mm×1092 mm　1/16
印　张	26.5
字　数	661 000
印　数	1—1100
版　次	2023 年 8 月第 2 版
印　次	2023 年 8 月第 1 次印刷
书　号	ISBN 978-7-5765-0765-2
定　价	78.00 元

序

  随着贝叶斯统计的兴起与发展,贝叶斯统计得到了广泛的应用.目前,从国内外的情况来看,贝叶斯统计学的研究和应用越来越受到重视,主要是因为贝叶斯统计在应用上的良好表现.特别需要指出的是,2013 年 12 月 23 日是贝叶斯定理发表 250 周年的纪念日,世界范围的纪念活动也在那时达到了高潮.

  这本书是作者在阅读了国内外相关文献的基础上,并结合其从事教学、科研的经验,系统地介绍了贝叶斯统计学的基础理论以及在一些领域中的应用.该书最大的特点是理论与实际应用相结合,便于读者学习和应用.基础理论部分不但包括传统的贝叶斯统计学理论,还有一些应用案例及其软件实现等.应用部分,主要选取近些年有关文献(特别是一些有应用背景的论文),主要包括:贝叶斯回归分析,贝叶斯判别分析,贝叶斯时间序列,贝叶斯计量经济学,贝叶斯可靠性分析,贝叶斯统计在金融、保险和精算等领域中的应用;还包括了作者的一些成果,如 E-Bayes 估计法及其应用,无失效数据的贝叶斯可靠性分析等.

  与国内已出版的同类书籍相比,这本书有如下一些优点:

(1) 起点低,便于读者学习和应用;

(2) 书中融入了作者的一些与贝叶斯统计相关的成果,如 E-Bayes 估计法及其应用等;

(3) 书中的一些例题、应用案例,采用 R 软件,并给出了相应的代码;

(4) 为反映贝叶斯统计学的发展动态,书中给出了"与贝叶斯统计相关内容"的链接,如 "International Society for Bayesian Analysis"(http://bayesian.org/)等.

  我愿意把本书推荐给读者,相信它能够对大家有所帮助.

吴喜之

2015 年 5 月

前　言

本书的第 1 版出版以后,深受广大读者的关心和厚爱,在此表示衷心感谢.自本书的第 1 版出版以来,作者持续关注国内外"贝叶斯统计"方面的有关动态,并已将部分成果融入了本次改版教材中.

在大数据时代,数据科学、数据工程、数据挖掘和机器学习等越来越受到人们重视,数据科学家、数据工程师受到各行业的普遍欢迎.在这样的背景下,正在学习和将要学习"贝叶斯统计"的人会越来越多.人们不再只满足于学习一些"贝叶斯统计"的基础理论,而更感兴趣的是如何把这些理论用于数据分析并解决实际问题.贝叶斯统计是科学地从数据和经验中学习的一种方法,这一观点对我们如何看待贝叶斯统计有很大的启示,使人感到焕然一新,与大数据时代、人工智能的需求很契合.

本书是在第 1 版的基础上进行的改版.在 2015 年第 1 版出版后,作者经过 8 年来的教学实践,又积累了一些材料,并收集了广大师生的意见和建议.本次改版基本上保留了第 1 版的内容体系和大部分内容;修改了第 1 版中的不当和错误,努力提高教材的质量;对部分内容进行了修订、调整、补充了一些例题、应用案例和习题,重点补充了有关 OpenBUGS 应用的相关内容.例如,1.1.4 节基于 OpenBUGS 的计算和可视化,7.3 节基于 OpenBUGS 的 O 形环损坏模型,13.7 节基于 OpenBUGS 完全样本的贝叶斯可靠性分析,13.8 节基于 OpenBUGS 截尾样本的贝叶斯可靠性分析,以及附录 C:OpenBUGS 软件及其基本使用介绍.另外,还补充了 $PNAS$ 杂志报道贝叶斯模型选择的新进展,美国统计协会关于使用 p 值的 6 条准则,几个损失函数下贝叶斯估计及其后验风险.

在贝叶斯统计中,一些后验量的计算需要基于马氏链(Markov Chain)的蒙特卡罗(Monte Carlo)方法(简称 MCMC 方法).本书中的一些例题、应用案例,采用 R 软件、WinBUGS 和 OpenBUGS 软件,并给出了相应的代码.

感谢吴喜之教授(作者的博士导师)多年来的指导和鼓励.

虽然作者努力使本书写成为一本既有特色又便于教学的教材,但由于水平所限,书中如有疏漏甚至是错误,恳请专家和读者批评指正.

韩　明

2023 年 7 月

第1版前言

在国际统计学界中有两大学派——贝叶斯学派和经典学派(或频率学派),这两个学派之间长期存在争论,至今没有定论.在20世纪,林德利(Lindley)教授预言21世纪将是贝叶斯统计的天下,埃夫隆(Efron)教授则认为出现这种局面的主观概率为0.15.事实上,这两个学派的争论构成了现代统计学发展的一个特色.这两个学派的学者们都承认,这场争论对现代统计学的发展起到了积极的促进作用.

学过"概率论与数理统计"的读者都知道贝叶斯定理(或称贝叶斯公式),此定理包含在英国学者托马斯·贝叶斯(Thomas Bayes)发表的论文 *An Essay Towards Solving a Problem in the Doctrine of Chances*(《机遇理论中一个问题的解》)中.从形式上看,它不过是条件概率的一个简单推论,但它包含了归纳推理的一种思想,以后被一些学者发展为一种系统的统计推断的理论和方法,称为贝叶斯方法(bayesian method).采用贝叶斯方法进行统计推断所得的全部结果,构成贝叶斯统计(bayesian statistics)的内容.认为贝叶斯方法是唯一合理的统计推断方法的统计学者,组成贝叶斯学派.随着贝叶斯统计的兴起与发展,贝叶斯统计得到了广泛的应用.MCMC(Markov Chain Monte Carlo)方法的研究对推广贝叶斯统计理论和应用开辟了广阔的前景,使贝叶斯统计的研究与应用得到了再度复兴.

经典统计是指20世纪初,由皮尔逊(Pearson)等人开始,经费歇尔(Fisher)的发展,到内曼(Neyman)完成理论的一系列成果.在目前国内外已出版的统计教材中,经典统计的理论和方法占绝大部分.实践证明,经典统计的理论和方法是很有意义的,它指导人们在许多领域中作出了重要贡献.然而这并不意味着它对任何问题都是适用的,更不能理解为它是独一无二的理论和方法.

充满戏剧性的是19世纪上半叶备受争议和冷落的贝叶斯学派,会在21世纪大数据时代重新登场,并且光芒四射.进入21世纪后,我们现在的大部分信息主要源于网络搜索,非常有趣的是这些网络信息搜索背后的理论计算基础就是贝叶斯定理."18世纪的贝叶斯定理成为Google计算的新力量".

泽尔纳(Zellner)教授认为,贝叶斯分析是科学地从数据和经验中学习的一种方法.这一观点对我们如何看待贝叶斯分析有很大的启示,使人感到焕然一新,与信息时代的需求很是合拍.

本书是作者在阅读了国内外大量相关文献的基础上,并结合自己长期从事教学和科研的实践经验,较为系统地介绍了贝叶斯统计学的基础理论以及在一些领域中的应用.全书共16章,内容可以分为4个部分:

第一部分,介绍贝叶斯统计学的发展和应用概况,包括第1章(绪论).

第二部分,介绍贝叶斯统计学的基础理论,包括第2—6章:先验分布和后验分布,贝叶斯统计推断,先验分布的选取,统计决策基础,贝叶斯决策.

第三部分,介绍贝叶斯统计学在各领域中的应用,包括第 7—15 章:贝叶斯回归分析,贝叶斯统计在证券投资预测中的应用,贝叶斯判别模型与负点法在处理微量超差中的应用,贝叶斯统计在计量经济学和金融中的应用,贝叶斯统计在保险、精算中的应用,贝叶斯时间序列及其应用,贝叶斯可靠性统计分析基础,可靠性参数的 E-Bayes 估计法及其应用,无失效数据的贝叶斯可靠性分析.

第四部分,介绍贝叶斯计算方法及有关软件,包括第 16 章.

另外,在本书还有两个附录,附录 A:贝叶斯学派开山鼻祖——托马斯·贝叶斯小传,附录 B:WinBUGS 软件及其基本使用介绍.

本书最初是作者给宁波大学数学系 90 级、91 级学生写的讲稿,后来又经过作者在本科生、研究生相关课程的教学中不断补充和修改,并在此基础上形成了本书的基本框架.书名为《贝叶斯统计学及其应用》(*Bayesian statistics and its applications*),主要是强调贝叶斯统计理论与应用相结合;在应用方面,选取近些年有关文献(特别是一些有应用背景的论文),具有实用性,并具有时代气息.

本书略去一些严格的数学推导而只列出结论(降低了数学基础的要求),读者学习时关键是理解这些结论的统计意义和背景.对一些被略去的推理论证部分,有兴趣者可参考相关文献.本书经常把贝叶斯方法所得的结果与经典方法,即通常教科书中的方法所得的结果进行比较,目的是便于读者理解、领会贝叶斯方法的特点,所以要求读者具备通常的"概率论与数理统计"基础.

作者结合多年的教学实践,深感一本内容简练但又具有一定实用性的"贝叶斯统计"教材的重要性.随着我国高等教育进一步"大众化",特别是相关软件的普及,学习"贝叶斯统计"的人越来越多,人们不再只满足于学习一些理论知识,更重要的是在于应用.本书中的一些例题、应用案例,采用 R 软件,并给出了相应的代码.

作者与"贝叶斯统计"结缘是在读研究生时期.在读硕士(导师赵仁杰教授)、读博士(导师吴喜之教授)期间,导师都亲自讲授"贝叶斯统计"方面的课程[记得赵仁杰教授用的书是 Box & Tiao (1973),吴喜之教授用的书是他自己写的],作者非常感兴趣,并为后来从事教学和科研打下了良好的基础,在此作者(作为学生)对导师们表示感谢.

吴喜之教授审阅了本书初稿,并为本书写了"序",作者再次表示感谢.

虽然作者努力使本书写成一本既有特色又便于教学(或自学)的教材,但由于水平所限,准确表达"贝叶斯统计"理论体系的各种观点并非易事,书中难免还存在一些疏漏甚至是错误,恳请专家和读者批评和指正.

韩　明

2015 年 5 月

目　　录

第1章 绪 论

学过"概率论与数理统计"的读者都知道贝叶斯定理（或称贝叶斯公式），此定理包含在英国学者托马斯·贝叶斯（Thomas Bayes，1702—1761）于 1763 年（在他去世后两年）发表的论文 *An Essay Towards Solving a Problem in the Doctrine of Chances*（《机遇理论中一个问题的解》）中。从形式上看，它不过是条件概率的一个简单推论，但它包含了归纳推理的一种思想。后来被一些学者发展为一种系统的统计推断的理论和方法，称为**贝叶斯方法**（Bayesian method）。采用这种方法进行统计推断所得的全部结果，构成**贝叶斯统计**（Bayesian statistics）的内容。认为贝叶斯方法是唯一合理的统计推断方法的统计学者，组成**贝叶斯学派**。在 20 世纪下半叶，统计学界发生的最值得人们关注的事件，莫过于贝叶斯学派的重新崛起。目前，贝叶斯学派已发展成国际统计学界充满活力的学派，并对科学界产生了广泛的影响。

美国 *Technology Review*（《技术评论》）杂志（创刊于 1899 年），根据 2003 年的调查刊发的调查报告显示，"全球九大开拓性新兴科技领域"中的第 4 项为**"贝叶斯统计技术"**（其他为：合成生物学、通用翻译、纳米导线、T 射线、核糖核酸干扰分子疗法、大电网的控制、微射流光纤、个人基因组学）。调查报告指出："应用贝叶斯统计学不仅能解决诸如基因如何起作用等问题，还可揭示长期存在的计算学上的难题，以及按照对真实世界不完整了解来作出预测。……统计学，特别是贝叶斯统计对于当今科技发展的重要作用由此可见一斑。"我国也有相关报道，见《科技日报》，2004 年 2 月 12 日；央视中文国际频道，2004 年 2 月 13 日。

以下是美国 *Technology Review* 杂志对"贝叶斯统计技术"的部分评价：

（1）科学家们认为，贝叶斯机器学习将是下一波软件开发工具。

（2）它可能在外语翻译、微型芯片制造和药物发现等领域里发生巨大进步。

（3）英特尔、微软、IBM、Google 等大公司都已开展这一新领域的研发。英特尔公司基于贝叶斯统计技术已开发一种程序，可解释半导体晶片质量测试数据。Google 公司已使用贝叶斯统计技术，寻找互联网上大量相互关联的数据的关系。实际上，采用贝叶斯技术的软件早已进入市场，2003 年版微软 Outlook 就包括贝叶斯办公室助手软件。

把统计学的一个分支——贝叶斯统计作为"全球九大开拓性新兴科技领域"之一，这充分说明了统计学（特别是贝叶斯统计）对于未来科技发展的重要作用。这也引起了我国有关部门、相关人士的高度重视。我国的一些学者也在关注这一动向，见韦博成（2011），刘乐平等（2013），韩明（2014）等。

在国际统计学界中有两大学派——**贝叶斯学派**和**经典学派**（或**频率学派**），这两个学派之间长期存在争论，至今没有定论。在 20 世纪，林德利（Lindley）教授预言 21 世纪将是贝叶斯统计的天下，埃夫隆（Efron）教授则认为出现这种局面的主观概率为 0.15。事实上，这两个学派的争论构成了现代统计学发展的一个特色。这两个学派的学者们都承认，这场争论对现代统计学的发展起到了积极的促进作用.

在 19 世纪,由于贝叶斯方法在理论和实际应用中存在不完善之处,并未得到普遍认可.但在 20 世纪,随着统计学广泛应用于自然科学、经济研究、心理学、市场研究等领域,人们愈发认识到了贝叶斯方法的合理部分,贝叶斯统计的研究与应用逐渐受到国际统计学界的关注.

事实上,贝叶斯的思想,经过其支持者的发展并因其在应用上的良好表现,如今已成长为数理统计学中的两个主要学派之一——贝叶斯学派,占据了数理统计学这块领地的半壁江山(陈希孺,2002).

为了纪念统计学史上的伟人——贝叶斯,著名的国际统计学术期刊 *Statistical Science* 在 2004 年出版了纪念贝叶斯诞辰 300 周年的专刊(第 19 卷第 1 期).整本期刊围绕贝叶斯统计的历史与现状共发表了 14 篇论文,世界著名的贝叶斯统计学者们从各种不同角度讨论了贝叶斯统计的思想和贡献.

1763 年 12 月 23 日,由理查德·普莱斯(Richard Price)在伦敦皇家学会会议上宣读了贝叶斯的遗世之作——《机遇理论中一个问题的解》(此文发表于 1764 年伦敦皇家学会的刊物 *Philosophical Transactions*),提出了一种归纳推理的理论,从此贝叶斯定理诞生于世,后来的许多研究者在此基础上不断完善,最终发展为一种系统的统计推断方法——贝叶斯方法.

为纪念贝叶斯定理发表 250 周年这个对统计学具有重要意义的日子,以国际贝叶斯分析学会(International Society for Bayesian Analysis, ISBA)为代表的国际组织举行了贯穿于 2013 年全年的全球性系列纪念活动,详见其网站(http://bayesian.org/).该网站的首页(当时)就有醒目的标题:2013 International Year of Statistics Celebrating 250 Years of Bayes Theorem!

2013 年 1 月 14 日,国际贝叶斯分析学会组织的"纪念贝叶斯定理发现 250 周年"活动在中国拉开序幕——贝叶斯模型选择国际研讨会(International Workshop on Bayes Model Selection)在上海举行.美国科学院院士、杜克大学伯格(Berger)教授介绍了其所领衔的美国近二三十个在自然科学和社会科学领域中应用贝叶斯模型的项目后表示,2013 年是贝叶斯定理发表 250 周年,由于通过计算机程序加快了运算速度,运用贝叶斯模型综合分析能力,可以将错综复杂的问题处理得更为简易.同时,贝叶斯理论容易学习和掌握,为此,贝叶斯模型已成为各国自然科学和社会科学领域内处理复杂问题的重要方式,相信在中国也将被广泛应用.

相关的系列活动还包括:贝叶斯青年统计学家会议于 2013 年 6 月 5 日在意大利米兰举行;第九届贝叶斯非参数研讨会于 2013 年 6 月 10 日在阿姆斯特丹举行;由杜克大学、美国国家统计科学研究院(NISS)和统计与应用数学研究所(SAMSI)共同主办的 2013 年目标贝叶斯(O-Bayes)会议于 2013 年 12 月 15 日在美国举行;由美国国家统计科学研究院和统计与应用数学研究所共同主办的贝叶斯方法在经济、金融和商业领域的应用及相关教学研讨会于 2013 年 12 月 15 日在美国召开;基于贝叶斯理论的 MCMC 方法和应用会议于 2014 年 1 月 6 日至 8 日在法国夏蒙尼勃朗峰(Chamonix Mont-Blanc)举行.此外,ISBA 还在印度瓦拉纳西(Varanasi)、南非罗得岛大学和加拿大蒙特利尔举行了 3 场地区纪念性学术会议.

为纪念贝叶斯定理发表 250 周年,著名统计学家、美国斯坦福大学的埃夫隆教授(曾担任美国统计学会主席)于 2013 年 6 月在 *Science* 杂志上还发表了论文 *Bayes' Theorem in the 21st Century*.

为了纪念贝叶斯定理发表 250 周年,"首届中国贝叶斯统计学术论坛"于 2013 年 12 月 21 日在天津财经大学成功召开(http://cos. name/2013/12/to-commemorate-the-250th-anniversary-of-bayes-theorem/).

2013 年 12 月 23 日,是理查德·普莱斯在伦敦皇家学会会议上宣读贝叶斯著名论文的 250 周年纪念日,世界范围的纪念活动也在 2013 年 12 月达到高潮.

关于贝叶斯学派的观点、贝叶斯学派和经典学派之间的争论,贝叶斯统计及其在一些领域中的应用等,部分具有代表性的文献见:Lindley(1965),Box (1970),Zellner (1971),Lindley & Smith(1972),Box & Tiao (1973),Martz & Waller(1982),Berger(1985),Zellner(1985),铃木雪夫,国友直人(1989),Press(1989),言茂松(1989),成平(1990),陈希孺(1990),Herzog (1990),周源泉,翁朝曦(1990),Lavine(1991),林叔荣(1991),Singpurwalla(1991),张尧庭,陈汉峰(1991),张金槐,唐雪梅(1993),Zellner(1997),茆诗松(1999),Berger(2000),Kotz,吴喜之(2000),Dey et al. (2000),陈希孺(2002),Banerjee et al. (2003),Koop(2003),Lancaster (2004),蔡洪,张士峰,张金槐(2004),Geweke(2005),Colosimo & Castillo(2006),朱慧明,韩玉启(2006),Clark(2007),Gill(2007),张金槐,刘琦,冯静(2007),Carlin & Louis (2008),Lawson (2008),Albert(2009),Ntzoufras(2009),King et al. (2009),朱慧明,林静(2009),Ando (2010),Dey et al. (2010),韩明(2010),Broemeling (2011),明志茂等(2011),Baio(2012),茆诗松,汤银才(2012),Lunn et al. (2012),Efron(2013),韦来生(2013),Chen et al. (2014),Rosner & Laud(2015),韩明(2017a,2017b)等.

现代贝叶斯学者们定期组织学术会议.瓦伦西亚往事——著名的国际贝叶斯统计会议的历史回顾,见王宏炜(2008a).现代贝叶斯学者们不仅精力充沛、乐观向上,而且多才多艺.几乎在每次学术会议的结束宴会后,他们都要登台表演自己的节目,其中包括杂耍、魔术、幽默搞笑剧,并演唱他们自己作词、套用名曲的有关贝叶斯的歌曲.关于 The Bayesian Singalong Book,见 http://www. biostat. umn. edu/~brad/cabaret. html.

国际贝叶斯分析学会(ISBA)成立于 1992 年,并于 2004 年在美国创办了杂志 *Bayesian Analysis*.关于三个重要国际贝叶斯组织——SBIES,ASA-SBSS,ISBA 简介,见王宏炜(2008b).关于贝叶斯学派开山鼻祖——托马斯·贝叶斯小传,见本书附录 A.关于贝叶斯身世之谜,见刘乐平等(2013).

贝叶斯思想是如此地令人着迷,以至于一旦深入其中就难以自拔.陈希孺院士在《数理统计学简史》(陈希孺,2002)中讲述了这样一段故事:美国有一位统计学家伯格写了一本《统计决策理论》的书.在序言中他说,在开始写作时,他原是打算对各派取不抱偏见的态度,但随着写作的进展,他成了一个"狂热的贝叶斯派".理由是他逐渐认识到,只有从贝叶斯观点去看问题,才能最终显示其意义.

1.1 从一个例子来看经典统计与贝叶斯统计

作为统计学的两大学派,贝叶斯学派和频率学派理念有别,方法也各异.撇开哲学层面的争论,以下从解决具体问题的角度入手,从一个例子来看经典统计与贝叶斯统计.

1.1.1 基于 R 语言的一个例子

在关于药物 D 的临床试验中,将背景相似、病情相似的 500 名患者分为治疗组(针对病情控制饮食,服用药物 D)和控制组(相同饮食,服用安慰剂).设饮食的控制可以使 10% 的病患恢复正常.而由于某种未知的隐藏因素 F(比如基因),会影响药物 D 正常发挥作用.设病患的 90% 为 FA,药物 D 是不起作用的;而 10% 的病患为 FB,其中 95% 可以通过药物 D 的治疗恢复正常(http://site. douban. com/182577/widget/notes/10567181/note/278503359/).

以下给出这个试验的 R 代码:

```
n<-500
diet<-0.1
effect<-c(0，0.95)
names(effect)<-c('FA'，'FB')
f. chance<-runif(n)
f<-ifelse(f. chance<0.9，'FA'，'FB')
group<-runif(n)
group<-ifelse(group<0.5，'control'，'drug')
diet. chance<-runif(n)
drug. chance<-runif(n)
outcome<-((diet. chance<diet)|(drug. chance<effect[f] * (group=='drug')))
trail<-data. frame(group=group,F=f,treatment=outcome)
summary(trail)
```

运行结果为

```
  group            F          treatment
control：253    FA：458    Mode：logical
 drug：247      FB：42     FALSE：435
                          TRUE：65
                          NA's：0
```

以上结果说明:控制组 253 人,治疗组 247 人,因素 FA 458 人,因素 FB 42 人,共治愈 65 人.

分别看一下控制组和治疗组的情况.

控制组:

```
> with(trail[group=='control',],table(F,treatment))
    treatment
F   FALSE   TRUE
FA   216     16
FB   17      4
```

治疗组:

```
> with(trail[group=='drug',],table(F,treatment))
     treatment
F    FALSE  TRUE
FA   202    24
FB   0      21
```

分组的治疗效果:治疗组的治愈率为 18.22%,控制组的治愈率为 7.91%.

1.1.2　频率学派方法

频率学派方法——治疗组和控制组的疗效的差异是否显著. 对列联表的独立性进行检验,需检验的是:药物 D 的疗效和单纯的调节饮食有无显著的差异. 进行 χ^2 检验,其 R 代码如下:

```
> treat.group<-with(trail,table(group,treatment))
> chisq.test(treat.group)
        Pearson's Chi-squared test with Yates' continuity correction
data: treat.group
X-squared = 10.8601, df = 1, p-value = 0.0009826
```

以上结果说明:药物 D 的疗效和单纯的调节饮食有明显的差异.

1.1.3　贝叶斯学派方法

如果医生面对的是一个患者个体,那么这个患者服用药物 D 被治愈的概率适于使用贝叶斯学派的观点,而非使用由总体抽样得出的结果(频率学派).

按贝叶斯学派的观点,治愈率 p 是一个随机变量.

贝叶斯定理:后验密度函数"正比于"先验密度函数与似然函数的乘积(注:关于贝叶斯定理及其意义,将在第 2 章中详细讨论). 即 $Posterior(p \mid x) = C \cdot Prior(p)f(x \mid p)$.

可以把治愈某患者的概率看作掷(非均匀的)硬币时出现正面的概率,即似然函数 $f(x \mid p)$ 看作二项分布 $B(n, p)$,此时 p 的共轭先验分布为 Beta 分布 $Be(\alpha, \beta)$[即后验分布为 Beta 分布 $Be(\alpha+r, \beta+n-r)$,$r = 0, 1, \cdots, n$,注:关于共轭先验分布,将在第 2 章中详细讨论].

在贝叶斯方法中,经常采用后验分布的均值或者众数(简称后验均值或者后验众数)作为 p 的点估计(注:关于这一点,将在第 2 章中详细讨论).

现在假设已知控制饮食得到的治愈率为 10%,那么我们设先验分布的均值为 0.1(比如取 $\alpha=0.1$,$\beta=0.9$). 以下是绘制"先验分布 $Be(0.1, 0.9)$ 的密度函数"的 R 代码:

```
library(ggplot2)
p<-ggplot(data.frame(x=c(0, 1)), aes(x=x))
p+stat_function(fun=dbeta, args=list(0.1, 0.9), colour='red')
```

运行结果如图 1-1 所示.

下面是绘制"后验密度函数"的 R 代码:

```
betad.mean<-function(alpha, beta)
```

```
{alpha/(alpha+beta)}
betad. mode<-function(alpha, beta)
 {(alpha+1)/(alpha+beta-2)}
alpha<-0. 1
beta<-0. 9
false. control<-treat. group[1, 1]
true. control<-treat. group[1, 2]
false. drug<-treat. group[2, 1]
true. drug<-treat. group[2, 2]
alpha. control<-alpha+true. control
beta. control<-beta+false. control
alpha. drug<-alpha+true. drug
beta. drug<-beta+false. drug
p<-ggplot(data. frame(x=c(0, .3)), aes(x=x))
p+stat_function(fun=dbeta, args=list(alpha. drug, beta. drug), colour='red')+
stat_function(fun=dbeta, args=list(alpha. control,beta. control),colour='blue')+
  annotate("text", x=.03, y=20, label="control")+
  annotate("text", x=.23, y=15, label="drug")
```

运行结果如图 1-2 所示.

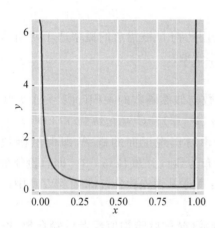

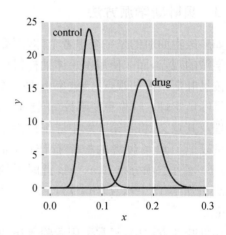

图 1-1　先验分布 $Be(0.1, 0.9)$ 的密度函数　　图 1-2　控制组(control)和治疗组(drug)的后验密度函数

计算控制组的后验均值和众数 (p 的后验估计):

```
> betad. mean(alpha. control, beta. control)
[1] 0. 07913386
> betad. mode(alpha. control, beta. control)
[1] 0. 08373016
```

以上结果说明:控制组的后验均值和众数分别为 0. 079 133 86 和 0. 083 730 16.

计算治疗组的后验均值和众数 (p 的后验估计):

```
> betad. mean(alpha. drug, beta. drug)
```

[1] 0.1818548

> betad. mode(alpha. drug，beta. drug)

[1] 0.1873984

以上结果说明：治疗组的后验均值和众数分别为 0.181 854 8 和 0.187 398 4.

这些后验估计值就是在知道样本分布之后，对于先验信息治愈率 10% 的修正.

1.1.4 基于 OpenBUGS 的计算和可视化

以下用 OpenBUGS 分别计算控制组和治疗组治愈率的贝叶斯估计(后验均值、标准差、中位数、0.95 的可信区间)，作为可视化还给出一些图. OpenBUGS 有很强的图形功能，而且计算上述贝叶斯估计的同时可以产生很多幅图(在页面 Sample Monitor Tool 上有一些按钮，如 stats，density，trace，history，bgr diag，auto cor 等，点击这些按钮可以产生各种图). 关于 OpenBUGS 软件及其基本使用介绍，见本书的附录 C.

(1) 在控制组中，设治愈率为 p，与前面相同仍然选取 Beta 分布 $Be(0.1, 0.9)$ 作为先验分布. 以下用 OpenBUGS 计算控制组治愈率的贝叶斯估计，作为可视化还给出一些图.

```
model
{
x～dbin(p,n)
p～dbeta(0.1,0.9)
}
data
list(x=20，n=253)
inits
list(p=0.1)
list(p=0.05)
```

说明：上面的代码包括三部分，model(模型)，data(数据)，inits(初值). $p=0.1$ 和 $p=0.05$ 为 p 的初值(两个初值产生两条链).

运行结果如下：

① stats：参数估计结果，见表 1-1.

表 1-1　　　　　　　　　　　　计算结果

参数	mean	sd	MC-error	val2.5pc	median	val97.5pc	start	sample
p	0.079 25	0.016 98	1.202E-4	0.049 28	0.078 07	0.115 9	1 001	18 000

从表 1-1 可以看出，p 的后验均值为 0.079 25，标准差为 0.016 98，MC 误差为 1.202E-4，中位数为 0.078 07，可信水平为 0.95 的可信区间为 (0.049 28, 0.115 9).

② density：样本密度，如图 1-3 所示.

③ trace：样本轨迹，如图 1-4 所示.

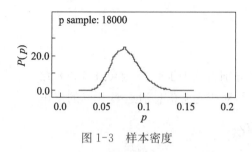

图 1-3 样本密度

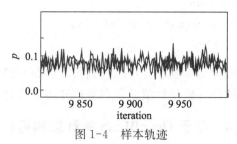

图 1-4 样本轨迹

④ history：历史样本轨迹，如图 1-5 所示.

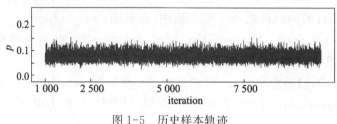

图 1-5 历史样本轨迹

⑤ bgr diag：两条链的收敛情况，如图 1-6 所示.

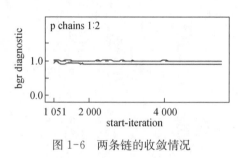

图 1-6 两条链的收敛情况

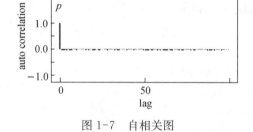

图 1-7 自相关图

⑥ auto cor：自相关图，如图 1-7 所示.

（2）在治疗组中，设治愈率为 p，与前面相同，仍然选取 Beta 分布 $Be(0.1, 0.9)$作为先验分布. 以下用 OpenBUGS 计算治疗组治愈率的贝叶斯估计（一些图从略）.

```
model
{
x~dbin(p,n)
p~dbeta(0.1,0.9)
}
data
list(x=45,n=247)
inits
list(p=0.1)
list(p=0.05)
```

运行结果见表 1-2.

表 1-2　　　　　　　　　　　　　　　　　　计算结果

参数	mean	sd	MC-error	val2.5pc	median	val97.5pc	start	sample
p	0.181 9	0.024 52	1.799E-4	0.135 7	0.181 2	0.232 6	1 001	18 000

从表 1-2 可以看出，p 的后验均值为 0.181 9，标准差为 0.024 52，MC 误差为 1.799E-4，中位数为 0.181 2，可信水平为 0.95 的可信区间为 (0.135 7，0.232 6)．

从表 1-1 和表 1-2 可以看出，用 OpenBUGS 计算控制组和治疗组治愈率的贝叶斯估计与前面的相关结果非常接近．

1.2　经典统计与贝叶斯统计的比较

经典统计是指 20 世纪初，由皮尔逊等人开始，经费歇尔的发展，到内曼（Neyman）完成理论的一系列成果．在目前国内外已出版的统计教材中，经典统计的理论和方法占有绝大部分．实践证明，经典统计的理论和方法是很有意义的，它指导人们在许多领域中作出了重要贡献．然而这并不意味着它对任何问题都是适用的，更不能理解为它是独一无二的统计理论和方法．

詹姆斯·伯努利（James Bernoulli）意识到在可用于机会游戏的演绎逻辑和每日生活中的归纳逻辑之间的区别，他提出一个著名的问题：前者的机理如何能帮助处理后面的推断．托马斯·贝叶斯对这个问题产生了浓厚的兴趣，并且进行认真的研究，他写了一篇文章来回答这个问题，提出了后来以他的名字命名的定理——贝叶斯定理．

1812 年，拉普拉斯（Laplace）在他的概率论教科书第一版中首次将贝叶斯思想以贝叶斯定理的现代形式展示给世人．拉普拉斯本人不仅重新发现了贝叶斯定理，阐述得远比贝叶斯更为清晰，而且还用它来解决天体力学、医学统计、甚至法学问题（Kotz，吴喜之，2000）．

目前被承认的现代贝叶斯统计，应归功于 Jeffreys（1939），Wald（1950），Savage（1954），Raiffa ＆ Schlaifer（1961），De Finetti（1974，1975）等．

值得一提的是，詹姆斯·普莱斯（James Press，1989）的 *Bayes Statistics：Principles，Models，and Applicaitons*（中译本，中国统计出版社，1992）中除了对贝叶斯学派观点和在当时的应用实例做了充分介绍外，另一个显著特点是全文刊录了贝叶斯的论文原作，并对贝叶斯的生平做了详细的介绍．了解一下贝叶斯的生平，读一读他的原著，有助于我们亲身去体会贝叶斯的思想和方法．

尽管贝叶斯统计可以导出一些有意义的结果，但它在理论上和实际应用中也出现了各种问题，因而它在 19 世纪并未被大众普遍接受．20 世纪初，菲尼蒂（De Finetti），稍后一些杰弗里（Jeffreys）都对贝叶斯统计理论作出了重要贡献．第二次世界大战后，沃尔德（Wald）提出了统计决策理论，在该理论中贝叶斯统计占有重要地位．信息论的发展也对贝叶斯统计作出了贡献，更重要的是在一些实际应用的领域中，尤其是在自然科学、社会科学以及商业活动中，贝叶斯统计取得了成功．1958 年，英国历史最悠久的统计杂志 *Biometrika* 全文重新刊登了贝叶斯的论文．1955 年，罗宾（Robbins）提出了经验贝叶斯方法，把贝叶斯方法和经典方法相结合，引起了统计界的注意，内曼曾赞许它为统计界中的一个突破．

什么是贝叶斯统计？茆诗松，王静龙，濮晓龙（1998）的解释非常简单明了："贝叶斯推断的基本方法是将关于未知参数的先验信息与样本信息综合,再根据贝叶斯定理,得出后验信息,然后根据后验信息去推断未知参数."

王梓坤院士在林叔荣(1991)的《实用统计决策与 Bayes 分析》一书的序中指出,经典学派认为,母体分布中的参数 θ 是常数,不是变数,尽管人们暂时还不知道它的值,但可以利用样本来对它进行估计.而贝叶斯学派则把 θ 看成随机变量,至于对 θ 的分布,则可视 θ 的情况而假定它有某一先验分布;然后利用先验分布和样本来对母体进行统计推断.

贝叶斯学派与经典学派之间的差异是明显的.首先,两个学派的核心差别是对于概率的不同定义.经典学派认为概率可以用频率来进行解释,估计和假设检验可以通过重复抽样来加以实现.而贝叶斯学派认为概率是一种信念.结合这种信念加以假设检验(先验机会比),当数据出现以后就产生后验机会比.这种方法结合了先验和样本信息辅助假设检验.其次,两者使用的信息不同.经典学派使用了总体信息和样本信息,总体信息即总体分布或总体所属分布族的信息,样本信息即抽取样本(数据)提供给我们的信息.贝叶斯学派除利用上述两种信息外,还利用了一种先验信息,即总体分布中未知参数的分布信息.二者在使用样本信息上也有差异,经典统计对某个参数的估计说是无偏的,其实是利用了所有可能的样本信息,经典学派只关心出现了的样本信息,而贝叶斯学派将未知参数看作是一个随机变量,用分布来刻画,即抽样之前就有有关参数问题的一些信息,先验信息主要来自经验和历史资料.而经典统计把样本看成是来自具有一定概率分布的总体,所研究的对象是总体,而不局限于数据本身,将未知参数看作常量.

由于经典学派与贝叶斯学派在基本观点上存在根本性的差异,因此,它们之间的争论和对对方的批判是不可避免的.从理论的高度来看,我们必须注意这样一个基本点:统计推断是在不掌握完全信息条件下的推断,也就是说,所掌握的信息还不足以决定问题的唯一解,这就提供了建立多种理论体系和方法的可能.事实上,两个学派都有其成功和不足的地方,都有广阔的发展前景,在实用上是相辅相成的.

Kotz,吴喜之(2000)从概率的定义、推断根据、推断过程、研究的主要问题、估计的方法以及估计方法评估准则等方面,用清晰的表格,将贝叶斯统计方法与经典统计方法进行了比较.

著名的贝叶斯统计学家林德利教授为《现代贝叶斯统计学》(Kotz,吴喜之,2000)专门写了第一章——贝叶斯立场.

1.2.1 经典统计的缺陷

成平(1990)指出:经典统计的最大缺陷是,在作统计推断和结论时着眼于当前数据,忽视历史经验、人们已有的认识和知识、人们主观的能动性.我们看经典统计推断的模式:首先假定研究对象(特征)的观察值的分布属于某种类型的分布族(总体分布),然后选择一个被认为是好的统计方法作估计,假设检验、预报,作统计推断的依据只有观察数据和模型假定,人的主观能动作用只是局限于对模型和统计方法的选择,人们的历史经验及认识是不大起作用的.提高统计推断的精度,主要靠数据多少决定,这对于特小样本,往往会有很大困难甚至无能为力.例如在导弹等尖端武器的可靠性评定中,有相同条件下全弹试验数据难以超过10 个,有时甚至只有两三个,就必须作出决策.

1.2.2　对经典学派的批评

对经典学派的批评主要有两点：一个是对一些问题的提法不妥，另一个是统计方法好坏的标准不妥。首先以正态分布的参数估计为例．设 X_1，X_2，$\cdots$，X_n 是来自正态分布 $N(\mu, \sigma^2)$ 的样本，如果方差 σ^2 为已知，则可求出参数 μ 的置信区间．它的推理过程是这样的：

对于来自 $N(\mu, \sigma^2)$ 的样本 X_1，X_2，$\cdots$，X_n，取样本均值 $\overline{X} = \dfrac{1}{n}\sum\limits_{i=1}^{n} X_i$，于是 $\overline{X} \sim$

$N\left(\mu, \dfrac{\sigma^2}{n}\right)$，则 $\dfrac{\overline{X} - \mu}{\sigma / \sqrt{n}} \sim N(0, 1)$，设 $z_{\frac{\alpha}{2}}$ 为标准正态分布的上侧 $\dfrac{\alpha}{2}$ 分位数，则有

$$P\left\{\left|\frac{\overline{X} - \mu}{\sigma / \sqrt{n}}\right| < z_{\frac{\alpha}{2}}\right\} = 1 - \alpha,$$

$$P\left\{\overline{X} - \frac{\sigma}{\sqrt{n}} z_{\frac{\alpha}{2}} < \mu < \overline{X} + \frac{\sigma}{\sqrt{n}} z_{\frac{\alpha}{2}}\right\} = 1 - \alpha.$$

于是得到了 μ 的置信水平为 $1 - \alpha$ 的置信区间为

$$\left(\overline{X} - \frac{\sigma}{\sqrt{n}} z_{\frac{\alpha}{2}}, \ \overline{X} + \frac{\sigma}{\sqrt{n}} z_{\frac{\alpha}{2}}\right). \tag{1.2.1}$$

问题在于如何理解式(1.2.1)，μ 是一个客观存在的量，经典统计的观点是参数 μ 不能看作随机变量，因而式(1.2.1)不能理解为 $\mu \in \left(\overline{X} - \dfrac{\sigma}{\sqrt{n}} z_{\frac{\alpha}{2}}, \ \overline{X} + \dfrac{\sigma}{\sqrt{n}} z_{\frac{\alpha}{2}}\right)$ 的概率是 $1 - \alpha$．

式(1.2.1)按照经典学派的解释是：重复使用很多次，区间 $\left(\overline{X} - \dfrac{\sigma}{\sqrt{n}} z_{\frac{\alpha}{2}}, \ \overline{X} + \dfrac{\sigma}{\sqrt{n}} z_{\frac{\alpha}{2}}\right)$ 能盖住真实参数 μ 的频率是 $1 - \alpha$．

我们从标准正态总体 $N(0, 1)$ 生成容量为 200 的随机样本，由此得到均值（$\mu = 0$）的置信水平为 0.95 的置信区间，并且重复 100 次，得到 100 个区间，如图 1-8 所示．

从图 1-8 可以看出，在 100 个区间中包含均值（$\mu = 0$）的有 94 个，不包含均值（$\mu = 0$）的有 6 个．

然而人们关心的恰好是参数 μ 在什么范围内的概率有多大？或者说，我们能有多大的把握判断参数 μ 在某一个区间内？因此经典统计中区间估计问题的提法与解释是不能令人满意的．

而贝叶斯统计恰好可以解决上述问题，因为它把参数看成随机变量，它本身就有分

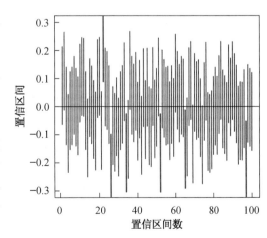

图 1-8　均值（$\mu = 0$）的置信水平为 0.95 的置信区间（100 个）

布.事实上,我们从贝叶斯假设直接可以导出与式(1.2.1)完全相同的结果(见后面的例 3.2.1).但此时 μ 是随机变量,因此按照贝叶斯统计的观点式(1.2.1)就是 $\mu \in \left(\overline{X} - \dfrac{\sigma}{\sqrt{n}} z_{\frac{\alpha}{2}}, \ \overline{X} + \dfrac{\sigma}{\sqrt{n}} z_{\frac{\alpha}{2}} \right)$ 的概率是 $1 - \alpha$.

在经典统计中,无论是点估计,还是区间估计,或者是假设检验中犯两类错误的概率,都是重复使用很多次,或长期使用情况下评判好坏标准.以无偏估计为例,设 $\hat{\theta}$ 是 θ 的无偏估计,这一性质保证了:当 $\hat{\theta}$ 重复使用相当多次之后,它的平均值与理论上的真值没有系统偏差(即 $E(\hat{\theta}) = \theta$),它是一种长期使用时"平均"地考察结果的优良性.这说明好坏的标准不妥.

1.2.3 对贝叶斯方法的批评

贝叶斯方法受到了经典学派中一些人的批评,批评的理由主要集中在以下三点:

(1)贝叶斯方法具有很强的主观性而研究的问题需要更客观的工具.经典统计学是"客观的",因此符合科学的要求.而贝叶斯统计学是"主观的",因而(至多)只对个人决策有用.

(2)应用的局限性,特别是贝叶斯方法有许多封闭型的分析解法,不能广泛地使用.

(3)先验分布的误用.

对以上这些批评,贝叶斯学派的回答如下:几乎没有什么统计分析哪怕只是近似是"客观的".因为只有在具有研究问题的全部覆盖数据时,才会得到明显的"客观性",此时,贝叶斯分析也可得出同样的结论.但大多数统计研究都不会如此幸运,以模型作为特性的选择对结论会产生严重的影响.实际上,在许多研究问题中,模型的选择对答案所产生的影响比参数的先验选择所产生的影响要大得多.

Box(1980)说:不把纯属假设的东西看作先验,我相信,在逻辑上不可能把模型的假设与参数的先验分布区别开来.Good(1973)说得更直截了当:主观主义者直述他的判断,而客观主义者以假设来掩盖其判断,并以此享受着客观性的荣耀.

防止误用先验分布的最好方法就是给人们在先验信息方面以适当的教育.另外,在贝叶斯分析的最后报告中,应将先验(和数据、损失)分开来报告,以便使其他人对主观的输入作合理性的评价.两个"接近的"先验可能会产生很不相同的结果.没有办法使这个问题完全消失,但通过"稳健贝叶斯"方法和选择"稳健先验"可以减轻.

Kotz,吴喜之(2000)认为,杰出的当代贝叶斯统计学家 A. O'Hagan(1977)的观点是最合适的:劝说某人不加思考地利用贝叶斯方法并不符合贝叶斯统计的初衷,进行贝叶斯分析要花更多的努力.如果存在只有贝叶斯计算方法才能处理的很强的先验信息或者更复杂的数据结构,这时收获很容易超过付出,由此能热情地推荐贝叶斯方法.另一方面,如果有大量的数据和相对较弱的先验信息,而且一目了然的数据结构能导致已知合适的经典方法(即近似于弱先验信息时的贝叶斯分析),则没有理由去过分极度地敲贝叶斯的鼓(过分强调贝叶斯方法).

如何在特定的问题中定出"适合的"先验分布?如果先验分布是一个纯主观随意性的东西,那么还有什么科学意义?确实,到现在为止贝叶斯统计未能提出一种放之四海皆准的确定先验分布的方法,且看来今后也难以做到这一点,因而这确实是贝叶斯统计的一个重大弱点.但在承认这一点的同时也应当看到,贝叶斯学派提出的主观概率,并不等于说主张可以用主观随意的方式选取先验分布.事实上,对怎样确定先验分布这个问题,贝叶斯学派作了不少探索,提出了一些有意义的见解.

1.2.4　贝叶斯统计存在的问题

贝叶斯统计存在的主要问题,一个是**先验分布的确定**,这是关于贝叶斯统计争论最多的问题;另一个是**后验分布的计算**,这里包括许多从表面上的公式所看不到的理论上的和计算上的问题. 除了一些比较容易的,这些问题一直以各种方式影响着当代贝叶斯统计的研究发展方向(Kotz,吴喜之,2000).

之前,人们经常听到的一句话是:"贝叶斯分析在理论上确实很完美,但遗憾的是在实际应用过程中不能计算出结果."令人高兴的是,现在情况已大有改进. 这种改进已经吸引了许多新人加入贝叶斯统计研究和应用的行列,而且还减少了关于贝叶斯方法可行性的"哲学"上的争论.

近些年来,一些学者提出了数值和解析近似的方法来解决参数的后验分布密度和后验分布各阶矩的计算问题. 然而这些方法的实现,需要依靠复杂的数值技术及相应的软件支撑. MCMC 方法的研究对推广贝叶斯统计推断理论和应用开辟了广阔的前景,使贝叶斯方法的研究与应用得到了再度复兴. 目前 MCMC 已经成为一种处理复杂统计问题特别流行的工具.

关于 MCMC 方法最重要的软件包是 BUGS,WinBUGS 和 OpenBUGS. BUGS 是 Bayesian Inference Using Gibbs Sampling 的缩写,它是一种通过贝叶斯分析利用 MCMC 方法解决复杂统计模型的软件. WinBUGS 和 OpenBUGS 是在 BUGS 基础上开发面向对象交互式的软件,可以在 Windows 95/98/NT/XP 等中使用,允许通过鼠标的点击直接建立研究模型. 关于 WinBUGS 和 OpenBUGS 软件及其基本使用介绍,见本书的附录 B 和附录 C.

1.3　贝叶斯统计的兴起与发展

贝叶斯统计的起源,一般要追溯到贝叶斯的论文,该论文包含了初等概率统计教材中人所共知的贝叶斯公式(或贝叶斯定理),时隔两百多年后的现代贝叶斯学派,其基本思想和施行方法,仍然是这个公式. 如果把 1900 年作为近代数理统计学开始的一年,则到现在为止的120 多年中,前半期——约第二次世界大战结束时克拉默(Cramer)的书(1946)问世为止,可以说基本上是经典学派一统天下. 但随着统计应用的扩大,贝叶斯统计受到欢迎,特别是决策性问题在统计应用中越来越多且重要,而对这种问题来说,先验知识的使用很重要以至不可缺少,而且与纯科学问题相比,在这种问题中主观概率的提法往往更为自然且反映决策者掌握信息的情况,因而易于接受.

从这种意义上说,贝叶斯统计与主观概率是不可分的,因此为了说明贝叶斯统计的发展过程,先来简要地介绍一下主观概率的发展过程. 20 世纪 50 年代林德利,萨维奇(Savage),杰弗里等统计学家大力提倡,几乎同时,在第四次伯克利会议上也在论述主观概率的观点. Jeffeys(1957)强调在统计决策时,不仅要看数据,而且要根据人的主观认识. 以上贝叶斯学派的主要代表人物,对主观概率及贝叶斯学派观点的描述,大致上反映了贝叶斯学派的主要观点. 他们强调了主观的认识,主观的能动性,这正是贝叶斯学派的核心所在,有它合理的成分.

成平(1990)指出,作统计决策时要考虑两个方面,一是当前数据所提供的信息,二是历史上决策者对此类事物的认识和经验.按照贝叶斯学派的观点,后者反映在先验分布的选择上.这只是使用先验信息的一种方式,通常在人们对一个问题作出决定时,自觉不自觉地利用经验,定性分析后拍板,这个过程就是使用了先验信息.但如何使用先验信息,各有各的处理方式,经验多的人,用得好一点,经验少的人,用得差一点,但尽量用先验信息,应当是一个原则.人们日常生活中也常使用先验信息,如打电话时,如果是你的熟人,一拿起话筒,对方一说话就能判断出对方是谁,若是一名陌生人给你打电话,不报名字就很难判断对方是谁了.因为没有用先验信息,也就是说,有同样的当前信息,有无先验信息效果就显然不同.

随着统计学广泛应用于自然科学、经济学、医学、社会科学等领域,人们逐渐发现了贝叶斯方法的合理部分,终于到 20 世纪 60 年代,这一古老理论得到了复苏.史密斯教授在 1984 年就曾预言"到本世纪末,贝叶斯理论加上计算机的图示,将成为现代统计实践中最受欢迎的形式".不论这一预言是否偏颇,但近些年来贝叶斯统计的发展确实很快.

现在不但在国内外杂志上经常看到贝叶斯统计方面的论文,并且在这方面已经出版了一些专著、教材等.Berger(2000),对贝叶斯统计学今天的状况和明天的发展进行了综述.韩明(1995,2014),综述了贝叶斯统计的兴起、发展和应用情况.王佐仁,杨琳(2012),综述了贝叶斯统计推断及其主要进展.朱喜安,陈巧玉(2012),对我国贝叶斯统计研究进展情况进行了综述.

1.4　贝叶斯统计的广泛应用

随着贝叶斯统计的兴起与发展,贝叶斯统计得到了广泛的应用.目前,贝叶斯统计理论在英美等西方国家已经成为当前两大统计学派之一,并在实践中获得了广泛应用.从国内外的文献资料来看,贝叶斯统计推断理论几乎可以作为每一个学科的研究工具之一,它既可以用于质量控制、软件质量评估、核电站可靠性评价和缓慢周转物品的存储问题,又可以应用于水文事件频率的估计、犯罪学不完全记数的估计以及保险精算;尤其是,近年来贝叶斯统计理论在宏观经济预测中取得了巨大的成功,从模型的稳定性和预测精度两个方面来看,贝叶斯预测模型优于非贝叶斯模型,因此贝叶斯方法获得越来越多专家学者的认同(朱慧明,2003).

在近三十年以来,贝叶斯统计在理论上取得了一些进展,在实际问题中又获得了广泛的应用.美国杜克大学伯杰(Berger)教授的书 *Statistical Decision Theory*(1980),*Statistical Decision Theory and Bayesian Analysis*(Second Edition,1985)在美国相继问世(第二版的中译本,中国统计出版社,1998),把贝叶斯统计作了较完整的叙述.著名的经典统计学家,美国科学院院士、加州大学伯克利分校的莱曼(Lehmann)教授,在 *Theory of Point Estimation*(第一版,1983;第二版,1998)的第二版中增加了贝叶斯统计推断方面的篇幅(该书的第二位作者是乔治·卡塞拉(George Casella),他是佛罗里达大学的终生教授,还是统计系的系主任.中译本,中国统计出版社,2005).1991 年和 1995 年,在美国连续出版了两本 *Case Studies in Bayesian Statistics*(Singpurwalla,1991,1995),使贝叶斯统计在理论上和实际应用上以及在它们的结合上都取得了长足的发展.

在 20 世纪 90 年代,由于高维计算上的困难,贝叶斯方法的应用受到了很大的限制.但随着计算机技术的发展和贝叶斯方法的改进,特别是 MCMC 方法的发展和 WinBUGS 软件的应用,原来复杂异常的数值计算问题如今变得非常简单,参数后验分布的模拟也趋于方便,所以现代贝叶斯理论和应用得到了迅速的发展(刘乐平,袁卫,2004). Lee(2007),在 *Structural Equation Modeling:A Bayesian Approach*(中译本,高等教育出版社,2011),全面地介绍了结构方程的各种推广,详细地阐述了分析模型的贝叶斯方法,包括如何实现 Gibbs 抽样、Metropolis-Hasting 算法、如何推导所需的条件分布等,应用案例采用 WinBUGS 软件实现. Clark(2007)*Models for Ecological Data:An Introduction*;*Statistical Computation for Environmental Sciences in R:Lab Manual for Models for Ecological Data*(中译本,科学出版社,2013),该书涵盖方法引论与实验分析应用两部分,针对多个时空尺度,介绍了适合于生态学数据的统计推断方法和层次模型,涉及经典统计和贝叶斯统计的模型、算法和具体编程. 在应用操作部分,配合方法部分的各章内容介绍基于 R 的算法与编程实践. 还包括如何实现 Gibbs 抽样、Metropolis-Hasting 算法等.

Kotz,吴喜之(2000),给出了许多贝叶斯统计在实际中的应用,主要包括领域有:生物统计,临床试验,可靠性,质量控制,精算学,排队论,核电站,法庭,图像分析等.

由于贝叶斯统计的应用十分广泛,实在难以罗列,以下给出具有代表性的几个方面.

1.4.1　促进了统计科学自身的发展

目前,针对其他学派批评最多的"先验分布如何确定",这个贝叶斯统计的难题,已初步研究出一些方法,概括起来有以下八种:

(1) 无信息先验分布;

(2) 共轭先验分布;

(3) 用经验贝叶斯方法确定先验分布;

(4) 用最大熵方法确定先验分布;

(5) 用专家经验确定先验分布;

(6) 用自助法(bootsrap)和随机加权法确定先验分布;

(7) 参照先验分布(reference prior);

(8) 概率匹配先验分布(probability matching prior).

由于贝叶斯学派和其他学派相比较而存在,相争论而发展,促进了统计科学自身的发展.

1.4.2　在经济、金融和保险中的应用

美国经济学联合会将 2002 年度"杰出资深会员奖"(Distinguished Fellow Award)授予了芝加哥大学阿诺德·泽尔纳(Arnold Zellner)教授,以表彰他在"贝叶斯方法"方面对计量经济学所作出的杰出贡献. 国外已经出版了贝叶斯统计在经济学的某一领域中应用的书,其中泽尔纳教授是贝叶斯学派在计量经济学方面应用的主要领导者. Zellner(1971)的书 *An Introduction to Bayesian Inference in Econometrics* 的出版,在贝叶斯计量经济学的发展史上具有里程碑的意义. 东京大学的铃木雪夫教授、国友直人教授是日本贝叶斯统计及其应用的领导者.

1985 年,泽尔纳教授在 *Econometrica* 杂志上发表论文 *Bayesian Econometrics*,近年来,Koop(2003)的 *Bayesian Econometrics*、Lancaster(2004)的 *An Introduction to*

Modern Bayesian Econometrics 和 Geweke（2005）的 *Contemporary Bayesian Econometrics and Statistics* 等,加上大量出现在各种计量经济学重要期刊上的文献无疑已逐渐形成了现代计量经济学研究的一个重要方向——贝叶斯计量经济学（Bayesian Econometrics）.

1986 年,美国学者利特曼提出明尼苏达先验分布,解决了贝叶斯时间序列向量自回归（简称 BVAR）模型应用中的关键问题,自此以后 BVAR 模型在西方国家的经济预测中发挥了很大的作用. 其中,影响比较大的模型主要有:用于预测英国经济的 BVAR 模型、用于电力消费与价格预测的综合 BVAR 模型、用于估计美国 50 个州及哥伦比亚地区 4 类家庭平均收入的 BVAR 模型、用于预测爱尔兰通货膨胀的 BVAR 模型、用于预测日本经济 BVAR 预测模型,该模型包括居民消费价格指数等 8 个经济指标.

当代许多杰出的计量经济学家都应用贝叶斯计量经济学解决经济问题,Qin(1996)对贝叶斯计量经济学理论发展进行了回顾. Poirier(2006)对 1970—2000 年间几种重要的期刊在经济和计量经济学文章中使用的贝叶斯方法数量发展速度进行了回顾. 关于贝叶斯统计在卫生经济学中的应用,见 Baio(2012).

在国内,平新乔,蒋国荣(1994)结合我国的实际研究"三角债"的博弈理论分析时,把贝叶斯方法、博弈论、经济学的"均衡理论"结合起来,提出了"贝叶斯博弈均衡理论". 刘乐平,袁卫(2002)综述了贝叶斯方法在精算学中的应用. 刘乐平,袁卫,张琅(2006)讨论了保险公司未决赔款准备金的稳健贝叶斯估计. 孙瑞博(2007)综述了计量经济学的贝叶斯统计方法. 李小胜,夏玉华(2007)综述了贝叶斯计量经济学分析的框架. 朱慧明,林静(2009)研究了贝叶斯计量经济学的几个重要专题,并深入地进行了讨论. 丁东洋,周丽莉,刘乐平(2013)对贝叶斯方法在信用风险度量中的应用研究进行了综述.

1.4.3　在生物、医学和生态学中的应用

在以前,贝叶斯统计一直都被生物统计所忽略,康菲尔德(Cornfield)在 1965 年发表的关于贝叶斯统计及其应用展望的文章使得生物统计学家开始认真对待贝叶斯统计思想. 由于 Lindley 在 1965 年关于贝叶斯统计的哲学意义的介绍和 Smith et al. 在 1985 年、1987 年的关于统计计算工具的重要贡献,使得实际工作者能够处理复杂统计问题. 随着统计计算的不断发展,特别是 MCMC 等方法的应用,使得贝叶斯统计越来越受到人们的欢迎.

贝叶斯定理的一个简单应用是在有疾病（D）和没有疾病（D^c）的条件下的暴露（E）和没有暴露（E^c）之间的优比（odds ratio）的概念(Kotz,吴喜之,2000):

$$\frac{P(E\mid D^c)P(E^c\mid D^c)}{P(E^c\mid D)P(E\mid D^c)}=\frac{P(D\mid E)P(D^c\mid E^c)}{P(D^c\mid E)P(D\mid E^c)}.$$

由此可以估计稀有疾病的相对风险. 现在的案例控制数据大都是从这个概念发展起来的,不仅在流行病学上,在统计遗传学上,贝叶斯定理也扮演了重要的角色.

在临床试验,基因疾病的关系,职业病的防治,病毒学方面,环境性流行病研究以及牙医学方面,需要在可能相关的条件下估计代表不同处理的未知参数. 经验贝叶斯理论在这方面发展得很快. 在临床试验,流行病学等领域,贝叶斯统计发挥了重要的作用.

在生物统计中,纵向数据的研究是很重要的,Laird & Ware 在 1982 年关于随机效应混

合模型做了很多工作,强调了 REML 估计和贝叶斯估计之间的关系以提供一个通过 EM 算法对估计和计算的统一处理.

在地理区域和癌症发病情况的估计和标识问题,经验贝叶斯方法也是很有效的,见 Clayton & Kaldor(1987),Tsutakawa(1988). 在诸如从动物试验结果推广到人类的外推研究中,生物等价性的研究,序贯临床试验研究,模型的不确定的估计等领域,都有贝叶斯方法的重要应用.

Clark(2007),介绍了适合于生态学数据的统计推断方法和层次模型,涉及经典频率论和贝叶斯统计的模型、算法和具体编程. 首先阐述了生态学数据的层次结构和时空变异性,以及频率论和贝叶斯统计. 然后介绍贝叶斯推断的基础概念、分析框架和算法原理;并进一步针对生态学层次模型、时间序列及时空复合格局数据依次展开分析模拟.

贝叶斯统计在生物中的其他应用,见 Moye(2007),Dey et al.(2010),Rosner & Laud(2015);贝叶斯统计在医学中的其他应用,见 Broemeling(2007,2011),Lawson(2008);贝叶斯统计在生态学中的其他应用,见 King et al.(2009).

1.4.4 在可靠性中的应用

美国在 1982 年出版了 Martz & Waller 的书 *Bayesian Reliability Analysis*,系统地介绍了贝叶斯方法在可靠性中的应用. 贝叶斯方法在可靠性中应用的一个成功案例是,美国研制 MX 导弹时,应用贝叶斯方法把发射试验从原来的 36 次减少到 25 次,可靠性却从 0.72 提高到 0.93,节省费用 2.5 亿美元.

美国在 2008 年出版了 Michael et al. 的书 *Bayesian Reliability*,该书是一本全面介绍叶斯可靠性相关理论和工程应用的学术著作. 该书作者均为贝叶斯可靠性领域内世界知名专家学者,其中大部分参编人员来自美国 Los Alamos 国际实验室. 该实验室是美国核技术研究的中心,也是世界范围内贝叶斯可靠性理论研究与应用的顶级研究机构之一. 该书系统地介绍了现代贝叶斯方法在可靠性中的应用,很多应用案例借助 MCMC 算法,并用 BUGS 软件实现.

英国在 2011 年出版 Kelly & Smith 的书 *Bayesian inference for probabilistic risk assessment*,两名作者是美国爱德华国家实验室的可靠性与风险评估领域专家. 该书是可靠性系统工程、风险评估领域的前沿著作,它不仅介绍了贝叶斯统计推断的理论和方法,还结合具体应用案例展示了 OpenBUGS 软件的使用. 该书不仅阐述了贝叶斯统计推断的原理,还凝聚了作者多年从事可靠性系统工程、风险评估工作的宝贵经验.

从国际上可靠性领域知名的杂志 *IEEE Transactions on Reliability*,*Quality and Reliability Engineering Intemational*,*Reliability Engineering & System Safety* 等,以及每年在世界各地举行的各类可靠性国际会议,都能感受到贝叶斯方法在可靠性领域的应用.

在我国,1990 年《数理统计与应用概率》杂志(第 5 卷第 4 期)有一期"贝叶斯专辑",其中多数论文是贝叶斯方法在可靠性中的应用. 在《应用概率统计》《数理统计与管理》《统计与决策》等杂志上也经常可以看到贝叶斯方法在可靠性中的应用方面的论文. 周源泉,翁朝曦(1990),用经典、贝叶斯、Fiducial(信赖)三个学派的观点,来处理在可靠性评定、设计、验收等实践中提出的各种问题,并加以比较. 蔡洪,张士峰,张金槐(2004),用贝叶斯估计法对武器装备试验分析与评估进行研究,并出版了《Bayes 试验分析与评估》. 茆诗松,汤银才,王玲玲(2008)的书中专门有一章"可靠性中的贝叶斯统计分析". 林静(2008)在其博士论文中,研究了基于 MCMC 的贝叶斯生存分析理论及其在可靠性评估中的应用,将贝叶斯生存分析理论较系统地引入可靠性寿命数据的建模分析中,对可靠性评估理论进行了进一步地完善. 本书作者提出了可靠性参数的修正贝叶斯估计法,主要包括:E-Bayes 估计法、M-Bayes 可信限法等,并出版了《可靠性参数的修正 Bayes 估计法及其应用》(韩明,2010). 明志茂,陶俊勇,陈盾,张忠华(2011),针对装备研制阶段可靠性试验与评估的工程需要,将变动统计学理论与贝叶斯方法引入到装备研制阶段可靠性试验中,并出版了《动态分布参数的贝叶斯可靠性分析》. 张志华(2012),专门有一章为"可靠性试验数据的 Bayes 推断".

1.4.5 在机器学习中的应用

机器学习(machine learning)是一门多领域交叉学科. 专门研究计算机怎样模拟或实现人类的学习行为,以获取新的知识或技能,重新组织已有的知识结构使之不断改善自身的性能. 它是人工智能的核心,是使计算机具有智能的根本途径,其应用遍及各个领域,它主要使用归纳、综合而不是演绎. Tom Mitchell 的书 *Machine Learning* 在第 6 章专门详细介绍了贝叶斯学习理论.

在机器学习中,贝叶斯学习是一个重要内容,近几年来发展很快,受到人们的关注. 贝叶斯学习是利用参数的先验分布和由样本信息求来的后验分布,直接求出总体分布. 贝叶斯学习理论使用概率去表示所有形式的不确定性,通过概率规则来实现学习和推理过程. 贝叶斯学习的结果表示为随机变量的概率分布,它可以理解为我们对不同可能性的信任程度. 这种技术在分析故障信号模式时,应用了被称为"贝叶斯学习"的自动学习机制,积累的故障事例越多,检测故障的准确率就越高. 根据邮件信息判断垃圾邮件的垃圾邮件过滤器也采用了这种机制!

贝叶斯分类器的分类原理是通过某对象的先验概率,利用贝叶斯公式计算出其后验概率,即该对象属于某一类的概率,选择具有最大后验概率的类作为该对象所属的类. 也就是说,贝叶斯分类器是最小错误率意义上的优化. 贝叶斯分类器是基于贝叶斯学习方法的分类器,其原理虽然较简单,但是其在实际应用中很成功.

尽管实际上独立性假设常常是不够准确的,但朴素贝叶斯分类器(naive Bayes classify)的若干特性让其在实践中能够取得令人惊奇的效果. 特别地,各类条件特征之间的解耦意味着每个特征的分布都可以独立地被当作一维分布来估计. 这样减轻了由于维数灾带来的阻碍,当样本的特征个数增加时就不需要使样本规模呈指数增长. 然而朴素贝叶斯在大多数情况下不能对类概率做出非常准确的估计,但在许多应用中这一点并不要求. 例如,朴素贝叶斯分类器中,依据最大后验概率决策规则只要正确类的后验概率比其他类要高就可以得到正确的分类. 所以不管概率估计轻度的,甚至是严重的不精确都不影响正确的分类结果. 在这种方式下,分类器可以有足够的鲁棒性去忽略朴素贝叶斯概率模型上存在的缺陷.

1.4.6 贝叶斯定理成为 Google 计算的新力量

搜索巨人 Google 和一家出售信息恢复工具的 Autonomy 公司,都使用了贝叶斯定理为数据搜索提供近似的结果. 研究人员还使用贝叶斯模型来判断症状和疾病之间的相互关系,创建个人机器人,开发能够根据数据和经验来决定行动的人工智能设备.

这听起来好像很深奥,其实它的意思却是很简单:某件事情发生的概率大致可以由它过去发生的频率近似地估计出来.研究人员把这个原理应用在每件事上,从基因研究到过滤电子邮件.贝叶斯理论的一个出名的倡导者就是微软.该公司把概率用于它的公共平台上.该技术将会被内置到微软未来的软件中,而且让计算机和蜂窝电话能够自动地过滤信息,不需要用户帮助,自动计划会议并且和其他人联系.如果成功的话,该技术将会导致一种叫"上下文的服务器"电子管家的出现,它能够解释人的日常生活习惯并在不断变换的环境中组织他们的生活.

微软研究部门的高级研究员埃里克·侯卫茨说他们正在进行贝叶斯的研究,它将被用于决定怎样最好地分配计算和带宽,他个人相信"在这个不确定的世界里,你不能够知道每件事,而概率论是任何智能的基础."

英特尔也将发布它自己的基于贝叶斯理论的工具包.一个关于照相机的实验警告医生说病人可能很快遭受痛苦.在本周晚些时候在该公司的开发者论坛上将讨论这种发展.虽然它在今天很流行,但贝叶斯的理论并不是一直被广泛接受的:就在十几年前,贝叶斯研究人员还在他们的专业上踌躇不前.但是其后,改进的数学模型,更快的计算机和实验的有效结果增加了这种学派新的可信程度.

贝叶斯的理论可以粗略地被简述成一条原则:为了预见未来,必须要看看过去.贝叶斯的理论表示未来某件事情发生的概率可以通过计算它过去发生的频率来估计.一个弹起的硬币正面朝上的概率是多少?实验数据表明这个值是 50%.斯坦福大学管理科学和工程系的教授霍华德认为,贝叶斯表示从本质上说,每件事都有不确定性,你有不同的概率类型.例如,假设不是硬币,一名研究人员把塑料图钉往上抛,想要看看它钉头朝上落地的概率有多大,或者有多少可能性是侧面着地,而钉子是指向什么方向的.形状,成型过程中的误差,重量分布和其他的因素都会影响该结果.

贝叶斯技术的吸引力在于它的简单性.预测完全取决于收集到的数据——获得的数据越多,结果就越好.贝叶斯模型的另一个优点是它能够自我纠正,也就是说数据变化了,结果也就跟着变化.

贝叶斯定理的思想改变了人们和计算机互动的方式.Google 的安全质量总监彼得说**"这种想法使计算机能够更像一个帮助者而不仅仅是一个终端设备,你在寻找的是一些指导,而不是一个标准答案."**他们从这种转变中,研究获益非浅.现在的搜索引擎采用了复杂的运算法则来搜索数据库,并找出可能的匹配.如同图钉的那个例子显示的那样,复杂性和对于更多数据的需要可能很快增长.由于功能强大的计算机的出现,对于把好的猜测转变成近似的输出所必须的结果进行控制成为可能.

螺旋式上升的科学研究"舞台"充满戏剧性,19 世纪上半叶备受争议和冷落的贝叶斯学派在 21 世纪大数据时代重新登场,光芒四射.进入 21 世纪后,我们现在的大部分信息主要来自网络搜索,非常有趣的是,这些网络信息搜索背后的理论计算基础就是贝叶斯定理."18世纪的贝叶斯定理成为 Google 计算的新力量".

1.5 贝叶斯统计学的今天和明天

伯杰教授可以称得上是当代国际贝叶斯统计学领域研究的顶尖人物,他是 ISBA 的发起者,他在贝叶斯理论和应用方面做了许多重要的研究工作.他于 2000 年在 *Journal of the American Statistical Association* 上发表文章"Bayesian Analysis：A Look at Today and Thoughts of Tomorrow"，对贝叶斯统计学今天的状况和明天的发展进行了综述.

我们仅以国际上关于贝叶斯统计分析的专著数量的增长为例，来看贝叶斯统计分析的发展情况. Berger (2000)指出："从 1769 年到 1969 年，200 年间大概有 15 本著作出版，从 1970 年到 1989 年 20 年间，贝叶斯统计学的书籍仅有 30 本，然而从 1990 年到 1999 年的最近 10 年中，贝叶斯分析的专著就有 60 本出版，这还不包括数十本关于贝叶斯会议的文集等."

1.5.1 客观贝叶斯分析

将贝叶斯分析当作主观的理论是一种普遍的观点. 但这无论在历史上，还是在实际中都不是非常准确的. 贝叶斯和拉普拉斯进行贝叶斯分析时，对未知参数使用常数先验分布. 事实上，在统计学的发展中，这种被称为"逆概率"(inverse probability)方法在 19 世纪非常具有代表性，而且对 19 世纪初的统计学产生了巨大的影响. 对使用常数先验分布的批评，使得杰弗里对贝叶斯理论进行了具有非常重大意义的改进. Berger 认为，大多数贝叶斯应用研究学者都受过拉普拉斯、杰弗里、贝叶斯分析客观学派的影响，当然在具体应用上也可能会对其进行现代意义下的改进.

许多贝叶斯学者的目的是想给自己贴上"客观贝叶斯"(objective Bayesian)的标签，这种将经典统计分析方法当作真正客观的观点是不正确的. 对此，伯杰认为，虽然在哲学层面上同意上述这个观点，但他觉得这里还包含很多实践和社会学中的原因，使得人们不得已地使用这个标签. 他强调，统计学家们应该克服那种用一些吸引人的名字来对自己所做的工作大加赞赏的不良习惯.

客观贝叶斯学派的主要内容是使用无信息先验分布(noninformative or default prior distribution). 其中大多数又是使用杰弗里先验分布. 最大熵先验分布(maximum entropy priors)是另一种常用的无信息先验分布(虽然它们也常常使用一些待分析总体的已知信息，如均值或方差等). 在最近的统计文献中经常强调的是参照先验分布(reference priors)，这种先验分布无论从贝叶斯的观点，还是从非贝叶斯的观点进行评判，都取得了显著的成功.

客观贝叶斯学派研究的另一个完全不同的领域是研究对"默认"模型(default model)的选择和假设检验. 这个领域有着许多成功的进展. 而且，当对一些问题优先选择默认模型时，还有许多值得进一步探讨的问题.

经常使用非正常先验分布(improper prior distribution)也是客观贝叶斯学派面临的主要问题. 这不能满足贝叶斯分析所要求的一致性(coherency). 同样，一个选择不适当的非正常先验分布可能会导致一个非正常的后验分布. 这就要求贝叶斯分析过程中特别要对此类问题加以重视，以避免上述问题的产生. 同样，客观贝叶斯学派也经常从非贝叶斯的角度进行分析，而且得出的结果也非常有效.

1.5.2 主观贝叶斯分析

虽然在传统贝叶斯学者的眼里看起来比较"新潮"，但是，主观贝叶斯分析(subjective Bayesian analysis)已被当今许多贝叶斯分析研究人员普遍地接受，他们认为这是贝叶斯统计学的"灵魂". 不可否认，这在哲学意义上非常具有说服力. 一些统计学家可能会提出异议并加以反对，他们认为当需要主观信息(模型和主观先验分布)的加入时，就必须对这些主观信息完全并且精确地加以确定.这种"完全精确的确定"的不足之处是这种方法在应用上的局限性.

有很多问题,使用主观贝叶斯先验分布信息是非常必要的,而且也容易被其他人所接受.对这些问题使用主观贝叶斯分析可以获得令人惊奇的结论.当研究某些问题时,如果用完全的主观分析不可行,那么同时使用部分的主观先验信息和部分的客观先验信息对问题进行分析,这种明智的选择经常可以取得很好的结果.

1.5.3 稳健贝叶斯分析

稳健贝叶斯分析(robust Bayesian analysis)研究者认为不可能对模型和先验分布进行完全的主观设定,即使在最简单的情况下,完全主观设定也必须包含一个无穷数.稳健贝叶斯的思想是构建模型与先验分布的集合,所有分析在这个集合框架内进行,当对未知参数进行多次推导(elicitation)之后,这个集合仍然可以反映此未知参数的基本性质.

关于稳健贝叶斯分析基础的争论是引人注目的,关于稳健贝叶斯分析的文献可参见Berger(1985).通常的稳健贝叶斯分析的实际运用需要相应的软件.

1.5.4 频率贝叶斯分析

统计学存在许多不断争议的学科基础——这种情况还会持续多久,现在很难想象.假设必须建立一个统一的统计学科基础,它应该是什么呢? 今天,越来越多的统计学家不得不面对将贝叶斯思想和频率思想相互混合成为一个统一体的统计学科基础的事实,并在此基础上形成了频率贝叶斯分析(frequentist Bayesian analysis).

Berger 从三个方面谈了他个人的观点.第一,统计学的语言(language of statistics)应该是贝叶斯的语言.统计学是对不确定性进行测度的科学.50 多年的实践表明(当然不是令人信服的严格论证):在讨论不确定性时统一的语言就是贝叶斯语言.另外,贝叶斯语言在很多种情况下不会产生歧义,比经典统计语言要更容易理解.贝叶斯语言既可对主观的统计学,又可以对客观的统计学进行分析.第二,从方法论角度来看,对参数问题的求解,贝叶斯分析具有明显的方法论上的优势.当然,频率的概念也是非常有用的,特别是在确定一个好的客观贝叶斯过程方面.第三,从频率学派的观点看来,基础统一也应该是必然的.我们早就已经认识到贝叶斯方法是"最优"的非条件频率方法(Berger,1985),现在从条件频率方法的角度,也产生了许多表明以上结论是正确的依据.

1.5.5 拟贝叶斯分析

有一种目前不断在文献中出现的贝叶斯分析类型,它既不属于"纯"贝叶斯分析,也不同于非贝叶斯分析.在这种类型中,各种各样的先验分布的选取具有许多特别的形式,包括选择不完全确定的先验分布(vague proper priors);选择先验分布对似然函数的范围进行"扩展"(span);对参数不断进行调整,从而选择合适的先验分布使得结论"看起来非常完美".Berger 称之为拟贝叶斯分析(quasi-Bayesian analysis),因为虽然它包含了贝叶斯的思想,但它并没有完全遵守主观贝叶斯或客观贝叶斯在论证过程中的规范要求.

拟贝叶斯方法,伴随着 MCMC 方法的发展,已经被证明是一种非常有效的方法,这种方法可以在使用过程中,不断产生新的数据和知识.虽然拟贝叶斯方法还存在许多不足,但拟贝叶斯方法非常容易创造出一些全新的分析过程,这种分析过程可以非常灵活地对数据进行分析,这种分析过程应该加以鼓励.对这种分析方法的评判,没有必要按照贝叶斯内在的标准去衡量,而应使用其他外在的标准去判别(例如,敏感性,模拟精度等).

1.6　*PNAS* 杂志报道贝叶斯模型选择的新进展

国际权威学术期刊 *PNAS* 在线发表了(*PNAS* 2018;published ahead of print February 5,2018,https://doi.org/10.1073/pnas.1712673115)由中国科学院数学与系统科学研究院和英国伦敦大学科研人员合作的关于贝叶斯模型选择的渐进行为的研究成果.研究结果表明,贝叶斯模型选择的病态渐进行为是使用贝叶斯方法进行物种进化树估计得到不合理结果的可能原因.

模型选择与假设检验是统计学中比较棘手的问题.经典统计与贝叶斯统计的处理方法不仅在哲学思想上大相径庭,应用到实际数据的分析也可能得到截然相反的结论.贝叶斯统计用模型的后验概率来进行模型比较.在所比较的模型都是错误的情况下,研究者们对后验概率的大样行为一直缺乏清晰的认识.该工作通过研究将贝叶斯模型选择问题划分为三种类型,推导证明了后验概率的渐进行为.在所关注的比较模型同等错误(以到真实模型的 K-L 距离衡量)时,后验概率表现出极端不理智的行为:分析随机产生的数据时,在有的数据里一个模型的后验概率接近 1,在别的数据里另一个模型的后验概率接近 1.

该项研究的出发点是分子分类学.贝叶斯模型选择被广泛应用于分析分子数据以进行系统发育树的估计.之前的研究中曾多次观察到使用贝叶斯模型选择的方法估计进化树估计时,不管进化树是否正确,其支持率(后验概率)总是 100%,这项工作的研究成果为这一现象提供了一个解释.贝叶斯模型选择广泛应用于科学的各个领域.该项研究成果对这些应用的哲学意义还有待进一步研究.

论文作者英国伦敦大学教授、中国科学院数学与系统科学研究院海外领袖科学家杨子恒教授,中国科学院数学与系统科学研究院朱天琪博士分别受到英国生物技术与生物科学研究基金会和自然科学基金委、中国科学院青年创新促进会的基金支持.

PNAS 是《美国科学院院报》(*Proceedings of the National Academy of Sciences of the United States of America*)的缩写.它是美国国家科学院的院刊,亦是公认的世界四大名刊(*Cell*,*Nature*,*Science*,*PNAS*)之一,百年经典期刊,1914 年创刊至今,*PNAS* 提供具有高水平的前沿研究报告、学术评论、学科回顾及前瞻、学术论文以及美国国家科学学会学术动态的报道和出版.*PNAS* 收录的文献涵盖医学、化学、生物、物理、大气科学、生态学和社会科学.

1.7　本书的框架和内容安排

本书最初是作者给宁波大学数学系 90 级、91 级学生写的讲稿,后来又经过作者在本科生、研究生相关课程的教学中不断补充和修改,并在此基础上形成了本书的基本框架.

本书是作者在阅读了国内外大量相关文献的基础上,并结合自己长期从事教学和科研的实践经验,较为系统地介绍了贝叶斯统计学的基础理论以及在一些领域中的应用.全书共

16 章,内容可以分为 4 个部分:

第一部分,介绍贝叶斯统计学的发展和应用概况,包括第 1 章(绪论).

第二部分,介绍贝叶斯统计学的**基础理论**,包括第 2—6 章:先验分布和后验分布,贝叶斯统计推断,先验分布的选取,统计决策基础和贝叶斯决策.

第三部分,介绍贝叶斯统计学**在各领域中的应用**,包括第 7—15 章:贝叶斯回归分析,贝叶斯统计在证券投资预测中的应用,贝叶斯判别模型与负点法在处理微量超差中的应用,贝叶斯统计在计量经济学和金融中的应用,贝叶斯统计在保险、精算中的应用,贝叶斯时间序列及其应用,贝叶斯可靠性统计分析基础,可靠性参数的 E-Bayes 估计法及其应用,无失效数据的贝叶斯可靠性分析.

第四部分,介绍贝叶斯计算方法及有关软件,包括第 16 章.

另外,在本书还有三个附录,附录 A:贝叶斯学派开山鼻祖——托马斯·贝叶斯小传,附录 B:WinBUGS 软件及其基本使用介绍,附录 C：OpenBUGS 软件及其基本使用介绍.

R 软件是完全免费的,由志愿者管理的软件. 在网站 http://cran. r-project. org/bin/windows/base 上可下载到 R 软件的 Windows 版,按照提示安装即可. 其编程语言与 S-plus 所基于的 S 语言一样,很方便. 还有不断加入的从事各个方向研究者编写的软件包和程序. 在这个意义上可以说,其函数的数量和更新远远超过其他软件. 它的所有计算过程和代码都是公开的,它的函数还可以被用户按需要改写. 它的语言结构和 C＋＋,Fortran,MATLAB, Pascal, Basic 等很相似,容易举一反三. 对于一般非统计工作者来说,主要问题是它没有"傻瓜化".

介绍 R 语言/软件的书近几年来越来越多,特别是 R 语言/软件与数据分析相结合方面发展很快,代表性的见 Cryer(2008),汤银才(2008),Albert(2009),Tsay(2012),吴喜之(2013)等.

WinBUGS 和 OpenBUGS 都是在 BUGS 的基础上开发的面向对象交互式软件,二者在很多方面非常接近. 关于 WinBUGS 软件及其基本使用介绍,见本书的附录 B;关于 OpenBUGS 软件及其基本使用介绍,见本书的附录 C. 另外，还可以通过 R 软件调用 WinBUGS 和 OpenBUGS.

考虑到作为一款免费软件,R 软件具有**丰富的资源**(涵盖了多种行业数据分析中几乎所有的方法)、**良好的扩展性**(方便的编写函数和程序包,几乎可以胜任复杂数据的分析、绘制精美的图形)、**完备的帮助系统**(每个函数都有统一格式的帮助). 本书中的一些例题、应用案例,也采用 R 软件(还采用了来自 R 包的数据集),并给出了相应的代码. 在本书的第 16 章中,将介绍 R 中 MCMC 的实现、R 中 MCMC 相关程序包、贝叶斯统计计算中的 R 包等.

作为免费软件,WinBUGS 和 OpenBUGS 是现代贝叶斯统计中在国内外最流行的软件,也是应用 MCMC 中的有关算法的专用软件. 本书中的一些例题、应用案例,采用 R 软件、WinBUGS 和 OpenBUGS,并给出了相应的代码.

总有一些与贝叶斯统计相关的内容不断出现,为了(能在一定程度上)反映贝叶斯统计学发展的最新动态,以下列出有关代表性的部分及其链接(其他详见本书的相关内容):

"International Society for Bayesian Analysis"(http://bayesian. org/);

"Statistical Modeling, Causal Inference, and Social Science"(http://andrewgelman. com/);

"The Bayesian Singalong Book"(http://www. biostat. umn. edu/brad/cabaret. html);

"The BUGS Project"(http://www. mrc-bsu. cam. ac. uk/bugs/winbugs/contents. shtml);

"CRAN Task View: Bayesian Inference"(http://cran. r-project. org/web/views/Bayesian. html);

"MCMCpack"(http://mcmcpack. berkeley. edu/);

"统计之都"(http://cos. name/);

"贝叶斯之道"(https://bayes-stat. github. com).

说明:本书的部分内容就有取自以上网站的相关部分.

1.8 本章附录:应用贝叶斯方法搜寻失联航班

2014 年 3 月 8 日 1 时 20 分,由马来西亚吉隆坡飞往北京的马来西亚航空公司 MH370 航班与地面失去联系."MH370"作为航班代码,是近日震惊世界的马来西亚航空公司客机失去联络事件(后简称"马航事件")留给公众最深刻的数字印象. 时至今日(注:2014 年 4 月 19 日),有关马航事件的调查和搜救工作仍在继续.

最近在"统计之都"上刚看到"失联搜救中的统计数据分析"[http://cos. name/2014/04/search-rescue-plane-statistical-data-analysis/,作者:统计之都创作小组(code99)]. 大数据时代如何活用数据可视化、大数据与众包、群体智慧、贝叶斯方法等为失联搜救出谋献策?以下是该文部分内容的节选(有删改).

当我们在搜救过程中逐渐收集到更多更准确的数据,科学地结合现有数据、科学知识,以及主观经验无疑可为找寻失联客机带来一线曙光. 在统计学领域,贝叶斯方法提供了一个可以将观测数据、科学知识以及各种经验结合在一起的应用框架.

下面谈谈如何利用贝叶斯方法帮助寻找失联马航 MH370 客机呢?对于失联飞机,我们不仅需要找到它的三维坐标,同样需要找到它的失事原因. 新线索的出现,帮助我们积累了经验,从而改变飞机是由于自然事故还是遭遇劫机等人为事故造成的概率. 当然,我们还可以利用一些其他的线索帮助我们改变判断,比如飞机的原计划航线、风速、洋流,以及扫描过的海域的情况. 法航事件的飞机残骸搜寻工作给我们提供了一个参考案例.

我们来回顾贝叶斯方法在法航事件搜救过程中的应用. 在 2009 年 6 月 1 日早晨,法航 447 航班在暴风雨中失去了联系. 2010 年 7 月,法国航空事故调查处委任密特隆(Metron)负责重新检查分析已有的搜救信息以便绘制一幅飞机残骸可能地点的"概率分布图",在该图上概率由大到小的顺序为:红、橙、黄、绿、蓝. 2011 年 1 月 20 日,法国航空事故调查处于其网站刊登了分析结果. 直到 2011 年 4 月 8 日,法国航空事故调查处发言人表示 2011 年 1 月 20 日刊出分析结果暗示,在一个圆形范围内有很大可能性会发现飞机残骸;并且,在对该区域进行持续一周的搜寻之后,残骸被发现. 随后,飞行数据记录器和驾驶舱语音记录器被找到. 最终确认残骸的位置离前述的"概率分布图"的概率中心位置并不远,可见贝叶斯方法非常有效.

基于贝叶斯方法对整体概率进行计算所利用的信息来自四个阶段的搜寻工作. 阶段一:利用被动声学技术搜寻水下定位信号器. 法航 447 装备的飞行数据记录器和驾驶舱语音记

录器可以帮助分析事故发生时的状况. 同时, 在飞机沉入水中时, 飞机装配的水下定位信号器发出信号协助通讯. 水下定位信号器的电池可以工作至少 30 天, 平均可以工作 40 天. 搜寻持续了 31 天并于 2009 年 7 月 10 日停止. 两台搜救船——费尔蒙特冰川号和探险号, 均装备了美国海军提供的声波定位装置——参与了搜救. 阶段二: 旁侧声呐搜寻. 在声波搜寻结束后, BEA 决定使用 Pourquoi Pas 提供的 IFREMER 旁侧声呐技术继续搜寻. 在本阶段, 一些由于时间关系未能在第一阶段搜寻的海域也被搜寻. 阶段三: 旁侧扫描声呐搜寻. 阶段四: 我们在上一段提及的利用贝叶斯方法进行搜救, 并最终找到了飞机残骸.

由法航事件, 我们可以看到贝叶斯方法确实可以为搜救飞机残骸提供理论依据. 由于既得数据有时并不能为计算后验概率提供太多信息, 我们需要收集所有有用的信息, 并使所有信息都可以转化为贝叶斯方法中的先验信息. 诚如香港城市大学 Nozer Singpurwalla 教授所言, 即使在数据量极为丰富的情况下, 应用贝叶斯方法的时候都应考虑专家的主观判断、证据以及想象力. 在搜寻飞机的过程中, 搜寻队可以估算出已经搜寻过的海域中存在残骸但由于失误没有找到的概率、坏掉一个信号器与坏掉两个信号器是否是独立事件, 等等.

思考与练习题 1

1.1　请对经典统计和贝叶斯统计进行简要的比较.

1.2　请简要叙述经典统计和贝叶斯统计各自存在的问题.

1.3　在 1.2.2 节 "对经典学派的批评" 中, 从标准正态总体 $N(0, 1)$ 生成容量为 200 的随机样本, 由此得到均值 ($\mu = 0$) 的置信水平为 0.95 的置信区间, 并且重复 100 次, 得到 100 个区间, 如图 1-8 所示. 请从某个正态总体 $N(\mu_0, \sigma_0^2)$ (其中 μ_0 和 σ_0^2 已知, 但 $\mu_0 \neq 0$, $\sigma_0^2 \neq 1$) 生成容量为 300 的随机样本, 由此得到均值 (μ_0) 的置信水平为 0.95 的置信区间, 并且重复 100 次, 得到 100 个区间.

(1) 请把得到的 100 个区间用你熟悉的软件绘制在一个图中;

(2) 仿照本章中的相关内容你能得到什么结论?

1.4　请对感兴趣的某领域中的问题收集资料, 并在此基础上说明贝叶斯统计在该领域中的应用情况.

1.5　如果你现在对 R 软件, WinBUGS 软件或 OpenBUGS 软件还不熟悉, 请按照本章、本书附录 B 和 C 介绍的网址, 把它们下载并安装到你的计算机上, 熟悉它们 (或其中的某一个) 的基本操作.

第 2 章 先验分布和后验分布

先验分布和后验分布是贝叶斯统计学的基础理论部分的重要内容. 在本章中将介绍：统计推断的基础，贝叶斯定理，共轭先验分布，充分统计量等. 为便于以后的应用，本章还将介绍：Beta 分布、Gamma 分布和 Pareto 分布，最后给出常用分布列表.

2.1 统计推断的基础

学过"概率论与数理统计"的读者都知道，统计推断是根据样本信息对总体分布或总体的数字特征进行推断. 事实上，这是经典学派对统计推断的规定. 这里的统计推断使用到两种信息：**总体信息**和**样本信息**；而贝叶斯学派则认为，除了上述两种信息以外，统计推断还应使用第三种信息：**先验信息**. 以下先简要说明这三种信息.

2.1.1 总体信息

总体信息就是总体分布或总体所属分布族提供的信息. 例如，若已知总体是正态分布，则我们就知道一些如下信息：总体的各阶矩都存在，总体的密度函数关于均值对称，总体所有性质由其一、二阶矩决定，有许多比较成熟的统计推断方法可供我们选用等.

2.1.2 样本信息

样本信息就是抽取样本所得观察值提供的信息. 例如，有了样本观察值以后，我们可以根据它大概知道总体的一些数字特征，如总体均值，总体方差等在一个什么范围内. 这是最"新鲜"的信息，并且越多越好，希望通过样本对总体分布或总体的某些数字特征作出比较精确的统计推断. 没有样本信息也就没有统计推断可言.

2.1.3 先验信息

什么是先验信息？为了对未知参数作统计推断（或统计决策），我们需要从总体抽取样本，并且愈多愈好. 因为样本含有未知参数的信息，并且是最"新鲜"的信息. 这是经典统计推断的主要依据. 可是我们周围还存在有一些非样本信息. 这些非样本信息主要来源于经验和历史资料. 由于这些经验和历史资料大多存在于（获得样本的）试验之前，故又称为先验信息. 先验信息同样也可以用于统计推断和统计决策，因为当需要对未来的不确定性作出统计推断时，当前的状态固然重要，但历史的经验也同样是举足轻重的.

如果我们把抽取样本看作是做一次试验，则样本信息就是试验中获得的信息. 实际上，人们在进行试验前对要做的问题在经验上和资料上总是有所了解的，这些信息对统计推断是有益的. 先验信息就是在抽样（试验）之前有关统计问题的一些信息. 一般来说，先验信息来源于经验和历史资料. 先验信息在日常生活中是很重要的.

基于上述三种信息进行统计推断的统计学称为**贝叶斯统计学**(Bayesian statistics). 它与经典统计学的差别就在于是否利用先验信息. 贝叶斯统计在重视使用总体信息和样本信息的同时,还注重先验信息的收集、挖掘和加工,使它数量化,形成先验分布,参加到统计推断中来,以提高统计推断的质量. 忽视先验信息的利用是一种浪费,有时甚至还会导致出现不合理的结论.

贝叶斯学派的基本观点是:任何一个未知量 θ 都可以看作随机变量,可用一个概率分布去描述,这个分布称为**先验分布**(prior distribution). 在获得样本之后,总体分布、样本与先验分布通过贝叶斯公式(或贝叶斯定理)结合起来得到一个关于未知量 θ 的新分布——**后验分布**(posterior distribution),任何关于 θ 的统计推断都应该基于 θ 的后验分布进行.

关于未知量是否可以看作随机变量,在经典学派和贝叶斯学派之间争论了很长时间. 因为任何未知量都有不确定性,而在表述不确定性的程度时,概率与概率分布是最好的语言,因此把它看作随机变量是合理的. 如今经典学派已不反对这一观点:著名的美国经典统计学家莱曼教授在他的 *Theory of point estimation* 一书中写道:"把统计问题中的参数看作随机变量的实现要比看作未知参数更合理一些." 如今两个学派的争论焦点是:如何利用各种先验信息合理地确定先验分布. 这在有些情况是容易解决的,但在很多情况是相当困难的.

2.2　贝叶斯定理

贝叶斯学派奠基性的工作是贝叶斯定理(或贝叶斯公式). 贝叶斯定理可以分为:事件形式和随机变量形式. 事件形式的贝叶斯定理在通常的《概率论与数理统计》教材中都有叙述,这里我们再用事件的形式和随机变量的形式来分别叙述.

2.2.1　事件形式的贝叶斯定理

设试验 E 的样本空间为 Ω, A 为 E 的事件, B_1, B_2, $\cdots$, B_n 为样本空间 Ω 的一个划分,且 $P(A) > 0$, $P(B_i) > 0$ $(i = 1, 2, \cdots, n)$,则

$$P(B_i \mid A) = \frac{P(A \mid B_i)P(B_i)}{\sum\limits_{j=1}^{n} P(A \mid B_j)P(B_j)}, \quad i = 1, 2, \cdots, n. \tag{2.2.1}$$

式(2.2.1)称为事件形式的贝叶斯定理.

事件形式的贝叶斯定理最简单的情况是(两个事件情形):

$$P(A \mid B) = \frac{P(B \mid A)P(A)}{P(B \mid A)P(A) + P(B \mid \overline{A})P(\overline{A})},$$

其中, $\overline{A}$ 表示事件 A 的对立事件,且 $P(B) > 0$, $P(A) > 0$, $P(\overline{A}) > 0$.

为了说明贝叶斯定理的意义,以下给出两个例子.

例 2.2.1　设从某个城市的人口中随机选取一个人进行结核病皮肤试验(简称为"皮试"),而试验的结果是阳性,问给出皮试阳性结果(记为事件 B)这个人正是结核病患者(记

为事件 A)的概率是多少?

从医疗机构和专家那里,可以得到如下信息:

(1) 在一项研究皮试效果的报告中得知,一个结核病患者其皮试结果为阳性的概率为 0.98,即 $P(B \mid A) = 0.98$.

(2) 在上述报告中还得知,一个没有结核病的人,而其皮试结果错误地呈阳性的概率为 0.05,即 $P(B \mid \bar{A}) = 0.05$.

(3) 根据该市卫生部门的统计资料得知,该城市人口中有 1% 患有结核病,即 $P(A) = 0.01$.

根据贝叶斯定理(2.2.1),则从该城市随机选取一个人作皮试,结果呈阳性(事件 B)而此人正是结核病患者(事件 A)的概率为

$$P(A \mid B) = \frac{P(B \mid A)P(A)}{P(B \mid A)P(A) + P(B \mid \bar{A})P(\bar{A})} = \frac{0.98 \times 0.01}{0.98 \times 0.01 + 0.05 \times 0.99} = 0.165.$$

以上结果说明:在皮试之前人口中有 1% 患有结核病,然而在皮试之后,这个呈阳性的人确是结核病患者(事件 A)的概率上升到 16.5%.

另一方面,皮试结果呈阴性(事件 $\bar{B}$)而此人真正是结核病患者(事件 A)(被误诊并被遗漏)的概率为

$$P(A \mid \bar{B}) = \frac{P(\bar{B} \mid A)P(A)}{P(\bar{B} \mid A)P(A) + P(\bar{B} \mid \bar{A})P(\bar{A})} = \frac{0.02 \times 0.01}{0.02 \times 0.01 + 0.95 \times 0.99} = 0.000 2.$$

以上结果说明:在皮试之前人口中有 1% 患有结核病,然而在皮试之后,这个呈阴性的人确是结核病患者(事件 A)的概率下降到 0.02%.

在例 2.2.1 中,从医疗机构和专家那里得到的信息有三条. 第 1 条和第 2 条信息来自研究皮试效果的报告,它是从抽样试验结果得到的,因此叫做**抽样信息**(或**样本信息**). 而第 3 条信息是在没有进行皮试之前的信息,因此叫做**先验信息**.

根据贝叶斯定理得到的计算结果是综合了样本信息和先验信息之后的信息,因此叫做**后验信息**. "先验"与"后验"是相对于抽样而言的.

贝叶斯定理可以理解为:利用"样本信息"对"先验信息"进行修正而得到"后验信息".

例 2.2.2(质量控制问题) 某质量管理人员考虑某产品,由一个生产线生产,按照过去的经验不合格品率(记为 p)有四种可能:0.01,0.05,0.10,0.25. 假设该质量管理人员关于参数 p 有如下先验信息(即取以上四个值的概率):

$$P(p = 0.01) = 0.6, \quad P(p = 0.05) = 0.3,$$
$$P(p = 0.10) = 0.08, \quad P(p = 0.25) = 0.02.$$

除以上先验信息外,该质量管理人员决定从生产过程中进行抽样,以便获得一些样本信息. 设在整个过程中不合格产品率保持不变,而且每次抽样是独立的.

一个有 5 个产品的样品来自这个生产过程,且 5 个样品中有 1 个不合格. 如何把这个样本信息与先验信息结合呢? 首先计算**似然函数**(简称**似然**)——在假设不合格产品率为某个

值的条件下的样本分布. 假设不合格产品率 $p=0.01, 0.05, 0.10, 0.25$ 的条件下, 5 个样品中有 1 个不合格的似然, 根据二项分布, 有

$$P(r=1 \mid n=5, p=0.01) = C_5^1 (0.01)^1 (0.99)^4 = 0.048\,0,$$

$$P(r=1 \mid n=5, p=0.05) = C_5^1 (0.05)^1 (0.95)^4 = 0.203\,6,$$

$$P(r=1 \mid n=5, p=0.10) = C_5^1 (0.10)^1 (0.90)^4 = 0.328\,0,$$

$$P(r=1 \mid n=5, p=0.25) = C_5^1 (0.25)^1 (0.75)^4 = 0.395\,5.$$

根据贝叶斯定理(2.2.1), 有

$$P(B_i \mid A) = \frac{P(A \mid B_i) P(B_i)}{\sum\limits_{j=1}^{4} P(A \mid B_j) P(B_j)}, \quad i = 1, 2, \cdots, 4.$$

其中, 事件 A 表示 "5 个样品中有 1 个不合格", $B_i = p_i$ $(i = 1, 2, \cdots, 4)$, $p_1 = 0.01$, $p_2 = 0.05$, $p_3 = 0.10$, $p_4 = 0.25$.

有关计算结果见表 2-1.

表 2-1　　　　　　　　　　　　计算结果

不合格品率 p_i	先验概率 $P(B_i)$	似然 $P(A \mid B_i)$	先验×似然	后验概率 $P(B_i \mid A)$
0.01	0.6	0.048 0	0.028 80	0.232
0.05	0.3	0.236 0	0.061 08	0.492
0.10	0.08	0.328 0	0.026 24	0.212
0.25	0.02	0.395 5	0.007 91	0.064
$\sum$	1.00	—	0.124 03	1.00

从表 2-1 可以看出, 先验概率之和为 1, 后验概率之和也为 1(这是先验分布和后验分布本身的要求), 然而似然之和不为 1(也没有必要是 1).

为了获得更多的有关生产过程的信息, 该质量管理人员决定再从生产过程中进行一次抽样, 这次又随机抽取 5 个样品, 结果发现其中有 2 个不合格. 对于这个样本而言, 它的先验分布正是上一次抽样后的后验分布, 再次假设在整个过程中不合格产品率保持不变, 而且每次抽样是独立的. 根据贝叶斯定理, 有关计算结果见表 2-2.

表 2-2　　　　　　　　　　　　计算结果

不合格品率 p_i	先验概率 $P(B_i)$	似然 $P(A \mid B_i)$	先验×似然	后验概率 $P(B_i \mid A)$
0.01	0.232	0.001 0	0.000 23	0.005
0.05	0.492	0.021 4	0.010 53	0.244
0.10	0.212	0.072 9	0.015 45	0.359
0.25	0.064	0.263 7	0.016 88	0.392
$\sum$	1.00	—	0.043 09	1.00

有趣的是,观察一下新的样本信息之后概率分布的变化,如图 2-1 所示.原先质量管理人员在低的不合格品率处,即在 $p = 0.01$ 处有高的概率;在第一次抽样后,5 个样品中有 1 个不合格的,则最大概率位移到 $p = 0.05$ 处;在第二次抽样后,5 个样品中有 2 个不合格的,则最大概率位移到 $p = 0.25$ 处了,而原先质量管理人员评定的最大先验概率 0.6 竟变成最小概率 0.005 了.换言之,样本信息导致了概率分布的变化,这说明该生产线在什么地方出了问题.

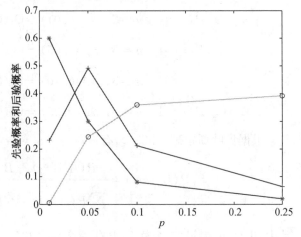

图 2-1　先验概率和后验概率

说明:在图 2-1 中, * 表示"先验概率",+ 表示第一次抽样的"后验概率",○ 表示第二次抽样的"后验概率".

你可别以为样本信息总是这么大地改变先验概率分布!例如,若在一次抽样后,10 个样品中有 1 个是不合格的,那么后验分布将如何变化?请读者自己计算一下,并说明你的结论(见习题 2.6).

2.2.2　随机变量形式的贝叶斯定理

设 $X_1, X_2, \cdots, X_n$ 是来自总体 X 的样本,$x_1, x_2, \cdots, x_n$ 为其观察值,则 $X_1, X_2, \cdots, X_n$ 的联合密度函数为 $f(x, \theta) = f(x_1, x_2, \cdots, x_n, \theta)$,其中 $\theta \in \Theta$ 是总体 X 中的未知参数 (Θ 是参数 θ 取值范围,称为**参数空间**),从总体中抽样得到样本信息包含在联合密度函数 $f(x, \theta)$ 之中.

经典统计认为未知参数 θ 是常数,而贝叶斯统计认为未知参数 θ 是随机变量.这样,样本 $X_1, X_2, \cdots, X_n$ 的联合密度函数就是在给定 θ 下的条件密度函数,称为**似然函数**,即

$$L(x \mid \theta) = f(x_1, x_2, \cdots, x_n, \theta). \tag{2.2.2}$$

由于参数 θ 是随机变量,因此它具有分布,设 $\pi(\theta)$ 是它的密度函数.一般 $\pi(\theta)$ 由参数 θ 的先验信息来确定,称 $\pi(\theta)$ 为参数 θ 的**先验密度函数**(对应的分布称为**先验分布**).先验密度或先验分布有时简称为**先验**(prior).关于先验分布的确定,详见后面的第 4 章.

由此可见,在上述统计问题中有两类信息:参数 θ 的先验信息(包含在参数 θ 的分布中)和样本的抽样信息(包含在联合密度函数(2.2.2)中).为了综合上述两类信息,可以求参数 θ 和样本 $X_1, X_2, \cdots, X_n$ 的联合密度函数,即

$$h(x, \theta) = L(x \mid \theta)\pi(\theta). \tag{2.2.3}$$

为了对未知参数 θ 进行统计推断,人们通常采用如下策略:

(1) 当没有抽样信息时,人们可以根据先验分布对参数 θ 作出推断.这实际上就是所谓的经验型统计推断.

(2) 如果有抽样信息,这时就可以根据参数 θ 和样本 $X_1, X_2, \cdots, X_n$ 的联合密度函数 $h(x, \theta)$ 对参数 θ 进行推断.令

$$m(x) = \int_{\Theta} h(x, \theta) \mathrm{d}\theta = \int_{\Theta} L(x \mid \theta)\pi(\theta) \mathrm{d}\theta,$$

则上式为样本的边缘密度函数,于是 $h(x,\theta)$ 可以分解为

$$h(x,\theta)=\pi(\theta\mid x)m(x).$$

其中 $\pi(\theta\mid x)$ 是在给定样本观察值情况下参数 θ 的条件密度函数. 由于 $m(x)$ 与参数 θ 无关,即 $m(x)$ 中不含 θ 的任何信息,因此,在对参数 θ 进行统计推断时,人们仅需要关注 $\pi(\theta\mid x)$,即

$$\pi(\theta\mid x)=\frac{L(x\mid\theta)\pi(\theta)}{\displaystyle\int_{\Theta}L(x\mid\theta)\pi(\theta)\mathrm{d}\theta}. \tag{2.2.4}$$

称式(2.2.4)为连续型随机变量形式的贝叶斯定理(即密度函数形式的贝叶斯定理). 称 $\pi(\theta\mid x)$ 为**后验密度函数**(对应的分布称为**后验分布**),它综合了有关参数 θ 的先验信息和抽样信息. 因此,基于后验分布对参数 θ 进行统计推断更加有效,也更加合理.

也可以把式(2.2.4)写成

$$\pi(\theta\mid x)\propto L(x\mid\theta)\pi(\theta). \tag{2.2.5}$$

其中,$\propto$ 表示"正比于"(两边只差一个常数因子).

式(2.2.5)的右边虽然不是正常的密度函数,但它是后验密度函数 $\pi(\theta\mid x)$ 的核(它与后验密度函数 $\pi(\theta\mid x)$ 只差一个常数因子).

式(2.2.5)的意义为:后验密度函数 $\pi(\theta\mid x)$ 的核"正比于"先验密度函数 $\pi(\theta)$ 与似然函数 $L(x\mid\theta)$ 的乘积.

关于密度函数的核,有时用起来是方便的. 例如正态分布 $N(\mu,\sigma^2)$,其密度函数的核为 $\mathrm{e}^{-\frac{(x-\mu)^2}{2\sigma^2}}$.

一般来说,先验分布[或先验密度函数 $\pi(\theta)$]反映了人们在抽样前对参数 θ 的认识;后验分布[或后验密度函数 $\pi(\theta\mid x)$]反映了人们在抽样后对参数 θ 的认识,它实际上是通过抽样信息对参数 θ 的先验信息进行调整.

在 θ 是离散型随机变量时,先验分布可用先验分布律 $\pi(\theta_i)$ $(i=1,2,\cdots)$ 来表示. 此时后验分布也有离散形式——后验分布律:

$$\pi(\theta_i\mid x)=\frac{L(x\mid\theta_i)\pi(\theta_i)}{\displaystyle\sum_j L(x\mid\theta_j)\pi(\theta_j)},\quad i=1,2,\cdots. \tag{2.2.6}$$

式(2.2.4)和式(2.2.6)称为**贝叶斯定理**(又称**贝叶斯公式**),其中 $\displaystyle\int_{\Theta}L(x\mid\theta)\pi(\theta)\mathrm{d}\theta$(连续场合)或 $\displaystyle\sum_j L(x\mid\theta_j)\pi(\theta_j)$ 称为**边缘分布**(或**边际分布**),它们与参数 θ 无关. 以后若不作特别说明,仅讨论参数是连续的场合.

在 x 被观测到之前,它是有分布可言的,并称

$$\int_{\Theta}L(x\mid\theta)\pi(\theta)\mathrm{d}\theta$$

为 x 的边际分布或先验预测分布. 而当 x 一经观测得到,就可对任一未知但可观测的量 $\tilde{x}$ 进行预测,其后验分布为

$$\pi(\widetilde{x} \mid x) = \int_{\Theta} \pi(\widetilde{x}, \theta \mid x) \mathrm{d}\theta = \int_{\Theta} \pi(\widetilde{x} \mid \theta, x) \pi(\theta \mid x) \mathrm{d}\theta = \int_{\Theta} \pi(\widetilde{x} \mid \theta) \pi(\theta \mid x) \mathrm{d}\theta.$$

$$(2.2.7)$$

式(2.2.7)为 x 的后验预测分布.

例 2.2.3(市场分析问题) 某公司开发了一款新产品,它很不同于同类其他产品,以至于经理对于该新产品在市场上是否有竞争力没有把握. 为此该经理把这个不确定性量化为一个参数 θ,它是 0 到 1 连续变化的数,当该产品在市场上极有吸引力时 θ 接近于 1,当该产品在市场上没有多少吸引力时 θ 接近于 0. 显然假设 θ 是连续型随机变量是合理的.

进一步该经理要对 θ 的先验分布作一个评定:认为 θ 低的可能性大于 θ 高的可能性,也就是认为这个新产品在市场上不是很有竞争力,于是该经理确定 θ 的先验分布用三角分布,其密度函数为

$$\pi(\theta) = \begin{cases} 2(1-\theta), & 0 \leqslant \theta \leqslant 1, \\ 0, & \text{其他}. \end{cases}$$

这个先验密度函数的图形如图 2-2 所示.

下一步评定似然函数. 为了获得有关 θ 的更多信息,该经理调查了 5 名顾客,结果是其中 1 名购买了这个新产品,而另 4 名没有购买这个新产品. 参数 θ 就是这个新产品在市场中有竞争力的度量(简称市场"竞争力").

设在整个过程市场"竞争力"保持不变,而且是否购买这个新产品是独立的.

根据二项分布,5 名顾客中有 1 名购买了这个新产品的似然函数为

$$L(x \mid \theta) = P(r = 1 \mid n = 5, \theta) = C_5^1 \theta^1 (1-\theta)^4 = 5\theta(1-\theta)^4, \quad 0 \leqslant \theta \leqslant 1.$$

这个似然函数的图形如图 2-3 所示.

根据贝叶斯定理(2.2.4),后验密度函数为

$$\pi(\theta \mid x) = \frac{L(x \mid \theta)\pi(\theta)}{\displaystyle\int_{\Theta} L(x \mid \theta)\pi(\theta)\mathrm{d}\theta} = \frac{2(1-\theta)[5\theta(1-\theta)^4]}{\displaystyle\int_0^1 2(1-\theta)[5\theta(1-\theta)^4]\mathrm{d}\theta} = 42\theta(1-\theta)^5, \quad 0 \leqslant \theta \leqslant 1.$$

这个后验密度函数的图形如图 2-4 所示.

把先验密度函数、似然函数和后验密度函数的图形放在同一个图中,如图 2-5 所示.

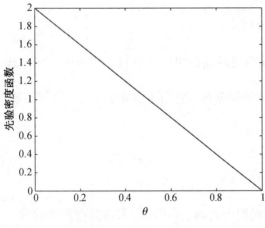

图 2-2　先验密度函数

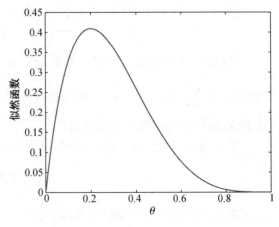

图 2-3　似然函数

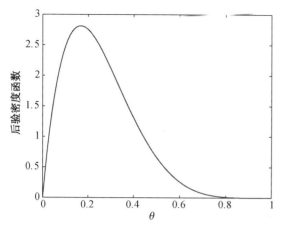

图 2-4 后验密度函数

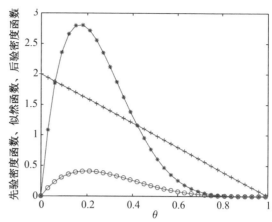

图 2-5 先验密度函数、似然函数、后验密度函数

说明:在图 2-5 中,+表示"先验密度函数",○表示"似然函数",∗表示"后验密度函数".

从图 2-5 可以看到:应用样本信息(通过似然函数)修正先验密度函数得到后验密度函数的情况.

例 2.2.4 在伯努利(Bernoulli)试验中,设事件 A 的概率为 θ,即 $P(A)=\theta$,为了对参数 θ 进行推断而作 n 次独立观察,结果是事件 A 出现的次数为 X,则 X 服从二项分布 $B(n,\theta)$,即

$$P(X=x \mid \theta)=C_n^x \theta^x (1-\theta)^{n-x}, \quad x=0,1,\cdots,n.$$

这就是似然函数,即

$$L(x \mid \theta)=P(X=x \mid \theta)=C_n^x \theta^x (1-\theta)^{n-x}, \quad x=0,1,\cdots,n.$$

如果我们在试验前对事件 A 没有什么了解,从而对其发生的概率 θ 也说不出是大是小. 在这种情况下,贝叶斯建议用区间 $(0,1)$ 上的均匀分布 $U(0,1)$ 作为 θ 的先验分布. 贝叶斯的这个建议被后人称为**贝叶斯假设**. 此时 θ 的先验密度函数为

$$\pi(\theta)=\begin{cases}1, & 0<\theta<1,\\ 0, & \text{其他}.\end{cases}$$

根据贝叶斯定理(2.2.4),θ 的后验密度函数为

$$\pi(\theta \mid x)=\frac{L(x \mid \theta)\pi(\theta)}{\int_{\Theta} L(x \mid \theta)\pi(\theta)\mathrm{d}\theta}=\frac{C_n^x \theta^x (1-\theta)^{n-x}}{\int_0^1 C_n^x \theta^x (1-\theta)^{n-x}\mathrm{d}\theta}=\frac{\theta^{(x+1)-1}(1-\theta)^{(n-x+1)-1}}{B(x+1,n-x+1)}, \quad 0<\theta<1.$$

它是参数为 $x+1$ 和 $n-x+1$ 的 Beta 分布,记为 $Be(x+1,n-x+1)$.

例 2.2.5 拉普拉斯在 1786 年研究了巴黎男婴诞生的比例,他希望检验男婴诞生的比例 θ 是否大于 0.5. 为此他收集了 1745 年到 1770 年在巴黎诞生的婴儿数据. 其中男婴 251 527 个,女婴 241 945 个. 他选用 $(0,1)$ 上的均匀分布 $U(0,1)$ 作为 θ 的先验分布,于是得到后验分布 $Be(x+1,n-x+1)$,其中 $n=251\ 527+241\ 945=493\ 472$,$x=251\ 527$. 利用这个后验分布,拉普拉斯计算了"$\theta\leqslant 0.5$"的后验概率

$$P(\theta\leqslant 0.5 \mid x)=\frac{1}{B(x+1,n-x+1)}\int_0^{0.5}\theta^x (1-\theta)^{n-x}\mathrm{d}\theta.$$

当年拉普拉斯为计算上述积分(实际上它是不完全 Beta 函数),把被积函数

$$\theta^x (1-\theta)^{n-x}$$

在最大值 $\dfrac{x}{n}$ 处展开,然后计算,最后得到的结果为

$$P(\theta \leqslant 0.5 \mid x) = 1.15 \times 10^{-42}.$$

注:用现代数值计算技术计算上式的结果为 1.146 058 490 067 549e-042(这说明当年拉普拉斯的计算精度与现代数值计算的精度几乎是相同的).

由于这个概率很小,因此拉普拉斯断言:男婴诞生的比例 θ 大于 0.5. 这个结果在当时是很有影响的.

例 2.2.6(续例 2.2.5) 用 OpenBUGS 计算例 2.2.5 中参数 θ 的贝叶斯估计.

解 根据例 2.2.5,参数 θ 的先验分布为 $U(0,1)$ 也就是 Beta 分布 $Be(1,1)$.

```
model {
x~dbin(theta,n)
p~dbeta(1,1)
}
deta
list(x=251527, n=493472)
```

运行结果见表 2-3.

表 2-3 计算结果

参数	mean	sd	MC-error	val2.5pc	median	val97.5pc	start	sample
θ	0.509 7	7.158E-4	7.744E-6	0.508 3	0.509 7	0.511 1	1 001	9 000

从表 2-3 可以看出,θ 的后验均值为 0.509 7,中位数为 0.509 7,可信水平为 0.95 的可信区间为 $(0.508\ 3, 0.511\ 1)$.

从以上结果可以看出 $\theta > 0.5$(无论是后验均值、中位数,还是区间估计).

进一步研究例 2.2.4,考察抽样信息 x 是如何对先验进行调整的. 试验前,θ 在区间 $(0,1)$ 上为 均匀分布 $U(0,1)$,其密度函数如图 2-6 所示. 当抽样结果 $X=x$ 时,θ 的后验分布仍然在区间 $(0,1)$ 上取值,但已不是均匀分布,而是一个密度函数呈单峰的分布,其单峰的位置是随着 x 的增加而向右移动,如图 2-7 所示.

不论是哪种情况,其峰值总在 $\dfrac{x}{n}$ 处达到. 例如,在 $x=0$ 时,它表示在 n 次试验中事件 A 一次也没有发生,这表明事件 A 发生的概率很小,θ 在 0 附近取值的可能性大,θ 在 1 附近取值的可能性小,所得后验密度是严格减少函数. 类似地,在 $x=n$ 时,所得后验密度是严格增加函数,θ 在 1 附近取值的可能性大,θ 在 0 附近取值的可能性小,如图 2-6 所示.

另外,当 $x < \dfrac{n}{2}$ 时,后验密度的峰值偏左;当 $x > \dfrac{n}{2}$ 时,后验密度的峰值偏右. 当 $x = \dfrac{n}{2}$ (n 为偶数)时,后验密度对称,其峰值在 $\dfrac{1}{2}$ 处,如图 2-7 所示.

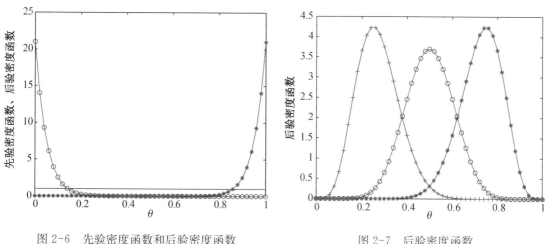

图 2-6 先验密度函数和后验密度函数   图 2-7 后验密度函数

说明:在图 2-6 中,$n = 20$,—表示 $U(0,1)$ 的密度函数,○表示在 $x = 0$ 时的密度函数 $[\pi(\theta \mid x) = (n+1)(1-\theta)^n]$,∗ 表示在 $x = n$ 时的密度函数 $[\pi(\theta \mid x) = (n+1)\theta^n]$.

在图 2-7 中,$n = 20$,x 分别取 5,10,15,+表示 $0 < x < \dfrac{n}{2}$ 情形的密度函数,○表示 $x = \dfrac{n}{2}$ 情形的密度函数,∗ 表示 $\dfrac{n}{2} < x < n$ 情形的密度函数.

从以上分析可见,从总体获得样本后,贝叶斯定理把人们对 θ 的认识从 $\pi(\theta)$ 调整到 $\pi(\theta \mid x)$.

2.3 共轭先验分布

式(2.2.4)从理论上提供了一个方法,利用样本信息修正先验密度函数(得到后验密度函数),然而在实际问题中会遇到一些困难.因为先验密度函数和似然函数如果不是比较简单的函数,则积分可能是困难的.解决这种困难的一个途径是限制先验分布为某个分布族,这样就发展了"共轭先验分布"的概念.它本质上是一个分布族,当用它们作先验分布时,计算后验分布是容易的,当然还要取决于似然函数.

2.3.1 共轭先验分布的定义

我们知道,区间(0,1)上的均匀分布 $U(0,1)$ 就是 Beta 分布 $Be(1,1)$. 在例 2.2.4 中我们看到,如果二项分布 $B(n,\theta)$ 中的参数 θ 的先验分布取 $Be(1,1)$,则其后验分布也是 Beta 分布 $Be(x+1, n-x+1)$. 先验分布和后验分布同属于一个 Beta 分布族,只是其分布参数不同而已.这不是一个偶然现象.如果把 θ 的先验分布换成一般的 Beta 分布 $Be(a,b)$,其中 $a > 0, b > 0$,经过与例 2.2.4 类似的计算可以得到(见后面的例 2.3.1):θ 的后验分布也仍然是 Beta 分布 $Be(a+x, b+n-x)$. 此先验分布就是"共轭先验分布". 在其他场合还会遇到另外一些共轭先验分布.

定义 2.3.1 设 θ 是总体分布 $f(x;\theta)$ 中的参数,$\pi(\theta)$ 是 θ 的先验分布,如果对于任意来自 $f(x;\theta)$ 的样本观察值 $x = (x_1, x_2, \cdots, x_n)$ 得到的后验分布 $\pi(\theta \mid x)$ 与 θ 的先验分

布 $\pi(\theta)$ 属于同一分布族,则称该分布族是 θ 的**共轭先验分布(族)**.

根据定义 2.3.1,如果参数 θ 的先验分布 $\pi(\theta)$ 属于某分布族,根据贝叶斯定理将它与似然函数综合后,得到参数 θ 的后验分布也属于这个分布族.

共轭先验分布所说的"共轭"(conjugate)表示先验分布与后验分布相对于给定的似然函数而言的.

2.3.2 后验分布的计算

例 2.3.1(续例 2.2.4) 在例 2.2.4 中我们看到,如果二项分布 $B(n, \theta)$ 中的参数 θ 的先验分布取 $Be(1, 1)$,则其后验分布也是 Beta 分布 $Be(x+1, n-x+1)$. 如果把 θ 的先验分布换成一般的 Beta 分布 $Be(a, b)$,其中 $a>0, b>0$,经过与例 2.2.4 类似的计算可以得到:θ 的后验分布也仍然是 Beta 分布 $Be(a+x, b+n-x)$.

事实上,在例 2.2.4 中,如果二项分布 $B(n, \theta)$ 中的参数 θ 的先验分布取 Beta 分布 $Be(a, b)$,其密度函数为

$$\pi(\theta) = \frac{\theta^{a-1}(1-\theta)^{b-1}}{B(a, b)}, \quad 0<\theta<1.$$

根据例 2.2.4,似然函数为

$$L(x \mid \theta) = P(X=x \mid \theta) = C_n^x \theta^x (1-\theta)^{n-x}, \quad x=0, 1, \cdots, n.$$

根据贝叶斯定理,则 θ 的后验密度函数为

$$\pi(\theta \mid x) = \frac{L(x \mid \theta)\pi(\theta)}{\int_\Theta L(x \mid \theta)\pi(\theta)\mathrm{d}\theta} = \frac{\theta^{(a+x)-1}(1-\theta)^{(b+n-x)-1}}{B(a+x, b+n-x)}, \quad 0<\theta<1.$$

它是 Beta 分布 $Be(a+x, b+n-x)$.

例 2.3.2(续例 2.3.1) 在例 2.3.1 中,如果二项分布 $B(n, \theta)$ 中的参数 θ 的先验分布取 Beta 分布 $Be(a, b)$,则 θ 的后验分布是 Beta 分布 $Be(a+x, b+n-x)$. 根据这个结果,可以得到后验分布 $Be(a+x, b+n-x)$ 的均值和方差分别为

$$E(\theta \mid x) = \frac{a+x}{a+b+n} = \frac{n}{a+b+n} \cdot \frac{x}{n} + \frac{a+b}{a+b+n} \cdot \frac{a}{a+b} = \alpha \frac{x}{n} + (1-\alpha)\frac{a}{a+b},$$

$$\mathrm{Var}(\theta \mid x) = \frac{(a+x)(b+n-x)}{(a+b+n)^2(a+b+n+1)} = \frac{E(\theta \mid x)[1-E(\theta \mid x)]}{(a+b+n+1)}.$$

其中 $\alpha = \dfrac{n}{a+b+n}$,$\dfrac{x}{n}$ 是样本均值,$\dfrac{a}{a+b}$ 是先验均值.

从上述后验均值 $E(\theta \mid x)$ 可以看出:后验均值是样本均值 $\dfrac{x}{n}$ 和先验均值 $\dfrac{a}{a+b}$ 的加权平均,因此,后验均值介于样本均值和先验均值之间,它偏向哪一侧由 $\alpha = \dfrac{n}{a+b+n}$ 的大小决定. 另外,当 n 和 x 都比较大,且 $\dfrac{x}{n}$ 接近于某个常数时,则有

$$E(\theta \mid x) \approx \frac{x}{n},$$

$$\text{Var}(\theta \mid x) \approx \frac{1}{n} \frac{x}{n} \left(1 - \frac{x}{n}\right).$$

这说明,当样本容量 n 增大时,后验均值决定于样本均值,而后验方差越来越小.此时后验密度的变化可从图 2-8—图 2-11 看到($a = b = 1$),随着 x 和 n 在成比例地增加时,后验分布的密度函数越来越向 $\frac{x}{n}$ 集中,这时先验信息对后验分布的影响越来越小.

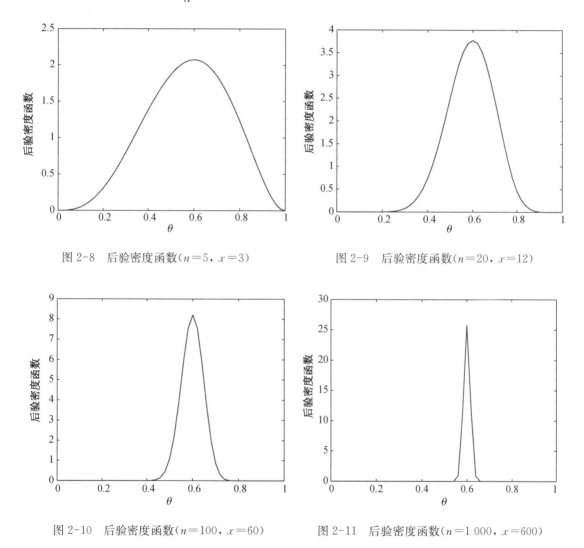

图 2-8　后验密度函数($n = 5$, $x = 3$)　　　　图 2-9　后验密度函数($n = 20$, $x = 12$)

图 2-10　后验密度函数($n = 100$, $x = 60$)　　图 2-11　后验密度函数($n = 1\,000$, $x = 600$)

例 2.3.3(续例 2.3.2)　在例 2.3.2 中,如果二项分布 $B(n, \theta)$ 中的参数 θ 的先验分布取 Beta 分布 $Be(a, b)$,则 θ 的后验分布是 Beta 分布 $Be(a + y, b + n - y)$.由此可得:如果二项分布 $B(n, \theta)$ 中的参数 θ 的先验分布取 Beta 分布 $Be(1, 1)$,则 θ 的后验分布是 Beta 分布 $Be(1 + y, 1 + n - y)$.当 $n = 5$ 时,图 2-12 给出了观测值 $y = 0, 1, 2, 3, 4, 5$ 时 6 种后验分布的密度函数.

从图 2-12 可以看出：在相同的样本容量下 ($n=5$)，不同的观测值($y=0$，1，2，3，4，5)对后验分布的影响很明显.

例 2.3.4(续例 2.3.2) 在例 2.3.2 中，如果二项分布 $B(n，\theta)$ 中的参数 θ 的先验分布取 Beta 分布 $Be(a，b)$，则 θ 的后验分布是 Beta 分布 $Be(a+y，b+n-y)$. 如果二项分布 $B(n，\theta)$ 中的参数 θ 的先验分布分别取 Beta 分布 $Be(1，1)$，$Be(2，5)$ 和 $Be(10，1)$，考察两种观测数据：$n=5$，$y=1$ 和 $n=50$，$y=10$，此时 θ 的经典估计(极大似然估计)为 $\hat{\theta}_C=0.2$. 图 2-13 给出了三种先验对后验分布的影响与样本容量的关系.

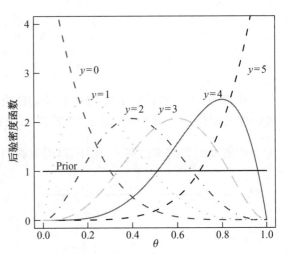

图 2-12 后验分布 $Be(1+y，1+n-y)$ 的密度函数

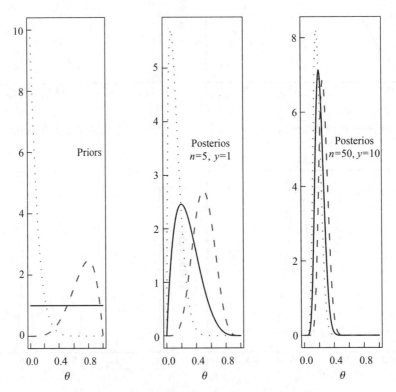

图 2-13 后验分布随样本容量和先验分布的变化情况

说明：在图 2-13 中，左数第一个图：-，… 和 -- 分别表示 $Be(1，1)$，$Be(2，5)$ 和 $Be(10，1)$ 的密度函数；左数第二、三个图：-，… 和 -- 分别表示与 $Be(1，1)$，$Be(2，5)$ 和 $Be(10，1)$ 对应的后验分布的密度函数.

从图 2-13 可以看出：随着样本容量的增加，先验分布对后验分布的影响逐渐减小. 这说明在小样本情况下，先验分布的选取较为重要，但随样本数据信息的增加，先验分布在贝叶斯分析中的敏感性变弱,因此其选择可以考虑以方便计算为主,如取共轭先验分布等.

例 2.3.5(大学生的睡眠问题)　一名研究者想研究大学生的睡眠情况.他走访了 30 名学生,其中 12 名可以保证 8 小时的充分睡眠,而其他 18 名学生的睡眠时间则不足 8 小时.这名研究者感兴趣的是大学生这个群体中充足睡眠者的比例 p. 作为比例的 p 其似然函数是二项分布,可以把它写为 $L(p) \propto p^s(1-p)^{n-s}$,其中 n 是走访的学生总数,s 是充分睡眠的学生数(http://site.douban.com/182577/widget/notes/10567181/note/294041203/).

下面我们采用两种方法来取先验分布并计算后验分布.

(1)一种方法是假设有关于大学生群体睡眠状况的比较充分信息,p 可能取 0.05,0.15,0.25,0.35,0.45,0.55,0.65,0.75,0.85,0.95 这些值,相对应的权重可以取为 1,5,8,7,4.5,2,1,0.7,0.5,0.2,那么通过对这些权重值的归一化可以得到 p 的离散形式的先验概率. 对具有离散先验的比例参数,计算后验概率使用 R 语言中的函数 pdisc(). 然后我们可以用绘图包 ggplot2 把先验分布和后验分布绘制出来.

使用离散先验,其 R 代码如下:

```
library(LearnBayes)
library(ggplot2)
p <- seq(0.05, 0.95, by = 0.1)
prior <- c(1, 5, 8, 7, 4.5, 2, 1, 0.7, 0.5, 0.2)
prior <- prior/sum(prior)
data <- c(12, 18)
post <- pdisc(p, prior, data)
prob <- c(prior, post)
type <- factor(rep(c("prior", "posterior"), each = 10))
n <- as.numeric(rep(1:10, times = 2))
d.prior <- data.frame(prob, type, n)
ggplot(d.prior, aes(x = n, y = prob, fill = type)) + geom_bar(stat = "identity", position = "dodge")
```

运行结果如图 2-14 所示.

(2)另一种方式是取共轭先验分布. 因为似然是二项分布,共轭先验分布就是 Beta 分布.假设我们对先验分布有一定了解,如果其 50%分位数对应的比例值为 0.3,90% 分位数对应的比例值为 0.5.利用 R 语言中的 beta.select()函数可以得到完整的先验分布.然后利用 ggplot2 包绘制先验和后验分布的图形.

使用 Beta 分布作为共轭先验,其 R 代码如下:

```
quantile2 = list(p = 0.9, x = 0.5)
quantile1 = list(p = 0.5, x = 0.3)
beta.prior <- beta.select(quantile1, quantile2)
```

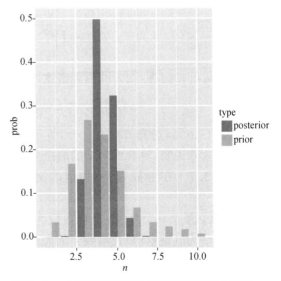

图 2-14　离散先验概率和后验概率的变化情况

```
a <- beta.prior[1]
b <- beta.prior[2]
print(c(a, b))
[1] 3.26  7.19
s = 12
f = 18
ggplot(data.frame(x = c(0, 1)), aes(x = x))
+ stat_function (fun = dbeta, args = list
(shape1 = a,
shape2 = b), geom = "area", fill = "blue", alpha
= 0.3, colour = "blue",
lwd = 1) + stat_function(fun = dbeta, args =
list(shape1 = s + a, shape2 = f +
b), geom = "area", fill = "red", alpha = 0.3,
colour = "red", lwd = 1) +
annotate("text", x = 0.25, y = 3, label = "
prior") + annotate("text", x = 0.37,
y = 5.3, label = "posterior")
```

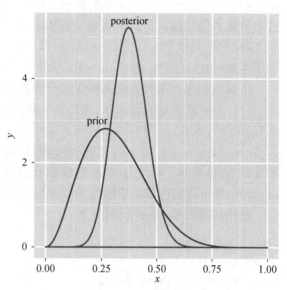

图 2-15　共轭先验分布和后验分布的变化情况

运行结果如图 2-15 所示.

例 2.3.6　设 $X_1, X_2, \cdots, X_n$ 是来自参数为 λ 的泊松分布 $P(\lambda)$ 的样本，$x_1, x_2, \cdots, x_n$ 为其观察值. 若参数 λ 的先验分布为 Gamma 分布 $Ga(a, b)$，其密度函数为

$$\pi(\lambda) = \frac{b^a}{\Gamma(a)} \lambda^{a-1} \exp(-b\lambda), \quad \lambda > 0, a > 0, b > 0,$$

其中，$\Gamma(a) = \int_0^\infty t^{a-1} \exp(-t) \mathrm{d}t$ 为 Gamma 函数.

似然函数为

$$L(x \mid \lambda) = \prod_{i=1}^n \frac{\lambda^{x_i} \mathrm{e}^{-\lambda}}{x_i!} \propto \lambda^{\sum_{i=1}^n x_i} \mathrm{e}^{-n\lambda} \propto \lambda^{n\bar{x}} \mathrm{e}^{-n\lambda}.$$

根据贝叶斯定理，则 λ 的后验密度函数为

$$\pi(\lambda \mid x) \propto \pi(\lambda) L(x \mid \lambda) \propto \lambda^{a+n\bar{x}-1} \mathrm{e}^{-(b+n)\lambda}.$$

它是 Gamma 分布 $Ga(a+n\bar{x}, b+n)$ 的密度函数.

例 2.3.6 说明，对参数为 λ 的泊松分布 $P(\lambda)$，λ 的共轭先验分布是 Gamma 分布.

例 2.3.7　在参数为 λ（均值的倒数）的指数分布中，λ 的共轭先验分布是 Gamma 分布.

设 $X_1, X_2, \cdots, X_n$ 是来自参数为 λ（均值的倒数）的指数分布 $Exp(\lambda)$ 的样本，$x_1, x_2, \cdots, x_n$ 为其观察值. 若参数 λ 的先验分布为 Gamma 分布 $Ga(a, b)$，其密度函数为

$$\pi(\lambda) = \frac{b^a}{\Gamma(a)} \lambda^{a-1} \exp(-b\lambda), \quad \lambda > 0, a > 0, b > 0,$$

其中，$\Gamma(a)=\int_0^\infty t^{a-1}\exp(-t)\mathrm{d}t$ 为 Gamma 函数.

似然函数为

$$L(x\mid\lambda)\propto\lambda^n\exp\Big(-\lambda\sum_{i=1}^n x_i\Big).$$

根据贝叶斯定理，则 λ 的后验密度函数为

$$\pi(\lambda\mid x)=\frac{L(x\mid\lambda)\pi(\lambda)}{\displaystyle\int_0^\infty L(x\mid\lambda)\pi(\lambda)\mathrm{d}\lambda}\propto\lambda^{a+n-1}\exp\Big[-\lambda\Big(b+\sum_{i=1}^n x_i\Big)\Big].$$

它是 Gamma 分布 $Ga\Big(a+n,b+\sum\limits_{i=1}^n x_i\Big)$ 的密度函数.

记 $\bar x=\dfrac{1}{n}\sum\limits_{i=1}^n x_i$，则 $\sum\limits_{i=1}^n x_i=n\bar x$. 于是 λ 的后验分布为 $Ga(a+n,b+n\bar x)$，因此后验均值为

$$E(\lambda\mid x)=\frac{a+n}{b+n\bar x}=\frac{n\bar x}{b+n\bar x}\cdot\frac{1}{\bar x}+\frac{b}{b+n\bar x}\cdot\frac{a}{b}.$$

从上述后验均值 $E(\lambda\mid x)$ 可以看出：后验均值是 $\dfrac{1}{\bar x}$（λ 的极大似然估计）和先验均值 $\dfrac{a}{b}$ 的加权平均，因此，后验均值介于 $\dfrac{1}{\bar x}$ 和先验均值之间，它偏向哪一侧由 $\dfrac{n\bar x}{b+n\bar x}$ 的大小决定.

例 2.3.8　设 $x_1,x_2,\cdots,x_n$ 是来自正态分布 $N(\mu,\sigma^2)$ 的样本观察值，其中 μ 为未知，$\sigma^2=\sigma_0^2$ 为已知，若 μ 的先验分布为 $N(\mu_a,\sigma_a^2)$，其中 μ_a,σ_a^2 为已知，则 μ 的后验分布为 $N(\mu_b,\sigma_b^2)$，其中

$$\mu_b=\frac{\bar x\sigma_a^2+\dfrac{\mu_a\sigma_0^2}{n}}{\sigma_a^2+\dfrac{\sigma_0^2}{n}},\qquad(2.3.1)$$

$$\sigma_b^2=\frac{\dfrac{\sigma_a^2\sigma_0^2}{n}}{\sigma_a^2+\dfrac{\sigma_0^2}{n}},\qquad(2.3.2)$$

$$\bar x=\frac{1}{n}\sum_{i=1}^n x_i.$$

事实上，设 $x_1,x_2,\cdots,x_n$ 是来自正态分布 $N(\mu,\sigma_0^2)$ 的样本观察值，则样本的似然

函数为

$$L(x \mid \mu) = (2\pi \sigma_0^2)^{-\frac{n}{2}} \exp\left[-\frac{1}{2\sigma_0^2} \sum_{i=1}^{n} (x_i - \mu)^2\right]$$

$$= (2\pi \sigma_0^2)^{-\frac{n}{2}} \exp\left\{-\frac{1}{2\sigma_0^2}\left[(n-1)s^2 + n(\mu - \overline{x})^2\right]\right\},$$

其中 $\overline{x} = \dfrac{1}{n} \sum\limits_{i=1}^{n} x_i$, $s^2 = \dfrac{1}{n-1} \sum\limits_{i=1}^{n} (x_i - \overline{x})^2$.

若 μ 的先验分布为 $N(\mu_a, \sigma_a^2)$, 其密度函数为

$$\pi(\mu) = \frac{1}{\sqrt{2\pi}\,\sigma_a} \exp\left[-\frac{1}{2\sigma_a^2}(\mu - \mu_a)^2\right].$$

根据贝叶斯定理,则 μ 的后验密度函数为

$$\pi(\mu \mid x) \propto \pi(\mu)L(x \mid \mu) \propto \exp\left\{-\frac{1}{2}\left[\frac{(\mu - \mu_a)^2}{\sigma_a^2} + \frac{n}{\sigma_0^2}(\mu - \overline{x})^2\right]\right\}$$

$$\propto \exp\left[-\left(\frac{\sigma_a^2 + \dfrac{\sigma_0^2}{n}}{\dfrac{2\sigma_a^2 \sigma_0^2}{n}}\right)\left(\mu - \frac{\overline{x}\sigma_a^2 + \dfrac{\mu_a \sigma_0^2}{n}}{\sigma_a^2 + \dfrac{\sigma_0^2}{n}}\right)^2\right],$$

因此 μ 的后验分布为 $N(\mu_b, \sigma_b^2)$, 其中 μ_b 和 σ_b^2 分别由式(2.3.1)和式(2.3.2)给出.

式(2.3.1)和式(2.3.2)中的 μ_b 和 σ_b^2 还可以写成如下形式:

$$\mu_b = \frac{\overline{x}\sigma_a^2 + \dfrac{\mu_a \sigma_0^2}{n}}{\sigma_a^2 + \dfrac{\sigma_0^2}{n}} = \frac{\overline{x}\left(\dfrac{\sigma_0^2}{n}\right)^{-1} + \mu_a(\sigma_a^2)^{-1}}{\left(\dfrac{\sigma_0^2}{n}\right)^{-1} + (\sigma_a^2)^{-1}}, \tag{2.3.3}$$

$$\sigma_b^2 = \frac{\dfrac{\sigma_a^2 \sigma_0^2}{n}}{\sigma_a^2 + \dfrac{\sigma_0^2}{n}} = \frac{1}{\left(\dfrac{\sigma_0^2}{n}\right)^{-1} + (\sigma_a^2)^{-1}}. \tag{2.3.4}$$

记 $h_0 = \left(\dfrac{\sigma_0^2}{n}\right)^{-1}$, $h_1 = (\sigma_a^2)^{-1}$, 则由式(2.3.3)得

$$\mu_b = \frac{\overline{x}h_0 + \mu_a h_1}{h_0 + h_1}, \tag{2.3.5}$$

其中, h_0 和 h_1 通常称为**样本的精度参数**和**先验的精度参数**.

式(2.3.1),式(2.3.3)和式(2.3.5)都说明,后验均值 μ_b 是样本均值 $\overline{x}$ 和先验均值 μ_a

的加权平均.

由式(2.3.4)得

$$\sigma_b^2 = \frac{1}{h_0 + h_1}. \qquad (2.3.6)$$

由式(2.3.6)得 $(\sigma_b^2)^{-1} = h_0 + h_1$，它正好是样本的精度参数和先验的精度参数之和.

最后再考虑后验预测分布. 由式(2.2.7)得，未来观测值 $\tilde{x}$ 的预测分布为

$$\pi(\tilde{x} \mid x) = \int_\Theta \pi(\tilde{x} \mid \theta) \pi(\theta \mid x) \mathrm{d}\theta \propto \int_\Theta \exp\left\{-\frac{1}{2}\left[\frac{1}{\sigma_a^2}(\tilde{x} - \theta)^2 + \frac{1}{\sigma_b^2}(\theta - \mu_b)^2\right]\right\} \mathrm{d}\theta.$$

由于上述积分的被积函数是 $(\tilde{x}, \theta)$ 二次型的指数，因此 $(\tilde{x}, \theta)$ 服从联合正态分布，从而 $\tilde{x}$ 的边际分布，即 $\pi(\tilde{x} \mid x)$ 是正态的. 因此只需求出其期望 $E(\tilde{x} \mid x)$ 和方差 $\mathrm{Var}(\tilde{x} \mid x)$. 而由 $E(\tilde{x} \mid \theta) = \theta$，$\mathrm{Var}(\tilde{x} \mid \theta) = \sigma^2$ 可得

$$E(\tilde{x} \mid x) = E[E(\tilde{x} \mid \theta, x) \mid x] = E(\theta \mid x) = \mu_b,$$

$$\mathrm{Var}(\tilde{x} \mid x) = E[\mathrm{Var}(\tilde{x}, \theta \mid x)] + \mathrm{Var}[(\tilde{x}, \theta \mid x)] = E(\sigma^2 \mid x) + \mathrm{Var}(\theta \mid x) = \sigma^2 + \sigma_b^2.$$

所以

$$\tilde{x} \mid x \sim N(\mu_b, \sigma^2 + \sigma_b^2).$$

由此我们得到结论：

(1) $\tilde{x}$ 的预测分布的均值等于后验均值；

(2) 预测分布的方差等于模型的方差 σ^2 与来自 θ 的后验不确定性的方差 σ_b^2 之和.

例 2.3.9 作为一个数值例子，在例 2.3.8 中，取 $n = 10$ 个样本观察值见表 2-4 (Zellner, 1971)：

表 2-4 样本观察值

i	x_i	i	x_i
1	0.699	6	-0.648
2	0.320	7	1.572
3	-0.799	8	-0.319
4	-0.927	9	2.049
5	0.373	10	-3.077

根据表 2-4，得到样本均值 $\bar{x} = \frac{1}{10} \sum_{i=1}^{10} x_i = -0.075\,7$.

若表 2-4 中样本观察值来自正态分布 $N(\mu, 1)$，其中 μ 为未知参数，且 μ 的先验分布为 $N(-0.02, 2)$，把上表的数据以及 $\sigma_0^2 = 1$，$\mu_a = -0.02$，$\sigma_a^2 = 2$ 代入式(2.3.1)和式(2.3.2)得到：

后验均值 $\mu_b = -0.073\,0$，后验方差 $\sigma_b^2 = 0.095\,2$.

这样就得到了 μ 的后验分布为 $N(-0.073\,0, 0.095\,2)$.

μ 的先验分布 $N(-0.02, 2)$ 和后验分布 $N(-0.073\,0, 0.095\,2)$ 的密度函数如图 2-16 所示.

说明:在图 2-16 中,○表示先验分布 $N(-0.02, 2)$ 的密度函数, $*$ 表示后验分布 $N(-0.073\,0, 0.095\,2)$ 的密度函数.

从图 2-16 可以看出,合并了 10 个独立样本的信息到先验信息后,结果对 μ 的不确定性有明显改善,即先验方差 $\sigma_a^2 = 2$,而后验方差是 $\sigma_b^2 = 0.095\,2$. 此外,后验均值 $\mu_b = -0.073\,0$ 与样本均值 $\bar{x} = -0.075\,7$ 相差不大,但与先验均值 $\mu_a = -0.02$ 绝对值相差较大. 然而,要

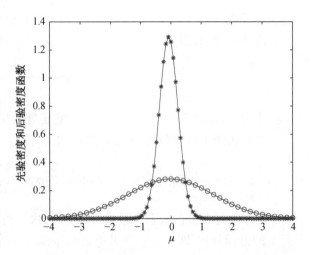

图 2-16 先验密度函数和后验密度函数

注意的是,先验分布有明显大的方差 $\sigma_a^2 = 2$,因此原来就有较大的概率在 $-0.073\,0$ 附近;也就是说,这种情况表明先验信息与样本信息相比,是有些"含混不清"和"比较分散"的.

例 2.3.10 设 $x_1, x_2, \cdots, x_n$ 是来自均匀分布 $U(0, \theta)$ 的样本观察值,又设 θ 的先验分布为 Pareto 分布 $Pa(\alpha, \theta_0)$,其密度函数为

$$\pi(\theta) = \begin{cases} \alpha \dfrac{\theta_0^{\alpha}}{\theta^{\alpha+1}}, & \theta \geqslant \theta_0, \\ 0, & \theta < \theta_0, \end{cases}$$

其中参数 $\theta_0 > 0$, $\alpha > 0$,可以证明: θ 的后验分布仍为 Pareto 分布,即 Pareto 分布是均匀分布 $U(0, \theta)$ 中参数 θ 的共轭先验分布.

事实上,设 $x_1, x_2, \cdots, x_n$ 是来自均匀分布 $U(0, \theta)$ 的样本观察值,则样本的似然函数为

$$L(x \mid \theta) = \frac{1}{\theta^n}, \quad 0 < x_i < \theta.$$

若 θ 的先验分布为 Pareto 分布 $Pa(\alpha, \theta_0)$,其密度函数为

$$\pi(\theta) = \alpha \frac{\theta_0^{\alpha}}{\theta^{\alpha+1}}, \quad \theta \geqslant \theta_0.$$

根据贝叶斯定理,则 θ 的后验密度函数为

$$\pi(\theta \mid \alpha) = \frac{L(x \mid \theta)\pi(\theta)}{\displaystyle\int_{\theta_0}^{\infty} L(x \mid \theta)\pi(\theta)\mathrm{d}\theta} = \frac{(n+\alpha)\theta_0^{n+\alpha}}{\theta^{n+\alpha+1}}, \quad \theta \geqslant \theta_0.$$

因此 θ 的后验分布为 Pareto 分布 $Pa(n+\alpha, \theta_0)$,即 Pareto 分布是均匀分布 $U(0, \theta)$ 中参数 θ 的共轭先验分布.

例 2.3.11 设随机变量 X 服从 Pareto 分布 $Pa(\lambda, \alpha)$，$x_1, x_2, \cdots, x_n$ 为来自 $Pa(\alpha, \lambda)$ 的样本观察值，如果 α 为已知（$\alpha > 0$ 为门限参数），取 λ（$\lambda > 0$ 为形状参数）的先验分布为 Gamma 分布 $Ga(a, b)$，求 λ 的后验分布.

解　设 $x_1, x_2, \cdots, x_n$ 为来自 $Pa(\alpha, \lambda)$ 的样本观察值，则似然函数为

$$L(x \mid \lambda) = \prod_{i=1}^{n} \lambda \alpha^{\lambda} x_i^{-(\lambda+1)} = \frac{1}{\prod\limits_{i=1}^{n} x_i} \lambda^n \exp(-\lambda T),$$

其中 $T = \sum\limits_{i=1}^{n} (\ln x_i - \ln \alpha)$.

如果取 λ 的先验分布为 Gamma 分布 $Ga(a, b)$，其密度函数为

$$\pi(\lambda) = \frac{b^a \lambda^{a-1} \exp(-b\lambda)}{\Gamma(a)}, \quad \lambda > 0,$$

其中 $\Gamma(a) = \int_0^{\infty} t^{a-1} \exp(-t) \mathrm{d}t$ 是 Gamma 函数.

根据贝叶斯定理，则 λ 的后验密度函数为

$$
\begin{aligned}
\pi(\lambda \mid x) &= \frac{\pi(\lambda) L(x \mid \lambda)}{\int_0^{\infty} \pi(\lambda) L(x \mid \lambda) \mathrm{d}\lambda} = \frac{\lambda^{n+a-1} \exp[-(b+T)\lambda]}{\int_0^{\infty} \lambda^{n+a-1} \exp[-(b+T)\lambda] \mathrm{d}\lambda} \\
&= \frac{(b+T)^{a+n} \lambda^{n+a-1} \exp[-(b+T)\lambda]}{\Gamma(a+n)}, \quad \lambda > 0.
\end{aligned}
$$

因此 λ 的后验分布为 Gamma 分布 $Ga(a+n, b+T)$.

例 2.3.11 说明，Gamma 分布为 λ 的共轭先验分布.

2.3.3　常用的共轭先验分布

在例 2.3.1，例 2.3.6，例 2.3.7 中，分别给出了二项分布中成功概率，Poisson 分布均值，指数分布中均值的倒数的后验分布；在例 2.3.8 中，在方差已知时给出了正态分布均值的后验分布. 常用的共轭先验分布见表 2-5.

表 2-5　　　　　　　　　　　　常用的共轭先验分布

总体分布	参数	共轭先验分布
二项分布	成功概率	Beta 分布 $Be(a, b)$
泊松分布	均值	Gamma 分布 $Ga(a, b)$
指数分布	均值的倒数	Gamma 分布 $Ga(a, b)$
指数分布	均值	倒 Gamma 分布 $IGa(a, b)$
正态分布（方差已知）	均值	正态分布 $N(\mu, \sigma^2)$
正态分布（均值已知）	方差	倒 Gamma 分布 $IGa(a, b)$

关于"共轭先验分布"更详细的内容，见：http://en.wikipedia.org/wiki/Conjugate_prior.

2.4 充分统计量

充分统计量在简化统计问题中是非常重要的概念,也是经典统计和贝叶斯统计中为数不多的相一致的观点之一.

2.4.1 经典统计中充分统计量的定义和判断

在经典统计中充分统计量是这样定义的:

定义 2.4.1 设 $x=(x_1, x_2, \cdots, x_n)$ 是来自分布函数 $F(x \mid \theta)$ 的样本,$T=T(x)$ 是一个统计量,如果在给定 $T(x)=t$ 的条件下,x 的条件分布与 θ 无关,则称统计量 $T=T(x)$ 为 θ 的**充分统计量**.

在一般情况下,用上述定义直接验证一个统计量是充分统计量是困难的,因为需要计算条件分布.幸好有一个判断充分统计量的充要条件——因子分解定理:

定理 2.4.1 一个统计量 $T(x)$ 是参数 θ 的充分统计量,其充分必要条件是存在一个 t 与 θ 的函数 $g(t, \theta)$ 和一个样本 x 的函数 $h(x)$,使得对于任何一个样本 x 和任意的 θ,样本的联合密度函数 $f(x \mid \theta)$ 可以表示为它们的乘积,即

$$f(x \mid \theta)=g[T(x), \theta]h(x).$$

定理 2.4.1 的证明从略(在离散型随机变量情形的证明,见茆诗松等,2011).

由于样本的联合密度函数 $f(x \mid \theta)$ 就是似然函数 $L(x \mid \theta)$,所以也可以把定理 2.4.1 的相应部分改写成

$$L(x \mid \theta)=g[T(x), \theta]h(x).$$

2.4.2 贝叶斯统计中充分统计量的判断

在贝叶斯统计中,判断一个统计量是充分统计量也有一个充要条件.

定理 2.4.2 设 $x=(x_1, x_2, \cdots, x_n)$ 是来自密度函数 $f(x \mid \theta)$ 的样本,$T=T(x)$ 是一个统计量,它的密度函数为 $f(t \mid \theta)$,又设 $\mathcal{H}=\{\pi(\theta)\}$ 是参数 θ 的某个先验分布族,则统计量 $T(x)$ 是参数 θ 的充分统计量的充分必要条件是,对任意一个先验分布 $\pi(\theta) \in \mathcal{H}$,有

$$\pi[\theta \mid T(x)]=\pi(\theta \mid x).$$

即用样本分布 $f(x \mid \theta)$ 算得的后验分布与用充分统计量 $T(x)$ 算得的后验分布是相同的.

定理 2.4.2 的证明从略.以下举例来说明定理 2.4.2 的含义.

例 2.4.1 设 $x=(x_1, x_2, \cdots, x_n)$ 是来自正态分布 $N(\mu, \sigma^2)$ 的样本,其密度函数为

$$f(x \mid \mu, \sigma^2)=(2\pi)^{-\frac{n}{2}} \sigma^{-n} \exp\left\{-\frac{1}{2\sigma^2} \sum_{i=1}^{n} (x_i-\mu)^2\right\}$$

$$=(2\pi)^{-\frac{n}{2}} \sigma^{-n} \exp\left\{-\frac{1}{2\sigma^2} \sum_{i=1}^{n} [Q+n(\bar{x}-\mu)]^2\right\},$$

其中 $\bar{x} = \dfrac{1}{n}\sum\limits_{i=1}^{n} x_i$，$Q = \sum\limits_{i=1}^{n}(x_i - \mu)^2$.

设 $\pi(\mu, \sigma^2)$ 为任意一个先验分布，则 (μ, σ^2) 的后验密度为

$$\pi(\mu, \sigma^2 \mid x) = \frac{\sigma^{-n}\pi(\mu, \sigma^2)\exp\left\{-\dfrac{1}{2\sigma^2}\sum\limits_{i=1}^{n}[Q + n(\bar{x} - \mu)]^2\right\}}{\displaystyle\int_{-\infty}^{\infty}\int_{0}^{\infty}\sigma^{-n}\exp\left\{-\dfrac{1}{2\sigma^2}\sum\limits_{i=1}^{n}[Q + n(\bar{x} - \mu)]^2\right\}\mathrm{d}\mu\,\mathrm{d}\sigma^2}.$$

另一方面，根据经典统计的结果，二维统计量 $T = (\bar{x}, Q)$ 恰好是 (μ, σ^2) 的充分统计量，且 $\bar{x} \sim N(\mu, \sigma^2/n)$，$Q \sim \chi^2(n-1)$，且 $\bar{x}$ 和 Q 独立，则 $\bar{x}$ 和 Q 的密度函数分别为

$$f(\bar{x} \mid \mu, \sigma^2) = \frac{\sqrt{n}}{\sqrt{2\pi}\sigma}\exp\left\{-\frac{n}{2\sigma^2}\sum\limits_{i=1}^{n}(\bar{x} - \mu)^2\right\},$$

$$g(Q \mid \mu, \sigma^2) = \frac{1}{\Gamma\left(\dfrac{n-1}{2}\right)(2\sigma^2)^{\frac{n-1}{2}}}Q^{\frac{n-3}{2}}\exp\left\{-\frac{Q}{2\sigma^2}\right\}.$$

由于 $\bar{x}$ 和 Q 独立，则 $\bar{x}$ 和 Q 的联合密度函数为

$$f(\bar{x}, Q \mid \mu, \sigma^2) = \frac{\sqrt{n}\,/\,\sqrt{2\pi}\sigma}{\Gamma\left(\dfrac{n-1}{2}\right)(2\sigma^2)^{\frac{n-1}{2}}}Q^{\frac{n-3}{2}}\exp\left\{-\frac{1}{2\sigma^2}\sum\limits_{i=1}^{n}[Q + n(\bar{x} - \mu)]^2\right\}.$$

应用相同的先验分布 $\pi(\mu, \sigma^2)$，可得在给定 $\bar{x}$ 和 Q 下的后验密度为

$$\pi(\mu, \sigma^2 \mid \bar{x}, Q) = \frac{\sigma^{-n}\pi(\mu, \sigma^2)\exp\left\{-\dfrac{1}{2\sigma^2}\sum\limits_{i=1}^{n}[Q + n(\bar{x} - \mu)]^2\right\}}{\displaystyle\int_{-\infty}^{\infty}\int_{0}^{\infty}\sigma^{-n}\exp\left\{-\dfrac{1}{2\sigma^2}\sum\limits_{i=1}^{n}[Q + n(\bar{x} - \mu)]^2\right\}\mathrm{d}\mu\,\mathrm{d}\sigma^2}.$$

比较这两个后验密度，可知

$$\pi(\mu, \sigma^2 \mid x) = \pi(\mu, \sigma^2 \mid \bar{x}, Q).$$

由此可见，用充分统计量 $(\bar{x}, Q)$ 算得的后验分布与用样本 x 算得的后验分布是相同的.

关于定理 2.4.2，这里有如下说明：

(1) 定理 2.4.2 给出的条件是充分必要的，因此定理 2.4.2 的充分必要条件可以作为充分统计量的贝叶斯定义. 例如，在例 2.4.1 中，把 $\bar{x}$ 换成 x_1，同样可以在 (x_1, Q) 给定下算得后验分布，但没有上述等式，即

$$\pi(\mu, \sigma^2 \mid x) \neq \pi(\mu, \sigma^2 \mid x_1, Q).$$

这是因为在贝叶斯统计中，(x_1, Q) 不是 (μ, σ^2) 的充分统计量.

（2）如果已知统计量 $T(x)$ 是充分统计量,那么根据定理 2.4.2,其后验分布可用该统计量的分布算得,由于充分统计量可以简化数据、降低维数,因此定理 2.4.2 也可以简化后验分布的计算.

例 2.4.2 设 $x=(x_1, x_2, \cdots, x_n)$ 是来自正态分布 $N(\theta, 1)$ 的样本,由于 $\bar{x}$ 是 θ 的充分统计量,若 θ 的先验分布取正态分布 $N(0, \sigma^2)$,其中 σ^2 为已知,那么 θ 的后验分布可用充分统计量 $\bar{x}$ 的分布算得,即

$$\pi(\theta \mid x) \propto \exp\left\{-\frac{n}{2}(\bar{x}-\theta)^2 - \frac{\theta^2}{2\sigma^2}\right\} \propto \exp\left\{-\frac{n+\sigma^{-2}}{2}\left(\theta - \frac{n\bar{x}}{n+\sigma^{-2}}\right)^2\right\}.$$

因此,后验分布是正态分布 $N\left(\dfrac{n\bar{x}}{n+\sigma^{-2}}, \dfrac{1}{n+\sigma^{-2}}\right)$.

2.5　Beta 分布、Gamma 分布和 Pareto 分布

为应用方便,这里介绍 Beta 分布、Gamma 分布和 Pareto 分布.

2.5.1　Beta 分布

1. 定义

如果随机变量 X 的密度函数为

$$f(x) = \frac{1}{B(a, b)} x^{a-1}(1-x)^{b-1}, \quad 0 < x < 1,$$

则称 X 服从参数为 a, b 的 **Beta 分布**,记作 $Be(a, b)$, $a > 0$, $b > 0$. 其中 $B(a, b) = \int_0^1 x^{a-1}(1-x)^{b-1} \mathrm{d}x$ 为 Beta 函数.

几个 Beta 分布的密度函数图形,如图 2-17 所示.

2. 数学期望和方差

若 $X \sim Be(a, b)$,则 $E(X) = \dfrac{a}{a+b}$,

$$\mathrm{Var}(X) = \frac{ab}{(a+b)^2(a+b+1)}.$$

2.5.2　Gamma 分布

1. 定义

如果随机变量 X 的密度函数为

$$f(x) = \frac{b^a}{\Gamma(a)} x^{a-1}\exp(-bx), \quad x > 0,$$

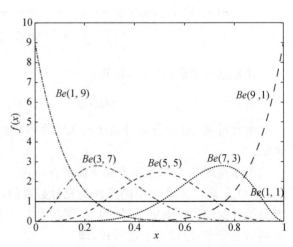

图 2-17　几个 Beta 分布的密度函数

则称 X 服从参数为 a, b 的 **Gamma** 分布,记作 $Ga(a, b)$, $a > 0$, $b > 0$. 其中 $\Gamma(a) = \int_0^\infty x^{a-1} \exp(-x) \mathrm{d}x$ 为 Gamma 函数.

若 $X \sim Ga(a, b)$,当 $a = 1$, $b > 0$ 时,Gamma 分布退化为指数分布;当 $a = \dfrac{n}{2}$, $b = \dfrac{1}{2}$ 时,Gamma 分布变成自由度为 n 的 χ^2 分布.

几个 Gamma 分布的密度函数图形,如图 2-18 所示.

2. 数学期望和方差

若 $X \sim Ga(a, b)$,则 $E(X) = \dfrac{a}{b}$, $\mathrm{Var}(X) = \dfrac{a}{b^2}$.

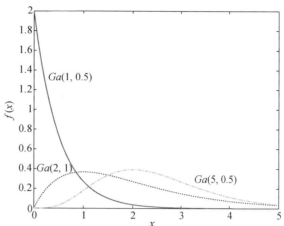

图 2-18 几个 Gamma 分布的密度函数

3. Gamma 分布的可加性

若 X_1, X_2, $\cdots$, X_n 相互独立,且 $X_i \sim Ga(a_i, b)$,则 $\sum\limits_{i=1}^n X_i \sim Ga\left(\sum\limits_{i=1}^n a_i, b\right)$.

4. Beta 函数和 Gamma 函数的关系、Gamma 函数的性质

Beta 函数和 Gamma 函数有如下关系:

$$B(a, b) = \frac{\Gamma(a)\Gamma(b)}{\Gamma(a+b)},$$

其中 $B(a, b) = \int_0^1 x^{a-1}(1-x)^{b-1} \mathrm{d}x$ 为 Beta 函数,$\Gamma(a) = \int_0^\infty x^{a-1} \exp(-x) \mathrm{d}x$ 为 Gamma 函数.

Gamma 函数的性质:

(1) $\Gamma(a+1) = a\Gamma(a)$. 当 n 为自然数时,有 $\Gamma(n+1) = n!$.

(2) $\Gamma(1) = 1$, $\Gamma\left(\dfrac{1}{2}\right) = \sqrt{\pi}$.

(3) $I(a, x) = \dfrac{1}{\Gamma(a)} \int_0^x t^{a-1} \exp(-t) \mathrm{d}t$ 称为不完全 Gamma 函数,其中 $0 < x < \infty$. 当 $x = \infty$ 时,有 $I(a, \infty) = \dfrac{1}{\Gamma(a)} \int_0^\infty t^{a-1} \exp(-t) \mathrm{d}t = 1$.

2.5.3 Pareto 分布

帕累托(Vilfredo Pareto),意大利工程师,社会学家,经济学家,其中以经济学家的身份最为著名.帕累托在经济学中有几个非常重要的贡献:帕累托效率(Pareto efficiency),微观经济学分支福利经济学的基础性概念,并演化出帕累托改进等概念;帕累托法则(Pareto principle),俗称 80/20 法则,广泛应用于各社会科学研究,并最终概括为帕累托

分布.

帕累托关于帕累托分布的发现发表于 1897 年. 通过对有关收入分配的社会统计研究, 帕累托发现一国之内人们的收入在高于某个值时的分布与社会经济结构和"收入"的定义无关, 具有普适性, 大部分财富是集中在少数人手里的(20% 的人占有 80% 的财富). 此后, 人们广泛地将其用来描述自然和社会现象.

1. 定义

如果随机变量 X 的密度函数为

$$f(x) = \frac{\alpha}{b} \left(\frac{b}{x} \right)^{\alpha+1}, \quad x \geqslant b,$$

则称 X 服从参数为 α, b 的 **Pareto 分布**, 记作 $Pa(\alpha, b)$, $b > 0$ 为门限参数, $\alpha > 0$ 为尺度参数.

几个 Pareto 分布的密度函数图形($\alpha = 1, 2, 3$), 如图 2-19 所示.

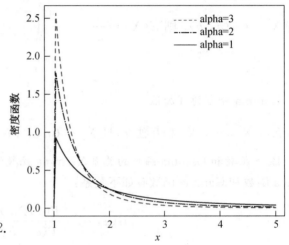

图 2-19　几个 Pareto 分布的密度函数

2. 数学期望和方差

若 $X \sim Pa(\alpha, b)$, 则

$$E(X) = \frac{\alpha b}{\alpha - 1}, \quad \alpha > 1,$$

$$\mathrm{Var}(X) = \frac{\alpha b^2}{(\alpha - 1)^2 (\alpha - 2)}, \quad \alpha > 2.$$

3. 分布函数和尾部函数

根据 Pareto 分布的密度函数, 可以得到其分布函数

$$F(x) = \begin{cases} 1 - \left(\dfrac{b}{x} \right)^{\alpha}, & x \geqslant b, \\ 0, & x < b. \end{cases}$$

很多情况下, 我们更关心帕累托分布的"尾部", 可以定义尾部函数(或称残存函数):

$$\overline{F}(x) = 1 - F(x) = \begin{cases} \left(\dfrac{b}{x} \right)^{\alpha}, & x \geqslant b, \\ 1, & x < b. \end{cases}$$

4. Pareto 分布与金融中的厚尾分布

厚尾分布是指和正态分布有相同的均值和标准差时, 尾部概率比正态分布大的分布类型. 基于经验的观察, 证券收益的分布往往为厚尾而非正态的, 所以在金融数据建模中, 厚尾分布有很重要的地位, 特别是厚尾对应着可能较大的风险. 帕累托分布是厚尾分布的一种.

1963 年,曼德布罗特使用 Pareto 分布描述投机市场收益率的分布,1965 年法玛用 Pareto 分布研究过投资组合问题. 这之后的很长时间,Pareto 分布在主流金融领域默默无闻,直到 1990 年后,随着对风险管理的重视,Pareto 分布重新登上金融舞台.

图 2-20 是 Pareto 分布和正态分布尾部函数的比较,其中 $b=0.25, \alpha=3$,对应均值为 $E(X) = \dfrac{\alpha b}{\alpha - 1} = 0.325$, 标准差为

$$\sqrt{\mathrm{Var}(X)} = \sqrt{\frac{\alpha b^2}{(\alpha - 1)^2 (\alpha - 2)}} = 0.2165.$$

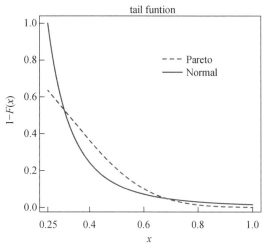

图 2-20　Pareto 分布和正态分布尾部函数的比较

2.6　常用分布列表

为应用方便,以下给出常用分布列表(表 2-6).

表 2-6　　　　　　　　　　　　　　常用分布表

概率分布名称	密度函数(或分布列)	数字特征
正态分布 $N(\mu, \sigma^2)$	$f(x) = \dfrac{1}{\sqrt{2\pi}\,\sigma} \exp\left\{-\dfrac{(x-\mu)^2}{2\sigma^2}\right\}, x \in \mathbf{R},$ μ 为位置参数,$\sigma > 0$ 为尺度参数	$E(X) = \mu,$ $\mathrm{Var}(X) = \sigma^2$
均匀分布 $U(a, b)$	$f(x) = \dfrac{1}{b-a},$ $x \in [a, b]$	$E(X) = \dfrac{a+b}{2},$ $\mathrm{Var}(X) = \dfrac{(b-a)^2}{12}$
指数分布 $\mathrm{Exp}(\lambda)$	$f(x) = \lambda \exp(-\lambda x),$ $x > 0, \lambda > 0$ 为尺度参数	$E(X) = \dfrac{1}{\lambda},$ $\mathrm{Var}(X) = \dfrac{1}{\lambda^2}$
Beta 分布 $Be(a, b)$	$f(x) = \dfrac{1}{B(a, b)} x^{a-1}(1-x)^{b-1},$ $0 < x < 1, a > 0, b > 0$	$E(X) = \dfrac{a}{a+b},$ $\mathrm{Var}(X) = \dfrac{ab}{(a+b)^2(a+b+1)}$
Gamma 分布 $Ga(a, b)$	$f(x) = \dfrac{b^a}{\Gamma(a)} x^{a-1} \exp(-bx), x > 0,$ $a > 0$ 为形状参数,$b > 0$ 为尺度参数	$E(X) = \dfrac{a}{b},$ $\mathrm{Var}(X) = \dfrac{a}{b^2}$

续表

概率分布名称	密度函数(或分布列)	数字特征
倒 Gamma 分布 $IGa(a, b)$	$f(x) = \dfrac{b^a}{\Gamma(a)} x^{-(a+1)} \exp(-\dfrac{b}{x})$, $x > 0$, $a > 0$ 为形状参数，$b > 0$ 为尺度参数	$E(X) = \dfrac{b}{a-1}$, $\alpha > 1$ $\mathrm{Var}(X) = \dfrac{b^2}{(a-1)^2(a-2)}$, $a > 2$
对数正态分布 $LN(\mu, \sigma^2)$	$f(x) = \dfrac{1}{x\sqrt{2\pi}\,\sigma} \exp\left\{-\dfrac{(\ln x - \mu)^2}{2\sigma^2}\right\}$, $x > 0$, μ 为位置参数，$\sigma > 0$ 为尺度参数	$E(X) = \exp\left\{\mu + \dfrac{\sigma^2}{2}\right\}$, $\mathrm{Var}(X) = \exp\{2\mu + \sigma^2\}(e^{\sigma^2} - 1)$
威布尔分布 $W(m, \eta)$	$f(x) = \dfrac{m}{\eta}\left(\dfrac{x}{\eta}\right)^{m-1} \exp\left\{-\left(\dfrac{x}{\eta}\right)^m\right\}$, $x > 0$, $m > 0$ 为形状参数，$\eta > 0$ 为尺度参数	$E(X) = \eta\Gamma\left(1 + \dfrac{1}{m}\right)$, $\mathrm{Var}(X) = \eta^2\left[\Gamma\left(1 + \dfrac{2}{m}\right) - \Gamma^2\left(1 + \dfrac{1}{m}\right)\right]$
Pareto 分布 $Pa(a, b)$	$f(x) = \dfrac{a}{b}\left(\dfrac{b}{x}\right)^{a+1}$, $x \geqslant b$, $b > 0$ 为门限参数，$a > 0$ 为尺度参数	$E(X) = \dfrac{ab}{a-1}$, $a > 1$, $\mathrm{Var}(X) = \dfrac{ab^2}{(a-1)^2(a-2)}$, $a > 2$
Cauchy 分布 $Ca(a, b)$	$f(x) = \dfrac{1}{\pi}\dfrac{1}{b^2 + (x-a)^2}$, $x \in \mathbf{R}$, a 为位置参数，$b > 0$ 为尺度参数	中位数 $\mathrm{Mode}(X) = a$, （期望、方差都不存在）
χ^2 分布 $\chi^2(n)$	$f(x) = \dfrac{1}{2^{\frac{n}{2}}\Gamma\left(\dfrac{n}{2}\right)} x^{\frac{n}{2}-1} e^{-\frac{x}{2}}$, $x > 0$, n 为自由度	$E(X) = n$, $\mathrm{Var}(X) = 2n$
t 分布 $t(n)$	$f(x) = \dfrac{\Gamma\left(\dfrac{n+1}{2}\right)}{\sqrt{n\pi}\,\Gamma\left(\dfrac{n}{2}\right)}\left(1 + \dfrac{x^2}{n}\right)^{-\frac{n+1}{2}}$, $x \in \mathbf{R}$, n 为自由度	$E(X) = 0$, $\mathrm{Var}(X) = \dfrac{n}{n-2}$, $n > 2$
F 分布 $F(n_1, n_2)$	$f(x) = \dfrac{\Gamma\left(\dfrac{n_1+n_2}{2}\right)\left(\dfrac{n_1}{n_2}\right)^{\frac{n_1}{2}} x^{\frac{n_1}{2}-1}}{\Gamma\left(\dfrac{n_1}{2}\right)\Gamma\left(\dfrac{n_2}{2}\right)\left(1 + \dfrac{n_1}{n_2}x\right)^{\frac{n_1+n_2}{2}}}$, $x > 0$, n_1, n_2 为自由度	$E(X) = \dfrac{n_1}{n_1-2}$, $n_1 > 2$, $\mathrm{Var}(X) = \dfrac{2n_1^2(n_1+n_2-2)}{n_2(n_1-2)^2(n_1-4)}$, $n_1 > 4$

续表

概率分 布名称	密度函数(或分布列)	数字特征
二项分布 $B(n, p)$	$f(x) = \mathrm{C}_n^x p^x (1-p)^{n-x}$，$x = 0, 1, \cdots, n$， $p \in [0, 1]$	$E(X) = np$， $\mathrm{Var}(X) = np(1-p)$
负二项 分布 $NB(r, p)$	$f(x) = \mathrm{C}_{x+r-1}^x p^r (1-p)^x$，$x = 0, 1, \cdots$， $p \in [0, 1]$，r 为非负整数	$E(X) = \dfrac{r}{p}$， $\mathrm{Var}(X) = \dfrac{r(1-p)}{p^2}$
Poisson 分布 $P(\lambda)$	$f(x) = \dfrac{\lambda^x \mathrm{e}^{-\lambda}}{x!}$，$x = 0, 1, \cdots$， $\lambda > 0$	$E(X) = \lambda$， $\mathrm{Var}(X) = \lambda$
多元正 态分布 $N_d(\boldsymbol{\mu}, \boldsymbol{\Sigma})$	$f(x) = (2\pi)^{-\frac{d}{2}} \mid \boldsymbol{\Sigma} \mid^{-\frac{1}{2}} \cdot$ $\exp\left\{ -\dfrac{1}{2}(x-\boldsymbol{\mu})'\boldsymbol{\Sigma}^{-1}(x-\boldsymbol{\mu}) \right\}$， $\boldsymbol{\mu}$ 为均值向量，$\boldsymbol{\Sigma}$ 为正定协方差矩阵	$E(X) = \boldsymbol{\mu}$， $\mathrm{Cov}(X) = \boldsymbol{\Sigma}$

思考与练习题 2

2.1 请写出贝叶斯定理的三种形式:事件形式、离散随机变量形式、连续随机变量形式.

2.2 请举例并说明:后验分布是如何通过样本信息对先验分布进行调整的.

2.3 请举例并说明共轭先验分布的意义.

2.4 请举例并说明充分统计量的意义.

2.5 请举例并说明,在贝叶斯统计中,充分统计量的作用是什么?

2.6 结合例 2.2.2,若在一次抽样后,10 个样品中有 1 个不合格,那么后验分布将如何变化?请读者自己计算一下,并说明你的结论.

2.7 设总体为均匀分布 $U(\theta, \theta+1)$，θ 的先验分布为 $U(10, 16)$．现有三个样本观察值:11.7，12.1，12.0．求 θ 的后验分布.

2.8 设一页书上的错别字个数服从泊松分布 $P(\lambda)$，λ 有两个可能取值:1.5 和 1.8,且先验分布为 $P(\lambda = 1.5) = 0.45$，$P(\lambda = 1.8) = 0.55$，现检验了一页,发现有 3 个错别字,求 λ 的后验分布.

2.9 设 x_1，x_2，$\cdots$，x_n 为来自几何分布的样本观察值,总体的分布律为

$$P(X = k \mid \theta) = \theta(1-\theta)^k，\quad k = 0, 1, 2, \cdots，$$

若 θ 的先验分布为 $U(0, 1)$，求 θ 的后验分布.

2.10 设均值为 θ 的指数分布 $Exp(1/\theta)$ 中参数 $1/\theta$ 的先验分布为 Gamma 分布 $Ga(a,b)$，现从先验信息得知:先验均值为 0.000 2,先验标准差为 0.01,请确定先验分布.

2.11 设 $x_1, x_2, \cdots, x_n$ 为来自如下总体的样本观察值,总体的密度函数为

$$f(x \mid \theta) = \frac{2x}{\theta^2}, \quad 0 < x < \theta.$$

(1) 若 θ 的先验分布为 $U(0,1)$,求 θ 的后验分布;

(2) 若 θ 的先验密度函数为 $\pi(\theta) = 3\theta^2$, $0 < \theta < 1$,求 θ 的后验分布.

第3章　贝叶斯统计推断

贝叶斯统计推断是贝叶斯统计学的基础理论部分的核心内容.本章主要包括:点估计,区间估计,假设检验,从 p 值到贝叶斯因子,美国统计协会:使用 p 值的 6 条准则预测问题,似然原理,多参数模型的贝叶斯推断,几个损失函数下贝叶斯估计及其后验风险.

3.1　点估计

设 θ 是总体 X 中的未知参数,$\theta \in \Theta$(参数空间).为了估计参数 θ,可从该总体中抽取样本 $X_1, X_2, \cdots, X_n$,$x = (x_1, x_2, \cdots, x_n)$ 为样本观察值.根据参数 θ 的先验信息选择一个先验分布 $\pi(\theta)$,根据贝叶斯定理可以得到 θ 的后验分布 $\pi(\theta \mid x)$,然后根据这个后验分布对参数 θ 进行参数估计.

点估计就是寻找一个统计量的观察值,记作 $\hat{\theta}(x)$,用 $\hat{\theta}(x)$ 去估计 θ.从贝叶斯观点来看,就是寻找样本(或其观察值)的函数 $\hat{\theta}(x)$,使它尽可能地"接近" θ.

3.1.1　损失函数与风险函数

与经典统计类似,也有一个估计好坏的标准问题.对于给定的标准,去寻找最好的估计.在考虑标准时,通常用损失函数、风险函数来描述.以下先给出几个定义.

定义 3.1.1　在参数 θ 取值范围 Θ(参数空间)上,定义一个二元非负实函数 $L(\theta, \hat{\theta})$ 称为**损失函数**,即 $\Theta \times \Theta$ 到 $\mathbf{R}$ 上的一个函数.

$L(\theta, \hat{\theta})$ 表示用 $\hat{\theta}$ 去估计 θ 时,由于 $\hat{\theta}$ 与 θ 的不同而引起的损失.通常的损失是非负的,因此限定 $L(\hat{\theta}, \theta) \geqslant 0$. 常见的损失函数如下.

(1) 平方损失函数:$L(\theta, \hat{\theta}) = (\theta - \hat{\theta})^2$;

(2) 绝对损失函数:$L(\theta, \hat{\theta}) = |\theta - \hat{\theta}|$;

(3) 0—1 损失函数:$L(\theta, \hat{\theta}) = \begin{cases} 1, & \hat{\theta} \neq \theta, \\ 0, & \hat{\theta} = \theta. \end{cases}$

定义 3.1.2　对损失函数 $L(\theta, \hat{\theta})$,用 $\hat{\theta}(x)$ 去估计 θ 时,

$$R_{\hat{\theta}(x)}(\theta) = E[L(\theta, \hat{\theta})]$$

称为 $\hat{\theta}(x)$ **相应的风险函数**,简称**风险函数**.当 $\hat{\theta}(x)$ 不标明时,把 $R_{\hat{\theta}(x)}(\theta)$ 用 $R(\theta)$ 来表示.

当损失函数给定后,好的估计应该使风险函数尽量小.当 $L(\theta, \hat{\theta}) = (\theta - \hat{\theta})^2$ 时,

$$R_{\hat{\theta}(x)}(\theta) = E[\hat{\theta}(x) - \theta]^2,$$

这就是 $\hat{\theta}(x)$ 对 θ 的**均方误差**.

定义 3.1.3 如 $\hat{\theta}_*(x)$ 在估计类 G 中使等式

$$R_{\hat{\theta}_*(x)}(\theta) = \min_{\hat{\theta}(x) \in G} R_{\hat{\theta}(x)}(\theta), \quad \forall \theta \in \Theta$$

成立,则称 $\hat{\theta}_*(x)$ 是 G 中**一致最小风险估计**.

给定了风险函数 $L(\theta, \hat{\theta})$,理想的估计就是定义 3.1.3 中的一致最小风险估计,这就是经典方法的观点.从贝叶斯方法的观点来看,由于 $R_{\hat{\theta}(x)}(\theta)$ 是 θ 的函数,而参数 θ 是随机变量,它有先验分布 $\pi(\theta)$,于是 $\hat{\theta}(x)$ 的损失应由积分

$$\int_\Theta R_{\hat{\theta}(x)}(\theta)\pi(\theta)\mathrm{d}\theta$$

来衡量,把上述积分记为 $\rho(\hat{\theta}(x), \pi(\theta)) = \int_\Theta R_{\hat{\theta}(x)}(\theta)\pi(\theta)\mathrm{d}\theta$.

如果能够找到一个 $\hat{\theta}_*(x)$,使 $\rho(\hat{\theta}_*(x), \pi(\theta))$ 达到最小,从贝叶斯观点来看是最佳的估计,于是有下述定义.

定义 3.1.4 若 $\hat{\theta}_*(x)$ 使

$$\rho(\hat{\theta}_*(x), \pi(\theta)) = \min_{\hat{\theta}(x)} \rho(\hat{\theta}(x), \pi(\theta)),$$

则称 $\hat{\theta}_*(x)$ 是针对 $\pi(\theta)$ 的贝叶斯解,简称**贝叶斯解**.

从定义 3.1.4 可以看出,贝叶斯解不但与损失函数的选取有关,而且与先验分布 $\pi(\theta)$ 也有关.求贝叶斯解有如下一个一般的结果.

定理 3.1.1 对于给定的损失函数 $L(\theta, \hat{\theta})$ 及先验分布 $\pi(\theta)$,若样本 x 对 θ 的条件密度为 $f(x \mid \theta)$,记

$$R(\hat{\theta}(x) \mid x) = \int_\Theta L[\theta, \hat{\theta}(x)]f(x \mid \theta)\pi(\theta)\mathrm{d}\theta,$$

称它为 $\hat{\theta}(x)$ 的**后验风险**. 当

$$R(\hat{\theta}_*(x) \mid x) = \min_{\hat{\theta}(x)} R(\hat{\theta}(x) \mid x), \quad \forall x$$

成立,则 $\hat{\theta}_*(x)$ 就是 $\pi(\theta)$ 相应的贝叶斯解,即有

$$\rho(\hat{\theta}_*(x), \pi(\theta)) = \min_{\hat{\theta}(x)} \rho(\hat{\theta}(x), \pi(\theta)).$$

定理 3.1.1 的证明从略,详见张尧庭等(1991).

定理 3.1.1 说明:如果有一个 θ 的估计使得对于每一个样本观察值 x,后验风险达到最小,它就是所要求的贝叶斯解. 定理 3.1.1 有三个重要的特殊情况,分别见以下的推论 3.1.1、推论 3.1.2 和推论 3.1.3.

推论 3.1.1 若损失函数为平方损失 $L(\theta, \hat{\theta}) = (\theta - \hat{\theta})^2$,则参数 θ 的贝叶斯解就是后验期望 $E(\theta \mid x)$.

推论 3.1.2 若损失函数为 0—1 损失 $L(\theta, \hat{\theta}) = \begin{cases} 1, & \hat{\theta} \neq \theta, \\ 0, & \hat{\theta} = \theta, \end{cases}$ 则参数 θ 的贝叶斯解就是参数 θ 的后验众数.

推论 3.1.2 的证明从略,详见张尧庭等(1991).

推论 3.1.3　若损失函数为绝对损失 $L(\theta,\hat{\theta})=|\theta-\hat{\theta}|$,则参数 θ 的贝叶斯解就是后验分布的中位数.

推论 3.1.3 的证明从略,详见茆诗松(1999).

推论 3.1.1,推论 3.1.2 和推论 3.1.3 的结论用于点估计,就得到三种常用估计方法:后验期望法、后验众数法和后验中位数法.

3.1.2　贝叶斯估计的定义

定义 3.1.5　使后验密度函数 $\pi(\theta|x)$ 达到最大的 $\hat{\theta}_{MD}$ 称为参数 θ 的**后验众数估计**;后验分布的中位数 $\hat{\theta}_{Me}$ 称为参数 θ 的**后验中位数估计**;后验分布的期望 $\hat{\theta}_E$ 称为参数 θ 的**后验期望估计**.这三个估计都称为参数 θ 的**贝叶斯估计**.

根据定义 3.1.5 和推论 3.1.1,在损失函数是平方损失时,贝叶斯估计是后验期望 $\hat{\theta}_E$.

根据定义 3.1.5 和推论 3.1.2,在损失函数是 0—1 损失时,贝叶斯估计是后验众数 $\hat{\theta}_{MD}$.

根据定义 3.1.5 和推论 3.1.3,在损失函数是绝对损失时,贝叶斯估计是后验中位数 $\hat{\theta}_{Me}$.

请读者注意,今后在本书中如果不指明损失函数是什么,说到的贝叶斯估计,均指后验期望估计 $\hat{\theta}_E$.

在一般情况下,这三个贝叶斯估计: $\hat{\theta}_E$, $\hat{\theta}_{MD}$ 和 $\hat{\theta}_{Me}$ 是不同的,如图 3-1 所示.

说明:在图 3-1 中,从左向右数,第一、二、三个箭头(的位置)分别表示 $\hat{\theta}_{MD}$, $\hat{\theta}_{Me}$ 和 $\hat{\theta}_E$.

当后验密度函数 $\pi(\theta|x)$ 是对称时,这三个贝叶斯估计相同的.例如,如果参数 θ 的后验分布为正态分布,则 $\hat{\theta}_{MD}=\hat{\theta}_{Me}=\hat{\theta}_E$,此时如图 3-2 所示.

说明:在图 3-2 中,箭头的位置表示 θ 的三个贝叶斯估计 $\hat{\theta}_{MD}=\hat{\theta}_{Me}=\hat{\theta}_E$.

除平方损失函数、绝对损失函数和 0—1 损失函数外,其他几个损失函数(加权平方损失、预防损失、对数损失函数和熵损失函数)下的贝叶斯

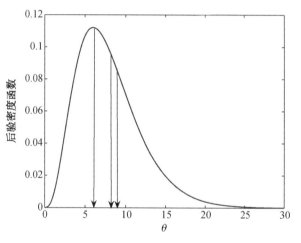

图 3-1　θ 的三个贝叶斯估计

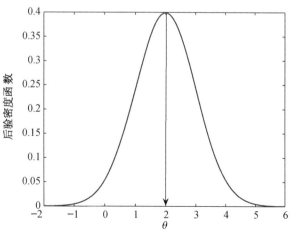

图 3-2　θ 的三个贝叶斯估计 $\hat{\theta}_{MD}=\hat{\theta}_{Me}=\hat{\theta}_E$

估计及其后验风险,见本章的最后一节.

例 3.1.1 某人打靶,共打了 n 次,命中了 r 次,现在的问题是如何估计此人打靶命中的概率 θ.

在经典统计中,θ 的估计为 $\hat{\theta}_C = \dfrac{r}{n}$(它是 θ 的极大似然估计). 当 $n = r = 1$ 时,则有 $\hat{\theta}_C = 1$;而当 $n = r = 10$ 时,仍然有 $\hat{\theta}_C = 1$. 打靶 10 次,每次都命中了,直觉上总感到此人命中的概率相当大;而打了一次,命中了,此人命中的概率和 10 次每次都命中一样,经典统计的估计结果都是 1,这与人们心目中的估计结果是不同的. 对于 $n = 10$,$r = 0$ 时,则有 $\hat{\theta}_C = 0$;而当 $n = 1$,$r = 0$ 时,仍然有 $\hat{\theta}_C = 0$. 这个结果也是不合理的.

根据例 2.2.4,如果二项分布 $B(n,\theta)$ 中的参数 θ 的先验分布取 Beta 分布 $Be(1,1)$,则 θ 的后验分布是 Beta 分布 $Be(1+r, 1+n-r)$,于是参数 θ 的贝叶斯估计(后验期望)为

$$\hat{\theta}_B = \frac{r+1}{n+2}.$$

当 $n = r = 1$ 时,$\hat{\theta}_B = \dfrac{2}{3}$;当 $n = r = 10$ 时,$\hat{\theta}_B = \dfrac{11}{12}$.

通过以上比较,我们看到:参数 θ 的贝叶斯估计 $\hat{\theta}_B = \dfrac{r+1}{n+2}$ 比参数 θ 的经典估计 $\hat{\theta}_C = \dfrac{r}{n}$ 更合理.

例 3.1.2(续例 3.1.1) 在例 3.1.1 中,某人打靶,共打了 n 次,命中了 r 次,此人打靶命中的概率为 θ. 若 θ 的先验分布取 Beta 分布 $Be(1,1)$,根据例 2.2.4,则 θ 的后验分布是 Beta 分布 $Be(1+r, 1+n-r)$. 以下我们验证:θ 的后验众数估计 $\hat{\theta}_{MD}$ 与经典估计为 $\hat{\theta}_C$(极大似然估计)相同,即 $\hat{\theta}_C = \hat{\theta}_{MD} = \dfrac{r}{n}$.

由于 θ 的经典估计(极大似然估计)为 $\hat{\theta}_C = \dfrac{r}{n}$,所以只需要验证 θ 的后验众数估计 $\hat{\theta}_{MD} = \dfrac{r}{n}$.

事实上,由于 θ 的后验分布是 Beta 分布 $Be(1+r, 1+n-r)$,则后验密度函数为

$$\pi(\theta \mid x) = \frac{\theta^{(1+r)-1}(1-\theta)^{(1+n-r)-1}}{B(1+r, 1+n-r)}, \quad 0 < \theta < 1.$$

要使 $\pi(\theta \mid x)$ 达到最大,只要上式右边的分子达到最大. 把上式右边的分子对 θ 求一阶导数,并令其为 0,即

$$0 = \frac{\mathrm{d}}{\mathrm{d}\theta}\left[\theta^{(1+r)-1}(1-\theta)^{(1+n-r)-1}\right] = -\theta^{(1+r)-2}(1-\theta)^{(1+n-r)-2}(n\theta - r),$$

解得 $\hat{\theta}_{MD} = \dfrac{r}{n}$.

例 3.1.3(续例 2.3.6) 在例 2.3.6 中,对于参数为 λ 的泊松分布 $P(\lambda)$,若参数 λ 的先验分布为 Gamma 分布 $Ga(a,b)$,则 λ 的后验分布为 Gamma 分布 $Ga(a+n\bar{x}, b+n)$.

以下我们验证：(1) λ 的后验众数估计为 $\hat{\lambda}_{MD} = \dfrac{a + n\bar{x} - 1}{b + n}$；(2) λ 的后验期望估计为 $\hat{\lambda}_E = \dfrac{a + n\bar{x}}{b + n}$；(3) λ 的经典估计(极大似然估计)为 $\hat{\lambda}_C = \bar{x}$；(4)在上述(1)，(2)和(3)中，$\hat{\lambda}_{MD}$，$\hat{\lambda}_E$ 和 $\hat{\lambda}_C$ 有什么区别和联系？

事实上，(1) 根据例 2.3.6，λ 的后验分布为 Gamma 分布 $Ga(a + n\bar{x}, b + n)$，其密度函数为

$$\pi(\lambda \mid x) \propto \lambda^{a + n\bar{x} - 1} e^{-(b + n)\lambda}.$$

把上式两边求对数再对 λ 求导数并令其为 0，得到方程

$$0 = \frac{d[\ln \pi(\lambda \mid x)]}{d\lambda} = \frac{1}{\lambda}(a + n\bar{x} - 1) - (b + n),$$

解得 λ 的后验众数估计为 $\hat{\lambda}_{MD} = \dfrac{a + n\bar{x} - 1}{b + n}$.

(2) 根据例 2.3.6，λ 的后验分布为 Gamma 分布 $Ga(a + n\bar{x}, b + n)$，则 λ 的后验期望估计为 $\hat{\lambda}_E = E(\lambda \mid x) = \dfrac{a + n\bar{x}}{b + n}$.

(3) 为了求 λ 的极大似然估计，先求似然函数. 根据例 2.3.6 的解题过程，似然函数为

$$L(x \mid \lambda) \propto \lambda^{n\bar{x}} e^{-n\lambda},$$

把上式两边取对数再对 λ 求导数并令其为 0，得到似然方程

$$0 = \frac{d[\ln L(x \mid \lambda)]}{d\lambda} = \frac{n\bar{x}}{\lambda} - n,$$

解得 λ 的经典估计(极大似然估计)为 $\hat{\lambda}_C = \bar{x}$.

(4) 从(1)，(2)和(3)中，$\hat{\lambda}_{MD}$，$\hat{\lambda}_E$ 和 $\hat{\lambda}_C$ 的表达式来看，它们是不同的.

当 $n \to \infty$ 时，有

$$\hat{\lambda}_{MD} \to \hat{\lambda}_C = \bar{x},$$

$$\hat{\lambda}_E \to \hat{\lambda}_C = \bar{x}.$$

从上述的(2)可以得到

$$\hat{\lambda}_E = \frac{a + n\bar{x}}{b + n} = \frac{n}{b + n}\bar{x} + \frac{b}{b + n} \cdot \frac{a}{b}.$$

从上式可以看出，λ 的后验期望估计 $\hat{\lambda}_E$ 是 λ 的经典估计(极大似然估计) $\hat{\lambda}_C(\bar{x})$ 和先验均值 $\left(\dfrac{a}{b}\right)$ 的加权平均.

例 3.1.4　对正态分布 $N(\mu, \sigma^2)$，其中 μ 为未知，$\sigma^2 = \sigma_0^2$ 为已知，若 μ 的先验分布为 $N(\mu_a, \sigma_a^2)$，其中 μ_a, σ_a^2 为已知，在例 2.3.8 中已经证明了 μ 的后验分布为 $N(\mu_b, \sigma_b^2)$，其

中 μ_b 和 σ_b^2 由式(2.3.1)和式(2.3.2)给出.

考虑对一个儿童做智力测验的情形. 假设测验结果 $X \sim N(\mu, 100)$, 其中 μ 为这个孩子在测验中的智商 IQ 的真值(换言之, 如果这个孩子做大量类似而相互独立的这种测验, 他的平均分数为 μ). 根据过去多次测验, 设 $\mu \sim N(100, 225)$, 应用例 2.3.8 的结果, 在 $n=1$ 时, 可得给定 $X=x$ 的条件下, 该儿童智商 μ 的后验分布是正态分布 $N(\mu_b, \sigma_b^2)$, 其中 μ_b 和 σ_b^2 由式(2.3.1)和式(2.3.2)给出, 则有

$$\mu_b = \frac{100 \times 100 + 225x}{100 + 225} = \frac{400 + 9x}{13},$$

$$\sigma_b^2 = \frac{100 \times 225}{100 + 225} = \frac{900}{13} = 69.231\,8 = 8.320\,5^2.$$

如果这个孩子测验的得分为 115, 则他的 IQ 真值的后验分布为 $N(110.385, 8.320\,5^2)$. 于是, 参数 μ 的贝叶斯估计(后验期望估计)为 $\hat{\mu}_B = 110.385$.

例 3.1.5 设 $x_1, x_2, \cdots, x_n$ 是来自 Pareto 分布 $Pa(\alpha, \theta_0)$ 的样本观察值, Pareto 分布 $Pa(\alpha, \theta_0)$ 的密度函数为

$$f(x) = \alpha \frac{\theta_0^\alpha}{x^{\alpha+1}}, \quad x \geqslant \theta_0, \alpha > 0.$$

Pareto 分布 $Pa(\alpha, \theta_0)$ 通常表示超过一个已知值 θ_0 的收入分布. 若 θ_0 为已知, 则该分布中只有一个未知参数 α.

设 $x = (x_1, x_2, \cdots, x_n)$ 是来自 Pareto 分布 $Pa(\alpha, \theta_0)$ 的样本观察值, 则样本的似然函数为

$$L(x \mid \alpha) = \frac{\alpha^n \theta_0^{n\alpha}}{(x_1 x_2 \cdots x_n)^{\alpha+1}} = \frac{\alpha^n \theta_0^{n\alpha}}{G^{n(\alpha+1)}}.$$

其中 $G = (x_1 x_2 \cdots x_n)^{\frac{1}{n}}$ 是 $x_1, x_2, \cdots, x_n$ 的几何平均.

关于 α 的先验分布, 如果我们关于参数值的信息是分散的或不明确的, 则 α 的先验密度函数为

$$\pi(\alpha) \propto \frac{1}{\alpha}, \quad 0 < \alpha < \infty.$$

根据贝叶斯定理, 则 α 的后验密度函数为

$$\pi(\alpha \mid x) \propto \frac{\alpha^{n-1} \theta_0^{n\alpha}}{G^{n(\alpha+1)}} \propto \alpha^{n-1} e^{-bn\alpha},$$

其中, $b = \ln\left(\dfrac{G}{\theta_0}\right)$.

因此 α 的后验分布为 Gamma 分布 $Ga(n, nb)$, 于是正则化后的 α 的后验密度函数为

$$\pi(\alpha \mid x) = \frac{(nb)^n}{\Gamma(n)} \alpha^{n-1} e^{-bn\alpha}, \quad 0 < \alpha < \infty. \tag{3.1.1}$$

在平方损失下，α 的贝叶斯估计为后验均值，即

$$\hat{\alpha}_E = \frac{1}{b} = \frac{1}{\ln\left(\dfrac{G}{\theta_0}\right)}.$$

例 3.1.6　作为一个数值例子，以下是某年 10 个家庭收入超过 50 000 元的数据：
60 000，70 000，80 000，90 000，100 000，120 000，150 000，200 000，3 000 000，500 000.
设这些数据来自 Pareto 分布 $Pa(\alpha, \theta_0)$，其中 $\theta_0 = 50\,000$，请根据例 3.1.5，在平方损失下给出参数 α 的贝叶斯估计。

根据例 3.1.5 和以上 10 个家庭收入超过 $\theta_0 = 50\,000$ 元的数据，得到 $G = 1.322\,2e+005 = 1.322\,2 \times 10^5$，则在平方损失下 α 的贝叶斯估计为（后验均值）$\hat{\alpha}_E = 1.028\,3$.

以下用 OpenBUGS 计算 α 的贝叶斯估计。取 α 的先验分布为 Gamma 分布 $Ga(0.05, 0.05)$.

说明：$Ga(0.05, 0.05)$ 接近于 α 的无信息先验分布（non-informative prior distribution）$Ga(0, 0)$.

```
model
{
for (i in 1:n) {
time[i]~dpar (alpha, 50000)
}
alpha ~ dgamma(0.05, 0.05)
}
list(time=c(60000，70000，80000，90000，100000，120000，150000，200000,
300000,500000)，n=10)
```

运行结果见表 3-1.

表 3-1　　　　　　　　　　　　计算结果

参数	mean	sd	MC-error	val2.5pc	median	val97.5pc	start	sample
α	1.029	0.324	0.004 013	0.495 8	0.992 2	1.767	1 001	9 000

从表 3-1 可以看出，α 的后验均值为 1.029，与前面得到的结果（$\hat{\alpha}_E = 1.028\,3$）非常接近。

如果有一组 m 个观察值的新样本 $x = (y_1, y_2, \cdots, y_m)$，并且它们来自 Pareto 分布 $Pa(\alpha, \theta_0)$，则样本的似然函数为

$$L(x \mid \alpha) \propto \frac{\alpha^m \theta_0^{m\alpha}}{G_*^{m(\alpha+1)}}.$$

其中 $G_* = (y_1 y_2 \cdots y_m)^{\frac{1}{m}}$ 是 $y_1, y_2, \cdots, y_m$ 的几何平均。

可用式(3.1.1)中 α 的后验分布在新样本的分析中作为先验分布,根据贝叶斯定理,基于两组样本的 α 的后验密度函数为

$$\pi(\alpha \mid x, y) \propto \frac{\alpha^{n+m-1}\theta_0^{(n+m)\alpha}}{(G^n G_*^m)^{\alpha+1}} \propto \frac{\alpha^{n+m-1}\theta_0^{(n+m)\alpha}}{G_2^{(n+m)\alpha}} \propto \alpha^{n+m-1}e^{-b_2(n+m)\alpha}.$$

其中 G_2 是两组样本 $n+m$ 个观察值的几何平均, $b_2 = \ln\left(\dfrac{G_2}{\theta_0}\right)$.

因此 α 的后验分布为 Gamma 分布 $Ga(n+m, (n+m)b)$,于是正则化后 α 的后验密度函数为

$$\pi(\alpha \mid x, y) = \frac{[(n+m)b_2]^{n+m}}{\Gamma(n+m)}\alpha^{n+m-1}e^{-b_2(n+m)\alpha}, \quad 0 < \alpha < \infty. \tag{3.1.2}$$

在 Pareto 分布的分析中,常常可用的数据不是个别的观察值(如在前面的数值例子中),而是频数 $n_0, n_1, \cdots, n_T$. 例如,收入值落在特定区间 x_t 到 x_{t+1} 的人数 n_t,这里 $x_t < x_{t+1}$, $x_0 = \theta_0$, $x_{T+1} = \infty$, $t = 0, 1, \cdots, T-1, T$. 则 y 值在 $x_t < y < x_{t+1}$ 时随机所选个人的收入的概率为

$$P(x_t < y < x_{t+1}) = \int_{x_t}^{x_{t+1}} \alpha \frac{\theta_0^\alpha}{\theta^{\alpha+1}} d\theta = \theta_0^\alpha(x_t^{-\alpha} - x_{t+1}^{-\alpha}), \quad t = 0, 1, \cdots, T-1.$$

对 $x_T < y < \infty$, $P(x_T < y < \infty) = \dfrac{\theta_0^\alpha}{x_T^\alpha}$. 于是,给定了随机选取的 N 个人的收入,收入值落在区间 x_t 到 x_{t+1} 的人数 n_t, $t = 0, 1, \cdots, T-1$,收入 y 区间 x_T 到 ∞ 的人数 n_T 的概率为

$$\frac{N!}{\prod\limits_{t=0}^{T} n_t!} \frac{\theta_0^{\alpha n_T}}{x_T^{\alpha n_T}} \prod_{t=0}^{T-1} \theta_0^{\alpha n_T}(x_t^{-\alpha} - x_{t+1}^{-\alpha})^{x_t},$$

其中, $N = \sum\limits_{t=0}^{T} n_t$.

则样本的似然函数为

$$L(* \mid \alpha) \propto \frac{\theta_0^{\alpha N}}{\left(\prod\limits_{t=0}^{T} x_t^{n_t}\right)^\alpha} \prod_{t=0}^{T-1}\left[1 - \left(\frac{x_t}{x_{t+1}}\right)^\alpha\right]^{n_t} \propto e^{-bNa}\prod_{t=0}^{T-1}\left[1 - \left(\frac{x_t}{x_{t+1}}\right)^\alpha\right]^{n_t}, \tag{3.1.3}$$

其中 $b = \ln\left(\dfrac{G}{\theta_0}\right)$, $G = \left(\prod\limits_{t=0}^{T} x_t^{n_t}\right)^{\frac{1}{N}}$.

如果参数 α 的先验密度函数为 $\pi(\alpha)$,就可以与式(3.1.3)合并生成下述后验密度函数

$$\pi(\alpha \mid *) \propto \pi(\alpha)e^{-bNa}\prod_{t=0}^{T-1}\left[1 - \left(\frac{x_t}{x_{t+1}}\right)^\alpha\right]^{n_t}. \tag{3.1.4}$$

例 3.1.7　为了给出这些分组数据结论的应用,我们用表 3-2 给出 1961 年美国的家庭收入数据(Zellner,1971),这里 $N = 1\,004$ 个家庭的收入大于等于 $\theta_0 = 10\,000$ 美元.

表 3-2　　　　　1961 年美国的家庭收入数据(收入大于等于 $\theta_0 = 10\,000$ 美元)

收入区间/美元	频率	频数	t	x_t
$[10\,000, 15\,000)$	0.170 310	171	0	10 000
$[15\,000, 25\,000)$	0.221 116	222	1	15 000
$[25\,000, 50\,000)$	0.159 363	160	2	25 000
$[50\,000, 100\,000)$	0.219 124	220	3	50 000
$[100\,000, 150\,000)$	0.047 808 8	48	4	100 000
$[150\,000, 500\,000)$	0.137 450	138	5	150 000
$[500\,000, \infty)$	0.044 820 7	45	6	500 000

设式(3.1.4)中参数 α 的先验密度函数为 $\pi(\alpha) \propto \dfrac{1}{\alpha}$,$0 < \alpha < \infty$,代入式(3.1.4),再用表 3-1 数据进行数值积分,求得下述正则化的 α 的后验密度函数

$$\pi(\alpha \mid *) = k\alpha^{-1} \mathrm{e}^{-bN\alpha} \prod_{t=0}^{T-1} \left[1 - \left(\frac{x_t}{x_{t+1}} \right)^{\alpha} \right]^{n_t},$$

其中,k 是正则化常数,$b = \ln\left(\dfrac{G}{\theta_0} \right)$,$G = \left(\prod_{t=0}^{T} x_t^{n_t} \right)^{\frac{1}{N}}$.

用数值计算得到后验均值和方差分别为(Zellner,1971):0.621 8,0.000 41.

例 3.1.8　下面的数据为医疗责任保单的赔付记录(Klugman et al.,2004):125,132,141,107,133,319,126,104,145,223. 每笔赔付服从 Pareto 分布 $Pa(\alpha, \theta_0)$,其中 $\theta_0 = 100$,α 未知. α 的先验分布为 Gamma 分布 $Ga(2,1)$. 求 α 的后验分布和在平方损失下的贝叶斯估计.

解　若 α 的先验分布为 Gamma 分布 $Ga(2,1)$,其密度函数为 $\pi(\alpha) = \alpha\mathrm{e}^{-\alpha}$,$\alpha > 0$.

由于每笔赔付服从 Pareto 分布 $Pa(\alpha, \theta_0)$,其中 $\theta_0 = 100$,则似然函数为

$$L(x \mid \alpha) = \frac{\alpha^{10}(100)^{10\alpha}}{\prod_{i=1}^{10} x_i^{\alpha+1}} = \alpha^{10}\mathrm{e}^{-3.801\,1\alpha - 49.852\,8}.$$

根据贝叶斯定理,则 α 的后验密度函数为

$$\pi(\alpha \mid x) = \frac{\pi(\alpha)L(x \mid \alpha)}{\displaystyle\int_0^{\infty} \pi(\alpha)L(x \mid \alpha)\,\mathrm{d}\alpha} = \frac{\alpha^{11}\mathrm{e}^{-4.801\,1\alpha - 49.852\,8}}{\displaystyle\int_0^{\infty} \alpha^{11}\mathrm{e}^{-4.801\,1\alpha - 49.852\,8}\,\mathrm{d}\alpha} = \frac{\alpha^{11}\mathrm{e}^{-4.801\,1\alpha}}{(11!)\left(\dfrac{1}{4.801\,1} \right)^{12}}, \quad \alpha > 0.$$

因此 α 的后验分布服从 Gamma 分布 $Ga(12, 4.801\,1)$. 则在平方损失下的贝叶斯估计为 $\hat{\alpha} = \dfrac{12}{4.801\,1} = 2.499\,4$.

例 3.1.9(续例 3.1.8) 在例 3.1.8 中用 OpenBUGS 计算 α 的贝叶斯估计.

解 根据例 3.1.8,α 的先验分布为 $Ge(2,1)$,以下用 OpenBUGS 计算 α 的贝叶斯估计.

```
model
{
for (i in 1:n) {
time[i]~dpar (alpha, 100)
}
alpha ~ dgamma(2, 1)
}
list(time=c(125, 132, 141, 107, 133, 319, 126, 104, 145, 233), n=10)
list(alpha=3)
```

运行结果见表 3-3.

表 3-3 计算结果

参数	mean	sd	MC-error	val2.5pc	median	val97.5pc	start	sample
α	2.48	0.713	0.007 545	1.29	2.41	4.093	1 001	9 000

从表 3-3 可以看出,α 的后验均值为 2.48,标准差为 0.713,MC 误差为 0.007 545,中位数为 2.41,可信水平为 0.95 的可信区间为 $(1.29, 4.093)$.

例 3.1.10 Arnold(2015)给出了 50 名收入超过 70 000 美元的高尔夫球手,他们到 1980 年的收入的数据见表 3-4(单位:1 000 美元). 根据 Arnold(2015),以上数据来自 Pareto 分布.

表 3-4 高尔夫球手收入的数据

3 581	1 690	1 433	1 184	1 066	1 005	883	841	778	753
2 474	1 684	1 410	1 171	1 056	1 001	878	825	778	746
2 202	1 627	1 374	1 109	1 051	965	871	820	771	729
1 858	1 537	1 338	1 095	1 031	944	849	816	769	712
1 829	1 519	1 208	1 092	1 016	912	844	814	759	708

解 根据 Arnold(2015),表 3-4 的数据来自 Pareto 分布 $Pa(a, b)$.

如果 a 的先验分布取 $Ga(0.05, 0.05)$,b 的先验分布取 $(0, 708)$ 区间上的均匀分布. 以下用 OpenBUGS 来计算.

```
model
{
for(i in 1:n){
time[i]~dpar(a,b)
}
a ~dgamma(0.05, 0.05)
```

b～ dunif(0，708)

}

data

list(time＝c(3581，1690，1433，1184，1066，1005，883，841，778，753，2474，1684，

1410，1171，1056，1001，878，825，778，746，2202，1627，1374，1109，1051，

965，871，820，771，729，1858，1537，1338，1095，1031，944，849，816，769，

712，1829，1519，1208，1092，1016，912，844，814，759，708)，n＝50)

list(a＝2.3，b＝700)

运行结果见表 3-5.

表 3-5　　　　　　　　　　　　　　　参数估计的计算结果

参数	mean	sd	MC-error	val2.5pc	median	val97.5pc	start	sample
λ	2.285	0.319 9	0.003 103	1.696	2.271	2.944	1 001	9 000
α	701.8	6.097	0.103 7	685.4	703.7	707.8	1 001	9 000

从表 3-5 可以看出，λ 的后验均值为 2.285，后验中位数为 2.271，可信水平为 0.95 的可信区间为(1.696，2.944)；α 的后验均值为 701.8，后验中位数为 703.7，可信水平为 0.95 的可信区间为(685.4，707.8).

注 1　Gamma 分布 $Ga(0.05，0.05)$ 接近 λ 的无信息先验分布 $Ga(0，0)$. 根据门限参数 α 意义，取 α 的先验分布为区间(0，708)上的均匀分布(它也是 α 的无信息先验分布).

注 2　当 Gamma 分布 $Ga(a，b)$ 中的两个参数 a 和 b 都取 $a＝b \in [0.017，0.10]$ 时，λ 的后验均值和后验中位数都是稳健的. 当均匀分布 $U(c，d)$ 中的两个参数 c 和 d 取 $d＝708，c \in (0，700)$ 时，α 的后验均值和后验中位数都是稳健的.

注 3　设随机变量 X 服从 Pareto 分布 $Pa(\alpha，\lambda)$，其中，α 为门限参数，λ 为形状参数，$x_1，x_2，\cdots，x_n$ 为来自 $Pa(\alpha，\lambda)$ 的样本观察值，则 α 和 λ 的极大似然估计分别为

$$\hat{\alpha}_{MLE}＝\min\{x_1，x_2，\cdots，x_n\}，$$

$$\hat{\lambda}_{MLE}＝\frac{n}{\sum_{i=1}^{n}(\ln x_i － \ln \hat{\alpha}_{MLE})}.$$

根据表 3-4，则有 $\hat{\alpha}_{MLE}＝708$，$\hat{\lambda}_{MLE}＝2.335 6$. ［在 Arnold(2015)中，$\hat{\alpha}＝703$，$\hat{\lambda}＝2.23$］.

3.1.3　贝叶斯估计的误差

当提出一种估计方法时，一般必须给出估计的精度. 通常贝叶斯估计的精度是用它的后验均方差或其平方根来度量的.

设 $\hat{\theta}$ 是 θ 的贝叶斯估计，在样本给定后，$\hat{\theta}$ 是一个数，在综合各种信息后，θ 是根据它的后验分布 $\pi(\theta \mid x)$ 来取值的，所以评定一个贝叶斯估计的误差的最好而又简单的方式是用 θ 对 $\hat{\theta}$ 的后验均方差或其平方根来度量.

定义 3.1.6　设参数 θ 的后验分布为 $\pi(\theta \mid x)$，$\hat{\theta}$ 是 θ 的贝叶斯估计，则 $(\theta － \hat{\theta})^2$ 的后

验期望

$$MSE(\hat{\theta} \mid x) = E_{\theta|x}(\theta - \hat{\theta})^2$$

称为 $\hat{\theta}$ 的**后验均方差**,而其平方根 $\sqrt{MSE(\hat{\theta} \mid x)}$ 称为**后验标准误**,其中 $E_{\theta|x}$ 表示用条件分布 $\pi(\theta \mid x)$ 求数学期望,当 $\hat{\theta}$ 是 θ 的后验期望 $\hat{\theta}_E = E(\theta \mid x)$ 时,则

$$MSE(\hat{\theta} \mid x) = E_{\theta|x}(\theta - \hat{\theta}_E)^2 = \mathrm{Var}(\theta \mid x)$$

称为**后验方差**,其平方根 $\sqrt{\mathrm{Var}(\theta \mid x)}$ 称为**后验标准差**.

后验均方差与后验方差的关系如下:

$$MSE(\hat{\theta} \mid x) = E_{\theta|x}(\theta - \hat{\theta})^2 = E_{\theta|x}[(\theta - \hat{\theta}_E) + (\hat{\theta}_E - \hat{\theta})]^2 = \mathrm{Var}(\theta \mid x) + (\hat{\theta}_E - \hat{\theta})^2.$$

这说明,当 $\hat{\theta}$ 为 $\hat{\theta}_E = E(\theta \mid x)$ 时,可使后验均方差 $MSE(\hat{\theta} \mid x)$ 达到最小,所以实际中常取后验均值 $\hat{\theta}_E$ 作为 θ 的贝叶斯估计.

例 3.1.11(续例 3.1.1) 在例 3.1.1 中,某人打靶,共打了 n 次,命中了 r 次,此人打靶命中的概率为 θ. 若 θ 的先验分布取 Beta 分布 $Be(1, 1)$,则 θ 的后验分布是 Beta 分布 $Be(1+r, 1+n-r)$.

在例 3.1.1 中,给出了此人打靶命中的概率 θ 的估计:

θ 的经典估计为 $\hat{\theta}_C = \dfrac{r}{n}$(极大似然估计),$\theta$ 的后验期望估计为 $\hat{\theta}_E = \dfrac{r+1}{n+2}$.

在例 3.1.2 中,给出了如下结论: $\hat{\theta}_C = \hat{\theta}_{MD} = \dfrac{r}{n}$.

若 θ 的先验分布取 Beta 分布 $Be(1, 1)$,则 θ 的后验分布是 Beta 分布 $Be(1+r, 1+n-r)$. 于是 θ 的后验方差为

$$\mathrm{Var}(\theta \mid x) = \frac{(1+r)(1+n-r)}{(n+2)^2(n+3)}.$$

根据定义 3.1.6,当 $\hat{\theta}$ 是 θ 的后验期望 $\hat{\theta}_E = E(\theta \mid x)$ 时,则有

$$MSE(\hat{\theta}_E \mid x) = \mathrm{Var}(\hat{\theta}_E \mid x).$$

根据经典统计的结果, $\hat{\theta}_C$ 的均方差为

$$MSE(\hat{\theta}_C) = \frac{(1+r)(1+n-r)}{(n+2)^2(n+3)} + \left(\frac{r+1}{n+2} - \frac{r}{n}\right)^2.$$

一些具体计算结果见表 3-6.

表 3-6　　　　　　　　　　$\hat{\boldsymbol{\theta}}_E$ 和 $\hat{\boldsymbol{\theta}}_{MD}$ 的后验均方差的计算结果

n	r	$\hat{\theta}_E = \dfrac{r+1}{n+2}$	$MSE(\hat{\theta}_E \mid x)$	$\hat{\theta}_C = \dfrac{r}{n}$	$MSE(\hat{\theta}_C)$
5	0	$\dfrac{1}{7}$	0.015 306	0	0.035 714

续表

n	r	$\hat{\theta}_E = \dfrac{r+1}{n+2}$	$MSE(\hat{\theta}_E \mid x)$	$\hat{\theta}_C = \dfrac{r}{n}$	$MSE(\hat{\theta}_C)$
10	0	$\dfrac{1}{12}$	0.005 876	0	0.012 820
10	9	$\dfrac{10}{12}$	0.010 684	$\dfrac{9}{10}$	0.015 128
20	19	$\dfrac{20}{22}$	0.003 593	$\dfrac{19}{20}$	0.005 267

从表 3-6 可以看出,随着样本量的增加后验均方差减小,但无论如何,$\hat{\theta}_E$ 的后验均方差总比 $\hat{\theta}_C$ 的均方差要小.

3.2 区 间 估 计

3.2.1 可信区间的定义

参数 θ 的区间估计就是根据后验分布 $\pi(\theta \mid x)$,在参数空间 Θ 中寻找一个区间 C_x,使得其后验概率 $P_{\theta|x}(\theta \in C_x)$ 尽可能大,而其区间 C_x 的长度尽可能小. 它实际上是要寻找损失函数

$$L(\theta, C_x) = m_1 l(C_x) + m_2 [1 - I_{C_x}(\theta)],$$

其中 m_1 和 m_2 是非负权,$l(C_x)$ 是区间 C_x 的长度,I_A 为示性函数,即

$$I_A = \begin{cases} 1, & x \in A, \\ 0, & x \overline{\in} A. \end{cases}$$

这样,后验风险为

$$E_{\theta|x}[L(\theta, C_x)] = m_1 E_{\theta|x}[l(C_x)] + m_2 [1 - P_{\theta|x}(\theta \in C_x)].$$

由于区间 C_x 的长度尽可能小与后验概率 $P_{\theta|x}(\theta \in C_x)$ 尽可能大是矛盾的,因此,在实际问题中常用折中方案:在后验概率 $P_{\theta|x}(\theta \in C_x)$ 达到一定的要求下,使区间 C_x 的长度尽可能小.

定义 3.2.1 对于给定的可信水平 $1-\alpha$,在 $P_{\theta|x}(\theta \in C_x) \geqslant 1-\alpha$ 的条件下,使任意给定的 $\theta_1 \in C_x$,$\theta_2 \overline{\in} C_x$,总有 $\pi(\theta_1 \mid x) \geqslant \pi(\theta_2 \mid x)$,称 C_x 是参数 θ 的可信水平 $1-\alpha$ 的**最高后验密度**(highest posterior density)**可信集**,简称 **HPD 可信集**. 如果 C_x 是一个区间,则称 C_x 是参数 θ 的可信水平 $1-\alpha$ 的**最高后验密度可信区间**,简称 **HPD 可信区间**.

从定义 3.2.1 可以看出,当后验密度 $\pi(\theta \mid x)$ 为单峰时,一般总可以找到 HPD 可信区间;当后验密度 $\pi(\theta \mid x)$ 为非单峰(多峰)时,可能得到几个互不连接的区间组成 HPD 可信集,此时很多统计学家建议:放弃 HPD 准则,采用相连接的等尾可信区间为宜. 共轭先验分布大多是单峰的,这必然导致后验分布也是单峰的.

定义 3.2.2 设参数 θ 的后验密度 $\pi(\theta \mid x)$,对于给定的样本 x 和 $1-\alpha$ $(0 < \alpha < 1)$,

若存在两个统计量 $\hat{\theta}_L = \hat{\theta}_L(x)$ 和 $\hat{\theta}_U = \hat{\theta}_U(x)$,使

$$P(\hat{\theta}_L < \theta < \hat{\theta}_U \mid x) = 1 - \alpha,$$

则称区间 $(\hat{\theta}_L, \hat{\theta}_U)$ 为参数 θ 的可信水平为 $1 - \alpha$ 的**双侧贝叶斯可信区间**,简称**双侧可信区间**(two-sided credible interval).

如果取

$$\int_{-\infty}^{\hat{\theta}_L} \pi(\theta \mid x) \mathrm{d}\theta = \frac{\alpha}{2}, \quad \int_{\hat{\theta}_U}^{\infty} \pi(\theta \mid x) \mathrm{d}\theta = \frac{\alpha}{2},$$

则称区间 $(\hat{\theta}_L, \hat{\theta}_U)$ 为参数 θ 的可信水平为 $1 - \alpha$ 的**双侧等尾可信区间**,简称**等尾可信区间**.

当后验密度函数 $\pi(\theta \mid x)$ 为单峰且对称时,寻找 HPD 可信区间较为容易,它就是等尾可信区间.

在定义 3.2.2 中,可信区间、可信水平与经典统计中置信区间、置信水平是同类概念.

在经典统计中置信区间是随机区间.例如,置信水平为 0.95 的置信区间是指在 100 次使用它时约有 95 次所得区间能盖住未知参数,至于在一次使用它时没有任何解释.在贝叶斯统计中,可信水平为 0.95 的可信区间是在样本给定后,可以通过后验分布求得,而 θ 落在可信区间的概率为 0.95.

3.2.2 单侧可信限

定义 3.2.3 设参数 θ 的后验密度 $\pi(\theta \mid x)$,对于给定的样本 x 和 $1 - \alpha$ $(0 < \alpha < 1)$,若存在统计量 $\hat{\theta}_L = \hat{\theta}_L(x)$,使

$$P(\theta \geqslant \hat{\theta}_L \mid x) = 1 - \alpha,$$

则称 $\hat{\theta}_L$ 为参数 θ 的可信水平为 $1 - \alpha$ 的**单侧贝叶斯可信下限**,简称**单侧可信下限**(one-sided lower credible limit).

$P(\theta \geqslant \hat{\theta}_L \mid x) = 1 - \alpha$ 等价于

$$\int_{-\infty}^{\hat{\theta}_L} \pi(\theta \mid x) \mathrm{d}\theta = \alpha.$$

定义 3.2.4 设参数 θ 的后验密度 $\pi(\theta \mid x)$,对于给定的样本 x 和 $1 - \alpha$ $(0 < \alpha < 1)$,若存在统计量 $\hat{\theta}_U = \hat{\theta}_U(x)$,使

$$P(\theta \leqslant \hat{\theta}_U \mid x) = 1 - \alpha,$$

则称 $\hat{\theta}_U$ 为参数 θ 的可信水平为 $1 - \alpha$ 的**单侧贝叶斯可信上限**,简称**单侧可信上限**(one-sided upper credible limit).

$P(\theta \leqslant \hat{\theta}_U \mid x) = 1 - \alpha$ 等价于

$$\int_{\hat{\theta}_U}^{\infty} \pi(\theta \mid x) \mathrm{d}\theta = \alpha.$$

例 3.2.1 设 $x_1, x_2, \cdots, x_n$ 是来自正态分布 $N(\mu, \sigma^2)$ 的样本观察值,其中 μ 为未知,$\sigma^2 = \sigma_0^2$ 为已知.(1)若 μ 的先验分布为 $N(\mu_a, \sigma_a^2)$,其中 μ_a, σ_a^2 为已知;(2)若选用广义贝叶斯假设,即 μ 的先验分布在 $(-\infty, \infty)$ 上均匀分布,$\pi(\mu) \propto 1$. 在以上 μ 的两种先验分

布下,分别求 μ 的可信水平为 $1-\alpha$ 的双侧可信区间、单侧(上、下)可信限.

(1) 若 μ 的先验分布为 $N(\mu_a, \sigma_a^2)$,其中 μ_a, σ_a^2 为已知,根据例 2.3.8, μ 的后验分布为 $N(\mu_b, \sigma_b^2)$,其中 μ_b 和 σ_b^2 分别由式(2.3.1)和式(2.3.2)给出. 由于 μ 的后验分布为 $N(\mu_b, \sigma_b^2)$,则 $\dfrac{\mu - \mu_b}{\sigma_b} \sim N(0, 1)$,因此

$$P\left\{\left|\frac{\mu - \mu_b}{\sigma_b}\right| < z_{\frac{\alpha}{2}}\right\} = 1-\alpha,$$

其中 $z_{\frac{\alpha}{2}}$ 是标准正态分布的上侧 $\dfrac{\alpha}{2}$ 分位数.

则有

$$P(\mu_b - \sigma_b z_{\frac{\alpha}{2}} < \mu < \mu_b + \sigma_b z_{\frac{\alpha}{2}}) = 1-\alpha.$$

根据可信区间的定义,就可得到 μ 的可信水平为 $1-\alpha$ 的双侧可信区间为

$$(\mu_b - \sigma_b z_{\frac{\alpha}{2}}, \ \mu_b + \sigma_b z_{\frac{\alpha}{2}}). \tag{3.2.1}$$

其中 μ_b 和 σ_b^2 分别由式(2.3.1)和式(2.3.2)给出.

如果先验密度非常分散(即对 μ 的先验信息很不确定),则可考虑 $\sigma_a^2 \to \infty$,此时 $\dfrac{1}{\sigma_a^2} \to 0$.

根据式(2.3.1)和式(2.3.2),当 $\dfrac{1}{\sigma_a^2} \to 0$ 时,有

$$\mu_b = \frac{\bar{x}\sigma_a^2 + \dfrac{\mu_a \sigma_0^2}{n}}{\sigma_a^2 + \dfrac{\sigma_0^2}{n}} = \frac{\bar{x} + \mu_a \dfrac{\sigma_0^2}{n\sigma_a^2}}{1 + \dfrac{\sigma_0^2}{n\sigma_a^2}} \to \bar{x}, \tag{3.2.2}$$

$$\sigma_b^2 = \frac{\dfrac{\sigma_a^2 \sigma_0^2}{n}}{\sigma_a^2 + \dfrac{\sigma_0^2}{n}} = \frac{\dfrac{\sigma_0^2}{n}}{1 + \dfrac{\sigma_0^2}{n\sigma_a^2}} \to \frac{\sigma_0^2}{n}. \tag{3.2.3}$$

此时 μ 的后验分布为变成 $N\left(\bar{x}, \dfrac{\sigma_0^2}{n}\right)$,于是

$$\frac{\mu - \bar{x}}{\dfrac{\sigma_0}{\sqrt{n}}} \sim N(0, 1).$$

因此, μ 的可信水平为 $1-\alpha$ 的双侧可信区间变成[或把式(3.2.2)和式(3.2.3)代入式(3.2.1)中]

$$\left(\bar{x} - \frac{\sigma_0}{\sqrt{n}} z_{\frac{\alpha}{2}}, \ \bar{x} + \frac{\sigma_0}{\sqrt{n}} z_{\frac{\alpha}{2}}\right). \tag{3.2.4}$$

式(3.2.4)与经典方法给出的结果是相同的.

根据 μ 的后验分布 $N(\mu_b, \sigma_b^2)$ 以及单侧可信下限的定义,可以得到可信水平为 $1-\alpha$ 的单侧可信下限,即

$$P(\mu \geqslant \mu_b - \sigma_b z_\alpha) = 1 - \alpha,$$

于是就得到了 μ 的可信水平为 $1-\alpha$ 的单侧可信下限

$$\hat{\mu}_L = \mu_b - \sigma_b z_\alpha. \tag{3.2.5}$$

把式(3.2.2)和式(3.2.3)代入式(3.2.5)中,此时 μ 的可信水平为 $1-\alpha$ 的单侧可信下限变成

$$\hat{\mu}_L = \bar{x} - \frac{\sigma_0}{\sqrt{n}} z_\alpha. \tag{3.2.6}$$

式(3.2.6)与经典方法给出的结果是相同的.

根据 μ 的后验分布 $N(\mu_b, \sigma_b^2)$ 以及单侧可信上限的定义,可以得到可信水平为 $1-\alpha$ 的单侧可信上限,即

$$P(\mu \leqslant \mu_b + \sigma_b z_\alpha) = 1 - \alpha,$$

于是就得到了 μ 的可信水平为 $1-\alpha$ 的单侧可信上限

$$\hat{\mu}_U = \mu_b + \sigma_b z_\alpha. \tag{3.2.7}$$

把式(3.2.2)和式(3.2.3)代入式(3.2.7)中,此时 μ 的可信水平为 $1-\alpha$ 的单侧可信上限变成

$$\hat{\mu}_U = \bar{x} + \frac{\sigma_0}{\sqrt{n}} z_\alpha. \tag{3.2.8}$$

式(3.2.8)与经典方法给出的结果是相同的.

(2) 若选用广义贝叶斯假设,即 μ 的先验分布在 $(-\infty, \infty)$ 上的均匀分布,$\pi(\mu) \propto 1$,则 μ 对于样本 $x_1, x_2, \cdots, x_n$ 的后验分布为 $N(\bar{x}, \frac{\sigma_0^2}{n})$,于是

$$\frac{\mu - \bar{x}}{\frac{\sigma_0}{\sqrt{n}}} \sim N(0, 1).$$

因此

$$P\left\{ \left| \frac{\mu - \bar{x}}{\frac{\sigma_0}{\sqrt{n}}} \right| < z_{\frac{\alpha}{2}} \right\} = 1 - \alpha.$$

根据可信区间的定义,于是就可得到 μ 的可信水平为 $1-\alpha$ 的双侧可信区间为

$$\left(\bar{x} - \frac{\sigma_0}{\sqrt{n}} z_{\frac{\alpha}{2}}, \bar{x} + \frac{\sigma_0}{\sqrt{n}} z_{\frac{\alpha}{2}} \right). \tag{3.2.9}$$

式(3.2.9)的结果与经典统计的结果式(1.2.1)是相同的,与(1)中共轭先验分布中的极限情况也是一致的. 它实质反映了在没有先验信息可以利用时,只能靠样本提供的信息来估计.

根据单侧可信下限的定义,可以得到可信水平为 $1-\alpha$ 的单侧可信下限,即

$$P\left(\mu \geqslant \bar{x}-\frac{\sigma_0}{\sqrt{n}}z_\alpha\right)=1-\alpha,$$

于是就得到了 μ 的可信水平为 $1-\alpha$ 的单侧可信下限:

$$\hat{\mu}_L=\bar{x}-\frac{\sigma_0}{\sqrt{n}}z_\alpha. \tag{3.2.10}$$

根据单侧可信上限的定义,可以得到可信水平为 $1-\alpha$ 的单侧可信上限,即

$$P\left(\mu \leqslant \bar{x}+\frac{\sigma_0}{\sqrt{n}}z_\alpha\right)=1-\alpha,$$

于是就得到了 μ 的可信水平为 $1-\alpha$ 的单侧可信上限:

$$\hat{\mu}_U=\bar{x}+\frac{\sigma_0}{\sqrt{n}}z_\alpha. \tag{3.2.11}$$

式(3.2.10)和式(3.2.11)给出的 μ 的可信水平为 $1-\alpha$ 的单侧可信下限、单侧可信上限的结果,与相应的经典统计得到的结果是一致的.

例 3.2.2　作为数值例子,我们继续考虑对一个儿童做智力测验的问题. 假设测验结果 $X \sim N(\mu, 100)$,其中 μ 为这个孩子在测验中的智商 IQ 的真值(换言之,如果这个孩子做大量类似而相互独立的这种测验,他的平均分数为 μ). 根据过去多次测验,设 $\mu \sim N(100, 225)$,应用例 2.3.8 的结果,在 $n=1$ 时,可得给定 $X=x$ 的条件下,如果这个孩子测验的得分为 115,根据例 3.1.4,该儿童智商 μ 的后验分布是正态分布 $N(110.385, 8.320\,5^2)$.

把 $\mu_b=110.385$,$\sigma_b=8.320\,5$,$z_{\frac{\alpha}{2}}=1.96$ 代入式(3.2.1),得到 μ 的可信水平为 0.95 的可信区间 $(110.385-8.320\,5 \times 1.96, 110.385+8.320\,5 \times 1.96)=(94.076\,8, 126.693\,2)$.

把 $\mu_b=110.385$,$\sigma_b=8.320\,5$,$z_\alpha=1.645$ 代入式(3.2.5),得到 μ 的可信水平为 0.95 的单侧可信下限为 $\hat{\mu}_L=110.385-8.320\,5 \times 1.645=96.697\,8$.

把 $\mu_b=110.385$,$\sigma_b=8.320\,5$,$z_\alpha=1.645$ 代入式(3.2.7),得到 μ 的可信水平为 0.95 的单侧可信上限为 $\hat{\mu}_U=110.385+8.320\,5 \times 1.645=124.072\,2$.

如果不用先验信息,仅用抽样信息,则按经典方法,由 $X \sim N(\mu, 100)$,且在 $n=1$ 和 $x=115$ 时,得到该儿童智商 μ 的置信水平为 0.95 置信区间为 $(115-10 \times 1.96, 115+10 \times 1.96)=(95.4, 134.6)$.

对可信(置信)水平为 0.95,可以看出以上得到的可信区间和置信区间是不同的,可信区间的长度为 $126.693\,2-94.076\,8=32.616\,4$,置信区间的长度为 $134.6-95.4=39.2$.

按经典方法,由 $X \sim N(\mu, 100)$,且在 $n=1$ 和 $x=115$ 时,得到该儿童智商 μ 的置信水平为 0.95 单侧置信下限为 $115-10 \times 1.645=98.55$;$\mu$ 的置信水平为 0.95 单侧置信上限为 $115+10 \times 1.645=131.45$.

前面我们已经看到后验分布是已有的数据信息对先验信息更新调整的结果,它概括了参数的一切信息,如我们最为关心的后验均值、后验众数、后验方差或标准差、可信区间.后验均值、后验众数都可作为贝叶斯点估计,但前者更为常用,在后验分布对称或近似对称时,二者一致;后验方差或标准差反映了贝叶斯估计(点估计或区间估计)的精度;贝叶斯可信区间有两种形式,其一是等尾的可信区间,这与经典统计的的置信区间一致,其二称为最高后验密度可信区间,其优点是在相同的可信水平下这样的可信区间是最短的,但其计算需要使用数值方法.

另外,在一些实际问题中,我们不仅关心分布中的参数本身,更关心其函数的统计性质.例如,在考虑某地区女性出生率时,可用二项分布 $B(n, \theta)$ 描述,这时我们不仅关心参数 θ,更为关心的是男性与女性出生的比率 $\phi = \dfrac{1-\theta}{\theta}$,有时在研究社会问题时还关心 θ 的 $logit$ 变换 $logit(\theta) = \log\left(\dfrac{\theta}{1-\theta}\right)$. 对于 θ 的变换,其后验分布通常不易获得,但可以通过从 θ 的后验分布中随机抽取一系列的样本,从而获得其函数的样本,当抽样次数足够大时,理论上可以获得这些参数或其函数的精确后验分布,因而只要基于后验样本进行推断就足够了.这是贝叶斯统计分析中最为常用的方法,在多参数场合其优势更为明显.另外,对参数进行适当的变换,可以使后验分布具有更好的对称性,这样可以借助正态近似求得它们的贝叶斯可信区间.下面通过一个具体的例子来说明.

例 3.2.3 早期在德国进行了一项试验,其结果显示,在 980 例因非正常受孕而导致胎盘位置过低的分娩中,有 437 例为女婴.由此能否判断在此类非正常分娩中,女婴的出生率小于 0.485 呢?

可以认为这 980 名孕妇中,女婴的出生数服从二项分布 $B(n, \theta)$,现已知 $n = 980$,$y = 437$. 假设对 θ 没有任何可用的信息,故用无信息先验分布为 Beta 分布 $Be(1, 1)$ 作为 θ 的先验分布,则 θ 的后验分布为 Beta 分布 $Be(438, 544)$.

(1) 首先计算 θ 后验均值、标准差、中位数及 95% 可信区间,R 代码如下:

```
alpha <- 438
beta <- 544
postmean<-alpha/(alpha+beta)
print("The posterior mean is")
print(postmean)
poststd<-sqrt(alpha * beta/(alpha+beta)^2/(alpha+beta+1))
print("The posterior standard deviation is")
print(poststd)
postmedian<-qbeta(0.5, alpha, beta)
print("The median based on
posterior distribution is")
print(postmedian)
CI_95<-c(qbeta(0.025, alpha, beta), qbeta(0.975, alpha, beta))
print("The 95% posterior confidence interval is")
print(CI_95)
```

运行上述程序,得到 θ 后验均值、标准差、中位数及 95% 可信区间分别为

0.4460285

0.01585434

0.4459919

(0.4150655，0.4771998)

（2）运用随机模拟方法，根据后验分布进行推断，即产生 1 000 个 Beta 分布 $Be(438,$
$544)$ 的随机数，并计算其后验均值、标准差、中位数和基于正态近似的 95% 可信区间. R 代
码如下：

```
alpha <- 438；beta <- 544
theta <- rbeta(1000, alpha, beta)
sort_theta <- sort(theta)
spostmean <- mean(theta)
spoststd <- sd(theta)
spostmedian <- sum(sort_theta[500:501])/2
approxCI_95 <- c(spostmean-1.96 * spoststd, spostmean+1.96 * spoststd)
print(spostmean)
print(spoststd)
print(spostmedian)
print("The 95% confidence interval of theta
based on normal approximation is")
print(approxCI_95)
```

运行上述程序，得到 θ 后验均值、标准差、中位数及 95% 可信区间分别为

0.4463512

0.01531046

0.4461134

(0.4163427，0.4763597)

它们与直接从后验分布计算的结果差别很小.

（3）基于随机模拟，计算两种变换 $logit(\theta)$，$\phi = \dfrac{1-\theta}{\theta}$ 的后验均值、标准差、中位数和基
于正态近似的 95% 可信区间. R 代码如下：

```
alpha <- 438；beta <- 544
theta <- rbeta(1000, alpha, beta)
logit_theta <- log(theta/(1-theta))
sort_logit_theta <- sort(logit_theta)
slogit_median <- sum(sort_logit_theta[500:501])/2
slogit_postmean <- mean(logit_theta)
slogit_poststd <- sd(logit_theta)
L <- slogit_postmean-1.96 * slogit_poststd
U <- slogit_postmean+1.96 * slogit_poststd
approxlogit_CI=c(L, U)
approx_CI=c(exp(L)/(1+exp(L)), exp(U)/(1+exp(U)))
```

```
print(slogit_postmean)
print(slogit_poststd)
print(slogit_median)
print("The 95% confidence interval of logit(theta)
based on normal approximation is")
print(approxlogit_CI)
print("The 95% confidence interval of theta
based on normal approximation is")
print(approx_CI)
phi<-(1-theta)/theta
sort_phi <- sort(phi)
sphi_median <- sum(sort_phi[500:501])/2
sphi_postmean<-mean(phi)
sphi_poststd <- sd(phi)
L<-sphi_postmean-1.96 * sphi_poststd
U<-sphi_postmean+1.96 * sphi_poststd
approxphi_CI<-c(L, U)
print(sphi_postmean)
print(sphi_poststd)
print(sphi_median)
print("The 95% confidence interval of phi=(1-theta)/theta is")
print(approxphi_CI)
```

运行上述程序,得到 $logit(\theta)$ 后验均值、标准差、中位数及 95% 可信区间分别为

−0.2157638

0.0635593

−0.2182796

(−0.34034002, −0.09118757)

而 $\phi = \dfrac{1-\theta}{\theta}$ 的后验均值、标准差、中位数及 95% 可信区间分别为

1.243318

0.07920171

1.243803

(1.088082, 1.398553)

另外,由 $logit(\theta)$ 的逆变换得 θ 的 95% 置信区间为 (0.4157269, 0.4772189),与前面的结果也基本相同.

(4) 作出 θ, $logit(\theta)$ 和 $\phi = \dfrac{1-\theta}{\theta}$ 的频数直方图. R 代码如下:

```
alpha <- 438; beta <- 544
theta <- rbeta(1000, alpha, beta)
par(mfrow=c(1, 3))
#Fig(1, 1)-- histogram of theta
```

```
par(mar=c(5, 4, 2, 1))
hist(theta, breaks = seq(0.35, 0.55, 0.005),
xlim = c(0.35, 0.55),
main="", xlab=quote(theta),
probability="T")
#Fig(1, 2) —— histogram of log(theta)
logit_theta <— log(theta/(1—theta))
breaks <— quantile(logit_theta, 0:20/20)
par(mar=c(5, 4, 2, 1))
hist(logit_theta, breaks = seq(−0.5, 0.1, 0.01),
xlim = c(−0.5, 0.1), main="",
xlab=quote(logit(theta)==log(theta/(1—theta))),
probability=T)
#Fig(1, 3) —— histogram of phi=(1—theta)/theta
phi=(1—theta)/theta
breaks <— quantile(phi, 0:20/20)
par(mar=c(5, 4, 2, 1))
hist(phi, breaks = seq(0.8, 1.6, 0.01),
xlim = c(1.0, 1.6),
main="", xlab=quote(phi==(1—theta)/theta),
probability=T)
```

运行上述程序,得到图 3-3.

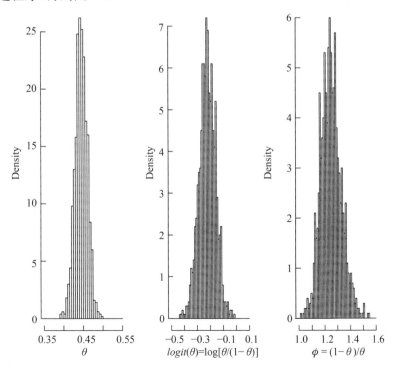

图 3-3   由 θ 的后验分布产生的 1 000 个随机样本的直方图

由于欧洲人种新生儿的男女比率一般为 1.06(即女婴出生率为 0.485),因此根据 $\phi = \dfrac{1-\theta}{\theta}$ 的中位数及其基于正态近似下得 95% 置信区间(1.088 082,1.398 553)推断,女婴出生率在上述非正常分娩状况下,确实比一般情况下要低. 此例也可利用共轭先验分布假设进行推断,结果相同.

(5) 用 OpenBUGS 进行计算

```
model {
x~dbin(theta,n)
theta~dbeta(1,1)
}
deta
list(x=437, n=980)
```

运行结果见表 3-7.

表 3-7   计算结果

参数	mean	sd	MC-error	val2.5pc	median	val97.5pc	start	sample
θ	0.445 9	0.015 89	1.796E-4	0.414 9	0.445 8	0.477 6	1 001	9 000

从表 3-7 可以看出,θ 的后验均值为 0.445 9,标准差为 0.015 89,MC 误差为 1.796E-4,中位数为 0.445 8,可信水平为 0.95 的可信区间为(0.414 9,0.477 6).

因此,用 OpenBUGS 软件进行计算的结果与前面的相关结果非常接近.

例 3.2.4(续例 3.1.8) 在例 3.1.8 中,请给出参数 α 的可信水平为 0.95 的最短可信区间,同时给出一个可信区间使得在两个端点外分别有 0.025 的概率.

解 (1) 为了给出参数 α 的可信水平为 0.95 的最短可信区间,需要解以下两个方程:

$$P(a \leqslant A \leqslant b \mid x) = \Gamma(12, 4.801 1b) - \Gamma(12, 4.801 1a) = 0.95,$$

$$a^{11} e^{-4.801 1a} = b^{11} e^{-4.801 1b}.$$

用数值方法可以得到 $a = 1.183 2$,$b = 3.938 4$,区间长度为 2.755 2.

(2) 若求一个可信区间使得在两个端点外分别有 0.025 的概率,可得到如下两个方程:

$$\Gamma(12, 4.801 1b) = 0.975, \quad \Gamma(12, 4.801 1a) = 0.025.$$

求解以上方程(需要不完全 Gamma 函数的反函数,或者不完全 Gamma 函数的求解技巧)得到 $a = 1.291 5$,$b = 4.099 5$,区间长度为 2.808 0.

需要说明的是,本例的结果与例 3.1.9 中的结果非常接近(例 3.1.9 中的结果:α 的可信水平为 0.95 的可信区间为(1.29,4.093),区间长度为 2.803).

例 3.2.5 经过早期筛选后彩色电视机(简称彩电)的寿命服从指数分布,其密度函数为

$$f(t \mid \theta) = \frac{1}{\theta} e^{-\frac{t}{\theta}}, \quad t > 0.$$

其中，$\theta > 0$ 是彩电的平均寿命.

现在从一批彩电中随机抽取 n 台进行寿命试验，试验到第 $r(\leqslant n)$ 台失效为止，其失效时间为 $t_1 \leqslant t_2 \leqslant \cdots \leqslant t_r$，另外 $n-r$ 台彩电直到试验停止时 (t_r 时) 还未失效，这样的试验称为**定数截尾寿命试验**，所得样本称为截尾样本，此截尾样本的联合密度函数为

$$f(t_1, t_2, \cdots, t_r \mid \theta) \propto \Big[\prod_{i=1}^{r} f(t_i \mid \theta)\Big][1-F(t_r)]^{n-r} = \theta^{-r}\exp\Big(\frac{-S_r}{\theta}\Big).$$

其中，$F(t)$ 为彩电寿命的分布函数，$S_r = \sum_{i=1}^{r} t_i + (n-r)t_r$ 称为总失效时间.

为了求彩电平均寿命 θ 的贝叶斯估计，需要给出 θ 的先验分布. 根据国内外的经验，选用倒 Gamma 分布 $IGa(a, b)$ 作为 θ 的先验分布 $\pi(\theta)$ 是可行的. 剩下来的任务就是要确定超参数 a，b，我国各彩电生产厂家做了大量彩电寿命试验，我们从 15 家彩电生产厂的实验室和一些独立实验室收集到 13 142 台彩电的寿命试验数据，共计 5 369 812 台，此外还有 9 420 台彩电进行 3 年现场跟踪试验，总共进行 5 547 810 台试验，在这些试验中共失效台数不超过 250 台. 对如此大量的先验信息加工整理后，确认我国彩电平均寿命不低于 30 000 h，它的 10% 的分位数 $\theta_{0.1}$ 大约为 11 250 h，经过一些专家认定，这两个数据符合我国前几年彩电寿命的实际情况（也是留有余地的）.

由此列出如下两个方程：

$$\begin{cases} \dfrac{b}{a-1} = 30\,000, \\[2mm] \displaystyle\int_0^{11\,250} \pi(\theta)\mathrm{d}\theta = 0.1. \end{cases}$$

其中，$\pi(\theta)$ 是倒 Gamma 分布 $IGa(a, b)$ 的密度函数为

$$\pi(\theta) = \frac{b^a}{\Gamma(a)}\Big(\frac{1}{\theta}\Big)^{a+1} \mathrm{e}^{\frac{-b}{\theta}}, \quad \theta > 0.$$

它的数学期望 $E(\theta) = \dfrac{b}{a-1}$. 经过（数值计算）求解上述方程组，得到 $a = 1.956$，$b = 2\,868$.

这样就得到了 θ 的先验分布为倒 Gamma 分布 $IGa(1.956, 2\,868)$.

把此先验密度与截尾样本的联合密度函数相乘，就可得到 θ 的后验密度的核

$$\pi(\theta \mid t) \propto f(t \mid \theta)\pi(\theta) \propto \theta^{-(a+r-1)}\exp\Big(-\frac{b+S_r}{\theta}\Big).$$

容易看出，这仍然是倒 Gamma 分布密度函数的核，因此 θ 的后验分布为倒 Gamma 分布 $IGa(a+r, b+S_r)$.

若取后验均值作为 θ 的贝叶斯估计，则有

$$\hat{\theta} = E(\theta \mid t) = \frac{b+S_r}{a+r-1}.$$

现在随机抽取彩电 100 台,在规定的条件下连续进行 400 h 的寿命试验,其结果是没有一台失效,这是总试验时间为 $S_r = 100 \times 400 = 40\,000$ h,$r = 0$。

因此彩电平均寿命 θ 的贝叶斯估计为 $\hat{\theta} = \dfrac{2\,868 + 40\,000}{1.956 - 1} = 44\,841$(h)。

要想利用上述后验分布倒 Gamma 分布 $IGa(a+r, b+S_r)$ 获得 θ 的单侧可信下限,需要编制倒 Gamma 分布分位数表,这是一项繁重的工作。如果能通过变换把倒 Gamma 分布转换到常用的分布上去,那就可以避免此项繁重的工作。通过两次变换,就可以把倒 Gamma 分布转换为 χ^2 分布。

可以证明:

(1) 若 $\theta \sim IGa(a+r, b+S_r)$,则 $\theta^{-1} \sim Ga(a+r, b+S_r)$;

(2) 若 $\theta^{-1} \sim Ga(a+r, b+S_r)$,且 $c > 0$,则 $c\theta^{-1} \sim Ga\left(a+r, \dfrac{b+S_r}{c}\right)$;若取 $c = 2(b+S_r)$,则有

$$2(b+S_r)\theta^{-1} \sim Ga\left(a+r, \frac{1}{2}\right) = \chi^2[2(a+r)].$$

最后的等式成立是因为:尺度参数为 $\dfrac{1}{2}$ 的 Gamma 分布就是 χ^2 分布,其自由度为原 Gamma 分布形状参数的 2 倍。

设 $\chi^2_{1-\alpha}(d)$ 是自由度为 $d = 2(a+r)$ 的 χ^2 分布的 $1-\alpha$ 分位数,即

$$P\left[2(b+S_r)\theta^{-1} \leqslant \chi^2_{1-\alpha}(d)\right] = 1-\alpha.$$

这样就得到了 θ 的可信水平为 $1-\alpha$ 的单侧可信下限

$$\hat{\theta}_L = \frac{2(b+S_r)}{\chi^2_{1-\alpha}(d)},$$

其中 $a = 1.956$,$b = 2\,868$,$S_r = 100 \times 400 = 40\,000$,$r = 0$,$d = 2(a+r) = 3.912$。

当 χ^2 分布的自由度不是自然数时,可以通过线性内插求得近似值。若如 $1-\alpha = 0.9$,则可从 χ^2 分布的分位数表查得 $\chi^2_{0.9}(3) = 6.251$,$\chi^2_{0.9}(4) = 7.779$,用线性内插求得近似值 $\chi^2_{0.9}(3.912) = 7.645$。

因此 θ 的可信水平为 $1-\alpha$,单侧可信下限为 $\hat{\theta}_L = \dfrac{2(2\,868 + 40\,000)}{7.645} = 112\,515$(h)。

当后验密度函数 $\pi(\theta \mid x)$ 虽为单峰,但不对称时,寻找 HPD 可信区间并不容易,这时需要借助计算机才能解决问题。例如当后验密度函数 $\pi(\theta \mid x)$ 是 θ 的单峰连续函数时,可按照下述方法逐渐逼近,来获得 HPD 可信区间。

(1) 对于给定的 k,建立子程序,解方程 $\pi(\theta \mid x) = k$,解得 $\theta_1(k)$ 和 $\theta_2(k)$,从而组成一个区间

$$C(k) = [\theta_1(k), \theta_2(k)] = \{\theta : \pi(\theta \mid x) \geqslant k\}.$$

（2）建立第二个子程序，用来计算概率

$$P_{\theta|x}[\theta \in C(k) \mid x] = \int_{C(k)} \pi(\theta \mid x)\mathrm{d}\theta.$$

（3）对于给定的 k，若 $P_{\theta|x}[\theta \in C(k) \mid x] \approx 1 - \alpha$，则 $C(k)$ 即为所求的 HPD 可信区间．

若 $P_{\theta|x}[\theta \in C(k) \mid x] > 1 - \alpha$，则增大 k，再转入（1）和（2）．

若 $P_{\theta|x}[\theta \in C(k) \mid x] < 1 - \alpha$，则减小 k，再转入（1）和（2）．

例 3.2.6　在例 3.2.5 中，已给出了彩电平均寿命 θ 的后验分布为倒 Gamma 分布 $IGa(1.956, 42\,868)$，现在来求 θ 的可信水平为 0.9 的 HPD 可信区间．

由于倒 Gamma 分布的密度函数虽为单峰，但不对称，需要按照例 3.2.5 的方法逐渐逼近，来获得 HPD 可信区间．

为简单起见，这里 1.956 用近似数 2 来代替，于是后验密度函数为

$$\pi(\theta \mid x) = b^2 \theta^{-3} \mathrm{e}^{-\frac{b}{\theta}}, \quad \theta > 0,$$

其中 $b = 42\,868$，它的后验分布函数为

$$F(\theta \mid x) = \left(1 + \frac{b}{\theta}\right)\mathrm{e}^{-\frac{b}{\theta}}, \quad \theta > 0.$$

由于后验密度函数是单峰的，其后验中位数（又称众数）$\theta_{MD} = \dfrac{b}{3} = 14\,289$，这就告诉我们，$\theta$ 的 HPD 可信区间的两个端点分别在众数的两侧，且在众数这点上的后验密度函数值为

$$\pi(\theta_{MD} \mid x) = b^2 \left(\frac{3}{b}\right)^3 \mathrm{e}^{-3} = 0.000\,031\,358.$$

这个数太小了，对计算不利，在以下的计算中用 $b\pi(\theta \mid x)$ 来代替 $\pi(\theta \mid x)$，这并不会影响求 HPD 可信区间，其中

$$b\pi(\theta \mid x) = \left(\frac{b}{\theta}\right)^3 \mathrm{e}^{\left(-\frac{b}{\theta}\right)}.$$

以下按照上述求 HPD 可信区间的程序（1）—（3）进行，经过四轮计算就获得了 θ 的可信水平为 0.9 的 HPD 可信区间为 $(4\,735, 81\,189)$．具体计算如下：

第一轮，先取 $\theta_U^{(1)} = 42\,868$（由于它大于众数 θ_{MD}，因此它是上限），代入 $b\pi(\theta \mid x)$，得到 $b\pi(\theta_U^{(1)} \mid x) = 0.367\,879$．

然后在计算机上搜索，发现当 $\theta_L^{(1)} = 6\,378$ 时，有 $b\pi(\theta_L^{(1)} \mid x) = 0.367\,879$．

此时可以认为 $b\pi(\theta_U^{(1)} \mid x) = b\pi(\theta_L^{(1)} \mid x) = 0.367\,879$，$\theta$ 位于此区间的后验概率可由分布函数算出，即

$$P(\theta_L^{(1)} < \theta < \theta_U^{(1)} \mid x) = F(\theta_U^{(1)} \mid x) - F(\theta_L^{(1)} \mid x) = 0.735\,76 - 0.009\,38 = 0.726\,38.$$

此概率小于 0.9，还需要扩大区间．

在第二轮中,取 $\theta_{\mathrm{U}}^{(2)}=85\,736$ 时,$b\pi(\theta_{\mathrm{U}}^{(2)}\mid x)=0.075\,816$. 然后在计算机上搜索,发现当 $\theta_{\mathrm{L}}^{(2)}=6\,432$ 时,有 $b\pi(\theta_{\mathrm{L}}^{(2)}\mid x)=0.075\,811$.

可以认为 $b\pi(\theta_{\mathrm{U}}^{(2)}\mid x)=b\pi(\theta_{\mathrm{L}}^{(2)}\mid x)=0.075\,816$,$\theta$ 位于此区间的后验概率可由分布函数算出,即

$$P(\theta_{\mathrm{L}}^{(2)}<\theta<\theta_{\mathrm{U}}^{(2)}\mid x)=F(\theta_{\mathrm{U}}^{(2)}\mid x)-F(\theta_{\mathrm{L}}^{(2)}\mid x)=0.909\,80-0.000\,981=0.908\,819.$$

此概率又比 0.9 大一点,还要缩小区间,接着进行第三轮、第四轮计算,最后获得 θ 的 HPD 可信区间 $(4\,735,81\,189)$. 搜索过程及中间计算过程见表 3-8.

表 3-8 θ 的 HPD 可信区间的搜索过程

i	$\theta_{\mathrm{L}}^{(i)}$	$\theta_{\mathrm{U}}^{(i)}$	$P(\theta_{\mathrm{L}}^{(i)}<\theta<\theta_{\mathrm{U}}^{(i)}\mid x)$
1	6 387	42 868	0.726 376
2	4 632	85 736	0.908 819
3	4 742	80 883	0.898 375
4	4 735	81 189	0.900 012

3.3 假 设 检 验

3.3.1 贝叶斯假设检验

在经典统计中,假设检验问题一般要分为以下四个步骤来实现:

(1) 根据实际问题,提出原假设 $H_0: \theta\in\Theta_0$ 和备择假设 $H_1: \theta\in\Theta_1$. 其中 Θ_0 和 Θ_1 是参数空间 Θ 中不相交的两个非空子集,且 $\Theta_0\bigcup\Theta_1=\Theta$.

(2) 选取一个适当的检验统计量 $T(X)$,使当 H_0 成立时,T 的分布完全已知,并根据 H_0 和 H_1 的特点,确定拒绝域 W 的形式.

(3) 确定显著性水平 α,并确定具体的拒绝域 W,使犯第一类错误的概率不超过 α.

(4) 根据样本观测值 $x_1, x_2, \cdots, x_n$,计算 $T(x_1, x_2, \cdots, x_n)$,根据 $T(x_1, x_2, \cdots, x_n)$ 是否属于拒绝域 W,做出最后的判断.

在贝叶斯统计中处理假设检验是直截了当的,在获得后验分布 $\pi(\theta\mid x)$ 后,就可以计算两个假设 H_0 和 H_1 的概率

$$\alpha_0=P(\theta\in\Theta_0\mid x), \quad \alpha_1=P(\theta\in\Theta_1\mid x).$$

然后比较 α_0 和 α_1 的大小. 若 $\alpha_0>\alpha_1$,则表示 $\theta\in\Theta_0$ 的概率更大,因此接受原假设 H_0. 即后验概率比(又称后验机会比)$\dfrac{\alpha_0}{\alpha_1}$ 越大,表示支持原假设 H_0 成立的可能性越大. 由此可以得到如下的检验判别准则:

当 $\dfrac{\alpha_0}{\alpha_1}>1$ 时,接受 H_0;

当 $\frac{\alpha_0}{\alpha_1} < 1$ 时，接受 H_1;

当 $\frac{\alpha_0}{\alpha_1} \approx 1$ 时，不宜马上作出判断，还需要进一步抽样后再作判断.

与经典统计中处理假设检验问题相比，贝叶斯假设检验是相对简单的，它不需要选择检验统计量、确定抽样分布，也不需要事先给出显著性水平、确定其拒绝域等.

例 3.3.1 设 x 是抛掷 n 次硬币出现正面的次数，设硬币出现正面的概率为 θ. 现在考虑如下假设检验问题：

$$\Theta_0 = \{\theta : \theta \leqslant 0.5\}, \quad \Theta_1 = \{\theta : \theta > 0.5\}.$$

若取 $(0, 1)$ 区间上的均匀分布作为参数 θ 先验分布，根据例 2.2.4，θ 的后验分布为 $Be(x+1, n-x+1)$，则 $\theta \in \Theta_0$ 的后验概率为

$$\alpha_0 = P(\theta \in \Theta_0 \mid x) = P(\theta \leqslant 0.5 \mid x) = \frac{1}{B(x+1, n-x+1)} \int_0^{0.5} \theta^x (1-\theta)^{n-x} \mathrm{d}\theta.$$

当 $n = 5$ 时，可以计算 $x = 0, 1, \cdots, 5$ 时，后验概率、后验概率比，具体计算结果见表 3-9.

表 3-9　　　　　　　θ 属于 Θ_0 和 Θ_1 的后验概率、后验概率比

x	0	1	2	3	4	5
α_0	$\frac{63}{64}$	$\frac{57}{64}$	$\frac{42}{64}$	$\frac{22}{64}$	$\frac{7}{64}$	$\frac{1}{64}$
α_1	$\frac{1}{64}$	$\frac{7}{64}$	$\frac{22}{64}$	$\frac{42}{64}$	$\frac{57}{64}$	$\frac{63}{64}$
$\frac{\alpha_0}{\alpha_1}$	63	8.14	1.91	0.52	0.12	0.016

从表 3-4 可以看出，在 $x = 0, 1, 2$ 时 $\left(\frac{\alpha_0}{\alpha_1} > 1\right)$，应该接受 Θ_0. 比如在 $x = 0$ 时，后验概率比 $\frac{\alpha_0}{\alpha_1} = 63$，表明 Θ_0 为真的可能性是 Θ_1 为真的 63 倍.

从表 3-4 还可以看出，在 $x = 3, 4, 5$ 时 $\left(\frac{\alpha_0}{\alpha_1} < 1\right)$，应该拒绝 Θ_0，而接受 Θ_1.

3.3.2 贝叶斯因子

后验概率比 $\frac{\alpha_0}{\alpha_1}$ 综合反映了先验分布和样本信息对 θ 属于 Θ_0 的支持程度.

例 3.3.2(续例 3.3.1) 为了说明后验概率比对先验分布的依赖程度，在例 3.3.1 中，当 $n = 5$，$x = 1$ 时，取不同先验分布，分别计算后验概率. 若 θ 先验分布取其共轭先验分布 $Be(a, b)$，则 θ 后验分布为 $Be(x+a, n-x+b)$.

在例 3.3.1 中，当 $n = 5$，$x = 1$ 时，若 θ 的先验分布取其共轭先验分布 $Be(a, b)$，分别计算后验概率比，其具体计算结果见表 3-10.

表 3-10　　　　　　　θ 属于 Θ_0 和 Θ_1 的后验概率比($n=5$,$x=1$)

先验均值	0.166 7	0.333 3	0.5	0.666 7	0.833 3
(a,b)	(5,1)	(2,1)	(1,1)	(1,2)	(0.5,2.5)
$\dfrac{\alpha_0}{\alpha_1}$	0.605 0	3.412 8	8.14	15	38.611 5

从表 3-10 可以看出,不同的先验分布,其对应的后验概率比相差较大.这说明后验概率比对先验分布的依赖程度较大.

为了更客观地考虑样本信息和先验分布对 Θ_0 的支持程度,以下引入贝叶斯因子,试图反映样本信息对 Θ_0 的支持程度.

定义 3.3.1　设 θ 属于 Θ_0 和 Θ_1 的先验概率分别为 π_0 和 π_1,后验概率分别为 α_0 和 α_1,则称

$$B^{\pi}(x)=\dfrac{\dfrac{\alpha_0}{\alpha_1}}{\dfrac{\pi_0}{\pi_1}}=\dfrac{\alpha_0\pi_1}{\alpha_1\pi_0}$$

为贝叶斯因子.

从贝叶斯因子的定义可见,贝叶斯因子是"后验概率比" $\left(\dfrac{\alpha_0}{\alpha_1}\right)$ 作分子,"先验概率比" $\left(\dfrac{\pi_0}{\pi_1}\right)$ 作分母.贝叶斯因子既依赖于样本数据 x,又依赖于先验分布 π.

例 3.3.3(续例 3.3.2)　在例 3.3.2 中,计算贝叶斯因子.

根据贝叶斯因子的定义和例 3.3.2,贝叶斯因子的具体计算结果见表 3-11.

表 3-11　　　　　　　贝叶斯因子 $B^{\pi}(x)$ 的计算结果($n=5$,$x=1$)

先验均值	0.166 7	0.333 3	0.5	0.666 7	0.833 3
(a,b)	(5,1)	(2,1)	(1,1)	(1,2)	(0.5,2.5)
$\dfrac{\alpha_0}{\alpha_1}$	0.605 0	3.412 8	8.14	15	38.611 5
$\dfrac{\pi_0}{\pi_1}$	0.032 3	0.333 3	1	3	12.299 8
$B^{\pi}(x)$	18.730 7	10.239 4	8.14	5	3.139 2

3.3.3　简单原假设 H_0 对简单备择假设 H_1

在 $\Theta_0=\{\theta_0\}$,$\Theta_1=\{\theta_1\}$,且 $\Theta_0\bigcup\Theta_1=\Theta$ 的情形,有 $H_0:\theta=\theta_0$,$H_1:\theta=\theta_1(\theta_0\neq\theta_1)$.此时这两种简单假设的后验概率分别为

$$\alpha_0 = \frac{\pi_0 f(x \mid \theta_0)}{\pi_0 f(x \mid \theta_0) + \pi_1 f(x \mid \theta_1)},$$

$$\alpha_1 = \frac{\pi_1 f(x \mid \theta_1)}{\pi_0 f(x \mid \theta_0) + \pi_1 f(x \mid \theta_1)}.$$

其中 π_0，π_1 分别为这两种简单假设的先验概率，$f(x \mid \theta)$ 为样本的分布.

因此后验概率比为

$$\frac{\alpha_0}{\alpha_1} = \frac{\pi_0 f(x \mid \theta_0)}{\pi_1 f(x \mid \theta_1)}.$$

如果要拒绝原假设 H_0，则必须有 $\dfrac{\alpha_0}{\alpha_1} < 1$，或拒绝域为

$$W = \left\{ x: \frac{f(x \mid \theta_1)}{f(x \mid \theta_0)} > \frac{\pi_0}{\pi_1} \right\}.$$

即要求两个密度函数之比大于临界值，这正是著名的 Neyman-Pearson 引理的结果. 从贝叶斯观点看，Neyman-Pearson 引理中的临界值实际上是两个先验概率之比.

于是，贝叶斯因子为

$$B^\pi(x) = \frac{\alpha_0 \pi_1}{\alpha_1 \pi_0} = \frac{f(x \mid \theta_0)}{f(x \mid \theta_1)}.$$

它不依赖于先验分布，仅依赖于样本的似然比，此时贝叶斯因子的大小完全反映了样本对原假设的支持程度.

例 3.3.4 设 $X \sim N(\theta, 1)$，现在需要检验的假设为

$$H_0: \theta = 0, \quad H_1: \theta = 1.$$

设 $x_1, x_2, \cdots, x_n$ 是来自正态分布 $X \sim N(\theta, 1)$ 的样本观察值，则在 $\theta = 0$ 和 $\theta = 1$ 时的似然函数分别为

$$f(x \mid 0) = \sqrt{\frac{n}{2\pi}} \exp\left[-\frac{n}{2} \bar{x}^2 \right],$$

$$f(x \mid 1) = \sqrt{\frac{n}{2\pi}} \exp\left[-\frac{n}{2} (\bar{x} - 1)^2 \right],$$

于是，贝叶斯因子为

$$B^\pi(x) = \frac{\alpha_0 \pi_1}{\alpha_1 \pi_0} = \exp\left[-\frac{n}{2}(2\bar{x} - 1) \right].$$

当 $n = 10, \bar{x} = 2$ 时，则贝叶斯因子为 $B^\pi(x) = 3.06 \times 10^{-7}$，这是一个很小的数，样本数据支持原假设 H_0 的程度很小.

如果要接受 H_0，就要求

$$\frac{\alpha_0}{\alpha_1}=B^\pi(x)\frac{\pi_0}{\pi_1}=3.06\times10^{-7}\frac{\pi_0}{\pi_1}>1.$$

此时,即使先验概率比 $\frac{\pi_0}{\pi_1}$ 是成千上万都不能满足上述不等式,因此必须拒绝原假设 H_0,而接受 H_1.

3.3.4 复杂原假设 H_0 对复杂备择假设 H_1

在复杂原假设 H_0 对复杂备择假设 H_1 的情形,需要把先验分布 $\pi(\theta)$ 限制在 $\Theta_0\bigcup\Theta_1=\Theta$ 上,令

$$g_0(\theta)\propto\pi(\theta)I_{\Theta_0}(\theta),\quad g_1(\theta)\propto\pi(\theta)I_{\Theta_1}(\theta).$$

于是先验分布可以写成

$$\pi(\theta)=\pi_0g_0(\theta)+\pi_1g_1(\theta)=\begin{cases}\pi_0g_0(\theta),&\theta\in\Theta_0,\\\pi_1g_1(\theta),&\theta\in\Theta_1.\end{cases}$$

其中 π_0 和 π_1 分别为 Θ_0 和 Θ_1 上的先验概率,则后验概率比为

$$\frac{\alpha_0}{\alpha_1}=\frac{\int_{\Theta_0}f(x\mid\theta)\pi_0g_0(\theta)d\theta}{\int_{\Theta_1}f(x\mid\theta)\pi_1g_1(\theta)d\theta}.$$

于是,贝叶斯因子为

$$B^\pi(x)=\frac{\alpha_0\pi_1}{\alpha_1\pi_0}=\frac{\int_{\Theta_0}f(x\mid\theta)g_0(\theta)d\theta}{\int_{\Theta_1}f(x\mid\theta)g_1(\theta)d\theta}.$$

因此,$B^\pi(x)$ 还依赖于 Θ_0 和 Θ_1 上的先验分布 g_0 和 g_1. 此时贝叶斯因子虽已不是似然比,但仍然可以看作 Θ_0 和 Θ_1 上的加权似然比,它部分地消除了先验分布的影响,而强调了样本观察值的作用.

例 3.3.5 设从正态总体 $N(\theta,1)$ 中随机地抽取容量为 10 的样本,算得样本均值为 $x=1.5$,现在要检验假设

$$H_0:\theta\leqslant1,\quad H_1:\theta>1.$$

若取 θ 的共轭先验分布为 $N(0.5,2)$,可得 θ 的后验分布为 $N(\mu,\sigma^2)$,其中 μ 和 σ^2 分别由式(2.3.1)和式(2.3.2)给出,则有

$$\mu=1.4523,\quad\sigma^2=0.09524=0.3086^2.$$

则 H_0 和 H_1 的后验概率分别为

$$\alpha_0 = P(\theta \leqslant 1) = \Phi\left(\frac{1 - 1.452\,3}{0.308\,6}\right) = \Phi(-1.455\,6) = 0.070\,8,$$

$$\alpha_1 = P(\theta > 1) = 1 - 0.070\,8 = 0.929\,2.$$

后验概率比为

$$\frac{\alpha_0}{\alpha_1} = \frac{0.070\,8}{0.929\,2} = 0.076\,1.$$

从以上计算可以看出，H_0 为真的可能性比较小，因此应该拒绝 H_0，接受 H_1，即可以认为 $\theta > 1$.

另外，由于先验分布为 $N(0.5, 2)$，可以计算 H_0 和 H_1 的先验概率分别为

$$\pi_0 = \Phi\left(\frac{1 - 0.5}{\sqrt{2}}\right) = \Phi(0.353\,6) = 0.636\,8,$$

$$\pi_1 = 1 - 0.636\,8 = 0.363\,2.$$

先验概率比为

$$\frac{\pi_0}{\pi_1} = \frac{0.636\,8}{0.363\,2} = 1.753\,3.$$

由此可见，先验信息是支持原假设 H_0 的.

于是，贝叶斯因子为

$$B^{\pi}(x) = \frac{\dfrac{\alpha_0}{\alpha_1}}{\dfrac{\pi_0}{\pi_1}} = \frac{0.076\,1}{1.753\,3} = 0.043\,4.$$

由此可见，数据支持 H_0 的贝叶斯因子并不高.

可以讨论：在先验分布不变的情况下，让样本均值 x 逐渐减少，仍然可以计算先验概率比、后验概率比、贝叶斯因子. 经过计算，发现随着样本均值 x 的减少，贝叶斯因子逐渐增大，这表明数据支持 H_0 的贝叶斯因子在增加. 具体计算从略，详见茆诗松(1999).

类似地，当样本容量和样本均值都不变，而让先验均值逐渐增加，同样可以计算先验概率比、后验概率比、贝叶斯因子. 经过计算，发现随着验均值的增加，贝叶斯因子虽有增加，但比较缓慢，并可发现贝叶斯因子对样本信息的反应是灵敏的，而对先验信息的反应是不灵敏的. 具体计算从略，详见茆诗松(1999).

3.3.5　简单原假设 H_0 对复杂备择假设 H_1

现在考虑如下检验问题 $H_0: \theta = \theta_0$，$H_1: \theta \neq \theta_0$.

这是一类常见的检验问题，这里有一个对简单原假设的理解问题. 当参数 θ 是连续变量时，用简单原假设是不适当的. 例如，在用参数 θ 表示某种食品的重量时，检验该食品的重量是 500 g 也是不现实的，由于该食品的重量恰好是 500 g 是罕见的，一般是在 500 g 附近. 所

以在试验中接受丝毫不差的原假设 $\theta=\theta_0$ 是不合理的,合理的原假设和备择假设应该是

$$H_0: \theta \in [\theta_0-\varepsilon, \theta_0+\varepsilon], \quad H_1: \theta \overline{\in} [\theta_0-\varepsilon, \theta_0+\varepsilon].$$

其中 ε 是任意小的正数,使得 $[\theta_0-\varepsilon, \theta_0+\varepsilon]$ 与 θ_0 难以区别,例如 ε 可选 θ_0 的允许误差内的一个很小的正数.

对简单原假设 $H_0: \theta=\theta_0$ 作贝叶斯检验时,不能采用连续密度函数作为先验分布,因为任何这种先验分布将使 $\theta=\theta_0$ 的先验概率为零,从而后验概率也为零,所以一个有效的方法是对 $\theta=\theta_0$ 给一个正概率 π_0,而对 $\theta \neq \theta_0$ 给一个加权密度

$$\pi(\theta)=\pi_0 I_{\theta_0}(\theta)+\pi_1 g_1(\theta),$$

其中 $I_{\theta_0}(\theta)$ 为 $\theta=\theta_0$ 的示性函数, $\pi_1=1-\pi_0$, $g_1(\theta)$ 为 $\theta \neq \theta_0$ 上的一个正常密度函数,这里可把 π_0 看作近似的实际假设 $H_0: \theta \in [\theta_0-\varepsilon, \theta_0+\varepsilon]$ 上的先验概率,则此先验分布是由离散和连续两部分组成的.

设样本分布为 $f(x \mid \theta)$,用上述先验分布可以容易地得到样本的边缘分布为

$$m(x)=\int_{\Theta} f(x \mid \theta)\pi(\theta)\mathrm{d}\theta=\pi_0 f(x \mid \theta_0)+\pi_1 m_1(x),$$

其中 $f(x \mid \theta_0) \triangleq \int f(x \mid \theta) I_{\theta_0}(\theta)\mathrm{d}\theta$, $m_1(x)=\int_{\theta \neq \theta_0} f(x \mid \theta)g_1(\theta)\mathrm{d}\theta$.

于是简单原假设 H_0 与复杂备择假设 H_1(记 $\Theta_1=\{\theta \neq \theta_0\}$)的后验概率分别为

$$\pi(\Theta_0 \mid x)=\frac{\pi_0 f(x \mid \theta_0)}{m(x)}, \quad \pi(\Theta_1 \mid x)=\frac{\pi_1 m_1(x)}{m(x)},$$

其中 $m(x)=\int_{\Theta} f(x \mid \theta)\pi(\theta)\mathrm{d}\theta$.

后验概率比为

$$\frac{\alpha_0}{\alpha_1}=\frac{\pi_0 f(x \mid \theta_0)}{\pi_1 m_1(x)},$$

因此贝叶斯因子为

$$B^{\pi}(x)=\frac{\alpha_0 \pi_1}{\alpha_1 \pi_0}=\frac{f(x \mid \theta_0)}{m_1(x)}. \tag{3.3.1}$$

这个简单表达式要比计算后验概率容易得多,因此实际中常常是先计算贝叶斯因子 $B^{\pi}(x)$,然后再计算后验概率 $\pi(\Theta_0 \mid x)$. 根据贝叶斯因子的定义和 $\alpha_0+\alpha_1=1$ 可得

$$\pi(\Theta_0 \mid x)=\left[1+\frac{1-\pi_0}{\pi_0 B^{\pi}(x)}\right]^{-1}. \tag{3.3.2}$$

例 3.3.6 设从二项分布 $B(n, \theta)$ 中随机抽取容量为 n 的样本,现在考虑如下检验问题:

$$H_0: \theta=0.5, \quad H_0: \theta \neq 0.5.$$

若在 $\theta = 0.5$ 上的密度函数 $g_1(\theta)$ 为区间 $(0, 1)$ 上的均匀分布 $U(0, 1)$,则 x 对 $g_1(\theta)$ 的边缘密度为

$$m_1(x) = \int_0^1 C_n^x \theta^x (1-\theta)^{n-x} \, d\theta = C_n^x B(x+1, n-x+1) = C_n^x \frac{\Gamma(x+1)\Gamma(n-x+1)}{\Gamma(n+2)}.$$

根据式(3.3.1),贝叶斯因子为

$$B^\pi(x) = \frac{f(x \mid \theta_0)}{m_1(x)} = \frac{\left(\frac{1}{2}\right)^n (n+1)!}{x!(n-x)!}.$$

根据式(3.3.2),原假设 $H_0: \theta = 0.5$ 的后验概率为

$$\pi(H_0 \mid x) = \left[1 + \frac{(1-\pi_0)2^n x!(n-x)!}{\pi_0(n+1)!}\right]^{-1}.$$

若 $\pi_0 = 0.5$,$n = 5$,$x = 3$,则贝叶斯因子为 $B^\pi(x) = \dfrac{6!}{2^5 3! 2!} = \dfrac{15}{8} \approx 2$.

由于先验概率比为 1,则贝叶斯因子等于后验概率比,因此后验概率比接近于 2,于是应该接受原假设 $H_0: \theta = 0.5$.

3.3.6 多重假设检验

按照贝叶斯观点,多重假设检验并不比两个假设的检验更困难,即直接计算每一个假设的后验概率.

例 3.3.7 在例 3.1.4 中,讨论了儿童进行智力测验的问题. 参加 IQ 测验的那些孩子的 IQ 值被分为三类:低于平均的 IQ 值(小于 90),平均的 IQ 值(90~110),大于平均的 IQ 值(大于 110),并以 Θ_1,Θ_2,Θ_3 分别表示这三个区域.

根据例 3.1.4,IQ 值的后验分布为 $N(110.385, 8.320\,5^2)$,则有

$$P(\Theta_1 \mid x=115) = 0.007, \quad P(\Theta_2 \mid x=115) = 0.473, \quad P(\Theta_3 \mid x=115) = 0.520.$$

3.3.7 用贝叶斯因子进行模型选择

通过改变先验分布来确定后验分布对先验假设的敏感性,并由此确立的模型会更可靠.

贝叶斯因子是模型比较的基础,在相比较的模型之间产生一个后验概率比. 考虑两个模型 M_1 和 M_2,其后验概率分别为 $P(M_1 \mid y)$ 和 $P(M_2 \mid y)$,且 $P(M_2 \mid y) = 1 - P(M_1 \mid y)$,贝叶斯因子为

$$B^\pi(y) = \frac{\dfrac{P(M_1 \mid y)}{P(M_2 \mid y)}}{\dfrac{P(M_1)}{P(M_2)}}. \tag{3.3.3}$$

注意:分子上的概率以数据 y 为条件,它们是后验概率;分母上的概率是先验概率.

对模型 M_i($i = 1, 2$),根据贝叶斯定理,有

$$P(M_i \mid y) = \frac{P(y \mid M_i)P(M_i)}{P(y)}, \quad i = 1, 2. \tag{3.3.4}$$

根据式(3.3.3)和式(3.3.4)有

$$B^{\pi}(y) = \frac{\dfrac{P(M_1 \mid y)}{P(M_2 \mid y)}}{\dfrac{P(M_1)}{P(M_2)}} = \frac{P(y \mid M_1)}{P(y \mid M_2)}.$$

这是赋予两个模型的数据概率的比. 如果用密度形式的贝叶斯定理, 则贝叶斯因子为似然函数比, 即

$$B^{\pi}(y) = \frac{f(y \mid M_1)}{f(y \mid M_2)}.$$

如果两个模型 M_1 和 M_2 有相同的函数形式, 只是模型的参数的数值 θ_1 和 θ_2 不同, 则贝叶斯因子为似然函数比, 即

$$B^{\pi}(y) = \frac{f(y \mid \theta_1)}{f(y \mid \theta_2)}.$$

例 3.3.8(用贝叶斯因子进行模型选择) swiss 是来自 R 包 dataset 的数据集, 这个数据集是 1888 年对瑞士的 47 个法语地区的社会经济指标的调查.

MCMCpack 包采用贝叶斯因子进行模型选择(关于 MCMCpack 包的介绍, 见本书第 16 章中相关内容). R 代码如下:

```
library(MCMCpack)
swiss. posterior1 <− MCMCregress(Fertility ∼ Agriculture + Examination + Education +
    Catholic + Infant. Mortality, data = swiss, marginal. likelihood = "Chib95",
    b0 = 0, B0 = 0.1, c0 = 2, d0 = 0.11)


swiss. posterior2 <− MCMCregress(Fertility ∼ Agriculture + Education + Catholic +
    Infant. Mortality, data = swiss, marginal. likelihood = "Chib95", b0 = 0,
    B0 = 0.1, c0 = 2, d0 = 0.11)


swiss. posterior3 <− MCMCregress(Fertility ∼ Agriculture + Examination + Catholic +
    Infant. Mortality, data = swiss, marginal. likelihood = "Chib95", b0 = 0,
    B0 = 0.1, c0 = 2, d0 = 0.11)
bf <− BayesFactor(swiss. posterior1, swiss. posterior2, swiss. posterior3)
```

第 2 个模型最好, 第 2 个模型的摘要如下:

```
summary(swiss. posterior2)
```

1. Empirical mean and standard deviation for each variable, plus standard error of the mean:

	Mean	SD	NaiveSE	Time—series SE
(Intercept)	3.7080	3.12967	0.0312967	0.0328992
Agriculture	0.1064	0.07334	0.0007334	0.0007334
Education	−0.4672	0.16925	0.0016925	0.0016925
Catholic	0.0784	0.03764	0.0003764	0.0003764
Infant. Mortality	3.1195	0.25863	0.0025863	0.0025863
sigma2	94.5259	21.56067	0.2156067	0.2477992

2. Quantiles for each variable:

	2.5%	25%	50%	75%	97.5%
(Intercept)	−2.400261	1.60358	3.71104	5.8001	9.8033
Agriculture	−0.038022	0.05643	0.10691	0.1555	0.2493
Education	−0.800261	−0.58139	−0.46595	−0.3525	−0.1344
Catholic	0.006004	0.05289	0.07805	0.1037	0.1537
Infant. Mortality	2.618863	2.94456	3.11752	3.2927	3.6313
sigma2	61.203598	79.27955	91.62589	106.4409	143.9018

读者可能会问"为什么第 2 个模型最好?"读者可以自己具体算一下,通过比较得出结论(见本章的习题 3.12).

关于贝叶斯模型比较和选择的其他讨论,见本书第 7 章和第 10 章的相关部分.

3.4　从 p 值到贝叶斯因子

以下对经典学派和贝叶斯学派的假设检验进行比较和述评,分析两个学派假设检验方法的关系,指出应将两个学派的检验方法互为补充地结合使用.

假设检验问题是统计推断和决策的基本形式之一,其核心内容是利用样本所提供的信息对关于总体的某个假设进行检验. 对于该问题,经典学派和贝叶斯学派有不同的处理方法和检验法则(p 值、显著性水平、后验概率),由此引发出一些关于假设检验问题的争论:戈塞特(Gossett)提倡使用 p 值作为数据支持原假设的证据;尼曼(Nehman)和泊松(Pearson)强调使用预先给定的显著性水平 α;Jeffreys 提倡使用假设的后验概率. 问题的关键是对于同一样本信息,不同的检验法则往往得到不同的检验结果. 为此本节对两个学派假设检验方法进行比较分析,探讨经典学派假设检验的不足和贝叶斯统计学派假设检验的相对优势,并对两个学派假设检验的关系进行简单评析(朱新玲,2008).

3.4.1　经典学派假设检验的回顾

经典学派的假设检验主要是运用概率反证法进行推断,它主要有两种方法:一种是戈塞特于 1908 年提出的 p 值检验,一种是尼曼和泊松分别于 1928 年和 1933 年提出显著性水平检验.

p 值检验的基本思想是:选择一个检验统计量,在假定原假设为真时计算此检验统计量的值及对应的概率 p,若此 p 值小于事先给定的显著水平 α,则拒绝原假设 H_0,若此 p 值大于事先给定的显著性水平 α,则不拒绝原假设 H_0. 上述思想可以用决策函数表示为

$$\delta(x) = \begin{cases} 拒绝 H_0, & P(x \mid H_0) < \alpha, \\ 不拒绝 H_0, & P(x \mid H_0) \geqslant \alpha. \end{cases}$$

显著性水平检验的基本思想是:选择一个检验统计量,在事先给定的显著性水平 α 下,确定拒绝域,当检验统计量的值落入拒绝域时,拒绝原假设 H_0;当检验统计量的值在拒绝域之外时,不能拒绝原假设 H_0.

虽然经典统计学派的假设检验方法是目前广泛使用的统计推断方法,但它的缺陷是显而易见的. 对于固定水平检验需要事先给定显著性水平 α,进而确定原假设的拒绝域,但 α 到底应该给多大没有具体的标准,而根据不同的显著性水平有时会得出相反的检验结论. p 值检验计算的 p 值是在原假设为真时,检验统计量在检验样本下取值的概率,是真实的显著水平. 虽然运用 p 值检验避免了因选取不同的 α(显著性水平)而对检验结果的影响,但是运用 p 值进行检验判断仍存在一些问题,它具体表现在以下三方面:

(1) p 值并不是原假设为真的概率. p 值是原假设为真时,得到所观测样本的概率,是关于数据的概率,不是原假设为真概率的有效估计值.

(2) 当样本容量很大时, p 值并不十分有效. 当样本容量足够大时,几乎任何一个原假设都会对应一个非常小的 p 值,进而任何原假设都会被拒绝. 有研究发现:一个以 10^{-10} 的 p 值拒绝 H_0 的经典结论,当 n 充分大时,此 H_0 的后验概率逐渐趋近于 1,这个令人吃惊的结果被称为"Lindley 悖论". 因此,在样本容量不断增大时, p 值检验几乎失效.

(3) 不宜处理多重假设检验问题. p 值检验法则是当 $p \geqslant \alpha$ 时,接受原假设;当 $p < \alpha$ 时,拒绝原假设,若检验涉及三个或三个以上的多重检验问题, p 值检验法则将不好判断,因此,不适宜处理多重假设检验的问题.

3.4.2 贝叶斯学派的假设检验

相对于经典统计学派的假设检验方法,贝叶斯学派的检验方法是直截了当的. 它是在获得后验分布后,直接计算原假设 H_0 和备择假设 H_1 的后验概率 α_0 和 α_1,并计算后验概率比来比较两个后验概率的大小:

当 $\dfrac{\alpha_0}{\alpha_1} > 1$ 时,接受 H_0;

当 $\dfrac{\alpha_0}{\alpha_1} < 1$ 时,接受 H_1;

当 $\dfrac{\alpha_0}{\alpha_1} \approx 1$ 时,进一步抽样或进一步获取先验信息进行判断.

在先验分布 π 下,上述思想可以用决策函数表示为

$$\delta(x) = \begin{cases} 拒绝 H_0, & P^\pi(H_0 \mid x) \leqslant P^\pi(H_1 \mid x), \\ 不拒绝 H_0, & P^\pi(H_0 \mid x) > P^\pi(H_1 \mid x). \end{cases}$$

鉴于有时直接计算后验概率比较困难,可通过贝叶斯因子 $B^\pi(x) = \dfrac{\dfrac{\alpha_0}{\alpha_1}}{\dfrac{\pi_0}{\pi_1}}$ 来推算后验概率

比. 其中 $\dfrac{\alpha_0}{\alpha_1}$ 为后验概率比, $\dfrac{\pi_0}{\pi_1}$ 为先验概率比, 也就是说, 有时可以由已知信息方便地计算出贝叶斯因子 $B^\pi(x)$ 的值, 然后用贝叶斯因子乘以它们的先验概率比, 就可以直接得到后验概率比.

相对于经典统计学派的假设检验方法, 贝叶斯学派假设检验的优势如下:

(1) 方法相对简单. 贝叶斯学派的假设检验直接根据后验概率的大小进行判断, 避开了选择检验统计量、确定统计量的抽样分布这一经典统计学派假设检验的难点, 因此, 贝叶斯学派的假设检验方法相对简单.

(2) 先验信息利用的充分性. 经典统计学派的假设检验只使用了样本的信息, 而贝叶斯学派在假设检验时既利用了样本信息又利用了参数的先验信息, 又将这些信息综合成后验分布, 并根据后验分布进行推断. 因此, 贝叶斯方法在信息的利用上更加充分, 其判断过程也更符合人们实际的思维方式.

(3) 方便处理多重假设检验问题. 经典统计学派的假设检验方法不宜处理多重假设检验问题, 而贝叶斯学派的假设检验是通过计算每一个假设的后验概率, 并接受后验概率最大的假设的. 因此, 贝叶斯方法对于多重假设检验问题的处理十分方便.

3.4.3　两个学派检验方法的关系

(1) 两个学派的假设检验方法在一定条件下统一于贝叶斯公式.

在经典统计学派, 参数被看作未知常数, 不存在参数空间, 因而不存在 H_0 和 H_1 的概率, 给出的是 $P(x \mid H_0)$, 其中 x 代表样本信息; 在贝叶斯学派, 参数被看成随机变量, 在参数空间内直接讨论样本 x 在 H_0 和 H_1 的后验概率, 给出的是 $P(H_0$ 为真 $\mid x)$ 和 $P(H_1$ 为真 $\mid x)$, 由贝叶斯公式可得

$$\frac{P(H_0 \mid x)}{P(H_1 \mid x)} = \frac{P(H_0)P(x \mid H_0)}{P(H_1)P(x \mid H_1)}.$$

因此, 当 H_0 和 H_1 居于平等地位时, 也即 $P(H_0) = P(H_1)$ 时, 经典统计学派与贝叶斯学派的检验结果是一致的. 从这个意义上说, 两个学派的研究方法在一定条件下统一于贝叶斯公式. 然而在很多情况下, H_0 和 H_1 的地位不一致, H_0 常处于被否定的地位, 上述的一致性并不总是成立的.

(2) 正态分布下的单边检验两个学派的检验结果一致.

对于正态分布下的单边检验: $X \sim N(\theta, \sigma^2)$, $H_0: \theta \leqslant \theta_0$, $H_1: \theta > \theta_0$.

可得贝叶斯方法下原假设 H_0 的后验概率为

$$\alpha_0 = P(\theta \leqslant \theta_0 \mid x) = \Phi\left[\frac{\theta_0 - x}{\sigma}\right].$$

经典方法下的 p 值为

$$p = P(X \geqslant x) = 1 - \Phi\left[\frac{x - \theta_0}{\sigma}\right].$$

其中, $\Phi(\cdot)$ 为标准正态分布的分布函数.

由正态分布的对称性可知,此时 $\alpha_0 = p$.

(3) 原假设为简单假设的双边检验,两个学派的检验结果大不相同.

对于形如 $H_0: \theta = \theta_0$, $H_1: \theta \neq \theta_0$ 的双边检验,经典学派的 p 值与贝叶斯学派的后验概率大不相同. Berger & Sellke 于 1987 年研究发现(具体的研究结果见表 3-12):在正态分布的前提下,当经典方法得到的 p 值在 0.001 到 0.1 之间时,贝叶斯方法得到的原假设 H_0 的后验概率却很大,始终大于 p 值. 即此时,经典方法倾向于拒绝原假设,而贝叶斯方法则倾向于接受原假设.

表 3-12 H_0 的后验概率 α_0

p 值	$n = 1$	$n = 5$	$n = 10$	$n = 20$	$n = 50$	$n = 100$	$n = 1\,000$
0.1	0.42	0.44	0.49	0.56	0.65	0.72	0.89
0.05	0.35	0.33	0.37	0.42	0.52	0.60	0.80
0.01	0.21	0.13	0.14	0.16	0.22	0.27	0.53
0.001	0.086	0.026	0.024	0.026	0.034	0.045	0.124

注:n 为样本容量.

Hwang & Penatle 于 1994 年研究指出,对于此类双边检验,类似的结果始终存在,并提倡用其他标准来取代 p 值.

综上所述,经典学派和贝叶斯学派在假设检验问题上存在着一定的差异和分歧. 本节分析了经典学派的假设检验方法的缺陷以及贝叶斯学派的假设检验的相对优势,但值得注意的是贝叶斯学派的假设检验方法仍然存在一些问题,如先验分布的选择问题,后验概率的计算在高维情况下比较困难等问题. 因此,不应该用一个学派的方法去否定另一个学派的方法,而应该将两个学派的检验方法互为补充,以此不断完善统计理论和方法体系.

3.5   美国统计协会:使用 p 值的 6 条准则

2016 年 3 月,统计学界发生了一件大事,美国统计协会(American Statistical Association,ASA)正式发布了一条关于 p 值的声明:"The ASA's statement on p-values: context, process, and purpose"(Ronald L. Wasserstein & Nicole A. Lazar. The American Statistician. Volume 70, 2016-Issue 2: Pages 129-133. Accepted author version posted online: 07 Mar 2016, Published online: 09 Jun 2016. Download citation http://dx. doi. org/10. 1080/00031305. 2016. 1154108),并提出了 6 条使用和解释 p 值的原则.

p 值是科学研究领域神奇的数值,无数人为之欢喜或悲伤,无数方法在试图将其变得越小越好. 只关注 p 值为科学研究带来了不少困扰. 在有些领域,p 值成为了门槛. 这种偏见导致了抽屉问题(file-drawer effect)的出现,统计结果显著的文章更容易出版,而可能同样重要的非显著结果则锁在抽屉里,别人永远无法看到. 因此很多人都会做一些"p-hacking"的工作(通常是增加样本量),让 p 值达到"满意"的程度. 也有一部分人用其他统计方法而非 p 值来统计结果.

ASA 介绍了一下这则声明诞生的背景. 2014 年,ASA 论坛上出现了一段如下的讨论:

2014 年 2 月，Mount Holyoke College 数学和统计学系教授 George Cobb 在 ASA 的论坛上问了这样的问题：

问：为什么这么多学校要教 $p = 0.05$？

答：因为整个科学界和杂志编辑都在用这个标准.

问：为什么这么多人仍然在用 $p = 0.05$？

答：因为学校里这么教的.

这就陷入了循环，我们要教这个是因为我们平时这么用的，我们这么用因为我们的老师以前就这么教的.

看上去多少有点讽刺的意味，但事实却也摆在眼前. 从舆论上看，许许多多的文章都在讨论 p 值的弊端，摘录比较激烈的两条言辞如下：

这是科学中最肮脏的秘密：使用统计假设检验的"科学方法"建立在一个脆弱的基础之上. ——Science News(Siegfried，2010)

假设检验中用到的统计方法……比 Facebook 隐私条款的缺陷还多. ——Science News (Siegfried，2014)

针对这些对 p 值的批评，ASA 决定起草一份声明，一方面是对这些批评和讨论作一个回应，另一方面是唤起大家对科学结论可重复性问题的重视，力图改变长久以来一些已经过时的关于统计推断的科学实践. 经过长时间众多统计学家的研讨和整理，这篇声明今天终于出现在了我们面前. 这份声明首先给出了 p 值一般的解释：p 值指的是在一个特定的统计模型下，数据的某个汇总指标(例如两样本的均值之差)等于观测值或比观测值更为极端的概率. 这段描述是我们通常能从教科书中找到的 p 值定义，但在实际问题中，它却经常要么被神话，要么被妖魔化. 鉴于此，声明中提出了 6 条关于 p 值的准则，作为 ASA 对 p 值的"官方"态度. 这 6 条准则算是这条声明中最重要的部分了.

关于以上 6 条原则的解读如下（http://cos. name/2016/03/asa-statement-on-p-value/）：

准则 1：p 值可以表达的是数据与一个给定模型不匹配的程度.

这条准则的意思是说，我们通常会设立一个假设的模型，称为"原假设"，然后在这个模型下观察数据在多大程度上与原假设背道而驰. p 值越小，说明数据与模型之间越不匹配.

准则 2：p 值并不能衡量某条假设为真的概率，或是数据仅由随机因素产生的概率.

这条准则表明，尽管研究者们在很多情况下都希望计算出某假设为真的概率，但 p 值的作用并不是这个. p 值只解释数据与假设之间的关系，它并不解释假设本身.

准则 3：科学结论、商业决策或政策制定不应该仅依赖于 p 值是否超过一个给定的阈值.

这一条给出了对决策制定的建议：成功的决策取决于很多方面，包括实验的设计，测量的质量，外部的信息和证据，假设的合理性等等. 仅仅看 p 值是否小于 0.05 是非常具有误导性的.

准则 4：合理的推断过程需要完整的报告和透明度.

这条准则强调，在给出统计分析的结果时，不能有选择地给出 p 值和相关分析. 举个例子来说，某项研究可能使用了好几种分析的方法，而研究者只报告 p 值最小的那项，这就会使得 p 值无法进行解释. 相应地，声明建议研究者应该给出研究过程中检验过的假设的数量,所有使用过的方法和相应的 p 值等.

准则 5：p 值或统计显著性并不衡量影响的大小或结果的重要性.

这句话说明,统计的显著性并不代表科学上的重要性. 一个经常会看到的现象是,无论某个效应的影响有多小,当样本量足够大或测量精度足够高时,p 值通常都会很小. 反之,如果样本量不够多或测量精度不够高一些重大的影响,其 p 值也可能很大.

准则 6：p 值就其本身而言,并不是一个非常好的对模型或假设所含证据大小的衡量.

简而言之,数据分析不能仅仅计算 p 值,而应该探索其他更贴近数据的模型.

声明之后还列举出了一些其他的能对 p 值进行补充的分析方手段,比如置信区间,贝叶斯方法,似然比,伪发现率(False Discovery Rate, FDR)等. 这些方法都依赖于一些其他的假定,但在一些特定的问题中会比 p 值更为直接地回答诸如"哪个假定更为正确"这样的问题. 声明最后给出了对统计实践者的一些建议：好的科学实践包括方方面面,如好的设计和实施,数值上和图形上对数据进行汇总,对研究中现象的理解,对结果的解释,完整的报告等——科学的世界里,不存在哪个单一的指标能替代科学的思维方式.

3.6 预 测 问 题

对随机变量未来观察值作出统计推断称为预测. 如下三个问题都是预测问题：

(1) 设随机变量 $X \sim f(x \mid \theta)$,在参数 θ 未知情况下如何对 X 的未来的观察值作出推断.

(2) 设 $x_1, x_2, \cdots, x_n$ 是来自 $f(x \mid \theta)$ 的样本观察值,在参数 θ 未知情况下,如何对 X 的未来的观察值作出推断.

(3) 按照密度函数 $f(x \mid \theta)$ 得到一些观察数据后,如何对具有密度函数 $g(z \mid \theta)$ 的随机变量 Z 的未来的观察值作出推断,这里两个密度函数 f 和 g 都含有相同的未知参数 θ.

预测问题,在统计学中受到人们的普遍关注,一些实际问题也可归结为预测问题,容许区间就是其中之一. 关于容许区间,经典统计中已有一些解决方案,根本的困难在于参数 θ 不能被观察到；而在贝叶斯统计中利用参数 θ 的先验分布 $\pi(\theta)$ 或后验分布 $\pi(\theta \mid x)$ 容易获得解决,解决方案有如下两种,其共同的特点是获得预测分布,有了预测分布要作出预测值或预测估计就不难了.

设随机变量 $X \sim f(x \mid \theta)$,在无 X 的观察数据时,利用先验分布 $\pi(\theta)$ 容易获得未知的、可观察的数据的分布：

$$m(x) = \int_{\Theta} f(x \mid \theta) \pi(\theta) \mathrm{d}\theta,$$

这个分布常称为 X 的边缘分布,但它还有一个更富于内涵的名称"先验预测分布",这里的先验是指对过去的数据没有要求,预测是指可观察量的分布,由此先验预测分布就可以从中提取有用的信息作出未来观察值的预测值或未来观察值的预测区间. 例如,用 $m(x)$ 的期望值、中位数或众数作为预测值,或确定 0.9 的预测区间 (a, b),使

$$P^x(a \leqslant X \leqslant b) = 0.9.$$

其中,P^x 是指用分布 $m(x)$ 计算概率的.

另一种情况是：在有 X 的观察数据 $x'=(u_1, x_2, \cdots, x_n)$ 时，用后验分布 $\pi(\theta \mid x')$ 容易获得未知观察值的分布，如要获得同一个总体 $f(x \mid \theta)$ 的未来观察值的分布，则有

$$m(x \mid x')=\int_{\Theta} f(x \mid \theta)\pi(\theta \mid x')\mathrm{d}\theta.$$

如果要预测另一个总体 $g(z \mid \theta)$ 的未来的观察值，则有

$$m(z \mid x')=\int_{\Theta} g(z \mid \theta)\pi(\theta \mid x')\mathrm{d}\theta.$$

这里 $m(x \mid x')$ 和 $m(z \mid x')$ 都称为"后验预测分布"，有了后验预测分布后，类似地从中可以提取有用信息作出未来观察值的预测值或预测区间.

例如用 $m(z \mid x')$ 的期望值、中位数或众数作为预测值，或确定 0.9 的预测区间 (a, b)，使

$$P^{z|x'}(a \leqslant X \leqslant b)=0.9.$$

其中，$P^{z|x'}$ 是指用分布 $m(z \mid x')$ 计算概率的.

例 3.6.1　一个赌徒在过去 10 次赌博中赢过 3 次，现在要对未来 5 次赌博中他赢的次数 z 作出预测.

这个问题的一般提法是：在 n 次相互独立的伯努利试验中成功了 x 次，现在要对未来的 k 次相互独立的伯努利试验中成功的次数 z 作出预测，这里的伯努利试验中的成功可以是赌博的赢，也可以是射击的命中等.

若设成功的概率为 θ，则样本 x 的似然函数为

$$L(x \mid \theta)=\mathrm{C}_n^x \theta^x (1-\theta)^{n-x}.$$

若 θ 的共轭先验分布为 Beta 分布 $Be(a, b)$，则其后验分布为 Beta 分布 $Be(x+a, n-x+b)$.

新样本 z 的似然函数为

$$L(z \mid \theta)=\mathrm{C}_k^z \theta^z (1-\theta)^{k-z}.$$

因此给定 x 时，z 的后验预测分布为

$$
\begin{aligned}
m(z \mid x) &=\int_0^1 \mathrm{C}_k^z \theta^z (1-\theta)^{k-z}\pi(\theta \mid x)\mathrm{d}\theta \\
&=\mathrm{C}_k^z \frac{1}{B(x+a, n-x+b)}B(z+x+a, k-z+n-x+b) \\
&=\mathrm{C}_k^z \frac{\Gamma(n+a+b)}{\Gamma(x+a)\Gamma(n-x+b)} \frac{\Gamma(z+x+a)\Gamma(k-z+n-x+b)}{\Gamma(n+k+a+b)}.
\end{aligned}
$$

在我们的问题中，$n=10$，$x=3$，$k=5$，取 $(0,1)$ 上的均匀分布作为 θ 先验分布，即取 $a=b=1$，于是 z 的后验预测分布为

$$m(z \mid x=3)=\mathrm{C}_5^z \frac{\Gamma(12)\Gamma(4+z)\Gamma(13-z)}{\Gamma(17)\Gamma(4)\Gamma(8)},$$

这里 $z = 0, 1, \cdots, 5$, 在 $z = 0, 1$ 时,有

$$m(0 \mid 3) = \frac{\Gamma(12)\Gamma(4)\Gamma(13)}{\Gamma(17)\Gamma(4)\Gamma(8)} = \frac{33}{182} = 0.181\,3,$$

$$m(1 \mid 3) = \frac{5\Gamma(12)\Gamma(5)\Gamma(12)}{\Gamma(17)\Gamma(4)\Gamma(8)} = \frac{55}{182} = 0.302\,2.$$

类似地,可以计算出 $z = 2, 3, 4, 5$ 时的后验预测概率,其计算结果见表 3-13.

表 3-13　　　　　　　　　　后验预测概率的计算结果

z	0	1	2	3	4	5
$m(z \mid x = 3)$	0.181 3	0.302 2	0.274 7	0.164 9	0.064 1	0.021 3

从表 3-13 可见,此后验预测分布的概率较为集中在 0 到 3 之间,即 $P^{z|x'}(0 \leqslant X \leqslant 3) = 0.923\,1$,这表明 $[0, 3]$ 是 z 的 92.31% 预测区间. 另外,还可以看出分布的众数在 $z = 1$ 处,第二大在 $z = 2$ 处,因此在未来 5 次赌博中该赌徒能赢 1 次到 2 次的可能性最大.

如果对上述回答还不满意,可按照上述后验预测分布设计一个随机试验. 例如,从 $(0, 1)$ 上的均匀分布 $U(0, 1)$ 产生一个随机数 u,若 $u < 0.181\,3$,则可认为在未来 5 次赌博中不可能赢 1 次;若 $0.181\,3 \leqslant u < 0.181\,3 + 0.302\,2 = 0.483\,5$,则可认为可能赢 1 次;若 $0.483\,5 \leqslant u < 0.483\,5 + 0.274\,7 = 0.758\,2$,则可认为可能赢 2 次;其他类推,在此约定下做一次随机试验,所确定的 z 值就是一种预测.

现在来讨论没有观察数据的情况. 若赌徒没有前 10 次赌博经历,而要对未来 k 次赌博中该赌徒赢的次数 z 作出预测. 若 θ 的先验分布仍为 $(0, 1)$ 上的均匀分布 $U(0, 1)$,则可得到 z 的先验预测分布:

$$m(z) = C_k^z \int_0^1 \theta^z (1-\theta)^{k-z} \,\mathrm{d}\theta = C_k^z B(z+1, k-z+1)$$

$$= C_k^z \frac{\Gamma(z+1)\Gamma(k-z+1)}{\Gamma(k+2)}$$

$$= \frac{1}{k+1}, \quad z = 0, 1, \cdots, k.$$

当 $k = 5$ 时,$m(z) = \dfrac{1}{6}$,$z = 0, 1, \cdots, 5$.

这就是对该赌徒在未来 5 次赌博中可能赢得的次数的一种预测.

3.7　似　然　原　理

似然原理的核心是似然函数. 对于似然函数,经典统计和贝叶斯统计的理解都是一致的. 设 $x = (x_1, x_2, \cdots, x_n)$ 是来自密度函数 $f(x \mid \theta)$ 的样本观察值,则乘积

$$f(x \mid \theta) = \prod_{i=1}^{n} f(x_i \mid \theta)$$

有两个解释:当 θ 给定时,$f(x \mid \theta)$ 是样本 x 的联合密度函数;当样本 x 观察值给定时,$f(x \mid \theta)$ 是未知参数 θ 的函数,并称为似然函数,(同前)记作 $L(x \mid \theta)$.

似然函数 $L(x \mid \theta)$ 强调:它是 θ 的函数,而样本 x 在似然函数中只是一组数据或一组观察值.所有与试验有关的 θ 的信息都被包含在似然函数之中,使 $L(x \mid \theta) = f(x \mid \theta)$ 大的 θ 比使 $L(x \mid \theta)$ 小的 θ 更"像"是 θ 的真值.特别地,使似然函数 $L(x \mid \theta)$ 在参数空间 $\Theta(\theta \in \Theta)$ 达到最大的 $\hat{\theta}$ 称为**最大似然估计**.

如果两个似然函数成比例,且比例因子又不依赖于 θ,则它们的最大似然估计是相同的,这是由于两个成比例的似然函数所含 θ 的信息是相同的.如果对 θ 采用相同的先验分布,根据贝叶斯定理,则基于样本 x 对 θ 的后验分布也是相同的,于是对 θ 所作的后验推断也是相同的.

贝叶斯统计把上述认识概括为**似然原理**,它包括如下两点:

(1) 有了观察值之后,在作关于 θ 的推断和决策时,所有与试验有关的 θ 的信息均被包含在似然函数 $L(x \mid \theta)$ 之中.

(2) 如果两个似然函数是成比例的,且比例因子又不依赖于 θ,则它们所含关于 θ 的信息是相同的.

以下举一个例子来说明经典统计和贝叶斯统计对似然原理的不同态度而引出的问题.

例 3.7.1(Lindley & Phillios, 1976)　设 θ 为抛一枚硬币时出现正面的概率,现在要检验如下假设:

$$H_0: \theta = \frac{1}{2}, \quad H_1: \theta > \frac{1}{2}.$$

为此做了一系列相互独立的抛硬币试验,结果是出现 9 次正面和 3 次反面.

由于事先对"一系列试验"没有作明确规定,因此没有足够的信息得出总体分布 $f(x \mid \theta)$,对此可能有如下两种可能:

(1) 事先决定抛 12 次硬币,那么正面出现的次数 X 服从二项分布 $B(n, \theta)$,其中 n 为总试验次数,这里 $n = 12$,于是相应的似然函数为

$$L_1(x \mid \theta) = P_1(X = x \mid \theta) = C_n^x \theta^x (1-\theta)^{n-x} = 220\theta^9 (1-\theta)^3.$$

(2) 事先规定试验进行到出现 3 次反面为止,那么正面出现的次数 X 服从负二项分布 $NB(k, \theta)$,其中 k 为反面出现的次数,这里 $k = 3$,于是相应的似然函数为

$$L_2(x \mid \theta) = P_2(X = x \mid \theta) = C_{k-x-1}^x \theta^x (1-\theta)^{n-x} = 55\theta^9 (1-\theta)^3.$$

似然原理告诉我们,似然函数 $L_i(x \mid \theta)$ 是我们从试验中所需要知道的一切,而且 $L_1(x \mid \theta)$ 和 $L_2(x \mid \theta)$ 具有关于 θ 的相同信息.因为它们作为 θ 的函数成比例,于是我们不需要知道"一系列试验"的任何事先规定,只需要知道独立地抛硬币试验的结果:出现 9 次正面和 3 次反面,这本身就告诉我们似然函数与 $\theta^9 (1-\theta)^3$ 成比例.

但是在经典统计中就不是这样,其统计分析不仅要知道观察值 x,还要知道 x 所带来的总体分布 $f_i(x \mid \theta)$,仅知道似然函数是不够的.例如,在经典统计的假设检验中,若检验 $H_0: \theta = \frac{1}{2}$ 为真,而在 $x = 9$ 时被拒绝,这时犯第一类错误的概率的计算与总体分布

$f_i(x \mid \theta)$ 有密切关系.

在二项分布和负二项分布下,犯第一类错误的概率分别为

$$\alpha_1 = P_1\left(X \geqslant 9 \mid \theta = \frac{1}{2}\right) = \sum_{i=9}^{12} P_1\left(X = x \mid \theta = \frac{1}{2}\right) = 0.075,$$

$$\alpha_2 = P_2\left(X \geqslant 9 \mid \theta = \frac{1}{2}\right) = \sum_{i=9}^{\infty} P_2\left(X = x \mid \theta = \frac{1}{2}\right) = 0.033.$$

如果显著性水平 $\alpha = 0.05$,在二项分布模型下,$\alpha_1 > \alpha$,$X = 9$ 不在拒绝域内,因此应该接受 H_0;在负二项分布模型下,$\alpha_2 < \alpha$,$X = 9$ 在拒绝域内,因此应拒绝接受 H_0,即两个不同模型得出完全不同的结论,这是与似然原理相矛盾的.

这一现象在贝叶斯统计中不会出现. 由于本例是使简单原假设对复杂备择假设的检验问题,所以不能用连续的密度函数作为 θ 的先验分布,对两个假设 H_0 与 H_1 分别赋予正概率 π_0 和 $\pi_1 = 1 - \pi_0$,然后再在 $\theta > \frac{1}{2}$ 上给一个正常的先验分布 $g_1(\theta)$,最后获得的先验分布为

$$\pi(\theta) = \pi_0 I_{(0.5)}(\theta) + \pi_1 g_1(\theta).$$

由于事先我们对所抛硬币的均匀性不得而知,最公平的办法是用无信息先验分布,即取

$$\pi_0 = \pi_1 = \frac{1}{2}, \quad g_1(\theta) = U(0.5, 1).$$

根据式(3.3.1),可以算得贝叶斯因子:

$$B^\pi(x = 9) = \frac{\alpha_0 \pi_1}{\alpha_1 \pi_0} = \frac{P_i\left(X = 9 \mid \theta = \frac{1}{2}\right)}{m_1(x = 9)},$$

其中

$$P_i\left(X = 9 \mid \theta = \frac{1}{2}\right) = k_i \theta^9 (1-\theta)^3 = k_i \left(\frac{1}{2}\right)^{12} = 0.000\ 244 k_i,$$

这里 $k_1 = 220$, $k_2 = 55$.

$$m_1(x = 9) = \int_{\frac{1}{2}}^1 P_i\left(x = 9 \mid \theta = \frac{1}{2}\right) g_1(\theta) \mathrm{d}\theta = 2 \int_{\frac{1}{2}}^1 k_i \theta^9 (1-\theta)^3 \mathrm{d}\theta = 0.000\ 666 k_i.$$

由此可以可到贝叶斯因子:

$$B^\pi(x = 9) = \frac{0.000\ 244}{0.000\ 666} = 0.366\ 4.$$

可见,观测值 $x = 9$ 并不支持原假设 H_0. 考虑到 $\pi_0 = \pi_1 = \frac{1}{2}$,$\alpha_0 + \alpha_1 = 1$,根据式(3.3.2)可得两个假设的后验概率分别为

$$\alpha_0 = \pi(H_0 \mid x = 9) = \frac{0.3664}{1 + 0.3664} = 0.2681,$$

$$\alpha_1 = \pi(H_1 \mid x = 9) = \frac{1}{1 + 0.3664} = 0.7319.$$

因此,我们拒绝 H_0 而接受 H_1,这个结论只与似然函数有关,而与总体是二项分布还是负二项分布无关.

3.8 多参数模型的贝叶斯推断

在前面,主要讨论了贝叶斯统计推断是单参数的情形. 但许多实际的统计问题都含有多个未知参数,人们通常只对其中的一部分参数感兴趣,其余参数称为"多余"参数(或称为"讨厌"参数). 在处理这类问题时,贝叶斯方法与其他传统的统计推断方法相比有明显的优势.

3.8.1 概述

假设参数(向量)θ 由两部分组成,$\theta = (\theta_1, \theta_2)$,其中 θ_1 为感兴趣的参数,θ_2 为多余参数. 设数据 y 的分布为 $f(y \mid \theta_1, \theta_2)$;$\theta$ 的先验分布为 $\pi(\theta_1, \theta_2)$,则 θ_1 与 θ_2 的联合后验密度函数为

$$\pi(\theta_1, \theta_2 \mid y) \propto f(y \mid \theta_1, \theta_2) \pi(\theta_1, \theta_2). \tag{3.8.1}$$

在联合后验密度函数中对 θ_2 求积分,得到 θ_1 的边际后验密度函数为

$$\pi(\theta_1 \mid y) = \int_{\Theta} \pi(\theta_1, \theta_2 \mid y) \mathrm{d}\theta_2 = \int_{\Theta} f(\theta_1 \mid \theta_2, y) \pi(\theta_2 \mid y) \mathrm{d}\theta_2. \tag{3.8.2}$$

3.8.2 正态分布中参数的贝叶斯推断

设 $y = (y_1, y_2, \cdots, y_n)$ 是来自正态总体 $N(\mu, \sigma^2)$ 的样本,其中 μ 和 σ^2 均未知. 如果仅考虑 μ 和 σ^2 独立且取无信息先验分布,其密度函数为

$$\pi(\mu, \sigma^2) \propto (\sigma^2)^{-1}.$$

此时 (μ, σ^2) 的联合后验密度为

$$\pi(\mu, \sigma^2 \mid y) \propto \sigma^{-n-2} \exp\left\{-\frac{1}{2\sigma^2} \sum_{i=1}^n (y_i - \mu)^2\right\} = \sigma^{-n-2} \exp\left\{-\frac{1}{2\sigma^2}[(n-1)s^2 + n(\bar{y} - \mu)]\right\}.$$

上式对 μ 求积后得到

$$\pi(\sigma^2 \mid \bar{y}, s^2) \propto \sigma^{-\frac{n+1}{2}} \exp\left\{-\frac{1}{2\sigma^2}[(n-1)s^2]\right\}, \tag{3.8.3}$$

即 σ^2 的后验分布为倒 Gamma 分布 $IGa\left(\dfrac{n+1}{2}, \dfrac{(n-1)s^2}{2}\right)$.

如果在实际问题中,总体均值 μ 通常是感兴趣的参数,将联合后验密度对 σ^2 求积分,得到

$$\pi(\mu \mid \bar{y}, s^2) \propto \left[1 + \frac{n(\bar{y} - \mu)^2}{(n-1)s^2} \right]^{-\frac{n}{2}},$$

即
$$\frac{\mu - \bar{y}}{\frac{s}{\sqrt{n}}} \mid \bar{y}, s^2 \sim t(n-1). \tag{3.8.4}$$

3.8.3 随机模拟方法

在大多数的实际问题中,像上面正态分布那样能够得到感兴趣参数的边际后验分布是很少的. 然而可以通过随机模拟的方法获得边际后验分布的样本. 由公式(3.8.2),得到 θ_1 的边际后验样本的抽样方法如下:

第一步:从 $\pi(\theta_2 \mid y)$ 中抽取 θ_2;

第二步:从 $\pi(\theta_1 \mid \theta_2, y)$ 中抽取 θ_1.

上述两步不断重复即可得到所需要的后验样本.

除了从 t 分布式(3.8.4)直接抽取样本外,也可按下面的两步间接获得后验样本:

第一步:按倒 Gamma 分布,从 $\pi(\sigma^2 \mid y)$ 中抽取 σ^2;

第二步:从 $\pi(\mu \mid \sigma^2, y) \sim N\left(\bar{y}, \frac{\sigma^2}{n}\right)$ 中抽取 μ.

有时可能遇到边际后验分布 $\pi(\theta_2 \mid y)$ 无法得到显式表示,特别是在多参数贝叶斯分析中,这时经常采用 Gibbs 抽样法. 在两个参数 θ_1, θ_2 场合,只需要改变上面的第一步. 整个算法变成:

第一步:给定 θ_1 的初始值;

第二步:从 $\pi(\theta_2 \mid \theta_1, y)$ 中抽取 θ_2;

第三步:从 $\pi(\theta_1 \mid \theta_2, y)$ 中抽取 θ_1.

将此抽取过程重复进行,即得到一系列基于后验分布的 θ_1 与 θ_2 的后验样本. 为保证独立性,在使用之前应舍去没有达到平衡状态的那些样本.

最后,若上述一维的边际后验分布或条件后验分布不易抽样,则可以采用近似的离散化格式点抽样方法,它也适用于二维分布的抽样,其实施方法见下面的例子.

3.8.4 应用案例

除正态分布等少数模型之外,一般多参数模型都无法得到后验分布的显式表示. 在实际应用中,经常采用随机模拟的方法来解决这类问题. 下面给出一个在新药开发中动物试验的实例.

例 3.8.1(新药开发中动物试验的实例) 在药物以及其他一些化学合成剂的开发过程中,需做毒性测试,即在一批动物身上注射不同剂量的药物,设动物的反应由两个对立的结果来描述,例如"生存"或"死亡". 此类试验的数据可以表示为

$$(x_i, n_i, y_i), \quad i = 1, 2, \cdots, k,$$

其中 k 为动物的分组数,n_i 表示第 i 批动物的个数,x_i 表示第 i 批动物接受的剂量水平(通

常以对数形式出现），y_i 表示第 i 批动物服用剂量 x_i 后出现阳性反应的动物数（如"死亡"或"有肿块"的动物数）. 现有一批动物共 20 只分为 4 组，每组注射相同的剂量. 具体数据见表 3-14. 如何根据试验数据判断该药物的毒性呢？

表 3-14　　　　　　　　　　　　动物的注射药物后的阳性反应

剂量 $(x_i)\log(g/mL)$	动物个数 (n_i)	死亡个数 (y_i)
-0.86	5	0
-0.30	5	1
-0.05	5	3
0.73	5	5

我们在无信息先验下分步讨论模型的建立与贝叶斯分析.

（1）模型建立.

对于第 i 批动物，n_i 个动物样本的试验结果可认为相互独立，由此可导出二项分布抽样模型：

$$y_i \mid \theta_i \sim B(n_i, \theta_i),$$

其中 θ_i 为死亡率. 同时 $\theta_1, \theta_2, \theta_3, \theta_4$ 也可认为相互独立，且在许多场合中可假设 θ_i 与 x_i 有如下线性关系：

$$logit(\theta_i) = \log\left(\frac{\theta_i}{1-\theta_i}\right) = \alpha + \beta x_i. \tag{3.8.5}$$

（2）回归分析.

为考查动物的死亡率与接受药物新剂量的关系式（3.8.5）是否合理，我们考查 $logit\left(\dfrac{y_i}{n_i}\right)$ 对 $x_i (i=1, 2, 3, 4)$ 的回归关系. 由于 $y_1 = 0$ 和 $y_4 = 5$ 时无法求得 $logit\left(\dfrac{y_i}{n_i}\right)$，故适当微调：$y_1 = 0.01$，$y_4 = 4.99$. R 代码如下：

```
logit<-function(x){
y=log(x/(1-x))
return(y)
}
bioassay<-data. frame(
x <- c(-0.86, -0.30, -0.05, 0.73),
n <- c(5, 5, 5, 5),
y <- c(0.01, 1, 3, 4.99),
r <- logit(y/n))
plot(x, r)
lm. bioassay<-lm(formula = r~x)
abline(lm. bioassay)
summary(lm. bioassay)
```

运行以上程序,得到回归分析的结果为

Call:

lm(formula = r ~ x)

Residuals:

1	2	3	4
−0.2190	0.2572	0.1069	−0.1450

Coefficients:

	Estimate	Std. Error	t value	Pr(>|t|)	
(Intercept)	0.6870	0.1383	4.967	0.038226	*
x	7.7681	0.2368	32.810	0.000928	***

_ _ _

Signif. codes: 0 '***' 0.001 '**' 0.01 '*' 0.05 '.' 0.1 ' ' 1

Residual standard error: 0.2707 on 2 degrees of freedom

Multiple R-squared: 0.9981, Adjusted R-squared: 0.9972

F - statistic: 1076 on 1 and 2 DF, p - value: 0.0009277

图 3-4 和回归分析的结果都表明上述假设是合理的. 且得到 α 和 β 的估计分别为 $\hat{\alpha} = 0.69$ 和 $\hat{\beta} = 7.77$,标准误差分别为 0.14 和 0.24.

(3) 贝叶斯估计.

若关于参数 α 和 β 没有可以利用的先验信息,则采用无信息先验 $\pi(\alpha, \beta) \propto 1$. 这时后验分布即为似然函数:

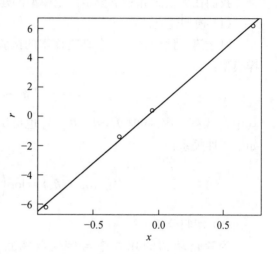

图 3-4 死亡率与剂量水平关系

$$\pi(\alpha, \beta \mid y, n, x) \propto \pi(\alpha, \beta) f(y \mid \alpha, \beta) \propto \prod_{i=1}^{k} \left(\frac{e^{\alpha + \beta x_i}}{1 + e^{\alpha + \beta x_i}} \right)^{y_i} \left(\frac{1}{1 + e^{\alpha + \beta x_i}} \right)^{n_i - y_i}.$$

$$(3.8.6)$$

我们用后验众数作为参数 α 和 β 的点估计,也即极大似然估计,这可直接利用软件包 stats4 中的函数 mle() 求得,下面的 R 程序先定义后验密度函数和负对数似然函数,最后调用函数 mle(),具体代码为

```
bioassay.post<-function(alpha=0.1,beta=5){
k<-4
x <- c(-0.86, -0.30, -0.05, 0.73)
n <- c(5, 5, 5, 5)
y <- c(0, 1, 3, 5)
```

```
prod<－1
prod <－ prod((exp(alpha＋beta ∗ x)/(1＋exp(alpha＋beta ∗ x[])))) ^ y
 ∗ (1/(1＋exp(alpha＋beta ∗ x))))^(n－y))
return(prod)}
mlpost<－function(alpha＝0.1,beta＝5){－log(bioassay.post(alpha,beta))}
library(stats4)
mle(mlpost)
```

运行结果为

```
Call：
mle(minuslogl ＝ mlpost)
Coefficients：
    alpha        beta
0.8463101   7.7483953
```

得到的贝叶斯估计(极大似然估计)为 $\hat{\alpha}＝0.85$ 和 $\hat{\beta}＝7.75$.

由以上这些结果可以得到动物的死亡率与接受的剂量成正比(因为 $\beta＞0$)，这说明剂量的增加会导致死亡明显增加.

在例 3.8.1 中，人们通常对导致 50% 存活率的剂量大小感兴趣. 读者可以结合例 3.8.1，给出存活率为 50% 的剂量的估计(见本章的习题 3.13).

说明：汤银才(2008)，Albert(2009)，茆诗松，汤银才(2012)，还给出了本例数据的其他讨论.

3.9　几个损失函数下贝叶斯估计及其后验风险

通常教材上一般只介绍：平方损失函数、绝对损失函数和 0—1 损失函数下的贝叶斯估计. 其他损失函数涉及不多，其实其他还有一些损失函数，当然也可以研究这些损失函数下的贝叶斯估计. 至于后验风险，除了平方损失函数下的后验风险外，其他损失函数下的后验风险涉及也不多.

以下将分别介绍加权平方损失函数、预防损失函数、对数损失函数和熵损失函数下贝叶斯估计及其后验风险.

3.9.1　加权平方损失函数下贝叶斯估计及其后验风险

以下首先介绍加权平方损失函数(Berger，1985)，然后介绍加权平方损失函数下贝叶斯估计及其后验风险.

定义 3.9.1　加权平方损失函数(weighted squared error loss function)由下式给出

$$L(\theta,\hat{\theta})＝\omega(\theta)(\theta－\hat{\theta})^2. \tag{3.9.1}$$

其中 $\theta\in\Theta$，$\hat{\theta}$ 为 θ 的估计，$\omega(\theta)$ 是定义在参数空间 Θ 上的权函数.

定理 3.9.1　在加权平方损失函数(3.9.1)下，对于 θ 的任意先验分布 $\pi(\theta)$，有如下结论：

(1) θ 的贝叶斯估计为 $\hat{\theta}_B = \dfrac{E[\theta\omega(\theta) \mid x]}{E[\omega(\theta) \mid x]}$;

(2) θ 的贝叶斯估计 $\hat{\theta}_B$ 的后验风险为 $R(\hat{\theta}_B \mid x) = E[\theta^2\omega(\theta) \mid x] - \dfrac{\{E[\theta\omega(\theta) \mid x]\}^2}{E[\omega(\theta) \mid x]}$.

证明 (1) 设 $\pi(\theta \mid x)$ 为参数 θ 的后验密度函数,则在加权平方损失函数(3.9.1)下 $\hat{\theta}_B$ 的后验风险为

$$R(\hat{\theta}_B \mid x) = E[\omega(\theta)(\theta - \hat{\theta}_B)^2 \mid x] = \int_{\Theta} [\theta^2\omega(\theta) - 2\hat{\theta}_B\theta\omega(\theta) + \hat{\theta}_B^2\omega(\theta)]\pi(\theta \mid x)\mathrm{d}\theta.$$

$$(3.9.2)$$

由于贝叶斯解是要求 a 使后验风险 $R(a \mid x)$ 达到最小,为此 $R(a \mid x)$ 对 a 求一阶导数并令其为 0,得

$$0 = \frac{\mathrm{d}}{\mathrm{d}a}[R(a \mid x)] = -2\int_{\Theta}\theta\omega(\theta)\pi(\theta \mid x)\mathrm{d}\theta + 2a\int_{\Theta}\omega(\theta)\pi(\theta \mid x)\mathrm{d}\theta. \qquad (3.9.3)$$

由式(3.9.3)得

$$a = \hat{\theta}_B = \frac{\displaystyle\int_{\Theta}\theta\omega(\theta)\pi(\theta \mid x)\mathrm{d}\theta}{\displaystyle\int_{\Theta}\omega(\theta)\pi(\theta \mid x)\mathrm{d}\theta} = \frac{E[\theta\omega(\theta) \mid x]}{E[\omega(\theta) \mid x]}.$$

由于 $\dfrac{\mathrm{d}^2}{\mathrm{d}a^2}[R(a \mid x)] = 2\displaystyle\int_{\Theta}\omega(\theta)\pi(\theta \mid x)\mathrm{d}\theta = 2E[\omega(\theta) \mid x] > 0$,所以方程(3.9.3)的解使得后验风险 $R(a \mid x)$ 达到最小,因此在加权平方损失函数(3.9.1)下,θ 的贝叶斯估计为

$$\hat{\theta}_B = \frac{E[\theta\omega(\theta) \mid x]}{E[\omega(\theta) \mid x]}.$$

(2) 把 $\hat{\theta}_B = \dfrac{E[\theta\omega(\theta) \mid x]}{E[\omega(\theta) \mid x]}$ 代入式(3.9.2),得

$$R(\hat{\theta}_B \mid x) = E\left\{\omega(\theta)\left[\theta - \frac{E[\theta\omega(\theta) \mid x]}{E[\omega(\theta) \mid x]}\right]^2 \Big| x\right\}$$

$$= E[\theta^2\omega(\theta) \mid x] - 2E[\theta\omega(\theta) \mid x]\frac{E[\theta\omega(\theta) \mid x]}{E[\omega(\theta) \mid x]} + E[\omega(\theta) \mid x]\left\{\frac{E[\theta\omega(\theta) \mid x]}{E[\omega(\theta) \mid x]}\right\}^2$$

$$= E[\theta^2\omega(\theta) \mid x] - \frac{\{E[\theta\omega(\theta) \mid x]\}^2}{E[\omega(\theta) \mid x]}.$$

定理 3.9.1 在理论上是很重要的,但在应用上定理 3.9.1 的以下几个推论就显得更重要.

推论 3.9.1 在定理 3.9.1 中,当加权平方损失函数(3.9.1)中 $\omega(\theta) = \theta^0 = 1$ 时,此时加权平方损失函数(3.9.1)即为平方损失函数,则有如下结论:

(1) θ 的贝叶斯估计为 $\hat{\theta}_B = E(\theta \mid x)$;

(2) θ 的贝叶斯估计 $\hat{\theta}_B$ 的后验风险为 $R(\hat{\theta}_B \mid x) = \mathrm{Var}(\theta \mid x)$.

推论 3.9.2 在定理 3.9.1 中，当加权平方损失函数(3.9.1)中 $\omega(\theta) = \theta^{-1}$ 时，则有如下结论：

(1) θ 的贝叶斯估计为 $\hat{\theta}_B = [E(\theta^{-1} \mid x)]^{-1}$;

(2) θ 的贝叶斯估计 $\hat{\theta}_B$ 的后验风险为 $R(\hat{\theta}_B \mid x) = E(\theta \mid x) - [E(\theta^{-1} \mid x)]^{-1}$.

推论 3.9.3 在定理 3.9.1 中，当加权平方损失函数(3.9.1)中 $\omega(\theta) = \theta^{-2}$ 时，则有如下结论：

(1) θ 的贝叶斯估计为 $\hat{\theta}_B = \dfrac{E(\theta^{-1} \mid x)}{E(\theta^{-2} \mid x)}$;

(2) θ 的贝叶斯估计 $\hat{\theta}_B$ 的后验风险为 $R(\hat{\theta}_B \mid x) = 1 - \dfrac{[E(\theta^{-1} \mid x)]^2}{E(\theta^{-2} \mid x)}$.

推论 3.9.4 在定理 3.9.1 中，当加权平方损失函数(3.9.1)中 $\omega(\theta) = \theta^{-k}$ 时(k 为非负整数)，此时加权平方损失函数(3.9.1)即为刻度平方损失函数(scaled squared error loss function)，则有如下结论：

(1) θ 的贝叶斯估计为 $\hat{\theta}_B = \dfrac{E(\theta^{1-k} \mid x)}{E(\theta^{-k} \mid x)}$;

(2) θ 的贝叶斯估计 $\hat{\theta}_B$ 的后验风险为 $R(\hat{\theta}_B \mid x) = E(\theta^{2-k} \mid x) - \dfrac{[E(\theta^{1-k} \mid x)]^2}{E(\theta^{-k} \mid x)}$.

3.9.2 预防损失函数下贝叶斯估计及其后验风险

以下首先介绍预防损失函数，然后介绍预防损失函数下贝叶斯估计及其后验风险.

定义 3.9.2 预防损失函数(precautionary loss function)由下式给出

$$L(\theta, \hat{\theta}) = \frac{(\theta - \hat{\theta})^2}{\hat{\theta}}. \tag{3.9.4}$$

其中，$\theta \in \Theta$，$\hat{\theta}$ 为 θ 的估计.

定理 3.9.2 在预防平方损失函数(3.9.4)下，对于 θ 的任意先验分布 $\pi(\theta)$，有如下结论：

(1) θ 的贝叶斯估计为 $\hat{\theta}_B = \sqrt{E(\theta^2 \mid x)}$;

(2) θ 的贝叶斯估计 $\hat{\theta}_B$ 的后验风险为 $R(\hat{\theta}_B \mid x) = 2[\sqrt{E(\theta^2 \mid x)} - E(\theta \mid x)]$.

证明 (1) 在预防平方损失函数(3.9.4)下 $\hat{\theta}_B$ 的后验风险为

$$R(\hat{\theta}_B \mid x) = E\left[\frac{(\theta - \hat{\theta}_B)^2}{\hat{\theta}_B} \,\Big|\, x\right] = \frac{1}{\hat{\theta}_B} E(\theta^2 \mid x) - 2E(\theta \mid x) + \hat{\theta}_B. \tag{3.9.5}$$

由于贝叶斯解是要求 a 使后验风险 $R(a \mid x)$ 达到最小，为此 $R(a \mid x)$ 对 a 求一阶导数并令其为 0，得

$$0 = \frac{\mathrm{d}}{\mathrm{d}a}[R(a \mid x)] = -\frac{1}{a^2} E(\theta^2 \mid x) + 1. \tag{3.9.6}$$

由式(3.9.6)解得 $a = \hat{\theta}_B = \sqrt{E(\theta^2 \mid x)}$.

由于 $\dfrac{d^2}{da^2}[R(a \mid x)] \mid_{a=\hat{\theta}_B} = \dfrac{2}{a^3} \mid_{a=\hat{\theta}_B} = \dfrac{2}{\left[\sqrt{E(\theta^2 \mid x)}\right]^3} > 0$，所以方程(3.9.6)的解使得后验风险 $R(a \mid x)$ 达到最小，因此在预防损失函数(3.9.4)下，θ 的贝叶斯估计为 $\hat{\theta}_B = \sqrt{E(\theta^2 \mid x)}$.

(2) 把 $\hat{\theta}_B = \sqrt{E(\theta^2 \mid x)}$ 代入式(3.9.5)中，得

$$R(\hat{\theta}_B \mid x) = \frac{1}{\sqrt{E(\theta^2 \mid x)}} E(\theta^2 \mid x) - 2E(\theta \mid x) + \sqrt{E(\theta^2 \mid x)}$$
$$= 2\left[\sqrt{E(\theta^2 \mid x)} - E(\theta \mid x)\right].$$

3.9.3　对数损失函数下贝叶斯估计及其后验风险

以下首先介绍对数损失函数，然后介绍对数损失函数下贝叶斯估计及其后验风险.

定义 3.9.3　对数损失函数(logarithmic loss function)由下式给出

$$L(\theta, \hat{\theta}) = (\ln\theta - \ln\hat{\theta})^2, \tag{3.9.7}$$

其中，$\theta \in \Theta$，$\hat{\theta}$ 为 θ 的估计.

定理 3.9.3　在对数损失函数(3.9.7)下，对于 θ 的任意先验分布 $\pi(\theta)$，有如下结论：

(1) θ 的贝叶斯估计为 $\hat{\theta}_B = \exp[E(\ln\theta \mid x)]$；

(2) θ 的贝叶斯估计 $\hat{\theta}_B$ 的后验风险为 $R(\hat{\theta}_B \mid x) = \mathrm{Var}(\ln\theta \mid x)$.

证明　(1) 在对数损失函数(3.9.7)下 $\hat{\theta}_B$ 的后验风险为

$$R(\hat{\theta}_B \mid x) = E[(\ln\theta - \ln\hat{\theta}_B)^2 \mid x] = [E(\ln\theta)^2 \mid x] - 2\ln\hat{\theta}_B E(\ln\theta \mid x) + (\ln\hat{\theta}_B)^2. \tag{3.9.8}$$

由于贝叶斯解是要求 a 使后验风险 $R(a \mid x)$ 达到最小，为此 $R(a \mid x)$ 对 a 求一阶导数并令其为 0，得

$$0 = \frac{d}{da}[R(a \mid x)] = -2\frac{E(\ln\theta \mid x)}{a} + \frac{2}{a}\ln a. \tag{3.9.9}$$

由式(3.9.9)解得 $a = \hat{\theta}_B = \exp[E(\ln\theta \mid x)]$.

由于 $\dfrac{d^2}{da^2}[R(a \mid x)] \mid_{a=\hat{\theta}_B} = \dfrac{2}{a^2}[E(\ln\theta \mid x) + 1 - \ln a] \mid_{a=\hat{\theta}_B} = \dfrac{2}{\{\exp[E(\ln\theta \mid x)]\}^2}$ > 0，所以方程(3.9.9)的解使得后验风险 $R(a \mid x)$ 达到最小，因此在对数平方损失函数(3.9.7)下，θ 的贝叶斯估计为 $a = \hat{\theta}_B = \exp[E(\ln\theta \mid x)]$.

(2) 把 $\hat{\theta}_B = \exp[E(\ln\theta \mid x)]$ 代入式(3.9.8)中，得

$$R(\hat{\theta}_B \mid x) = [E(\ln\theta)^2 \mid x] - 2\{\ln[\exp E(\ln\theta \mid x)]\} E(\ln\theta \mid x) + [E(\ln\theta \mid x)]^2$$
$$= \mathrm{Var}(\ln\theta \mid x).$$

3.9.4　熵损失函数下贝叶斯估计及其后验风险

以下首先介绍熵损失函数,然后介绍熵损失函数下贝叶斯估计及其后验风险.

定义 3.9.4　熵损失函数(entropy loss function)由下式给出

$$L(\theta, \hat{\theta}) = \frac{\hat{\theta}}{\theta} - \ln \frac{\hat{\theta}}{\theta} - 1, \tag{3.9.10}$$

其中,$\theta \in \Theta$,$\hat{\theta}$ 为 θ 的估计.

定理 3.9.4　在熵损失函数(3.9.10)下,对于 θ 的任意先验分布 $\pi(\theta)$,有如下结论:

(1) θ 的贝叶斯估计为 $\hat{\theta}_B = [E(\theta^{-1} \mid x)]^{-1}$;

(2) θ 的贝叶斯估计 $\hat{\theta}_B$ 的后验风险为 $R(\hat{\theta}_B \mid x) = E(\ln \theta \mid x) + \ln [E(\theta^{-1} \mid x)]$.

证明　(1) 在熵损失函数(3.9.10)下 $\hat{\theta}_B$ 的后验风险为

$$R(\hat{\theta}_B \mid x) = E\left[\left(\frac{\hat{\theta}_B}{\theta} - \ln \frac{\hat{\theta}_B}{\theta} - 1\right) \Big| x\right] = \hat{\theta}_B E(\theta^{-1} \mid x) - \ln \hat{\theta}_B + E(\ln \theta \mid x) - 1.$$

$$\tag{3.9.11}$$

由于贝叶斯解是要求 a 使后验风险 $R(a \mid x)$ 达到最小,为此 $R(a \mid x)$ 对 a 求一阶导数并令其为 0,得

$$0 = \frac{\mathrm{d}}{\mathrm{d}a}[R(a \mid x)] = E(\theta^{-1} \mid x) - \frac{1}{a}. \tag{3.9.12}$$

由式(3.9.12)解得 $a = \hat{\theta}_B = [E(\theta^{-1} \mid x)]^{-1}$.

由于 $\dfrac{\mathrm{d}^2}{\mathrm{d}a^2}[R(a \mid x)] \Big|_{a=\hat{\theta}_B} = \dfrac{1}{a^2} \Big|_{a=\hat{\theta}_B} = [E(\theta^{-1} \mid x)]^2 > 0$,所以方程(3.9.12)的解使得后验风险 $R(a \mid x)$ 达到最小,因此在熵损失函数(3.9.10)下,θ 的贝叶斯估计为 $a = \hat{\theta}_B = [E(\theta^{-1} \mid x)]^{-1}$.

(2) 把 $\hat{\theta}_B = [E(\theta^{-1} \mid x)]^{-1}$ 代入式(3.9.11)中,得

$$\begin{aligned}
R(\hat{\theta}_B \mid x) &= [E(\theta^{-1} \mid x)]^{-1} E(\theta^{-1} \mid x) - \ln[E(\theta^{-1} \mid x)]^{-1} + E(\ln \theta \mid x) - 1 \\
&= E(\ln \theta \mid x) + \ln[E(\theta^{-1} \mid x)].
\end{aligned}$$

思考与练习题 3

3.1　请举例并说明三种贝叶斯估计:后验期望 $\hat{\theta}_E$、后验众数 $\hat{\theta}_{MD}$、后验中位数 $\hat{\theta}_{Me}$ 的区别和联系.

3.2　请举例并说明置信区间和可信区间的异同,并从获得置信区间和可信区间的过程来看二者的特点.

3.3　比较和讨论贝叶斯学派在处理估计理论问题、假设检验问题与经典学派的异同.

3.4　请简要叙述:在贝叶斯统计中假设检验与区间估计之间的关系.

3.5　请举例并简要说明:贝叶斯统计中假设检验基本思想、相对于经典统计中假设检

验它有什么优势?

3.6 请简要叙述:经典统计中和贝叶斯统计中假设检验的关系.

3.7 设 $x_1, x_2, \cdots, x_n$ 为来自几何分布的样本观察值,总体的分布律为

$$P(X = k \mid \theta) = \theta(1 - \theta)^k, \quad k = 0, 1, 2, \cdots,$$

若 θ 的先验分布为 $U(0, 1)$,求:

(1) θ 的后验分布;

(2) 若样本的观察值为 4,3,1,7,求 θ 的贝叶斯估计(后验期望估计).

3.8 设 $x_1, x_2, \cdots, x_n$ 为来自均匀分布 $U(0, \theta)$ 的样本,若 θ 的先验分布为 Pareto 分布,求 θ 的后验均值和后验方差.

3.9 设 $x_1, x_2, \cdots, x_n$ 是来自正态分布 $N(\mu, \sigma^2)$ 的样本观察值,其中 μ 为未知,$\sigma^2 = \sigma_0^2$ 为已知,若 μ 的先验分布为 $N(\mu_a, \sigma_a^2)$,其中 μ_a, σ_a^2 为已知,求:

(1) μ 的后验分布;

(2) 在平方损失下 μ 的贝叶斯估计.

3.10 对正态分布 $N(\theta, 1)$ 进行三次观察,获得的观察值分别为 2,4,3,若 θ 的先验分布为 $N(3, 1)$,求 θ 的可信水平为 0.95 的可信区间.

3.11 设 $x_1, x_2, \cdots, x_n$ 为来自 $N(0, \sigma^2)$ 的样本,若 σ^2 的先验分布为倒 Gamma 分布 $IGa(\alpha, \beta)$,求 σ^2 的可信水平为 0.9 的可信上限.

3.12 在例 3.3.8 中,为什么第 2 个模型最好?请结合例 3.3.8,通过具体计算、比较给出回答.

3.13 在例 3.8.1 中,人们通常对导致 50% 存活率的剂量大小感兴趣. 请结合例 3.8.1,给出存活率为 50% 的剂量的估计.

第4章　先验分布的选取

如何确定先验分布？这是贝叶斯统计学的基础理论部分中受到经典学派批评最多的部分. 本章主要介绍：先验信息与主观概率，无信息先验分布，多层（分层）先验分布，分层（多层）贝叶斯模型.

4.1　先验信息与主观概率

贝叶斯统计要使用先验信息，而先验信息主要是指经验和历史资料. 因此如何用人们的经验和过去的历史资料确定概率和概率分布是贝叶斯统计要解决的问题.

关于概率的概念，经典统计涉及某一给定情况的大量重复. 例如，当抛一枚质地均匀的硬币时，说出现正面的概率为 1/2，是指多次抛硬币时出现正面的次数约占 1/2. 所以经典统计的研究对象是能大量重复的随机现象，不是这类随机现象就不能用频率的方法去确定其有关事件的概率. 这无疑就把统计学的应用和研究领域缩小了. 例如，很多经济现象是不能重复或不能大量重复的随机现象（如经济增长率等），这类随机现象中要用频率方法去确定有关事件的概率常常是不可能的.

在大多数不确定情况下，没有理由假设基本事件是等可能的，这时概率的频率解释是不适当的. 但是我们还应用这个频率解释，因为在概率论中有"大数定律"作"保证". 然而在大数定律中，一个重要的假设是多次重复试验必须是独立的，也就是说任何一次试验结果的出现对于其他任何一次试验是没有影响的，在"独立性"的假设下概率的频率解释才成立. 可是承认这些假设的前提（如"独立性"等）本身也是带有"主观性"的.

例如，天气预报中"明天降水的概率是 0.9"，其中的概率不能用频率解释（因为明天是某年某月某日，它只有一天），但明天是否下雨是随机现象. 这里明天降水的概率是 0.9 是气象专家对"明天降水"的一种看法或一种信念，信与不信由你. 可见没有频率解释的概率是存在的.

在现实世界中，有一些随机现象是不能重复或不能大量重复的，这时有关事件的概率如何确定呢？

贝叶斯学派认为：一个事件的概率是人们根据经验对该事件发生的可能性所给出的个人信念. 这样给出的概率称为**主观概率**.

例如"明天降水的概率是 0.9"，这是气象专家根据气象专业知识和最近气象资料给出的主观概率. 在前面曾提起过：在 20 世纪，林德利教授预言 21 世纪将是贝叶斯统计的天下，埃夫隆教授则认为出现这种局面的主观概率为 0.15. 主观概率的例子还有很多，这里就不一一列举了.

值得注意的是，主观概率和主观臆造有着本质上的不同，前者要求当事人对所考察的事件有透彻的了解和丰富的经验,甚至是这一行的专家,并能对历史信息和周围信息进行仔细分析,如此确定的主观概率是可信的. 以经验为基础的主观概率与纯主观还是不同的,更何况主观概率也要受到实践的检验和公理的验证,人们会去其糟粕,取其精华. 因此,应该把主观概率和主观臆造区分开来. 从某种意义上说,不利用这些丰富经验也是一种浪费.

主观概率本质上是对随机事件发生的可能性大小的一种推断或估计,虽然结论的精确性还有待实践的检验和修正,但结论的可信性在统计意义上是有其价值的. 在遇到的随机现象无法大量重复时,用主观概率去做决策和判断是适当的. 因此,从某种意义上说主观概率方法是频率方法的一种补充和扩展.

对主观概率的批评也是有的. 所谓贝叶斯方法的不足仅仅反映了在主观性和如何确定概率的技术困难之间的困惑. 流行的观点说,如果一个概率代表信任程度,那的确代表了我们对某事物为真的相信程度,但是这种相信是基于所有可以得到的有关信息之上. 而这使得概率的确定成为一个可以允许发展的问题,因为我所掌握的信息可能与你得到的不同,这和纯主观性并不一样.

在某些贝叶斯学派的成员中,存在着一种教条主义的倾向,声称"这是解决所有问题的方法,而且你如果不同意我的观点,你就是错误的"! 某些统计学家不同意那些认为一旦得到了后验分布,问题就解决了的观点.

一个有关的问题是贝叶斯方法对于先验信息的敏感性. 有时,很少注意到在作了一个错误的假设之后,一个方法可以是如何"灾难性的愚蠢". 事实上,贝叶斯统计在 19 世纪没有被人们普遍接受,正是一些人把先验分布滥用的结果,也正是这些"滥用"导致了贝叶斯统计的"灾难性". 因此,先验分布的确定(或选择)对贝叶斯统计是一个十分重要的问题,也是经典统计对贝叶斯统计批评最多的问题. 本章后面将围绕先验分布的确定(或选择)为题展开讨论.

4.2　无信息先验分布

贝叶斯方法的特点是能够充分利用先验信息来确定先验分布. 对于很多统计问题,人们可能没有任何先验信息,在这种情况下如何确定先验分布呢? 许多统计学家对无信息先验分布进行了研究,提出了多种确定无信息先验分布的方法.

4.2.1　贝叶斯假设

所谓参数 θ 的无信息先验分布就是指除参数 θ 的取值范围 Θ 和 θ 在总体分布中的地位之外,再也不包含 θ 的任何信息的先验分布. 如果把"不包含 θ 的任何信息"理解为对参数 θ 的任何取值都是同样无知的,则自然把参数 θ 的取值范围上的均匀分布作为其先验分布,即

$$\pi(\theta) = \begin{cases} c, & \theta \in \Theta, \\ 0, & \theta \overline{\in} \Theta, \end{cases}$$

其中 Θ 是 θ 的取值范围,$c > 0$ 为常数.

如果略去密度函数取零的部分,则上式可以写成

$$\pi(\theta) = c, \quad \theta \in \Theta$$

或

$$\pi(\theta) \propto 1, \quad \theta \in \Theta. \tag{4.2.1}$$

这种选取无信息先验分布的方法称为**贝叶斯假设**. 贝叶斯假设符合人们对无信息的直观认识,有其合理性.

式(4.2.1)给出的先验密度形式简洁,用起来也是方便的.

若参数 θ 的先验密度由式(4.2.1)给出,根据贝叶斯定理 θ 的后验密度由式(2.2.5)给出,则式(2.2.5)可以简化为

$$\pi(\theta \mid x) \propto L(x \mid \theta). \tag{4.2.2}$$

其中, $L(x \mid \theta)$ 为似然函数.

式(4.2.2)说明,在贝叶斯假设下,后验密度"正比于"似然函数.

如果 θ 有充分统计量 $t(x_1, x_2, \cdots, x_n)$,简记为 t,则式(4.2.2)可以写成

$$\pi(\theta \mid x) \propto L(t \mid \theta). \tag{4.2.3}$$

需要注意的是,式(4.2.1)有时会发生困难,而式(4.2.2)或式(4.2.3)是有意义的.

例 4.2.1 设 $x_1, x_2, \cdots, x_n$ 是来自正态分布 $N(\mu, \sigma^2)$ 的样本观察值,其中 μ 为未知, $\sigma^2 = \sigma_0^2$ 为已知,且 $t(x_1, x_2, \cdots, x_n) = \bar{x}$ (为样本均值).

由于 μ 的取值范围为 $(-\infty, \infty)$,所以无法找到一个适合于式(4.2.1)要求的密度函数,此时使用式(4.2.1)是有困难的. 然而用式(4.2.3)则有

$$\pi(\mu \mid x) \propto L(\bar{x} \mid \mu) \propto \mathrm{e}^{-\frac{n(\bar{x}-\mu)^2}{2\sigma^2}}.$$

因此可以得到, μ 的后验分布是 $N\left(\bar{x}, \dfrac{\sigma^2}{n}\right)$.

根据 μ 的后验分布,可以对 μ 进行参数估计(μ 的区间估计,见例 3.2.1 的(2))、假设检验等. 根据例 3.2.1 的(2),有

$$P\left\{\left|\frac{\mu - \bar{x}}{\frac{\sigma_0}{\sqrt{n}}}\right| < z_{\frac{\alpha}{2}}\right\} = 1 - \alpha,$$

其中, $z_{\frac{\alpha}{2}}$ 是标准正态分布的上侧 $\dfrac{\alpha}{2}$ 分位数.

因此检验问题

$$H_0: \mu = \mu_0, \quad H_0: \mu \neq \mu_0$$

的拒绝域为

$$W = \left\{\left|\frac{\mu_0 - \bar{x}}{\frac{\sigma_0}{\sqrt{n}}}\right| \geqslant z_{\frac{\alpha}{2}}\right\}.$$

这个结果与经典统计的结果是相同的.

根据 μ 的后验分布,也可以得到 μ 的点估计——贝叶斯估计.例如,在平方损失下,μ 的贝叶斯估计是后验均值

$$\hat{\mu} = E(\mu \mid x) = \bar{x}.$$

这个结果与经典统计的结果也是相同的.

这个例子结果说明:经典方法相当于选用了一个无信息先验分布.

尽管式(4.2.2)或式(4.2.3)是有意义的,那么贝叶斯假设中的 $\pi(\theta) \propto 1$ 是否为一个密度函数呢? 然而这个问题还是存在的.一种解决的方法,就是承认它是分布的密度函数,这就需要引进广义分布密度的概念.

定义 4.2.1 设总体 $X \sim f(x \mid \theta)$,$\theta \in \Theta$,若 θ 的先验分布 $\pi(\theta)$ 满足下列条件:

(1) $\pi(\theta) \geqslant 0$,且 $\int_{\Theta} \pi(\theta) \mathrm{d}\theta = \infty$;

(2) 由此确定的后验密度 $\pi(\theta \mid x)$ 是正常的密度函数,

则称 $\pi(\theta)$ 为 θ 的**广义先验密度**.

例 4.2.1 说明,虽然 μ 的这个先验分布是广义的,但它却能得出有意义的结论.

当然也会有这样的问题,若先验分布是广义的是否会导致后验分布也不是概率分布的密度呢? 考虑这个问题是完全必要的,我们只限定考虑相应的后验密度一定是概率分布的密度的广义先验分布,这能使我们从后验分布获得的推断具有概率的意义.

显然,把贝叶斯假设用于在有限范围内变化的参数时,$\pi(\theta)$ 是一个通常意义下的密度.若 $\theta \in \Theta = [a, b]$,此时

$$\pi(\theta) \propto 1, \quad \theta \in [a, b],$$

即

$$\pi(\theta) = \begin{cases} \dfrac{1}{b-a}, & \theta \in [a, b], \\ 0, & \theta \overline{\in} [a, b]. \end{cases}$$

它确实是一个通常意义下的分布的密度——$[a, b]$ 区间上的均匀分布的密度.

由此可见,贝叶斯假设只是在 θ 的变化范围是无界区域时,才会遇到困难,此时需要引进广义密度才能处理.

需要说明的是,今后当参数 θ 在有界区域变化时,采用先验密度

$$\pi(\theta) \propto 1,$$

称为**贝叶斯假设**.

如果参数 θ 在无界区域变化时,采用先验密度

$$\pi(\theta) \propto 1,$$

称为**广义贝叶斯假设**.

有时这二者不加区别,统称为贝叶斯假设,用

$$\pi(\theta \mid x) \propto L(x \mid \theta)$$

来表示.

例 4.2.2　设 $x_1, x_2, \cdots, x_n$ 是来自正态分布 $N(\mu, \sigma^2)$ 的样本,其中 μ 和 σ^2 均为未知. 我们知道 σ 的变化范围是 $(0, \infty)$. 若定义一个变换

$$\eta = \sigma^2, \quad \sigma \in (0, \infty),$$

则 η 是正态分布 $N(\mu, \sigma^2)$ 的方差,它在 $(0, \infty)$ 上, η 与 σ 是一一对应的,不会损失信息. 若 σ 是无信息参数,则 η 也是无信息参数,且它们的参数空间都是 $(0, \infty)$,没有被压缩也没有被放大.

根据贝叶斯假设,它们的无信息先验分布都应是常数,可是按照概率运算法则并不是这样的. 设 $\pi(\sigma)$ 是 σ 的先验密度,则 η 密度函数为

$$g(\eta) = \left| \frac{\mathrm{d}\sigma}{\mathrm{d}\eta} \right| \pi(\sqrt{\eta}) = \frac{1}{2\sqrt{\eta}} \pi(\sqrt{\eta}).$$

因此若 σ 的无信息先验被选为常数,为了保持数学上的逻辑推理的一致性, η 的无信息先验应与 $\eta^{-\frac{1}{2}}$ 成比例. 这与贝叶斯假设矛盾.

从这个例子可以看出,不能随意设定一个常数为某个参数的先验分布,即不能随意使用贝叶斯假设.

4.2.2　共轭先验分布及超参数的确定

Railla & Schlaifer(1961)提出先验分布应取共轭先验分布才合适. 在第 2 章中曾讨论过共轭先验分布问题,并给出了共轭先验分布的定义、常用共轭先验分布等.

从第 2 章中共轭先验分布部分的例子可以看出,给出了样本 $x = (x_1, x_2, \cdots, x_n)$ 对参数 θ 的条件分布——似然函数 $L(x \mid \theta)$ 后,去寻找合适的共轭先验分布是可能的. 然而要给出一个统一的公式,只要似然函数 $L(x \mid \theta)$ 一代入,就可以得到共轭先验分布 $\pi(\theta)$,这却是困难的.

1. 共轭分布的统计意义

(1) 从贝叶斯定理(2.2.4)或定理式(2.2.5)可以看出,后验密度既与先验分布有关,还与似然函数有关,它是二者的综合.

后验分布既反映了过去提供的经验——参数 θ 的先验分布,又反映了样本提供的信息. 共轭型分布要求先验分布与后验分布属于同一个类型,就是要求经验的知识和现在样本的信息有某种同一性,它们能转化为同一类的经验知识. 如果以过去的经验和现在的样本提供的信息作为历史知识,也就是以后验分布作为进一步试验的先验分布,再做若干次试验,获得新的样本后,新的后验分布仍然还是同一类型的,从这里我们就不难理解共轭先验分布的作用.

(2) 从共轭分布导出的估计来看共轭分布的统计意义.

以下我们以第 2 章中共轭先验分布部分的几个例子为例,来说明共轭分布的统计意义.

例 4.2.3　在例 2.3.1 中,如果二项分布 $B(n, \theta)$ 中的参数 θ 的先验分布取 Beta 分布 $Be(a, b)$,则 θ 的后验分布是 Beta 分布 $Be(a+x, b+n-x)$. 根据这个结果,在平方损失下, θ 的贝叶斯估计为其后验均值,即

$$\hat{\theta}_B = E(\theta \mid x) = \frac{a+x}{a+b+n} = \frac{n}{a+b+n} \cdot \frac{x}{n} + \frac{a+b}{a+b+n} \cdot \frac{a}{a+b}.$$

这个结果的统计意义是明显的,选用 $Be(a,b)$ 作为参数 θ 的先验分布,如同已经做了 $a+b$ 次试验,事件 A 发生了 a 次,再加上现在做的 n 次独立试验,事件 A 发生了 x 次,一共做了 $a+b+n$ 次试验,而事件 A 共发生了 $a+x$ 次,因此用 $\hat{\theta}_B = \dfrac{a+x}{a+b+n}$ 去估计 θ.

当 $a=b=1$ 时,Beta 分布 $Be(a,b)$ 就是 $(0,1)$ 区间上的均匀分布,此时相应的贝叶斯估计为 $\hat{\theta}_B = \dfrac{x+1}{n+2}$.

相当于过去做了 2 次试验,事件 A 发生了 1 次,而 $(0,1)$ 区间上的均匀分布恰好就是按贝叶斯假设得到的先验分布.

另外,由于 $\dfrac{a}{a+b}$ 是先验分布 $Be(a,b)$ 的均值,即先验均值,$\dfrac{x}{n}$ 是样本均值,因此 $\hat{\theta}_B = \dfrac{a+x}{a+b+n} = \dfrac{n}{a+b+n} \cdot \dfrac{x}{n} + \dfrac{a+b}{a+b+n} \cdot \dfrac{a}{a+b}$ 是先验均值 $\left(\dfrac{a}{a+b}\right)$ 和样本均值 $\left(\dfrac{x}{n}\right)$ 的加权平均.

例 4.2.4 在例 2.3.8 中,设 $x_1, x_2, \cdots, x_n$ 是来自正态分布 $N(\mu, \sigma^2)$ 的样本观察值,其中 μ 为未知,$\sigma^2 = \sigma_0^2$ 为已知,若 μ 的先验分布为 $N(\mu_a, \sigma_a^2)$,其中 μ_a, σ_a^2 为已知,得到 μ 的后验分布为 $N(\mu_b, \sigma_b^2)$,其中

$$\mu_b = \frac{\bar{x}\sigma_a^2 + \dfrac{\mu_a \sigma_0^2}{n}}{\sigma_a^2 + \dfrac{\sigma_0^2}{n}}, \quad \sigma_b^2 = \frac{\dfrac{\sigma_a^2 \sigma_0^2}{n}}{\sigma_a^2 + \dfrac{\sigma_0^2}{n}}, \quad \bar{x} = \frac{1}{n}\sum_{i=1}^{n} x_i.$$

根据这个结果,在平方损失下,μ 的贝叶斯估计为其后验均值,即

$$\hat{\mu} = \mu_b = \frac{\bar{x}\sigma_a^2 + \dfrac{\mu_a \sigma_0^2}{n}}{\sigma_a^2 + \dfrac{\sigma_0^2}{n}} = \frac{\dfrac{n}{\sigma_0^2}\bar{x} + \dfrac{1}{\sigma_a^2}\mu_a}{\dfrac{n}{\sigma_0^2} + \dfrac{1}{\sigma_a^2}}.$$

因此,$\hat{\mu}$ 是样本均值 $\bar{x}$ 和先验均值 μ_a 的加权平均.

注意到 $\dfrac{1}{\sigma_a^2}$ 是先验方差 σ_a^2 的倒数,它是先验均值 μ_a 的精度,而样本均值的方差是 $\dfrac{\sigma_0^2}{n}$,因此 $\dfrac{n}{\sigma_0^2}$ 就是样本均值的精度.这样就可以明显地看出:$\hat{\mu}$ 是将 $\bar{x}$ 和 μ_a 按照各自的精度来加权的.

于是共轭先验分布 $N(\mu_a, \sigma_a^2)$ 中的两个参数 μ_a 和 σ_a^2 就有明显的统计意义.

2. 超参数及其的确定

先验分布中所含的未知参数称为**超参数**(hyperparameter).例如,在例 4.2.3 中,二项

分布 $B(n,\theta)$ 中的参数 θ 的先验分布取 Beta 分布 $Be(a,b)$,若 a 和 b 均未知,则为超参数. 在例 2.3.7 中,参数为 λ(均值的倒数)的指数分布中,λ 的共轭先验分布为 Gamma 分布 $Ga(a,b)$,若 a 和 b 均未知,则为超参数. 一般,共轭先验分布中常含有超参数,而无信息先验分布中[如均匀分布 $U(0,1)$ 等]一般不含有超参数.

共轭先验分布是一种有信息先验分布,其中所含的超参数应充分利用各种先验信息来确定它. 以下结合几个具体的例子,介绍超参数的确定方法.

例 4.2.5 二项分布 $B(n,\theta)$ 中的参数 θ 的先验分布取 Beta 分布 $Be(a,b)$,a 和 b 为两个超参数. 以下给出具体确定超参数 a 和 b 的三种方法.

(1) 利用先验矩.

假设根据先验信息能获得参数 θ 的若干个估计值,记作 $\theta_1,\theta_2,\cdots,\theta_k$,一般它们是由历史数据整理加工获得的,由此可得到先验均值 $\bar{\theta}$ 和先验方差 S_θ^2,其中

$$\bar{\theta} = \frac{1}{k}\sum_{i=1}^{k}\theta_i, \quad S_\theta^2 = \frac{1}{k-1}\sum_{i=1}^{k}(\theta_i - \bar{\theta})^2.$$

然后令其分别为 Beta 分布 $Be(a,b)$ 的均值与方差,即

$$\begin{cases} \dfrac{a}{a+b} = \bar{\theta}, \\ \dfrac{ab}{(a+b)^2(a+b+1)} = S_\theta^2. \end{cases}$$

由此解得超参数 a 和 b 的估计为

$$\hat{a} = \bar{\theta}\left[\frac{(1-\bar{\theta})\bar{\theta}}{S_\theta^2} - 1\right], \quad \hat{b} = (1-\bar{\theta})\left[\frac{(1-\bar{\theta})\bar{\theta}}{S_\theta^2} - 1\right].$$

(2) 利用先验分位数.

如果根据先验信息可以确定 Beta 分布 $Be(a,b)$ 的两个分位数,则可以用这两个分位数确定超参数 a 和 b. 例如,用两个上、下四分位数 θ_U 和 θ_L 来确定超参数 a 和 b,θ_L 和 θ_U 分别满足如下两个方程:

$$\int_0^{\theta_L} \frac{1}{B(a,b)}\theta^{a-1}(1-\theta)^{b-1}\mathrm{d}\theta = 0.25,$$

$$\int_{\theta_U}^1 \frac{1}{B(a,b)}\theta^{a-1}(1-\theta)^{b-1}\mathrm{d}\theta = 0.25.$$

从以上两个方程解出 a 和 b 即可. 具体可以利用 Beta 分布与 F 分布间的关系,对于不同的 a 和 b 多计算一些值,使积分逐渐逼近 0.25,也可以反过来计算. 可对一些典型的 a 和 b,寻求其上、下四分位数 θ_U 和 θ_L.

(3) 利用先验矩和先验分位数.

如果根据先验信息可以获得先验均值 $\bar{\theta}$ 和其 p 分位数 θ_p,则可列出下列方程组:

$$\begin{cases} \dfrac{a}{a+b} = \bar{\theta}, \\[2mm] \displaystyle\int_0^{\theta_p} \dfrac{1}{B(a,b)} \theta^{a-1}(1-\theta)^{b-1} \,\mathrm{d}\theta = p. \end{cases}$$

解此列方程组,可得到 a 和 b 的估计值.

4.2.3 位置参数的无信息先验分布

Jeffreys(1961)首先考虑这类问题.若要考虑参数 θ 的无信息先验分布,首先要知道该参数 θ 在总体分布中的地位,例如 θ 是位置参数,还是尺度参数.关于位置-尺度参数模型的研究,见周源泉,翁朝曦(1990),张尧庭,陈汉峰(1991),张志华(2002),陈家鼎(2005),韩明(2006)等.

根据参数在分布中的地位选择适当的变换下的不变性来确定其无信息先验分布.这样确定先验分布的方法是没有任何先验信息,但要用到总体分布的信息.以后将会看到用这些方法确定的无信息先验分布大都是广义先验.

设总体 X 的密度函数具有形式 $f(x-\theta)$,其样本空间和参数空间均为实数集 $\boldsymbol{R}$.这类密度组成位置参数族,θ 称为**位置参数**.例如,方差 σ^2 已知时的正态分布 $N(\theta, \sigma^2)$ 就是其成员之一.现在要导出此种情况下 θ 无信息先验分布.

设想让 X 移动一个量 c 到 $Y = X + c$,同时让参数 θ 也移动一个量 c 到 $\eta = \theta + c$,显然 Y 有密度 $f(y-\eta)$.它仍然是位置参数族的成员,其样本空间和参数空间仍为实数集 $\boldsymbol{R}$.所以 (X, θ) 问题与 (Y, η) 问题的统计结构完全相同.因此 θ 与 η 应有相同的无信息先验分布,即

$$\pi(\tau) = \pi^*(\tau), \tag{4.2.4}$$

其中,$\pi^*(\cdot)$ 为 η 的无信息先验分布.

另外,由变换 $\eta = \theta + c$ 可以算得 η 的无信息先验分布为

$$\pi^*(\eta) = \left| \frac{\mathrm{d}\theta}{\mathrm{d}\eta} \right| \pi(\eta - c) = \pi(\eta - c), \tag{4.2.5}$$

其中,$\left| \dfrac{\mathrm{d}\theta}{\mathrm{d}\eta} \right| = 1$.

比较式(4.2.4)和式(4.2.5)可得

$$\pi(\eta) = \pi(\eta - c).$$

取 $\eta = c$,则 $\pi(c) = \pi(0) = $ 常数.

由 c 的任意性,得到 θ 无信息先验分布为

$$\pi(\theta) = 1.$$

这表明,当 θ 为位置参数时,其先验分布可用贝叶斯假设作为无信息先验分布.

例 4.2.6 设 $x_1, x_2, \cdots, x_n$ 是来自正态总体 $N(\mu, \sigma^2)$ 的样本,其中 σ^2 为已知.

我们知道 x 是 μ 的充分统计量,且 $x \sim N\left(\mu, \dfrac{\sigma^2}{n}\right)$,其密度函数为

$$f(x \mid \mu) \propto \exp\left\{-\frac{n(x-\mu)}{2\sigma^2}\right\}.$$

关于 μ 没有任何先验信息可以利用时,为了估计 μ 只能采用无信息先验分布

$$\pi(\mu) = 1.$$

根据贝叶斯公式,容易得到,在给定 x 后,μ 的后验分布为 $N\left(x, \dfrac{\sigma^2}{n}\right)$. 这表明:$\mu$ 的后验均值估计为 $\hat{\mu} = x$,后验方差为 $\dfrac{\sigma^2}{n}$,这些结果与经典统计的结果是相同的.

这种现象被贝叶斯学派解释为,经典统计中一些成功的估计量是可以看作使用合理的无信息先验分布的结果. 当使用合理的无信息先验分布时,可以开发出更好的贝叶斯估计结果. 无信息先验分布的开发和使用是贝叶斯估计中最成功的结果之一.

4.2.4　尺度参数的无信息先验分布

设总体 X 的密度函数具有形式 $\dfrac{1}{\sigma}f\left(\dfrac{x}{\sigma}\right)$,其中 σ 称为**尺度参数**,参数空间为 $\boldsymbol{R}^+ = (0, \infty)$,这类密度的全体称为**尺度参数族**.

正态分布 $N(0, \sigma^2)$ 和形状参数已知的 Gamma 分布都是这个分布族的成员. 现在要导出此种情况下 σ 无信息先验分布.

设想让 X 改变比例尺,即得到 $Y = cX(c > 0)$. 类似的定义 $\eta = c\sigma$,即让参数 σ 同步变化,可以得到 Y 的密度函数为 $\dfrac{1}{\eta}f\left(\dfrac{y}{\eta}\right)$ 仍然属于尺度参数族. 且若 X 的样本空间为 $\boldsymbol{R}$,则 Y 的样本空间也为 $\boldsymbol{R}$;若 X 的样本空间为 $\boldsymbol{R}^+$,则 Y 的样本空间也为 $\boldsymbol{R}^+$;此外 σ 的参数空间为 $\boldsymbol{R}^+$,η 的参数空间也为 $\boldsymbol{R}^+$. 因此,(X, σ) 问题与 (Y, η) 问题的统计结构完全相同,所以 σ 的无信息先验分布 $\pi(\sigma)$ 与 η 的无信息先验分布 $\pi^*(\eta)$ 应相同,即

$$\pi(\tau) = \pi^*(\tau), \tag{4.2.6}$$

其中 $\pi^*(\bullet)$ 为 η 的无信息先验分布.

另外,由变换 $\eta = c\sigma$ 可以算得 η 的无信息先验分布为

$$\pi^*(\eta) = \frac{1}{c}\pi\left(\frac{\eta}{c}\right). \tag{4.2.7}$$

比较式(4.2.6)和式(4.2.7)可得

$$\pi(\eta) = \frac{1}{c}\pi\left(\frac{\eta}{c}\right).$$

取 $\eta = c$,则有 $\pi(c) = \dfrac{1}{c}\pi(1).$

为了方便,令 $\pi(1)=1$,可得 σ 无信息先验分布为

$$\pi(\sigma)=\frac{1}{\sigma}, \quad \sigma>0. \tag{4.2.8}$$

这仍然是一个不正常的先验分布.

例 4.2.7 设 X 服从指数分布,其密度函数为

$$f(x\mid\sigma)=\frac{1}{\sigma}\exp\left(-\frac{x}{\sigma}\right), \quad x>0.$$

其中 $\sigma>0$ 为尺度参数.

若 $x=(x_1, x_2, \cdots, x_n)$ 是来自该指数分布的样本,σ 的先验分布按照式(4.2.8)取无信息先验分布,则在样本 $x=(x_1, x_2, \cdots, x_n)$ 给定下,σ 的后验密度函数为

$$\pi(\sigma\mid x)\propto\sigma^{-(n+1)}\exp\left(-\sum_{i=1}^{n}\frac{x_i}{\sigma}\right), \quad \sigma>0.$$

因此,σ 的后验分布是倒 Gamma 分布 $IGa\left(n, \sum_{i=1}^{n}x_i\right)$. 它的后验均值估计为

$$\hat{\sigma}=E(\sigma\mid x)=\frac{\sum_{i=1}^{n}x_i}{n-1}.$$

4.2.5 用 Jeffreys 准则确定无信息先验分布

Jeffreys(1961)提出了确定无信息先验分布的更一般方法. 由于推理涉及 Harr 测度知识,这里仅给出结果及其计算步骤.

设 $x=(x_1, x_2, \cdots, x_n)$ 是来自密度函数 $f(x\mid\boldsymbol{\theta})$ 的样本,其中 $\boldsymbol{\theta}=(\theta_1, \theta_2, \cdots, \theta_p)$ 是 p 维参数向量. 对于 $\boldsymbol{\theta}$ 在无信息先验分布时,Jeffreys 用 Fisher 信息矩阵行列式的平方根作为 $\boldsymbol{\theta}$ 的先验密度的核,这样获得无信息先验分布的方法,称为 **Jeffreys 准则**.

用 Jeffreys 准则寻找无信息先验分布的步骤如下:

(1) 写出样本似然函数的对数:

$$L=\ln[L(x\mid\boldsymbol{\theta})]=\ln\left[\prod_{i=1}^{n}f(x_i\mid\boldsymbol{\theta})\right]=\sum_{i=1}^{n}\ln f(x_i\mid\boldsymbol{\theta}).$$

(2) 求 Fisher 信息矩阵:

$$\boldsymbol{I}(\boldsymbol{\theta})=E\left(-\frac{\partial^2 L}{\partial\theta_i\partial\theta_j}\right), \quad i, j=1, 2, \cdots, p.$$

特别地,在单参数情形 ($p=1$ 时),$\boldsymbol{I}(\boldsymbol{\theta})=E\left(-\frac{\partial^2 L}{\partial\boldsymbol{\theta}^2}\right)$.

(3) $\boldsymbol{\theta}$ 的无信息先验密度函数为

$$\pi(\boldsymbol{\theta}) = \left[\det \boldsymbol{I}(\boldsymbol{\theta})\right]^{\frac{1}{2}},$$

其中 $\det \boldsymbol{I}(\boldsymbol{\theta})$ 表示 $p \times p$ 阶 Fisher 信息矩阵 $\boldsymbol{I}(\boldsymbol{\theta})$ 的行列式.

特别地,在单参数情形 $(p=1$ 时$)$,$\pi(\boldsymbol{\theta}) = \left[\boldsymbol{I}(\boldsymbol{\theta})\right]^{\frac{1}{2}}$.

例 4.2.8　设 X 服从均值为 $\dfrac{1}{\lambda}$ 的指数分布,其密度函数为 $f(x) = \lambda \exp(-\lambda x)$,$x >$ 0,$\lambda > 0$. 根据 Jeffreys 准则,求 λ 的无信息先验分布.

解　设 $x_1, x_2, \cdots, x_n$ 是来自指数分布的样本观察值,则似然函数为

$$L = \prod_{i=1}^{n} \lambda \exp(-\lambda x_i) = \lambda^n \exp\left[-\lambda \left(\sum_{i=1}^{n} x_i\right)\right],$$

对数似然函数为 $\ln L = n \ln \lambda - \lambda \left(\sum\limits_{i=1}^{n} x_i\right)$,则有

$$\frac{\partial \ln L}{\partial \lambda} = \frac{n}{\lambda} - \sum_{i=1}^{n} x_i, \quad \frac{\partial^2 \ln L}{\partial \lambda^2} = -\frac{n}{\lambda^2},$$

$$I(\lambda) = E\left(-\frac{\partial^2 \ln L}{\partial \lambda^2}\right) = \frac{n}{\lambda^2}.$$

所以,按照 Jeffreys 准则,λ 的无信息先验密度函数为 $\pi(\lambda) = \left[I(\lambda)\right]^{\frac{1}{2}} \propto \dfrac{1}{\lambda}$.

$\dfrac{1}{\lambda}$ 是 Gamma 分布 $Ga(0,0)$ 密度函数的核,因此在 Jeffreys 准则下,λ 的无信息先验分布为 $Ga(0,0)$. 虽然 $Ga(0,0)$ 不是正常分布,但它是广义分布,并且在此无信息先验分布下其后验分布是有意义的.

例 4.2.9　设 X 服从二项分布 $B(n,\theta)$,即

$$P(X=x) = C_n^x \theta^x (1-\theta)^{n-x}, \quad x=0, 1, \cdots, n.$$

其似然函数的对数为

$$L = x \ln \theta + (n-x) \ln(1-\theta) + \ln C_n^x,$$

则有

$$\frac{\partial^2 L}{\partial \theta^2} = -\frac{x}{\theta^2} - \frac{n-x}{(1-\theta)^2},$$

$$I(\theta) = E\left(-\frac{\partial^2 L}{\partial \theta^2}\right) = \frac{n}{\theta} + \frac{n}{1-\theta} = \frac{n}{\theta(1-\theta)},$$

所以,按照 Jeffreys 准则,θ 的无信息先验密度函数为

$$\pi(\theta) = \left[I(\theta)\right]^{\frac{1}{2}} \propto \theta^{-\frac{1}{2}} (1-\theta)^{-\frac{1}{2}}.$$

因此,θ 的无信息先验分布为 Beta 分布 $Be\left(\dfrac{1}{2}, \dfrac{1}{2}\right)$.

若取 θ 的无信息先验分布为 Beta 分布 $Be\left(\dfrac{1}{2}, \dfrac{1}{2}\right)$，则在平方损失下 θ 的贝叶斯估计为 $\hat{\theta}_1 = \dfrac{x + 0.5}{n + 1}$.

如果按贝叶斯假设，θ 的无信息先验分布为 Beta 分布 $Be(1, 1)$（即 $(0, 1)$ 区间上的均匀分布），则在平方损失下 θ 的贝叶斯估计为 $\hat{\theta}_2 = \dfrac{x + 1}{n + 2}$.

以下通过具体计算来比较二者的区别，其计算结果见表 4-1，如图 4-1 所示.

表 4-1 $\qquad\qquad\qquad\qquad \hat{\theta}_1$ 和 $\hat{\theta}_2$ 的计算结果 $(n = 10)$

x	0	1	2	3	4	5	6	7	8	9	10
$\hat{\theta}_1$	0.045 5	0.136 4	0.227 3	0.318 2	0.409 1	0.500 0	0.590 9	0.681 8	0.772 7	0.863 6	0.954 5
$\hat{\theta}_2$	0.083 3	0.166 7	0.25	0.333 3	0.416 7	0.500 0	0.583 3	0.666 7	0.750 0	0.833 3	0.916 7

说明：在图 4-1 中，○ 表示 $\hat{\theta}_1$ 的计算结果，∗ 表示 $\hat{\theta}_2$ 的计算结果.

从以上得到的结果看，按 Jeffreys 准则和按贝叶斯分别得到 θ 的贝叶斯估计 $\hat{\theta}_1$ 和 $\hat{\theta}_2$，无论是表达式，还是表 4-1 和图 4-1，它们都是比较接近的，但还是有区别的.

关于二项分布 $B(n, \theta)$ 中参数 θ 的无信息先验分布，不少统计学家从各种角度进行了研究，主要有如下三种.

$\pi_1(\theta) \propto 1$，这是 Bayes(1763) 和 Laplace(1812) 采用过；

$\pi_2(\theta) \propto \theta^{-1}(1 - \theta)^{-1}$，这是 Novick & Hall(1965) 导出的；

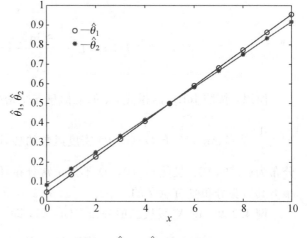

图 4-1 $\quad \hat{\theta}_1$ 和 $\hat{\theta}_2$ 的计算结果

$\pi_3(\theta) \propto \theta^{-\frac{1}{2}}(1 - \theta)^{-\frac{1}{2}}$，这是 Jeffreys(1968) 导出的.

对二项分布 $\mathrm{B}(n, \theta)$，若参数 θ 的无信息先验分布分别为 $\pi_1(\theta)$，$\pi_2(\theta)$ 和 $\pi_3(\theta)$，即 θ 的无信息先验分布分别为 Beta 分布：$Be(1, 1)$，$Be(0, 0)$ 和 $Be\left(\dfrac{1}{2}, \dfrac{1}{2}\right)$，根据例 2.3.1，$\theta$ 的后验分布分别为 $Be(1 + x, 1 + n - x)$，$Be(x, n - x)$ 和 $Be\left(\dfrac{1}{2} + x, \dfrac{1}{2} + n - x\right)$. 因此，在平方损失下 θ 的贝叶斯估计分别为 $\hat{\theta}_1 = \dfrac{x + 1}{n + 2}$，$\hat{\theta}_2 = \dfrac{x}{n}$，$\hat{\theta}_3 = \dfrac{x + 0.5}{n + 1}$，其中 $x = 0$，$1, 2, \cdots, n$.

以下计算并比较以上三个贝叶斯估计的风险：

$$r_1 = \frac{(x+1)(n-x+1)}{(n+1)(n+2)^2(n+3)},$$

$$r_2 = \frac{1}{n(n+1)},$$

$$r_3 = \frac{\Gamma(x+0.5)\Gamma(n-x+0.5)(n+x+0.5)(x+0.5)}{\Gamma(n-x+1)\Gamma(x+1)(n+1)^2(n+2)}.$$

当 $n=10,20,30,40,50,80,100$ 时，r_{1x}，r_{2x}，r_{3x} 和 x 之间的关系见表 4-2—表 4-8 $\left(B_i = \sum\limits_{x=0}^{n} r_{ix}, i=1,2,3; x=0,1,2,\cdots,n\right)$，如图 4-2—图 4-8 所示.

表 4-2 r_{1x}，r_{2x}，r_{3x} 和 x 之间的关系($n=10$)

x	0	2	4	5	6	8	10	B_i
r_{1x}	0.000 5	0.001 3	0.001 7	0.001 7	0.001 7	0.001 3	0.000 5	0.008 7
r_{2x}	0.009 1	0.009 1	0.009 1	0.009 1	0.009 1	0.009 1	0.009 1	0.063 7
r_{3x}	0.002 0	0.003 4	0.003 9	0.004 0	0.003 9	0.003 4	0.002 0	0.022 6

表 4-3 r_{1x}，r_{2x}，r_{3x} 和 x 之间的关系($n=20$)

x	0	3	6	9	12	15	18	B_i
$r_{1x}(1.0\mathrm{e}\text{-}003)$	0.089 8	0.308 0	0.449 2	0.513 3	0.500 5	0.410 7	0.243 8	0.002 5
$r_{2x}(1.0\mathrm{e}\text{-}003)$	2.380 9	2.380 9	2.380 9	2.380 9	2.380 9	2.380 9	2.380 9	16.667
$r_{3x}(1.0\mathrm{e}\text{-}003)$	0.400 0	0.800 0	1.000 0	1.100 0	1.100 0	1.000 0	0.700 0	6.100 0

表 4-4 r_{1x}，r_{2x}，r_{3x} 和 x 之间的关系($n=30$)

x	0	5	10	15	20	25	30	B_i
$r_{1x}(1.0\mathrm{e}\text{-}003)$	0.029 6	0.148 9	0.220 5	0.244 4	0.220 5	0.148 9	0.029 6	0.001 0
$r_{2x}(1.0\mathrm{e}\text{-}003)$	1.075 3	1.075 3	1.075 3	1.075 3	1.075 3	1.075 3	1.075 3	7.527 1
$r_{3x}(1.0\mathrm{e}\text{-}003)$	0.159 8	0.395 9	0.485 8	0.512 2	0.485 8	0.395 9	0.159 8	0.002 6

表 4-5 r_{1x}，r_{2x}，r_{3x} 和 x 之间的关系($n=40$)

x	0	6	12	18	24	30	36	B_i
$r_{1x}(1.0\mathrm{e}\text{-}003)$	0.013 2	0.078 8	0.121 2	0.140 5	0.136 7	0.109 6	0.059 5	0.659 5
$r_{2x}(1.0\mathrm{e}\text{-}003)$	0.609 7	0.609 7	0.609 7	0.609 7	0.609 7	0.609 7	0.609 7	4.268 0
$r_{3x}(1.0\mathrm{e}\text{-}003)$	0.080 1	0.217 0	0.271 2	0.292 6	0.288 4	0.257 6	0.187 3	1.601 2

表 4-6 r_{1x}，r_{2x}，r_{3x} 和 x 之间的关系($n=50$)

x	0	8	16	24	32	40	48	B_i
$r_{1x}(1.0\mathrm{e}\text{-}004)$	0.069 8	0.529 5	0.814 1	0.923 5	0.857 9	0.617 1	0.201 1	4.013 0
$r_{2x}(1.0\mathrm{e}\text{-}004)$	3.921 6	3.921 6	3.921 6	3.921 6	3.921 6	3.921 6	3.921 6	27.451 2
$r_{3x}(1.0\mathrm{e}\text{-}004)$	0.467 0	1.430 0	1.784 0	1.903 0	1.832 0	1.548 0	0.858 0	9.822 0

表 4-7 r_{1x},r_{2x},r_{3x} 和 x 之间的关系($n=80$)

x	0	13	26	39	52	65	78	B_i
r_{1x}(1.0e-004)	0.017 9	0.210 6	0.328 5	0.371 6	0.340 0	0.233 6	0.052 4	1.554 6
r_{2x}(1.0e-004)	1.543 2	1.543 2	1.543 2	1.543 2	1.543 2	1.543 2	1.543 2	10.802 4
r_{3x}(1.0e-004)	0.148 0	0.567 4	0.711 3	0.757 2	0.723 9	0.598 2	0.274 1	3.780 1

表 4-8 r_{1x},r_{2x},r_{3x} 和 x 之间的关系($n=100$)

x	0	16	32	48	64	80	96	B_i
r_{1x}(1.0e-004)	0.009 3	0.133 5	0.210 4	0.239 9	0.222 2	0.157 2	0.044 8	1.017 3
r_{2x}(1.0e-004)	0.990 1	0.990 1	0.990 1	0.990 1	0.990 1	0.990 1	0.990 1	6.930 7
r_{3x}(1.0e-004)	0.085 5	0.362 1	0.456 0	0.487 4	0.468 8	0.393 4	0.206 2	2.459 4

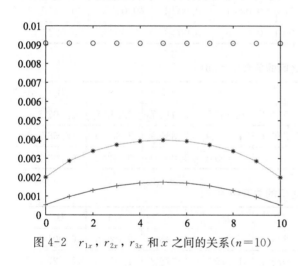

图 4-2 r_{1x},r_{2x},r_{3x} 和 x 之间的关系($n=10$)

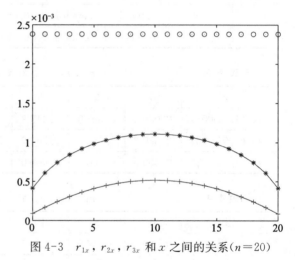

图 4-3 r_{1x},r_{2x},r_{3x} 和 x 之间的关系($n=20$)

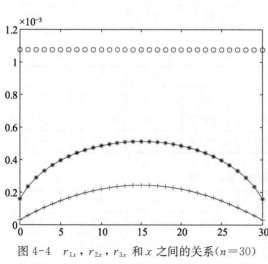

图 4-4 r_{1x},r_{2x},r_{3x} 和 x 之间的关系($n=30$)

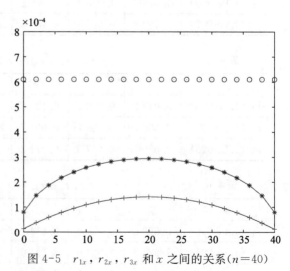

图 4-5 r_{1x},r_{2x},r_{3x} 和 x 之间的关系($n=40$)

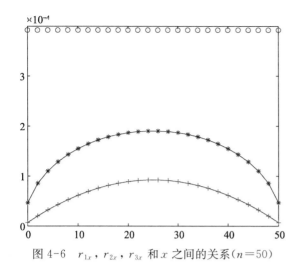

图 4-6　r_{1x}，r_{2x}，r_{3x} 和 x 之间的关系($n=50$)

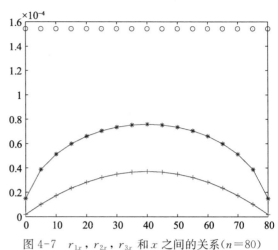

图 4-7　r_{1x}，r_{2x}，r_{3x} 和 x 之间的关系($n=80$)

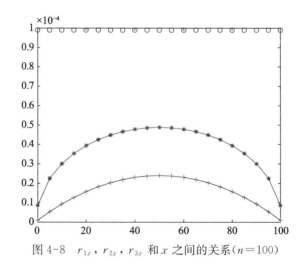

图 4-8　r_{1x}，r_{2x}，r_{3x} 和 x 之间的关系($n=100$)

　　说明：在图 4-2—图 4-8 中，＋表示 r_{1x}，○ 表示 r_{2x}，＊ 表示 r_{3x}．

　　从表 4-2—表 4-8 和图 4-2—图 4-8 可以看出，$r_{1x}<r_{3x}<r_{2x}$．另外，从表 4-2—表 4-8 还可以看出，$B_1<B_3<B_2$．

　　所以，从贝叶斯风险角度来看，在三种贝叶斯估计中，$\hat{\theta}_1$ 最好，$\hat{\theta}_3$ 次之．但注意到 r_{1x}，r_{2x}，r_{3x} 和 B_1，B_2，B_3 都比较小，因此在应用中，选择以上三种无信息先验分布都是合理的．

　　以上三种无信息先验分布，它们各自从一个侧面提出自己的问题，都有其合理性．其中 $\pi_2(\theta)$ 不是正常的密度函数，$\pi_1(\theta)$ 是正常的密度函数，而 $\pi_3(\theta)$ 经过正则化处理后可成为正常的密度函数．这三种无信息先验分布虽不同，但对贝叶斯统计推断的结果的影响是很小的．

　　例 4.2.10　设 $x_1,x_2,\cdots,x_n$ 是来自正态分布 $N(\mu,\sigma^2)$ 的样本，现在按 Jeffreys 准则来求 (μ,σ) 的无信息先验分布．

似然函数为

$$L(x \mid \mu, \sigma^2) = (2\pi)^{-\frac{n}{2}} \sigma^{-n} \exp\left\{-\frac{1}{2\sigma^2} \sum_{i=1}^{n} (x_i - \mu)^2\right\}.$$

似然函数的对数为

$$l = -\frac{n}{2}\ln(2\pi) - \frac{n}{2}\ln\sigma^2 - \frac{1}{2\sigma^2} \sum_{i=1}^{n} (x_i - \mu)^2.$$

其 Fisher 信息矩阵为

$$\boldsymbol{I}(\mu, \sigma) = \begin{pmatrix} E\left(-\dfrac{\partial^2 l}{\partial \mu^2}\right) & E\left(-\dfrac{\partial^2 l}{\partial \mu \partial \sigma}\right) \\ E\left(-\dfrac{\partial^2 l}{\partial \mu \partial \sigma}\right) & E\left(-\dfrac{\partial^2 l}{\partial \sigma^2}\right) \end{pmatrix} = \begin{pmatrix} \dfrac{n}{\sigma^2} & 0 \\ 0 & \dfrac{2n}{\sigma^2} \end{pmatrix}.$$

则 $\det \boldsymbol{I}(\mu, \sigma) = 2n^2 \sigma^{-4}$，于是按照 Jeffreys 准则，$(\mu, \sigma)$ 的无信息先验密度函数为

$$\pi(\mu, \sigma) = [\boldsymbol{I}(\mu, \sigma)]^{\frac{1}{2}} \propto \sigma^{-2}.$$

特别地，它有如下三种特殊情况：

(1) 当 σ 已知时，$I(\mu) = E\left(-\dfrac{\partial^2 l}{\partial \mu^2}\right) = \dfrac{n}{\sigma^2}$，所以 $\pi(\mu) \propto 1$，$\mu \in \mathbf{R}.$

(2) 当 μ 已知时，$I(\sigma) = E\left(-\dfrac{\partial^2 l}{\partial \sigma^2}\right) = \dfrac{2n}{\sigma^2}$，所以 $\pi(\sigma) \propto \sigma^{-1}$，$\sigma \in \mathbf{R}^+.$

(3) 当 μ 与 σ 独立时，$\pi(\mu, \sigma) = \pi(\mu)\pi(\sigma) \propto \sigma^{-1}$，$\mu \in \mathbf{R}$，$\sigma \in \mathbf{R}^+.$

可见，Jeffreys 准则表明：μ 与 σ 的无信息先验分布是不独立的. 在 (μ, σ) 的联合无信息先验分布的两种形式中（σ^{-1} 和 σ^{-2}），Jeffreys 最终推荐的是 $\pi(\mu, \sigma) \propto \sigma^{-1}$. 从实际使用情况来看，多数使用者采用 Jeffreys 的推荐.

从上面的讨论可以看出，Jeffreys 准则是一个原则性的意见，用 Fisher 信息矩阵行列式的平方根作为参数的先验密度的核是具体方法，二者不是等同的. 还可以寻找更适合体现这个准则的具体方法.

一般，无信息先验分布不是唯一的，但它们对贝叶斯统计推断的结果的影响都是很小的，很少对结果产生较大影响，所以任何无信息先验分布都可以采用，但最好是结合实际问题的具体情况来选择. 目前，无论是统计理论研究还是应用研究，采用无信息先验分布越来越多. 就连经典统计学者也认为无信息先验分布是"客观"的，可以接受的，这也是近几十年来贝叶斯学派研究中最成功的部分.

4.2.6 用 Lindley 原则确定无信息先验分布

林德利是英国贝叶斯学派的代表性人物. 他从共轭先验分布导出的结果，进一步考虑，获得了无信息先验分布，并提出了 Lindley 原则[张尧庭，陈汉蜂(1991)]：设参数 θ 的先验分布是共轭先验分布，$\theta \in (\theta_1, \theta_2)$，参数 θ 的适当变换 $\varphi = \varphi(\theta)$，使 $\varphi \in (-\infty, \infty)$，并取

φ 的无信息先验密度为 $\pi(\varphi)=1$，则 θ 的先验密度（的核）为

$$\pi(\theta)=\left|\frac{\mathrm{d}\varphi(\theta)}{\mathrm{d}\theta}\right|.$$

对于多参数问题，取各单参数先验密度的乘积为其先验密度.

周源泉，翁朝曦(1990)把 Lindley 原则称为无信息先验密度的新假设，并介绍了有关工程方面的应用，还进行了一些讨论.

例 4.2.11 对二项分布，成功（或失败）的概率 $p\in(0,1)$，在 Lindley 原则下，求参数 p 的先验密度（的核）.

解　取参数 p 的适当变换 $\varphi(p)=\ln\dfrac{p}{1-p}\in(-\infty,\infty)$，则 p 的先验密度（的核）为

$$\pi(p)=\left|\frac{\mathrm{d}\varphi(p)}{\mathrm{d}p}\right|=p^{-1}(1-p)^{-1}.$$

因此，此时参数 p 的先验密度的核 $p^{-1}(1-p)^{-1}$ 为 Beta 分布 $Be(0,0)$ 的核，所以在 Lindley 原则下，参数 p 的无信息先验分布为 $Be(0,0)$.

注意，$Be(0,0)$ 不是正常分布[在 Beta 分布 $Be(a,b)$ 中，要求 $a>0,b>0$]，但它是广义分布，并且在此先验分布下其后验分布可以是正常分布.

例 4.2.12 对均值为 $\dfrac{1}{\lambda}$ 的指数分布（λ 称为失效率），在 Lindley 原则下，求 $\lambda\in(0,\infty)$ 的先验密度（的核）.

解　取参数 λ 的适当变换 $\varphi(\lambda)=\ln\lambda\in(-\infty,\infty)$，则 λ 的先验密度（的核）为 $\pi(\lambda)=\left|\dfrac{\mathrm{d}\varphi(\lambda)}{\mathrm{d}\lambda}\right|=\lambda^{-1}$.

因此，此时参数 λ 的先验密度的核 λ^{-1} 为 Gamma 分布 $Ga(0,0)$ 的核，所以在 Lindley 原则下，参数 λ 的无信息先验分布为 $Ga(0,0)$.

注意，$Ga(0,0)$ 不是正常分布[因为在 Gamma 分布 $Ga(a,b)$ 中，要求 $a>0,b>0$]，但它是广义分布，并且在此先验分布下后验分布可以是正常分布.

需要指出的是，在 Jeffreys 准则下，指数分布中参数 λ 的无信息先验分布（见例 4.2.8）也是 $Ga(0,0)$.

应该指出，在苏联已经将 $Be(0,0)$ 和 $Ga(0,0)$ 列入了飞行器设计手册[周源泉，翁朝曦(1990)].

但应该注意，在使用 $Be(0,0)$ 和 $Ga(0,0)$ 作为先验分布时，在数学处理时要特别谨慎，否则会引起原则性的错误.

4.3　多层（分层）先验分布

若 θ 的先验分布 $\pi(\theta\mid a)$ 中包含超参数 a，那么超参数 a 如何确定呢？Lindley & Smith(1972)提出了多层（或分层）先验(hierarchical prior)分布的想法，即在先验分布中含有超参数时，可对超参数再给出一个先验分布. 第二个先验分布称为超先验分布——超参数

的先验分布.由先验分布和超先验分布决定一个新的先验分布,称为**多层(或分层)先验分布**.

例 4.3.1(续例 3.1.8) 在例 3.1.8 中给出了医疗责任保单的赔付记录(Klugman et al.,2004):125,132,141,107,133,319,126,104,145,223.每笔赔付服从 Pareto 分布 $Pa(\alpha,\theta_0)$,其中 $\theta_0=100$,α 未知.并在 α 的先验分布为 Gamma 分布 $Ga(2,1)$,给出了 α 的贝叶斯估计.

如果知道 α 的先验分布为 Gamma 分布 $Ga(a,b)$,但不知道 a 和 b 的具体值,只知道 a 在 $(0,4)$ 区间上,b 在 $(0,2.5)$ 区间上,这时我们可以应用多层先验分布.

解 如果知道 α 的先验分布为 Gamma 分布 $Ga(a,b)$,但不知道 a 和 b 的具体值,只知道 a 在 $(0,4)$ 区间上,b 在 $(0,2.5)$ 区间上,这时我们可以取均匀分布 $U(0,4)$ 和 $U(0,2.5)$ 分别作为 a 和 b 的先验分布.以下用 OpenBUGS 软件来计算.

```
model
{
for(i in 1:n){
time[i]~dpar(alpha, 100)
}
alpha~dgamma(a, b)
a~dunif(0,4)
b~dunif(0,2.5)
}
data
list(time=c(125, 132, 141, 107, 133, 319, 126, 104, 145, 233), n=10)
list(alpha=3)
```

运行结果见表 4-9.

表 4-9 计算结果

参数	mean	sd	MC-error	val2.5pc	median	val97.5pc	start	sample
alpha	2.506	0.775 8	0.010 43	1.241	2.426	4.209	1 001	9 000

表 4-9 的计算结果(α 的后验均值 2.506)与例 3.1.8 中的结算结果($\hat{\alpha}=2.499\,4$)比较接近,但略有不同,这主要是由于先验分布的不同而产生的.

例 4.3.2 设对某产品的不合格率 θ 了解甚少,只知道它比较小.现在需要确定 θ 的先验分布.决策人经过反复思考,最后把它引导到多层先验分布上去,他的思路如下:

(1) 开始时他用 $(0,1)$ 区间上的均匀分布 $U(0,1)$ 作为 θ 的先验分布.

(2) 后来觉得不妥,以为此产品的不合格率 θ 比较小,不会超过 0.5,于是改用 $(0,0.5)$ 区间上的均匀分布 $U(0,0.5)$ 作为 θ 的先验分布.

(3) 在一次业务会上,不少人对上限 0.5 提出了各种意见,有人问:"为什么不把上限定为 0.4 呢?"他讲不清楚,有人建议:"上限可能是 0.1",他也没有把握,但这些问题促使他思考.最后他把自己的思路理顺了,提出了如下看法:θ 的先验分布为 $U(0,\lambda)$,其中 λ 为超参数,要确切地定出 λ 是困难的,但给它一个区间是有把握的.根据大家的建议,他认为 λ(超参数)的先验分布取(0.1，0.5)区间上的均匀分布 $U(0.1，0.5)$. 这后一个分布是超先验. 决策者的这种归纳获得大家的赞许.

(4) 最后决定的 θ 的先验分布是什么呢? 根据决策人的归纳,可以叙述为如下两点:

① θ 的先验分布为 $\pi_1(\theta \mid \lambda) = U(0，\lambda)$;

② 超参数 λ 的先验分布为 $\pi_2(\lambda) = U(0.1，0.5)$.

于是可以得到 θ 的先验分布为

$$\pi(\theta) = \int_\Lambda \pi_1(\theta \mid \lambda) \pi_2(\lambda) \mathrm{d}\lambda,$$

其中 Λ 为超参数 λ 的取值范围.

在本例中

$$\pi(\theta) = \frac{1}{0.5 - 0.1} \int_{0.1}^{0.5} \lambda^{-1} I_{(0，\lambda)}(\theta) \mathrm{d}\lambda,$$

其中 $I_A(x)$ 为示性函数,即 $I_A(x) = \begin{cases} 1, & x \in A, \\ 0, & x \overline{\in} A. \end{cases}$

以下分几种情况计算上述积分.

当 $0 < \theta < 0.1$ 时,有

$$\pi(\theta) = \frac{1}{0.4} \int_{0.1}^{0.5} \lambda^{-1} \mathrm{d}\lambda = 2.5 \ln 5 = 4.023\,6.$$

当 $0.1 \leqslant \theta < 0.5$ 时,有

$$\pi(\theta) = 2.5 \int_\theta^{0.5} \lambda^{-1} \mathrm{d}\lambda = 2.5[\ln 0.5 - \ln \theta] = -1.732\,9 - 2.5 \ln \theta.$$

当 $0.5 \leqslant \theta < 1$ 时,有 $\pi(\theta) = 0$.

综合上述,最后得到 θ 的多层先验密度函数为

$$\pi(\theta) = \begin{cases} 4.023\,6, & 0 < \theta < 0.1, \\ -1.732\,9 - 2.5 \ln \theta, & 0.1 \leqslant \theta < 0.5, \\ 0, & 0.5 \leqslant \theta < 1. \end{cases}$$

θ 的这个多层先验密度函数的图形, 如图 4-9 所示.

由于

$$\int_0^1 \pi(\theta) \mathrm{d}\theta = \int_0^{0.1} 4.023\,6 \mathrm{d}\theta +$$

$$\int_{0.1}^{0.5} (-1.732\,9 - 2.5 \ln \theta) \mathrm{d}\theta$$

$$= 0.402\,4 + 0.597\,6 = 1.$$

所以上述 θ 的多层先验分布是一个 正常分布.

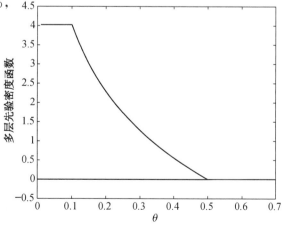

图 4-9　θ 的多层先验密度函数

从例 4.3.2 可以看出一般多层先验分布的确定方法：

第一步,对未知参数 θ 给一个形式上已知的密度函数作为先验分布,即 $\theta \sim \pi_1(\theta \mid \lambda)$,其中 λ 为超参数,其取值范围为 Λ.

第二步,对超参数 λ 再给一个先验分布 $\pi_2(\lambda)$.

由此可以得到多层先验分布的一般形式

$$\pi(\theta) = \int_\Lambda \pi_1(\theta \mid \lambda) \pi_2(\lambda) d\lambda.$$

应该说明,在理论上并没有限制多层先验分布只分两步,也可以是三步或多步,但在实际应用中多于两步是罕见的.对第二步先验分布 $\pi_2(\lambda)$ 用主观概率或用历史数据给出是有困难的,有些人用无信息先验分布作为第二步先验分布是一个好的策略.因为第二步先验分布即使用得不好,而导致错误结果的危险性更小一些,相对来说,第一步先验分布更为重要一些.

例 4.3.3(续例 4.3.2) 例 4.3.2 中,在产品的研制过程中,由于工程技术人员参与了产品的设计调试等各项工作,因此工程技术人员对产品的质量状况有着深入了解,具有丰富的经验,这些经验是产品质量评估中可以利用的先验信息.

为了评估某产品的不合格率 θ,对该产品随机地抽取 30 个样品进行试验,结果是所有 30 个样品无一失效.如果 θ 的多层先验分布采用例 4.3.1 中给出的,请给出 θ 的多层后验分布,并对该产品的不合格率 θ 进行估计.

由于试验的结果是所有 30 个样品无一失效,所以似然函数为

$$L(x \mid \theta) = (1-\theta)^{30}, \quad 0 < \theta < 1.$$

如果 θ 的多层先验分布为 $\pi(\theta)$,根据贝叶斯定理,则 θ 的多层后验密度函数为

$$\pi(\theta \mid x) = \frac{L(x \mid \theta)\pi(\theta)}{\int_\Theta L(x \mid \theta)\pi(\theta) d\theta}, \quad 0 < \theta < 1.$$

如果 θ 的多层先验分布 $\pi(\theta)$ 采用例 4.3.1 中给出的,则有

$$\int_0^1 (1-\theta)^{30} \pi(\theta) d\theta = \int_0^{0.1} 4.023\,6(1-\theta)^{30} d\theta + \int_{0.1}^{0.5} (-1.732\,9 - 2.5\ln\theta)(1-\theta)^{30} d\theta$$
$$= 0.129\,793\,5,$$

于是 θ 的多层后验密度函数为

$$\pi(\theta \mid x) = \frac{L(x \mid \theta)\pi(\theta)}{\int_\Theta L(x \mid \theta)\pi(\theta) d\theta} = \begin{cases} 30.999\,9(1-\theta)^{30}, & 0 < \theta < 0.1, \\ -(13.321\,2 + 19.261\,4\ln\theta)(1-\theta)^{30}, & 0.1 \leqslant \theta < 0.5, \\ 0, & 0.5 \leqslant \theta < 1. \end{cases}$$

在平方损失下,则 θ 的多层贝叶斯估计为

$$\hat{\theta} = \int_0^1 \theta\pi(\theta \mid x) d\theta = 0.030\,6.$$

在可信水平为 0.9 时,该产品的不合格率 θ 的可信上限 $\hat{\theta}_{BU}$ 应满足

$$\int_0^{\hat{\theta}_{BU}} \pi(\theta \mid x) d\theta = 0.9,$$

把 θ 的多层后验密度函数 $\pi(\theta \mid x)$ 代入上式,则有

$$0.9 = 1 - (1 - \hat{\theta}_{BU})^{31},$$

解得 $\hat{\theta}_{BU} = 1 - 0.1^{\frac{1}{31}} = 0.0716$.

类似地,可以算得该产品的不合格率 θ 的可信水平为 $1 - \alpha$ $(0 < \alpha < 1)$ 的可信上限 $\hat{\theta}_{BU}$,其计算结果见表 4-10.

表 4-10　　　　　　　　　　　　　$\hat{\theta}_{BU}$ 的计算结果

$1 - \alpha$	0.8	0.85	0.90	0.95
$\hat{\theta}_{BU}$	0.050 593	0.059 362	0.071 585	0.092 114

例 4.3.4　设有 m 个优秀学生参加智力测试,第 i 个学生的测试分数 x_i 可以看作来自正态分布 $N(\theta_i, \sigma^2)$ 的样本,其中 θ_i 是第 i 个学生的能力,方差 σ^2 是已知的. 这说明对 $i = 1$, $2, \cdots, m$ 都适用,也就是说, $x_1, x_2, \cdots, x_n$ 是来自方差相同,均值(能力)各不相同的同一个正态总体. 现在要寻找 m 个学生的能力 $\theta_1, \theta_2, \cdots, \theta_m$ 的联合先验分布. 以下用多层先验分布来给出它.

按经验,这 m 个优秀学生的能力 $\theta = (\theta_1, \theta_2, \cdots, \theta_m)$ 可以看作来自某个正态分布 $N(\mu_\pi, \sigma_\pi^2)$ 的样本. 第一层先验分布可选

$$\pi_1(\theta \mid \mu_\pi, \sigma_\pi^2) = \frac{1}{\sqrt{2\pi}\,\sigma_\pi} \exp\left\{-\frac{1}{2\sigma_\pi^2} \sum_{i=1}^m (\theta_i - \mu_\pi)^2\right\},$$

其中 μ_π, σ_π^2 为超参数,对超参数 μ_π 根据过去的经验是 100,而确定 σ_π^2 的具体值没有多大把握,只能说个大概. 真值能力的方差 σ_π^2 服从倒 Gamma 分布 $IGa(\alpha, \lambda)$,且已知该分布的均值为 200,方差为 100,根据倒 Gamma 分布的均值与方差可以列出方程如下:

$$\begin{cases} \dfrac{\lambda}{\alpha - 1} = 200, \\ \dfrac{\lambda^2}{(\alpha - 1)^2(\alpha - 2)} = 100^2. \end{cases}$$

由此解得 $\alpha = 6$, $\lambda = 1\,000$,于是第二层先验分布为

$$\pi_2(\sigma_\pi^2) = \frac{1}{\Gamma(6)} \frac{1\,000^6}{(\sigma_\pi^2)^{6+1}} e^{\frac{-1\,000}{\sigma_\pi^2}}, \quad \sigma_\pi^2 > 0.$$

综合上述两层先验分布,可以得到 θ 的多层先验分布

$$\pi(\theta) = \int_0^\infty \pi_1(\theta \mid \sigma_\pi^2) \pi_2(\sigma_\pi^2) \mathrm{d}\sigma_\pi^2$$

$$= \int_0^\infty \frac{1}{(\sqrt{2\pi}\,\sigma_\pi)^m} \exp\left\{-\frac{1}{2\sigma_\pi^2} \sum_{i=1}^m (\theta_i - \mu_\pi)^2\right\} \frac{10^{18}}{120(\sigma_\pi^2)^7} \exp\left\{-\frac{1\,000}{\sigma_\pi^2}\right\} \mathrm{d}\sigma_\pi^2$$

$$= \frac{\Gamma\left(\frac{12+m}{2}\right)}{\Gamma(6)(2\,000\pi)^{\frac{m}{2}}} \left[1 + \frac{1}{2\,000} \sum_{i=1}^m (\theta_i - 100)^2\right]^{-\frac{12+m}{2}}.$$

这是 m 维 t 分布的密度函数,其自由度为 12,位置参数向量为 $(100, 100, \cdots, 100)'$,尺度矩阵为 $\left(\frac{500}{3}\right)\boldsymbol{I}$($\boldsymbol{I}$ 为单位矩阵).

多层先验分布常在这种情况使用,当一步给出先验分布没有把握时,那么用两步先验要比硬用一步先验所冒风险小.

这种先验分布要一步依据主观信念和历史数据获得是困难的,甚至很难想到.多层先验分布的这个优点是明显的.

4.4 分层(多层)贝叶斯模型

许多实际问题都会涉及多个参数,而且这些参数会呈现出某种相关性.统计上可以用一个联合概率分布来刻画参数之间的相依性.例如,在一个心脏病治疗的研究中,考查 J 个医院使用某种药物后的存活率 $\theta_j(j = 1, 2, \cdots, J)$.可以认为由数据得到的这些 θ_j 的估计应该是相互联系的.在贝叶斯统计分析中,这种参数间的相关性可以通过假设 $\theta_j(j = 1, 2, \cdots, J)$ 由来自一个共同的先验分布(称为参数的总体分布)的样本来实现,即 $\theta \mid \lambda \sim \pi(\theta \mid \lambda)$,其中 λ 为未知超参数,其本身有先验分布 $\pi(\lambda)$.这就是分层(多层)贝叶斯建模的思想.

若数据 $y_j \mid \theta_j$ 为正态分布 $N(\theta_j, \sigma_j^2)$,其中方差 σ_j^2 已知,均值参数具有正态共轭先验 $\theta_j \mid \lambda \sim N(\mu, \tau^2)$ 为例介绍分层模型的贝叶斯推断及其应用.

4.4.1 分层模型的建立及其贝叶斯推断

1. 模型的建立

考虑 J 组试验,由试验 j 得到数据 $(y_{j1}, y_{j2}, \cdots, y_{jn})$,并综合为一个统计量 y_j(通常为充分统计量).试验 j 所涉及的参数(向量)为 $\boldsymbol{\theta}_j$.分层贝叶斯模型由三部分组成:

(1)数据的分布(似然函数):

$$y_j \mid \boldsymbol{\theta}_j \sim f(y \mid \boldsymbol{\theta}_j).$$

令 $y = (y_1, y_2, \cdots, y_J)$,$\theta = (\theta_1, \theta_2, \cdots, \theta_J)$,从而得到

$$y \mid \theta \sim \prod_{j=1}^J f(y \mid \boldsymbol{\theta}_j). \tag{4.4.1}$$

(2)参数 $\boldsymbol{\theta}_j$ 的先验分布:

$\boldsymbol{\theta}_j(j = 1, 2, \cdots, J)$ 为来自同一共分布 $f(\theta \mid \lambda)$ 的样本,因此

$$\theta \mid \lambda \sim \prod_{j=1}^{J} f(\boldsymbol{\theta}_j \mid \lambda). \tag{4.4.2}$$

（3）超参数的先验分布：

$$\lambda \sim \pi(\lambda). \tag{4.4.3}$$

实际上这是一个两层贝叶斯模型，我们还可引入更多层次的贝叶斯模型．它也可视为一个多参数的贝叶斯模型，但与我们前面讨论的多参数模型不同的是：

（1）在多参数的贝叶斯模型中超参数 λ 是通过历史数据估计（这时称为经验贝叶斯分析）或通过专家经验给定，而在分层贝叶斯模型中 (θ,λ) 都是模型的参数，尽管 θ 为主要关心的参数；

（2）在多参数的贝叶斯模型中参数 $\theta_1,\theta_2,\cdots,\theta_J$ 通常假设为独立的，没有相关的结构，而在分层贝叶斯模型中 $\theta_1,\theta_2,\cdots,\theta_J$ 之间存在着一种相关性，这种相关性是通过其先验分布来刻画的．

由式（4.4.1），式（4.4.2）和式（4.4.3），得 (θ,λ) 的联合后验密度函数为

$$\pi(\theta,\lambda \mid y) \propto \pi(\theta,\lambda) f(y \mid \theta,\lambda) \propto \pi(\theta)\pi(\lambda) f(y \mid \theta,\lambda). \tag{4.4.4}$$

2. θ 的统计推断

对于多参数贝叶斯模型，我们主要关心参数 θ 的统计推断和某一试验 j 下 y 的预测．由式（4.4.4），θ 的后验密度函数为

$$\pi(\theta \mid y) \propto \int_{\Lambda} \pi(\theta \mid \lambda,y)\pi(\lambda \mid y)\mathrm{d}\lambda. \tag{4.4.5}$$

其中 $\pi(\theta \mid \lambda,y)$ 对于共轭先验分布容易得到，为给定 λ 下 θ_j 的共轭后验分布的乘积，而由条件概率密度计公式，$\pi(\lambda \mid y)$ 可表示为

$$\pi(\lambda \mid y) = \frac{\pi(\theta,\lambda \mid y)}{\pi(\theta \mid \lambda,y)}. \tag{4.4.6}$$

此式可避开积分计算：$\pi(\lambda \mid y) = \int_{\Lambda} \pi(\theta,\lambda \mid y)\mathrm{d}\lambda$. 因此关于 θ 的推断（抽样）可按下面的步骤进行：

第一步：由后验边际分布 $\pi(\lambda \mid y)$ 推断（抽取）λ；

第二步：视 λ 为已知，由条件后验分布 $\pi(\theta \mid \lambda,y)$ 推断（抽取）θ.

3. 预测

通常人们可能关心两类后验预测，其一是基于现有的数据（试验），这是一类常见的后验预测；其二是基于新的试验，当试验环境（协变量）不同时考虑这种预测．

基于现有试验的预测，现有试验的效应为 $\theta=(\theta_1,\theta_2,\cdots,\theta_J)$，这时抽样步骤如下：

（1）从 $\pi(\lambda \mid y)$ 中抽取 λ；

（2）对于给定 $j \in (1,2,\cdots,J)$，从 $\pi(\theta_j \mid \lambda,y)$ 中抽取 θ_j；

（3）从 $\pi(y \mid \theta_j)$ 中抽取 $\tilde{y}$.

基于新试验的预测，这时需要先获得试验的效应 $\tilde{\theta}$，抽样步骤如下：

(1) 从 $\pi(\lambda \mid y)$ 中抽取 λ；

(2) 从参数(效应)的总体分布 $\pi(\lambda \mid y)$ 中抽取新的参数 $\tilde{\theta} = (\tilde{\theta}_1, \tilde{\theta}_2, \cdots, \tilde{\theta}_J)$；

(3) 从 $\pi(y \mid \tilde{\theta})$ 中抽取 $\tilde{y}$.

4.4.2 N-N 模型与应用

数据与参数都服从正态分布的分层贝叶斯模型称为 N-N 模型. 我们先从经典统计分析中引出这个问题.

考查 J 个试验, 测得数据为 y_{ij}, 设

$$y_{ij} \overset{iid}{\sim} N(\theta_j, \sigma^2), \quad i = 1, 2, \cdots, n_j; \quad j = 1, 2, \cdots, J. \tag{4.4.7}$$

其中方差 σ^2 已知. 则样本均值 $\bar{y}_{\cdot j} = \dfrac{1}{n_j} \sum\limits_{j=1}^{n_j} y_{ij}$ 为 θ_j 的充分统计量, 有分布

$$\bar{y}_{\cdot j} \mid \theta_j \sim N(\theta_j, \sigma_j^2), \tag{4.4.8}$$

其中 $\sigma_j^2 = \dfrac{\sigma^2}{n_j}$.

现在我们考查某个特定 θ_j 的估计. 可想到两种估计:

(1) 使用单个 $y_{\cdot j}$ 进行估计: $\hat{\theta} = y_{\cdot j}$, 这时当 n_j 很小时显然是不合理的, 因为它的精度会很低.

(2) 使用合并数据的估计, 即将 J 个试验的条件和对象没有多少差异, 即认为 $\theta_1 = \theta_2 = \cdots = \theta_J$, 则

$$\hat{\theta}_j = \bar{y}_{\cdot\cdot} = \frac{\sum\limits_{j=1}^{J} \dfrac{1}{\sigma_j^2} y_{\cdot j}}{\sum\limits_{j=1}^{J} \dfrac{1}{\sigma_j^2}}.$$

到底选用哪一个, 可通过 J 个组(试验)下 $\theta_j (j = 1, 2, \cdots, J)$ 的差异的方差分析(F 检验)进行.

设 τ^2 为 $\theta_j (j = 1, 2, \cdots, J)$ 的(先验)方差. 为方便起见, 在此仅考虑 J 组试验是均衡的, 即 $n_j = n$, $\sigma_j^2 = \sigma^2 (j = 1, 2, \cdots, J)$. 则理论上, F 检验的方差分析见表 4-11.

表 4-11   F 检验理论上的方差分析

	自由度	SS	MS	$E(MS \mid \sigma^2, \tau)$
组间	$J-1$	$\sum\limits_i \sum\limits_j (\bar{y}_{\cdot j} - \bar{y}_{\cdot\cdot})^2$	$\dfrac{SS}{J-1}$	$n\tau^2 + \sigma^2$
组内	$J(n-1)$	$\sum\limits_i \sum\limits_j (\bar{y}_{ij} - \bar{y}_{\cdot j})^2$	$\dfrac{SS}{J(n-1)}$	σ^2
总和	$Jn-1$	$\sum\limits_i \sum\limits_j (\bar{y}_{ij} - \bar{y}_{\cdot\cdot})^2$	$\dfrac{SS}{Jn-1}$	σ^2

由此得出:

(1) 如果组间平方和与组内平方和之比显著大于 1,就认为 θ_j ($j=1,2,\cdots,J$) 之间有显著差异,即 F 检验无法拒绝 $H_0:\tau=0$,这时 $\hat{\theta}_j=y_{\cdot j}$.

(2) 如果组间平方和与组内平方和之比并不显示大于 1,就认为 θ_j ($j=1,2,\cdots,J$) 之间没有显著差异,即 F 检验无法拒绝 $H_0:\tau=0$,这时 $\hat{\theta}_j=\bar{y}_{\cdots}$.

为方便起见令 $y_{\cdot j}=y_j$,则 N-N 的数据与参数分别为 $y=(y_1,y_2,\cdots,y_J)$,$\theta=(\theta_1,\theta_2,\cdots,\theta_J)$. 这样 N-N 分层贝叶斯模型可表示为

$$f(y\mid\theta)=\prod_{j=1}^{J}N(y_j\mid\theta_j,\sigma_j^2),\qquad(4.4.9)$$

$$\pi(\theta\mid\mu,\tau)=\prod_{j=1}^{J}N(\theta_j\mid\mu,\tau^2),\qquad(4.4.10)$$

$$(\mu,\tau)\sim\pi(\mu,\tau).\qquad(4.4.11)$$

我们仅考虑 $\pi(\mu\mid\tau)\propto 1$,$\pi(\tau)\propto 1$,所以 $\pi(\mu,\tau)=\pi(\mu\mid\tau)\pi(\tau)\propto 1$. 由此得到 (θ,μ,τ) 的后验分布

$$\pi(\theta,\mu,\tau\mid y)\propto\pi(\mu,\tau)\pi(\theta\mid\mu,\tau)f(y\mid\theta)\propto\prod_{j=1}^{J}\varphi(\theta_j\mid\mu,\tau^2)\varphi(y_j\mid\theta_j,\sigma_j^2),$$

其中,$\varphi(\cdot)$ 为标准正态分布的密度函数.

即

$$\pi(\theta,\mu,\tau\mid y)\propto\tau^{-J}\exp\left[-\frac{1}{2}\sum_{j=1}^{J}\frac{1}{\tau^2}(\theta_j-\mu)^2\right]\cdot\exp\left[-\frac{1}{2}\sum_{j=1}^{J}\frac{1}{\sigma_j^2}(y_j-\theta_j)^2\right].\quad(4.4.12)$$

下面我们列出一些结果:

(1) 给定 μ,τ 下,θ 的分布为

$$\theta_j\mid\theta,\mu,\tau\sim N(\hat{\theta}_j,V_j),\qquad(4.4.13)$$

其中

$$\hat{\theta}_j=\frac{\dfrac{1}{\sigma_j^2}y_j+\dfrac{1}{\tau^2}\mu}{\dfrac{1}{\sigma_j^2}+\dfrac{1}{\tau^2}},\quad V_j=\frac{1}{\dfrac{1}{\sigma_j^2}+\dfrac{1}{\tau^2}}.$$

(2) 给定 y 下,μ,τ 的分布为

$$\pi(\mu,\tau\mid y)\propto\prod_{j=1}^{J}N(y_j\mid\mu,\sigma_j^2+\tau^2)\propto\prod_{j=1}^{J}(\sigma_j^2+\tau^2)^{-\frac{1}{2}}\exp\left[-\frac{(y_j-\mu)^2}{2(\sigma_j^2+\tau^2)}\right].\quad(4.4.14)$$

(3) 给定 τ,y 下,μ 的分布为

$$\mu\mid\tau,y\sim N(\hat{\mu},V_\mu),\qquad(4.4.15)$$

其中

$$\hat{\mu} = \frac{\sum_{j=1}^{J} \frac{1}{\sigma_j^2 + \tau^2} y_j}{\sum_{j=1}^{J} \frac{1}{\sigma_j^2 + \tau^2}}, \quad V_j = \frac{1}{\sum_{j=1}^{J} \frac{1}{\sigma_j^2 + \tau^2}}.$$

(4)给定 y 下，τ 的分布为

$$\pi(\tau \mid y) = \frac{\pi(\mu, \tau \mid y)}{\pi(\mu \mid \tau, y)} = \frac{\prod_{j=1}^{J} \varphi(y_j \mid \mu, \sigma_j^2 + \tau^2)}{\varphi(\mu \mid \hat{\mu}, V_\mu)},$$

这是个恒等式，对所有的 μ 都成立，特别地，可用 $\hat{\mu}$ 代替 μ 得到

$$\pi(\tau \mid y) \propto \frac{\prod_{j=1}^{J} \varphi(y_j \mid \mu, \sigma_j^2 + \tau^2)}{\varphi(\mu \mid \hat{\mu}, V_\mu)} \propto V_\mu^{\frac{1}{2}} \prod_{j=1}^{J} (\sigma_j^2 + \tau^2)^{-\frac{1}{2}} \exp\left[-\frac{(y_j - \mu)^2}{2(\sigma_j^2 + \tau^2)}\right].$$

$$(4.4.16)$$

可见，σ_j 的估计恰为单个数据的估计 y_j 与 μ 的加权平均，而 μ 的估计为各 θ_j（$j=1$，2，$\cdots$，J）的"合并估计". 若 $\tau=0$，θ_j 的估计即为基于单个数据的估计，而当 $\tau=\infty$ 时，θ_j 的估计即为 μ 的估计.

由此可得 N-N 模型的抽样方法：

(1) 按格子点离散化方法由公式(4.4.16)从 $\pi(\tau \mid y)$ 抽取 τ；

(2) 按正态分布由公式(4.4.15)从 $\pi(\mu \mid \tau, y)$ 抽取 μ；

(3) 按独立正态性由公式(4.4.13)从 $N(\hat{\theta}_j, V_j)$ 抽取 θ_j（$j=1$，2，$\cdots$，J）.

4.4.3 应用案例

大多数美国大学需要学生通过 SAT（学校智能测试）考试后才能进入大学. SAT 考试旨在真实地考查学生经过多年教育之后所获取的知识与能力，同时极力避免因短期突击而带来的成绩提高. 为研究短期考前培训是否能提高 SAT 的成绩，现对 8 所进行过此类培训的高中进行独立随机试验，经过协方差调整（以消除其他因素的影响）后得到的数据见表 4-12. 由于每个学校参加测试的学生数都至少有 32 人，因此可以认为 y_j 具有正态近似，并用样本方差作为 σ_j^2 的值. 现要研究 8 所学校短期考前培训的真实效果，并进行比较，见表 4-12.

表 4-12　　　　　　　　　　8 所学校 SAT 考试培训效果与标准差

学校	培训效果	标准差	学校	培训效果	标准差
A	28	15	E	−1	9
B	8	10	F	1	11
C	−3	16	G	18	10
D	7	11	H	12	18

我们用 N-N 模型逐步展开讨论:

(1) 两个极端的估计:考虑学校 A 的培训效应,若认为 8 个学校没有关系,则用单个的数据估计,即 $\hat{\theta}_1 = 28$(标准差 $Sd = 15$);若认为 8 个学校的培训效应没有差异,则使用合并估计(pooled estimate):

$$\hat{\theta}_1 = \hat{\mu} = \frac{\sum_{j=1}^{8} \frac{1}{\sigma_j^2} y_{\cdot j}}{\sum_{j=1}^{8} \frac{1}{\sigma_j^2}} = 7.8 \quad (Sd = 4.2).$$

(2) 初步分析:一些学校的培训呈现了一定的效果(18~28),一些学校则效果较小,还有的有相反的效果.而且较大的标准差意味着各平均效应 θ_j 的置信区间会有较大的重叠,即统计上很难区分它们.然而,经典统计分析却拒绝各 $\theta_j (j = 1, 2, \cdots, J)$ 相等的假设.因此,上面的两个估计都是不合理的.下面用 N-N 多层贝叶斯模型给出一个介于二者之间的一个折衷的估计.

(3) N-N 分层贝叶斯分析:套用 N-N 模型对此问题进行分析.现在的模型为

$$y_j \mid \theta_j, \sigma_j^2 \sim N(\mu_j, \sigma_j^2).$$

其中,$\theta_j (j = 1, 2, \cdots, 8)$ 即为 8 所学校各自短期培训的"真实"效果,且

$$\theta_j \mid \mu, \tau \sim N(\mu, \tau_j^2).$$

其中未知超参数 μ 和 τ 相互独立,并假设 $\pi(\mu, \tau) \propto 1.$

τ 的后验分布:利用网格法绘出 τ 的边际后验密度 $\pi(\tau \mid y)$ 的函数,R 代码如下:

```
y<-c(28, 8, -3, 7, -1, 1, 18,12)
sd<-c(15, 10, 16, 11, 9, 11, 10, 18)
v<-sd * sd
tau<-c(0:3000)/100
tausq<-tau * tau
ptau. y<-rep(0, 3001)
vmu<-rep(0, 3001)
muhat<-rep(0, 3001)
for(i in (1:3001)){
vmu[i]<-1/sum(1/(tausq[i]+v))
muhat[i]<-vmu[i] * sum(y/(tausq[i]+ v))
ptau. y[i]<- sqrt(vmu[i] * prod(1/(tausq[i]+
v))) * prod(exp(-0.5 * (y-muhat[i])
*(y-muhat[i])/(tausq[i]+v)))
}
plot(tau,ptau. y,type="l", yaxt="n", xlab=quote
(tau))
```

运行以上程序,得到图 4-10.

由图 4-10 可知,τ 值趋近于 0 时最为合

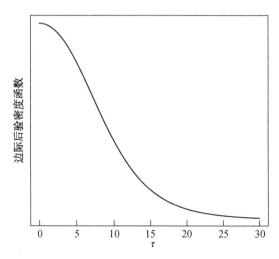

图 4-10　边际后验密度函数 $\pi(\tau \mid y)$

理,且有

$$P(\tau > 10) < 0.5, \quad P(\tau > 25) \approx 0.$$

给定 τ 各效应的平均水平与波动:为进一步了解 τ 的性质,现考虑在 τ 给定下的后验均值 $E(\theta_j \mid \tau, y)$ 及其相应标准差 $Sd(\theta_j \mid \tau, y)$. 经计算得到

$$E(\theta_j \mid \tau, y) = \frac{\dfrac{1}{\sigma_j^2}y_j + \dfrac{1}{\tau^2}\hat{\mu}}{\dfrac{1}{\sigma_j^2} + \dfrac{1}{\tau^2}}, \quad Sd(\theta_j \mid \tau, y) = \frac{1}{\dfrac{1}{\sigma_j^2} + \dfrac{1}{\tau^2}}\left(\dfrac{\dfrac{1}{\tau^2}}{\dfrac{1}{\sigma_j^2} + \dfrac{1}{\tau^2}}\right)^2 V_\mu.$$

其中

$$\hat{\mu} = \frac{\displaystyle\sum_{j=1}^{J}\frac{1}{\sigma_j^2+\tau^2}y_j}{\displaystyle\sum_{j=1}^{J}\frac{1}{\sigma_j^2+\tau^2}}, \quad V_\mu = \frac{1}{\displaystyle\sum_{j=1}^{J}\frac{1}{\sigma_j^2+\tau^2}}.$$

根据上述公式对二者作图比较,其 R 代码如下(接上段代码):

```
eth. tauy<-matrix(rep(0, 24008), 8, 3001)
sdth. tauy<-matrix(rep(0, 24008), 8, 3001)
for (j in (1:8)){
for (i in (1:3001)){
eth. tauy[j, i]<-(y[j]/v[j]+muhat[i]/tausq[i]) /(1/v[j]+1/tausq[i])
sdth. tauy[j, i]<-sqrt(((1/tausq[i])/(1/v[j]+1/tausq[i]))
*((1/tausq[i])/(1/v[j]+ 1/tausq[i])) * vmu[i]+1/(1/v[j]+1/tausq[i]))
}
}
par(mfrow=c(1, 2))
taux<-matrix(rep(tau, 8), 8, byrow=T)
matplot(t(taux), t(eth. tauy), ylim=(c(-5, 30)),
type="l", xlab="tau", lty = 1:8, lwd = 1, col=1,
ylab="Estimate Treatment Effects",
main="Conditional posterior mean")
School<-c("A", "B", "C", "D", "E", "F", "G", "H")
text(x=rep(20, 8), y=t(eth. tauy)[2400,], School)
matplot(t(taux), t(sdth. tauy), ylim=(c(0, 20)),
type="l", xlab="tau", lty = 1:8, lwd = 1, col=1,
ylab="Posterior Standard Deviations",
main="Conditional posterior SD")
text(x=rep(20,8),y=t(sdth. tauy)[2400,],School)
```

运行以上程序,得到图 4-11.

图 4-11 表明,当 τ 取最合理的值(即为 0)时,8 个不同学校的效应值 θ_j 的均值与标准差都几乎相同,而随着 τ 不断变大,它们之间的差异也变得明显起来,且与各自最初的试验

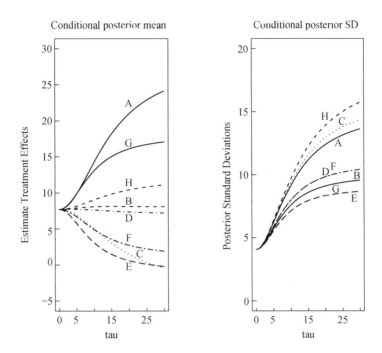

图 4-11 条件后验均值 $E(\theta_j|\tau, y)$ 与标准差 $Sd(\theta_j|\tau, y)$

数据相接近. 因此, 仅根据 τ 无法得到满意的结果.

后验抽样: 下面的 **R** 矩阵中 x 放置抽样的结果, 其中第 1 列 $x[,1]$ 放置 $\pi(\tau|y)$ 的样本, 第 1 列 $x[,2]$ 放置 $\pi(\mu|\tau, y)$ 的样本, 第 3—10 列 $x[,j]$ $(j=3, 4, \cdots, 10)$ 放置 $\pi(\theta_j|\tau, \mu, y)(j=1, 2, \cdots, 8)$ 的样本.

```
m<−200
ptau. y<−ptau. y/(sum(ptau. y))
tausamp<−sample(tau, m, replace=T, prob=ptau. y)
tausamp<−sort(tausamp)
tauid<−tausamp * 100 + 1
x<−matrix(rnorm(m * 10, 0, 1), m, 10)
x[, 1]<−tausamp
x[, 2]<−muhat[tauid] + sqrt(vmu[tauid]) * x[, 2]
for(j in (1:8)) {
thmean<−(y[j] * x[, 1] * x[, 1]+v[j] * x[, 2])/(v[j]+x[, 1] * x[, 1])
thsd<−sqrt(v[j] * x[, 1] * x[, 1]/(v[j]+x[, 1] * x[, 1]))
x[, j+2]<−thmean + thsd * x[, j+2]
}
par(mfrow=c(1, 2))
hist(x[, 2], breaks=c(−40:50), xlab=quote(mu),
yaxt="n", main="")
hist(x[, 3],breaks=c(−20:60), xlab="Effect in School A",
yaxt="n", main="")
```

运行以上程序,得到 μ 与 θ_1 的后验密度的直方图,如图 4-12 所示.

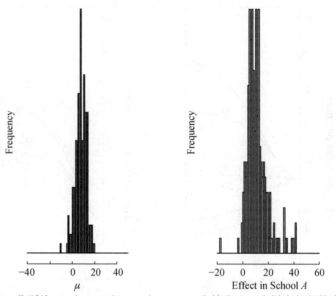

图 4-12　分别从 $\pi(\mu|\tau,y)$ 和 $\pi(\theta_1|\tau,\mu,y)$ 中抽取 200 个样本的频数直方图

后验推断:对于每个 θ_j 的 200 个样本运用函数 sort() 进行排序后,可以得到相应的五个分位数. 由表 4-13 不难发现,根据 200 个样本,8 个学校实际培训效果的中位数在 5 和 9 之间,而它们的 95% 可信区间有很高的重叠性,说明各效果一定程度上的一致性.

表 4-13　　　　　　　　　　　　　　　　θ_j 的后验分位数

学校	2.5%	25%	50%	75%	97.5%
A	−2	6	9	15	32
B	−5	4	8	11	21
C	−9	2	6	10	19
D	−5	4	7	11	20
E	−9	1	5	8	15
F	−11	2	6	10	18
G	−1	6	9	13	24
H	−7	4	8	12	30

关于本案例的讨论——Everything I need to know about Bayesian statistics, I learned in eight schools. http://andrewgelman.com/2014/01/21/everything-need-know-bayesian-statistics-learned-eight-schools/ (Posted by Phil on 21 January 2014, 5:20 pm).

思考与练习题 4

4.1　请举例并说明什么是主观概率?

4.2　请结合某个实际问题,对主观概率的合理性与不合理性进行简要评价.

4.3　什么是贝叶斯假设? 它的合理性在哪里? 它会发生什么矛盾?

4.4　请举例并说明共轭先验分布的统计意义,它在参数估计中有什么作用?

4.5　请结合教材的相关内容,总结并简要叙述确定无信息先验分布的各种方法.

4.6　请举例并说明共轭先验分布的统计意义,它在统计推断中的作用是什么?

4.7　请举例并说明多层(分层)先验分布的统计意义.

4.8　请说明以下密度是否是位置密度或尺度密度,并对其位置参数给出一个无信息先验分布:

(1) 均匀分布 $U(\theta-1,\theta+1)$;

(2) Cauchy 分布 $C(0,\beta)$;

(3) Pareto 分布 $Pa(x_0,a)$ (x_0 已知).

4.9　对以下每个分布中的未知参数使用 Jeffreys 准则确定先验分布:

(1) Poisson 分布 $P(\theta)$;

(2) 二项分布 $B(n,\theta)$ (n 已知);

(3) 负二项分布 $NB(m,\theta)$ (m 已知);

(4) Gamma 分布 $Ga(\alpha,\lambda)$ (λ 已知);

(5) Gamma 分布 $Ga(\alpha,\lambda)$ (α 已知);

(6) Gamma 分布 $Ga(\alpha,\lambda)$.

4.10　(1) 如果 $N(\mu,1)$ 的样本 $x_1,x_2,\cdots,x_n$ 知道,假设 μ 的先验分布为 $N(a,\sigma_0)$,则后验密度 $\pi(\mu\mid x)$ 仍然是正态分布.

(2) 如果又取得了 $N(\mu,1)$ 的新样本 $y_1,y_2,\cdots,y_m$,若以 $\pi(\mu\mid x)$ 为先验分布,问此时 μ 对 $y_1,y_2,\cdots,y_m$ 的后验分布是什么?

(3) 从这个具体结果如何去考虑更一般的情形?

4.11　用 Lindley 原则求 Pareto 分布 $Pa(\alpha,\lambda)$ 中形状参数 λ 的无信息先验分布(其中门限参数 α 已知).

第5章 统计决策基础

决策论,顾名思义是关于作决策的问题.统计决策论,是运用统计知识来认识和处理决策问题的某些不确定性,从而作出决策.在多数情况下,都假设这些不确定性可以被看作是一些未知量,用 θ 来表示(θ 可能是向量或矩阵).

例如,一个药品公司要决定是否将一种新的止痛药投放市场.影响这个决定的因素有很多,其中有两个这样的因素:一个是在服用此药的人中将证明此药有效的比例,记作 θ_1;另一个是此药将会占领市场的比例,记作 θ_2.虽然用具有代表性的试验可以得到有关它们的统计信息,但 θ_1 和 θ_2 通常是未知的.这个问题就是决策论的问题,它的最终目的是要决定:是否将此药投放市场,投放多少,价格如何等.

5.1 统计决策问题

在对 θ 进行推断时,经典统计是直接利用样本信息(数据来自统计调查),这些经典统计推断大都不考虑所作推断将被应用的领域.而决策论则试图将样本信息与问题的其他相关的性质结合起来考虑,从而可以做出一个最好的决策.

除了样本信息之外,还有一些相关的信息特别重要:对决策带来的后果的认识,这种认识常被量化为定出每一个可能的决策和 θ 的可能值所造成的"损失".提到损失,似乎统计学家看上去是悲观论者,经济界和商界的决策理论家所用的措词是"收益".由于我们主要讨论统计问题,所以就用"损失函数"这一术语.其实"收益"就是负损失,二者并没有实质上的区别.

将损失函数引入统计中并对此进行深入研究的要首推沃尔德,见 Wald(1950),此书还回顾了决策论的早期成果.

前述的药品投放市场问题中,新药是否投放市场的决定的损失是 θ_1、θ_2 和许多其他因素的复杂函数.较简单的情形是考虑在广告战中对 θ_1 的估计问题,对 θ_1 的偏低估计所产生的损失源于宣传中没有充分说明产品的质量(从而影响销售);而对 θ_1 的偏高估计所产生的损失是基于要承担由于广告与实际不符可能受到惩罚所带来的风险.

我们还要考虑非样本信息的另一种信息被称为先验信息.先验信息一般来自类似情况包含的类似的 θ 的过去经验.例如,在上述药品投放市场问题中,关于 θ_1 和 θ_2,总会有一些不同但类似的其他止痛药的可资利用的信息.

Savage(1961)提出了一个令人信服的例子,说明先验信息有时是很重要的.有如下两个试验:

(1) 一位音乐专家说,他可以由海顿或莫扎特的一页乐谱看出作者是海顿还是莫扎特.做了 10 次试验,结果他每次都是正确的.

（2）一名常饮用牛奶加茶的妇女声称，她能区别出是牛奶还是茶被先放入杯子里的，对她进行了 10 次这样的试验，结果她每次都说对了.

在以上两个问题中，未知量 θ 都是回答正确的概率. 在对它们进行经典统计的显著性检验中，原假设 $H_0: \theta = 0.5$（即他们是猜的）. 每次猜对的概率为 $\frac{1}{2}$，10 次都猜对的概率为 $2^{-10} < 0.001$，这是一个很小的概率，因此拒绝原假设 H_0. 以上试验说明他们具有其所宣称的能力的证据是很充分的.

对于第一个问题，我们没有理由怀疑这个结论（结果与我们的先验信息完全一致）. 对于第二个问题就很难说清楚了，不同的人对那位妇女所声称具有的能力有不同的先验信息，从而就会得出不同的结论.

从以上两个问题来看，先验信息是不能被忽略的.

5.2　统计决策问题的三要素

5.2.1　状态集合

未知量 θ 是影响决策过程的，通常称之为自然状态，在做决策的过程中，可能的自然状态有哪些，显然是很重要的.

定义 5.2.1　用 Θ 表示自然状态 θ 的所有可能值的集合，称 Θ 为**状态集合**.

当为了得到关于 θ 的信息而进行试验时，典型的情况是被设计成观测值服从某一个概率分布，而 θ 是这个分布的未知参数. 此时，参数 θ 的变化范围，即状态集合就是前几章中的参数空间.

5.2.2　行动集合

定义 5.2.2　通常把决策叫做**行动**（或行为），特定的行动用 a 表示，所研究的所有可能行动的集合用 $\mathscr{A}$ 来表示，称 $\mathscr{A}$ 为**行动集合**.

5.2.3　损失函数

定义 5.2.3　当处于状态 θ，采取行动 a 时受到的损失用 $L(\theta, a)$ 来表示，称 $L(\theta, a)$ 为**损失函数**，其中 $\theta \in \Theta, a \in \mathscr{A}$.

我们从定义 5.2.3 看到，损失函数 $L(\theta, a)$ 的定义域为 $\Theta \times \mathscr{A}$.

在决策论中，损失函数是一个关键的因素. 为了以后讨论问题方便，我们考虑满足 $L(\theta, a) \geqslant K > -\infty$ 的损失函数. 注意：这里的损失函数与前面第 3 章第 1 节中的损失函数有所不同（值域不同）.

状态集合 Θ，行动集合 $\mathscr{A}$，损失函数 $L(\theta, a)$ 是构造一个决策问题必不可少的三个基本要素. 一个决策问题是否弄清楚，就看能否把这三要素明确地写出来. 这三要素中只要有一个变化，例如，状态集合中多或少一个元素、或行动集合中多或少一个元素，或损失函数改变了，都会导致决策问题的改变，其变成另一个决策问题了. 今后讲到一个决策问题，就意味着状态集合 Θ，行动集合 $\mathscr{A}$，损失函数 $L(\theta, a)$ 这三个要素全部给定.

当统计调查是为了获取有关 θ 的信息时,调查结果一般用随机变量(或随机向量)来表示,记作 $X = (X_1, X_2, \cdots, X_n)$,其中 X_i 是同一个分布的独立观测值,X 的某一个现实值用 x 表示.X 的所有可能取值的集合称为样本空间,记作 $\mathcal{X}$(一般 $\mathcal{X}$ 是 n 维欧氏空间 $\mathbf{R}^n$ 的子集).

用 Θ 上的概率分布来说明先验信息是很有用的方法.θ 的先验信息一般不是精确的,所以用 θ 的所取各可能值的概率来表达先验信息是自然的.用 $\pi(\theta)$ 表示 θ 的先验分布(或先验密度),在前面的第 4 章中已经讨论过先验分布的选取问题.

应用以上术语的几个例子如下.

例 5.2.1 前述的药品投放市场问题中,要估计 θ_2(在市场中此药将会占领的比例),显然 $\Theta = \{\theta_2 : 0 \leqslant \theta_2 \leqslant 1\} = [0, 1]$.由于我们的目的是估计 θ_2,所以行为就是作为 θ_2 的估计值,选一个值,因此,$\mathcal{A} = [0, 1]$(在估计问题中,经常是 $\mathcal{A} = \Theta$).于是,药品公司确定的损失函数为

$$L(\theta_2, a) = \begin{cases} \theta_2 - a, & a \leqslant \theta_2 \leqslant 1, \\ 2(a - \theta_2), & 0 \leqslant \theta_2 < a. \end{cases}$$

注意,对需求的偏高估计(从而导致此药的过量生产)其损失要比偏低估计的大一倍;另外,损失与误差是线性关系.

为了得到 θ_2 的样本信息,一个合理的试验是进行抽样调查.例如,设在被采访的 n 个人中有 X 个人打算购买此药,令 $X \sim B(n, \theta_2)$ 是合理的,它的样本密度为

$$f(x \mid \theta_2) = \mathrm{C}_n^x \theta_2^x (1 - \theta_2)^{n-x}.$$

过去类似的新药介绍到市场的情形给 θ_2 提供了大量的先验信息.例如,过去类似的新药占领市场率为 $\frac{1}{10}$ 到 $\frac{1}{5}$,且在 $\frac{1}{10}$ 到 $\frac{1}{5}$ 之间是等可能的.因此,取 $(0.1, 0.2)$ 上的均匀分布 $U(0.1, 0.2)$ 作为 θ_2 的先验分布,即

$$\pi(\theta_2) = 10 I_{(0.1, 0.2)}(\theta_2),$$

其中,$I_{(0.1, 0.2)}(\theta_2)$ 为示性函数.

例 5.2.2 某收音机公司接到一批货物为晶体管,若对其逐个检查,则费用过高.因此把这批货物作为一个总体,采用抽样方法,从中随机地抽取 n 个晶体管做试验.设 X 为 n 个晶体管中次品的个数,根据 X 决定接受还是拒绝这批货物.这里有两个可能行为:a_1 是接受,a_2 是拒绝.假设 $X \sim B(n, \theta)$,其中 θ 为这批晶体管的次品率.

该公司决定损失函数为 $L(\theta, a_1) = 10\theta$,$L(\theta, a_2) = 1$.当决定为 a_2,即拒绝这批货物时,损失函数为常数 1,它反映由于引起不便、耽误时间和另一批替代货物进行检验所花的费用等.当决定为 a_1,即接受这批货物时,认为损失函数为常数与 θ 成正比,它是 θ 为这批晶体管的次品率的反映.因子 10 表示两类损失的相对比值.

该收音机公司过去曾接受过大批从同一公司供应的晶体管,因此该公司有关于 θ 的大量过去信息数据,对过去数据研究表明,θ 的先验分布为 Beta 分布 $Be(0.05, 1)$,即

$$\pi(\theta) = 0.05 \theta^{-0.95} I_{[0, 1]}(\theta).$$

例 5.2.3 一个投资者必须决定是否购买颇具风险的某债券.如购买,到期兑现可能净

赚 500 元,但他也可能失败而损失掉所投资的 1 000 元. 如果投资者把钱投到一个相对安全的项目中去,经过同样的时间,他将稳赚 300 元. 投资者估计投资债券失败的概率为 0.1.

这里,$\mathscr{A}=\{a_1, a_2\}$,其中 a_1 表示购买债券,a_2 表示不购买债券;$\Theta=\{\theta_1, \theta_2\}$,$\theta_1$ 表示没有失败,θ_2 表示失败.

前面曾提到过,负的损失就是所得,因此损失函数见表 5-1.

表 5-1　　　　　　　　　　　损失函数

$L(\theta_i, a_i)$	a_1	a_2
θ_1	-500	-300
θ_2	$1\,000$	300

当 $\mathscr{A}$ 和 Θ 都是有限集合时,损失函数用上述这样的表来表示是简洁的,这种损失称为**损失函数表**.

先验信息可以写成 $\pi(\theta_1)=0.9$,$\pi(\theta_2)=0.1$.

在例 5.2.3 中,没有有关的统计试验得出的样本信息,这样的问题称为**无数据问题**.

从上述三个例子还不能得出结论:每个问题都有一个明确的损失函数和先验信息. 在很多问题中,这些量可能是含糊不清,甚至是不唯一的,其中重要的例子是统计推断问题. 在统计推断中,目的并不是作一个决策,而是提供统计论证的一个"概要",以便将来的各种"应用者"可以方便地把这种论证用到自己作决策的过程中去.

应该指出,一些统计学家以"统计推断"为盾牌,从而避开考虑损失函数和先验信息,这可能是错误的(Berger,1985).理由如下:

首先,统计推断的结果应该是(理想地)使每次作决策时都便于使用,有很多经典统计推断都做不到这一点.

其次,研究者完全可能拥有这样的信息,精通其推断所应用的领域,因而有大量的先验知识,也就几乎还在其他的分析里表现出这种信息.

最后,推断结论的选择可以看作为一个决策问题,其行为空间是所有可能的推断结果的集合,而损失函数则用来反映所表述的认识是否正确. 这种"推断损失"将在后面讨论到,而"推断先验"也可以被构造出来,具有说服力的优点.

虽然以上的理由说明,应该将损失函数和先验信息具体地结合到统计推断中去,但即使没有这种结合,决策论(对统计推断)也还是有用的,因为很多标准的推断准则可以看作具有某种形式的损失函数和决策准则.

5.3　期望损失、决策准则与风险

在前面曾提到过,作决策包含不确定性因素,因而实际上所承受的损失 $L(\theta, a)$(在做决策时)也具有不确定性. 面对这种不确定性,一个自然的方法是考虑决策的"期望"损失,然后,选择一个对这个期望损失来说的"最优的"决策.

5.3.1　贝叶斯期望损失

直观上最自然的期望损失应该包含不确定性的量 θ,因为它正是在作决策时所未知的量. 我们前面曾经提到过,可以把 θ 看作具有一个概率分布的随机变量,那么按此分布得出的期望将是合理的.

定义 5.3.1 在作决策时,若 $\pi^*(\theta)$ 是 θ 的可信概率分布,则称

$$\rho(\pi^*, a) = E^{\pi^*}[L(\theta, a)]$$

为 a 的**贝叶斯期望损失**. 其中 $L(\theta, a)$ 为行动 a 损失函数.

应该说明,在定义 5.3.1 中我们用 π^* 而不用 π,因为 π 一般指 θ 的初始先验分布,而 π^* 特别表示有了数据之后的 θ 的最终(后验)分布.

例 5.3.1(续例 5.2.1) 在例 5.2.1 中,若没有数据(样本信息),则 θ_2 的后验分布与其先验分布 $\pi(\theta_2)$ 是相同的,即 $\pi(\theta_2 \mid x) = \pi(\theta_2) = 10 I_{(0.1, 0.2)}(\theta_2)$,根据定义 5.3.1,则行动 a 的贝叶斯期望损失为

$$
\begin{aligned}
\rho(\pi^*, a) &= E[L(\theta_2, a)] = \int_0^1 L(\theta_2, a) \pi(\theta_2 \mid x) \mathrm{d}\theta_2 \\
&= \int_0^a 2(a - \theta_2) 10 I_{(0.1, 0.2)}(\theta_2) \mathrm{d}\theta_2 + \int_a^1 (\theta_2 - a) 10 I_{(0.1, 0.2)}(\theta_2) \mathrm{d}\theta_2 \\
&= \begin{cases} 0.15 - a, & a < 0.1, \\ 15a^2 - a4 + 0.3, & 0.1 \leqslant \theta < 0.2, \\ 2a - 0.3, & a \geqslant 0.2. \end{cases}
\end{aligned}
$$

例 5.3.2(续例 5.2.1) 在例 5.2.1 中,若不但没有数据(样本信息),而且也没有先验信息,因此按照贝叶斯假设,θ_2 的先验分布取 $[0, 1]$ 上的均匀分布,根据定义 5.3.1,则行动 a 的贝叶斯期望损失为

$$
\begin{aligned}
\rho(\pi^*, a) &= E[L(\theta_2, a)] = \int_0^1 L(\theta_2, a) \pi(\theta_2) \mathrm{d}\theta_2 \\
&= \int_0^a 2(a - \theta_2) \mathrm{d}\theta_2 + \int_a^1 (\theta_2 - a) \mathrm{d}\theta_2 = \frac{3}{2} a^2 - a + \frac{1}{2}.
\end{aligned}
$$

例 5.3.3(续例 5.2.3) 在例 5.2.3 中,给出了损失函数——损失矩阵,并给出了先验信息.

根据定义 5.3.1,则行动 a_1 的贝叶斯期望损失为

$$
\begin{aligned}
\rho(\pi^*, a_1) &= E[L(\theta, a_1)] = L(\theta_1, a_1) + L(\theta_2, a_2) \\
&= (-500) \times 0.9 + 1\,000 \times 0.1 = -350.
\end{aligned}
$$

根据定义 5.3.1,则行动 a_2 的贝叶斯期望损失为

$$
\begin{aligned}
\rho(\pi^*, a_2) &= E[L(\theta, a_2)] = L(\theta_1, a_2) + L(\theta_2, a_2) \\
&= (-300) \times 0.9 + (-300) \times 0.1 = -300.
\end{aligned}
$$

5.3.2 决策准则与风险

在决策论中,贝叶斯统计与经典统计采用的期望损失是不同的,定义这种损失的第一步,必须先定义决策准则.

定义 5.3.2　一个(非随机化的)决策准则 $\delta(x)$ 是样本空间 $\mathscr{X}$ 到行动集合 $\mathscr{A}$ 的一个函数. 若 $X=x$ 是样本的一个观测值, 则 $\delta(x)$ 为将采取的行动. 若 $P_\theta(\delta_1(X)=\delta_2(X))=1$, 对 $\forall\theta\in\Theta$ 都成立, 则称决策准则 δ_1 和 δ_2 等价.

例 5.3.4(续例 5.2.1)　在例 5.2.1 中, $\delta(x)=\dfrac{x}{n}$ 是估计 θ_2 的标准决策准则(在估计问题中, 一个决策准则被称为一个估计). 这个估计的产生并没有用到例 5.2.1 中的损失函数和先验信息.

例 5.3.5(续例 5.2.2)　在例 5.2.2 中, 决策准则

$$\delta(x)=\begin{cases}a_1, & \dfrac{x}{n}\leqslant 0.05, \\[2mm] a_2, & \dfrac{x}{n}>0.05\end{cases}$$

是这个问题的标准决策准则.

经典统计决策论理论家寻求的是, 对每一个 θ, 若对问题的各种 X 多次重复地应用 $\delta(X)$, 那么"期望"会有的损失是多少.

定义 5.3.3　称

$$R(\theta,\delta)=E[L(\theta,\delta(X)]$$

为决策准则 $\delta(x)$ 的**风险函数**.

对经典统计来说, 若一个决策准则 δ 的风险函数 $R(\theta,\delta)$ 很小, 那么采用这个 δ 就很满意了. 然而, 一个行动的贝叶斯期望损失是个单一函数, 但风险是 Θ 上的函数, 由于 θ 未知, 那么"小"的含义便成为问题了.

定义 5.3.4　决策准则 δ_1 **优于**决策准则 δ_2, 如果满足

$$R(\theta,\delta_1)\leqslant R(\theta,\delta_2),\quad \forall\theta\in\Theta,$$

而且存在一些 θ, 使以上不等式严格成立.

若

$$R(\theta,\delta_1)=R(\theta,\delta_2),\quad \forall\theta\in\Theta$$

成立, 则称决策准则 δ_1 与 δ_2 **等价**.

定义 5.3.5　若不存在优于 δ 的决策准则, 则称决策准则 δ 是**容许的**. 若存在优于 δ 的决策准则, 则称决策准则 δ 是**非容许的**.

显然, 一个非容许的决策准则是不该被采用的, 因为我们可以找到一个风险更小的决策准则. 然而在一些具体问题中, 常常存在一大类容许的决策准则其风险是交叉的, 即各自在不同的地方比其他的好.

例 5.3.6　设 $X\sim N(\theta,1)$, 在平方损失函数 $L(\theta,a)=(\theta-a)^2$ 下要估计 θ. 考虑决策法则 $\delta_c=cx$, 显然, 有

$$R(\theta,\delta_c)=E[L(\theta,\delta_X)]=E[(\theta-cX)^2]=E[c(\theta-X)+(1-c)\theta]^2=c^2+(1-c)^2\theta^2.$$

当 $c>1$ 时,有

$$R(\theta,\delta_1)=1<c^2+(1-c)^2\theta^2=R(\theta,\delta_c),$$

因此决策准则 δ_1 优于决策准则 δ_c. 根据定义 5.3.5, δ_c 是非容许的.

而当 $0\leqslant c\leqslant 1$ 时,决策准则是不可比的. 特别地,当 $c=\dfrac{1}{2}$ 时,有

$$R(\theta,\delta_{\frac{1}{2}})=\frac{1}{4}(1+\theta^2).$$

决策准则 δ_1 和 $\delta_{\frac{1}{2}}$ 的风险函数的图形,如图 5-1 所示.

从图 5-1 可以看出,决策准则 δ_1 和 $\delta_{\frac{1}{2}}$ 的风险函数是交叉的.

定义 5.3.6 称

$$r(\pi,\delta)=E^\pi[R(\theta,\delta)]$$

为决策准则 δ 的**贝叶斯风险**. 其中 π 为 Θ 上 θ 的先验分布.

例 5.3.7(续例 5.3.6) 在例 5.3.6 中,若 θ 的先验分布 $\pi(\theta)$ 为 $N(0,\tau^2)$,对于决策准则 δ_c,有

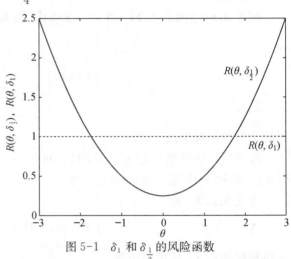

图 5-1 δ_1 和 $\delta_{\frac{1}{2}}$ 的风险函数

$$r(\pi,\delta_c)=E^\pi[R(\theta,\delta_c)]=E^\pi[c^2+(1-c)^2\theta^2]=c^2+(1-c)^2E^\pi[\theta^2]=c^2+(1-c)^2\tau^2.$$

我们将看到,一个决策准则的贝叶斯风险将起着重要作用.

5.4 决策原理

以下将简要地介绍实际作决策或选择一个决策准则的主要方法.

5.4.1 条件贝叶斯决策原理

若对每一个行动 a 都能确定贝叶斯期望损失 $\rho(\pi^*,a)$ 时,选择一个最佳行动就是一件比较容易的事了.

定义 5.4.1 选择一个行动 $a\in\mathscr{A}$,使其贝叶斯期望损失 $\rho(\pi^*,a)$ 最小(假设最小值是可以达到的),这样的行动称为**贝叶斯行动**,记作 a^{π^*}.

例 5.4.1(续例 5.3.1) 在例 5.3.1 中已经给出了行动 a 的贝叶斯期望损失:

$$\rho(\pi^*,a)=\begin{cases}0.15-a, & a<0.1,\\ 15a^2-a4+0.3, & 0.1\leqslant\theta<0.2,\\ 2a-0.3, & a\geqslant 0.2.\end{cases}$$

经计算,这个函数关于 a 的最小值为 $\dfrac{1}{30}$,在 $a^{\pi^*}=\dfrac{2}{15}$ 处达到. 这就是新药市场占有率的

估计(假设无数据).

例 5.4.2(续例 5.3.3)　在例 5.3.3 中,已经给出了行动 a_1 和 a_2 的贝叶斯期望损失分别为

$$\rho(\pi^*, a_1) = -350, \quad \rho(\pi^*, a_2) = -300.$$

显然 $\rho(\pi^*, a_2) = -300 > -350 = \rho(\pi^*, a_1)$,根据定义 5.4.1,则贝叶斯行动为 a_1,即应该购买有风险的债券.

5.4.2　贝叶斯风险原理

定义 5.3.6 中给出了决策准则 δ 的贝叶斯风险 $r(\pi, \delta)$,由于它是一个数,所以我们找的决策准则就是使这个数最小的决策准则.

定义 5.4.2　如果 $r(\pi, \delta_1) < r(\pi, \delta_2)$,则称决策准则 δ_1 优于决策准则 δ_2. 使 $r(\pi, \delta)$ 最小化的决策准则,称为**贝叶斯准则**,记作 δ^π. 称 $r(\pi) = r(\pi, \delta^\pi)$ 为 π 的**贝叶斯风险**.

例 5.4.3(续例 5.3.7)　在例 5.3.7 中,已经得到了 δ_c 的贝叶斯风险 $r(\pi, \delta_c) = c^2 + (1-c)^2 \tau^2$,其中 θ 的先验分布 $\pi(\theta)$ 为 $N(0, \tau^2)$.

$r(\pi, \delta_c)$ 对 c 求最小值(对 c 求一阶导数并令其为零)得 $c_0 = \dfrac{\tau^2}{1+\tau^2}$ 为最佳值.

因此,δ_{c_0} 是在所有形为 δ_c 的估计值中具有最小的贝叶斯风险,按定义 5.4.2,δ_{c_0} 为贝叶斯准则(或贝叶斯估计值),π 的贝叶斯风险为

$$r(\pi) = r(\pi, \delta_{c_0}) = c_0^2 + (1-c_0)^2 \tau^2 = \left(\frac{\tau^2}{1+\tau^2}\right)^2 + \left(\frac{1}{1+\tau^2}\right)^2 \tau^2 = \frac{\tau^2}{1+\tau^2}.$$

5.5　收益函数与决策准则

在本章的第 1 节——统计决策问题中,我们在提到"损失"的时候曾提到过"收益".

5.5.1　收益函数

定义 5.5.1　当处于状态 θ,采取行动 a 时所得到的(经济上)的收益用 $Q(\theta, a)$ 来表示,称 $Q(\theta, a)$ 为**收益函数**,其中 $\theta \in \Theta, a \in \mathscr{A}$.

函数 $Q(\theta_i, a_j) \triangleq Q_{ij}$ 表示当处于状态 θ_i,采取行动 a_j 时所得到的(经济上)的收益大小.

收益函数的值可正可负,其正值表示盈利,负值表示亏损. 收益函数的单位常用货币单位,但也有时用其他容易比较好坏的单位,如产量、销售量等.

其实收益函数 $Q(\theta, a)$ 与损失函数 $L(\theta, a)$ 都是定义在 $\Theta \times \mathscr{A}$ 上的函数,并且二者还有一定的关系. 我们将在后面看到它们的区别与联系.

在本章的第 2 节——统计决策问题的三要素,我们给出了统计决策问题的三要素:状态集合 Θ,行动集合 $\mathscr{A}$,损失函数 $L(\theta, a)$. 引入了收益函数后,我们可以把统计决策问题的三要素中的"损失函数"换成"收益函数".

这样我们可以说"统计决策问题的三要素":状态集合 Θ,行动集合 $\mathscr{A}$,损失函数 $L(\theta, a)$(或"收益函数" $Q(\theta, a)$).

与损失函数类似,收益函数也可以用来评价人们选取的行动是好是坏的基础.当状态集合 Θ 和行动集合 $\mathscr{A}$ 都仅含有限个元素时,例如 $\Theta = \{\theta_1, \theta_2, \cdots, \theta_n\}$, $\mathscr{A} = \{a_1, a_1, \cdots, a_m\}$,收益函数也只取 nm 个值,它们可以组成一个表(表 5-2),也可以组成一个矩阵.

表 5-2   收益函数表

$Q(\theta_i, a_j)$	a_1	a_2	$\cdots$	a_m
θ_1	Q_{11}	Q_{12}	$\cdots$	Q_{1m}
θ_2	Q_{21}	Q_{22}	$\cdots$	Q_{2m}
$\vdots$	$\vdots$	$\vdots$	$\vdots$	$\vdots$
θ_n	Q_{n1}	Q_{n2}	$\cdots$	Q_{nm}

$$Q = \begin{bmatrix} Q_{11} & Q_{12} & \cdots & Q_{1m} \\ Q_{21} & Q_{22} & \cdots & Q_{2m} \\ \vdots & \vdots & & \vdots \\ Q_{n1} & Q_{n2} & \cdots & Q_{nm} \end{bmatrix}$$

这个矩阵称为收益矩阵.收益函数表和收益矩阵是收益函数的特殊形式,其作用与收益函数一样,但它们有"一目了然"的优点.

例 5.5.1 某水果商店准备购进一批苹果投放市场,购进价格(包括运费)每千克 6.5 元,出售价格每千克 11.0 元.苹果在购销过程中将损耗 10%,如果购进数量超过市场需求量,超出部分就必须以每千克 3.0 元的价格处理.现在市场需求量一时无法弄清楚的情况下,该商店的经理应作怎样的决策?

这里我们首先描述这个经营决策问题.在这个经营决策问题中,市场需求量是状态集合 Θ.根据过去经验,市场需求量 θ 至少为 500 kg,但也不会超过 2 000 kg,因此状态集合 $\Theta = [500, 2\,000]$.为了适应市场需求,该经理采用的行动 a 也应在这个范围内.所以行动集合 $\mathscr{A} = \Theta = [500, 2\,000]$.

最后,我们讨论收益函数 $Q(\theta, a)$,它表示市场需求量为 θ,而经理购进苹果 a kg 时水果商店的收益值.此时要分两种实际情况处理.由于在购销过程中将损耗 10%,所以当实际销售量 $0.9a$ (kg)不超过市场需求量为 θ,商店的收益为 $(11.0 - 6.5) \times 0.9a - 6.5 \times 0.1a$;当实际销售量 $0.9a$ (kg)超过市场需求量为 θ,商店的收益为 $(11.0 - 6.5)\theta + (3 - 6.5) \times (0.9a - \theta) - 6.5 \times 0.1a$,化简后,可以得到该商店的收益函数(单位:元):

$$Q(\theta, a) = \begin{cases} 8\theta - 3.8a, & 500 \leqslant \theta \leqslant 0.9a, \\ 3.4a, & 0.9a < \theta \leqslant 2\,000. \end{cases}$$

5.5.2 收益函数下行动的容许性

对于给定的决策问题如何去作决策呢?这里所谓"给定的决策问题"是指它的三要素:状态集合 Θ,行动集合 $\mathscr{A}$,收益函数 $Q(\theta, a)$(或损失函数 $L(\theta, a)$)完全确定.而所谓作决策,就是在行动集合 $\mathscr{A}$ 中选择一个行动,例如 a_1,使其收益函数 $Q(\theta, a_1)$ 在状态集合 Θ 上达到最大. 为此,我们对不同的行动 a_1 和 a_2 要比较它们的收益函数 $Q(\theta, a_1)$ 和 $Q(\theta, a_2)$ 的大小. 由于这里的收益函数 $Q(\theta, a_1)$ 和 $Q(\theta, a_2)$ 仍然是函数,比较它们的大小常常是困难的.

为了减少以后做决策的困难,我们要把明显的劣势行动从行动集合 $\mathscr{A}$ 中去掉. 例如,在对行动 a_1 和 a_2 的收益函数 $Q(\theta, a_1)$ 和 $Q(\theta, a_2)$ 的比较中,在状态集合 Θ 上处处有 $Q(\theta, a_1) \geqslant Q(\theta, a_2)$,那么行动 a_2 就没有存在的必要了. 行动 a_2 就是非容许的,一般定义如下.

定义 5.5.2　在给定的决策问题中,行动集合 $\mathscr{A}$ 中的 a_1 称为**容许的**,如果满足如下条件:

(1) 对所有的 $\theta \in \Theta$,有 $Q(\theta, a_1) \geqslant Q(\theta, a_2)$;

(2) 至少有一个 θ,可使(1)中的不等式严格成立.

如果有这样的 a_2 存在,则称 a_2 为**非容许的**. 如果行动 a_1 和 a_2 的收益函数在 Θ 处相等,则称行动 a_1 和 a_2 是**等价的**.

例 5.5.2　设某决策问题的收益函数表见表 5-3.

表 5-3　　　　　　　　　　　　　　　收益函数表

$Q(\theta_i, a_j)$	a_1	a_2	a_3	a_4	a_5	a_6
θ_1	4	2	0	2	2	0
θ_2	0	2	8	6	1	8
θ_3	3	1	1	0	1	1
θ_4	4	2	2	3	0	2

根据定义 5.5.2 和上述收益函数表,可知: a_5 是非容许的,由于在行动集合 $\mathscr{A} = \{a_1, a_2, \cdots, a_6\}$ 中存在这样的 a_2,对所有的 $\theta \in \Theta$,有 $Q(\theta, a_2) \geqslant Q(\theta, a_5)$,且在 $\theta = \theta_2$ 处不等式严格成立. 而其余的 5 个行动 a_1, a_2, a_3, a_4, a_6 都是容许的行动,其中 a_3 和 a_6 是等价的.

把非容许的行动从行动集合 $\mathscr{A}$ 中删除,这样行动集合中就只剩下容许的行动了,这可以使决策得以简化.

5.5.3　收益函数下的决策准则

前面是在损失函数下来讨论决策准则的,现在要把损失函数换成收益函数,来讨论决策准则.

对于给定的决策问题去作决策,就是在行动集合 $\mathscr{A}$ 中选取一个行动,使其收益达到最大. 这种行动往往在行动集合 $\mathscr{A}$ 中是不容易找的,或是找不到的. 在实际情况中正如在容许性的讨论中那样,对某些状态行动 a_1 的收益较大,对另一些状态行动 a_2 的收益较大. 对这样复杂交错的情况如何作决策呢? 这个问题的研究引出了很多新的策略思想,建立了各种决策准则. 以下我们介绍几个常用的决策准则.

1. 悲观准则

悲观准则由以下两步组成:

第一步,对每一个行动选出最小的收益值;

第二步,在所选出的最小的收益中选择最大值,此最大值对应的行动就是悲观准则下的最优行动.

例 5.5.3 某厂准备一年后生产一种新产品,如今有三个方案供选择:改建本厂原有的生产线 (a_1);从国外引进一条自动化生产线 (a_2);与兄弟厂联合组织"一条龙"生产线 (a_3). 厂长预计一年后市场对该新产品的需求量大致可以分为三类:较高 (θ_1),一般 (θ_2),较低 (θ_3). 厂长还算得其收益见表 5-4(单位:万元).

表 5-4 收益函数表

$Q(\theta_i, a_j)$	a_1	a_2	a_3
θ_1	700	980	400
θ_2	250	−500	90
θ_3	−200	−800	−30

第一步,行动 a_1 的最小收益是 −200,行动 a_2 和 a_3 的最小收益分别是 −800 和 −30,用符号表示这一步,即

$$\min_{i=1,2,3} Q(\theta_i, a_j) = \begin{cases} -200, & j=1, \\ -800, & j=2, \\ -30, & j=3. \end{cases}$$

第二步,在所选出的最小的收益值 −200,−800,−30 中,最大收益是 −30,它对应的行动 a_3 就是按照悲观准则选出了的最优行动.用符号表示这一步,即

$$\max_{j=1,2,3} \min_{i=1,2,3} Q(\theta_i, a_j) = -30 = \min_{i=1,2,3} Q(\theta_i, a_3).$$

在状态集合 Θ 和行动集合 $\mathscr{A}$ 都是有限集合的情况下,都可以按照上述两步求得最优行动. 在一般情况下,只要把上述收益改一下即可,即在悲观准则下,如果 $a' \in \mathscr{A}$,且满足

$$\max_{a \in \mathscr{A}} \min_{\theta \in \Theta} Q(\theta_i, a_j) = \min_{\theta \in \Theta} Q(\theta_i, a'),$$

那么 a' 就是最优行动.

2. 乐观准则

乐观准则由以下两步组成:

第一步,对每一个行动选出最大的收益值;

第二步,在所选出的最大的收益值中选择最大值,此最大值对应的行动就是乐观准则下的最优行动.

例 5.5.4(续例 5.5.3) 在例 5.5.3 中,按照乐观准则来做:

第一步,行动 a_1, a_2, a_3 的最大收益分别为 700,980,400,用符号表示这一步,即

$$\max_{i=1,2,3} Q(\theta_i, a_j) = \begin{cases} 700, & j=1, \\ 980, & j=2, \\ 400, & j=3. \end{cases}$$

第二步,在所选出的最大的收益值中最大的是 980,它对应的行动 a_2 就是按照乐观准则选出了的最优行动.用符号表示这一步,即

$$\max_{j=1,2,3} \max_{i=1,2,3} Q(\theta_i, a_j) = 980 = \max_{i=1,2,3} Q(\theta_i, a_2).$$

在状态集合 Θ 和行动集合 $\mathscr{A}$ 都是有限集合的情况下,都可以按照上述两步求得最优行动.在一般情况下,只要把上述收益改一下即可,即在乐观准则下,如果 $a' \in \mathscr{A}$,且满足

$$\max_{a \in \mathscr{A}} \max_{\theta \in \Theta} Q(\theta_i, a_j) = \max_{\theta \in \Theta} Q(\theta_i, a'),$$

那么 a' 就是最优行动.

乐观准则是一种冒险策略,采用乐观准则常是由某种特殊需要引发的.例如,在例 5.5.4 中,厂长有两步设想,第一步先投入新产品,第二步再生产配套产品.这样可以获得更大利润.可实现第二步需要 900 万元资金.在此情况下,厂长在第一步决策时,就要冒较大的风险,否则无法实现第二步设想.

3. 折中准则

折中准则是由赫维斯(Hurwicz)提出的,他认为决策者不应该按某种极端准则行事,而应在两种极端情况之间寻找某种平衡.悲观准则和乐观准则都是极端准则.如何在两种极端准则之间寻找平衡呢?赫维斯根据这一想法提出了**折中准则**,它由如下三步组成:

第一步,在 0 和 1 之间选一个数 α,称为**乐观系数**,用它来表示决策者面临的决策问题所持有的乐观程度,越接近 1,决策者就越乐观,越接近 0,决策者就越悲观.

第二步,对每一个行动 a 计算

$$H(a) = \alpha \max_{\theta \in \Theta} Q(\theta, a) + (1 - \alpha) \min_{\theta \in \Theta} Q(\theta, a).$$

这里 $\max\limits_{\theta \in \Theta} Q(\theta, a)$ 表示行动 a 的最大收益,$\min\limits_{\theta \in \Theta} Q(\theta, a)$ 表示行动 a 的最小收益.$H(a)$ 就是行动 a 的最大收益和行动 a 的最小收益的加权平均.

第三步,取行动 a_0,使得 $H(a_0)$ 达到最大,即

$$H(a_0) = \max_{a \in \mathscr{A}} H(a).$$

此时,a_0 就是折中准则下的最优行动.

对折中准则的上述三步说明,如果把决策者的乐观系数 α 看作一种权,或者看作决策者能得到最大收益值的可能性大小(即概率),那么 $H(a)$ 就是一种平均收益.而使平均收益达到最大的行动就是折中准则下的最优行动.

例 5.5.5(续例 5.5.3)　在例 5.5.3 中,按照折中准则来做:

第一步,厂长(决策者)对自己厂生产的新产品充满信心,他取乐观系数 $\alpha = 0.8$.

第二步,对每一个行动 a_1, a_2, a_3 分别计算:

$$H(a_1) = 0.8 \times 700 + 0.2 \times (-200) = 520,$$

$$H(a_2) = 0.8 \times 980 + 0.2 \times (-800) = 624,$$

$$H(a_3) = 0.8 \times 400 + 0.2 \times (-30) = 314.$$

第三步,比较 $H(a_1)$,$H(a_2)$ 和 $H(a_3)$ 的大小,可知 $H(a_2)$ 最大,因此 a_2 是折中准则

下的最优行动.

折中准则克服了乐观准则过于冒险和悲观准则过于保守的缺点,但增加了确定乐观系数 α 的困难.为了确定乐观系数,决策者一定要弄清乐观系数的含义,然后根据自己的看法给出 α.

从第二步可以看出,当 $\alpha=1$ 时,折中准则就是乐观准则;当 $\alpha=0$ 时,折中准则就是悲观准则.因此,乐观准则和悲观准则都是折中准则的特殊情况.

例 5.5.6(续例 5.5.3) 对例 5.5.3 中的问题使用折中准则时,可以换一种思路来考虑.先不要厂长给出乐观系数,而只假设其乐观系数为 α,然后做一些分析后再作决策.为此先计算出各行动下的 $H(a_i)$:

$$H_1(\alpha)=700\alpha+(-200)(1-\alpha)=900\alpha-200,$$

$$H_2(\alpha)=980\alpha+(-800)(1-\alpha)=1\,780\alpha-800,$$

$$H_3(\alpha)=400\alpha+(-30)(1-\alpha)=430\alpha-30.$$

各平均收益 $H_i(\alpha)$ 都是乐观系数 α 的线性函数.各平均收益 $H_i(\alpha)$ 与乐观系数 α 的关系,如图 5-2 所示.

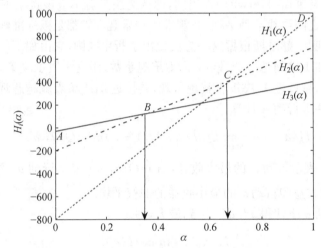

图 5-2   各平均收益 $H_i(\alpha)$ 与乐观系数 α 的关系

根据折中准则,所选行动应使平均收益最大.从图 5-2 可以看出,线段 AB,BC,CD 对应的平均收益最大,其中 A,B,C,D 四点的横坐标分别为 0,0.36,0.68,1.由此看出,该厂长的决策依赖于厂长的乐观系数 α,具体如下:

当 $0\leqslant\alpha<0.36$ 时,厂长应采用 a_3(与兄弟厂联合组织"一条龙"生产线);

当 $0.36\leqslant\alpha\leqslant0.68$ 时,厂长应采用 a_1(改建本厂原有的生产线);

当 $0.68<\alpha\leqslant1$ 时,厂长应采用 a_2(引进一条自动化生产线).

因此,厂长对未来市场乐观一些($\alpha>0.68$),就采用 a_2;厂长对未来市场悲观一些($\alpha<0.36$),就采用 a_3;否则,就采用 a_1.

5.6   先验期望准则

前面讨论过先验信息,并讨论过先验分布的选择.用先验分布作决策时,就形成了下面的先验期望准则和二阶矩准则.

5.6.1　先验期望收益

当为了得到关于 θ 的信息而进行试验时,典型的情况是被设计成观测值服从某一个概率分布,而 θ 是这个分布的未知参数.此时,参数 θ 的变化范围,即状态集合 Θ 就是前几章中的参数空间.

定义 5.6.1　对于给定的决策问题,若在状态集合 Θ 上有一个正常的先验分布 $\pi(\theta)$,则收益函数 $Q(\theta, a)$ 对 $\pi(\theta)$ 的期望与方差

$$\overline{Q}(a) = E[Q(\theta, a)],$$

$$\mathrm{Var}[Q(\theta, a)] = E[Q(\theta, a)]^2 - \{E[Q(\theta, a)]\}^2$$

分别称为**先验期望收益**和**收益的先验方差**.使先验期望收益达到最大的行动 a',则

$$\overline{Q}(a') = \max_{a \in \mathcal{A}} \overline{Q}(a) \tag{5.6.1}$$

称为**先验期望准则下的最优行动**.若此种最优行动不止一个,其中收益的先验方差到达最小的行动称为**二阶矩准则下的最优行动**.

在定义 5.6.1 中应强调如下三点:

首先要强调的是,只能使用正常的先验分布,不能使用广义先验分布.因为这里只使用了先验信息,没有抽样信息可用.

其次,应该注意的是,在比较先验期望收益中,若有两个以上行动能使式(5.6.1)成立,则它们的先验期望收益必相等,这时才考虑其方差的大小,比较其收益的分散程度.在经济活动中常有风险,方差是度量风险的一个尺度,方差大风险大,方差小风险小.按照二阶矩准则选取风险小的行动是合理的.

最后,从贝叶斯观点看,使用合理的先验信息,对决策问题作出决策只会有好处,先验期望准则和二阶矩准则下的最优行动总比前面几个准则得到的结果较为可信,使用价值更大.

例 5.6.1(续例 5.5.3)　在例 5.5.3 中,给出了三个状态和三个行动的决策问题,并给出了收益函数.如果厂长根据自己对一年后市场需求量是高、中、低给出的主观概率分别为

$$\pi(\theta_1) = 0.6, \quad \pi(\theta_2) = 0.3, \quad \pi(\theta_3) = 0.1.$$

现在把厂长根据自己对一年后市场需求量是高、中、低给出的主观概率(作为先验分布),加到例 5.5.3 中的收益函数表的最后一列,得到表 5-5.

表 5-5　　　　　　　　　　　　　　收益函数表和先验分布

$Q(\theta_i, a_j)$	a_1	a_2	a_3	$\pi(\theta_i)$
θ_1	700	980	400	0.6
θ_2	250	−500	90	0.3
θ_3	−200	−800	−30	0.1

根据定义 5.6.1 可以得到各行动的先验期望收益如下：

$$\overline{Q}(a_1) = 420 + 75 - 20 = 475,$$

$$\overline{Q}(a_2) = 588 - 150 - 80 = 358,$$

$$\overline{Q}(a_3) = 240 + 27 - 3 = 264.$$

根据以上计算结果可知，a_1 的收益最大，因此 a_1 是先验期望准则下的最优行动.

5.6.2 先验期望准则与其他几个准则的关系

回顾前面几个例子中，在悲观准则、乐观准则、折中准则下我们曾经得到：

在例 5.5.3 中，在悲观准则下的最优行动为 a_3；

在例 5.5.4 中，在乐观准则下的最优行动为 a_2；

在例 5.5.5 中，在折中准则下的最优行动为 a_2.

通过以上几个例子的比较发现：在悲观准则、乐观准则、折中准则下的最优行动和在先验期望准则下的最优行动是不同的. 这是为什么呢？从贝叶斯观点看，悲观准则、乐观准则、折中准则都可以纳入先验期望准则，只不过是它们选择不同的先验分布而已，具体如下.

1. 悲观准则和先验期望准则的比较

悲观准则是在各行动的最小收益中选择最大者，这反映决策者对市场的需求量是悲观的，总认为低的需求量必然发生，所以自觉地使用了如下先验分布 π_1：

$$\pi_1(\theta_1) = \pi_1(\theta_2) = 0, \quad \pi_1(\theta_3) = 1.$$

由此可以得到各行动的先验期望收益如下：

$$\overline{Q}_1(a_1) = -200, \quad \overline{Q}_1(a_2) = -800, \quad \overline{Q}_1(a_3) = -30.$$

相比之下，a_3 的先验期望收益最大，因此 a_3 是在先验分布 π_1 下的最优行动. 上述各期望收益和最优行动与例 5.5.3 完全一致.

2. 乐观准则和先验期望准则的比较

类似地可以选用另一个 π_2：

$$\pi_2(\theta_1) = 1, \quad \pi_2(\theta_2) = \pi_2(\theta_3) = 0.$$

这反映了决策者对市场的需求量是乐观的，认为高的需求量会发生，在这个先验分布下，各行动的先验期望收益如下：

$$\overline{Q}_2(a_1) = 700, \quad \overline{Q}_2(a_2) = 980, \quad \overline{Q}_2(a_3) = 400.$$

相比之下，a_2 的先验期望收益最大，因此 a_2 是在先验分布 π_2 下的最优行动. 上述各期望收益和最优行动与例 5.5.4 完全一致.

3. 折中准则和先验期望准则的比较

在例 5.5.5 中，使用折中准则中决策者的乐观系数为 0.8，它只是在最大收益和最小收益之间的折中，不涉及中间收益是多少，因此其对应的先验分布 π_3 为

$$\pi_3(\theta_1)=0.8,\quad \pi_3(\theta_2)=0,\quad \pi_3(\theta_3)=0.2.$$

由此可以计算各行动的先验期望收益如下：

$$\overline{Q}_3(a_1)=520,\quad \overline{Q}_3(a_2)=624,\quad \overline{Q}_3(a_3)=314.$$

相比之下，a_2 的先验期望收益最大，因此 a_2 是在先验分布 π_2 下的最优行动. 上述各期望收益和最优行动与例 5.5.5 完全一致.

通过上述分析，可以看出：从表面上看，使用悲观准则、乐观准则、折中准则都没有使用市场需求量的先验信息，而是出于各自的心理状态在作决策. 但从贝叶斯观点看，在使用悲观准则、乐观准则、折中准则的决策者们，都不自觉地使用了先验分布，也就是说他们都在使用先验期望准则.

现在的问题是：市场需求量的先验分布中哪一个是合理的？我们把上面的四种先验分布列在表 5-6 中.

表 5-6　　　　　　　　　　　　　　不同先验分布

市场需求量	θ_1（高）	θ_2（中）	θ_3（低）
悲观准则下 π_1	0	0	1
乐观准则下 π_2	1	0	0
折中准则下 π_3	0.8	0	0.2
先验期望准则下 π_4	0.6	0.3	0.1

从上表可以看出，前三个先验分布中都认为中等市场需求量是根本不可能发生的，未来市场需求量不是高就是低，这是不符合市场的实际情况的. 市民对新产品的需求量要么很多，要么很少，适中的状态是不能发生的，这种看法是不合理的.

从上述比较中可以看出，根据先验信息，自觉地选用先验分布是相对较为合理的，而不自觉地使用先验分布有多么危险和可笑.

例 5.6.2(续例 5.5.1)　　在例 5.5.1 中，某水果店准备购进一批苹果投放市场，市场需求量 θ 和经理采购量都在 500 kg 到 2 000 kg 之间，所得到的先验期望收益函数为（单位：元）：

$$Q(\theta,a)=\begin{cases}8\theta-3.8a,& 500\leqslant\theta\leqslant 0.9a,\\ 3.4a,& 0.9a<\theta\leqslant 2\,000.\end{cases}$$

如果经理采用 $[500,2\,000]$ 上的均匀分布作为市场需求量 θ 的先验分布，则经理采购量 a 的先验期望收益为

$$\overline{Q}(a)=\frac{1}{1\,500}\left[\int_{500}^{0.9a}(8\theta-3.8a)\mathrm{d}\theta+\int_{0.9a}^{2\,000}3.4a\,\mathrm{d}\theta\right]$$

$$=\frac{1}{1\,500}(-3.24a^2+8\,700a-1\,000\,000).$$

这里，括号中是关于 a 的二次三项式，求其一阶导数并令其为零，得到当 $a=1\,342.592\,6\approx1\,343\text{(kg)}$ 时先验期望收益函数达到最大. 因此，经理应采购 1 343 kg 苹果

可以使其先验期望收益最大.

先验期望收益函数 $\overline{Q}(a)$, 如图 5-3 所示.

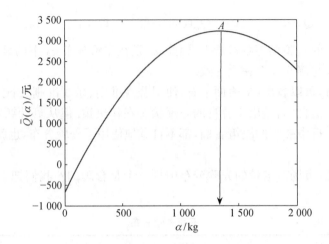

图 5-3　先验期望收益函数 $\overline{Q}(a)$

从图 5-3 可以看出, A 点是先验期望收益函数 $\overline{Q}(a)$ 的最大值, A 点对应的点是 $a=$ 1 342.592 6 ≈ 1 343(kg).

例 5.6.3　某花店的店主每天从农场以每支 5 元的价格购进若干支玫瑰花, 然后以每支 10 元的价格出售. 如果当天卖不完, 余下的玫瑰花作垃圾处理. 这样店主就要少赚钱, 甚至亏本. 为了弄清楚市场需求情况, 店主连续记录了过去 50 天出售玫瑰花的数量, 整理的记录见表 5-7.

表 5-7　　　　　　　　　　50 天内每天出售玫瑰花的数量统计表

出售量/(支/日)	频数/日	频率
14	4	0.08
15	11	0.22
16	10	0.20
17	7	0.14
18	7	0.14
19	6	0.12
20	5	0.10
累计	50	1.00

如果把频率作为每天出售量 θ 的先验分布, 其分布律见表 5-8.

表 5-8　　　　　　　　　　　　θ 的先验分布

θ	14	15	16	17	18	19	20
$\pi(\theta)$	0.08	0.22	0.20	0.14	0.14	0.12	0.10

由于以每支 5 元的价格购进,然后再以每支 10 元的价格出售,且当天卖不完,余下的玫瑰花作垃圾处理,这样可以得到在状态 θ_i 时而花店的店主采用行动 a_j 的收益函数为(单位:元):

$$Q(\theta_i, a_j) = \begin{cases} 5a_j, & a_j \leqslant \theta_i, \\ 10\theta_i - 5a_j, & a_j > \theta_i. \end{cases}$$

由此可以算出收益函数值,具体见表 5-9.

表 5-9　　　　　　　　　　　　　收益函数表

$Q(\theta_i, a_j)$	a_1	a_2	a_3	a_4	a_5	a_6	a_7
θ_1	70	65	60	55	50	45	40
θ_2	75	65	70	65	60	55	50
θ_3	75	65	80	75	70	65	60
θ_4	75	65	80	85	80	75	70
θ_5	75	65	80	85	90	85	80
θ_6	75	65	80	85	90	95	90
θ_7	75	65	80	85	90	95	100

根据定义 5.6.1 可以得到各行动的先验期望收益如下:

$$\overline{Q}(a_1) = 70.0, \quad \overline{Q}(a_2) = 74.2, \quad \overline{Q}(a_3) = 76.2,$$

$$\overline{Q}(a_4) = 76.2, \quad \overline{Q}(a_5) = 74.8, \quad \overline{Q}(a_6) = 72.0, \quad \overline{Q}(a_7) = 68.0.$$

根据先验期望准则,a_3 和 a_4 为最优行动,即该花店的店主每天应购进 16 支或 17 支玫瑰花. 为了在 a_3 和 a_4 两个行动中再选择较优的一个,我们要计算其先验方差,为此先计算:

$$E^{\theta}[Q(\theta, a_3)]^2 = \sum_{i=1}^{7} Q(\theta_i, a_3) = 5\,846,$$

$$E^{\theta}[Q(\theta, a_4)]^2 = \sum_{i=1}^{7} Q(\theta_i, a_4) = 5\,909.$$

然后计算先验方差

$$\mathrm{Var}(Q_3) = 5\,845 - (76.2)^2 = 39.56,$$

$$\mathrm{Var}(Q_4) = 5\,909 - (76.2)^2 = 102.56.$$

相比之下,行动 a_3 的方差较小,因此 a_3 是二阶矩准则下的最优行动.

5.7　用损失函数与收益函数作决策的关系

在本章的第 2 节中,我们给出了统计决策问题的三要素:状态集合 Θ,行动集合 $\mathscr{A}$,损

失函数 $L(\theta, a)$. 在 5.5 节中,引入了收益函数后,可以把统计决策问题的三要素中的"损失函数"换成"收益函数". 这样可以说"统计决策问题的三要素":状态集合 Θ,行动集合 $\mathscr{A}$,损失函数 $L(\theta, a)$[或"收益函数"$Q(\theta, a)$].

前面分别讨论过损失函数与收益函数,并分别讨论了用它们作决策问题,那么用这两个函数做决策有什么关系呢?

5.7.1 从收益到损失

这里说的损失函数不是负的收益,也不是亏损. 例如,某商店一个月的经营收益为 $-10\,000$ 元,即亏损 10 000 元,这是对成本而言的. 在这里不称其为损失,而称其为亏损. 这里所讲的损失是指:"该赚而没赚到的钱." 例如,商店本可以赚到 20 000 元,由于决策失误而亏损了 10 000 元,那么说该商店损失了 30 000 元. 用这种观点去认识损失对于提高决策意识是很有好处的.

例 5.7.1 某公司所购进的某种货物可分为大批、中批和小批三种行动,分别记作 a_1,a_2 和 a_3. 未来市场的需求量可分为高、中和低三种状态,分别记作 θ_1,θ_2 和 θ_3. 三个行动在不同市场状态下获得的利润(单位:千元)——收益函数表,见表 5-10.

表 5-10 收益函数表

$Q(\theta_i, a_j)$	a_1	a_2	a_3
θ_1	10	6	2
θ_2	3	4	2
θ_3	-2.7	-0.8	1

现在把这个收益函数表按照损失的含义把它改写成损失函数表.

当市场处于状态 θ_1 时,从上面的收益函数表的第一行可以看出,此时的最优行动是 a_1,可获得收益 10 千元 $= 10\,000$(元). 如果要采用行动 a_2,此时,可获得收益 6 千元 $= 6\,000$(元),与最优行动 a_1 相比,要少得 $10\,000 - 6\,000 = 4\,000$(元),这 4 000 元就是该公司"该赚而没赚到的钱",是市场处于状态 θ_1,且采取行动 $a = a_2$ 时的损失值,即 $L(\theta_1, a_2) = 4\,000$(元). 类似地,$L(\theta_1, a_3) = 10\,000 - 2\,000 = 8\,000$(元),而 $L(\theta_1, a_1) = 0$(元)(即无损失). 这是因为当 θ_1 发生时,最优行动是 a_1.

同样,可以得到 θ 和 a 在不同情况下的其他损失值,把这些损失值按照原来的顺序列成损失函数表(或相应的损失矩阵)(单位:千元),见表 5-11.

表 5-11 损失函数表

$L(\theta_i, a_j)$	a_1	a_2	a_3
θ_1	0	4	8
θ_2	1	0	2
θ_3	3.7	1.8	0

5.7.2 用收益函数表示损失函数

给定一个统计决策问题,也就是给定了该统计决策问题的三要素:状态集合 Θ,行动集

合 $\mathcal{A}$, 损失函数 $L(\theta, a)$ [或"收益函数" $Q(\theta, a)$].

根据收益函数 $Q(\theta, a)$ 可以给出损失函数 $L(\theta, a)$.

当处于状态 θ 时, 最大收益为 $\max\limits_{a \in \mathcal{A}} Q(\theta, a)$, 此时采取行动 a 所引出的损失函数为

$$L(\theta, a) = \max_{a \in \mathcal{A}} Q(\theta, a) - Q(\theta, a). \tag{5.7.1}$$

例 5.7.2　某公司所购进一批货物投放市场, 若购进数量 a 低于市场需求量 θ(即 $a \leqslant \theta$), 每吨可赚 15 万元. 若购进数量 a 超过市场需求量 θ, 超过部分每吨反而要亏 35 万元. 由此可以写出其收益函数

$$Q(\theta, a) = \begin{cases} 15a, & a \leqslant \theta, \\ 15\theta - 35(a - \theta), & a > \theta. \end{cases}$$

容易看到, 在购销过程无损耗时, 购进数量 a 等于市场需求量 θ 时, 收益达到最大, 此时收益为 $Q(\theta, a) = 15a$, 根据式 (5.7.1), 可以写出其损失函数

$$L(\theta, a) = \begin{cases} 15(\theta - a), & a \leqslant \theta, \\ 35(a - \theta), & a > \theta. \end{cases}$$

此损失函数表明, 当购进数量 a 不超过市场需求量 θ 时, 有 $15(\theta - a)$ 万元是该赚而没赚到的, 这是一种损失. 当购进数量 a 超过市场需求量 θ 时, 有 $35(a - \theta)$ 万元是不该亏而亏了的, 这也是损失.

5.7.3　损失函数下的悲观决策准则

在损失函数下作决策与在收益函数下作决策有一定的关系. 与在收益函数下作决策类似, 只要在决策准则中, 把"收益越大越好"改写为"损失越小越好"就可以了. 以下介绍在损失函数下的悲观决策准则.

设有一个决策问题, 它的状态集合为 Θ, 行动集合维 $\mathcal{A}$, 损失函数为 $L(\theta, a)$, 此时, 悲观决策准则由如下两步组成:

第一步, 对每个行动 a, 选出最大的损失值, 记为

$$\max_{\theta \in \Theta} L(\theta, a), \quad a \in \mathcal{A}.$$

第二步, 在所有选出的最大损失值中再选出其最小者, 如果这个最小值能找到, 并且对应的行动 a', 则 a' 满足

$$\min_{a \in \mathcal{A}} \max_{\theta \in \Theta} L(\theta, a) = \min_{\theta \in \Theta} L(\theta, a'), \tag{5.7.2}$$

则称 a' 为**悲观决策准则下的最优行动**.

上述两步说明, 悲观决策准则是设想最坏状态发生的情况下, 尽量把损失降到最小, 这是一种保守的策略. 不求零损失, 但愿少损失. 这与收益函数下的悲观决策准则具有相同的策略思想, 但两种悲观决策准则在决策结果上未必一致.

例 5.7.3(续例 5.7.1)　在例 5.7.1 中, 分别给出了收益函数表 (表 5-10) 和损失函数表 (表 5-11).

(1) 首先,对收益函数 Q 施行悲观决策.

第一步,行动 a_1, a_2 和 a_3 的最小收益分别为 -2.7, -0.8, 1.

第二步,在上述三个最小收益中的最大者是 1,而与 1 对应的行动是 a_3. 因此在收益函数下悲观准则的最优行动是 a_3(采购小批量).

(2) 其次,对损失函数 L 施行悲观决策.

第一步,行动 a_1, a_2 和 a_3 的最大损失分别为 3.7, 4, 8.

第二步,在上述三个最大损失中的最小者是 3.7,而 3.7 对应的行动是 a_1. 因此在损失函数下悲观准则的最优行动是 a_1(采购大批量).

通过以上计算,我们看到同一个决策问题,施行类似的决策准则,最后得到的结果不同. 这个差别是由于收益函数 $Q(\theta_i, a_j)$ 改用损失函数 $L(\theta_i, a_j)$ 后引起的. 在收益函数 $Q(\theta_i, a_j)$ 下,用悲观决策准则作决策只涉及 $Q(\theta_i, a_j)$ 中的最小收益,而对较大收益等其他收益值从不问津. 而在损失函数 $L(\theta_i, a_j)$ 下,用悲观决策准则作决策虽只涉及 $L(\theta_i, a_j)$ 中的最大损失,但此最大损失是最大收益与最小收益之差,因此在作决策时用了较多信息. 由于这个原因,使用损失函数作决策更为合理.

5.7.4 损失函数下的先验期望准则

对于给定的决策问题,若在状态集合 Θ 上形成一个先验分布 $\pi(\theta)$,可使用先验期望准则作决策.

定义 5.7.1 对于给定的决策问题,若在状态集合 Θ 上有一个正常的先验分布 $\pi(\theta)$,则损失函数 $L(\theta, a)$ 对 $\pi(\theta)$ 的期望与方差

$$\overline{L}(a) = E^{\theta}[L(\theta, a)],$$
$$\mathrm{Var}[L(\theta, a)] = E^{\theta}[L(\theta, a)]^2 - \{E^{\theta}[L(\theta, a)]\}^2 \qquad (5.7.3)$$

分别称为**先验期望损失**和**损失的先验方差**. 使先验期望损失达到最小的行动 a',则

$$\overline{L}(a') = \min_{a \in \mathscr{A}} \overline{L}(a)$$

称为**先验期望准则下的最优行动**. 若此种最优行动不止一个,其中损失的先验方差到达最小的行动称为**二阶矩准则下的最优行动**.

在定义 5.7.1 中应该强调如下几点:

(1) 首先要强调的是,只能使用正常的先验分布,不能使用广义先验分布. 因为这里只使用了先验信息,没有抽样信息可用.

(2) 其次,应该注意的是,损失的方差常用来度量行动的风险,它不仅在先验平均损失发生相等时可以用来挑选最优行动,而且在决策中有重要的参考价值. 损失的方差小可使决策的风险减小,方差大意味着决策的风险大,有时决策者宁愿增加一点损失,也要争取小的风险.

(3) 最后,从贝叶斯观点看,使用合理的先验信息,对决策问题作出决策只会有好处,因此要努力去收集和挖掘各种先验信息,形成先验分布.

例 5.7.4(续例 5.7.1) 在例 5.7.1 中,给出了采购决策问题的损失函数表(表 5-11).

在例 5.7.3 中用损失函数 $L(\theta_i, a_j)$ 施行悲观决策,最优行动是 a_1(采购大批量).

在那里没有用任何先验信息.如果公司经理经过专家咨询后认为未来市场对该商品的需求量是中等,不会太高,更不会太低,据此公司经理用主观概率给出了如下的先验分布:

$$\pi(\theta_1) = 0.2, \quad \pi(\theta_2) = 0.7, \quad \pi(\theta_3) = 0.1.$$

用此先验分布可以算得行动 a_1,a_2 和 a_3 的先验期望损失 $\overline{L}(a)$ 和损失的方差 $\mathrm{Var}(a)$:

$$\overline{L}(a_1) = 1.07, \quad \overline{L}(a_2) = 0.98, \quad \overline{L}(a_3) = 3.00,$$

$$\mathrm{Var}(a_1) = 0.924\,1, \quad \mathrm{Var}(a_2) = 2.563\,6, \quad \mathrm{Var}(a_3) = 6.60.$$

比较先验期望损失的大小,可得 a_2(中等采购量)是先验期望损失准则下的最优行动.考虑到 a_1 和 a_2 的先验期望损失仅差 $1.07 - 0.98 = 0.09$,而 a_1 的先验方差要比 a_2 的先验方差小得较多,为了避免大的风险,也可以采用 a_1 作为行动.

例 5.7.5(续例 5.2.1)　在例 5.2.1 中给出了新药市场占有率 θ 损失函数为

$$L(\theta, a) = \begin{cases} \theta - a, & \theta - a \geqslant 0, \\ 2(a - \theta), & \theta - a \leqslant 0. \end{cases}$$

也可以改写成

$$L(\theta, a) = \begin{cases} \theta - a, & a \leqslant \theta \leqslant 1, \\ 2(a - \theta), & 0 \leqslant \theta < a. \end{cases}$$

这里状态集合和 Θ 和行动集合 $\mathscr{A}$ 都是 $[0, 1]$.

现在厂长对市场占有率 θ 无任何先验信息,因此采用 $[0, 1]$ 上的均匀分布作为 θ 的先验分布,此时行动 a 的先验期望损失为

$$\overline{L}(a) = \int_0^a 2(a - \theta)\mathrm{d}\theta + \int_a^1 (\theta - a)\mathrm{d}\theta = \frac{3}{2}a^2 - a + \frac{1}{2}.$$

它是关于 a 的二次三项式,当 $a = \dfrac{1}{3}$ 时可使 $\overline{L}(a)$ 达到最小,这样 $a = \dfrac{1}{3}$ 就是先验期望损失准则下的最优行动,这里 $a = \dfrac{1}{3}$ 是市场占有率 θ 的估计值,于是可记作 $\hat{\theta} = \dfrac{1}{3}$.如果这个行动被采纳,厂长就要按照该市场占有率组织生产.

先验期望损失函数 $\overline{L}(a)$ 图,如图 5-4 所示.

从图 5-4 可以看出,A 点是先验期望损失函数 $\overline{L}(a)$ 的最小值,A 点对应的是 $a = \dfrac{1}{3}$.

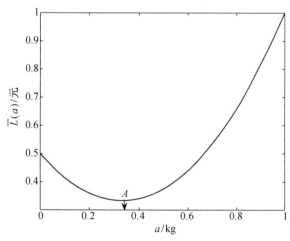

图 5-4　先验期望损失函数 $\overline{L}(a)$

5.8 效用函数及其应用

在5.2节中,给出了统计决策问题的三要素:状态集合 Θ,行动集合 $\mathscr{A}$,损失函数 $L(\theta, a)$. 在5.5节中,引入了收益函数后,可以把统计决策问题的三要素中的"损失函数"换成"收益函数". 这样可以说"统计决策问题的三要素":状态集合 Θ,行动集合 $\mathscr{A}$,损失函数 $L(\theta, a)$(或"收益函数" $Q(\theta, a)$). 其中损失函数 $L(\theta, a)$ 或收益函数 $Q(\theta, a)$ 是三要素最重要的,由于收益或损失的引入,才能对决策问题进行定量分析,并可在两个或两个以上行动中选择最优行动.

5.8.1 效用和效用函数

在确定损失函数 $L(\theta, a)$ 或收益函数 $Q(\theta, a)$ 时常用的度量尺度是各种货币单位. 在决策问题中,货币当然是一种自然的度量尺度,容易为人们所接受,但现实世界中有很多例子都说明,货币未必是度量行动的合理尺度.

例5.8.1 假如有一项累而脏的工作,完成该工作可以得到100元的报酬. 这对收入不高的人来说是一项很好的工作,但对收入高的人(比如他有1 000万元的存款)可能就不会接受此任务. 因为同为100元,其在收入不高的人的心目中的价值要高于其在收入高的人的心目中的价值.

此种价值上的差异往往会导致不同的决策,这种现象在现实世界中经常会遇到. 例如,对于某种职业,有的人愿意去做,有的人却不愿意去做;对于自己的钱,有的人愿意存入银行,有的人则愿意购买债券或购买房产;对于某项投资,有的人愿意去冒险投资,有的人则希望稳妥而不去投资. 诸如此类决策上的差异大多是由于价值上的差异引起的.

上述例子说明,同样一笔钱在不同的人心目中的价值是不同的,所以"钱"与"钱的价值"是不同的两个概念,我们把钱在人们心目中的价值称为**效用**. 如果用 m 表示钱,用 U 表示效用,那么效用应是钱的函数,即 $U = U(m)$,这个函数 $U(m)$ 称为**效用函数**,其曲线称为**效用曲线**. 图5-5是一种典型的效用曲线.

当 $m = 0$ 时,$U(0) = 0$,$U(m)$ 随着 m 的增加而增加,其增加幅度开始较大,而后来越来越小. 例如,在图5-5中,当 m 在 A 和 B 两点同样增加 Δm 时,其效用 $U(m)$ 的增加幅度 ΔU_A 要比 ΔU_B 大得多.

例如,对 $m = 50$ 元增加 100 元与对 $m = 10^8$ 元增加 100 元所得到的效用是不

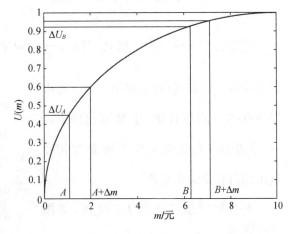

图5-5 效用曲线 $U(m)$

同的,对前者的效用较大,而对后者的效用较小(几乎没有什么效用),这是符合人们的实际思维的.

由于决策者的个人性格、所处环境以及对未来发展等诸多因素的影响,不同的决策者对

同一个决策问题反应不一定相同,所以个不同的决策者的效用函数一般是不同的.即使同一个决策者,由于时间、环境等条件的变化,对相同机会的反应也不一定相同.这种现象在现实生活中也常遇到,能解释这种现象的就是效用函数.

例 5.8.2　某经理面临两个合同 a_1 和 a_2 的选择,若施行合同 a_1,在市场急需(θ_1)时,可得纯利 15 000 元,在市场疲软(θ_2)时,要亏 20 000 元;而若施行合同 a_2,则不管市场如何,总可得到纯利 10 000 元.该经理认为市场急需的可能性很大,其发生的概率为 $\pi(\theta_1)=0.9$,而 $\pi(\theta_2)=0.1$,这就是市场状态的先验分布.据此,可获得的收益函数表,见表 5-12.

表 5-12　　　　　　　　　　　　　收益函数表

$Q(\theta_i, a_j)$	a_1	a_2
θ_1	15 000	10 000
θ_2	−20 000	10 000

如果用先验期望准则,该经理必须先计算行动先验期望收益:$\overline{Q}(a_1)=11\,500$ 元,$\overline{Q}(a_2)=10\,000$ 元,比较这两个先验期望收益,应选择合同 a_1.

但是该经理最后还是选择了合同 a_2,并解释说:a_1 的先验期望收益 11 500 元,不过是选择的指导,但如果选择 a_1,他不是得到 15 000 元就是亏 20 000 元,一旦 θ_2(市场疲软)发生,他将无法承受 20 000 元的亏损.而选择 a_2,则无论是 θ_1 还是 θ_2 发生,都能确保 10 000元的收益.由于怕承担风险,所以他认为选择 a_2 优于 a_1.

如何解释这一现象?用先验期望准则无法解释这个问题,但用效用曲线可以说明这个问题(图 5-6).大家知道,15 000 元确实比 10 000 元高 1.5 倍,但在经理心目中,15 000 元的效用不比 10 000 元的效用高 1.5 倍,只是略大,从而对经理没有吸引力.可是−20 000 元虽只比 10 000 元低 3 倍,但−20 000 元的效用却在经理心目中要比 10 000 元的效用低更多倍,从而经理望而生畏.

根据对经理的调查咨询,测得经理在−20 000 元到 20 000 元上的效用曲线(图 5-6),其效用值定在 0 与 1 之间,在这条曲线上测得

$U(-20\,000)=0,\quad U(10\,000)=0.92,$
$U(15\,000)=0.96.$

效用曲线 $U(m)$ 图,如图 5-6 所示.

然后用效用值代替原来的收益值,得到效用函数表见表 5-13.

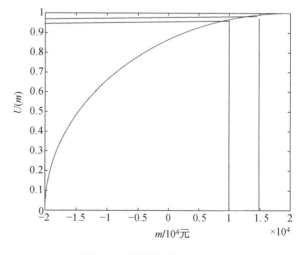

图 5-6　效用曲线 $U(m)$

表 5-13 效用函数表

$U(\theta_i, a_j)$	a_1	a_2
θ_1	0.96	0.92
θ_2	0	0.92

如果 θ 的先验分布同前: $\pi(\theta_1)=0.9$, $\pi(\theta_2)=0.1$, 则按照先验期望准则, 计算每个行动的先验期望效用

$$\overline{U}(a_1)=0.96\times0.9+0\times0.1=0.864,$$

$$\overline{U}(a_2)=0.92\times0.9+0.92\times0.1=0.92.$$

比较这两个先验期望效用后, 经理就会选择先验期望效用大的 a_2. 这就解释了"经理为什么要选择 a_2"这个问题.

这个例子表明, 效用和效用函数对决策问题是很有用的. 这是因为决策的结果是由决策者承担的, 决策者个人的心理素质(对风险的态度、个人的性格等)不能不对决策过程发生重要的影响, 所以决策就会带有一定的主观性. 效用函数概括了这个主观性. 但也应该看到, 效用函数也不是纯主观的东西, 它仍然含有一定的客观性, 这不仅因为效用大小取决于收益(钱)的多少, 而且还受到决策者当前所处的环境、本人条件等客观因素的影响. 例如, 一个只有少量本钱(如只有 1 万元)的人, 往往不敢去冒亏损几万元的风险, 因为对这样的风险造成的不利后果他承受不了; 而对一个拥有数千万元巨资的人, 就可能毫不在乎地去冒亏损几万元的风险. 正是因为效用函数概括了一定的主观性和客观性, 它在决策中才有应用价值.

5.8.2 用效用函数作决策的例子

例 5.8.3 某商店有资产 200 万元, 该商店经理考虑是否要参加火灾保险, 保险费每年为资产的 3‰, 根据历史资料, 该商店每年发生火灾的概率为 0.002.

若该商店参加火灾保险(a_1), 每年需支付 200 万元的 3‰的保费, 即 0.6 万元. 火灾发生(θ_2)后, 保险公司可以赔偿全部资产; 若不参加该保险(a_2), 每年可节省 0.6 万元保费, 可一旦发生火灾, 就会全部烧光, 该经理应承担资产损失的责任. 根据上面所述, 可用支付保险费后剩下的资产价值为收益, 得到的收益函数, 见表 5-14(单位:万元):

表 5-14 收益函数表

$Q(\theta_i, a_j)$	a_1	a_2
θ_1	199.4	200
θ_2	199.4	0

（1）若按直线型效用曲线决策，其效用函数图形如图 5-7 所示.

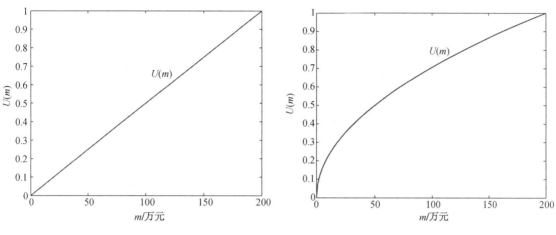

图 5-7　直线型效用曲线 $U(m)$　　　　图 5-8　保守型效用曲线 $U(m)$

如果 θ 的先验分布为 $\pi(\theta_1)=0.998$，$\pi(\theta_2)=0.002$，则可得每个行动的先验期望收益为 $\overline{Q}(a_1)=199.4$，$\overline{Q}(a_2)=199.6$. 因此，根据先验期望收益准则，最优行动为 a_2，即不参加保险.

据此决策，就不会有企业参加保险了. 但事实上，企业大部分都会参加保险，这是因为不参加保险的风险太大，万一发生火灾，商店的损失惨重. 事实上大多数人都害怕承担这类风险.

（2）若采用保守型效用曲线决策，该经理采用的效用函数为

$$U(m)=\sqrt{\frac{m}{200}}. \tag{5.8.1}$$

其中，m 表示金额数（单位：万元）.

式（5.8.1）给出的效用曲线 $U(m)$，如图 5-8 所示.

根据上面的收益函数表，可以得到对应的效用函数表，见表 5-15（单位：万元）：

表 5-15　　　　　　　　　　　　　　　　效用函数表

$U(\theta_i, a_j)$	a_1	a_2
θ_1	0.998 5	1
θ_2	0.998 5	0

如果 θ 的先验分布同前：$\pi(\theta_1)=0.998$，$\pi(\theta_2)=0.002$，则先验期望效用为 $\overline{U}(a_1)=0.998\,5$，$\overline{U}(a_2)=0.998\,0$，根据先验期望效用准则，最优行动为 a_1.

以上分别用收益函数和效用函数进行了决策，所得到的结论是不一致的.

例 5.8.4 某人确定他的财产的效用函数为

$$U(m) = 0.62\ln(0.004m + 1). \tag{5.8.2}$$

式(5.8.2)给出的效用曲线 $U(m)$，如图 5-9 所示.

在一项投资 (a_1) 中，他以 $\frac{1}{3}$ 的概率可获利 400 元，而以 $\frac{2}{3}$ 的概率得到 0 元. 如果把这笔钱存入银行 (a_2)，在同一时期内他可获得利息 100 元. 据此，可以写出此人的收益函数表(表 5-16)和效用函数表(表 5-17)，具体如下：

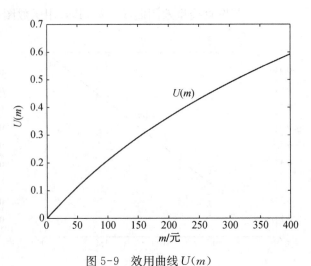

图 5-9　效用曲线 $U(m)$

表 5-16　　　　　　　　　　　收益函数表

$Q(\theta_i, a_j)$	a_1	a_2
θ_1	400	100
θ_2	0	100

表 5-17　　　　　　　　　　　效用函数表

$U(\theta_i, a_j)$	a_1	a_2
θ_1	0.592	0.209
θ_2	0	0.209

其中，θ_1 表示投资成功，θ_2 表示投资失败.

如果 θ 的先验分布：$\pi(\theta_1) = \frac{1}{3}$，$\pi(\theta_2) = \frac{2}{3}$，则按照先验期望准则，可算出先验期望效用为 $\overline{U}(a_1) = 0.197$，$\overline{U}(a_2) = 0.209$，根据先验期望效用准则，最优行动为 a_2.

效用是钱(或其他)在人们心目中的价值，这是一个很抽象的一个概念，理解它需要涉及不少社会科学和自然科学的知识，效用和效用函数的概念在学术上是很有趣的，很吸引人.

虽然有不少人研究它，也获得了一些成果，解释了不少过去不能解释的问题，把人的社会活动引向定量分析阶段，但还存在不少问题影响着效用概念的广泛应用. 一个突出问题是效用函数如何准确地测定，还需要继续研究与实践，但不论如何，"效用"是一个重要概念，从事决策研究和应用的人都应该了解它. 事实上，人们都在自觉不自觉地把"效用"应用在日常生活中，我们应该不断地加以完善.

思考与练习题 5

5.1　统计决策问题的三要素指的是什么?

5.2　在例 5.2.1 中,若没有数据(样本信息),且 θ_2 的先验分布取 Beta 分布 $Be(1,2)$,求行动 a 的贝叶斯期望损失.

5.3　某作家准备写一本书,为此要与出版社签署一个合同,合同书上规定每千字的稿酬与发行量挂钩.如今有两种合同书 a_1 和 a_2,发行量分为三类:5 万册以上 (θ_1),2 万册到 5 万册之间 (θ_2),2 万册以下 (θ_3),两种合同书对稿酬(单位:元/千字)规定如下:

$Q(\theta_i, a_j)$	a_1	a_2
θ_1	35	30
θ_2	23	23
θ_3	7	13

(1) 若该作家对自己的创作充满信心,在乐观准则下的最优行动是什么?

(2) 若该作家对自己的创作把握不大,在悲观准则下的最优行动是什么?

(3) 若该作家对自己的创作有七成把握,愿以 0.7 为乐观系数,在折中准则下的最优行动是什么?

5.4　请举例并说明什么是效用、效用函数、效用曲线?

5.5　一个姑娘自己种花卖花,她每天晚上摘花第二天去卖,每束花的成本为 1 元,售价可达 6 元,若当天卖不掉,因枯萎而不能再卖.根据经验她知道每天至少能卖 5 束鲜花,最多能卖 10 束鲜花,现在要研究她前一天晚上采摘几束鲜花为最优行动.

(1) 写出状态集合和行动集合;

(2) 写出收益函数,列出收益矩阵;

(3) 在悲观准则下确定其最优行动;

(4) 对乐观系数的不同取值,讨论卖花姑娘利用折中准则决策时,每天应该采摘几束鲜花为好?

5.6　在习题 5.5 中,写出卖花姑娘的损失函数表(或相应的损失矩阵),并在如下先验分布下选择最优行动:

θ	5	6	7	8	9	10
$\pi(\theta)$	0.06	0.09	0.15	0.4	0.2	0.1

第6章 贝叶斯决策

在第 5 章中,我们已讨论了统计决策问题的三要素:状态集合 Θ,行动集合 $\mathscr{A}$,损失函数 $L(\theta, a)$. 一个决策问题是否弄清楚,就看能否把这三要素明确地写出来. 这三要素中只要有一个有变化,都会导致决策问题的改变,就变成了另一个决策问题了. 我们讲到一个决策问题,就意味着状态集合 Θ,行动集合 $\mathscr{A}$,损失函数 $L(\theta, a)$ 这三个要素全部给定.

当然我们在第 5 章中已经看到,如果把统计决策问题的三要素中的损失函数 $L(\theta, a)$ 换成收益函数 $Q(\theta, a)$ 也是可以的,本章中主要使用损失函数.

本章简要地介绍贝叶斯决策的一些基本内容,感兴趣的读者可参考:Berger(1980),张金槐,唐雪梅(1983),Berger(1985),言茂松(1989),林叔荣(1991),茆诗松(1999)等.

6.1 贝叶斯决策问题

在第 5 章中已看到,仅从统计决策问题的三要素很难找到一个较理想的决策方法. 这里的关键问题在于缺少对自然界、社会更深入的了解. 如果能对状态集合 Θ 有更多一些认识,将会使人们的决策水平提高一步. 为此人们想方设法从自然界、社会中再去挖掘各自有用的信息. 目前,可供决策用的信息可归纳为如下两种信息:

(1) 先验信息. 人们在过去对自然界、社会中各种状态发生的可能性的认识,它可以用状态集合 Θ 上的一个先验分布 $\pi(\theta)$ 来概括. 关于先验信息、先验分布,在本书的前面已讨论并使用过.

(2) 试验信息或抽样信息. 把从自然界、社会中的状态 θ 放到有用的环境中去观察、或去试验、或去抽样,从获得的样本中去了解当今状态 θ 的最新信息. 这里的关键就是要确定一个可以观察的随机变量 X,它的概率分布中恰好把 θ 当作未知参数. 例如,X 是服从密度函数 $f(x \mid \theta)$ 的随机变量,如果对 X 作 n 次观察或 n 次试验,所得样本 $x = (x_1, x_2, \cdots, x_n)$ 可看作从分布 $f(x \mid \theta)$ 中随机抽取的一个样本. 样本的密度函数(即似然函数)

$$f(x \mid \theta) = \prod_{i=1}^{n} f(x_i \mid \theta)$$

概括了抽样信息(总体信息和样本信息)中一切有关 θ 的信息.

对上述两种信息的使用,形成了不同的决策问题.

(1) 仅使用先验信息的决策问题,称为**无数据**(或**无样本信息**)的决策问题. 在第 5 章中对这类问题已经作了较为详细的讨论.

(2) 仅使用抽样信息的决策问题就是传统的统计决策问题.

(3) 先验信息和抽样信息都使用的决策问题,称为**贝叶斯决策问题**. 本章将讨论这类决策问题.

例 6.1.1　某工厂的产品每 100 件装成一箱交给顾客. 在向顾客交货前面临如下两个行动选择:

a_1: 一箱中每件逐一检查; a_2: 一箱中一件也不检查.

若工厂选择 a_1, 则可保证交货时每件产品都是合格品. 但因每件产品的检查费为 0.8 元, 为此工厂要支付 80 元/箱. 若工厂选择 a_2, 工厂可免付每箱检验费 80 元. 但顾客发现不合格品时, 按照合同不允许更换, 而且每件要支付 12.5 元的赔偿费. 如果用 θ 表示一箱中产品的不合格率, 则容易获得工厂的支付函数

$$W(\theta, a) = \begin{cases} 80, & a = a_1, \\ 12.5 \times 100\theta, & a = a_2. \end{cases}$$

其中, $\theta \in (0, 1)$.

这是一个典型的决策问题. 此时相应的损失函数可由支付函数 $W(\theta, a)$ 得到

$$L(\theta, a_1) = \begin{cases} 80 - 1\,250\theta, & \theta \leqslant \theta_0, \\ 0, & \theta > \theta_0; \end{cases}$$

$$L(\theta, a_2) = \begin{cases} 0, & \theta \leqslant \theta_0, \\ -80 + 1\,250\theta, & \theta > \theta_0. \end{cases}$$

其中, $\theta_0 = 0.064$.

如果工厂产品检查部门发现, 该产品的不合格率 θ 没有超过 0.12 的记录, 取 (0, 0.12) 上的均匀分布作为 θ 的先验分布, 则构成了一个无数据决策问题. 这个决策问题中可以分别计算行动 a_1 和 a_2 先验期望损失, 具体如下:

$$\overline{L}(a_1) = \frac{1}{0.12} \int_0^{\theta_0} (80 - 1\,250\theta)\mathrm{d}\theta = 8.33\left(80\theta_0 - \frac{1\,250\theta_0^2}{2}\right) = 21.32,$$

$$\overline{L}(a_2) = \frac{1}{0.12} \int_{\theta_0}^{0.12} (-80 + 1\,250\theta)\mathrm{d}\theta = 8.33\left[-80(0.12 - \theta_0) + 1\,250\frac{0.12^2 - \theta_0^2}{2}\right]$$
$$= 16.33.$$

按照先验期望损失越小越好的原则, 应选择行动 a_2.

如果工厂决定先在每箱中抽取两件进行检查, 设 X 为其不合格品数, 则 $X \sim B(2, \theta)$. 然后工厂根据 X 的取值 (可能取值为 0, 1, 2) 再选择行动 a_1 或 a_2. 此时, 容易获得工厂的支付函数:

$$W(\theta, a) = \begin{cases} 80, & a = a_1, \\ 1.6 + 1\,250\theta, & a = a_2. \end{cases}$$

相应的损失函数可由支付函数 $W(\theta, a)$ 得到

$$L(\theta, a_1) = \begin{cases} 74.8 - 1\,250\theta, & \theta \leqslant \theta_0, \\ 0, & \theta > \theta_0; \end{cases}$$

$$L(\theta, a_2) = \begin{cases} 0, & \theta \leqslant \theta_0, \\ -78.4 + 1\,250\theta, & \theta > \theta_0. \end{cases}$$

其中 $\theta_0 = 0.062\,72$.

此种利用抽样信息的决策问题就是传统的统计决策问题. 再使用 θ 的先验分布 $U(0, 0.12)$, 则构成了一个贝叶斯决策问题. 这些决策问题将在后面讨论.

例 6.1.2(续例 5.7.5) 在例 5.7.5 中, 给出了新药市场占有率 θ 损失函数为

$$L(\theta, a) = \begin{cases} \theta - a, & a \leqslant \theta \leqslant 1, \\ 2(a - \theta), & 0 \leqslant \theta < a. \end{cases}$$

这里状态集合 Θ 和行动集合 $\mathscr{A}$ 都是 $[0, 1]$.

如果厂长对市场占有率 θ 无任何先验信息, 于是采用 $[0, 1]$ 上的均匀分布作为 θ 的先验分布. 采用此先验分布作决策就得到无数据决策问题. 在例 5.7.5 中曾在先验期望损失最小的要求下, 获得市场占有率 θ 的估计值为 $\hat{\theta} = \dfrac{1}{3}$.

如今厂长为获取新的抽样信息, 决定试制一批新的止痛药投到某一地区, 并在该地区做广告宣传. 然后从特约经销药店中得知, 在购买止痛药的 n 个顾客中, 有 x 人购买了该厂新的止痛药, 此时 $x \sim B(n, \theta)$. 如果厂长再把此抽样信息加入到无数据决策问题中去, 就构成了贝叶斯决策问题.

一般来说, 抽样信息在决策中是很重要的信息, 获得此种信息的费用都比较大, 因此应该充分重视和利用.

以后我们约定, 一个贝叶斯决策问题被确定需满足以下条件:

(1) 有一个可观察的随机变量 X, 它的密度函数(或分布律) $f(x \mid \theta)$ 依赖于未知参数 $\theta, \theta \in \Theta$, 这里 Θ 就是状态集合. 通常分布中的 θ 称为参数, 因此 Θ 也称为参数空间.

(2) 在参数空间上 θ 有一个先验分布 $\pi(\theta)$.

(3) 有一个行动集合 $\mathscr{A}$, 在对 θ 作区间估计时, 行动 a 就是一个区间, θ 上的一切可能区间构成行动集合 $\mathscr{A}$. 在对 θ 作假设检验时, $\mathscr{A}$ 只含有两个行动: 接受 (a_1) 和拒绝 (a_2).

(4) 在 $\Theta \times \mathscr{A}$ 上定义一个损失函数 $L(\theta, a)$, 它表示参数为 θ 时, 决策者采用行动 a 所引起的损失.

从上述可以看出, 一个贝叶斯决策问题比一般统计决策问题多了两个东西: 一个是先验分布, 另一个是总体分布. 从总体分布抽取一个样本 $x = (x_1, x_2, \cdots, x_n)$, 就容易获得似然函数. 另外, 从贝叶斯统计看, 一个贝叶斯决策问题比一个贝叶斯推断问题多一个损失函数. 或者说把损失函数引进统计推断就构成贝叶斯决策问题. 这样就把贝叶斯推断与经济效益联系在一起了.

6.2 后验风险准则

6.2.1 后验风险

在贝叶斯决策问题中如何作决策呢? 由于样本的引入, 既带来更多的有关 θ 新的信息,

但同时也增加了作决策的复杂性. 以下来逐步展开这个问题.

首先, 贝叶斯决策问题中容易获得后验分布. 事实上, 我们对可观察的 X 做 n 次试验, 获得一个样本 $x=(x_1, x_2, \cdots, x_n)$. 如果 X 的密度函数 (或分布律) 为 $f(x \mid \theta)$, 则样本 $x=(x_1, x_2, \cdots, x_n)$ 的联合密度函数 (即似然函数) 为 $f(x \mid \theta)=\prod_{i=1}^{n} f(x_i \mid \theta)$. 它与参数空间 Θ 上的先验分布 $\pi(\theta)$ 结合, 用贝叶斯公式即可得到在样本 x 给定下 θ 的后验密度函数

$$\pi(\theta \mid x)=\frac{f(x \mid \theta)\pi(\theta)}{m(x)}.$$

其中

$$m(x)=\int_{\Theta} f(x \mid \theta)\pi(\theta)\mathrm{d}\theta.$$

正如第 2 章所述, 这里的后验分布是综合了总体信息、样本信息和先验信息, 一切有关 θ 的信息都综合在后验分布之中. 要对参数 θ 作决策就要从后验分布中挑选.

其次, 我们以下给出定义:

定义 6.2.1　把损失函数 $L(\theta, a)$ 对后验分布 $\pi(\theta \mid x)$ 的期望称为**后验风险**, 记作 $R(a \mid x)$, 即

$$R(a \mid x)=E[L(\theta, a)]=\begin{cases} \sum_{i=1}^{n} L(\theta_i, a)\pi(\theta_i \mid x), & \theta \text{ 为离散量}, \\ \int_{\Theta} f(x \mid \theta)\pi(\theta \mid x)\mathrm{d}\theta, & \theta \text{ 为连续量}. \end{cases}$$

此后验风险就是用后验分布计算的平均损失, 它在样本给定下, 不同的行动 a 有不同的后验风险; 而在行动 a 固定下, 样本的变化也会使后验风险随之变化. 注意, 这里定义 6.2.1 中给出的后验风险, 就是前面定义 5.3.1 中给出的贝叶斯期望损失 (注意二者本质上相同, 但所用符号不同).

例 6.2.1(续例 6.1.1)　在例 6.1.1 的产品检验问题中, 规定从每箱产品中随机抽取两件, 得到一个样本 $x=(x_1, x_2)$, 其中 x_i 为第 i 件产品的不合格数, 则 $x_i \sim B(1, \theta)$, $i=1$, 2. 并且 $x=x_1+x_2$ 为 θ 的充分统计量, 且有 $x \sim B(2, \theta)$, 这就是样本分布. 另外从历史资料得知, 该厂产品的不合格率 θ 不会超过 0.12, 取均匀分布 $U(0, 0.12)$ 作为 θ 的先验分布, 由此得到 x 与 θ 的联合分布

$$h(x, \theta)=c^{-1}\mathrm{C}_2^x \theta^x(1-\theta)^{2-x}, \quad x=0, 1, 2; 0<\theta<0.12.$$

其中 $c=0.12$.

x 的边缘分布为

$$m(x)=\int_0^c h(x, \theta)\mathrm{d}\theta=c^{-1}\mathrm{C}_2^x \int_0^c \theta^x(1-\theta)^{2-x}\mathrm{d}\theta.$$

计算这个积分并不复杂, 但要给定 x 才能算出, 为此在 $x=0, 1, 2$ 的情况下分别计算:

$$m(0) = 2c^{-1} \int_0^c (1-\theta)^2 \mathrm{d}\theta = c^{-1}\left(c - c^2 + \frac{c^3}{3}\right) = 1 - c + \frac{c^2}{3} = 0.884\,8,$$

$$m(1) = 2c^{-1} \int_0^c \theta(1-\theta) \mathrm{d}\theta = c - \frac{2c^2}{3} = 0.110\,4,$$

$$m(2) = c^{-1} \int_0^c \theta^2 \mathrm{d}\theta = \frac{c^2}{3} = 0.004\,8.$$

这样就得到了 x 的边缘分布,见表 6-1.

表 6-1 x 的边缘分布

θ	0	1	2
$m(x)$	0.884 8	0.110 4	0.004 8

然后,在 $x = 0, 1, 2$ 给定下,容易得到 θ 的后验分布

$$\pi(\theta \mid 0) = \frac{c^{-1}(1-\theta)^2}{0.884\,8} = 9.418\,3(1-\theta)^2, \quad 0 < \theta < 0.12,$$

$$\pi(\theta \mid 1) = \frac{2c^{-1}\theta(1-\theta)}{0.110\,4} = 150.966\,2\theta(1-\theta), \quad 0 < \theta < 0.12,$$

$$\pi(\theta \mid 2) = \frac{c^{-1}\theta^2}{0.004\,8} = 1\,736.111\,1\theta^2, \quad 0 < \theta < 0.12.$$

在例 6.1.1 中,已经给出了损失函数

$$L(\theta, a_1) = \begin{cases} 74.8 - 1\,250\theta, & \theta \leqslant \theta_0, \\ 0, & \theta > \theta_0; \end{cases}$$

$$L(\theta, a_2) = \begin{cases} 0, & \theta \leqslant \theta_0, \\ -78.4 + 1\,250\theta, & \theta > \theta_0. \end{cases}$$

其中, $\theta_0 = 0.062\,72$.

以下进行后验风险 $R(a \mid x)$ 的计算. 由于行动 a 有两个取法 (a_1 和 a_2), x 有三个不同的取值 ($x = 0, 1, 2$),因此在这个问题中后验风险有 6 个不同的值,这里只计算两个,其余的后验风险可类似计算.

$$R(a_1 \mid x=0) = \int_0^{\theta_0} (78.4 - 1\,250\theta)9.418\,3(1-\theta)^2 \mathrm{d}\theta$$

$$= 9.418\,3 \int_0^{\theta_0} (78.4 - 1\,406.8\theta + 2\,578\theta^2 - 1\,250\theta^3)\mathrm{d}\theta = 22.203\,0,$$

$$R(a_2 \mid x=2) = 1\,736.111\,1 \int_{\theta_0}^{0.12} (-78.4 + 1\,250\theta)\theta^2 \mathrm{d}\theta = 36.892\,4.$$

以下把 6 个后验风险列表,见表 6-2.

表 6-2　　　　　　　　　　　　　　　后验风险的计算结果

$R(a \mid x)$	$x = 0$	$x = 1$	$x = 2$
a_1	22.203 0	15.048 3	2.798 6
a_2	15.615 9	55.978 3	36.892 4

那么,如何从上表中按后验风险最小的准则挑选最优行动呢? 如果选 a_1,那么在 $x = 0$ 时 a_1 的后验风险不是最小的. 如果选 a_2,那么在 $x = 1,2$ 时 a_2 的后验风险不是最小的. 此时最优行动随着样本观察值 x 的变化而变化,即

$$a = \begin{cases} a_2, & x = 0, \\ a_1, & x = 1, 2. \end{cases}$$

这说明最优行动应是样本 x 的函数. 为了准确地表达这一点,需要引进决策函数的概念.

6.2.2　决策函数

当统计调查是为了获取有关 θ 的信息时,调查结果一般用随机变量(或随机向量)来表示,记作 $X = (X_1, X_2, \cdots, X_n)$,其中 X_i 是同一个分布的独立观测值,X 的某一个现实值用 x 表示. X 的所有可能取值的集合称为样本空间,记作 $\mathscr{X}$(一般,$\mathscr{X}$ 是 n 维欧氏空间 $\mathbf{R}^n$ 的子集).

定义 6.2.2　在给定的贝叶斯决策问题中,从样本空间 $\mathscr{X}$ 到行动集合 $\mathscr{A}$ 上的一个函数 $\delta(x)$ 称为该决策问题的一个**决策函数**. 所有从样本空间 $\mathscr{X}$ 到行动集合 $\mathscr{A}$ 上的决策函数组成的类称为**决策函数类**,用 $D = \{\delta(x)\}$ 表示.

在定义 6.2.2 中,当行动集合 $\mathscr{A}$ 是某个实数集合时,上述决策函数就是统计量(决策函数还允许其值不是实数而是某个行动). 在无数据的决策问题中,我们面临的是行动集合 $\mathscr{A}$,并要在行动集合 $\mathscr{A}$ 中选取行动 a,使其先验期望损失(或称先验风险)最小. 现在贝叶斯决策问题中我们面临的是决策函数类 D,要在决策函数类 D 中选取决策函数 $\delta(x)$,使其后验风险最小. 这样一来,我们就实现了从行动 a 到决策函数 $\delta(x)$,从行动集合 $\mathscr{A}$ 到决策函数类 D 的过渡.

例 6.2.2(续例 6.2.1)　在例 6.2.1 的产品检验问题中,所涉及的样本空间 $\mathscr{X}$ 和行动集合 $\mathscr{A}$ 分别为

$$\mathscr{X} = \{0, 1, 2\}, \quad \mathscr{A} = \{a_1, a_2\}.$$

其中,a_1 是"全数检查",a_2 是"除抽查外一个也不检查".

此时,从样本空间 $\mathscr{X}$ 和行动集合 $\mathscr{A}$ 上的任意一个函数都是该问题的决策函数. 此类决策函数共有 8 个,具体见表 6-3.

表 6-3　　　　　　　　　　　　　　　8 个决策函数

x	0	1	2
$\delta_1(x)$	a_1	a_1	a_1
$\delta_2(x)$	a_1	a_1	a_2
$\delta_3(x)$	a_1	a_2	a_1

续表

x	0	1	2
$\delta_4(x)$	a_1	a_2	a_2
$\delta_5(x)$	a_2	a_1	a_1
$\delta_6(x)$	a_2	a_1	a_2
$\delta_7(x)$	a_2	a_2	a_1
$\delta_8(x)$	a_2	a_2	a_2

例如，$\delta_1(x)=a_1$，$x=0,1,2$，它表示无论样本 x 取什么值,都采取 a_1(全数检查),即对每箱的每件全数检查. 又如

$$\delta_5(x)=\begin{cases} a_2, & x=0, \\ a_1, & x=1,2. \end{cases}$$

它表示在 $x=0$(抽取两件产品全是合格品)时,采取行动 a_2(一个也不检查). 而在 x 为 1 或 2 时,采取行动 a_1(全数检查). 其他决策函数都可以类似解释.

从以上 8 个决策函数可以得到其后验风险(其具体计算如例 6.2.1),例如对 $\delta_1(x)$ 和 $\delta_5(x)$ 的后验风险分别为

$$R(\delta_1 \mid x)=\begin{cases} 22.203\,0, & x=0, \\ 15.048\,3, & x=1, \\ 2.798\,6, & x=2; \end{cases}$$

$$R(\delta_5 \mid x)=\begin{cases} 15.615\,9, & x=0, \\ 15.048\,3, & x=1, \\ 2.798\,6, & x=2. \end{cases}$$

比较这两个后验风险,可以看出,有

$$R(\delta_5 \mid x) \leqslant R(\delta_1 \mid x), \quad x=0,1,2.$$

由于后验风险越小越好,所以 $\delta_5(x)$ 优于 $\delta_1(x)$.

类似地可以算出其他几个决策函数的后验风险. 在比较后发现,无论怎样的样本 x 取什么值,$\delta_5(x)$ 的后验风险总是最小的,即

$$R(\delta_5 \mid x)=\min_{\delta \in D} R(\delta(x) \mid x).$$

此时,$\delta_5(x)$ 就是后验风险最小的决策函数.

6.2.3 后验风险准则

定义 6.2.3 在给定的贝叶斯决策问题中,$D=\{\delta(x)\}$ 是其决策函数类,则称

$$R(\delta \mid x)=E[L(\theta, \delta(x))]$$

为**决策函数** $\delta=\delta(x)$ **的后验风险**,其中 $x \in \mathcal{X}$,$\theta \in \Theta$. 如果在决策函数类 D 中存在这样的决策函数 $\delta'=\delta'(x)$,它在决策函数类 D 中具有最小的后验风险,即

$$R(\delta' \mid x) = \min_{\delta \in D} R(\delta(x) \mid x),$$

则称 δ' 为**后验风险准则下的最优决策函数**,或称为**贝叶斯决策函数**,或称为**贝叶斯解**.当参数空间 Θ 与行动集合 $\mathscr{A}$ 相同,均为某个实数集合时,把满足上式的 δ' 称为 θ **的贝叶斯解**或**贝叶斯估计**,常记为 $\hat{\theta} = \hat{\theta}(x)$ 或 $\hat{\theta}_B = \hat{\theta}_B(x)$.

这里应着重强调的是定义 6.2.3 的前提,即在给定的贝叶斯决策问题中,讨论贝叶斯解或贝叶斯估计.所谓"给定的贝叶斯决策问题"是指给定如下三个前提:

(1) 样本 $x = (x_1, x_2, \cdots, x_n)$ 的联合密度函数 $f(x \mid \theta)$;

(2) 参数空间 Θ 上的先验分布 $\pi(\theta)$;

(3) 定义在 $\Theta \times \mathscr{A}$ 上的损失函数 $L(\theta, a)$.

在这三个前提中,如果改变任何一个,贝叶斯决策问题就改变了,从而贝叶斯解或贝叶斯估计也会随着改变.顺便指出,这里的先验分布允许使用广义先验分布,因为最终使用的是后验分布,不是直接用先验分布作决策.

例 6.2.3 设 $x = (x_1, x_2, \cdots, x_n)$ 是来自正态分布 $N(\theta, 1)$ 的样本,且参数 θ 的先验分布为共轭先验分布 $N(0, \sigma^2)$,其中 σ^2 为已知.如果损失函数为 0—1 损失函数

$$L(\theta, \delta) = \begin{cases} 0, & |\delta - \theta| \leqslant \varepsilon, \\ 1, & |\delta - \theta| > \varepsilon. \end{cases}$$

现在要在 0—1 损失函数下求 θ 的贝叶斯估计.

根据例 2.3.8,θ 的后验分布是正态分布 $N\left(\dfrac{n\bar{x}}{n+\sigma^{-2}}, \dfrac{1}{n+\sigma^{-2}}\right)$.

对于任意一个决策函数 $\delta = \delta(x) \in D$,根据定义 6.2.3,其后验风险为

$$R(\delta \mid x) = E[L(\theta, \delta(x))] = \int_{-\infty}^{\infty} L(\theta, \delta)\pi(\theta \mid x)\mathrm{d}\theta$$

$$= P(|\delta - \theta| > \varepsilon) = 1 - P(|\delta - \theta| \leqslant \varepsilon).$$

要使上述后验概率最小,就要使上式中的条件概率最大.由于后验分布 $\pi(\theta \mid x)$ 为正态分布,要使在定长区间(长度为 ε)上的概率最大,$\delta(x)$ 只能取后验分布的均值.即 θ 的贝叶斯估计为正态分布 $N\left(\dfrac{n\bar{x}}{n+\sigma^{-2}}, \dfrac{1}{n+\sigma^{-2}}\right)$ 的均值

$$\delta_\sigma(x) = \frac{n\bar{x}}{n+\sigma^{-2}} = \frac{\bar{x}}{1+\dfrac{\sigma^{-2}}{n}}.$$

它与经典方法得到的 θ 的估计 $\bar{x}$ 不同,从上式可以看出

$$\delta_\sigma(x) = \frac{\bar{x}}{1+\dfrac{\sigma^{-2}}{n}} < \bar{x},$$

并且当 $\sigma \to \infty$ 时,有

$$\lim_{\sigma \to \infty} \delta_\sigma(x) = \bar{x}.$$

例 6.2.4 在例 5.2.1 中给出了新药市场占有率 θ 的损失函数为

$$L(\theta, \delta) = \begin{cases} \theta - \delta, & \delta \leqslant \theta \leqslant 1, \\ 2(\delta - \theta), & 0 \leqslant \theta < \delta. \end{cases}$$

这里状态集合 Θ 和行动集合 $\mathscr{A}$ 都是 $[0, 1]$.

现在厂长对市场占有率 θ 无任何先验信息,因此采用 $[0, 1]$ 上的均匀分布作为 θ 的先验分布.

另外,在市场调查中,在 n 个购买止痛药的顾客中有 x 人购买了新的止痛药,此时 $x \sim B(n, \theta)$. 根据例 2.3.1,如果二项分布 $B(n, \theta)$ 中的参数 θ 的先验分布取 Beta 分布 $Be(a, b)$,则 θ 的后验分布是 Beta 分布 $Be(a+x, b+n-x)$. 当 $a=b=1$ 时,Beta 分布 $Be(a, b)$ 就是 $[0, 1]$ 上的均匀分布,此时 θ 的后验分布是 Beta 分布 $Be(1+x, 1+n-x)$.

现在我们在后验风险准则下求 θ 的贝叶斯估计.

先计算对于任意一个决策函数 $\delta = \delta(x) \in D$,根据定义 6.2.3,其后验风险为

$$\begin{aligned} R(\delta \mid x) &= \int_0^1 L(\theta, \delta) \pi(\theta \mid x) \mathrm{d}\theta \\ &= 2 \int_0^\delta (\delta - \theta) \pi(\theta \mid x) \mathrm{d}\theta + \int_\delta^1 (\theta - \delta) \pi(\theta \mid x) \mathrm{d}\theta \\ &= 3 \int_0^\delta (\delta - \theta) \pi(\theta \mid x) \mathrm{d}\theta + \int_0^1 \theta \pi(\theta \mid x) \mathrm{d}\theta - \delta \int_0^1 \pi(\theta \mid x) \mathrm{d}\theta \\ &= 3 \int_0^\delta (\delta - \theta) \pi(\theta \mid x) \mathrm{d}\theta + E(\theta \mid x) - \delta. \end{aligned}$$

利用积分号下求微分法,可得方程

$$\frac{\mathrm{d}R(\delta \mid x)}{\mathrm{d}\delta} = 3 \int_0^\delta \pi(\theta \mid x) \mathrm{d}\theta - 1 = 0,$$

得到

$$\int_0^\delta \pi(\theta \mid x) \mathrm{d}\theta = \frac{1}{3}.$$

上式说明,要求的决策函数 $\delta = \delta(x)$ 是 θ 的后验分布 $\pi(\theta \mid x)$ 的 $\frac{1}{3}$ 分位数.

为了获得最后的数值解,设 $n = 10$, $x = 1$,这意味着在市场调查中 10 名购买止痛药的顾客中只有 1 人购买了新的止痛药. 此时,θ 的后验分布是 Beta 分布 $Be(2, 10)$,即

$$\pi(\theta \mid x) = \frac{1}{B(2, 10)} \theta(1-\theta)^9 = 110\theta(1-\theta)^9, \quad 0 < \theta < 1.$$

它的 $\frac{1}{3}$ 分位数 δ 满足方程

$$\int_0^\delta \theta(1-\theta)^9 \mathrm{d}\theta = \frac{1}{330}.$$

作变量替换 $u = 1 - \theta$,则上述积分化简为

$$\int_{1-\delta}^1 (u^9 - u^{10}) \mathrm{d}u = \frac{1}{330},$$

得

$$\frac{1}{110}-\frac{(1-\delta)^{10}}{10}+\frac{(1-\delta)^{11}}{11}=\frac{1}{330},$$

即

$$30(1-\delta)^{11}-33(1-\delta)^{10}+2=0.$$

令 $1-\delta=y$，则上述方程为

$$30y^{11}-33y^{10}+2=0. \tag{6.2.1}$$

容易验证：函数 $f(y)=30y^{11}-33y^{10}+2$ 在区间 $(0,1)$ 上是严格单调递减的，且 $f(y)$ 在 $(0,1)$ 上变号，因为 $f(0)=2$，$f(1)=-1$，所以 $f(y)$ 在 $(0,1)$ 内有唯一零点. 利用数值方法可以求得

$$f(0.892\,790)=0.000\,022\,375,\quad f(0.892\,795)=-0.000\,041\,373.$$

因此近似地取 $y=0.892\,8$，于是 $\delta=1-0.892\,8=0.107\,2$ 是后验分布的 $\frac{1}{3}$ 分位数. 这个结果说明，该厂新的止痛药的市场占有率 θ 的贝叶斯估计为 $\hat{\theta}=0.107\,2$.

方程 $(6.2.1)$ 也可以直接编写程序求数值解，其 MATLAB 程序如下：

```
format long
y=inline('30. * t. ^ 11-33. * t. ^ 10+2', 't', 'a', 'b');
a=0.1; b=0.5; t=0:0.01:1;
y_char=vectorize(y);
Y=feval(y_char, t, a, b);
clf, plot(t, Y, 'r'); hold on, plot(t, zeros(size(t)), 'k');
xlabel('t'); ylabel('y(t)'), hold off
zoom on
[tt, yy]=ginput(5); zoom off
[t1, y1, exitflag]=fzero(y, tt(1), [], a, b)
```

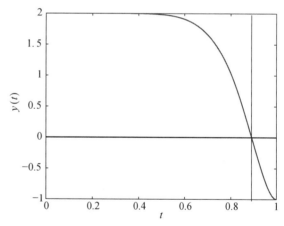

运行上述程序得到方程 $(6.2.1)$ 的解为 $y=0.892\,791\,754\,953\,41$.

求方程 $(6.2.1)$ 数值解的运行结果，如图 6-1 所示.

图 6-1　求方程 $(6.2.1)$ 数值解的运行结果

6.3　常用损失函数下的贝叶斯估计

6.3.1　平方损失函数下的贝叶斯估计

定理 6.3.1　在平方损失函数 $L(\theta,\delta)=(\delta-\theta)^2$ 下，θ 的贝叶斯估计为后验均值，即 $\delta_B(x)=E(\theta\mid x).$

定理 6.3.1 实际上与推论 3.1.1 相同.

例 6.3.1 设 $x = (x_1, x_2, \cdots, x_n)$ 是来自 Poisson 分布

$$P(X = x) = \frac{\theta^x}{x!} \mathrm{e}^{-\theta}, \quad x = 0, 1, \cdots$$

的样本,若 θ 的先验分布取其共轭分布 Gamma 分布 $Ga(\alpha, \lambda)$,即

$$\pi(\theta) = \frac{\lambda^\alpha}{\Gamma(\alpha)} \theta^{\alpha-1} \mathrm{e}^{-\lambda\theta}, \quad \theta > 0.$$

其中参数 α 和 λ 为已知.

在样本 $x = (x_1, x_2, \cdots, x_n)$ 下,θ 的后验分布为

$$\pi(\theta \mid x) \propto \theta^{n\bar{x}+\alpha-1} \mathrm{e}^{-(n+\lambda)\theta}, \quad \theta > 0.$$

其中,$\bar{x}$ 为样本均值.

可见,θ 的后验分布为 Gamma 分布 $Ga(n\bar{x}+\alpha, n+\lambda)$.

根据定理 6.3.1,在平方损失函数下,θ 的贝叶斯估计为后验均值,即

$$\delta_B(x) = E(\theta \mid x) = \frac{n\bar{x}+\alpha}{n+\lambda}.$$

也可以把上式改写为

$$\delta_B(x) = \frac{n\bar{x}+\alpha}{n+\lambda} = \frac{n}{n+\lambda}\bar{x} + \frac{\lambda}{n+\lambda}\frac{\alpha}{\lambda}.$$

可以看出,$\delta_B(x)$ 是样本均值 $\bar{x}$ 和先验均值 $\frac{\alpha}{\lambda}$ 的加权平均.

且有 $\delta_B(x) = \dfrac{n\bar{x}+\alpha}{n+\lambda} = \dfrac{\bar{x}+\frac{\alpha}{n}}{1+\frac{\lambda}{n}} \to \bar{x} \quad (n \to \infty)$.

例如,$n = 400, \bar{x} = \dfrac{300}{400} = 0.75, \alpha = \lambda = 1$,则在平方损失函数下,$\theta$ 的贝叶斯估计为

$$\delta_B(x) = \frac{300+1}{400+1} = 0.7506.$$

它与样本均值 $\bar{x} = 0.75$ 比较接近.

例 6.3.2 设 $x = (x_1, x_2, \cdots, x_n)$ 是来自均匀分布 $U(0, \theta)$ 的样本,若 θ 的先验分布取其共轭分布 Pareto 分布 $Pa(\alpha, \theta_0)$,其密度函数为

$$\pi(\theta) = \alpha \theta_0^\alpha \theta^{-(\alpha+1)}, \quad \theta > \theta_0,$$

其中 $0 < \alpha < 1, \theta_0 > 0$ 为已知,θ 的期望为 $E(\theta) = \dfrac{\alpha\theta_0}{\alpha-1}$.

样本 x 与 θ 的联合分布为

$$h(r, \theta) = \alpha \theta_0^\alpha \theta^{-(\alpha+n+1)}, \quad 0 < x_i < \theta; \ i = 1, 2, \cdots, n; \ 0 < \theta_0 < \theta.$$

设 $\theta_1 = \max(x_1, x_2, \cdots, x_n, \theta_0)$，则样本 x 的边缘分布为

$$m(x) = \int_{\theta_1}^{\infty} \alpha \theta_0^\alpha \theta^{-(\alpha+n+1)} \mathrm{d}\theta = \frac{\alpha \theta_0^\alpha}{\alpha+n} \theta_1^{-(\alpha+n)}, \quad 0 < x_i < \theta_1.$$

则 θ 的后验分布为

$$\pi(\theta \mid x) = \frac{h(x, \theta)}{m(x)} = (n+\alpha)\theta_1^{\alpha+n}\theta^{-(\alpha+n+1)}, \quad \theta > \theta_1.$$

因此，θ 的这个后验分布仍然是 Pareto 分布 $Pa(\alpha+n, \theta_1)$。

根据定理 6.3.1，在平方损失函数下，θ 的贝叶斯估计为后验均值，即

$$\hat{\theta}_B = \frac{\alpha+n}{\alpha+n-1}\theta_1 = \frac{\alpha+n}{\alpha+n-1}\max(x_1, x_2, \cdots, x_n, \theta_0).$$

由于 $\frac{\alpha+n}{\alpha+n-1} > 1$，$\max(x_1, x_2, \cdots, x_n) = \hat{\theta}_C$（经典方法中 θ 的极大似然估计），所以 $\hat{\theta}_B$ 要比 $\hat{\theta}_C$ 大一些。

例 6.3.3 设 $x = (x_1, x_2, \cdots, x_n)$ 是来自 Gamma 分布 $Ga(\gamma, \theta)$ 的样本，其中 γ 已知，其期望为 $E(x) = \frac{\gamma}{\theta}$。若 θ 的先验分布取其共轭分布 Gamma 分布 $Ga(\alpha, \beta)$，其密度函数为

$$\pi(\theta) = \frac{\beta^\alpha}{\Gamma(\alpha)}\theta^{\alpha-1}\mathrm{e}^{-\beta\theta}, \quad \theta > 0,$$

其中 $\alpha > 0$，$\beta > 0$ 为已知，其期望为 $E(\theta) = \frac{\alpha}{\beta}$。则可得到 θ 的后验分布为

$$\pi(\theta \mid x) \propto \theta^{\alpha+\gamma-1}\mathrm{e}^{-\theta\left(\beta+\sum_{i=1}^{n}x_i\right)}, \quad \theta > 0.$$

若取如下的平方损失函数

$$L(\theta, \delta) = \left(\delta - \frac{1}{\theta}\right)^2,$$

根据定理 6.3.1，θ 的贝叶斯估计为后验均值，即

$$\hat{\theta}_B = E(\theta \mid x) = \frac{\left(\beta + \sum_{i=1}^{n}x_i\right)^{\alpha+\gamma}}{\Gamma(\alpha+\gamma)} \int_0^\infty \frac{1}{\theta}\theta^{\alpha+\gamma-1}\mathrm{e}^{-\theta(\beta+\sum_{i=1}^{n}x_i)} \mathrm{d}\theta = \frac{\beta + \sum_{i=1}^{n}x_i}{\alpha+\gamma-1}.$$

6.3.2 线性损失函数下的贝叶斯估计

定理 6.3.2 在绝对损失函数 $L(\theta, \delta) = |\delta - \theta|$ 下，θ 的贝叶斯估计为后验分布的中

位数.

定理 6.3.2 的证明见茆诗松(1999). 定理 6.3.1 实际上与推论 3.1.3 相同.

定理 6.3.3　在线性损失函数

$$L(\theta, \delta) = \begin{cases} k_0(\theta - \delta), & \delta \leqslant \theta, \\ k_1(\delta - \theta), & \delta > \theta \end{cases}$$

下, θ 的贝叶斯估计为后验分布的 $\dfrac{k_0}{k_0 + k_1}$ 分位数.

定理 6.3.3 的证明见茆诗松(1999).

例 6.3.4(续例 6.3.2)　在例 6.3.2 中, 设 $x = (x_1, x_2, \cdots, x_n)$ 是来自均匀分布 $U(0, \theta)$ 的样本, 若 θ 的先验分布取其共轭分布 Pareto 分布 $Pa(\alpha, \theta_0)$, 则 θ 的后验分布仍然是 Pareto 分布 $Pa(\alpha + n, \theta_1)$, 其密度函数为

$$\pi(\theta \mid x) = (n + \alpha)\theta_1^{\alpha+n}\theta^{-(\alpha+n+1)}, \quad \theta > \theta_1.$$

根据定理 6.3.2, 在绝对损失函数下, θ 的贝叶斯估计 $\hat{\theta}_B$ 为后验分布的中位数, 即 $\hat{\theta}_B$ 满足如下方程:

$$\frac{1}{2} = \int_{\theta_1}^{\hat{\theta}_B} \pi(\theta \mid x) \, d\theta = 1 - \int_{\hat{\theta}_B}^{\infty} \pi(\theta \mid x) \, d\theta = 1 - (n + \alpha)\theta_1^{\alpha+n} \int_{\hat{\theta}_B}^{\infty} \theta^{-(\alpha+n+1)} \, d\theta$$

$$= 1 - \left(\frac{\theta_1}{\hat{\theta}_B}\right)^{\alpha+n},$$

由此解得 $\hat{\theta}_B = \theta_1 2^{\frac{1}{\alpha+n}}$.

例 6.3.5　继续考虑一个孩子做智商测试问题. 设测试的结果 x 服从正态分布 $N(\theta, 100)$, 其中 θ 为孩子的智商. 如果过去对这个孩子做过多次智商测试, 从过去的结果可以认为 θ 服从正态分布 $N(100, 225)$. 由此可以获得在给定 x 下, 根据例 3.1.4, θ 后验分布为 $N\left(\dfrac{400 + x}{13}, 8.320\,5^2\right)$. 如果这个孩子在这次智商测试中得 115 分, 则 θ 后验分布完全确定为 $N(110.385, 8.320\,5^2)$.

在估计这个孩子的智商 θ 时, 若认为低估比高估的损失高两倍, 那么采用线性损失函数是适合的, 其损失函数为

$$L(\theta, \delta) = \begin{cases} 2(\theta - \delta), & \delta \leqslant \theta, \\ \delta - \theta, & \delta > \theta. \end{cases}$$

根据定理 6.3.3, 有 $k_0 = 2$, $k_1 = 1$, 则 $\dfrac{k_0}{k_0 + k_1} = \dfrac{2}{3}$. 查标准正态分布 $N(0, 1)$ 表, 可以得到它的 $\dfrac{2}{3}$ 分位数为 0.43, 于是后验分布 $N(110.385, 8.320\,5^2)$ 的 $\dfrac{2}{3}$ 分位数为

$$110.385 + 0.43 \times 8.320\,5 = 113.96.$$

这就是这个小孩的智商 θ 的贝叶斯估计, 即 $\hat{\theta}_B = 113.96$.

6.3.3 有限个行动下的假设检验

设行动集合为 $\mathscr{A}=\{a_1, a_2, \cdots, a_r\}$,在 a_i 下的损失函数为 $L(\theta, a_i)$,$i=1, 2, \cdots, r$,则贝叶斯决策就是使后验期望损失(后验风险)$R(a \mid x)=E[L(\theta, a)]$ 最小的那个行动. 以下我们考虑有两个行动的假设检验问题.

设有两个假设检验

$$H_0: \theta \in \Theta_0, \quad H_1: \theta \in \Theta_1.$$

两个行动记为 a_0 和 a_1,其中 a_0 表示接受 H_0 的行动,a_1 表示接受 H_1 的行动. 即决策者认为,如果 $\theta \in \Theta_0$,则行动 a_0 适宜;而如果 $\theta \in \Theta_1$,则行动 a_1 最好.

如果我们选择如下的 $0-k_i$ 损失:

$$L(\theta, a_0)=\begin{cases}0, & \theta \in \Theta_0, \\ k_0, & \theta \in \Theta_1;\end{cases}$$

$$L(\theta, a_1)=\begin{cases}0, & \theta \in \Theta_1, \\ k_1, & \theta \in \Theta_0.\end{cases}$$

如果 θ 的后验分布 $\pi(\theta \mid x)$ 已算得,则选用 a_0 的后验期望损失(后验风险)

$$R(a_0 \mid x)=E[L(\theta, a_0)]=\int_{\Theta_1} k_0 \pi(\theta \mid x)\mathrm{d}\theta=k_0 P(\Theta_1 \mid x).$$

类似地有

$$R(a_1 \mid x)=k_1 P(\Theta_0 \mid x),$$

则贝叶斯决策就是使后验期望损失(后验风险)较小的那个行动.

如果

$$k_0 P(\Theta_1 \mid x) > k_1 P(\Theta_0 \mid x),$$

则选用 a_1,即拒绝原假设 H_0,如果还有 $\Theta_0 \bigcup \Theta_1=\Theta$,从而有 $P(\Theta_0 \mid x)=1-P(\Theta_1 \mid x)$.

于是上式可以写成

$$P(\Theta_1 \mid x) > \frac{k_1}{k_0+k_1}.$$

用经典统计的术语,贝叶斯检验的原假设的拒绝域为

$$W=\left\{x: P(\Theta_1 \mid x) > \frac{k_1}{k_0+k_1}\right\}.$$

这与经典统计(似然比检验)的拒绝域有完全相同的形式,只是在经典统计中拒绝域的"临界值"由显著性水平确定,而在贝叶斯检验中则根据损失和先验信息决定. 这里贝叶斯决策方法提供了一个选择检验的显著性水平的合理方法,而在经典统计中无这种准则,常在"0.10, 0.05, 0.01"中"主观地"选择一个,可见主观地选择在经典统计中也是常被采用的.

例 6.3.6 在孩子做智商测试的例 6.3.5 中,对孩子的智商作出三个假设

$$H_1 : \theta < 90, \quad H_2 : 90 \leqslant \theta \leqslant 110, \quad H_3 : \theta > 110.$$

设有三个行动 a_1,a_2,a_3,其中 a_i 表示接受 $H_i(i = 1, 2, 3)$ 又设相应的损失函数分别为

$$L(\theta, a_1) = \begin{cases} 0, & \theta < 90, \\ \theta - 90, & 90 \leqslant \theta \leqslant 110, \\ 2(\theta - 90), & \theta > 110; \end{cases}$$

$$L(\theta, a_2) = \begin{cases} 90 - \theta, & \theta < 90, \\ 0, & 90 \leqslant \theta \leqslant 110, \\ \theta - 110, & \theta > 110; \end{cases}$$

$$L(\theta, a_3) = \begin{cases} 2(110 - \theta), & \theta < 90, \\ 110 - \theta, & 90 \leqslant \theta \leqslant 110, \\ 0, & \theta > 110. \end{cases}$$

在例 6.3.5 中已经算得 θ 后验分布为 $N(110.385, 8.320\,5^2)$,因此 a_1 的后验期望损失(后验风险)为

$$\begin{aligned} R(a_1 \mid x = 115) &= E[L(\theta, a_1)] \\ &= \int_{90}^{110} (\theta - 90)\pi(\theta \mid x)\mathrm{d}\theta + \int_{110}^{\infty} 2(\theta - 90)\pi(\theta \mid x)\mathrm{d}\theta \\ &= 6.49 + 27.83 \\ &= 34.32. \end{aligned}$$

类似地可得

$$\begin{aligned} R(a_2 \mid x = 115) &= E[L(\theta, a_2)] \\ &= \int_{-\infty}^{90} (90 - \theta)\pi(\theta \mid x)\mathrm{d}\theta + \int_{110}^{\infty} (\theta - 110)\pi(\theta \mid x)\mathrm{d}\theta \\ &= 3.55, \end{aligned}$$

$$\begin{aligned} R(a_3 \mid x = 115) &= E[L(\theta, a_3)] \\ &= \int_{-\infty}^{90} 2(110 - \theta)\pi(\theta \mid x)\mathrm{d}\theta + \int_{90}^{110} (110 - \theta)\pi(\theta \mid x)\mathrm{d}\theta \\ &= 3.27. \end{aligned}$$

因此,a_3 为贝叶斯决策.

说明:在以上积分的计算中,首先要利用标准正态分布的密度,然后要用积分

$$\int_a^b \theta \mathrm{e}^{-\frac{\theta^2}{2}} \mathrm{d}\theta = -\mathrm{e}^{-\frac{\theta^2}{2}} \Big|_a^b = \mathrm{e}^{-\frac{a^2}{2}} - \mathrm{e}^{-\frac{b^2}{2}}.$$

思考与练习题 6

6.1 举例并说明什么是贝叶斯决策问题?

6.2 举例并说明什么是后验风险?

6.3 举例并说明什么是决策函数?

6.4 结合教材的相关内容,总结常用损失函数下的贝叶斯估计,并说明与第 3 章的贝叶斯估计有什么区别和联系?

6.5 结合教材的相关内容,说明两个行动下的假设检验结果与经典统计中的相应结果有什么异同?

6.6 在例 6.1.1 和例 6.2.1 中,工厂决定在每箱中抽查 3 件,请在其他条件不变的情况下,考虑如下问题:

(1) 设 x 为三件产品中不合格品数,在给定 x 下,写出不合格率 θ 的后验分布($x=0$, 1, 2, 3);

(2) 写出所有的决策函数;

(3) 计算每个决策函数的后验风险;

(4) 选出后验风险最小的决策函数.

6.7 设随机变量 $X \sim N(\theta, 100)$,θ 的先验分布为 $N(100, 225)$,在线性损失函数

$$L(\theta, \delta) = \begin{cases} 3(\theta - \delta), & \delta \leqslant \theta, \\ \delta - \theta, & \delta > \theta \end{cases}$$

下求 θ 的贝叶斯估计.

6.8 某公司收到供应商的一大批零件,从中抽验 5 件,假设其中的不合格品数 $x \sim B(5, \theta)$,从以往该供应商各批零件中已知 θ 的先验分布为 $Be(1, 9)$. 如果观察值 $x=0$,在以下各个损失函数下给出 θ 的贝叶斯估计:

(1) $L(\theta, a) = (\theta - a)^2$;

(2) $L(\theta, a) = |\theta - a|$;

(3) $L(\theta, a) = \begin{cases} 2(a - \theta), & a < \theta, \\ \theta - a, & a \leqslant \theta. \end{cases}$

6.9 在习题 6.8 中,如果建立如下两个假设:

$$H_0: 0 \leqslant \theta \leqslant 0.15, \quad H_1: \theta > 0.15$$

和两个行动 a_0(接受 H_0),a_1(接受 H_1).

在以下几个损失函数下,作出贝叶斯假设:

(1) 0—1 损失.

(2) $L(\theta, a_0) = \begin{cases} 1, & \theta > 0.15, \\ 0, & \theta \leqslant 0.15; \end{cases}$ $\quad L(\theta, a_1) = \begin{cases} 2, & \theta \leqslant 0.15, \\ 0, & \theta > 0.15. \end{cases}$

(3) $L(\theta, a_0) = \begin{cases} 1, & \theta > 0.15, \\ 0, & \theta \leqslant 0.15; \end{cases}$ $\quad L(\theta, a_1) = \begin{cases} 0.15 - \theta, & \theta \leqslant 0.15, \\ 0, & \theta > 0.15. \end{cases}$

第7章 贝叶斯回归分析

本章将主要介绍:经典方法中多元线性回归的回顾,模型中参数的贝叶斯估计,基于 OpenBUGS 软件的 O 形环损坏模型,随机模拟方法与应用案例.

7.1 经典方法中多元线性回归的回顾

为了介绍贝叶斯回归分析,以下首先简要回顾经典方法中多元线性回归模型及其参数估计(韩明,2017).

7.1.1 多元线性回归模型

设变量 y 与变量 x_1, x_2, $\cdots$, x_m 之间有线性关系

$$y = \beta_0 + \beta_1 x_1 + \cdots + \beta_m x_m + \varepsilon, \quad \varepsilon \sim N(0, \sigma^2),$$

其中,β_0, β_1, $\cdots$, β_m $(m \geqslant 2)$ 和 σ^2 均未知.

若 $(x_{i1}, x_{i2}, \cdots, x_{im}, y_i)$ $(i = 1, 2, \cdots, n)$ 是 $(x_1, x_2, \cdots, x_m, y)$ 的一组 n $(n > m+1)$ 次独立观测值,则多元线性回归模型可以表示为

$$y_i = \beta_0 + \beta_1 x_{i1} + \cdots + \beta_m x_{im} + \varepsilon_i, \quad \varepsilon_i \sim N(0, \sigma^2), \quad i = 1, 2, \cdots, n. \quad (7.1.1)$$

其中各 ε_i 相互独立.

以下用矩阵的形式来描述多元线性回归模型.

记

$$\boldsymbol{X} = \begin{pmatrix} 1 & x_{11} & \cdots & x_{1m} \\ 1 & x_{21} & \cdots & x_{2m} \\ \vdots & \vdots & & \vdots \\ 1 & x_{n1} & \cdots & x_{nm} \end{pmatrix}, \quad \boldsymbol{Y} = \begin{pmatrix} y_1 \\ y_2 \\ \vdots \\ y_n \end{pmatrix}, \quad \boldsymbol{\beta} = \begin{pmatrix} \beta_0 \\ \beta_1 \\ \vdots \\ \beta_m \end{pmatrix}, \quad \boldsymbol{\varepsilon} = \begin{pmatrix} \varepsilon_1 \\ \varepsilon_2 \\ \vdots \\ \varepsilon_n \end{pmatrix}.$$

式(7.1.1)可表示为

$$\boldsymbol{Y} = \boldsymbol{X}\boldsymbol{\beta} + \boldsymbol{\varepsilon}, \quad (7.1.2)$$

其中 $\mathrm{rank}(\boldsymbol{X}) = m+1$,$\boldsymbol{\varepsilon}$ 为 n 维误差向量,且 $\boldsymbol{\varepsilon} \sim N_n(0, \sigma^2 \boldsymbol{I}_n)$,$\boldsymbol{I}_n$ 是 n 阶单位矩阵,于是 $\boldsymbol{Y} \sim N_n(\boldsymbol{X}\boldsymbol{\beta}, \sigma^2 \boldsymbol{I}_n)$.

7.1.2 回归参数的估计

与一元线性回归模型类似,求参数 $\boldsymbol{\beta}$ 的估计 $\hat{\boldsymbol{\beta}}$ 就是最小二乘问题

$$Q(\boldsymbol{\beta}) = \sum_{i=1}^{n} \boldsymbol{\varepsilon}^2 = (\boldsymbol{Y} - \boldsymbol{X}\boldsymbol{\beta})^{\mathrm{T}} (\boldsymbol{Y} - \boldsymbol{X}\boldsymbol{\beta})$$

的最小值点 $\hat{\boldsymbol{\beta}}$.

可以证明 $\boldsymbol{\beta}$ 的最小二乘估计为

$$\hat{\boldsymbol{\beta}} = (\boldsymbol{X}^{\mathrm{T}}\boldsymbol{X})^{-1}\boldsymbol{X}^{\mathrm{T}}\boldsymbol{Y}.$$

从而得经验回归方程为

$$\hat{\boldsymbol{Y}} = \boldsymbol{X}\hat{\boldsymbol{\beta}} = \hat{\beta}_0 + \hat{\beta}_1 x_1 + \cdots + \hat{\beta}_m x_m.$$

称 $\hat{\boldsymbol{\varepsilon}} = \boldsymbol{Y} - \boldsymbol{X}\hat{\boldsymbol{\beta}}$ 为残差向量.

在经典统计中,σ^2 的极大似然估计为

$$\hat{\sigma}^2 = \frac{\hat{\boldsymbol{\varepsilon}}^{\mathrm{T}}\hat{\boldsymbol{\varepsilon}}}{n}.$$

但上式中的 $\hat{\sigma}^2$ 不是 σ^2 的无偏估计.

通常取

$$\hat{\sigma}^2 = \frac{\hat{\boldsymbol{\varepsilon}}^{\mathrm{T}}\hat{\boldsymbol{\varepsilon}}}{n-m-1}$$

为 σ^2 的估计. 可以证明:

(1) $\hat{\sigma}^2 = \dfrac{\hat{\boldsymbol{\varepsilon}}^{\mathrm{T}}\hat{\boldsymbol{\varepsilon}}}{n-m-1}$ 是 σ^2 的无偏估计.

(2) 协方差矩阵为 $Cov(\beta) = \sigma^2 (\boldsymbol{X}^{\mathrm{T}}\boldsymbol{X})^{-1}$.

$\boldsymbol{\beta}$ 的各分量的标准差为 $\sqrt{\mathrm{Var}(\beta_i)} = \hat{\sigma}\sqrt{c_{ii}}$,$i = 1, 2, \cdots, m$. 其中 c_{ii} 为 $C = (\boldsymbol{X}^{\mathrm{T}}\boldsymbol{X})^{-1}$ 对角线上的第 i 个元素.

7.2 模型中参数的贝叶斯估计

在式(7.1.2)中,由于 $\boldsymbol{Y} \sim N_n(\boldsymbol{X}\boldsymbol{\beta}, \sigma^2 \boldsymbol{I}_n)$,所以似然函数为

$$L(\boldsymbol{\beta}, \sigma \mid \boldsymbol{X}, \boldsymbol{Y}) = \left(\frac{1}{2\pi\sigma^2}\right)^{\frac{n}{2}} \exp\left\{-\frac{1}{2\sigma^2}(\boldsymbol{Y} - \boldsymbol{X}\boldsymbol{\beta})^{\mathrm{T}}(\boldsymbol{Y} - \boldsymbol{X}\boldsymbol{\beta})\right\}$$

$$\propto \frac{1}{\sigma^n} \exp\left\{-\frac{1}{2\sigma^2}[S_n^2 + (\boldsymbol{\beta} - \hat{\boldsymbol{\beta}})^{\mathrm{T}}\boldsymbol{X}^{\mathrm{T}}\boldsymbol{X}(\boldsymbol{\beta} - \hat{\boldsymbol{\beta}})]\right\}. \tag{7.2.1}$$

其中 $\hat{\boldsymbol{\beta}} = (\boldsymbol{X}^{\mathrm{T}}\boldsymbol{X})^{-1}\boldsymbol{X}^{\mathrm{T}}\boldsymbol{Y}$,$S_n^2 = (\boldsymbol{Y} - \boldsymbol{X}\hat{\boldsymbol{\beta}})^{\mathrm{T}}(\boldsymbol{Y} - \boldsymbol{X}\hat{\boldsymbol{\beta}})$.

如果取 $(\boldsymbol{\beta}, \sigma)$ 的先验分布为无信息先验分布,按 Jeffreys 准则,则有

$$\pi(\boldsymbol{\beta} \mid \sigma) \propto 1, \quad \pi(\sigma) \propto \frac{1}{\sigma}. \tag{7.2.2}$$

因此,参数 $(\boldsymbol{\beta}, \sigma)$ 的先验分布为

$$\pi(\boldsymbol{\beta}, \sigma) \propto \frac{1}{\sigma}, \quad \boldsymbol{\beta} \in \boldsymbol{R}^{m+1}, \quad \sigma > 0. \tag{7.2.3}$$

根据贝叶斯定理,$(\boldsymbol{\beta}, \sigma)$ 的联合后验密度函数为(朱慧明,韩玉启,2006)

$$\pi(\boldsymbol{\beta}, \sigma \mid \boldsymbol{X}, \boldsymbol{Y}) \propto L(\boldsymbol{\beta}, \sigma \mid \boldsymbol{X}, \boldsymbol{Y}) \pi(\boldsymbol{\beta}, \sigma) \propto \frac{1}{\sigma^{n+1}} \exp\left\{-\frac{1}{2\sigma^2}\left[S_n^2 + (\boldsymbol{\beta} - \hat{\boldsymbol{\beta}})^{\mathrm{T}} \boldsymbol{X}^{\mathrm{T}} \boldsymbol{X}(\boldsymbol{\beta} - \hat{\boldsymbol{\beta}})\right]\right\}. \tag{7.2.4}$$

7.2.1 回归系数的贝叶斯估计

根据式(7.2.4),由 $\pi(\boldsymbol{\beta}, \sigma \mid \boldsymbol{X}, \boldsymbol{Y})$ 对 σ 进行积分,得到参数 $\boldsymbol{\beta}$ 的后验边缘密度函数

$$\pi(\boldsymbol{\beta} \mid \boldsymbol{X}, \boldsymbol{Y}) = \int_0^\infty \pi(\boldsymbol{\beta}, \sigma \mid \boldsymbol{X}, \boldsymbol{Y}) \mathrm{d}\sigma \propto \frac{1}{\left[S_n^2 + (\boldsymbol{\beta} - \hat{\boldsymbol{\beta}})^{\mathrm{T}} \boldsymbol{X}^{\mathrm{T}} \boldsymbol{X}(\boldsymbol{\beta} - \hat{\boldsymbol{\beta}})\right]^{\frac{n}{2}}}. \tag{7.2.5}$$

式(7.2.5)最后一项是自由度为 $n+m-1$,位置参数为 $\hat{\boldsymbol{\beta}}$,精度矩阵为 $\dfrac{\boldsymbol{X}^{\mathrm{T}} \boldsymbol{X}}{S_n^2}$ 的 $m+1$ 维 t 分布密度函数的核,因此参数 $\boldsymbol{\beta}$ 的后验分布为多元 t 分布,即

$$(\boldsymbol{\beta} \mid \boldsymbol{X}, \boldsymbol{Y}) \sim Mt_{m+1}\left(n-m-2, \hat{\boldsymbol{\beta}}, \frac{\boldsymbol{X}^{\mathrm{T}} \boldsymbol{X}}{S_n^2}\right). \tag{7.2.6}$$

根据多元 t 分布的性质,参数 $\boldsymbol{\beta}$ 的后验期望为 $E(\boldsymbol{\beta} \mid \boldsymbol{X}, \boldsymbol{Y}) = \hat{\boldsymbol{\beta}}$,因此在向量损失函数下,参数 $\boldsymbol{\beta}$ 的贝叶斯估计为(朱慧明,韩玉启,2006) $\hat{\boldsymbol{\beta}}_B = \hat{\boldsymbol{\beta}}$,即

$$\hat{\boldsymbol{\beta}}_B = (\boldsymbol{X}^{\mathrm{T}} \boldsymbol{X})^{-1} \boldsymbol{X}^{\mathrm{T}} \boldsymbol{Y}.$$

从以上结果的形式上看,参数 $\boldsymbol{\beta}$ 的贝叶斯估计与经典方法的结果——最小二乘估计完全相同,但二者有着本质的不同的含义:此处的 $\boldsymbol{\beta}$ 是随机变量,其后验期望 $\hat{\boldsymbol{\beta}}$ 是一个具体的数;而在经典统计推断体系中,$\boldsymbol{\beta}$ 只是未知参数,不具有随机性.

7.2.2 方差 σ^2 的贝叶斯估计

根据式(7.2.4),由 $\pi(\boldsymbol{\beta}, \sigma \mid \boldsymbol{X}, \boldsymbol{Y})$ 对 $\boldsymbol{\beta}$ 进行积分,便得到参数 σ 的后验边缘密度函数(朱慧明,韩玉启,2006)

$$\pi(\sigma \mid \boldsymbol{X}, \boldsymbol{Y}) = \int_{\boldsymbol{R}^{m+1}} \pi(\boldsymbol{\beta}, \sigma \mid \boldsymbol{X}, \boldsymbol{Y}) \mathrm{d}\boldsymbol{\beta} \propto \frac{1}{\sigma^{n-m-1}} \exp\left\{-\frac{(n-m-2)S_n^2}{2\sigma^2}\right\}.$$

根据 σ 的后验边缘密度函数,可得 σ^2 的后验边缘密度函数

$$\pi(\sigma^2 \mid \boldsymbol{X}, \boldsymbol{Y}) \propto \frac{1}{\sigma^{n-m}} \exp\left\{-\frac{(n-m-2)S_n^2}{2\sigma^2}\right\}. \tag{7.2.7}$$

式(7.2.7)是倒 Gamma 分布密度函数的核,因此 σ^2 的后验期望为 $E(\sigma^2 \mid \boldsymbol{X}, \boldsymbol{Y}) =$

$\dfrac{S_n^2}{n-m-2}$，于是在平方损失函数下，σ^2 的贝叶斯估计为(朱慧明,韩玉启,2006)

$$\hat{\sigma}_B^2 = \frac{S_n^2}{n-m-2}. \tag{7.2.8}$$

回顾前面在经典统计推断体系中，σ^2 的无偏估计为

$$\hat{\sigma}^2 = \frac{\hat{\boldsymbol{\varepsilon}}^{\mathrm{T}}\hat{\boldsymbol{\varepsilon}}}{n-m-1} = \frac{S_n^2}{n-m-1}. \tag{7.2.9}$$

从式(7.2.8)和式(7.2.9)可以看出，σ^2 的贝叶斯估计与经典估计，略有不同.

对更深入相关问题的讨论,可参考:Zellner(1971),张尧庭,陈汉峰(1991),朱慧明,韩玉启(2006)等.

7.2.3　应用案例

工薪阶层普遍关心年薪与那些因素有关,由此可以制定自己的奋斗目标. 表 7-1 列出了调查的 24 名从业人员的指标数据. x_1:从业人员的成果(论文、专著等)的指标;x_2:从事工作的时间(单位:年)的指标;x_3:能成功获得资助的指标;y:从业人员的年薪(万元)的指标.

表 7-1　　　　　　　　　　　　　　　　某从业人员的指标

i	x_{1i}	x_{2i}	x_{3i}	y_i
1	3.5	9	6.1	11.1
2	5.3	20	6.4	13.4
3	5.1	18	7.4	12.9
4	5.8	33	6.7	15.6
5	4.2	31	7.5	13.8
6	6	13	5.9	12.5
7	6.8	25	6	13
8	5.5	30	4	13.6
9	3.1	5	5.8	10
10	7.2	47	8.3	17.6
11	4.5	25	5	12.7
12	4.9	11	6.4	10.6
13	8	23	7.6	14.4
14	6.5	35	7	14.7
15	6.6	39	5	14.2
16	3.7	21	4.4	11.2

续表

i	x_{1i}	x_{2i}	x_{3i}	y_i
17	6.2	7	5.5	11.4
18	7	40	7	16
19	4	35	6	12.7
20	4.5	23	3.5	12
21	5.9	33	4.9	13.5
22	5.6	27	4.3	12.3
23	4.8	34	8	15.1
24	3.9	15	5.8	11.7

(1) 经典多元线性回归分析

建立 y 与 x_1，x_2，x_3 的回归模型，其 R 代码如下：

```
x1<-c(3.5,5.3,5.1,5.8,4.2,6.0,6.8,5.5,3.1,7.2,4.5,4.9,8.0,6.5,6.6,3.7,6.2,
7.0,4.0,4.5,5.9,5.6,4.8,3.9)
x2<-c(9,20,18,33,31,13,25,30,5,47,25,11,23,35,39,21,7,40,35,23,33,27,34,15)
x3<-c(6.1,6.4,7.4,6.7,7.5,5.9,6.0,4.0,5.8,8.3,5.0,6.4,7.6,7.0,5.0,4.4,5.5,
7.0,6.0,3.5,4.9,4.3,8.0,5.8)
y<-c(11.1,13.4,12.9,15.6,13.8,12.5,13.0,13.6,10.0,17.6,12.7,10.6,14.4,14.7,
14.2,11.2,11.4,16.0,12.7,12.0,13.5,12.3,15.1,11.7)
A<-data.frame(y,x1,x2,x3)
B<-lm(y~x1+x2+x3,data=A)
summary(B)
```

运行结果为

```
Call:
lm(formula = y ~ x1 + x2 + x3, data = A)
Residuals:
   Min       1Q    Median      3Q      Max
-1.05467  -0.28507  0.03479  0.32627  1.10556
Coefficients:
```

	Estimate	Std. Error	t value	Pr(>|t|)	
(Intercept)	5.86955	0.66574	8.817	2.52e-08	***
x1	0.36891	0.10693	3.450	0.002531	**
x2	0.10805	0.01208	8.941	2.01e-08	***
x3	0.43578	0.09753	4.468	0.000236	***

Signif. codes: 0 ' *** ' 0.001 ' ** ' 0.01 ' * ' 0.05 '.' 0.1 '。' 1

Residual standard error: 0.5715 on 20 degrees of freedom

Multiple R-squared：0.9142， Adjusted R-squared：0.9013

F-statistic：71.05 on 3 and 20 DF， p-value：7.667e-11

从以上结果可以看出，所求回归方程为

$$\hat{y} = 5.869\,55 + 0.368\,91x_1 + 0.108\,05x_2 + 0.435\,78x_3.$$

（2）贝叶斯多元线性回归分析

＞install. packages('MCMCpack')

＞library('MCMCpack')

＞C＜－MCMCregress(y～x1＋x2＋x3,data＝A)

＞summary(C)

运行结果为

Iterations ＝ 1001：11000

Thinning interval ＝ 1

Number of chains ＝ 1

Sample size per chain ＝ 10000

1. Empirical mean and standard deviation for each variable，

   plus standard error of the mean：

	Mean	SD	Naive SE	Time-series SE
(Intercept)	5.8670	0.70770	0.0070770	0.007077
x1	0.3694	0.11430	0.0011430	0.001143
x2	0.1080	0.01245	0.0001245	0.000120
x3	0.4361	0.10277	0.0010277	0.001028
sigma2	0.3613	0.12709	0.0012709	0.001473

2. Quantiles for each variable：

	2.5%	25%	50%	75%	97.5%
(Intercept)	4.50073	5.40663	5.8657	6.3184	7.2917
x1	0.14219	0.29467	0.3696	0.4447	0.5938
x2	0.08324	0.09996	0.1080	0.1162	0.1325
x3	0.23226	0.36887	0.4359	0.5038	0.6397
sigma2	0.18994	0.27261	0.3368	0.4218	0.6735

从以上结果可以看出，所求回归方程为

$$\hat{y} = 5.867\,0 + 0.369\,4x_1 + 0.108\,0x_2 + 0.436\,1x_3.$$

从以上两种回归分析结果看，虽然两种方法有着各自的不同之处，但从结果来看它们非常接近.

对模型意义的解释：从业人员的年薪与他（她）们的成果（论文、专著等）之间是正相关的. 由于从业人员的成果（论文、专著等）越多，他（她）们的年薪越高，由此 x_1 在模型中的系数为正；同理，从事工作的时间（单位：年）和能成功获得资助两个指标都与从业人员的年薪之间为正相关，x_2，x_3 在模型中的系数也为正.

7.3 基于OpenBUGS软件的O形环损坏模型

在1986年挑战者号航天飞机升空前的各次发射期间,收集到的导致O形环灾难性失效的热应力数据,见表7-2.每个航天飞机有3个主要的和3个次要的辅助O形环,每个中的任何一个失效(或故障)都将造成像"挑战者号"一样的灾难.

表7-2 挑战者号航天飞机升空前的O形环的数据

航天飞机	损坏	温度/℉	压力/(1 bs/in²)
1	0	66	50
2	1	70	50
3	0	69	50
5	0	68	50
6	0	67	50
7	0	72	50
8	0	73	100
9	0	70	100
41—B	1	57	200
41—C	1	63	200
41—D	1	70	200
41—G	0	78	200
51—A	0	67	200
51—C	2	53	200
51—D	0	67	200
51—B	0	75	200
51—G	0	70	200
51—F	0	81	200
51—I	0	76	200
51—J	0	79	200
61—A	2	75	200
61—B	0	76	200
61—C	1	58	200

每个航天飞机有6个O形环(3个主要的和3个次要的),在每个发射过程中O形环损坏(腐蚀或漏气)的数量服从参数为 p 和 $n=6$ 的二项分布,即 X~binomial(p,6).在这个模型中,参数 p 是温度和施加的泄露试验压力的函数.连接函数为

$$logit(p) = \ln\left(\frac{p}{1-p}\right). \tag{7.3.1}$$

根据工程经验可知,参数 p 随压力 P 和温度 T 的变化而变化,因此我们构建模型时考虑模型:

$$logit(p) = a + bT, \tag{7.3.2}$$

$$logit(p) = a + bT + cP. \tag{7.3.3}$$

根据工程经验,还可以考虑温度二次方的模型. 设 t 为温度数据的均值,则考虑温度二次方的模型为

$$logit(p) = a + b(t - \bar{t}) + c(t - \bar{t})^2. \tag{7.3.4}$$

7.3.1　只考虑温度的模型

如果考虑导致 O 形环灾难性失效的原因只有温度,则此时的模型由式(7.3.2)给出. 以下用 OpenBUGS 软件来进行有关计算(先验分布的确定见下面的代码).

```
model
{
for( i in 1：n)
{
distress[i]～dbin(p[i],6)
logit(p[i])<－a+b * temp[i]
}
distress. 31～dbin(p. 31,6)
logit(p. 31)<－a+b * 31
a～ dunif(0, 10)
b～ dnorm(0, 0.001)
}
data
list(distress＝c(0, 1,0, 0, 0, 0, 0, 0, 1, 1, 1, 0, 0, 2, 0, 0, 0, 0, 0, 0, 2, 0, 1),
temp＝c(66, 70, 69, 68, 67, 72, 73,70, 57, 63, 70,78, 67, 53, 67, 75, 70, 81, 76, 79,
75, 76, 58), n=23)
list(a＝1, b＝0.1)
list(a＝10, b＝0.1)
```

运行结果见表 7-3.

表 7-3　　　　　　　　　　　　　　　　计算结果

参数	mean	sd	MC-error	val2.5pc	median	val97.5pc	start	sample
a	5.124	2.383	0.127 9	0.704 5	5.066	9.516	1 001	18 000
b	−0.117 5	0.036 91	0.001 983	−0.186 1	−0.116 3	−0.049 83	1 001	18 000

根据表 7-3 可得参数 a 和 b 的贝叶斯估计为 $\hat{a}=5.124$, $\hat{b}=-0.1175$, 因此回归方程为

$$logit(p)=5.124-0.1175T. \tag{7.3.5}$$

7.3.2 考虑温度和压力的模型

如果考虑导致 O 形环灾难性失效的原因有温度和压力, 则此时的模型由式(7.3.3)给出. 以下用 OpenBUGS 软件来进行有关计算(先验分布的确定见下面的代码).

```
model
{
for( i in 1: n)
{
distress[i]~dbin(p[i],6)
logit(p[i])<-a+b*temp[i]+c*press[i]
}
distress.31~dbin(p.31,6)
logit(p.31)<-a+b*31+c*200
a~ dunif(0, 4.5)
b~ dnorm(0, 0.001)
c~ dnorm(0, 0.001)
}
data
list(distress=c(0, 1,0, 0, 0, 0, 0, 0, 1, 1, 1, 0, 0, 2, 0, 0, 0, 0, 0, 0, 2, 0, 1),
temp=c(66, 70, 69, 68, 67, 72, 73,70, 57, 63, 70,78, 67, 53, 67, 75, 70, 81, 76, 79,
75, 76, 58),
press=c(50, 50, 50, 50, 50, 50, 100, 100, 200, 200, 200, 200, 200, 200, 200, 200,
200, 200, 200, 200, 200, 200, 200), n=23)
list(a=1, b=0, c=0)
list(a=10, b=-0.1, c=0.1)
```

运行结果见表 7-4.

表 7-4　　　　　　　　　　计算结果

参数	mean	sd	MC-error	val2.5pc	median	val97.5pc	start	sample
a	2.272	1.261	0.06028	0.1285	2.276	4.388	1001	18 000
b	−0.1018	0.02402	8.845E-4	−0.1498	−0.1014	−0.05687	1 001	18 000
c	0.01044	0.007019	1.784E-4	−0.002	0.009848	0.025 22	1 001	18 000

根据表 7-3 可以参数 a,b 和 c 的贝叶斯估计为 $\hat{a}=2.272$, $\hat{b}=-0.1018$, $\hat{c}=0.01044$, 因此回归方程为

$$logit(p)=2.272-0.1018T+0.01044P. \tag{7.3.6}$$

7.3.3 考虑温度二次方的模型

如果考虑导致 O 形环灾难性失效的原因有温度二次方,则此时的模型由式(7.3.4)给出. 以下用 OpenBUGS 软件来进行有关计算(先验分布的确定见下面的代码).

```
model
{
for( i in 1: n)
{
distress[i]~dbin(p[i],6)
logit(p[i])<-a+b*(temp[i]-time.mean)+c*pow(temp[i]-time.mean,2)
}
time.mean<- mean(temp[ ])
a~dnorm(0，1.0E-1)
b~dnorm(0，1.0E-2)
c~dnorm(0，1.0E-2)
}
data
list(distress=c(0, 1,0, 0, 0, 0, 0, 0, 1, 1, 1, 0, 0, 2, 0, 0, 0, 0, 0, 0, 2, 0, 1),
temp=c(66, 70, 69, 68, 67, 72, 73,70, 57, 63, 70,78, 67, 53, 67, 75, 70, 81, 76, 79,
75, 76, 58), n=23)
list(a=3, b=0.05,c=0.005)
list(a=-3, b=-0.05,c=-0.005)
```

运行结果见表 7-5.

表 7-5   计算结果

参数	mean	sd	MC-error	val2.5pc	median	val97.5pc	start	sample
a	−3.151	0.488 8	0.009 615	−4.21	−3.126	−2.27	1 001	18 000
b	−0.096 43	0.073 92	0.001 855	−0.265 2	−0.089 65	0.029 15	1 001	18 000
c	0.002 365	0.006 057	1.455E-4	−0.010 78	0.002 689	0.013 28	1 001	18 000

根据表 7-5 可以参数 a, b 和 c 的贝叶斯估计为 $\hat{a}=-3.151$, $\hat{b}=-0.096\,43$, $\hat{c}=0.002\,365$,因此回归方程为

$$logit(p)=-3.151-0.096\,43(t-\bar{t})+0.002\,365(t-\bar{t})^2. \qquad (7.3.7)$$

7.3.4 模型检验和模型选择

以上关于 O 形环损坏,我们建立了三个贝叶斯回归模型,分别由式(7.3.5),式(7.3.6)和式(7.3.7)给出,那么哪个模型更适合呢? 以下对以上建立的三个贝叶斯回归模型进行模型检验和模型选择. 首先计算三个模型的贝叶斯 p 值,然后计算三个模型的 BIC.

1. 计算三个模型的贝叶斯 p 值

使用 Cramervon Mises 统计量,可以计算每个模型的贝叶斯 p 值,该值在 0.5 附近最理

想. 这个统计量使用了排序的复现和观察时间的累积分布函数. 用函数 cumulative( )计算累积分布函数，并计算上述三个回归模型的贝叶斯 p 值.

以下用 OpenBUGS 软件计算三个模型的贝叶斯 p 值.

回归模型由式(7.3.5)给出：

```
model
{
for( i in 1: n)
{
distress[i]～dbin(p[i],6)
logit(p[i])<－a＋b * temp[i]
distress. rep[i]～dbin(p[i],6)
diff. obs[i]<－pow(distress [i]－6 * p[i], 2)/(6 * p[i] * (1－ p[i]))
diff. rep[i]<－pow(distress. rep[i] －6 * p[i], 2)/(6 * p[i] * (1－ p[i]))
}
a～ dunif(0, 10)
b～ dnorm(0, 0.001)
chisq. obs<－sum(diff. obs[ ])
chisq. rep<－ sum(diff. rep[ ])
p. value<－step(chisq. rep－chisq. obs)
}
data
list(distress＝c(0, 1,0, 0, 0, 0, 0, 0, 1, 1, 1, 0, 0, 2, 0, 0, 0, 0, 0, 0, 2, 0, 1),
temp＝c(66, 70, 69, 68, 67, 72, 73,70, 57, 63, 70,78, 67, 53, 67, 75, 70, 81, 76, 79,
75, 76, 58), n＝23)
list(a＝1, b＝0.1)
list(a＝10, b＝0.1)
```

运行结果为

p. value＝0.2246.

回归模型由式(7.3.6)给出：

```
model
{
for( i in 1: n)
{
distress[i]～dbin(p[i],6)
logit(p[i])<－a＋b * temp[i]＋c * press[i]
distress. rep[i]～dbin(p[i],6)
diff. obs[i]<－pow(distress [i]－6 * p[i], 2)/(6 * p[i] * (1－ p[i]))
diff. rep[i]<－pow(distress. rep[i] －6 * p[i], 2)/(6 * p[i] * (1－ p[i]))
}
chisq. obs<－sum(diff. obs[ ])
```

```
chisq. rep<－sum(diff. rep[ ])
p. value<－step(chisq. rep－ chisq. obs)
distress. 31~dbin(p. 31,6)
logit(p. 31)<－a＋b * 31＋c * 200
a~ dunif(0, 4. 5)
b~ dnorm(0, 0. 001)
c~ dnorm(0, 0. 001)
}
data
list(distress＝c(0, 1,0, 0, 0, 0, 0, 0, 1, 1, 1, 1, 0, 0, 2, 0, 0, 0, 0, 0, 0, 2, 0, 1),
temp＝c(66, 70, 69, 68, 67, 72, 73,70, 57, 63, 70,78, 67, 53, 67, 75, 70, 81, 76, 79,
75, 76, 58),
press＝c(50, 50, 50, 50, 50, 50, 100, 100, 200, 200, 200, 200, 200, 200, 200, 200,
200, 200, 200, 200, 200, 200, 200), n＝23)
list(a＝1, b＝0, c＝0)
list(a＝10, b＝－0. 1, c＝0. 1)
```

运行结果为

p. value＝0. 2475.

回归模型由式(7.3.7)给出：

```
model
{
for( i in 1; n)
{
distress[i]~dbin(p[i],6)
logit(p[i])<－a＋b * (temp[i]－time. mean)＋c * pow(temp[i]－time. mean, 2)
distress. rep[i]~dbin(p[i],6)
diff. obs[i]<－pow(distress [i]－6 * p[i], 2)/(6 * p[i] * (1－ p[i]))
diff. rep[i]<－pow(distress. rep[i] －6 * p[i], 2)/(6 * p[i] * (1－ p[i]))
}
time. mean<－ mean(temp[ ])
chisq. obs<－sum(diff. obs[ ])
chisq. rep<－sum(diff. rep[ ])
p. value<－step(chisq. rep－ chisq. obs)
a~dnorm(0, 1. 0E－1)
b~dnorm(0, 1. 0E－2)
c~dnorm(0, 1. 0E－2)
}
data
list(distress＝c(0, 1,0, 0, 0, 0, 0, 0, 1, 1, 1, 1, 0, 0, 2, 0, 0, 0, 0, 0, 0, 2, 0, 1),
temp＝c(66, 70, 69, 68, 67, 72, 73,70, 57, 63, 70,78, 67, 53, 67, 75, 70, 81, 76, 79,
75, 76, 58), n＝23)
```

list(a=3, b=0.05, c=0.005)
list(a=-3, b=-0.05, c=-0.005)

运行结果为

p. value=0.2216.

2. 计算三个模型的 BIC.

以下我们用贝叶斯信息准则(Bayesian Information Criterions,BIC)进行模型的选择.
对 BIC,有

$$BIC = -2 \times \log(likelihoog) + k \log(n). \tag{7.3.8}$$

式中,k 是模型中未知参数的数量,n 是数据的数量,$\log(likelihoog)$ 为对数似然(函数).

BIC 最小的模型是首选. 需要注意的是:一些文献中交换了式(7.3.8)中的 +号和 -号的位置,此时应该选择 BIC 最大的模型.

以下用 OpenBUGS 软件计算三个模型[分别由式(7.3.5),式(7.3.6)和式(7.3.7)给出]的 BIC.

回归模型由式(7.3.5)给出:

```
model
{
for( i in 1: n)
{
distress[i]~dbin(p[i],6)
logit(p[i])<-a+b * temp[i]
log. like[i]<-log(p[i])
}
log. like. tot<-sum(log. like[ ])
BIC<--2 * log. like. tot+log(n)
a~ dunif(0, 10)
b~ dnorm(0, 0.001)
}
data
list(distress=c(0, 1,0, 0, 0, 0, 0, 0, 1, 1, 1, 0, 0, 2, 0, 0, 0, 0, 0, 0, 2, 0, 1),
temp=c(66, 70, 69, 68, 67, 72, 73,70, 57, 63, 70,78, 67, 53, 67, 75, 70, 81, 76, 79,
75, 76, 58), n=23)
list(a=1, b=0.1)
list(a=10, b=0.1)
```

运行结果见表 7-6.

表 7-6 计算结果

参数	mean	sd	MC-error	val2.5pc	median	val97.5pc	start	sample
BIC	145.8	18.59	0.4902	113.1	144.5	185.7	1 001	18 000

回归模型由式(7.3.6)给出：

```
model
{
for( i in 1：n)
{
distress[i]～dbin(p[i],6)
logit(p[i])<－a+b*temp[i]+c*press[i]
log. like[i]<－log(p[i])
}
log. like. tot<－sum(log. like[ ])
BIC<－－2*log. like. tot+log(n)
a～ dunif(0，4. 5)
b～ dnorm(0，0. 001)
c～ dnorm(0，0. 001)
}
data
list(distress=c(0，1,0，0，0，0，0，0，1，1，1，0，0，2，0，0，0，0，0，0，2，0，1),
temp=c(66，70，69，68，67，72，73,70，57，63，70,78，67，53，67，75，70，81，76，79，
75，76，58),
press=c(50，50，50，50，50，50，100，100，200，200，200，200，200，200，200，200，
200，200，200，200，200，200，200),n=23)
list(a=1，b=0，c=0)
list(a=10，b=－0. 1，c=0. 1)
```

运行结果见表 7-7.

表 7-7　　　　　　　　　　　　　　　计算结果

参数	mean	sd	MC-error	val2. 5pc	median	val97. 5pc	start	sample
BIC	154. 1	21. 22	0. 467 7	117. 4	152. 5	200. 5	1 001	18 000

回归模型由式(7.3.7)给出：

```
model
{
for( i in 1：n)
{
distress[i]～dbin(p[i],6)
logit(p[i])<－a+b*(temp[i]－time. mean)+c*pow(temp[i]－time. mean，2)
log. like[i]<－log(p[i])
}
log. like. tot<－sum(log. like[ ])
BIC<－－2*log. like. tot+log(n)
time. mean<－ mean(temp[ ])
```

```
a~dnorm(0, 1.0E-1)
b~dnorm(0, 1.0E-2)
c~dnorm(0, 1.0E-2)
}
data
list(distress=c(0, 1, 0, 0, 0, 0, 0, 0, 1, 1, 1, 0, 0, 2, 0, 0, 0, 0, 0, 0, 2, 0, 1),
temp=c(66, 70, 69, 68, 67, 72, 73, 70, 57, 63, 70, 78, 67, 53, 67, 75, 70, 81, 76, 79,
75, 76, 58), n=23)
list(a=3, b=0.05, c=0.005)
list(a=-3, b=-0.05, c=-0.005)
```

运行结果见表7-8.

表7-8　　　　　　　　　　　　　　计算结果

参数	mean	sd	MC-error	val2.5pc	median	val97.5pc	start	sample
BIC	146.4	19.14	0.429 1	112.8	145.1	189.2	1 001	18 000

根据上述计算结果,得到O形环损坏三个回归模型[分别由式(7.3.5),式(7.3.6)和式(7.3.7)给出]的贝叶斯 p 值和BIC,见表7-9.

表7-9　　　　　　　三个回归模型的贝叶斯 p 值和 BIC

回归模型的解释变量	贝叶斯 p 值	BIC
温度[模型由式(7.3.5)给出]	0.224 6	145.8
温度和压力[模型由式(7.3.6)给出]	0.247 5	154.1
温度的平方[模型由式(7.3.7)给出]	0.221 6	146.4

从表7-9的计算结果看,三个回归模型的贝叶斯 p 值比较接近,其中模型(7.3.5)和模型(7.3.7)的贝叶斯 p 值的非常接近,模型(7.3.6)的贝叶斯 p 值比其他两个模型的贝叶斯 p 值略大;三个回归模型的BIC相差不大,其中模型(7.3.5)和模型(7.3.7)的BIC非常接近,模型(7.3.6)的BIC比其他两个模型的BIC略大.

根据上面的分析,由于三个回归模型的贝叶斯 p 值比较接近,根据BIC最小的模型是首选的原则,我们选择的回归模型是由式(7.3.5)给出的(这个回归模型也是三个模型中最简单的一个).

7.4　随机模拟方法与应用案例

7.4.1　随机模拟方法

按随机模拟的方法,先由 $\pi(\sigma^2 \mid y)$ 抽取 σ^2,再从 $\pi(\beta \mid \sigma^2, y)$ 中抽取 β,便能得到未知参数以及其函数的后验模拟值.这可根据多元正态分布和逆伽玛分布自行编程获得 (β, σ^2)

的后验样本. 但是在无信息先验假设下也可直接利用 R 中的 LearnBayes 程序包(可在 R 社区下载)内的函数 blinreg()完成 (β, σ^2) 的后验抽样.

有了 (β, σ^2) 的后验样本, 就可得到 β 的贝叶斯估计(如后验样本众数或后验样本均值), 记为 $\hat{\beta}$, 由此可得给定预测变量 x^* 处响应变量 y 的值 $\hat{y} = x^* \hat{\beta}$.

如果 β^* 为 β 的后验抽样, 则 $x^* \beta^*$ 就是 $x^* \beta$ 的边缘后验的抽样. LearnBayes 程序包中的函数 blinregexpected()可以用于获得这样的样本.

由多参数贝叶斯模型知, 给定预测变量 x^* 处, y 的后验预测分布为(汤银才, 2008)

$$\pi(\hat{y} \mid y) = \int \pi(\hat{y} \mid \beta, \sigma^2) \pi(\beta, \sigma^2 \mid y) \mathrm{d}\beta\sigma^2.$$

因此 y 的后验预测样本可在上面获得的 (β, σ^2) 的后验样本的基础上, 再从正态分布 $N(x^* \beta, \sigma^2)$ 抽取 $\tilde{y}$ 得到. LearnBayes 程序包中的函数 blinregpred()可以用于获得这样的后验预测样本. 显然, x^* 处, y 的回归拟合均值与预测均值都为 $x^* \beta$.

7.4.2　应用案例

LearnBayes 程序包中的 birdextinct 数据集为过去几十年中在英国周围的 16 个岛屿上收集的 62 种鸟的四类数据(Ramsey & Schafer, 1997):

(1) 在岛上的平均灭绝时间(TIME);

(2) 平均筑巢数(NESTING);

(3) 种群规模(SIZE), 分为"大"(用 1 表示)与"小"(用 0 表示)两类;

(4) 栖息状态(STATUS), 分为"迁徙"(用 1 表示)与"久居"(用 0 表示)两类.

由 R 代码

```
> data(birdextinct)
> attach(birdextinct)
> birdextict
```

得到数据(仅前后一部分)

	species	time	nesting	size	status
1	Sparrowhawk	3.030	1.000	0	1
2	Buzzard	5.464	2.000	0	1
3	Kestrel	4.098	1.210	0	1
4	Peregrine	1.681	1.125	0	1
...	... ...	...	...	...	...
60	Starling	41.667	11.620	1	1
61	Pied_flycatcher	1.000	1.000	1	0
62	Siskin	1.000	1.000	1	1

研究目的是找出该地区鸟类的灭种时间与其余三个量之间的关系.

(1) 预测变量的显著性: 按习惯, 用 y 表示响应变量 TIME, x_1 表示预测变量 NESTING, x_2 表示预测变量 SIZE, x_3 表示预测变量 STATUS. 由于前期分析中发现变量 y 严重右偏, 因此对其进行对数处理.

最终将此问题归为线性回归模型问题

$$\log(y_i) = \beta_0 + \beta_1 x_{i1} + \beta_2 x_{i2} + \beta_3 x_{i3} + \varepsilon_i, \quad \varepsilon_i \overset{iid}{\sim} N(0, \sigma^2).$$

首先用函数 lm( ) 进行最小二乘拟合. R 代码为

```
> logtime=log(time)
> fit=lm(logtime ~ nesting+size+status,
    ata=birdextinct, x=TRUE, y=TRUE)
> summary(fit)
```

其中, $x=$ TRUE, $y=$ TRUE 是为了让设计矩阵和响应变量成为 fit 这个结构的一部分, 便于在后面的函数中引用. 输出的主要结果为

Coefficients:

	Estimate	Std. Error	t value	Pr($>$|t|)	
(Intercept)	0.43087	0.20706	2.081	0.041870	*
nesting	0.26501	0.03679	7.203	1.33e−09	***
size	−0.65220	0.16667	−3.913	0.000242	***
status	0.50417	0.18263	2.761	0.007712	**

———

Signif. codes: $0'***'0.001'**'0.01'*'0.05'.'0.1''1$

Residual standard error: 0.6524 on 58 degrees of freedom

Multiple R−Squared: 0.5982, Adjusted R−squared: 0.5775

F−statistic: 28.79 on 3 and 58 DF, p−value: 1.577e−11

得到的回归方程为

$$y = 0.430\,87 + 0.265\,01 x_1 - 0.652\,20 x_2 + 0.504\,17 x_3.$$

筑巢数 NESTING (x_1) 是高度显著的, 表明筑巢数越多, 种类灭绝的时间越长; 种群规模 SIZE (x_2) 和栖息状态 STATUS (x_3) 也显著, 但稍差一点, 表明大的鸟类其灭绝的时间短; 而迁徙的鸟类其灭绝的时间长.

(2) 产生 $\theta = (\beta, \sigma)$ 的后验样本, R 代码为

```
> theta. sample <− blinreg(fit $y, fit $x, 5000)
```

得到 β, σ 的 5 000 个后验样本.

说明: 函数 blinregp(y, X, m) 所需输入的变量为观测向量 y, 结构矩阵 X 以及样本量 m. 此函数的返回值分为两部分, 第一部分为 β 的 $m \times k$ 矩阵样本, 其每一行分别代表该次抽样的 β_i 值 ($i=0, 1, 2, \cdots, k$), 第二部分则为 m 个 σ 的样本值, 且这两部分的值被赋予变量名 beta 和 sigma. 在此 $m=5\,000$, $k=3$.

R 代码为

```
> par(mfrow=c(2, 2))
> hist(theta. sample $ beta[, 2], main="NESTING",
```

```
xlab=expression(beta[1]))
> hist(theta. sample $ beta[, 3], main="SIZE",
xlab=expression(beta[2]))
> hist(theta. sample $ beta[, 4], main="STATUS",
xlab=expression(beta[3]))
> hist(theta. sample $ sigma, main="ERROR SD",
xlab=expression(sigma))
```

运行以上程序,得到 β_1、β_2、β_3 和 σ 的后验频数直方图,分别如图 7-1—图 7-4 所示.

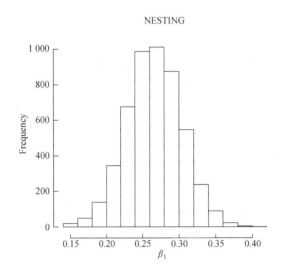

图 7-1　β_1 的后验频数直方图

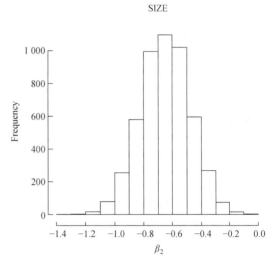

图 7-2　β_2 的后验频数直方图

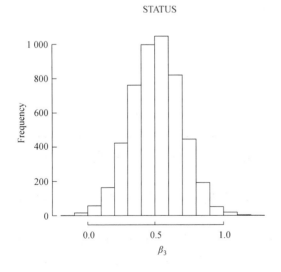

图 7-3　β_3 的后验频数直方图

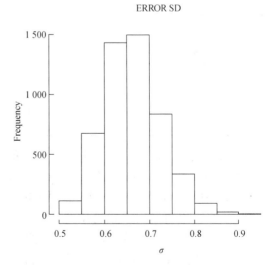

图 7-4　σ 的后验频数直方图

(3) 对参数的概括:根据需要可以用后验样本对未知参数作出推断,例如使用函数 apply()及 quantile()计算 β 和 σ 的后验样本的 5%、50%、95% 分位数.R 代码与结果如下:

```
> apply(theta.sample $ beta，2，quantile，c(.05，.5，.95))
      X(Intercept)   Xnesting     Xsize       Xstatus
5%    0.07936835     0.2044492    −0.9306160   0.2030306
50%   0.42590263     0.2654152    −0.6486577   0.5066345
95%   0.76124480     0.3267070    −0.3705037   0.8058440

> quantile(theta.sample $ sigma，c(.05，.5，.95))
     5%          50%          95%
0.5682681    0.6578906    0.7744675
```

若用 summery 命令观察最小二乘估计的结果不难发现，各未知参数的后验中位数与该结果基本一致，其原因在于，本例的贝叶斯推断采用了无信息先验.

在例 3.7.1 中(新药开发中动物试验的实例)，我们已经遇到过贝叶斯回归问题.

另一个应用案例，将在本书的 16.4.2 节(使用 R 包解决 MCMC 计算问题)中介绍来自 R 包 dataset 的数据集 swiss(这个数据集是 1888 年对瑞士的 47 个法语地区的社会经济指标的调查)的贝叶斯线性回归.

思考与练习题 7

7.1 请简要说明：经典统计和贝叶斯统计在处理多元线性回归问题的思路、结果的异同.

7.2 基于 7.2.3 节的"应用案例"，根据式(7.2.8)和式(7.2.9)，(1)计算 $\hat{\sigma}_B^2$ 和 $\hat{\sigma}^2$；(2)比较 $\hat{\sigma}_B^2$ 和 $\hat{\sigma}^2$.

7.3 基于 7.4.2 节的"应用案例"，取如下 4 组预测变量(协变量)：

4 组预测变量

编号	x_1	x_2	x_3
A	4	0	0
B	4	1	0
C	4	0	1
D	4	1	1

(1) 对于 4 组协变量分别得到回归均值 $x^*\beta$ 的样本，并在同一个图中绘出它们的直方图(可使用 R 语言中的命令 blinregexpected()).

(2) 对于 4 组协变量分别得到预测响应变量的预测值 $\tilde{y}$ 的样本，并在同一个图中绘出它们的直方图(可使用 R 语言中的命令 blinregpred()).

7.4 金属材料的持久强度是指在给定温度和规定时间内，使材料发生断裂的应力值. 根据专业知识和经验，认为断裂发生的时刻 y 与环境的绝对温度 $T(T℃ = 工作温度 + 273℃)$和持久强度 x 之间有如下关系：

$$\ln y = \beta_0 + \beta_1 \ln x + \beta_2 (\ln x)^2 + \beta_3 (\ln x)^3 + \beta_4 \frac{1}{2.3RT} + \varepsilon,$$

其中，R 是一个常数，$R = 1.986/$（克分子·℃）.

显然，上式是多对一的回归问题. 令 $w = \ln y$，且 $z_1 = \ln x$，$z_2 = (\ln x)^2$，$z_3 = (\ln x)^3$，$z_4 = \dfrac{1}{2.3RT}$，则有

$$w = \beta_0 + \beta_1 z_1 + \beta_2 z_2 + \beta_3 z_3 + \beta_4 z_4 + \varepsilon,$$

它是 4 个自变量对一个因变量的线性回归问题.

具体的 27 次试验数据见表 7-10（张尧庭，陈汉峰，1991）.

表 7-10　　　　　　　　　　试验数据表

序号	绝对温度 $T/℃$	应力 x	断裂时间 y	$\ln x$	$\ln y$
1	550＋273＝823	40	113.5	1.602 06	2.056 90
2	550＋273＝823	38	163.5	1.579 38	2.214 84
3	550＋273＝823	37	340.6	1.568 20	2.532 75
4	550＋273＝823	36	561.0	1.556 30	2.748 96
5	550＋273＝823	35	953.8	1.544 07	2.979 55
6	550＋273＝823	35	1 263.8	1.544 07	3.100 37
7	550＋273＝823	33	1 902.3	1.518 51	3.278 75
8	550＋273＝823	31	2 271.3	1.491 36	3.356 03
9	550＋273＝823	31	2 466.5	1.491 36	3.392 70
10	550＋273＝823	27	3 674.8	1.431 36	3.564 67
11	550＋273＝823	25	6 368.7	1.397 94	3.804 14
12	550＋273＝823	20	13 862.0	1.301 03	4.143 01
13	580＋273＝853	35	207.7	1.544 07	2.318 06
14	580＋273＝853	30	621.9	1.477 12	2.793 79
15	580＋273＝853	27	937.0	1.431 36	2.971 74
16	580＋273＝853	25	1 206.7	1.397 94	3.082 79
17	580＋273＝853	20	2 044.6	1.301 03	3.309 63
18	600＋273＝873	30	182.2	1.477 12	2.260 07
19	600＋273＝873	27	350.7	1.431 36	2.545 31
20	600＋273＝873	25	489.0	1.397 94	2.689 31
21	600＋273＝873	20	958.7	1.301 03	2.981 82
22	620＋273＝893	27	79.4	1.431 36	1.899 82
23	620＋273＝893	25	150.4	1.397 94	2.176 09
24	620＋273＝893	20	411.0	1.301 03	2.613 84
25	620＋273＝893	15	1 001.8	1.176 09	3.000 00
26	620＋273＝893	12	1 544.0	1.079 18	3.187 52
27	620＋273＝893	11	1 795.0	1.041 39	3.255 27

现在分几种不同的情况来求回归方程：

$$\hat{w} = \hat{\beta}_0 + \hat{\beta}_1 z_1 + \hat{\beta}_2 z_2 + \hat{\beta}_3 z_3 + \hat{\beta}_4 z_4$$

中的五个系数 $\hat{\beta}_0, \hat{\beta}_1, \hat{\beta}_2, \hat{\beta}_3, \hat{\beta}_4$.

(1) 用全部 27 个试验数据.

(2) 只用其中前 13 组数据、只用其中后 14 组数据分别计算. 计算后既可以把前 13 组数据的分析结果作为先验信息，后 14 组数据作为试验数据来用前面的公式计算；也可以把后 14 组数据的分析结果作为先验信息，前 13 组数据作为试验数据来用前面的公式计算. 将这两种情况得到的结果与全部 27 个试验用最小二乘法得到的结果进行比较，你会发现什么？从中你可以具体地感受贝叶斯方法的什么特点？

7.5　某地区在近 16 年来的未偿付抵押贷款债务问题中，包括非农业抵押贷款(记作 y，单位：亿元)，个人收入(记作 x_1，单位：亿元)，新住宅抵押贷款费用(记作 x_2)，抵押贷款费用(包括对常规抵押贷款的利息和手续费)等，具体数据见表 7-11(朱慧明，韩玉启，2006).

表 7-11　　　　某地区的抵押贷款债务、个人收入和抵押贷款费用

i	y_i	x_{1i}	x_{2i}
1	1 365.5	2 285.7	12.66
2	1 465.5	2 560.4	14.70
3	1 539.3	2 718.7	15.14
4	1 728.2	2 891.7	12.57
5	1 958.7	3 205.5	12.38
6	2 228.3	3 439.6	11.55
7	2 539.9	3 647.5	10.17
8	2 897.6	3 877.3	9.31
9	3 197.3	4 172.8	9.19
10	3 501.7	4 489.3	10.13
11	3 723.4	4 791.6	10.05
12	3 880.9	4 968.5	9.32
13	4 011.1	5 264.2	8.24
14	4 185.7	5 480.3	7.20
15	4 389.7	5 753.1	7.49
16	4 622.0	6 115.1	7.87

(1) 仿照本章的应用案例，根据表 7-11 用经典方法和贝叶斯方法分别建立 y 与 x_1, x_2 的回归模型，并解释所建立模型的经济意义；(2) 当 $x_1 = 6\,500$ 和 $x_2 = 6.5$ 时预测 y；(3) 比较并说明经典方法和贝叶斯方法建立回归模型结果的区别.

第8章　贝叶斯统计在证券投资预测中的应用

韩明,徐波(1995),给出了贝叶斯方法在股市预测中的应用.韩明(2001),给出了证券投资预测中的多层贝叶斯方法的应用.韩明(2005b)提出了证券投资的 E-Bayes 估计法.韩明(2007b)给出了证券投资预测的马氏链法和 E-Bayes 法,对同一组数据,预测的结果是一致的.王珊珊,刘龙(2007),给出了证券投资风险预测的 E-Bayes 估计法和灰色预测法,对同一组数据,预测的结果比较接近,并且 E-Bayes 预测方法的精度更高,适合对股票价格进行预测.关于 E-Bayes 估计法在股票预测中的其他应用,见 Cai & Xu (2011),徐伟卿(2012),李聪、朱复康、赖民(2013)等.关于贝叶斯统计在股票研究中的其他应用,见田志伟(2011),刘淳,刘庆,张晗(2011)等.

本章主要介绍:证券投资预测中的多层贝叶斯方法及其应用,证券投资预测中的 E-Bayes 方法及其应用,证券投资预测的马氏链法和 E-Bayes 方法,证券投资风险预测的 E-Bayes 法与灰色预测法.

8.1　证券投资预测中的多层贝叶斯方法及其应用

韩明(2001)提出了一种证券投资的分析方法——多层贝叶斯方法.首先根据统计分组的方法,应用贝叶斯统计理论建立预测模型对证券投资进行预测,然后结合实际问题进行计算.

近些年来随着我国证券市场的开放,越来越多的投资者转向了证券市场.证券价格忽高忽低似乎难以捉摸,但在政治形势比较平稳的情况下,它的变化是由其基本因素的变化所决定的.由于证券投资的高效率,这些因素的变化会立即从证券的价格上反映出来,便产生了因素分析法.因素分析法是根据在一定的时期、一定的环境下,用影响证券价格变化的因素来预测价格走势的一种方法.然而因素分析法还存在着一定的局限性,如难以分辨哪些是主导因素,哪些是次要因素,证券价格的波动受到心理因素与信息的局限等,这些都使因素分析法无法发挥出其重要作用.引入技术分析法,应用历史价格通过各种图像及曲线来预测证券价格.技术分析法近些年来发展很快,特别是随着计算机的普及,各种分析方法越来越多.总的来说,技术分析法可以分为图像分析法和统计分析法,图像分析法以图表为分析工具,统计分析法是对价格、交易量等市场指标进行一定的统计处理.目前,关于证券投资分析方面的文献越来越多.在欧阳光,李敬湖(1997)中,介绍了 1990 年诺贝尔经济学奖三位得主哈里·马科维茨(Harry Markowitz),威廉·夏普(William Sharpe)和默顿·米勒(Merton Miller)在证券投资方面的主要工作,很有参考价值.

韩明(2001)提出的方法不仅能预测证券的价格走势,而且能更为确定地指出了将要预测的证券的价格的范围.以下首先给出预测方法,然后结合实例进行计算.

8.1.1　预测对象的状态划分

设 x_1, x_2, $\cdots$, x_n 是来自同一个总体的 n 个观察值,根据需要对它们进行统计分组,并划分对象所处的状态,即把 n 个观察值按一定的间距进行分组,分成 k 组 $(1 < k < n)$,相应地把预测对象划分为 k 个状态,第 i 个状态记作 $E_i (i=1, 2, \cdots, k)$. 若第 i 组中有 r_i 个观察值 $(i=1, 2, \cdots, k)$,则 r_i 个观察值落入第 i 组的频率为 $\lambda_i = \dfrac{r_i}{n} (i=1, 2, \cdots, k)$.

8.1.2　状态概率的多层先验分布和多层贝叶斯估计

根据对预测对象的状态划分可知,第 i 个状态 E_i 是有 r_i 个观察值落入第 i 组 $(i=1, 2, \cdots, k)$. 记预测对象落入状态 E_i 的概率为 $p_i (i=1, 2, \cdots, k)$,如果没有重大突发事件发生,可设证券价格在以往出现的范围内波动,即 $0 < p_i < \lambda_i (i=1, 2, \cdots, k)$,其中 $\lambda_i = \dfrac{r_i}{n}$ $(i=1, 2, \cdots, k)$.

设预测对象是否落入状态 E_i 是独立的,则对证券价格的预测可以看作 n 重伯努利试验问题,于是可以用二项分布来描述. 由于 Beta 分布是二项分布的共轭先验分布,因此取 p_i 的先验分布为 Beta 分布,又由于 $0 < p_i < \lambda_i (i=1, 2, \cdots, k)$,所以取 p_i 的先验分布为不完全(或截尾)Beta 分布.

对不完全 Beta 分布 $Be(0, \lambda_i; a, b)$,其密度函数为

$$\pi(p_i | a, b) = A p_i^{a-1} (1-p_i)^{b-1},$$

其中, $0 < p_i < \lambda_i$, $A^{-1} = \dfrac{1}{B(a, b)} \int_0^{\lambda_i} t^{a-1} (1-t)^{b-1} dt = I_{\lambda_i}(a, b)$, $I_x(a, b) = \dfrac{1}{B(a, b)} \int_0^x t^{a-1}(1-t)^{b-1} dt (0 < x < 1)$ 为不完全 Bata 函数, $B(a, b) = \int_0^1 t^{a-1}(1-t)^{b-1} dt$ 为 Bata 函数.

那么如何确定超参数(hyperparameter)a 和 b 呢? Lindley & Smith (1972)提出了多层先验分布的想法,即在先验分布中含有超参数时,可对超参数再给出一个先验分布.

由于 n 个观察值按一定的间距(一般取等间距)分成 k 组 $(1 < k < n)$,预测对象落入状态 E_i 的概率 p_i 不会很大,即 p_i 大的可能性小、而 p_i 小的可能性大. 根据韩明(1997a),应选择 a 和 b 使 $\pi(p_i | a, b)$ 为 p_i 的减函数,当 $0 < a < 1, b > 1$ 时, $\pi(p_i | a, b)$ 为 p_i 的减函数.

从贝叶斯估计的稳健性看,尾部越细的先验分布会使贝叶斯估计的稳健性越差,因此在 $0 < a < 1$ 时, b 不宜过大. 设 b 的上界为 $c(c > 1$ 为常数),这样可以确定超参数 a 和 b 的范围为 $0 < a < 1, 1 < b < c$.

若超参数 a 和 b 的先验分布分别取 $(0, 1)$ 和 $(1, c)$ 上的均匀分布,这里 $c > 1$ 为常数,其先验密度函数分别为 $\pi(a) = 1(0 < a < 1)$ 和 $\pi(b) = \dfrac{1}{(c-1)}(1 < b < c)$,当 a 和 b 独

立时,则 λ 的多层先验密度函数为

$$\pi(p_i)=\int_1^c\int_0^1\pi(p_i\,|\,a\,,b)\pi(a)\pi(b)\mathrm{d}a\,\mathrm{d}b$$

$$=\frac{1}{(c-1)}\int_1^c\int_0^1\frac{p_i^{a-1}(1-p_i)^{b-1}}{B(a\,,b)I_{\lambda_i}(a\,,b)}\mathrm{d}a\,\mathrm{d}b. \tag{8.1.1}$$

其中 $0<p_i<\lambda_i$, $I_x(a\,,b)=\dfrac{1}{B(a\,,b)}\int_0^x t^{a-1}(1-t)^{b-1}\mathrm{d}t\ (0<x<1)$ 为不完全 Bata 函数,

$B(a\,,b)=\int_0^1 t^{a-1}(1-t)^{b-1}\mathrm{d}t$ 为 Bata 函数.由此可得(韩明,2001):

定理 8.1.1　若 $x_1\,,x_2\,,\cdots\,,x_n$ 是来自同一个总体的 n 个观察值,$p_i(i=1,2,\cdots,k)$ 的多层先验密度函数 $\pi(p_i)$ 由式(8.1.1)给出,则在平方损失下,p_i 的多层贝叶斯估计为

$$\hat{p}_i=\frac{g(\lambda_i\,,c\,,r_i)}{q(\lambda_i\,,c\,,r_i)},$$

其中

$$q(\lambda_i\,,c\,,r_i)=\int_1^c\int_0^1\frac{B(a+r_i\,,b+n-r_i)I_{\lambda_i}(a+r_i\,,b+n-r_i)}{B(a\,,b)I_{\lambda_i}(a\,,b)}\mathrm{d}a\,\mathrm{d}b,$$

$$g(\lambda_i\,,c\,,r_i)=\int_1^c\int_0^1\frac{B(a+r_i+1\,,b+n-r_i)I_{\lambda_i}(a+r_i+1\,,b+n-r_i)}{B(a\,,b)I_{\lambda_i}(a\,,b)}\mathrm{d}a\,\mathrm{d}b,$$

$I_x(a\,,b)=\dfrac{1}{B(a\,,b)}\int_0^x t^{a-1}(1-t)^{b-1}\mathrm{d}t\ (0<x<1)$ 为不完全 Bata 函数,$B(a\,,b)=\int_0^1 t^{a-1}(1-t)^{b-1}\mathrm{d}t$ 为 Bata 函数.

定理 8.1.1 的证明,见韩明(2001).

8.1.3　预测方法

根据定理 8.1.1 可以得到 p_i 的多层 Bayes 估计 $\hat{p}_i(i=1,2,\cdots,k)$,然后就可以预测证券价格所在的范围.若记 $p^*=\max(\hat{p}_1,\hat{p}_2,\cdots,\hat{p}_k)$,则 p^* 所对应的状态所在区间,就是所预测的证券价格所在的范围.

8.1.4　应用案例

上海证券交易所某股票"今天"及以前共 31 个连续交易日的价格(收盘价,单位:元/股)分别为 13.50,14.40,14.60,14.95,14.80,14.40,14.45,14.75,14.60,15.35,15.35,15.90,16.70,17.15,15.85,16.20,15.80,15.10,14.10,16.00,15.15,15.10,14.70,14.90,15.15,14.65,14.65,15.10,15.10,15.15,14.90.

请用以上介绍的多层贝叶斯方法预测该股票"明天"的价格.

首先进行统计分组,并进行状态划分.这里给出两种统计分组、相对应的给出两种状态划分,即第一状态划分和第二状态划分,并根据定理 8.1.1 计算相对应的 $\hat{p}_i(c=2,3,4,$

5，6)，其结果列于表 8-1(对应第一状态划分)和表 8-2(对应第二状态划分).

表 8-1 　　　　　　　　　　第一状态划分与 $\hat{p}_i(c=2,3,4,5,6)$

i	E_i	状态范围	r_i	$\hat{p}_i(c=2)$	$\hat{p}_i(c=3)$	$\hat{p}_i(c=4)$	$\hat{p}_i(c=5)$	$\hat{p}_i(c=6)$
1	E_1	$\leqslant 14.0$	1	0.019 53	0.019 55	0.019 59	0.019 64	0.019 70
2	E_2	(14.0, 14.5]	4	0.094 14	0.094 17	0.094 22	0.094 26	0.094 33
3	E_3	(14.5, 15.0]	10	0.263 32	0.263 36	0.263 41	0.263 48	0.263 57
4	E_4	(15.0, 15.5]	9	0.234 51	0.234 55	0.234 60	0.234 67	0.234 76
5	E_5	(15.5, 16.0]	4	0.094 14	0.094 17	0.094 22	0.094 26	0.094 33
6	E_6	(16.0, 16.5]	1	0.019 53	0.019 55	0.019 59	0.019 64	0.019 70
7	E_7	>16.5	2	0.042 60	0.042 62	0.042 65	0.042 69	0.042 74

表 8-2 　　　　　　　　　　第二状态划分与 $\hat{p}_i(c=2,3,4,5,6)$

i	E_i	状态范围	r_i	$\hat{p}_i(c=2)$	$\hat{p}_i(c=3)$	$\hat{p}_i(c=4)$	$\hat{p}_i(c=5)$	$\hat{p}_i(c=6)$
1	E_1	$\leqslant 13.9$	1	0.019 53	0.019 55	0.019 59	0.019 64	0.019 70
2	E_2	(13.9, 14.2]	1	0.019 53	0.019 55	0.019 59	0.019 64	0.019 70
3	E_3	(14.2, 14.5]	3	0.067 82	0.067 84	0.067 88	0.067 93	0.067 99
4	E_4	(14.5, 14.8]	5	0.121 03	0.121 06	0.121 11	0.121 17	0.121 23
5	E_5	(14.8, 15.1]	8	0.205 47	0.205 50	0.205 55	0.205 62	0.205 69
6	E_6	(15.1, 15.4]	6	0.147 55	0.147 58	0.147 64	0.147 70	0.147 79
7	E_7	(15.4, 15.7]	0	0.013 46	0.013 47	0.013 49	0.013 53	0.013 57
8	E_8	(15.7, 16.0]	4	0.094 14	0.094 17	0.094 22	0.094 26	0.094 33
9	E_9	>16.0	3	0.067 82	0.067 84	0.067 88	0.067 93	0.067 99

　　从表 8-1 和表 8-2 可以看出，c 的变化对第一状态划分($k=7$)、第二状态划分($k=9$)对应的 $\hat{p}_i(i=1,2,\cdots,k)$ 是稳健的.

　　从表 8-1 和表 8-2 可知，不论 c 取 2，3，4，5，6 中的哪个值，对于第一状态划分，$p^* = \max(\hat{p}_1,\hat{p}_2,\cdots,\hat{p}_7) = \hat{p}_3$，可以预测：该股票"明天"的价格(收盘价)在区间(14.5，15.0]的范围内；对于第二状态划分，$p^* = \max(\hat{p}_1,\hat{p}_2,\cdots,\hat{p}_9) = \hat{p}_5$，可以预测：该股票"明天"的价格(收盘价)在区间(14.8，15.1]的范围内.

　　事实上，该股票"明天"的价格(收盘价)为 14.9 元/股. 对于第一状态划分，有 $14.9 \in$ (14.5，15.0]；对于第二状态划分，有 $14.9 \in$ (14.8，15.1]. 由于对于第一状态划分，区间 (14.5，15.0]的长度为 0.5，对于第二状态划分，区间(14.8，15.1]的长度为 0.3，所以第二状态划分的预测结果要比第一状态划分的预测结果更好.

　　从以上两种状态划分可以看出，当状态分界进一步加密时，预测对象所在的区间的长度进一步缩小，即所得到预测范围进一步缩小，因此预测结果更好. 但应该注意的是，状态分界加密的前提条件是预测者掌握充分的资料并具备丰富的经验. 在一般情况下，前一交易日证券的价格对交易日的价格影响较大,在预测时,也可以根据前一交易日的收益价为基础,然后以每日的涨跌幅来进行预测.

8.2　证券投资预测中的 E-Bayes 方法及其应用

韩明(2005b)提出证券投资的一个预测方法——E-Bayes 方法,不仅能预测证券价格的走势,而且还能更进一步地指出证券价格的范围.以下首先对数据进行分组,给出预测对象的状态划分,然后在此基础上给出状态概率的 E-Bayes 估计的定义和 E-Bayes 估计,并根据状态概率进行预测,最后给出预测实例.

8.2.1　预测对象的状态划分

设 x_1,x_2,$\cdots$,x_n 是来自同一个总体的 n 个观察值,根据需要对它们进行统计分组,并划分对象所处的状态,即把 n 个观察值按一定的间距进行分组,分成 k 组 $(1 < k < n)$,相应地把预测对象划分为 k 个状态,第 i 个状态记作 $E_i(i = 1, 2, \cdots, k)$.若第 i 组中有 r_i 个观察值 $(i = 1, 2, \cdots, k)$,则 r_i 个观察值落入第 i 组的频率为 $\lambda_i = \dfrac{r_i}{n}$ $(i = 1, 2, \cdots, k)$.

8.2.2　状态概率的 E-Bayes 估计的定义

根据对预测对象的状态划分可知,第 i 个状态 E_i 是有 r_i 个观察值落入第 i 组 $(i = 1, 2, \cdots, k)$.记预测对象落入状态 E_i 的概率为 $p_i(i = 1, 2, \cdots, k)$,则 $0 < p_i < 1(i = 1, 2, \cdots, k)$.

设预测对象是否落入状态 E_i 是独立的,则对证券价格的预测可以看作 n 重伯努利试验问题,于是可以用二项分布来描述.由于 Beta 分布是二项分布的共轭先验分布,因此取 p_i 的先验分布为 Beta 分布,又由于 $0 < p_i < 1(i = 1, 2, \cdots, k)$,其密度函数为

$$\pi(p_i \,|\, a, b) = \frac{p_i^{a-1}(1-p_i)^{b-1}}{B(a, b)},$$

其中,$0 < p_i < 1$,$B(a, b) = \displaystyle\int_0^1 t^{a-1}(1-t)^{b-1}\mathrm{d}t$ 为 Bata 函数.

由于 n 个观察值按一定的间距(一般取等间距)分成 k 组 $(1 < k < n)$,预测对象落入状态 E_i 个概率 p_i 不会很大,即 p_i 大的可能性小、而小的可能性大.根据韩明(1997a),应选择 a 和 b 使 $\pi(p_i \,|\, a, b)$ 为 p_i 的减函数,当 $0 < a \leqslant 1$,$b > 1$ 时,$\pi(p_i \,|\, a, b)$ 为 p_i 的减函数.当 $a = 1$,$b > 1$ 时,$\pi(p_i \,|\, a, b)$ 仍为 p_i 的减函数.

从 Bayes 估计的稳健性看,尾部越细的先验分布会使 Bayes 估计的稳健性越差,因此在 $a = 1$ 时 b 不宜过大.设 b 的上界为 $c(c > 1$ 为常数),这样可以确定超参数 b 的范围为 $1 < b < c$.

若超参数 b 的先验分布取 $(1, c)$ 上的均匀分布,这里 $c > 1$ 为常数,其先验密度函数分别为 $\pi(b) = \dfrac{1}{(c-1)}(1 < b < c)$.

在 $a=1$ 时,p_i 的密度函数为

$$\pi(p_i \mid b) = b(1-p_i)^{b-1}, \quad 0 < p_i < 1. \tag{8.2.1}$$

定义 8.2.1 对 $b \in D$,若 $\hat{p}_{iB}(b)$ 是连续的,称

$$\hat{p}_{iEB} = \int_D \hat{p}_{iB}(b)\pi(b)\mathrm{d}b$$

是 p_i $(i=1,2,\cdots,k)$ 的 **E-Bayes 估计**(expected Bayesian estimation). 其中 $\int_D \hat{p}_{iB}(a)\pi(b)\mathrm{d}b$ 是存在的,$D = \{b: 1 < b < c, b \in \mathbf{R}\}$,$c > 1$ 为常数,$\pi(b)$ 为 b 在区间 D 上的密度函数,$\hat{p}_{iB}(b)$ 为 $p_i(i=1,2,\cdots,k)$ 的 Bayes 估计(用超参数 b 表示).

从定义 8.2.1 可以看出,p_i 的 E-Bayes 估计

$$\hat{p}_{iEB} = \int_D \hat{p}_{iB}(b)\pi(b)\mathrm{d}b = E[\hat{p}_{iB}(b)]$$

是 $\hat{p}_{iB}(b)$ 对超参数 b 的数学期望,即 p_i 的 E-Bayes 估计是 p_i 的 Bayes 估计对超参数的数学期望.

8.2.3 状态概率的 E-Bayes 估计

以上给出了 p_i 的 E-Bayes 估计的定义,在此基础上以下给出 p_i 的 E-Bayes 估计(韩明,2005b).

定理 8.2.1 若 $x_1, x_2, \cdots, x_n$ 是来自同一个总体的 n 个观察值,$p_i(i=1,2,\cdots,k)$ 的先验密度函数 $\pi(p_i)$ 由式(8.2.1)给出,则

(1) 在平方损失下,p_i 的 Bayes 估计为 $\hat{p}_{iB}(b) = \dfrac{r_i+1}{n+b+1}$;

(2) p_i 的 E-Bayes 估计为

$$\hat{p}_{iEB} = \frac{r_i+1}{c-1}\ln\left(\frac{n+c+1}{n+2}\right).$$

定理 8.2.1 的证明,见韩明(2005b).

根据定理 2.2.1 可以得到 p_i 的 E-Bayes 估计 $\hat{p}_i(i=1,2,\cdots,k)$,然后就可以预测证券价格所在的范围. 若记 $p^* = \max(\hat{p}_1, \hat{p}_2, \cdots, \hat{p}_k)$,则 p^* 所对应的状态所在区间,就是所预测的证券价格所在的范围.

8.2.4 预测案例

深圳证券交易所某股票"今天"及以前共 31 个连续交易日的价格(收盘价,单位:元/股)分别为 9.51,10.43,10.63,10.95,10.80,10.41,10.44,10.76,10.60,11.35,11.35,11.89,12.74,13.23,11.87,12.24,11.83,11.12,10.22,12.00,11.16,11.12,10.72,10.98,11.16,10.67,10.69,11.15,11.17,11.17,10.91.

请用以上介绍的 E-Bayes 方法预测"明天"该股票的价格.

首先进行统计分组,并进行状态划分.这里给出两种统计分组,相对应的给出两种状态划分,即第一状态划分和第二状态划分,并根据定理 8.2.1 计算相对应的 $\hat{p}_i$($c = 2$,3,4,5,6),其结果列于表 8-3(对应第一状态划分)和表 8-4(对应第二状态划分).

表 8-3　　　　　　　　　第一状态划分与 $\hat{p}_i$($c = 2$, 3, 4, 5, 6)

i	E_i	状态范围	r_i	$\hat{p}_i(c=2)$	$\hat{p}_i(c=3)$	$\hat{p}_i(c=4)$	$\hat{p}_i(c=5)$	$\hat{p}_i(c=6)$
1	E_1	$\leqslant 10.0$	1	0.059 706	0.058 841	0.058 008	0.057 205	0.056 431 1
2	E_2	$(10.0, 10.5]$	4	0.149 265	0.147 101	0.145 019	0.143 013	0.141 078 6
3	E_3	$(10.5, 11.0]$	10	0.328 383	0.323 623	0.319 042	0.314 628	0.310 372 9
4	E_4	$(11.0, 11.5]$	9	0.298 529	0.294 202	0.290 038	0.286 026	0.282 157 2
5	E_5	$(11.5, 12.0]$	4	0.149 265	0.147 101	0.145 019	0.143 013	0.141 078 6
6	E_6	$(12.0, 12.5]$	1	0.059 706	0.058 841	0.058 008	0.057 205	0.056 431 4
7	E_7	>12.5	2	0.089 559	0.088 261	0.087 011	0.085 808	0.084 647 2

表 8-4　　　　　　　　　第二状态划分与 $\hat{p}_i$($c = 2$, 3, 4, 5, 6)

i	E_i	状态范围	r_i	$\hat{p}_i(c=2)$	$\hat{p}_i(c=3)$	$\hat{p}_i(c=4)$	$\hat{p}_i(c=5)$	$\hat{p}_i(c=6)$
1	E_1	$\leqslant 9.9$	1	0.059 706	0.058 841	0.058 008	0.057 205	0.056 431
2	E_2	$(9.9, 10.2]$	1	0.059 706	0.058 841	0.058 008	0.057 205	0.056 431
3	E_3	$(10.2, 10.5]$	3	0.119 412	0.117 681	0.116 015	0.114 410	0.112 863
4	E_4	$(10.5, 10.8]$	5	0.179 118	0.176 522	0.176 522	0.174 023	0.169 294
5	E_5	$(10.8, 11.1]$	8	0.268 677	0.264 782	0.261 034	0.257 423	0.253 941
6	E_6	$(11.1, 11.4]$	6	0.208 971	0.205 942	0.203 027	0.200 218	0.197 510
7	E_7	$(11.4, 11.7]$	0	0.029 853	0.029 420	0.029 004	0.028 603	0.028 216
8	E_8	$(11.7, 12.0]$	4	0.149 265	0.147 101	0.145 019	0.143 013	0.141 079
9	E_9	>12.0	3	0.119 412	0.117 681	0.116 015	0.114 410	0.112 863

从表 8-3 和表 8-4 可以看出,c 的变化对 $\hat{p}_i$($i = 1$, 2, $\cdots$, k)〔对于第一状态划分($k = 7$),对于第二状态划分($k = 9$)〕的估计是稳健的.

从表 8-3 和表 8-4 可以看出,不论 c 取 2,3,4,5,6 中的哪个值,对于第一状态划分 $p^* = \max(\hat{p}_1, \hat{p}_2, \cdots, \hat{p}_7) = \hat{p}_3$,据此可以预测:该股票"明天"的价格在区间 $(10.5, 11.0]$ 内.对于第二状态划分 $p^* = \max(\hat{p}_1, \hat{p}_2, \cdots, \hat{p}_9) = \hat{p}_5$,据此可以预测:该股票"明天"的价格在区间 $(10.8, 11.1)$ 内.实际上,该股票"明天"的价格(收盘价)为 10.9 元/股.对于第一状态划分,有 $10.9 \in (10.5, 11.0)$;对于第二状态划分,有 $10.9 \in (10.8, 11.1)$.

从预测实例的两种状态划分可以看出,当状态划分可进一步加密时,预测对象所在的区间长度进一步缩小,因此预测的结果更好.当然在预测时也可以根据交易日的收盘价为基础,然后根据每日的涨跌幅来进行预测.应该注意的是,状态划分并不一定是越细越好,而应该在掌握充分的资料,并在对其进行分析的基础上对预测对象进行状态划分.

8.3 证券投资预测的马氏链法和 E-Bayes 方法

在考虑随机因素影响的动态系统中,常常遇到这种情况:系统在每个时期所处的状态是随机的.从这个时期到下一个时期的状态按照一定的概率进行转移,并且下一个时期的状态只取决于这个时期的状态和转移概率,与以前各时期状态无关.这种情况称为无后效性,或马尔可夫性,通俗地说就是:已知现在,将来与历史无关.具有无后效性的时间、状态均为离散的随机转移过程通常用马氏链(Markov Chain)模型描述.

8.3.1 证券投资预测的马氏链法

马氏链模型在经济、社会、生态、遗传等许多领域中有着广泛的应用.以下建立马氏链预测模型,并对证券投资进行预测,从而为证券投资预测提供一种技术分析方法.以下给出证券投资预测的马氏链法(韩明,2007b).

马氏链法的最简单类型是预测下一期最可能出现的状态,可按以下几个步骤进行:

(1)划分预测对象所出现的状态——对数据进行分组.

从预测的目的出发,并考虑决策者的需要来划分所出现的状态,同时对数据进行分组.

(2)计算初始概率.

在实际问题中,分析历史资料所得到的状态概率,称为初始概率.设有 n 个状态 E_1,E_2,$\cdots$,E_n,观察了 M 个时期,其中状态 $E_i(i=1,2,\cdots,n)$ 共出现了 r_i 次.于是 $f_i = r_i/M$ 就是 E_i 出现的频率,用它来近似表示 E_i 出现的概率,即 $f_i \approx p_i(i=1,2,\cdots,n)$.

(3)计算状态的一重转移概率.

首先计算状态 i 到状态 j 的频率 f_{ij}.从第 2 步知道 $E_i(i=1,2,\cdots,n)$ 共出现了 r_i 次,接着从 r_i 个 E_i 出发,计算下一步转移状态 E_j 的个数 M_{ij}(只要具体数一下所给数据就可以算出 M_{ij};或根据所给数据作出散点图,再根据散点图就可以算出 M_{ij}),于是用状态 i 到状态 j 的频率 f_{ij} 来近似表示它的概率,即 $f_{ij} = \dfrac{M_{ij}}{r_i} \approx p_{ij}$.

(4)根据状态的一重转移概率进行预测.

根据第 3 步可以得到转移概率矩阵 $\boldsymbol{P} = (p_{ij})$.如果目前预测处于状态 E_i,这时 p_{ij} 就描述了目前状态 E_i 在未来将转向状态 E_j 的可能性.按最大可能性作为选择的原则,我们选择 $\max(p_{i1},p_{i2},\cdots,p_{in})$ 作为预测的结果.如果 p_{i1},p_{i2},$\cdots$,p_{in} 相差不大,就要根据数据提供的信息进一步计算二重转移概率,然后在此基础上再进行预测.

8.3.2 证券投资预测的 E-Bayes 方法

设 x_1,x_2,$\cdots$,x_n 是来自同一个总体的 n 个观察值,根据需要对它们进行统计分组,并划分对象所处的状态,即把 n 个观察值按一定的间距进行分组,分成 k 组 $(1 < k < n)$,相应地把预测对象划分为 k 个状态,第 i 个状态记作 $E_i(i=1,2,\cdots,k)$.

根据定理 8.2.1 可以得到 p_i 的 E-Bayes 估计 $\hat{p}_i(i=1,2,\cdots,k)$,然后就可以预测证券价格所在的范围.若记 $p^* = \max(\hat{p}_1,\hat{p}_2,\cdots,\hat{p}_k)$,则 p^* 所对应的状态所在区间,就是所预测的证券价格所在的范围.

8.3.3　预测案例

深圳证券交易所某股票"今天"及以前共 31 个连续交易日的价格(收盘价,单位:元/股),如 8.2.4 节中的"预测实例".以下用上面介绍的马氏链法和 E-Bayes 方法预测"明天"该股票的价格.

1. 马氏链预测法

首先根据 31 个数据,划分预测对象所出现的状态——把数据进行分组.这里给出两种状态划分,即第一状态划分和第二状态划分,分别列在表 8-5(对应第一状态划分)和表 8-6(对应第二状态划分)中.

表 8-5　　　　　　　　第一状态划分(7 个状态)

i	E_i	状态范围	r_i	初始概率 p_i
1	E_1	≤10.0	1	$\frac{1}{31}$
2	E_2	(10.0, 10.5]	4	$\frac{4}{31}$
3	E_3	(10.5, 11.0]	10	$\frac{10}{31}$
4	E_4	(11.0, 11.5]	9	$\frac{9}{31}$
5	E_5	(11.5, 12.0]	4	$\frac{4}{31}$
6	E_6	(12.0, 12.5]	1	$\frac{1}{31}$
7	E_7	>12.5	2	$\frac{1}{31}$

表 8-6　　　　　　　　第二状态划分(9 个状态)

i	E_i	状态范围	r_i	初始概率 p_i
1	E_1	≤9.9	1	$\frac{1}{31}$
2	E_2	(9.9, 10.2]	1	$\frac{1}{31}$
3	E_3	(10.2, 10.5]	3	$\frac{3}{31}$
4	E_4	(10.5, 10.8]	5	$\frac{5}{31}$
5	E_5	(10.8, 11.1]	8	$\frac{8}{31}$
6	E_6	(11.1, 11.4]	6	$\frac{6}{31}$
7	E_7	(11.4, 11.7]	0	0
8	E_8	(11.7, 12.0]	4	$\frac{4}{31}$
9	E_9	>12.0	3	$\frac{3}{31}$

以下计算状态转移概率. 在计算状态转移概率时, 最后一个数据不参加计算, 因为它究竟转向哪个状态还不清楚. 基于第一状态划分(7 个状态), 得到 M_{ij}, 见表 8-7.

表 8-7   基于第一状态划分(7 个状态)的 M_{ij}

M_{ij}	1	2	3	4	5	6	7
1	0	1	0	0	0	0	0
2	0	1	2	0	1	0	0
3	0	1	5	3	0	0	0
4	0	1	3	4	1	0	0
5	0	0	0	2	0	1	1
6	0	0	0	0	1	0	0
7	0	0	0	0	1	0	1

根据 $p_{ij} = \dfrac{M_{ij}}{r_i}$, 得转移概率矩阵:

$$
\boldsymbol{P} = \begin{pmatrix}
0 & 1 & 0 & 0 & 0 & 0 & 0 \\
0 & \frac{1}{4} & \frac{1}{2} & 0 & \frac{1}{4} & 0 & 0 \\
0 & \frac{1}{9} & \frac{5}{9} & \frac{3}{9} & 0 & 0 & 0 \\
0 & \frac{1}{9} & \frac{1}{3} & \frac{4}{9} & \frac{1}{9} & 0 & 0 \\
0 & 0 & 0 & \frac{1}{2} & 0 & \frac{1}{4} & \frac{1}{4} \\
0 & 0 & 0 & 0 & 1 & 0 & 0 \\
0 & 0 & 0 & 0 & \frac{1}{2} & 0 & \frac{1}{2}
\end{pmatrix}.
$$

同样, 基于第二状态划分(9 个状态), 得转移概率矩阵:

$$
\boldsymbol{P} = \begin{pmatrix}
0 & 0 & 1 & 0 & 0 & 0 & 0 & 0 & 0 \\
0 & 0 & 0 & 0 & 0 & 0 & 0 & 1 & 0 \\
0 & 0 & \frac{1}{3} & \frac{2}{3} & 0 & 0 & 0 & 0 & 0 \\
0 & 0 & \frac{1}{5} & \frac{1}{5} & \frac{2}{5} & \frac{1}{5} & 0 & 0 & 0 \\
0 & \frac{1}{7} & 0 & \frac{1}{7} & \frac{4}{7} & \frac{1}{7} & 0 & 0 & 0 \\
0 & 0 & 0 & \frac{1}{6} & \frac{1}{3} & \frac{1}{3} & 0 & 0 & \frac{1}{6} \\
0 & 0 & 0 & 0 & 0 & 0 & 0 & 0 & 0 \\
0 & 0 & 0 & 0 & \frac{1}{4} & \frac{1}{4} & 0 & 0 & \frac{1}{2} \\
0 & 0 & 0 & 0 & 0 & 0 & 0 & \frac{1}{2} & \frac{1}{2}
\end{pmatrix}.
$$

说明,对于第二状态划分(9 个状态),由于 $r_7 = 0$,所以不能按 $p_{7j} = \dfrac{M_{7j}}{r_7}$ 计算 p_{7j},我们规定 $p_{7j} = 0 (j = 1, 2, \cdots, 9)$.

以下根据转移概率矩阵进行预测.对于第一状态划分(7 个状态)由于 $p_{33} = \dfrac{5}{9} = \max(p_{3j})$ 显著大于 $p_{3j} (j = 1, 2, 4, 5, 6, 7)$,因此预测"明天"该股票的价格在 E_3 所对应的范围(10.5, 11.0]的可能性最大.

对于第二状态划分(9 个状态),由于 $p_{55} = \dfrac{4}{7} = \max(p_{5j})$ 显著大于 $p_{5j} (j = 1, 2, 3, 4, 6, 7, 8, 9)$,因此预测"明天"该股票的价格在 E_5 所对应的范围(10.8, 11.1)的可能性最大.

事实上该股票"明天"的价格(收盘价)为 10.9 元/股.对于第一状态划分(7 个状态),有 $10.9 \in (10.5, 11.0]$;对于第二状态划分(9 个状态),有 $10.9 \in (10.8, 11.1]$.

2. E-Bayes 预测法

根据前面的定理 8.2.1,基于第一状态划分(7 个状态)和第二状态划分(9 个状态),得到 p_i 的 E-Bayes 估计,其计算结果见表 8-3 和表 8-4.

从表 8-3 和表 8-4 可以看出,不论 c 取 2,3,4,5,6 中的哪个值,对于第一状态划分 $p^* = \max(\hat{p}_1, \hat{p}_2, \cdots, \hat{p}_7) = \hat{p}_3$,据此可以预测:该股票"明天"的价格在区间(10.5,11.0]内.对于第二状态划分 $p^* = \max(\hat{p}_1, \hat{p}_2, \cdots, \hat{p}_9) = \hat{p}_5$,据此可以预测:该股票"明天"的价格在区间(10.8,11.1)内.实际上,该股票"明天"的价格(收盘价)为 10.9 元/股.对于第一状态划分,有 $10.9 \in (10.5, 11.0)$;对于第二状态划分,$10.9 \in (10.8, 11.1)$.

以上结果说明:E-Bayes 预测法与马氏链法的预测结果是一致的.

8.4　证券投资风险预测的 E-Bayes 方法与灰色预测法

王珊珊,刘龙(2007)以上海证券个股"五粮液"52 个连续交易日的收盘价格为例,用 E-Bayes 方法建立数学模型进行分析和预测,预测结果与市场实际值相当吻合.与灰色系统理论中的 GM(1,1)预测模型相比,E-Bayes 方法预测的精度更高,计算量小,不仅适用于经济系统的分析与预测,也适用于其他系统的分析与预测.

E-Bayes 方法,不仅能预测股票价格的走势,而且能更进一步预测出股票价格的范围.首先应用 GM(1,1)预测模型进行预测,然后再与 E-Bayes 方法相比较,最后以上海证券交易所个股"五粮液"为实例分析预测效果.

8.4.1　GM(1,1)预测模型

灰色预测是根据过去及现在已知的或非确知的信息,建立一个以过去引申到将来的 GM 模型(即灰色动态模型),GM(1,1)模型的微分方程为

$$\frac{\mathrm{d}X^{(1)}}{\mathrm{d}t} + aX^{(1)} = u.$$

原始数据列为

$$X^{(0)}(T) = (x^{(0)}(1),\ x^{(0)}(2),\ \cdots,\ x^{(0)}(n)).$$

运用 GM(1,1)建模方法的生成模型：

利用还原模型求得预测值：

$$\hat{x}^{(1)}(k) = \left(x^{(0)}(1) - \frac{b}{a} \right) e^{-a(k-1)} + \frac{b}{a}.$$

利用还原模型求得预测值：

$$\hat{x}^{(0)}(k) = \hat{x}^{(1)}(k) - \hat{x}^{(0)}(k-1).$$

具体的预测、检验过程,见施久玉,胡程鹏(2004).

8.4.2 E-Bayes 预测法

首先对数据进行适当的统计分组,给出预测对象的状态划分,然后在此基础上给出状态概率的 E-Bayes 估计,并根据状态概率进行预测.

设 $x_1,\ x_2,\ \cdots,\ x_n$ 是来自同一个总体的 n 个观察值,根据需要对它们进行统计分组,并划分对象所处的状态,即对 n 个观察值按一定的间距进行分组,分成 k 组 $(1 < k < n)$,相应地把预测对象划分为 k 个状态,第 i 个状态记作 $E_i(i=1,\ 2,\ \cdots,\ k)$.

王珊珊,刘龙(2007)根据定理 8.2.1(韩明,2005b)可以得到 p_i 的 E-Bayes 估计 $\hat{p}_i(i = 1,\ 2,\ \cdots,\ k)$,然后就可以预测证券价格所在的范围.若记 $p^* = \max(\hat{p}_1,\ \hat{p}_2,\ \cdots,\ \hat{p}_k)$,则 p^* 所对应的状态所在区间,就是所预测的证券价格所在的范围.

8.4.3 案例分析

选取上海证券交易所个股"五粮液"2006 年 7 月 3 日至 9 月 12 日连续 52 个交易日的收盘价格(单位:元/股),见表 8-8.

表 8-8　　　　　　　　　原始数据

序号	1	2	3	4	5	6	7	8	9	10	11
价格	14.56	14.24	14.09	14.35	14.35	14.14	14.33	14.11	13.41	13.48	13.35
序号	12	13	14	15	16	17	18	19	20	21	22
价格	13.48	12.91	13.10	13.00	14.21	14.21	14.24	13.84	13.64	13.65	13.50
序号	23	24	25	26	27	28	29	30	31	32	33
价格	13.38	13.10	12.76	12.76	13.43	13.35	13.10	13.78	12.67	12.70	12.74
序号	34	35	36	37	38	39	40	41	42	43	44
价格	12.56	12.55	12.45	12.70	12.69	12.59	12.36	12.64	12.90	13.00	13.21
序号	45	46	47	48	49	50	51	52			
价格	12.94	13.03	12.88	12.87	12.60	12.57	12.57	12.86			

1. 运用灰色 GM(1,1) 模型预测

表 8-8 作为原始数据,建立 GM(1,1) 模预测,预测还原模型为

$$x(t+1)=-31\,968.15\exp(-0.000\,397t)+31\,981.03.$$

残差修正后的模型为

$$x(t+1)=-0.976\,2\exp(-0.417\,6t)+1.152\,332.$$

预测结果见表 8-9.

表 8-9　　　　　　　　　　　　　预测值

No.	观察值	预测值	残差	误差/%
...	...	...	...	...
$x(48)$	12.87	12.861 4	0.008 6	0.067 1
$x(49)$	12.60	12.576 6	0.023 4	0.185 9
$x(50)$	12.57	12.596 5	−0.025 6	−0.203 7
$x(51)$	12.57	12.665 2	−0.095 2	−0.757 3
$x(52)$	12.86	12.746 6	0.113 40	0.881 8

由后验差检验得 $c=0.467\,1<0.5$,$p=0.803\,0>0.8$;相对误差的均值 $q=0.419\,2\%$ $<5\%$,故预测精度合格,可以进行预测.下一个时刻的收盘价格的预测值为 $x(53)=$ 12.544 07,与股票 9 月 13 日收盘价格的实际值 12.60 的误差仅为 3.613 5%,预测的效果良好.

2. 运用 E-Bayes 方法预测

对 52 个数据进行分组,并进行状态划分.给出两种分组方法以及相应的状态划分,第一状态划分对应表 8-10,第二状态划分对应表 8-11,根据定理 8.2.1 得到 p_i 的 E-Bayes 估计 $\hat{p}_i$ 见表 8-10 和表 8-11.

表 8-10　　　　　　　　　　(状态划分一)p_i 的 E-Bayes 估计

i	状态范围	r_i	$\hat{p}_i(c=2)$	$\hat{p}_i(c=3)$	$\hat{p}_i(c=4)$	$\hat{p}_i(c=5)$	$\hat{p}_i(c=6)$	$\hat{p}_i(c=7)$
1	<12.6	8	0.146 8	0.145 5	0.144 2	0.142 9	0.141 7	0.140 5
2	[12.60, 12.9]	12	0.220 2	0.218 2	0.216 3	0.214 4	0.212 5	0.210 7
3	(12.91, 13.2]	8	0.146 8	0.145 5	0.144 2	0.142 9	0.141 7	0.140 5
4	(13.21, 13.5]	9	0.165 1	0.163 7	0.162 2	0.160 8	0.159 4	0.158 0
5	(13.51, 13.8]	3	0.055 0	0.054 6	0.054 1	0.053 6	0.053 1	0.052 7
6	(13.81, 14.1]	2	0.036 7	0.036 4	0.036 0	0.035 7	0.035 4	0.035 1
7	(14.11, 14.4]	9	0.165 1	0.163 7	0.162 2	0.160 8	0.159 4	0.158 0
8	>14.41	1	0.018 3	0.018 2	0.018 0	0.017 9	0.017 7	0.017 6

表 8-11　　　　　　　　　（状态划分二）p_i 的 **E-Bayes** 估计

i	状态范围	r_i	$\hat{p}_i(c=2)$	$\hat{p}_i(c=3)$	$\hat{p}_i(c=4)$	$\hat{p}_i(c=5)$	$\hat{p}_i(c=6)$	$\hat{p}_i(c=7)$
1	<12.5	2	0.036 7	0.036 4	0.036 0	0.035 7	0.035 4	0.035 1
2	[12.51, 12.7]	11	0.201 8	0.200 0	0.198 2	0.196 5	0.194 8	0.193 2
3	(12.71, 12.9]	7	0.128 4	0.127 3	0.126 2	0.125 1	0.124 0	0.122 9
4	(12.91, 13.1]	8	0.146 8	0.145 5	0.144 2	0.142 9	0.141 7	0.140 5
5	(13.11, 13.5]	9	0.165 1	0.163 9	0.162 2	0.160 8	0.159 4	0.158 0
6	(13.51, 13.7]	2	0.036 7	0.036 4	0.036 0	0.035 7	0.035 4	0.035 1
7	(13.71, 13.9]	2	0.036 7	0.036 4	0.036 0	0.035 7	0.035 4	0.035 1
8	(13.91, 14.1]	1	0.018 3	0.018 2	0.018 0	0.017 9	0.017 7	0.017 6
9	(14.11, 14.3]	6	0.055 0	0.054 6	0.054 1	0.053 6	0.053 1	0.052 7
10	(14.31, 14.5]	3	0.110 1	0.109 1	0.108 1	0.107 2	0.106 3	0.105 4
11	>14.51	1	0.018 3	0.018 2	0.018 0	0.017 9	0.017 7	0.017 6

　　从表 8-10 和表 8-11 可以看出，$c(c=2,3,\cdots,7)$ 的变化对 $\hat{p}_i(i=1,2,\cdots,m)$ 的波动很小，即对于第一状态划分(8 组)，第二状态划分(11 组)，p_i 是稳健的. 不论 c 取 2，3，4，5，6，7 中的哪个值，对于第一状态总有 $p^*=\max(\hat{p}_1,\hat{p}_2,\cdots,\hat{p}_8)=\hat{p}_2$，据此可以预测明天股票的收盘价格区间为 [12.60, 12.9]. 对于第二状态，$p^*=\max(\hat{p}_1,\hat{p}_2,\cdots,\hat{p}_{11})=\hat{p}_2$，据此可以预测明天股票的收盘价格区间为 [12.51, 12.7]. 股票 9 月 13 日的实际收盘价格为 12.60 元/股. 对于第一状态划分有 12.60 ∈ [12.60, 12.9]，第二状态划分有 12.60 ∈ [12.51, 12.7]. 区间相对误差(区间长度与实际值的比值)分别为 2.381 0% 和 1.507 9%，均小于用灰色模型预测的平均相对误差 3.613 5%，说明采用 E-Bayes 预测方法精度更高，适合对股票价格进行预测，其预测的效果与实际的走势相当吻合.

　　从实例预测的两种状态划分可以看出，当划分的区间长度进一步缩小时，预测结果的精度会更好，但这并不意味着状态的划分越细越好，需要在掌握数据资料的基础上进行分析，确定合适的状态划分标准. 预测的时候也可以根据交易日的最高、最低价格或每日的涨跌幅度对股票的价格变化进行预测，分析股票的价格走势，为实际的股票投资提供技术分析. 本节方法以股票市场的预测为例，适用于经济系统分析与预测，也适用于其他系统的分析与预测，并且能得到良好的预测效果.

思考与练习题 8

　　8.1　请结合本章的内容，简要叙述证券投资预测的多层贝叶斯方法的基本思想.

　　8.2　请结合本章的内容，简要叙述证券投资预测的 E-Bayes 方法的基本思想，并说明证券投资预测的多层贝叶斯方法与 E-Bayes 方法的区别和联系.

　　8.3　请结合本章的内容，简要叙述证券投资预测的马氏链法的基本思想.

　　8.4　请结合本章的内容，简要叙述证券投资预测的灰色预测法的基本思想.

8.5 请收集自己感兴趣的某股票今天及以前(若干天)的数据(价格),应用多层贝叶斯方法,或 E-Bayes 方法,或马氏链法,或灰色预测法,预测该股票明天的价格.

8.6 请根据表 8-8 中的数据,对不同的状态划分(例如把数据分别分为 7 组、10 组等)分别计算状态概率,并说明不同的状态划分对预测结果的影响? 请结合你的体会,说明如何进行状态划分(数据分组)?

第9章 贝叶斯判别模型与负点法在处理微量超差中的应用

韩明,丁义明(1997),应用正态总体的贝叶斯判别模型,解决了微量超差的两类判别问题,并完成了向负点法的转化工作.对如何建立负点法作了探讨,最后结合导弹控制器的实际问题进行了计算.

在产品交验试验中,经常出现参数微量超差现象.对微量超差的定量研究,对产品质量保证、验收优化和提高经济效益具有重要意义.对交验试验中参数出现微量超差现象,如何根据实测数据来判定产品是否合格,需要一个合理的两类判别模型.在统计学中,常用的判别模型有:Fisher 线性模型、正态总体判别模型和贝叶斯判别模型.关于 Fisher 判别模型与负点法在处理微量超差中的应用,见韩明(1997b).

本章将建立正态总体判别模型,并利用先验信息,使错判所带来的平均损失达到最小,因此把它称为正态总体的贝叶斯判别模型;并结合导弹控制器的实际问题,解决了向负点法转化的问题.

9.1 微量超差与负点法

美国空军政策局质量保证专家盖尔文·加纳(Galvin Garner)发表的"不合格品的控制与处理"指出:"所有生产过程都要产生一些不合格品,有人主张所有不合格品都不能接收,这会导致很大的浪费.事实上许多轻微不合格品是可以接收的,有的可以原样使用或修理返工后使用.……,处理轻微不合格品可以建立一个二级评审体系,第一级评审重大的或关键性不合格品,第二级评审轻微不合格品."可见美国也有一套处理微量超差的评审方法,意大利的负点法以及我国 GJB531 等有关验收试验的规定都可以看成对轻微不合格品的二级评审.1987 年从意大利引进的 A244/S 鱼雷的规格书中,对参数超差条次规定一套"负点法"的验收方法.从意大利引进的负点法给了我们一些启迪,很多专家认为定量地处理微量超差的思想以及简单的计负点数方法是可取的,应加以推广应用.

负点法是处理微量超差判别问题的一种简单、实用的方法,它的基本思想是:对一种产品,确定一些需要评估的重要参数,把每个参数的取值范围划分为严重超差带、合格带以及微量超差带;如果样品的某参数的实测值位于严重超差带或者合格带,立即判为不合格或者合格;再把微量超差带划分为第一超差带、第二超差带,如果实测值位于第一超差带内,打一个负点,位于第二超差带内,打二个负点,累加各参数的所有负点数,如果大于给定的数,则判为不合格,否则判为合格.

9.2　判　别　模　型

9.2.1　正态总体的距离判别模型

设两个总体 G_1，G_2，x 是一个样品（p 维），如果能定义 x 到 G_1 和 G_2 的距离 $d(x, G_1)$，$d(x, G_2)$，则可用下面的规则进行判别：

$$\begin{cases} x \in G_1, & d(x, G_1) < d(x, G_2), \\ x \in G_2, & d(x, G_1) > d(x, G_2), \\ \text{待判}, & d(x, G_1) = d(x, G_2). \end{cases}$$

当 G_1，G_2 是正态总体时，采用经典的马氏距离（Mahalanobis），即

$$d^2(x, G_1) = (x - \mu_1)^{\mathrm{T}} \boldsymbol{\Sigma}_1^{-1} (x - \mu_1),$$

$$d^2(x, G_2) = (x - \mu_2)^{\mathrm{T}} \boldsymbol{\Sigma}_2^{-1} (x - \mu_2),$$

其中 μ_1，μ_2 为 G_1，G_2 的均值，$\boldsymbol{\Sigma}_1$，$\boldsymbol{\Sigma}_2$ 为 G_1，G_2 的协方差矩阵.

当 $\boldsymbol{\Sigma}_1 = \boldsymbol{\Sigma}_2 = \boldsymbol{\Sigma}$ 时，根据韩明（2013c）有

$$d^2(x, G_1) - d^2(x, G_2) = -2\left(x - \frac{\mu_1 + \mu_2}{2}\right)^{\mathrm{T}} \boldsymbol{\Sigma}^{-1} (\mu_1 - \mu_2).$$

于是

$$\begin{cases} x \in G_1, & W(x) > 0, \\ x \in G_2, & W(x) < 0, \\ \text{待判}, & W(x) = 0. \end{cases}$$

其中，$W(x) = 2\left(x - \dfrac{\mu_1 + \mu_2}{2}\right)^{\mathrm{T}} \boldsymbol{\Sigma}^{-1} (\mu_1 - \mu_2)$，称为 Aderson 判别函数. 可见，$\boldsymbol{\Sigma}^{-1}(\mu_1 - \mu_2)$ 为一个列向量，于是 Aderson 判别函数实际上是向量 $\left(x - \dfrac{\mu_1 + \mu_2}{2}\right)$ 的加权和是线性函数.

9.2.2　贝叶斯判别模型

距离判别在没有先验信息时可以采用. 但如果对判别样品有先验信息，则可利用先验信息，以求判断更符合实际. 一个合理的判别法则，应使发生错判的概率很小，应考虑社会、经济等效益，还应考虑错判所带来的损失，贝叶斯判别模型的目标是使错判所带来的平均损失达到最小.

设所考虑的两个总体 G_1，G_2 的密度函数为 $f_1(x)$，$f_2(x)$，要把具有观测值为 x 的样品判入 G_1，G_2 二者之一. 记 Ω 为样本空间，R_1 为要判入 G_1 的那些 x 的集合，$R_2 = \Omega - R_1$ 为要判入 G_2 的那些 x 的集合，P_1，P_2 分别表示 x 属于 G_1，G_2 的先验概率，$P_1 + P_2 = 1$，

$C(1 \mid 2)$ 表示来自 G_2 的个体被错判入 G_1 所引起的损失,$C(2 \mid 1)$ 表示来自 G_1 的个体被错判入 G_2 所引起的损失. 某个体来自 G_1,但被判入 G_2 的概率为

$$P(2 \mid 1) = P(x \in R_2 \mid G_1) = \int_{R_2} f_1(x) \mathrm{d}x.$$

同样地

$$P(1 \mid 2) = P(x \in R_1 \mid G_2) = \int_{R_1} f_2(x) \mathrm{d}x.$$

对任一判别法则,平均错判损失(ECM)定义为所有错判概率与对应错判损失乘积之和. 即

$$ECM = C(2 \mid 1) P(2 \mid 1) P_1 + C(1 \mid 2) P(1 \mid 2) P_2.$$

对于平均错判损失有如下定理(方开泰,1989):

定理 9.2.1 极小化 ECM 的区域 R_1 和 R_2 为

$$R_1: \frac{f_1(x)}{f_2(x)} \geqslant \frac{C(1 \mid 2) P_2}{C(2 \mid 1) P_1},$$

$$R_2: \frac{f_1(x)}{f_2(x)} < \frac{C(1 \mid 2) P_2}{C(2 \mid 1) P_1}.$$

从上述定理 9.2.1 可知,在使用极小化 ECM 的贝叶斯判别法则时,仅需计算如下三个比值.

(1) 在观测点 x,密度函数之比:$\dfrac{f_1(x)}{f_2(x)}$;

(2) 错判所带来的损失之比:$\dfrac{C(1 \mid 2)}{C(2 \mid 1)}$;

(3) 先验概率之比:$\dfrac{P_1}{P_2}$.

若 G_1,G_2 为正态总体,即 $G_1 \sim N_p(\mu_1, \boldsymbol{\Sigma})$,$G_2 \sim N_p(\mu_2, \boldsymbol{\Sigma})$,利用定理 9.2.1 可得推论(方开泰,1989):

设总体 $G_i \sim N_p(\mu_i, \boldsymbol{\Sigma})$ $(i = 1, 2)$,极小化 ECM 的判别法则为

$$\begin{cases} x \in G_1, & W(x) > \ln d, \\ x \in G_2, & W(x) < \ln d, \\ \text{待判}, & W(x) = \ln d. \end{cases}$$

其中,$d = \dfrac{C(1 \mid 2) P_2}{C(2 \mid 1) P_1}$,$W(x)$ 为 Anderson 判别函数.

在上述判别法则中,并未使用与诸参数的重要度有关的信息. 由于 $W(x)$ 实际上是 $\left(x - \dfrac{\mu_1 + \mu_2}{2}\right)$ 的加权和,其权重分别为 $\boldsymbol{\Sigma}^{-1}(\mu_1 - \mu_2) = (a_1, a_2, \cdots, a_p)$. 如果存在各参

数的相对重要度的信息$(b_1, b_2, \cdots, b_p)$，则可把$(a_1, a_2, \cdots, a_p)$换成$(b_1, b_2, \cdots, b_p)$，设其归一化为$(c_1, c_2, \cdots, c_p)$. 因此，在实际应用时，用$W'(x) = \left(x - \dfrac{\mu_1 + \mu_2}{2}\right)^{\mathrm{T}}(c_1, c_2, \cdots, c_p)$，代替$W(x)$更合理.

在实际应用时，μ_1，μ_2大多为未知的，需利用样本来估计. 设从总体G_1，G_2分别获得n_1，n_2个样本观测值，对应的数据矩阵为

$$\boldsymbol{X}_1 = (x_{11}, x_{12}, \cdots, x_{1n}), \quad \boldsymbol{X}_2 = (x_{21}, x_{22}, \cdots, x_{2n}).$$

从这两个数据矩阵得到样本均值向量和协方差矩阵分别为

$$\hat{\boldsymbol{\mu}}_1 = \frac{1}{n_1} \sum_{j=1}^{n_1} x_{1j}, \quad \hat{\boldsymbol{\mu}}_2 = \frac{1}{n_2} \sum_{j=1}^{n_2} x_{2j},$$

$$\boldsymbol{S}_1 = \frac{1}{n_1 - 1} \sum_{j=1}^{n_1} (x_{1j} - \hat{\mu}_1)(x_{2j} - \hat{\mu}_2)^{\mathrm{T}}, \quad \boldsymbol{S}_2 = \frac{1}{n_2 - 1} \sum_{j=1}^{n_2} (x_{2j} - \hat{\mu}_2)(x_{1j} - \hat{\mu}_1)^{\mathrm{T}}.$$

因为我们设两个总体有公共的协方差矩阵，可将$\boldsymbol{S}_1$和$\boldsymbol{S}_2$联合起来作一个$\boldsymbol{\Sigma}$的无偏估计：

$$\boldsymbol{S}_p = \frac{(n_1 - 1)\boldsymbol{S}_1 + (n_2 - 1)\boldsymbol{S}_2}{(n_1 - 1) + (n_2 - 1)}.$$

用$\hat{\boldsymbol{\mu}}_1$，$\hat{\boldsymbol{\mu}}_2$，$\boldsymbol{S}_p$分别代替 Aderson 判别函数$W(x)$中的$\boldsymbol{\mu}_1$，$\boldsymbol{\mu}_2$，$\boldsymbol{\Sigma}$.

9.2.3　对判别法则的评价

对判别法则的评价，这里介绍两种判别标准.

1. 以明显错判率（APER）为标准

设总体G_1，G_2各有训练样本n_1，n_2个，记$n_{1m} = G_1$中训练样本错判入G_2的个数，$n_{2m} = G_2$中训练样本错判入G_1的个数. 则明显错判率为

$$APER = \frac{n_{1m} + n_{2m}}{n_1 + n_2}.$$

从而可以看出，若要明显错判率低，则需要求样本多，而且评价的函数不是真正感兴趣的函数.

2. 刀切法（Lachenbruch 保留法）

具体步骤是：

（1）从总体G_1的训练样本开始，剔除其中一个样本，用剩余的$n_1 - 1$个样本和总体G_2的n_2个样本建立判别函数；

（2）用刚建立的判别函数判别剔除的样本；

（3）重复（1）、（2）直到G_1的所有样本都被判别过，用N_{1m}记错判个数；

（4）对总体G_2，重复（1）、（2）、（3），用N_{2m}记错判个数，

则实际错判均值的近似无偏估计为

$$\frac{N_{1m} + N_{2m}}{n_1 + n_2}.$$

可以看出,刀切法的计算量较大,需编制计算程序,但一般采用这种方法效果较好.

9.3　负点法的建立

建立负点法,关键在于合理地划分各指标参数的取值区域,可划分如下:

$(a_3, a_4]$ 为合格带,若实测值落入该区域,此参数不计负点,$(a_2, a_3] \cup (a_4, a_5]$ 为第一超差带,若实测值落入该区域,此参数记一个负点;$(a_1, a_2] \cup (a_5, a_6]$ 为第二超差带,若实测值落入该区域,此参数记两个负点;$(-\infty, a_1] \cup (a_6, +\infty)$ 为严重超差带,若实测值落入该区域,立即判为不合格.

一般来说,合格带是由使用方和厂方早已协商确定好的,严重超差带由使用方根据实际需要给出.关键是合理地划分第一、二超差带.建立负点法,主要包括:直接划分超差带,最大负点数的确定.

9.3.1　直接划分超差带

这种方法并不与数学模型相联系,当模型的判别效果不明显时,采用这种方法可以得到较好的判别效果.

在严重超差带已给定的情况下,微量超差带为 $(a_1, a_3]$ 和 $(a_4, a_6]$. 由正态性的假设,总体服从(p 维)正态分布.因此它的边际分布也是正态分布,由正态分布的对称性知,只要确定 $\dfrac{(a_5 - a_4)}{(a_6 - a_4)}$ 即可. 由变换 $y_i = \dfrac{(x_i - a_4)}{(a_6 - a_4)}$,则有 $y_i \in (0, 1]$. 于是 y_i 的严重超差带为 $(1, +\infty)$,微量超差带为 $(0, 1]$,第一、二超差带的划分应使参数位于第二超差带内所引起的平均损失大致为位于第一超差带的损失的两倍.

记损失函数为 $g_1(x)$,$x \in (0, 1]$,它是 x 的单调增函数;用函数 $g_2(x)$,$x \in (0, 1]$ 拟合 x 在 $(0, 1]$ 的概率分布,由正态性假设知它是 x 的单调减函数.我们的任务是寻找常数 C,使

$$\frac{\int_0^C g_1(x) g_2(x) \mathrm{d}x}{\int_C^1 g_1(x) g_2(x) \mathrm{d}x} = \frac{1}{2}.$$

显然,这样的 C 是唯一确定的.解此方程即可确定 C,若令 $g_1(x) = x$,$g_2(x) = 1 - x$,$x \in (0, 1)$,则有

$$\int_0^C g_1(x) g_2(x) \mathrm{d}x = B \frac{(1, 1)}{3} = \frac{1}{18},$$

即有 $9C^2 - 6C^3 = 1$,从而解得 $C = 0.386\,963\,143 \approx 0.387\,0$.

9.3.2 最大负点数的确定

记 k_i 为 m 个样本中,同时有 i 个参数发生超差的样本个数,则最大允许负点数为

$$n=\left[\frac{2(k_1+2k_2+\cdots+pk_p)}{m}\right]+I(x),$$

其中,$[x]$ 为首 Gauss 取整函数.

特别地,在我们的问题中,$n=\dfrac{2\times 75}{50}=3.$

9.4 应 用 案 例

有了以上的理论基础后,我们就可以着手处理实测数据. 现有导弹控制器的有关数据见表 9-1.

表 9-1 导弹控制器的有关实测数据

序号	SF	PT	DH	CX	QZ	专家判别
1	0.000 0	0.723 0	0.000 0	0.000 0	0.000 0	2.0
2	0.760 0	0.000 0	0.000 0	0.000 0	0.000 0	2.0
3	0.120 0	0.000 0	0.000 0	0.000 0	0.000 0	1.0
4	0.400 0	0.000 0	0.000 0	0.000 0	0.000 0	1.0
5	0.110 0	0.000 0	0.000 0	0.000 0	0.000 0	1.0
6	0.870 0	0.000 0	0.000 0	0.000 0	0.000 0	2.0
7	0.330 0	0.000 0	0.000 0	0.000 0	0.000 0	1.0
8	0.170 0	0.000 0	0.000 0	0.000 0	0.000 0	1.0
9	0.200 0	0.000 0	0.000 0	0.000 0	0.000 0	1.0
10	0.400 0	0.000 0	0.000 0	0.000 0	0.000 0	1.0
11	0.800 0	0.000 0	0.000 0	0.000 0	0.000 0	2.0
12	0.480 0	0.000 0	0.000 0	0.000 0	0.000 0	1.0
13	0.290 0	0.000 0	0.000 0	0.000 0	0.000 0	1.0
14	0.040 0	0.000 0	0.000 0	0.000 0	0.000 0	1.0
15	0.000 0	0.096 0	0.000 0	0.000 0	0.000 0	1.0
16	0.000 0	0.380 0	26.750 0	0.000 0	0.000 0	2.0
17	0.000 0	0.109 0	5.750 0	0.000 0	0.000 0	1.0
18	0.000 0	0.000 0	27.750 0	0.000 0	0.000 0	1.0
19	0.000 0	0.000 0	0.000 0	95.000 0	0.000 0	2.0
20	0.000 0	0.000 0	0.000 0	10.000 0	0.000 0	1.0
21	0.000 0	0.000 0	0.000 0	15.000 0	0.000 0	1.0

序号	SF	PT	DH	CX	QZ	专家判别
22	0.000 0	0.000 0	0.000 0	0.000 0	4.000 0	2.0
23	0.000 0	0.000 0	0.000 0	0.000 0	5.000 0	2.0
24	0.000 0	0.000 0	0.000 0	0.000 0	10.000 0	2.0
25	0.000 0	0.000 0	0.000 0	0.000 0	12.000 0	2.0
26	1.200 0	0.000 0	0.000 0	0.000 0	2.000 0	2.0
27	0.960 0	0.000 0	200.000 0	0.000 0	0.000 0	2.0
28	0.000 0	0.100 0	38.000 0	0.000 0	0.000 0	1.0
29	0.000 0	0.000 0	186.000 0	17.000 0	0.000 0	2.0
30	0.000 0	0.160 0	0.000 0	8.500 0	0.000 0	1.0
31	0.000 0	0.900 0	120.000 0	0.000 0	0.000 0	2.0
32	0.000 0	0.360 0	150.000 0	0.000 0	0.000 0	2.0
33	0.000 0	0.000 0	0.000 0	0.000 0	1.500 0	1.0
34	0.000 0	0.300 0	130.000 0	0.000 0	0.000 0	2.0
35	0.000 0	1.200 0	0.000 0	8.000 0	0.000 0	2.0
36	0.000 0	1.200 0	0.000 0	20.000 0	0.000 0	2.0
37	0.000 0	0.450 0	0.000 0	0.000 0	2.400 0	2.0
38	0.000 0	2.000 0	0.000 0	4.800 0	0.000 0	2.0
39	0.000 0	0.000 0	200.000 0	0.000 0	2.400 0	2.0
40	0.000 0	0.000 0	36.000 0	4.000 0	0.000 0	1.0
41	0.000 0	0.000 0	47.000 0	0.200 0	0.000 0	1.0
42	0.000 0	0.000 0	47.000 0	0.000 0	1.200 0	1.0
43	0.000 0	0.000 0	250.000 0	12.000 0	0.000 0	2.0
44	0.000 0	0.000 0	80.000 0	0.000 0	2.700 0	2.0
45	0.000 0	0.000 0	0.000 0	8.600 0	0.800 0	1.0
46	0.000 0	0.000 0	0.000 0	36.000 0	1.000 0	2.0
47	0.000 0	0.000 0	0.000 0	6.000 0	1.200 0	1.0
48	0.000 0	0.000 0	0.000 0	7.200 0	3.600 0	2.0
49	0.000 0	0.000 0	0.000 0	30.000 0	0.900 0	2.0
50	0.000 0	0.000 0	0.000 0	48.000 0	1.500 0	2.0

注:SF,PT,DH,CX,QZ 表示参数的名称.

9.4.1 负点法(I)的判别结果

根据前面的结果,有 $C = 0.387\ 0$,可得各参数的超差带,见表 9-2.

表 9-2　　　　　　　　　　　　　　　超差带

参数	第一超差带	第二超差带	严重超差带
SF	$(0, 0.194]$	$(0.194, 0.5]$	> 0.5
PT	$(0, 0.194]$	$(0.194, 0.5]$	> 0.5
DH	$(0, 47.60]$	$(47.60, 123]$	> 123
CX	$(0, 9.287]$	$(9.287, 24]$	> 24
QZ	$(0, 1.161]$	$(1.161, 3]$	> 3

如果某一参数严重超差,该参数打 100 个负点. 取最大允许负点数 $n = 3$,然后得到数据负点法(I)的判别结果符合率为 $P = 96\%$,具体结果见表 9-3.

表 9-3　　　　　　　　　　　　　负点法(I)的判别结果

序号	SF	PT	DH	CX	QZ	专家判别	负点数	负点判别
1	0.000	0.723	0.000	0.000	0.000	2.000	100	2.0
2	0.760	0.000	0.000	0.000	0.000	2.000	100	2.0
3	0.120	0.000	0.000	0.000	0.000	1.000	1	1.0
4	0.400	0.000	0.000	0.000	0.000	1.000	2	1.0
5	0.110	0.000	0.000	0.000	0.000	1.000	1	1.0
6	0.870	0.000	0.000	0.000	0.000	2.000	100	2.0
7	0.330	0.000	0.000	0.000	0.000	1.000	2	1.0
8	0.170	0.000	0.000	0.000	0.000	1.000	1	1.0
9	0.200	0.000	0.000	0.000	0.000	1.000	2	1.0
10	0.400	0.000	0.000	0.000	0.000	1.000	2	1.0
11	0.800	0.000	0.000	0.000	0.000	2.000	100	2.0
12	0.480	0.000	0.000	0.000	0.000	1.000	2	1.0
13	0.290	0.000	0.000	0.000	0.000	1.000	2	1.0
14	0.040	0.000	0.000	0.000	0.000	1.000	1	1.0
15	0.000	0.096	0.000	0.000	0.000	1.000	1	1.0
16	0.000	0.380	26.750	0.000	0.000	2.000	3	2.0
17	0.000	0.109	5.750	0.000	0.000	1.000	2	1.0
18	0.000	0.000	27.750	0.000	0.000	1.000	1	1.0
19	0.000	0.000	0.000	95.000	0.000	2.000	100	2.0
20	0.000	0.000	0.000	10.000	0.000	1.000	2	1.0
21	0.000	0.000	0.000	15.000	0.000	1.000	2	1.0
22	0.000	0.000	0.000	0.000	4.000	2.000	100	2.0

续表

序号	SF	PT	DH	CX	QZ	专家判别	负点数	负点判别
23	0.000	0.000	0.000	0.000	5.000	2.000	100	2.0
24	0.000	0.000	0.000	0.000	10.000	2.000	100	2.0
25	0.000	0.000	0.000	0.000	12.000	2.000	100	2.0
26	1.200	0.000	0.000	0.000	2.000	2.000	102	2.0
27	0.960	0.000	200.000	0.000	0.000	2.000	200	2.0
28	0.000	0.100	38.000	0.000	0.000	1.000	2	1.0
29	0.000	0.000	186.000	17.000	0.000	2.000	102	2.0
30	0.000	0.160	0.000	8.500	0.000	1.000	2	1.0
31	0.000	0.900	120.000	0.000	0.000	2.000	4	2.0
32	0.000	0.360	150.000	0.000	0.000	2.000	102	2.0
33	0.000	0.120	0.000	0.000	1.500	1.000	3	2.0
34	0.000	0.300	130.000	0.000	0.000	2.000	102	2.0
35	0.000	1.200	0.000	8.000	0.000	2.000	101	2.0
36	0.000	1.200	0.000	20.000	0.000	2.000	102	2.0
37	0.000	0.450	0.000	0.000	2.400	2.000	4	2.0
38	0.000	2.000	0.000	4.800	0.000	2.000	101	2.0
39	0.000	0.000	200.000	0.000	2.400	2.000	102	2.0
40	0.000	0.000	36.000	4.000	0.000	1.000	2	1.0
41	0.000	0.000	47.000	0.200	0.000	1.000	2	1.0
42	0.000	0.000	47.000	0.000	1.200	2.000	3	2.0
43	0.000	0.000	250.000	12.000	0.000	2.000	102	2.0
44	0.000	0.000	80.000	0.000	2.700	2.000	4	2.0
45	0.000	0.000	0.000	8.600	0.800	1.000	2	1.0
46	0.000	0.000	0.000	36.000	1.000	2.000	101	2.0
47	0.000	0.000	0.000	6.000	1.200	1.000	3	2.0
48	0.000	0.000	0.000	7.200	3.600	2.000	101	2.0
49	0.000	0.000	0.000	30.000	0.900	2.000	101	2.0
50	0.000	0.000	0.000	48.000	1.500	2.000	102	2.0

负点法(I)的判别符合率为96%.

9.4.2 贝叶斯判别模型的判别结果

已有信息如下:严重超差带 f(按五个参数的先后顺序)为

$$f = (0.5, 0.5, 123.0, 24.0, 3.0).$$

各参数的重要度为

$$SF : PT : DH : CX : QZ = 1 : 1.8 : 2.0 : 1.5 : 2.0.$$

先把上述数据归一化：$x'_{ij} = x_{ij}/f_j$.

根据以上数据，可得如下结果：

$$\boldsymbol{\Sigma} = \begin{pmatrix} 0.3396 & -0.0943 & -0.0094 & -0.0801 & -0.0686 \\ -0.0943 & 0.6154 & -0.0115 & -0.0152 & -0.0979 \\ -0.094 & -0.0115 & 0.2675 & -0.0269 & -0.0476 \\ -0.0801 & -0.0152 & -0.0269 & 0.4549 & -0.0481 \\ -0.0686 & -0.0979 & -0.0476 & -0.0481 & 0.6261 \end{pmatrix},$$

$$\boldsymbol{\Sigma}^{-1} = \begin{pmatrix} 3.4045 & 0.6319 & 0.3139 & 0.6973 & 0.5494 \\ 0.6319 & 1.7913 & 0.1889 & 0.2226 & 0.3808 \\ 0.3139 & 0.1889 & 3.8590 & 0.3300 & 0.3824 \\ 0.6973 & 0.2226 & 0.3300 & 2.3820 & 0.3194 \\ 0.5494 & 0.3808 & 0.3824 & 0.3194 & 1.7706 \end{pmatrix},$$

$$C = (0.163, 0.169, 0.296, 0.173, 0.199), \quad W'(x) = -C\left(x - \frac{1}{2}\right) - 0.30.$$

贝叶斯判别模型的判别结果，见表9-4.

表9-4 贝叶斯判别模型的判别结果

序号	SF	PT	DH	CX	QZ	专家判别	W(x)	模型判别
1	0.000	1.446	0.000	0.000	0.000	2.000	−0.044	2.0
2	1.520	0.000	0.000	0.000	0.000	2.000	−0.048	2.0
3	0.240	0.000	0.000	0.000	0.000	1.000	0.161	1.0
4	0.800	0.000	0.000	0.000	0.000	1.000	0.069	1.0
5	0.220	0.000	0.000	0.000	0.000	1.000	0.164	1.0
6	1.740	0.000	0.000	0.000	0.000	2.000	−0.084	2.0
7	0.660	0.000	0.000	0.000	0.000	1.000	0.092	1.0
8	0.340	0.000	0.000	0.000	0.000	1.000	0.144	1.0
9	0.400	0.000	0.000	0.000	0.000	1.000	0.135	1.0
10	0.800	0.000	0.000	0.000	0.000	1.000	0.069	1.0
11	1.600	0.000	0.000	0.000	0.000	2.000	−0.061	2.0
12	0.960	0.000	0.000	0.000	0.000	1.000	0.043	1.0
13	0.580	0.000	0.000	0.000	0.000	1.000	0.105	1.0
14	0.080	0.000	0.000	0.000	0.000	1.000	0.187	1.0
15	0.000	0.192	0.000	0.000	0.000	1.000	0.168	1.0
16	0.000	0.760	0.217	0.000	0.000	2.000	0.007	1.0

续表

序号	SF	PT	DH	CX	QZ	专家判别	$W(x)$	模型判别
17	0.000	0.218	0.047	0.000	0.000	1.000	0.149	1.0
18	0.000	0.000	0.226	0.000	0.000	1.000	0.133	1.0
19	0.000	0.000	0.000	3.958	0.000	2.000	−0.485	2.0
20	0.000	0.000	0.000	0.417	0.000	1.000	0.128	1.0
21	0.000	0.000	0.000	0.625	0.000	1.000	0.092	1.0
22	0.000	0.000	0.000	0.000	1.333	2.000	−0.065	2.0
23	0.000	0.000	0.000	0.000	1.667	2.000	−0.131	2.0
24	0.000	0.000	0.000	0.000	3.333	2.000	−0.462	2.0
25	0.000	0.000	0.000	0.000	4.000	2.000	−0.594	2.0
26	2.400	0.000	0.000	0.000	0.667	2.000	−0.324	2.0
27	1.920	0.000	1.626	0.000	0.000	2.000	−0.595	2.0
28	0.000	0.200	0.309	0.000	0.000	1.000	0.075	1.0
29	0.000	0.000	1.512	0.708	0.000	2.000	−0.370	2.0
30	0.000	0.320	0.000	0.354	0.000	1.000	0.085	1.0
31	0.000	1.800	0.976	0.000	0.000	2.000	−0.393	2.0
32	0.000	0.720	1.220	0.000	0.000	2.000	−0.283	2.0
33	0.000	0.240	0.000	0.000	0.500	1.000	0.060	1.0
34	0.000	0.600	1.057	0.000	0.000	2.000	−0.214	2.0
35	0.000	2.400	0.000	0.333	0.000	2.000	−0.263	2.0
36	0.000	2.400	0.000	0.333	0.000	2.000	−0.350	2.0
37	0.000	0.900	0.000	0.000	0.800	2.000	−0.111	2.0
38	0.000	4.000	0.000	0.200	0.000	2.000	−0.510	2.0
39	0.000	0.000	1.626	0.000	0.300	2.000	−0.440	2.0
40	0.000	0.000	0.293	0.167	0.000	1.000	0.084	1.0
41	0.000	0.00	0.382	0.008	0.000	1.000	0.085	1.0
42	0.000	0.000	0.382	0.000	0.400	1.000	0.007	1.0
43	0.000	0.000	2.033	0.500	0.000	2.000	−0.488	2.0
44	0.000	0.000	0.650	0.000	0.900	2.000	−0.171	2.0
45	0.000	0.000	0.000	0.358	0.267	1.000	0.085	1.0
46	0.000	0.000	0.000	1.500	0.333	2.000	−0.126	2.0
47	0.000	0.000	0.000	0.250	0.400	1.000	0.077	1.0
48	0.000	0.000	0.000	0.300	1.200	2.000	−0.090	2.0
49	0.000	0.000	0.000	1.250	0.300	2.000	−0.076	2.0
50	0.000	0.000	0.000	2.000	0.500	2.000	−0.245	2.0

模型的判别符合率为 98%.

9.4.3　模型转化的负点法及其判别结果

由前面可知，$W'(x) = -C\left(x - \dfrac{1}{2}\right) - 0.30$，先考虑 SF 的超差带的划分，假定其余参数都不发生超差，则 $W'(x) = \dfrac{1}{2} - 0.30 - 0.163x_1 > 0$，于是 $x_1 < 1.227$，取 $r_1 = \dfrac{x_1}{3} = 0.409$ 作为它的超差带长度之比，类似可得其余参数的超差带长度之比见表 9-5.

表 9-5　　　　　　　　　　　　参数的超差带长度之比

	SF	PT	DH	CX	QZ
x_i	1.227	1.183	0.676	1.156	1.001
S_i	$\dfrac{1}{3}$	$\dfrac{1}{3}$	$\dfrac{2}{3}$	$\dfrac{1}{3}$	$\dfrac{1}{2}$
r_i	0.409	0.394	0.457	0.385	0.500

第一超差带、第二超差带，见表 9-6.

表 9-6　　　　　　　　　　　　第一超差带、第二超差带

第一超差带	(0, 0.205],	(0, 0.197],	(0, 55.5],	(0, 9.24],	(0, 1.50]
第二超差带	(0.205, 0.5],	(0.197, 0.5],	(55.5, 123],	(9.24, 24],	(1.50, 3]

负点法（Ⅱ）的判别结果，见表 9-7.

表 9-7　　　　　　　　　　　　负点法（Ⅱ）的判别结果

序号	SF	PT	DH	CX	QZ	专家判别	负点数	负点法判别
1	0.000	0.723	0.000	0.000	0.000	2.000	100	2.0
2	0.760	0.000	0.000	0.000	0.000	2.000	100	2.0
3	0.120	0.000	0.000	0.000	0.000	1.000	1	1.0
4	0.400	0.000	0.000	0.000	0.000	1.000	2	1.0
5	0.110	0.000	0.000	0.000	0.000	1.000	1	1.0
6	0.870	0.000	0.000	0.000	0.000	2.000	100	2.0
7	0.330	0.000	0.000	0.000	0.000	1.000	2	1.0
8	0.170	0.000	0.000	0.000	0.000	1.000	1	1.0
9	0.200	0.000	0.000	0.000	0.000	1.000	1	1.0
10	0.400	0.000	0.000	0.000	0.000	1.000	2	1.0
11	0.800	0.000	0.000	0.000	0.000	2.000	100	2.0
12	0.480	0.000	0.000	0.000	0.000	1.000	2	1.0
13	0.290	0.000	0.000	0.000	0.000	1.000	2	1.0

续表

序号	SF	PT	DH	CX	QZ	专家判别	负点数	负点法判别
14	0.040	0.000	0.000	0.000	0.000	1.000	1	1.0
15	0.000	0.096	0.000	0.000	0.000	1.000	1	1.0
16	0.000	0.380	26.750	0.000	0.000	2.000	3	2.0
17	0.000	0.109	5.750	0.000	0.000	1.000	2	1.0
18	0.000	0.000	27.750	0.000	0.000	1.000	1	1.0
19	0.000	0.000	0.000	95.000	0.000	2.000	100	2.0
20	0.000	0.000	0.000	10.000	0.000	1.000	2	1.0
21	0.000	0.000	0.000	15.000	0.000	1.000	2	1.0
22	0.000	0.000	0.000	0.000	4.000	2.000	100	2.0
23	0.000	0.000	0.000	0.000	5.000	2.000	100	2.0
24	0.000	0.000	0.000	0.000	10.000	2.000	100	2.0
25	0.000	0.000	0.000	0.000	12.000	2.000	100	2.0
26	1.200	0.000	0.000	0.000	2.000	2.000	102	2.0
27	0.960	0.000	200.000	0.000	0.000	2.000	200	2.0
28	0.000	0.100	38.000	0.000	0.000	1.000	2	1.0
29	0.000	0.000	186.000	17.000	0.000	2.000	102	2.0
30	0.000	0.160	0.000	8.500	0.000	1.000	2	1.0
31	0.000	0.900	120.000	0.000	0.000	2.000	102	2.0
32	0.000	0.360	150.000	0.000	0.000	2.000	102	2.0
33	0.000	0.120	0.000	0.000	1.500	1.000	2	1.0
34	0.000	0.300	130.000	0.000	0.000	2.000	102	2.0
35	0.000	1.200	0.000	8.000	0.000	2.000	101	2.0
36	0.000	1.200	0.000	20.000	0.000	2.000	102	2.0
37	0.000	0.450	0.000	0.000	2.400	2.000	4	2.0
38	0.000	2.000	0.000	4.800	0.000	2.000	102	2.0
39	0.000	0.000	200.000	0.000	2.400	2.000	102	2.0
40	0.000	0.000	36.000	4.000	0.000	1.000	2	1.0
41	0.000	0.000	47.000	0.200	0.000	1.000	2	1.0
42	0.000	0.000	47.000	0.000	1.200	1.000	2	1.0
43	0.000	0.000	250.000	12.000	0.000	2.000	102	2.0
44	0.000	0.000	80.000	0.000	2.700	2.000	4	2.0
45	0.000	0.000	0.000	8.600	0.800	1.00	2	1.0

续表

序号	SF	PT	DH	CX	QZ	专家判别	负点数	负点法判别
46	0.000	0.000	0.000	36.000	1.000	2.000	101	2.0
47	0.000	0.000	0.000	6.000	1.200	1.000	2	1.0
48	0.000	0.000	0.000	7.200	3.600	2.000	101	2.0
49	0.000	0.000	0.000	30.000	0.900	2.000	101	2.0
50	0.000	0.000	0.000	48.000	1.500	2.000	101	2.0

负点法(Ⅱ)的判别符合率为 100%.

思考与练习题 9

9.1　请简要叙述贝叶斯判别法的基本思想.

9.2　请结合本章的内容,(1)简要叙述负点法的基本思想;(2)如何划分超差带? (3)如何确定最大负点数?

9.3　收集感兴趣问题的数据,应用贝叶斯判别模型与负点法处理微量超差中的具体问题.

9.4　根据表 9-1 中导弹控制器的有关实测数据,应用 Fisher 判别模型与负点法给出处理微量超差的具体计算结果,并把计算结果与本章中相关结果进行比较.

第 10 章　贝叶斯统计在计量经济学 和金融中的应用

随着贝叶斯统计的发展和计算机模拟等数值计算技术的提高,贝叶斯统计已大量应用在各领域中,而把贝叶斯理论应用到计量经济学,是 20 世纪 60 年代以来在一大批统计学家和计量经济学家的共同努力下,迅速发展起来的.

作为一种能利用各种信息的贝叶斯方法,在金融领域已经得到越来越重要的应用.自20 世纪 90 年代的一系列金融危机和美国次贷危机以来,金融机构越来越重视对信用风险的测度和管理.许多金融机构投入大量资源开发金融风险管理技术,特别是作为风险管理核心和基础的风险测量技术近年来取得许多重要进展,其中 VaR(Value at Risk)成为金融市场风险测量的主流模型.

10.1　贝叶斯计量经济学概述

泽尔纳的书 *An Introduction to Bayesian Inference in Econometrics*(Zellner,1971)的出版标志着贝叶斯计量经济学的诞生.该书较为全面地阐述了贝叶斯计量经济学的大多数专题,其中包括回归模型中的大多数问题、联立方程模型和时间序列模型等的贝叶斯计量方法.此后,研究贝叶斯计量经济学的文献开始大量出现.当代许多杰出的计量经济学家都应用贝叶斯计量经济学解决经济问题,Qin(1996)对贝叶斯计量经济学理论发展进行了回顾.Poirier(2006)对国外 1970—2000 年间几种重要的期刊在经济和计量经济学文章中使用的贝叶斯方法数量发展速度进行了回顾.朱慧明,林静(2009)研究了贝叶斯计量经济学的几个重要专题,并对一些问题深入地进行了讨论.贝叶斯计量经济学的其他研究,见 Koop(2003),Lancaster(2004),Geweke(2005),朱慧明、韩玉启(2006),孙瑞博(2007),李小胜、夏玉华(2007),李小胜(2010)等.

关于贝叶斯经济计量学的发展前景,我们引用泽尔纳的一段话:"Qin(1996)在讨论贝叶斯经济计量学的前 20 年这样写道,'贝叶斯经济计量学在经济计量技术的发展中一直是一个充满争议的领域.尽管贝叶斯方法由于其主观性而一直被主流经济计量学家所拒绝,但贝叶斯方法还是广泛地应用到了当前的经济计量学研究中',这是十几年前的评价.现在已经有更多的主流经济计量学家利用贝叶斯方法来解决广泛的经济计量问题.正像我本人(1974)预言的那样,随着许多新问题和应用研究的深入,我们一定要认识到贝叶斯方法正处于一个快速发展阶段.而一旦认识到这一点,我们就可以有把握地说,已经对经济计量工作产生影响的贝叶斯方法,在未来的若干年中将爆发出更为巨大的影响力."(于忠义,王宏炜,2009)

正如 Zellner(1997)所说:在计量经济学中,经典学派不用先验信息是很难让人相信的,他们常在想误差项是个什么分布,有无白相关,建立怎样的模型(是参数的,还是非参数模型),选择一个什么样的显着性水平,检验的势如何? 例如经典学派在假设随机系数模型和时变参数模型,那么他们对参数分布作出的假定就相当于贝叶斯学派给出参数的具体分布一样. 当然贝叶斯学派的先验信息有时也是有很大局限性的,受个人知识和经验的影响,先验分布的选择带有人为的主观性等,这也是经典学派不用贝叶斯方法的原因. 总之,从上述分析可以看出,如果贝叶斯方法使用得恰当会使推断更为精确.

近年来,随着计算机的快速发展和普及,贝叶斯统计方法的研究日益深入,发展极为迅速,越来越广泛地应用到社会经济等领域. 经典计量经济学中,使用最广泛的是最小二乘、广义矩估计和极大似然方法. 但这些经典方法在多年的发展和应用中逐渐暴露出一些问题和缺陷,研究者逐渐发现贝叶斯方法在不少方面比经典方法更合理,更具优势. 20 世纪 60 年代初,国外已有人把贝叶斯方法用于分析经济问题. 1971 年美国著名计量经济学家泽尔纳出版了第一部贝叶斯计量经济学方面的专著. 近年来贝叶斯方法的研究主要集中在贝叶斯方法的实现,即后验模拟和计算. 随着 MCMC 计算方法研究的深入和计算机的快速发展,用贝叶斯方法研究经济学的文章迅速增多.

美国经济学联合会将 2002 年度"杰出资深会员奖"(Distinguished Fellow Award)授予了芝加哥大学泽尔纳教授,以表彰他在"贝叶斯方法"方面对计量经济学所作出的杰出贡献. 1971 年泽尔纳的 *An Introduction to Bayesian Inference in Econometrics* 问世,在贝叶斯计量经济学的发展史上具有里程碑的意义. 1985 年,泽尔纳教授在 *Econometrica* 上发表论文——*Bayesian Econometrics*,再次引发了贝叶斯计量经济学研究的热潮(Zellner,1985). 近些年来,Koop(2003)的 *Bayesian Econometrics*,Lancaster(2004)的 *An Introduction to Modern Bayesian Econometrics* 和 Geweke(2005)的 *Contemporary Bayesian Econometrics and Statistics* 等的出版,加上大量出现在各种计量经济学重要期刊上的文献,以及欧美一些高校的经济学院、商学院中陆续开设的贝叶斯计量经济学的相关课程,无疑已逐渐形成了现代计量经济学研究的一个重要方向——贝叶斯计量经济学(Bayesian Econometrics).

什么是贝叶斯计量经济学? 从贝叶斯计量经济学的英文——Bayesian Econometrics 可以看出,贝叶斯计量经济学不能简单理解为仅仅是在经典计量经济学的参数估计中使用贝叶斯估计或检验中使用贝叶斯检验(否则可用 Bayesian Inference in Econometrics),它的定义应是以贝叶斯统计思想为基础,运用贝叶斯统计理论、方法和计算机程序,对经济问题进行计量研究的学科. 贝叶斯计量经济学不仅在模型参数估计和模型检验中使用贝叶斯方法,更重要的是在模型的构建中也使用了贝叶斯思想.

10.2　贝叶斯统计与计量经济学

统计学在计量经济学中的作用不言而喻,从 1969 年首届诺贝尔经济学奖获得者之一拉格纳·弗里希(Ragnar Friseh)教授在 *Econometrica* 1933 年创刊号上对计量经济学下的定义中就可见一斑."计量经济学是统计学、经济学理论和数学的统一."(Econometrics is the unification of Statisties,Economie Theory,and Mathematies). 而现代贝叶斯统计学的发展又给计量经济学应用方法的研究开辟了一个新天地. 贝叶斯统计学在统计学中的作用可用陈希孺教授的一段话来形容:"托马斯·贝叶斯……这个生性孤僻,哲学气味重于数学气味的学术怪杰,以其一篇遗作的思想重大地影响了两个世纪以后的统计学术界,顶住了统计学的半边天."目前以 MCMC 方法为代表的现代贝叶斯统计学已广泛应用于几乎所有的学科,并取得了显著的成果.

将现代贝叶斯理论应用于计量经济学的杰出代表,首推荣获 2002 年度美国经济学联合会杰出资深会员奖的著名的计量经济学家,美国芝加哥大学教授泽尔纳,他 1971 年的 *An Introduetion to Bayesian Inference in Econometrics* 的出版,在贝叶斯计量经济学的发展史上具有里程碑的意义. 2005 年,张尧庭教授将该著作翻译成中文,该书的翻译出版,必将引导国人更进一步地了解贝叶斯方法的本质.

1985 年,泽尔纳在 *Econometrica* 上发表的论文 *Bayesian Econometrics* 逐渐形成贝叶斯计量经济学这一方向. 在贝叶斯领域,泽尔纳至今仍是在网络中保有较高影响力的学者之一.

贝叶斯理论为计量经济学的研究方法开辟了一片新的天地,它不仅为计量经济学中许多重要的估计问题提供了贝叶斯解,而且更重要的是为经济学的研究提出了重要的科学哲学思想和新的假设检验方法. 几年前曾有人预测泽尔纳教授在近几年内将非常可能荣获诺贝尔经济学奖,那将再一次为计量经济学时代的经济学花园内增添一朵绚丽的奇葩!(令人遗憾的是泽尔纳教授已于 2010 年 8 月 11 日逝世)

泽尔纳在学术研究中始终坚持"简单实用"的科学哲学观,他强调简单模型在科学推断中的作用,在研究中经常采用的是"成熟简单"(sophisticatedly simple)的模型.

他将贝叶斯的思想应用到经济理论的检验中去,他认为,可用的统计数据越多,经济理论的检验当然容易进行. 但事实上,由于经济活动的特殊性,很多情况下无法设计试验或者试验成本太高,故统计数据的收集非常艰难,对于用来检验经济理论的统计数据不足的情况,关键是事先精确量化可选经济理论的不确定性,并计算出这些理论的先验可信度和后验可信度的差额. 他认为:"不是缺少数据,而是缺少发现."

泽尔纳对贝叶斯统计学的贡献主要分成两类:一是对已知的经典问题提供了新的贝叶斯解法;二是对贝叶斯理论中的先验分布的确定取得了显著的成绩.

贝叶斯矩法(Bayesian Method of Moments,BMOM)是泽尔纳在 20 世纪 90 年代提出的贝叶斯分析方法. 泽尔纳成功地将它用于统计分析的经典问题,并获得了与原有的结论相同的结果,但所需要的条件要宽松得多,而且证明非常简单,统计思想也非常明确. 泽尔纳教授认为,贝叶斯分析是科学地从数据和经验中学习的一种方法. 这一观点对我们如何看待贝叶斯分析有很大的启示,使人感到焕然一新,与信息时代的需求很是合拍. 他特别强调科学地学习,强调应该好好读杰弗里的著作.

线性模型的各类问题在统计中是非常典型和重要的,它既包含了独立同分布的类型,又可以将过程资料所看到的有限片段作为它的特例来处理,只是协方差阵的结构有一些不同. 广义线性模型、列联表等不少统计模型,所处理的问题往往可以还原到线性模型、回归分析上来.

在我们的研究中存在许许多多不确定性问题. 一般不确定性问题所包含"不确定"的程度是否可以用数学来定量地描述? 20 世纪 40 年代末,由于信息理论(information theory)的需要而首次出现的 Shannon 熵(Entropy),20 世纪 50 年代末以解决遍历理论(ergodic theory)经典问题而崭露头角的 Kolmogorov 熵,以及 60 年代中期,为研究拓扑动力系统

(topological dynamical system)而产生的拓扑熵(topological entropy)等概念,都是关于不确定性的数学度量.它们在现代动力系统和遍历理论中,扮演着十分重要的角色.在自然科学和社会科学中的应用也日趋广泛.

最大熵先验是指常常有部分先验信息可资利用,而除此之外的部分要求尽可能采用无信息先验.例如,假设先验均值已被指明,在以此值为均值的一些先验分布中,寻找最小信息的分布.泽尔纳将最大熵理论成功应用于线性模型的研究.在计量经济学应用方面,泽尔纳用西方国家的年产出增长率(abbual output growth rates)作为时间序列分析的对象,选择了 18 个国家,作了各种分析来比较,他将这一方法用于宏观经济的预测,经济发展转折点的预测,都得到了很好的效果.

10.3　贝叶斯计量经济学的基本思想、方法和内容

贝叶斯计量经济学中,对各类经济问题和模型都采用贝叶斯方法进行分析.

经典计量经济学的基本估计方法是最小二乘、广义矩估计和极大似然估计,其基本的理论框架是未知参数(或其函数)的点估计、区间估计、假设检验、变量选择、模型比较和预测等内容;在此框架下,研究各种模型,如线性回归模型、非线性回归模型、联立方程组模型、panel data 模型、状态空间模型、时间序列模型、定性和受限因变量模型、动态模型等.

贝叶斯计量经济学则应用贝叶斯方法,研究各种模型的与经典计量经济相对应的一套内容,如估计、检验和模型比较等.贝叶斯分析一般要给出以下重要内容:

(1) 根据经济理论,对假定的随机模型的一个详细讨论;

(2) 对参数先验假设给一个充分的讨论;

(3) 样本信息;

(4) 所关注的参数的后验分布的信息.

10.3.1　贝叶斯模型比较和选择

这部分内容非常丰富,这里只是简要地概括介绍.若待比较的模型是嵌套模型,当先验分布满足一定条件时,可以使用 Savage-Dickey 密度比方法计算贝叶斯因子,它是计算贝叶斯因子广泛使用的强有力工具.更一般的是 Gelfand-Dey 方法,理论上可以计算任何模型的边际似然以进行模型比较,只是计算上比 Savage-Dickey 密度比方法要复杂;但若模型的未知参数空间维数较高,它也难以使用,这时可以采用 Chib 方法,对高维参数问题,Chib 方法大大简化了计算.关于用贝叶斯因子进行模型选择的例子,见本书第 3 章的例 3.3.8.

先验分布采用无信息先验.此时模型的边际似然根本不存在,所以无法计算后验似然比或贝叶斯因子,Savage-Dickey 密度比、Gelfand-Dey 和 Chib 方法也都用不上.这种情况下有两种方法可供选择,一是最高后验密度区间或区域(HPDI),可用于嵌套的模型比较;只要后验分布存在,最高后验密度区间就存在;当然它的作用不只是这一点.二是计算后验预测 p 值,常用的准则是若模型的后验预测 p 值小于 0.05 或 0.01,则不接受该模型;它也是模型拟合度的一种测度.

信息准则.采用信息准则进行模型比较,计算简单,它不依赖于先验信息,只提供偏爱某

个模型的数据信息,可以用于任何模型,不论采用有信息还是无信息先验;贝叶斯计量经济学者使用最多的是 BIC(Bayesian Information Criterion),$BIC(\theta) = 2\ln[p(y \mid \theta)] - p\ln(N)$,具有最大 BIC 的模型就是最后要选择的模型. 其他常用的信息准则还有 AIC(Akaike Information Criterion)、HQC(Hannan-Quinn Criterion)和 DIC(Deviance Information Criterion),若模型中涉及隐藏数据和分层先验,使用 DIC 效果较好.

10.3.2 贝叶斯预测

计量经济学中一项很重要的课题是:如何根据所研究的模型和现有的数据对正在研究的问题进行预测. 一旦经过模型比较和其他考虑确定了研究问题的模型,并求出模型中的未知参数的估计值,就可以根据现有数据 y 预测将来的数据 y^*. 贝叶斯学派的做法是基于预测密度 $p(y^* \mid y) = \int_{\Theta} p(y^*, \theta \mid y)\mathrm{d}\theta$,一般情况下,$(y^*, \theta)$ 的联合后验分布 $p(y^*, \theta \mid y)$ 并不易求出,预测密度可以转化为 $p(y^* \mid y) = \int_{\Theta} p(y^* \mid y, \theta)p(\theta \mid y)\mathrm{d}\theta$,这个积分的计算也要从分布 $p(y^* \mid y, \theta)$ 和后验分布 $p(\theta \mid y)$ 中抽样. 不同的计量经济模型的 $p(y^* \mid y, \theta)$ 和 $p(\theta \mid y)$ 是不同的,这里只是给出了一般的思路方法. 贝叶斯点预测和区间预测都是在预测密度的基础上进行的.

10.3.3 贝叶斯计量经济学中的计算

计量经济模型所有的贝叶斯推断都是基于后验分布,因此,如何得到未知参数复杂的后验分布对贝叶斯方法的实现和应用来说至关重要. 极少数非常简单的情形,未知参数的后验分布是常见的概率分布,但在绝大多数情况下,后验分布常常并没有显式表达式,也不是常见的分布,这些复杂的非标准形式的后验分布往往维数都很高. 计量经济学的各种贝叶斯推断大多可以归结为计算后验分布的各阶矩(如后验均值、后验方差)等.

在国际上,计量经济领域使用较多的贝叶斯计算工具包是 BACC(Bayesian Analysis,Computation and Communication),分别有 MATLAB、S-Plus 和 R 版本,最容易的使用方式就是把 BACC 作为这些软件的动态链接库.

关于 MCMC 方法最重要的软件包是 BUGS 和 WinBUGS. BUGS 是 Bayesian Inference Using Gibbs Sampling 的缩写. 关于 WinBUGS 软件及其基本使用介绍,见本书的附录 B.

10.4 公司信用风险研究的贝叶斯方法

作为一种充分利用各种信息的贝叶斯方法,在金融领域已经得到越来越重要的应用,包括了样本和非样本信息的统计方法. 钱正培,贺学强(2010)在结构模型框架下,应用贝叶斯方法考虑违约风险的先验信息和专家信息,估计 Morton 信用风险结构模型的参数,求出违约概率的后验估计,最后给出一个经验应用.

信用风险是指金融协议中一方不能履行其本金或利息支付承诺而造成另一方的损失. 自 20 世纪 90 年代的一系列金融危机和最近的美国次贷危机以来,金融机构越来越重视对信用风险的测度和管理. 对信用风险精确评估需求的不断增加, 促使金融从业人员和学术研究者构建了一系列信用风险模型.

一类在业界和学术界广泛采用的信用风险模型, 即所谓的结构信用风险模型, 最先由 Black & Scholes 引入. 该方法首先设定公司资产价值是动态变化的, 当资产价值低于某一门槛水平, 这一水平通常假定为公司债务的一定比例, 那么该公司将发生违约.

由于公司资产价值并不能为研究者直接观测到, 对该模型的计量估计也就不是一件简单的事情. 一般来说, 估计该模型有四种方法. 第一种方法是使用递推程序, 见 Vassalou & Xing(2002), 该方法首先假定一个公司资产波动性的初始值, 由股票价格逆推得到公司资产价值, 然后得到资产波动性的第二个取值, 不断迭代直至收敛. 第二种方法使用连接股票价格和资产价值及连接股票波动性和资产波动性的两个方程, 求得两个未知参数, 即资产的单位回报率和波动性. 第三种方法使用最大似然估计(MLE), 该方法通过一个概率转换技术由资产价值的分布得到股票价值的分布, 然后得到似然函数, 再求得参数估计. 第四种方法, 使用 MCMC 方法, 将资产价值看作潜变量, 股票价格存在一个微观噪音, 然后使用 Gibbs 抽样得到各参数估计值, 见 Huang & Yu(2008)以及 Liu(2008).

作为一种充分利用各种信息的贝叶斯方法, 在金融领域已经得到越来越重要的应用, 包括样本和非样本信息的统计方法. 在信用风险领域, 只有综合各种信息, 才能对信用风险作出比较合理的评估. Liu(2008)通过对各种信用风险模型应用贝叶斯方法, 综合各种数据来估计公司的违约概率. 在我国, 由于各种评级和违约数据缺失, 而结构模型仅使用公司的股票价值和债券价值等财务数据, 使该模型在研究我国上市公司的信用风险领域具有重要的应用价值. 数据的缺失, 一方面限制了模型的选择, 另一方面则使专家信息的作用更加突出. 单纯使用结构模型或其他可应用模型, 往往难以合理地估计我国公司的违约概率, 只有综合考虑各种先验信息和专家意见, 才能对我国公司违约概率作出一个比较合理的估计. 由于贝叶斯方法考虑了信用风险的先验信息和专家信息, 其估计结果往往更合理, 更能反映公司的实际信用风险状况.

在 Morton 模型框架下, 使用贝叶斯方法, 通过加进专家判断作为先验信息, 分析公司的违约概率, 既能估计 Morton 模型的参数, 又能对公司的信用风险作出比较合乎实际的判断. 在当前中国不完善的金融市场和数据缺失条件下, 公司信用风险的分析具有重要的理论意义和实际意义. 首先, Morton 的结构信用风险模型, 在进行估计和分析时, 仅需要几个基本的财务数据和股票价格数据, 这使该模型易于应用, 特别是在我国等新兴金融市场国家. 其次, 由于我国等各新兴金融市场国家, 对信用风险的管理才刚刚引起足够的重视, 信用评级公司等专业信用风险评估企业兴起时间太短, 无法获得能反映公司和企业信用风险变动的足够数据, 一方面限制了其他信用风险模型的应用, 另一方面, 这使专家判断的作用更为突出. 最后, 通过采纳专家意见, 在结构模型中结合专家信息, 这使得对公司信用风险的分析更为合理, 所得到的分析结果也就会更接近公司的实际信用风险状况.

10.5　基于贝叶斯 MCMC 方法的 VaR 估计

本节中作为贝叶斯蒙特卡洛马尔科夫链(MCMC)方法的风险价值(Value at Risk, VaR)估计, 运用极值理论对 VaR 估计通常是用极大似然估计法, 研究利用贝叶斯 MCMC

方法来估计极值理论中 POT 模型的参数,从而求得 VaR. 首先阐述对样本值建立 POT 模型,给出常用的阈值选取方法;然后使用 MCMC 方法中的 Gibbs 抽样对参数进行估计;最后利用上证综合指数对其进行了实证分析(赵岩,李宏伟,彭石坚,2010).

近年来,随着经济全球化和金融自由化,金融市场的波动性不断加剧,金融工具所蕴含的风险结构越来越复杂,对金融风险的评估和测量水平相应提出了更高的要求. 现在风险价值已成为市场风险测量的主流方法. 一般地,它被定义为在一定概率水平下,某一资产或投资组合在未来一段时间内的最大可能损失,其定义为

$$Prob(\Delta P \geqslant - VaR) = 1 - \alpha,$$

其中 ΔP 表示在 Δt 时间内,某资产或资产组合的损失,$1 - \alpha$ 为给定的置信(可信)水平.

VaR 是指在特定的持有期及置信(可信)水平内,由于市场的负面波动而导致的证券组合的最大潜在损失. 例如,某公司 1994 年年报披露,1994 年该公司一天的 95% VaR 值为 1 500 万美元. 其含义是指,该公司可以以 95% 的可能性保证,1994 年每一特定时间上的证券组合在未来 24 h 之内,由于市场价格变动而带来的损失不会超过 1 500 万美元.

目前,对 VaR 的应用和理论研究大多是局限于经典统计学中的推断理论. 这些方法都是根据样本数据,常利用矩估计、极大似然法(maximum likelihood method)等估计出收益率分布的未知参数,然后把参数的估计值当作真值代入到假定的分布中,进而计算出 VaR,但是极值风险是一类低频高损的风险,因而在小样本情况下,通常的估计方法可能不太可靠. 以下将贝叶斯估计与极值理论相结合,将未知参数看作随机变量,将其先验信息与样本信息结合起来,得到未知参数的后验分布,再利用 MCMC 方法对参数进行估计,以期克服样本数据匮乏的困难.

10.5.1 基于 POT 模型的 VaR

极值理论(Extreme Value Theory,EVT)是专门研究次序统计量极端值分布特征的理论,它只考虑分布的尾部,可以比正态分布更准确地刻画出分布的尾部特征. 极值理论中的超阈值(Peaks Over Threshold,POT)模型仅考虑分布尾部,而不是对整个分布进行建模,这就避开了分布假设难题;并且极值理论可以准确地描述分布尾部的分位数,这有助于处理风险度量中的厚尾问题.

POT 模型是极值理论中最有用的模型之一,它对所有超过某一充分大阈值的样本数据进行建模. 本节首先给出基于 POT 模型的 VaR 参数表达式.

假设序列 Z_t 的分布函数为 $F(x)$,定义 $F_u(y)$ 为随机变量 Z 超过阈值 u 的条件分布函数,它可以表示为

$$F_u(y) = P(Z - u \leqslant y \mid Z > u), \quad y \geqslant 0.$$

则有

$$F_u(y) = \frac{F(u + y) - F(u)}{1 - F(u)} = \frac{F(z) - F(u)}{1 - F(u)}, \quad z \geqslant u,$$

于是

$$F(z) = F_u(y)[1 - F(u)] + F(u).$$

对于一大类分布（几乎包括所有的常用分布）条件超量分布函数 $F_u(y)$，存在一个 $G_{\xi,\sigma}(y)$，使得当 $u \to \infty$，有

$$F_u(y) \approx G_{\xi,\sigma}(y) = \begin{cases} 1 - \left(1 + \dfrac{\xi}{\sigma}y\right)^{-\frac{1}{\xi}}, & \xi \neq 0, \\ 1 - \mathrm{e}^{-\frac{y}{\sigma}}, & \xi = 0. \end{cases}$$

当 $\xi \geqslant 0$ 时，$y \in [0, \infty)$；当 $\xi < 0$ 时，$y \in \left[0, -\dfrac{\xi}{\sigma}\right)$. 分布 $G_{\xi,\sigma}(y)$ 被称作广义 Pareto 分布.

对阀值的估计方法，一般有两种：

一是根据 Hill 图，令 $X_{(1)} > X_{(2)} > \cdots > X_{(n)}$ 表示独立同分布的顺序统计量. 尾部指数的 Hill 统计量定义为

$$H_{k,n} = \frac{1}{k} \sum_{i=1}^{n} \ln \frac{X_{(i)}}{X_{(k)}}.$$

Hill 图定义为点 $(k, H_{k,n}^{-1})$ 构成的曲线，选取 Hill 图形中尾部指数的稳定区域的起始点的横坐标 k 所对应的数据 X_k 作为阀值 u.

二是根据样本的超额限望图（MEF），令 $X_{(1)} > X_{(2)} > \cdots > X_{(n)}$，样本的超限期望函数定义为

$$e(u) = \frac{\sum_{i=k}^{n}(X_{(i)} - u)}{n - k - 1}, \quad k = \min\{i \mid X_{(i)} > u\}.$$

超限期望图为点 $(u, e(u))$ 构成的曲线，选取充分大的 u 作为阀值，它使得当 $x \geqslant u$ 时 $e(x)$ 为近似线性函数. 这一判断方法是根据广义 Pareto 分布在参数 $\xi < 1$ 的时候，它超限期望函数 $e(m)$ 是一个线性函数：

$$e(m) = E(X - m \mid X > m) = \frac{\sigma + \xi m}{1 + \xi}, \quad \sigma + \xi m > 0.$$

当 u 确定以后，将 Z_t 的观测值中比阀值 u 大的个数记为 N_u，在 $z > u$ 时，

$$F(z) = F_u(y)[1 - F(u)] + F(u) = \begin{cases} 1 - \dfrac{N_u}{N}\left[1 + \dfrac{\xi}{\sigma}(z - u)\right]^{-\frac{1}{\xi}}, & \xi \neq 0, \\ 1 - \dfrac{N_u}{N}\mathrm{e}^{-\frac{(z-u)}{\sigma}}, & \xi = 0. \end{cases}$$

对于给定某个置信（可信）水平 p，由上式的分布函数得到

$$\text{VaR}_p = \begin{cases} u + \dfrac{\sigma}{\xi}\left\{\left[\dfrac{N_u}{N}(1-p)^{-\xi}\right]-1\right\}, & \xi \neq 0, \\[3mm] u - \sigma\ln\left[\dfrac{N_u}{N}(1-p)\right], & \xi = 0. \end{cases} \tag{10.5.1}$$

从上式看出,要计算 VaR 值,必须要先估计出参数(ξ, σ),目前极大似然法使用最为广泛,但在小样本情况下表现不太理想.下面讨论利用 MCMC 方法估计参数(ξ, σ).

10.5.2 模型的贝叶斯 MCMC 估计

利用 MCMC 方法(本书的第 16 章将专门介绍),首先应选取合适的先验分布,若ξ与σ具有以下先验分布:

$$\xi \sim N(\mu, \tau^2), \quad \sigma \sim \text{Gamma}(a, b), \quad a > 0, b > 0.$$

ξ与σ的密度函数分别为

$$\pi(\xi) = \frac{1}{\sqrt{2\pi}\,\tau}\mathrm{e}^{-\frac{(\xi-\mu)^2}{2\tau^2}},$$

$$\pi(\sigma) = \frac{b^a}{\Gamma(a)}\sigma^{a-1}\exp(-b\sigma).$$

令超阈值量Y的观测样本为$y = (y_1, y_2, \cdots, y_n)$,于是参数$\xi$与$\sigma$的联合后验分布为

$$\pi(\xi, \sigma \mid y) \propto L(y \mid \xi, \sigma)\pi(\xi)\pi(\sigma).$$

其中

$$L(y \mid \xi, \sigma) = \frac{1}{\sigma^n}\prod_{i=1}^{n}\left(1+\frac{\xi}{\sigma}y_i\right)^{-\left(1+\frac{1}{\xi}\right)},$$

则有

$$\pi(\xi, \sigma \mid y) \propto \sigma^{a-1-n}\exp\left[-b\sigma - \frac{(\xi-\mu)^2}{2\tau^2}\right]\prod_{i=1}^{n}\left(1+\frac{\xi}{\sigma}y_i\right)^{-\left(1+\frac{1}{\xi}\right)}. \tag{10.5.2}$$

从上式看到,参数的后验分布是一个复杂的二维非标准形式的分布,无法直接计算其均值,但可以借助 MCMC 方法实现模拟计算. MCMC 方法主要应用在多变量、非标准形式分布的模拟,它由 Metropolis-Hastings 或 Gibbs 抽样组成.基本思想是模拟一条马尔科夫链的样本路径,链的状态空间是被估计参数的值,链的极限分布为被估计参数的贝叶斯后验分布.在充分迭代后,马尔科夫链收敛于一个平稳的目标分布,而不依赖于原始状态.将前面测试期阶段的若干个状态滤去,剩下的链将作为目标后验分布的样本.基于这些样本再作各种统计推断,例如计算后验均值、方差等.

在实际应用中,基于 MCMC 方法的 Gibbs 抽样使用最广泛,要进行 Gibbs 抽样先要知

道后验分布的条件分布. 由式(10.5.2), 得到 $\pi(\xi,\sigma\mid y)$ 的条件分布分别为

$$\pi(\xi\mid\sigma,y)\propto\exp\left[-\frac{(\xi-\mu)^2}{2\tau^2}\right]\prod_{i=1}^{n}\left(1+\frac{\xi}{\sigma}y_i\right)^{-\left(1+\frac{1}{\xi}\right)},$$

$$\pi(\sigma\mid\xi,y)\propto\sigma^{a-1-n}\exp(-b\sigma)\prod_{i=1}^{n}\left(1+\frac{\xi}{\sigma}y_i\right)^{-\left(1+\frac{1}{\xi}\right)}.$$

因此, 我们给出 Gibbs 抽样的具体步骤, 给定初始点 $(\xi^{(0)},\sigma^{(0)})$, 假定第 t 次迭代开始时的估计值为 $(\xi^{(t-1)},\sigma^{(t-1)})$, 则第 t 次迭代分为两个步骤实施:

(1) 将 $\sigma^{(t-1)}$ 代入满条件分布 $\pi(\xi\mid\sigma^{(t-1)},y)$ 抽取 $\xi^{(t)}$;

(2) 将 $\xi^{(t-1)}$ 代入满条件分布 $\pi(\sigma\mid\sigma^{(t-1)},y)$ 抽取 $\sigma^{(t)}$.

在对条件分布进行抽样时, 由于其分布的复杂性, 难以直接抽取, 故采取筛选抽样法 (acceptance-rejectionsampler), $(\xi^{(0)},\sigma^{(0)})$, $(\xi^{(1)},\sigma^{(1)})$, $\cdots$, $(\xi^{(t)},\sigma^{(t)})$, $\cdots$ 为平稳分布式 (10.5.2) 的 Markov 链的实现值.

由不同的 $(\xi^{(0)},\sigma^{(0)})$, 马尔科夫链经过一段时间的迭代后, 可以认为各时刻 (ξ,σ) 的边际分布为平稳分布, 此时它收敛. 而在收敛出现前的 m 次迭代中, 各状态的边际分布还不能认为是 $\pi(\xi,\sigma\mid y)$, 因此在估计时应将前 m 次迭代去掉. 假设进行了 n 次迭代, 前 m 次迭代的数据去掉, 得到参数 ξ, σ 的估计值为

$$\hat{\xi}=\frac{1}{n-m}\sum_{t=m+1}^{n}\xi^{(t)},\quad\hat{\sigma}=\frac{1}{n-m}\sum_{t=m+1}^{n}\sigma^{(t)}.$$

将 ξ, σ 的估计值代入式(10.5.1), 就可以得到不同置信(可信)水平下的 VaR 值.

10.5.3　应用案例

本案例以上证综合指数日收盘价为研究对象, 选取 2000 年 1 月 4 日—2007 年 7 月 20 日之间共 1 805 天的日收盘价格作为样本数据进行建模, 计算其 VaR 值. 日收益率公式为 $R_t=(\ln P_t-\ln P_{t-1})100$, 其中 P_{t-1} 和 P_t 分别为前后两个交易日股票收盘价.

样本的直方图和对指数分布的 QQ 图如图 10-1, 图 10-2 所示.

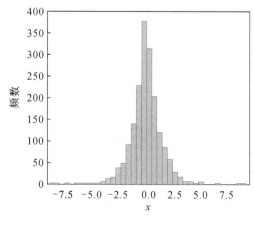

图 10-1　样本的直方图

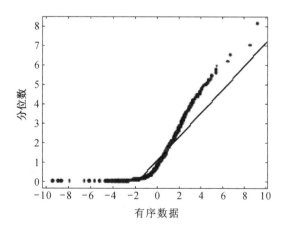

图 10-2　样本 QQ 图

根据图 10-1，JB 统计量显示拒绝分布为正态分布的假设，样本的峰度远大于 3 以及图 10-2 的上凸下凹的特性，判断样本具有厚尾的特性. 因此对样本使用 POT 模型是适合的. 根据样本的 MEF 图(图 10-3)以及 Hill 图(图 10-4)选取阈值 $u=2.6640$，则超过样本阈值的个数为 55.

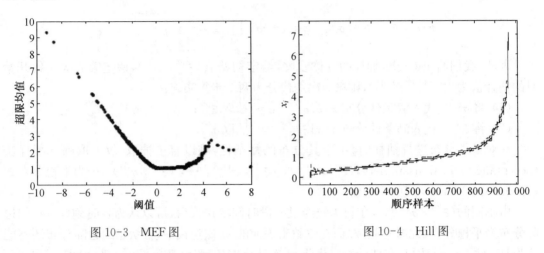

图 10-3　MEF 图　　　　　　　　　　　图 10-4　Hill 图

样本的核密度以及马尔科夫链如图 10-5，图 10-6 所示. 图 10-7 为超阈值样本的广义 Pareto 拟合图. 从图 10-7 可以看出拟合效果较好.

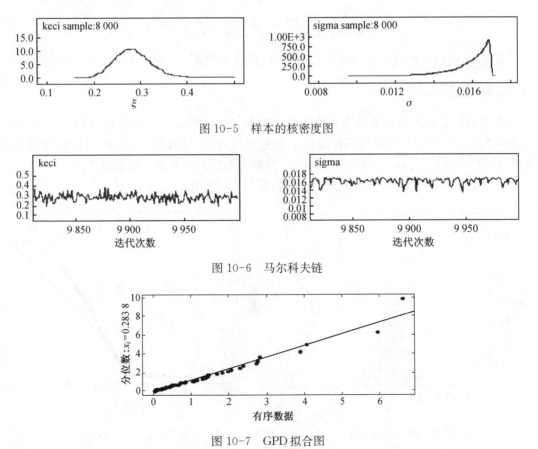

图 10-5　样本的核密度图

图 10-6　马尔科夫链

图 10-7　GPD 拟合图

在得到 55 个超阈值的极值样本后,利用如前所述的 Giibbs 抽样,得到参数的贝叶斯估计值 $\hat{\xi}$, $\hat{\sigma}$. 迭代进行了 $n = 10\,000$ 次,前 $m = 2\,000$ 个值除掉,参数的基本统计性质见表 10-1.

表 10-1　参数的基本统计性质

node	mean	sd	error	2.5%	median	97.5%	start	sample
$\hat{\xi}$	0.283 8	0.038 43	5.103E-4	0.212 6	0.282 1	0.365 0	2 001	8 000
$\hat{\sigma}$	0.015 98	9.764E-4	1.583E-5	0.013 35	0.016 27	0.016 97	2 001	8 000

把估计值 $(\hat{\xi}, \hat{\sigma}) = (0.283\,8, 0.015\,98)$ 代入式(10.5.1),可以得到可信(置信)水平为 p 的 VaR_p 的值. 表 10-2 分别给出了用贝叶斯方法和极大似然(ML)估计法的估计值和 VaR_p 的比较.

表 10-2　贝叶斯方法和 ML 方法的比较

	$\hat{\xi}$	$\hat{\sigma}$	$VaR_{0.95}$	$VaR_{0.99}$
Bayes	0.283 8	0.015 98	2.656 7	2.885 0
ML	0.188 5	0.967 8	2.206 4	2.864 0

从表 10-2 可以看出,基于贝叶斯方法和极大似然(ML)估计法的各水平下的 VaR 值.

10.6　基于 MCMC 的金融市场风险 VaR 的估计

近年来,由于受经济全球化与金融自由化、现代金融理论及信息技术进步、金融创新等因素的影响,金融市场呈现出前所未有的波动性,金融市场风险成为全球金融机构和监管当局关注的焦点. 许多金融机构投入大量资源开发金融风险管理技术,特别是作为风险管理核心和基础的风险测量技术近年来取得许多重要进展,其中 VaR 成为金融市场风险测量的主流模型.

10.6.1　金融市场风险与 VaR

与传统的风险测量相比,VaR 的优点在于其简明、综合性,它将市场风险概括为一个简单的数字,便于高层管理者和监管机构理解. 自 20 世纪 80 年代 VaR 首次被一些金融公司用于测量交易性证券的市场风险后,目前 VaR 已成为商业银行、投资银行、非金融公司、机构投资者测量市场风险的主流技术,大量基于 VaR 的风险测量软件如 J. P. Morgan 公司的 Risk Metrics 系统已广泛投入应用;监管机构则利用 VaR 技术作为金融监管的工具,如《巴塞尔银行业有效监管核心原则》及欧盟的资本充足度法令中,VaR 被用于确定银行的风险资本金. 此外,VaR 还被金融机构用于确定市场风险的限额及评价绩效等方面.

然而,VaR 在实施中存在许多严重问题,主要表现在 VaR 的计算方面. VaR 计算的关键在于确定证券组合价值变化的概率分布,而这个分布主要由两个假定所决定:一是证券组合的价值函数与市场因子间呈线性还是非线性关系;二是市场因子呈正态还是非正态分布. 不同的假定,导致不同的计算方法. 目前常用的方法有历史模拟法、分析方法和蒙特卡洛模拟法.

历史模拟法直接根据市场因子的历史数据对证券组合的未来收益进行模拟,在给定置信度下计算潜在损失. 它不需要对市场因子的统计分布作出假设,但历史模拟法必须保留市场因子过去某个时期所有的历史数据,而且必须对证券组合中每一个金融工具进行估价,计算量大.

分析方法是一种利用证券组合的价值函数与市场因子间的近似关系、市场因子的统计分布(方差-协方差距阵)来简化计算的方法. 分析模型可分为两大类:delta 类和 gamma 类. 在 delta 类中,证券组合的价值函数均取一阶近似,但不同模型中市场因子的统计分布假定不同. 分析方法简化了 VaR 的计算,但它要求市场因子必须服从正态分布、价值函数非线性程度低,而现实中经常无法满足这两个假定.

针对分析方法在处理非线性证券组合时的缺陷,近年来蒙特卡洛模拟法成为学术界研究 VaR 计算的主流方法. 但蒙特卡洛模拟法存在两个重要缺陷,其一是计算效率低,近年来许多工作集中在提高蒙特卡洛模拟法的计算效率方面;其二是维数高、静态性的缺陷. 传统的蒙特卡洛模拟法由于采用抽样方法产生随机序列,均值和协方差矩阵不变,而经济问题中的变量都具有时变性,用静态的方法处理时变变量时必然会产生一定的偏差;而且传统蒙特卡洛方法难于从高维的概率分布函数中抽样.

10.6.2 实证分析及评价

以下以美元国债为例,将 MCMC 方法应用于 VaR 的计算,并与传统的蒙特卡洛模拟法的结果作比较,以考察 MCMC 方法的优劣(王春峰,万海辉,李刚,2000).

1. 实证分析

具体步骤如下:首先识别基础的市场因子,并用市场因子表示出证券组合中各个金融工具的盯市价值;假设市场因子的变化服从的分布(如多元正态分布),运用 MCMC 方法估计分布的参数(如均值向量和协方差矩阵);根据参数模拟市场因子未来变化的情景,用定价公式计算证券组合未来的盯市价值及未来的潜在损益;根据潜在损益的分布,在给定置信度下计算 VaR 值.

假设持有的证券组合包括 6 个月、1 年和 2 年期的零息美国国债,则基础的市场因子就是 6 个月、1 年和 2 年的利率. 所要做的第一步就是根据利率的历史数据,运用 MCMC 方法估计分布的参数,即均值向量和协方差矩阵,这是问题的关键之所在.

我们的数据集合取 1996 年 1 月 2 日至 1996 年 5 月 22 日共 100 个交易日利率的历史数据. 由于 VaR 考察的是证券组合的收益(或损失),因此应通过资产回报来衡量. 在给定第 t 天利率 i_t 的条件下,定义日回报为

$$r_t = \ln \frac{i_t}{i_{t-1}}.$$

实际上 r_t 是连续复利条件下的相对回报,又称为对数回报. 首先需要进行的是正态性检验,这是使用蒙特卡洛模拟法和 MCMC 方法的前提. 经检验,本节所采用的从

1996 年 1 月 2 日至 5 月 22 日共 100 天的 6 个月、1 年和 2 年期利率回报的历史数据,近似服从多元正态分布. 同时根据利率的历史数据还可以得到有关统计量的值,具体见表 10-3.

表 10-3　　　　　　　　　　　利率的统计量的值

统计量	$r^{(0.5)}$	$r^{(1)}$	$r^{(2)}$
均值	0.000 096	0.000 214	0.000 459
方差	0.000 052	0.000 080	0.000 130
标准差	0.007 193	0.008 952	0.011 394
偏度	0.441 010	1.265 536	1.199 261
峰度	4.130 653	6.898 694	5.933 821

协方差矩阵

$$\boldsymbol{\Sigma} = \begin{pmatrix} 0.000\ 052 & 0.000\ 054 & 0.000\ 065 \\ 0.000\ 054 & 0.000\ 080 & 0.000\ 095 \\ 0.000\ 065 & 0.000\ 095 & 0.000\ 130 \end{pmatrix}.$$

相关系数矩阵

$$\boldsymbol{R} = \begin{pmatrix} 1.000\ 0 & 0.849\ 1 & 0.800\ 8 \\ 0.849\ 1 & 1.000\ 0 & 0.937\ 4 \\ 0.800\ 8 & 0.937\ 4 & 1.000\ 0 \end{pmatrix}.$$

可以看出,6 个月、1 年和 2 年期利率回报的相关性非常大.

鉴于 MCMC 方法已经广泛地应用,在此使用一种成熟的软件包 WinBUGS 进行 MCMC 方法的计算. WinBUGS 可以利用一种被称作 DoodleBUGS 的图形界面来构造模型,同时还具有多种分析工具来监测模拟的收敛状况. 下面建立 DoodleBUGS 模型,如图 10-8 所示.

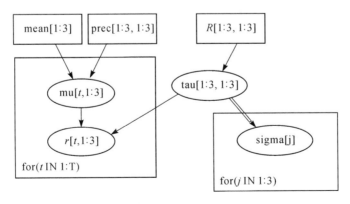

图 10-8　DoodleBUGS 模型

通过计算,得到关于 $r[t, 1:3]$ 的一些统计量的值,部分计算结果见表 10-4.

表 10-4   计算得到的统计量的值

节点	均值	标准差	MC 误差	5%	中值	95%	开始	抽样
$r[1,1]$	0.004 436	0.007 720	0.000 451	−0.014 5	0.004 446	0.025 97	501	1 500
$r[1,2]$	0.000 291	0.009 307	0.000 340	−0.014 97	0.000 432	0.014 40	501	1 500
$r[1,3]$	0.000 459	0.013 360	0.000 474	−0.021 73	0.000 233	0.022 64	501	1 500
$r[2,1]$	0.004 987	0.008 050	0.000 391	−0.013 71	0.004 505	0.027 09	501	1 500
$r[2,2]$	0.001 737	0.008 963	0.000 236	−0.015 78	−0.000 149	0.014 00	501	1 500
$r[2,3]$	−0.001 128	0.013 900	0.000 403	−0.023 28	−0.001 727	0.022 68	501	1 500
$r[3,1]$	0.002 078	0.008 330	0.000 479	−0.019 74	0.002 004	0.024 00	501	1 500
$r[3,2]$	0.004 173	0.009 602	0.000 382	−0.011 25	0.004 186	0.019 85	501	1 500
$r[3,3]$	0.000 038	0.014 650	0.000 580	−0.024 36	0.000 337	0.022 53	501	1 500
⋮	⋮	⋮	⋮	⋮	⋮	⋮	⋮	⋮
$r[99,1]$	−0.000 163	0.007 690	0.000 403	−0.020 19	0.000 165	0.020 56	501	1 500
$r[99,2]$	−0.002 055	0.008 762	0.000 305	−0.016 13	−0.002 048	0.012 36	501	1 500
$r[99,3]$	−0.000 292	0.013 040	0.000 403	−0.021 13	−0.000 027	0.020 65	501	1 500
$r[100,1]$	0.002 263	0.007 840	0.000 436	−0.020 35	0.001 927	0.026 56	501	1 500
$r[100,2]$	−0.003 901	0.009 047	0.000 267	−0.018 47	−0.000 400	0.010 04	501	1 500
$r[100,3]$	−0.006 756	0.014 160	0.000 444	−0.031 68	−0.006 281	0.018 00	501	1 500

则 $r[100,1:3]$ 服从均值为 $(0.002\ 263, -0.003\ 901, -0.006\ 756)^{-1}$、协方差矩阵

$$\boldsymbol{R} = \begin{pmatrix} 0.000\ 061 & 0.000\ 060 & 0.000\ 089 \\ 0.000\ 060 & 0.000\ 082 & 0.000\ 120 \\ 0.000\ 089 & 0.000\ 120 & 0.000\ 201 \end{pmatrix}$$

的多元正态分布. 假设 $r[101,1:3]$ 也服从这个分布. 在此条件下,模拟出 5 000 个 $r[101,1:3]$ 的值,并且根据 5 月 22 日的利率,可以计算得到 5 000 个 5 月 23 日的模拟利率 $i[101,1:3]$.

而根据蒙特卡洛模拟法, $r[101,1:3]$ 服从均值为 $(0.000\ 096, 0.000\ 214, 0.000\ 459)^{-1}$、协方差矩阵为

$$\boldsymbol{R} = \begin{pmatrix} 0.000\ 052 & 0.000\ 054 & 0.000\ 065 \\ 0.000\ 054 & 0.000\ 080 & 0.000\ 095 \\ 0.000\ 065 & 0.000\ 095 & 0.000\ 130 \end{pmatrix}$$

的多元正态分布.

同样模拟出 5 000 个 $r[101,1:3]$ 的值,并计算出 5 000 个模拟利率 $i'[101,1:3]$.

下一步将根据这些模拟值计算证券组合的价值,得到其分布,最终计算出 VaR.

由于以下的重点在于引入 MCMC 方法计算 VaR,因而在金融工具中只涉及了债券这

种最基本的金融工具,所以其定价过程比较简单.这三种不同期限的零息美国国债的现值只受各自利率的影响.采用连续复利的方法计息,零息债券的现值就是未来所收到报酬的贴现,其定价公式为

$$PV = Me^{-in}.$$

其中,PV 为债券的现值,M 为债券的面值或到期值,i 为年利率,n 为以年计的到期.

假设现持有期限为 6 个月的零息债券的面值为 300 万美元,到期为 1996 年 6 月 30 日;期限为 1 年的面值为 300 万美元,到期为 1996 年 12 月 31 日;期限为 2 年的面值为 400 万美元,到期为 1997 年 12 月 31 日.

1996 年 5 月 22 日这一天证券组合的现值为

$$PV = 300e^{-5.11\% \times \frac{26}{250}} + 300e^{-5.25\% \times \frac{152}{250}} + 400e^{-6.03\% \times \frac{402}{250}} = 952.021.$$

将根据 MCMC 方法模拟出的 5 月 23 日的利率分别代入上式,得到 5 000 个证券组合的价值,分别减去 5 月 22 日的现值 952.021 万美元后得到证券组合的收益(或损失),按照 VaR 的定义,计算左方 5% 的分位数得到 VaR 值为 6.28 万美元.

按照同样的方法,可以计算出根据蒙特卡洛模拟法得到的 VaR 值为 5.87 万美元.

2. 模型的评价

下面使用置信区间法对两种模型进行比较分析.假定 VaR 的计算是在 $1-p^*$ 的置信水平上,比较 T 天的预测的 VaR 和实际损失,损失超过 VaR 的天数为 N.因此,损失超过 VaR 的频率为 N/T.我们要考察的是这个频率是否显著地不同于预测值 p^*.样本 T 中的 N 次失败预测的概率为

$$(1-p)^{T-N} p^N.$$

对于零假设 $p = p^*$,其更加合适的测试为可能性比率(LR),即

$$-2\ln[(1-p^*)^{T-N} p^{*N}] + 2\ln\left[\left(1-\frac{N}{T}\right)^{T-N} \left(\frac{N}{T}\right)^N\right].$$

在零假设成立的条件下,它服从自由度为 1 的 χ^2 分布.

表 10-5 显示了测试的置信区间.当样本包括一年的数据($T=255$)时,N 的期望值为 $pT = 5\% \times 255 = 13$.但只要 N 在区间 $[6, 21]$ 中,就不能拒绝零假设.N 值大于或等于 21,表明 VaR 低估了最大损失;N 值小于或等于 6,表明 VaR 的估计过于保守.

表 10-5　　　　评价 VaR 模型的可信(置信)区间

T/天	0.99 的下限	0.99 的上限	0.95 的下限	0.95 的上限
100	—	—	1(1%)	10(10%)
255	—	7(2.75%)	6(2.35%)	21(8.24%)
300	1(0.33%)	11(3.67%)	8(2.7%)	23(7.7%)
510	1(0.2%)	11(2.16%)	16(3.14%)	36(7.06%)
1 000	4(0.4%)	17(1.7%)	37(3.7%)	64(6.4%)

当样本的数据个数 T 增加时,测试更加准确、有效.例如,从 $T=255$ 时的(2.35%,8.24%)到 $T=510$ 时的(3.14%,7.06%).数据越多,则更加易于拒绝预测效果不好的模型.

为了使用上面的方法验证这两种模型所计算的 VaR 的准确性,可以根据 5 月 23 日的数据来进行检验.当天证券组合的现值为

$$PV=300\mathrm{e}^{-5.13\%\times\frac{26}{250}}+300\mathrm{e}^{-5.29\%\times\frac{152}{250}}+400\mathrm{e}^{-6.05\%\times\frac{402}{250}}=951.828.$$

实际上我们所持有的这个证券组合发生了 $952.021-951.828=0.193$ 万美元的损失,这个损失同时小于这两种方法所计算出来的 VaR 值.在某种意义上,它也验证了 VaR 的涵义,即证券组合在未来 24 h 内由于市场价格变动而带来的损失不会超过 VaR 的值.

将移动窗口挪后一天,按照同样的方法计算 VaR 的值并与证券组合的实际损益相比较.使用从 1996 年 5 月 23 日到 10 月 16 日、到 1997 年 5 月 30 日和到 1998 年 6 月 8 日的数据,将这样的过程分别重复 100 次、255 次(1 年)和 510(2 年)次之后发现,大部分时候损失都不会超过 VaR 的值,但是也有例外.当利率突然上升时,债券价格就会骤然下跌,导致严重损失.用 MCMC 方法计算 VaR 时,这样的情况分别发生了 6 次、14 次和 27 次,例如 5 月 29 日、6 月 7 日、7 月 5 日、8 月 26 日等;而用蒙特卡洛模拟法计算 VaR 时,这样的情况分别发生了 7 次、17 次和 33 次,例如 5 月 29 日、6 月 7 日、7 月 2 日、7 月 5 日等.不同之处在于,有的时候如 7 月 2 日,实际损失超过了用蒙特卡洛模拟法计算的 VaR 值,而并没有超过用 MCMC 方法计算的 VaR 值.这样一来,实际情况见表 10-6.误差的产生一方面是由于数据集合较小,可能导致误差;另一方面,1996 年正是发生东南亚经济危机之前的最后一年,世界经济特别是美国经济十分繁荣,从而导致利率过度上扬,造成债券价格下跌.

表 10-6　　　　　　　　　　　　　**MCMC 和 MC 的误差比较**

	MCMC			MC		
	$T=100$	$T=255$	$T=510$	$T=100$	$T=255$	$T=510$
95% 可信(置信)水平上的 VaR	6(6%)	14(5.49%)	27(5.29%)	7(6%)	17(6.67%)	33(6.47%)

比较表 10-5 与表 10-6 可以看出,虽然两种方法的误差都在 95% 的可信(置信)区间内(即都不能拒绝这两种方法),但对于同样大小的数据集合,MCMC 方法的预测效果明显优于蒙特卡洛模拟法.而且,随着数据集合的增大,MCMC 方法比蒙特卡洛模拟法能更快地降低误差.

由于金融市场的波动性增加,金融机构需要更加准确地测量其市场风险.本节给出的 MCMC 方法有效克服了传统蒙特卡洛模拟方法的缺陷,提高了测量精度.虽然 MCMC 方法计算量大,但随着计算机硬件、软件技术的飞速发展,MCMC 方法将会表现出巨大的应用优势.

10.7　本章结束语

简单的贝叶斯定理有着巨大的魅力,它应用于分析各种计量经济模型生成参数的后验

分布,形成一套比经典的抽样理论更具灵活性,更合理、更优越的方法和体系.贝叶斯方法就是运用贝叶斯原理把原来的初始信念和融入似然函数的数据信息综合在一起,产生后验概率,从而改变、调整初始信念,这是一种有着巨大价值的学习模型,可以很好地达到科学的主要目标——从经验中学习.在估计方面,贝叶斯的准则是极小化期望损失,当风险存在时,它是可采纳的最小平均风险;在小样本情况下,点估计和区间估计贝叶斯方法比经典方法有更好的表现;就预测问题而言,贝叶斯方法简单、操作性强,不论什么模型,都可导出预测分布密度,可以对预测值给出概率的陈述;对模型中的冗(多)余参数问题,则直接从后验分布中将其积分掉,从而得到感兴趣参数的边缘后验分布.贝叶斯方法对广泛的问题和模型,无论大样本还是小样本,都能很好地加以处理.

我国计量经济领域对贝叶斯方法的研究比较晚,现在的进展也很迟缓,究其原因,主要有以下两点:一是贝叶斯方法对数学的要求较高,后验分布的推导,先验分布的选取都有一定难度;二是这种方法的实现和应用涉及后验分布的计算,这种计算比较复杂.到目前为止,世界范围内还没有哪个软件包可以像很多软件包中的最小二乘或极大似然方法那样用于各种模型,即使 WinBUGS 和 BACC 软件包也不能用于所有模型,这就需要针对不同的模型编写相应的程序进行计算,这种计算上的困难阻碍了贝叶斯方法在计量经济学中的应用.

关于贝叶斯计量经济模型的其他研究与应用情况,见 Zellner(1971,1985),Koop(2003),Lancaster(2004),Geweke(2005),朱慧明,林静(2009)等.

10.8　本章附录:从诺贝尔经济学奖看计量经济学的发展

从诺贝尔经济学奖得主的工作可以看出经济科学的发展趋势:即日益朝着用数学表达经济内容和统计定量的方向——计量经济学发展.

说明:此部分内容选自:韩明(2005c)(有删改).

10.8.1　引言

获得当今世界上最具影响力的经济学奖项——诺贝尔经济学奖,几乎是每个经济学家的梦想.从 1969 年诺贝尔经济学奖第一次颁奖到现在,可以看出计量经济学得到了诺贝尔经济学奖的青睐.尽管计量经济学到底是一门学科?还是一个学派?或是一个分支?目前仍然存在着争议,但这丝毫不影响计量经济学在经济学中的地位和重要作用,也不妨碍计量经济学家受到社会的尊敬.

从 1969 年诺贝尔经济学奖第一次颁奖到 2004 年,已经有 55 人获此殊荣(同时获奖的人数最多不超过 3 人).1969 年首届授予计量经济学的奠基人拉格纳·弗里希(Regnar Frisch,挪威,1895—1979)和扬·丁伯根(Jan Tinbergen,荷兰,1903—1994).正如著名经济学家、后来的瑞典皇家科学院院长埃里克·伦德贝里(Erik Lundberg)在首届颁奖仪式上的讲话所说:"过去四十年中,经济科学在经济行为的数学规范化和统计定量化的方向上已经越来越发展.沿着这样的路线的科学分析,通常用来解释诸如经济增长、商情周期波动以及为各种目来对经济资源重新配置那样的复杂经济现象……然而,经济学家对有关战略性的经济关系构造数学模型的企图,以至借助于时间序列的统计分析来定量地阐明它们,事实上已经被证实是成功的.经济研究的这条路线,也就是数理经济学和计量经济学,已经在最近几十年里刻画了这一宗旨的发展…….""近20年来,弗里希教授和丁伯根教授正在沿着本质上是同样的路线在进行研究.他们的目的是对经济理论赋予数学上的严谨性,并使它具有允许经验定量和统计假设检验的形式.其本质目标之一是要使经济学摆脱模糊的、较为'文学'的类型.例如在弗里希和丁伯根的著作中,商情周期波动的原因的任意'命名'已经被抛弃,代之以陈述经济变量之间相互关系的数学系统."

次年获第二届诺贝尔经济学奖的是美国的保罗·萨缪尔森.埃里克·伦德贝里再次致辞:"在过去几十年中,经济学发展的鲜明特点是分析技巧的形式化程度日益增长,它部分地借助数学方法所带来的.我们大概可以把这一发展区分为两个不同的分支.""一个分支是计量经济学,它为直接的统计估计和经验应用所设计的,其先驱者例如拉格纳·弗里希和扬·丁伯根,他们在去年共同获得基于瑞典银行捐赠奖金的纪念阿尔弗雷德·诺贝尔的首届诺贝尔经济学奖.""第二个分支定位于更加基础的理论研究,其中没有任何直接面对统计经验数据的目的.正是在这后一领域中,美国麻省理工学院的保罗·萨缪尔森教授已经作出了他的伟大贡献,因而他被授予诺贝尔经济学奖."

10.8.2　与计量经济学有关的诺贝尔经济学奖得主的工作介绍

以下简要地介绍与计量经济学有关的诺贝尔经济学奖得主的主要工作,它从一个侧面向人们展示了计量经济学发展的情况.

1. 弗里希的经济周期模型和丁伯根的经济政策模型

1969年诺贝尔经济学奖授予了扬·丁伯根和拉格纳·弗里希,以奖励他们对经济过程的分析发展和应用动态过程.他们发展了用动态模型来分析经济进程,他们是经济计量学的奠基人.

2. 克莱因的宏观经济模型

1980年,诺贝尔经济学奖授予了劳伦斯·克莱因(Lawrence R. Klein,美国,1920),以奖励他创立的宏观经济模型,并将其应用于经济波动和经济政策的分析.克莱因与戈德伯格(Arthur Goldberger)两人合作完成了一套新的美国经济模型,称为克莱因-戈德伯格模型(Klein-Goldberger model).

克莱因依据的是1921—1941年的美国数据.克莱因早期的论文主要是方法论性质的,例如他的第一个美国经济模型,只有六个变量,而后来又提出的模型中变量个数就不止六个变量了.克莱因在1980年和中国社会科学院合办了一次计量经济的暑期研习会.1984年,克莱因再度造访中国,继续讲授计量经济方法.

3. 托宾的实在资产模型

1981年诺贝尔经济学奖授予了詹姆士·托实(James Tobin,美国,1918),以奖励他对金融市场及其与支出决策、就业、生产和价格的关系的分析.Tobin阐述和发展了凯恩斯的系列理论及财政与货币政策的宏观模型.在金融市场及相关的支出决定、就业、产品和价格等方面的分析作出了重要贡献.

4. 考虑技术进步的生产函数

1987年的诺贝尔经济学奖授予了罗伯特·默顿·索洛(Robert M. Solow,美国,1924),以奖励他对经济增长理论的贡献.索洛提出了考虑技术进步的生产函数,其观点是长期的经济增长主要依靠技术进步,而不是依靠资本和劳动力的投入.索洛于1969年出版了他的专著.

5. 蒙代尔的固定汇率和浮动汇率的货币动力学模型

1999 年的诺贝尔经济学奖授予了罗伯特·蒙代尔(Robert A. Mundell,加拿大出生的美国人,1932),以奖励他对不同汇率体制下的货币政策和财政政策的分析,以及对最优货币流通区域的研究.蒙代尔具有革新意义的研究为欧元汇率奠定了理性基础,对不同汇率体制下货币与财政政策以及最适宜的货币流通区域所作的分析使他获得这一殊荣.蒙代尔提出了"固定汇率和浮动汇率的货币动力学模型".

蒙代尔对经济学的伟大贡献主要来自两个领域:一是经济稳定政策;二是最优货币区域理论.瑞典皇家科学院在授奖公告中称:"蒙代尔教授奠定了开放经济中货币与财政政策理论的基石……尽管几十年过去了,蒙代尔教授的贡献仍显得十分突出,并构成了国际宏观经济学教学的核心内容."

6. 恩格尔的 ARCH 模型和 Graner 的协整理论

2003 年诺贝尔经济学奖授予了罗伯特·恩格尔(Robert F Engle,美国)和克莱夫·格兰杰(Clive W J Graner,英国),以奖励他们分别用"随时间变化的变动性"(time-varying volatility)和"共同趋势"(common trends)这两种新方法分析经济时间序列.

在金融理论中,对收益的风险和价格的不确定性的度量通常是采用方差(或标准差)来描述.由于传统线性回归模型中关于独立同方差的假设并不使用于描述金融市场中的价格与收益行为,所以许多计量经济学家和金融学家都开始尝试用改进的方法来更好地定量描述各种金融市场活动.在这些模型中,恩格尔提出的"有条件的异方差自回归模型(ARCH 模型)"能够有效地预测经济数据从一个时期到另一个时期的变化,因而被广泛应用于金融数据的时间序列问题上.ARCH 模型不仅具有很高的理论价值,而且还具有广泛的应用价值.Engle 在与他人的合作中,把 ARCH 模型进一步扩展为 GARCH 模型,其应用范围得到了更大的拓展.

格兰杰在 1980 年提出了"协整(cointegration)理论",发现把两个或两个以上非平稳的时间序列进行特殊组合后可能呈现出平稳性.该理论的主要研究对象是在两个(或多个)非平稳时间序列中寻找一种均衡关系,这个理论对于用非平稳的经济变量建立计量经济模型,以及检验这些变量之间的长期均衡关系具有非常重要的意义.格兰杰在学术界的建树几乎包括了近 40 年来计量经济学在时间序列方面的所有重大发展.格兰杰提出了关于经济变量的"经典波谱理论",并与奥斯卡·摩根斯特恩(Oscar Morgenstern)一起对纽约股票市场价格进行了相关分析.在对非线性问题的研究上,他和 Joyeux R 在 1980 年发表的论文 *An introduction to long-memory time series models and fractional differencing*,对长期记忆时间序列理论作出了很大贡献.近年来,格兰杰又把注意力转移到面板数据(panel data)的研究上,他认为这种由相同截面数据构成的时间序列数据,有助于把数学、统计学和经济学更加紧密地结合起来,将成为未来计量经济学的发展方向.

10.8.3   其他几位获奖者的工作简介

1989 年的诺贝尔经济学奖授予了特里夫·哈维默(Trygve Haavelmo,挪威,1911),以奖励他澄清了计量经济学的概率基础以及他的联立经济结构分析.哈维默提出了"Haavelmo 平稳人口模型"(Haavelmo,1954).1995 年诺贝尔经济学奖授予了罗伯特·卢卡斯(Robert Lucas,美国,1937),以奖励他发展和应用理性预期假设,从而改造了宏观经济分析及加深了人们对经济政策的理解,并对经济周期理论提出了独到的见解.卢卡斯提出了"理性预期周期和 Lucas 纯货币经济模型".

2000 年诺贝尔经济学奖授予了詹姆斯·赫克曼(James Heckman,美国,1944)和丹尼尔·麦克法登(Daniel McFaggen,美国,1937),以奖励他们发展广泛应用在经济学及其他社会科学中对个人和住户的行为进行统计分析的理论和方法.这两位经济学家所从事的科学领域为"微观计量经济学".尤其奖励了 McFaggen 对离散抉择的理论和方法的发展,奖励了赫克曼对分析和选择性样本的理论和方法的发展.

10.8.4   结束语

克莱因(1980 年诺贝尔经济学奖得主)和蒙代尔(1999 年诺贝尔经济学奖得主)等诺贝尔经济学奖得主,数次来中国访问、讲学,在很大程度上推动了中国经济科学研究的发展.

介绍诺贝尔奖的文献越来越多.史树中(2002),主要是从"诺贝尔经济学奖与数学的关系"的角度,简要介绍了 1969—2001 年诺贝尔经济学奖得主的主要工作.韩平,韩明(2003),简要地介绍了"诺贝尔经济学奖与数学中的大奖".介绍诺贝尔奖有关内容的网站也有很多(如诺贝尔基金会的官方网站 http://www.nobel.se 等),这些都为人们了解诺贝尔奖的有关情况提供了方便.

这里应该说明,诺贝尔经济学奖得主的计量经济模型的发表时间,相对于其获奖时间都是早期的(研究成果),这些成果在历史上对世界经济的研究起到了非常巨大的作用.然而,这些计量经济模型也在承受着未来的挑战.关于诺贝尔经济学奖得主中还有一些计量经济学方面的工作,限于篇幅只能在此从略.

思考与练习题 10

10.1   本章的部分内容是对贝叶斯统计在计量经济学中应用的综述,请收集其中某个感兴趣的部分作更详细的综述.

10.2   请简要叙述贝叶斯计量经济学的基本思想.

10.3   贝叶斯计量经济学与经典计量经济学的基本方法有哪些异同?

10.4   请结合本章的有关内容,说明什么是 VaR? 在金融领域中计算它有什么意义?

10.5   请模仿本章的有关内容,收集感兴趣问题中的数据计算 VaR.

第 11 章　贝叶斯统计在保险、精算中的应用

随着我国经济的发展及保险制度的日益完善,保险业也有了快速发展,保险业中有关经验费率、损失储备金及生命表等的研究就十分必要. 作为风险估计和规定保费过程的一部分,尤其在可信性理论中所采用的贝叶斯统计方法在保险行业中已经被应用了很长一段时间. 刘乐平,袁卫(2002)综述了现代贝叶斯方法在精算学中的应用情况并进行了展望. 岳金凤(2009)在综述了诸多学者的研究成果的基础上,总结了保险精算中的贝叶斯模型及贝叶斯方法的应用,对这些贝叶斯方法在保险、精算中的应用作了系统的概括总结.

理查德·普赖斯(Richard Price,1723—1791)是 18 世纪欧洲启蒙运动有影响的人物. 从职业上来说虽然是个牧师,但他作为一个学者对哲学、统计学、公共财政、政治学和精算学都有一定的影响. 他的精算学专著是 18 世纪指导精算学教科书的准则,被本杰明·富兰克林(Benjamin Franklin)赞赏为:18 世纪关于人类思维的最重要的作品(Makov,2001).

贝叶斯思想和方法被大量地引入到精算学中,应归功于 Buhlmann & Straub 发表在 *ASTIN Bulletin* 上的经典论文 Buhlmann(1967, 1969). Buhlmann & Straub(1970)为经验贝叶斯信用方法(empirical Bayes credibility approach)奠定了基础,这一方法现在仍然被广泛地使用在精算学的各个领域中.

近年来,以色列海法(Haifa)大学统计系精算部主任尤迪(UdiE). 马尔可夫(Makov)博士在精算学关于贝叶斯方面的研究论著颇丰,2001 年他在 *North American Actuarial Journal* 上发表的一篇论文,对精算学中贝叶斯方法的应用作了回顾. 在这篇文献的基础上,参考国内外相关文献,本章将贝叶斯方法在保险、精算中的应用研究分为以下几个问题来分别叙述,并在后面给出应用案例.

11.1　经验费率的估计

在经验费率(experience rating)的估计中,设风险参数(risk parameter)θ_{ij}($i=1$, 2, $\cdots$, I;$j=1$, 2, $\cdots$, J)表示保单(constract)i 在 j 时刻的风险总特征. 给定 θ_{ij},对应于保单 i 的实际索赔(actual claims)X_{i1}, X_{i2},$\cdots$为服从分布 $f(x_{ij}|\theta_{ij})$的独立随机变量,θ 为服从先验分布 $U(\cdot)$[一般称为结构分布(structure distribution)]的 $i. i. d.$ 样本. 公平保费(fair premium)由 $\mu(\theta_{ij})=E[X_{ij}|\theta_{ij}]$表示,然后通过 $E[X_{i, J+1}|D]=E[\mu(\theta_{ij}|D]$可计算出实际保费(actual premium),其中 D 表示可利用的数据. D 为 X_{ij}($i=1$, 2, $\cdots$, I, $j=1$, 2, $\cdots$, J). 因为完全可信性(exact credibility)$E[\mu(\theta_{ij}|D]$的计算非常困难,所以利用经验贝叶斯方法可以给出完全可信性的估计,即利用著名的公式 $zx_i+(1-z)m$ 得出估计,其中 m 为 $U(\cdot)$的均值,x_i 为对应于第 i 个保单索赔的均值;可信性因子 z 的确定,采

用完全信用的最佳(MSE 意义下)线性经验贝叶斯估计. 特别地, 取 $z = \dfrac{aJ}{aJ + s^2}$, 其中未知量 $a = \mathrm{Var}[\mu(\theta_{ij})]$ 和 $s^2 = E\{\mathrm{Var}[X_{ij} \mid \theta_{ij}]\}$ 可从数据中估计. 信用模型(credibility model)已发展了许多年, 但在大多数情形下仍然保持简单的线性公式和经验贝叶斯特点. Makov et al. (1996) 给出了多种信用模型的详细讨论, 有兴趣的研究者可参看上述文献.

从某种意义上来说, 传统信用模型方法的使用均与分布无关(distribution-free). 但它对特定的索赔分布精确度有多高呢? Herzog(1990)对贝叶斯模型和 Buhlmann 模型的一致性作了比较, 得出结论:在公平保费(fair premium)情形下, Buhlmann 可信性估计是贝叶斯估计的最佳线性近似.

许多年以来, 贝叶斯模型的使用仅仅适用于简单的低维问题. 然而, 在最近几年内, 通过模拟方法, 特别是 MCMC 方法的运用, 研究人员越来越认识到, 完全贝叶斯分析所要求的计算可以由模拟方法有效地解决. 实际上, 以上讨论的经验费率问题, 只要保险业务量的数据足够大, 就完全可以在 PC 上通过多层贝叶斯(hierarchical Bayes)模型解决.

11.2 损失储备金与复合损失模型

损失储备金包括未决赔款准备金. 未决赔款准备金是指在会计年度计算时, 已发生的赔款案但尚未处理、赔付, 因而需提存的准备金, 主要包括是针对索赔发生尚未报告的未决赔款(Incurred But Noty yet Reported, IBNR)和已报告尚未处理的未决赔款(Reported But Not yet Settled, RBNS)两种情况.

设随机变量 $X_{ij}(i=1, 2, \cdots, I; j=1, 2, \cdots, I-i+1)$ 表示在起始年(accident year)i 发生的至支付年(devlopment year)j 的索赔数[或损失率(loss ratios), 索赔频率, 等等]. 这些数据组成一个三角形(精算学中称为流量三角形(runoff triangle)), 其中流量三角形的主对角线以上的数据是已知的, 而主对角线以下的各量是未知的, 它们分别是未来发生的各个系列的索赔数, 是我们要估计的量. 由于此问题对保险公司非常关键, 很多研究者已经对估计方法有效性的改进作了深入的研究. 然而, 按照贝叶斯的观点研究相对较少. 对链梯模型(chain ladder modle)进行了贝叶斯分析, 此模型可以用以下二维模型进行解释:

$$\log(X_{ij}) = \mu + \alpha_1 + \beta_J + \varepsilon_{ij}.$$

但对于方差未知的情况, 还没有用完全贝叶斯方式进行研究.

对完全的多层贝叶斯模型, 使用 MCMC 方法估计了以下两个模型的参数:链梯模型和变点回归模型(switching regression modle), 这两个模型研究的是当延期索赔数增加到某一变点然后减少的情形. 贝叶斯方法同样被用来估计索赔次数. 状态空间模型(state-space models 或 kalman 滤波)属于动态贝叶斯模型, 用它来研究损失储备的建模.

贝叶斯方法的优点在于, 它可以通过利用后验预测分布, 推断流量三角形下三角部分的每一个值. 后验分布不仅可以从对未来索赔数超过一给定值可能性大小的点估计角度来确定储备金, 而且还可以从贝叶斯可信区间和概率表示方面去估计储备.

累计索赔的一般风险模型 $S = Y_1 + Y_2 + \cdots + Y_n$ 为服从索赔分布 $f(y \mid \theta)$ 和计数分布(count distribution) $g(n \mid \varphi)$ 的对偶随机过程(dual stochastic process), 其中, Y_1, Y_2, $\cdots$,

Y_n 表示连续索赔的数量(假设 $i.i.d$). 传统的研究是先拟合 N 和 Y 的分布,然后利用递归算法得出 S 的复合分布. 正如 Dickson et al. (1998)指出的那样,上述方法的缺点就是拟合分布需要事先假设部分为已知的,所以,参数估计的误差难以研究.

贝叶斯模型主要是需要在不同时期的索赔总数和索赔历史数据给定的条件下,估计 θ, φ 以及 S 预测分布的后验分布. 完全贝叶斯方法的运用中,主要是应用 MCMC 方法.

11.3　健康保险和生命表

从健康经济学角度,利用贝叶斯方法模拟可接受成本效率的上升曲线,依此确定两种治疗方法的相对成本效率,其中研究的成本和效率数据来源于临床实验的有效数据. 从医院医疗条件的总体水平和个体水平两个方面,对重复检查过程的假阳性(false-positive)与累计风险的关系进行了定量研究,他们改进了关于生命表数据的精算模型,并且在个体水平模型中增加了 Cox 回归方法.

贝叶斯修匀方法(bayesian graduation)多年以前就已研究,但直到近期才在 MCMC 方法和其他模拟方法中使用. 贝叶斯方法在生命表编制中的使用,最早与 Whittaker 修匀法有关,它不是贝叶斯方法,但用贝叶斯原理进行解释. 这种关系一直持续到关于共轭多元正态模型的进一步研究,这个模型除了贝塔-二项分布分析的差别外,就被当作贝叶斯修匀模型.

值得注意的是,在通常的精算实践中,人们感兴趣的研究主要集中于对真实死亡率的估计. 所以,大多数贝叶斯修匀方法的应用都是得出真实死亡率的估计值,从而用来编制生命表.

11.4　保险公司未决赔款准备金的稳健贝叶斯估计

未决赔款准备金的谨慎提取对保险公司的稳健经营具有非常重要的意义,从分层贝叶斯分析和 BMOM 方法入手研究最大熵先验分布问题,给出保险公司未决赔款准备金的稳健贝叶斯估计,然后通过一具体实例说明方法的有效性,最后将未决赔款准备金的稳健贝叶斯估计同经典估计进行了比较(刘乐平,袁卫,张琅,2006).

Buhlmann (1967)将贝叶斯思想和方法引入到精算学的研究中. Buhlmann & Straub (1970)为经验贝叶斯信用方法奠定了基础. 为了充分利用历史数据中的信息,提高未决赔款准备金估计的预测精度,Scollinik(2001),Ioannis Ntzoufras(2002)等将现代贝叶斯理论和 MCMC 方法引入到未决赔款准备金的估计中. Verrall(2004)将广义线性模型与贝叶斯分析结合,对准备金进行估计.

国内学者从 1994 年开始对未决赔款准备金估计问题进行研究,主要侧重于制度建设方面. 刘乐平和袁卫(2002)综述了未决赔款准备金估计方法的国内外最新进展.

11.5　动态死亡率建模与年金产品长寿风险的度量

金博轶(2012)使用贝叶斯方法通过 MCMC 抽样对 Currie 模型的参数进行估计,在此基础上,运用该模型对我国人口未来死亡率进行预测,最后对年金产品的长寿风险进行度量.研究表明,贝叶斯方法能够更好地拟合我国人口死亡统计数据;如果不考虑人口死亡率的变化,而只使用现有的生命表为年金产品定价,保险公司将会面临较大的承保风险;由于死亡率变化的不确定性,保险公司为年金持有的长寿风险偿付能力资本要求为其年金均值的 2.3%.

长寿风险是指由于未来死亡率的实际值与预期值不一致而给保险公司和养老金机构带来的可能损失.随着我国人口死亡率的不断下降(特别是高年龄段)和预期寿命的不断增加,长寿风险已成为保险公司和养老金机构面临的主要风险之一,也成为理论和实务研究的重点.

祝伟等(2009)利用 Lee-Carter 模型对中国人口死亡率建模并对未来死亡率进行预测.韩猛和王晓军(2010)对 Lee-Carter 模型进行改进,通过一个双随机过程对 Lee-Carter 模型中的时间项进行建模,此外还研究了预期寿命变化对我国养老金个人账户的影响.王晓军和黄顺林(2010)根据贝叶斯准则与似然比检验,在几个广泛使用的随机死亡率模型中,比较和选择了最适合中国男性人口死亡率经验数据的模型,并在此模型基础上对未来死亡率进行预测,对年金支付受死亡率改善的影响做了测算.

上述文献的共同缺陷在于未考虑到我国人口统计数据的具体特征.与国外大样本长期限的统计数据相比,我国人口统计数据相对匮乏,主要表现在以下两点:首先,我国有人口死亡统计数据的年限只有短短 17 年(1995—2011 年),而国外的人口统计数据短则几十年,长则数百年.较短的数据年限不仅制约了模型参数估计结果的准确性,而且影响了模型预测的精度;其次,除 2000 年外,我国人口死亡状况的统计数据均来源于抽样数据,存在风险暴露不足的问题.例如在 2002 年的人口死亡统计数据中,男性样本风险暴露总数为 619 164,而40 岁及以上各年龄段的风险暴露数均不足 10 000(长寿风险主要来源于高年龄人群死亡率的下降),风险暴露不足导致相同年龄段的人口死亡率在不同年度出现较大的波动,而死亡率的不规则波动降低了模型参数估计及预测结果的可信度.相比之下,国外(特别是发达国家)人口统计数据的风险暴露充分,以美国为例,2002 年男性人口风险暴露总数为141 436 513,是我国的 228 倍,各年龄段的风险暴露以百万计.较高的风险暴露数降低了相同年龄段人口的死亡率在不同年度的非规则波动,提高了模型估计结果的可信度.与美国相比,我国人口死亡率在不同年龄的波动性较大,而这种不规则波动主要是由于风险暴露不足造成的.

使用贝叶斯 MCMC 方法,通过构建先验假设来弥补样本数据不足的缺陷.使用贝叶斯MCMC 方法的优点在于:首先,贝叶斯方法利用先验假设来弥补样本数据不足的问题;其次,该方法不需要模型似然函数的可导性,它通过模拟参数的形成,使参数收敛,进而对模拟参数的均值进行估计,无须求导就能得到很好的估计结果,也不存在收敛到局部极值的情况;最后,有别于传统的二阶段参数估计方法,贝叶斯方法通过 MCMC 抽样一次性估计出所有参数的值,从而很好地避免了二阶段方法参数估计的不连贯性问题.

针对上述文献的共同缺陷,贝叶斯 MCMC 方法的优点在于:首先,使用贝叶斯方法通过 MCMC 抽样对模型的参数进行估计,贝叶斯方法避免了由于数据不足而导致的参数估计结果可信性不高的问题;其次,使用 The Human Mortality Database 数据库中 27 个国家的人口死亡数据对先验分布的参数值进行估计,避免了先验分布参数值设定的随意性问题,进一步增强了模型估计结果的可信性;最后,通过一个简单的年金产品度量未来死亡率变化对该年金现值的影响,从而度量长寿风险.

可以得到以下三点结论:首先观察年龄效应,非贝叶斯方法得到的年龄效应几乎完全重合,而贝叶斯方法得到的年龄效应小于非贝叶斯方法.这表明,与贝叶斯方法相比,非贝叶斯方法会高估死亡率变化的年龄效应.其次,考虑时间效应,非贝叶斯方法得到的时间效应非常相似,呈现出总体的下降趋势,只是下降呈一定的波动性和不规则特征.国外的大量研究表明,除非发生特殊的自然灾害(例如地震、洪水等)和人为灾害(例如战争),相同年龄段人口死亡率随时间的变化具有一定的稳健性,而代表死亡率改进的时间效应应该具有较为平滑的特征,造成上述波动不规则特性的主要原因在于风险暴露不足.贝叶斯方法得到的时间效应具有较好的光滑性,满足人口死亡率变化的稳健性要求.最后,考虑队列效应,除 Lee-Cartie 模型没有考虑到队列效应外,其他三种方法得到的队列效应值都呈不规则的波动特征,只是贝叶斯方法得到的队列效应波动幅度较小,这表明,贝叶斯方法降低了队列效应的波动性.

使用贝叶斯方法通过 MCMC 抽样对 Currie 死亡率模型的参数进行了估计.为此,我们首先对模型参数的先验分布进行假设,并使用 MCMC 技术下的 M-H 抽样和 Gibbs 抽样对参数的后验分布进行循环抽样.在此基础上,使用我国男性人口死亡数据对上述模型进行求解,并将求解得到的结果与非贝叶斯方法得到的结果进行了比较和检验.金博轶(2012)通过生成未来死亡率的情景对年金产品的长寿风险进行了度量,结论主要由以下几点:首先,在人口死亡统计数据不足的情况下,贝叶斯方法能够更好地拟合我国人口死亡率状况.通过比较后发现,贝叶斯方法得到的参数值满足时间效应的光滑性以及残差项的正态性要求,在样本区间发生变化的情况下具有较好的稳健型,且 BIC 值最大.因此,使用贝叶斯方法对我国人口死亡率进行建模有很大的优越性.其次,如果保险公司只用现有生命表计算年金产品的现值而不考虑死亡率在未来的变化,其将会面临较为严重的长寿风险.长寿风险主要来自于未来死亡率的趋势变化(未来死亡率情景的均值)和趋势变化的不确定性两方面因素,通过计算发现,使用贝叶斯方法得到的年金现值的均值比生命表计算得到的年金现值高 3.1%.另外,由于死亡率趋势变化的不确定性,保险公司为长寿风险持有的偿付能力额度资本要求约为年金均值的 2.3%.最后,非贝叶斯方法得到的年金均值和风险度量水平(VaR 和 CVaR)均高于贝叶斯方法得到的结果,可见,非贝叶斯方法可能会高估长寿风险.

11.6　贝叶斯方法估计极端损失再保险纯保费

为了提高预测极端损失的精确性,吴永,王晓园(2011)采用贝叶斯方法并利用 WinBUGS 软件计算极端事件发生的概率及条件期望,得到极端损失的后验经验分布和一个精确的区间估计,基于此,保险公司可以估计出更加公平的再保险纯保费.

近年来随着保险公司业务的拓展,突发性极端事件在保险公司业务中出现的频率越来越高,使保险行业受到了一些巨大的损失,这些事件的一个最显著的特点就是发生的概率比较小,但是一旦发生,由此引起的索赔损失在总索赔损失中占相当大的比例;在通常情况下,保险公司为了减轻自身运营的风险,采用再保险策略来应对这些大的个体索赔;再保险也叫分保,是指保险人将其承担的保险业务,以承保形式,部分转移给其他保险人.进行再保险,可以分散保险人的风险,有利于其控制损失,稳定经营.这种突发性极端事件在我们的生活中并不少见,例如,飓风,地震,恐怖事件,海啸,极端天气等.尤其是近几年来我国发生的几次特大型地震,对当地经济发展造成了很大影响.我国保险业的发展相对欧美国家来说比较落后,我国再保险业务主要由国外几家保险公司承保,而我国保险公司基本没有开展这方面的业务,为了促进我国保险公司业务进一步完善和全面发展,提高预测风险的能力,保障我国经济又好又快的发展,使得对这一类问题的研究更加具有现实性意义.

利用贝叶斯方法基于 MCMC 方法对于风险估计存在许多潜在优点,这种方法不但能给出一个精确的区间估计,而且能提高估计的保守程度,这些都是频率方法很难做到的;像这种情况还有 2003 年亚洲爆发的禽流感等,对这种区域性突发极端事件,采取什么样的方法处理这些数据能得到更加合理的风险评估及其再保险纯保费的估计,还需进一步研究.

关于贝叶斯方法估计极端损失再保险纯保费的其他研究、贝叶斯方法在保险精算中的应用等,见王晓园(2011).

11.7　准备金发展年相关的贝叶斯估计

基于广义线性混合模型对准备金运用贝叶斯原理进行预测,该预测模型有三个特点:一是使得各个发展年的赔付之间具有相关性;二是各个事故年的期望总赔付是随机变量;三是在已知其他参数的条件下,各个事故年的后验期望总赔付是先验期望和实际数据的加权平均,且随发展年增长实际数据被赋予更多权重.最后用 MCMC 方法给出了参数值.

由于保险赔付滞后的原因,准备金预测是精算学的重要研究领域之一.基于广义线性混合模型,使用贝叶斯原理建立了同一事故年下不同发展年的赔付之间的相关性,并且各个事故年的后验期望总赔付是先验期望和实际数据的加权平均.

陈明镜(2011)运用贝叶斯原理对准备金预测建模,分析了模型的三个特点,从这些特点可以看出,该模型具有良好的性质.并且最后使用 MCMC 方法给出了参数估计.

11.8　贝叶斯方法在调整保险费率中的应用

根据市场经营情况适时调整保险费系统对保险公司至关重要.对贝叶斯调整保险费方法进行阐述,运用实例分析说明贝叶斯调整保险费方法估计保险费率的可行性.陈正,汪飞飞(2012)的方法和结论可运用于非寿险实务中小样本数据的保险费估计工作.

在保险公司开业经营或新险种开始销售的初期,由于缺乏必要的经验数据,所以常常是根据整体险种或整个行业的以往经营情况收取保险费的.这实际上正符合贝叶斯统计方法中的先验统计理论思想,即根据同行业经验甚至仅仅是出于精算师的主观判断来厘定经营初期的保险费.现实中,没有一家保险公司的保险费率体系是与所承保的对象风险性质完全一致的,即使刚开始的时候保险费率体系可以较好地反映承保对象的风险状况,但随着时间的推移,社会环境变迁、经济发展、公司经营策略的转变,必然会出现保险费率体系与实际承保风险状况存在差异的情况.在这种情况下,风险状况较好、从而发生赔款较少或者没有赔款的承保对象就会要求减少被收取的保险费,而那些风险状况较差的承保对象虽然不会主动要求增加保险费,但如果保险公司不及时对他们的保险费进行调整,将会造成保险公司偿付能力的急剧恶化.由此可见,根据市场经营情况适时调整保险费系统对保险公司至关重要,而贝叶斯保险费是其中运用较多的一种方法.

目前,非寿险精算中经常利用贝叶斯理论对保险费进行调整,常用的方法有贝叶斯保险费法、信度理论和信度保费法.贝叶斯修正法主要是通过贝叶斯方法实现先验信息、后验信息的转换,回避了我们无法准确认知的先验条件的限制,利用可以观察到的样本信息作为条件,进而得到调整后保险费的一种方法.信度理论的核心思想就是在不能完全获知事件的风险水平的前提下拥有一组样本数据,如何通过一个信度因子来平衡先验信息和样本信息,从而得到一个更优的结论.信度保费法则是保险精算学中,通过信度因子来调整行业或险种平均风险水平和公司历史经营数据得到修正后的保险费,为保险公司的保险费调整工作提供指导.

国内学者从 1994 年开始对未决赔款准备金进行研究.关于责任准备金提取的研究成果较多,但将贝叶斯方法应用于准备金研究的相关文献较少.刘乐平,袁卫,张琅(2006)进一步发展了贝叶斯统计预测方法的稳健性估计理论,运用分层贝叶斯分析和 BMOM 方法,给出了保险公司未决赔款准备金的稳健贝叶斯估计,并以希腊保险公司的经营数据为例,进行了实证研究,最后将结果与传统估计结果进行了比较.郭涛(2008)将贝叶斯方法引入未决赔款预测中,在未决赔款准备金的估计过程中,不仅考虑利用历史经验数据所预测的准备金估计值,还引入了专家的事先经验信息,可以提高准备金预测的准确性,并就此进行了实证研究,将贝叶斯方法调整后的准备金预测值与传统方法的预测值进行了比较,得出把贝叶斯方法引入未决赔款准备金的预测中可以得到更优估计的结论.陈明镜(2011)改变了以往准备金估计模型中同一事故年下不同发展年赔款相互独立的假设,利用贝叶斯方法考虑了不同发展年之间的赔款相关性因素,改进了赔款准备金的估计方法.保险公司在经营一段时间以后,必须基于其经营中获取的可靠信息,对与其经营相关的各类数据资料进行更新,实务中这样的更新往往是运用贝叶斯方法或基于贝叶斯理论解释的.精算学者在很多年前就开始研究贝叶斯修匀方法,但直到最近才逐渐被使用.

贝叶斯保险费从理论上看是十分完美的,它较好地结合了保险经营中精算师经验判断的信息和历史经营中所获取的数据信息,完全符合贝叶斯理论所论述的概率意义.然而就像古希腊神话中的战神阿喀琉斯,贝叶斯保险费也有其致命伤,理论上的完美解决不了现实应用过程中太复杂的缺点.我们可以从前文的例子中看到,贝叶斯保费法的计算过程是比较复杂的,甚至有时可能因运算过于复杂而无法得出直观的结果.此外,由于现实情况的复杂性,有时候可能无法用我们已知的分布类型来对损失数据进行拟合,更加限制了贝叶斯修正保险费的应用.随着计算机技术的发展和新方法的出现,比如 MCMC 方法给贝叶斯保险费的应用提供了新的空间,这将是贝叶斯保险费研究的一个广阔领域.最后,我们必须清楚贝叶斯保险费的测算主要仍然是属于技术层面的范畴,在市场经济中保险公司的经营者需要综合考虑公司所处的经济环境、竞争对手、客户受众等多方面的因素,不能完全仅从技术层面对保险产品进行定价决策.

11.9   非寿险精算中的贝叶斯信用模型分析

针对传统 Buhlmann-Straub 信用模型不能有效地解决缺失数据信息处理问题,朱慧明,郝立亚(2007)利用贝叶斯统计方法,构造了一类新的贝叶斯信用分析模型,引入基于吉布斯抽样的 MCMC 方法进行数值计算,建立了一个索赔后验分层正态模型进行实证分析,证明模型的有效性.研究结果表明,基于 MCMC 的贝叶斯信用模型能够动态模拟模型参数的后验分布,提高模型估计的精度,对保险公司经验费率厘定方法的改进具有重要的现实意义.

信用理论产生于 20 世纪 20 年代,1914 年 11 月美国灾害保险统计学会界定了信用的基本概念,信用模型主要用于精算师计算劳工赔偿保险费率.保险费分为净保险费和附加保险费,其中净保险费指承保风险赔款的支出,它是确定保险公司厘定保险费额的关键问题.在保险实务分析中,保费厘定采用的是自上而下的途径,既要保证征收足够的保费以覆盖其全部责任,又要在投保人之间公平地分担保费,并根据投保人的索赔经验来确定保险费额.各险种在给定期内的索赔总金额是一个随机变量,由于它具有不确定性,保险人不得不保留巨额责任准备金静待应变,所以它直接关系到保险公司财务状况的稳定.一般地说,索赔总金额的研究分为两个部分:一是给定期内的索赔次数;二是每次事故损失的金额,即索赔额.这两个变量也都是随机变量,前者刻画了风险的可能性,后者反映了风险的严重性程度.

信用模型的建模过程就是保险公司根据过去的风险发生情况确定未来保费的一种费率计算过程,其在经验费率的厘定过程中发挥了重要作用.依据经验数据在费率厘定过程中的应用方式,信用模型区分为有限波动信用模型和最大精度信用模型,其中 Buhlmann-Straub 模型是目前应用最为广泛的精度信用模型,它在均方误差最小的意义下导出信用保费的计算公式,在某种意义上是一种最接近真实风险保费的估计.但是该模型对结构参数的估计依赖于现有的历史数据,在数据资料不足的情况下很难得到结构参数的无偏后验估计,并且高维数值计算的困难也成为该模型应用的一个重大缺陷.

20 世纪 90 年代,随着贝叶斯统计推断技术与方法的发展,特别是 MCMC 方法的应用,解决了原先异常复杂的高维数值计算问题,参数后验分布的模拟也更为方便,现代贝叶斯方法及其应用日趋成熟,许多学者开始尝试利用 MCMC 方法解决精算学中的有关问题,其中 Carlin(1992)将 MCMC 方法应用到未标准化的保险时间序列模型中,Scollink(2000)则完成了三层信用模型中费率的计算和预测分析,其他的研究成果基于 MCMC 的信用模型逐渐显现出其相对于传统模型的优势,在费率厘定方面具有重要的意义.

保险是通过收取保险费来聚集保险基金,因此保险费额确定得是否恰当直接关系到保险公司的经营盈亏,如何合理地厘定保险费是所有信用模型所要共同解决的问题.本文建立的贝叶斯信用模型在样本数据不完备的情形下,依据经验数据,运用贝叶斯分析方法,提供了一种计算下一年保费的方法.并且针对高维计算比较困难这样一个问题,引入了基于 Gibbs 抽样的 MCMC 方法,利用计算机仿真模拟方便地得到结构参数的各项估计指标,取得了较为理想的效果.

朱慧明,郝立亚(2007)所建立的基于 MCMC 的贝叶斯信用模型相对于传统的 Buhlmann-Straub 模型具有如下的优势:①能够在样本数据缺失的情况下方便地对结构参数进行估计,并且能够对下一时段的观测值进行预测;②能够直观地表示各参数的后验分布情况,并据此进行区间估计,相对于传统模型只能进行点估计更为科学实用;③能够较为容易地对各保单的风险状况进行评估,以作为厘定保单组合费率的依据.总之,该模型为保险费率的厘定提供了新的思路,结论直观,对保险公司经验费率厘定方法的改进具有现实意义.

11.10　医疗保险参保人数的贝叶斯预测分析

医疗保险基金的收支是医疗保险改革能否持续健康发展的关键,在医疗保险基金的收支的影响因素中,参保人数是一个重要的参数,王连连(2011)采用贝叶斯方法估计了城镇职工参保人数,并通过其他模型来进行循环预测.

11.10.1　贝叶斯常均值折扣模型

贝叶斯常均值折扣模型对于预测随机波动、变化相对稳定的数据是比较精确的,与传统的预测方法相比有明显优势.通过数据搜集,我们发现,从西安市人口现状、人口老龄化进一步加剧、多种大病年轻化、经济发展对医保参保企业影响等因素考虑,西安市城镇职工参保人数处于一个相对稳定、随机波动的状态,适合采用常均值折扣贝叶斯模型来进行预测.对于每一时刻 t,贝叶斯动态线性模型 $DLM\{1,1,V_t,W_t\}$,定义如下:

观测方程 $y_t=\mu_t+\nu_t,\ \nu_t\sim N(0,V_t)$.

状态方程 $\mu_t=\mu_{t-1}+\omega_t,\ \omega_t\sim N(0,W_t)$.

初始信息 $\mu_0\mid D_0\sim N(m_0,C_0)$.

其中 μ_t 是 t 时刻序列的水平,ν_t 是观测误差项或噪声项,是状态误差项.

对于每一时刻 t,假定 μ_{t-1} 的后验分布 $\mu_{t-1}\mid D_{t-1}\sim N(m_{t-1},C_{t-1})$,则 μ_t 的先验分布 $\mu_t\mid D_{t-1}\sim N(m_{t-1},R_t)$,其中 $R_t=C_{t-1}+W_t$.而在实践中,V_t 和 W_t 一般未知,因此在模型中引进了折扣因子 δ,通常 $0<\delta<1$,并且有 $R_t^{-1}=\delta C_{t-1}^{-1}$,以及令 $\varphi=V^{-1}$.则

$$\varphi\mid D_0\sim\Gamma\Big(\frac{n_0}{2},\frac{d_0}{2}\Big).$$

方差未知的模型是基于 t 分布的,有

$$\mu_{t-1}\mid D_{t-1}\sim t_{n_0}(m_{t-1},C_{t-1}),$$

$$\mu_t\mid D_{t-1}\sim t_{n_0}(m_{t-1},R_t),$$

$$y_t\mid D_{t-1}\sim t_{n_0}(f_t,Q_t),$$

$$\mu_t\mid D_t\sim t_{n_0}(m_t,C_t).$$

一般将带有折扣因子的常均值动态模型,称为常均值折扣贝叶斯模型,并通过上述分布得到其修正递推算法:

(1) $R_t=\dfrac{C_t}{\delta}$;

(2) $Q_t=R_t+S_{t-1}$;

(3) $A_t=\dfrac{R_t}{Q_t}$;

(4) $n_t=n_{t-1}+1$;

$$(5)\ d_t = d_{t-1} + \frac{S_{t-1} e_t^2}{Q_t};$$

$$(6)\ S_t = \frac{d_t}{n_{t-1}};$$

$$(7)\ f_t = m_{t-1};$$

$$(8)\ e_t = y_t - f_t;$$

$$(9)\ C_t = A_t + S_t;$$

$$(10)\ m_t = m_{t-1} + A_t e_t.$$

11.10.2 利用贝叶斯模型的预测

利用上述递推算法和已有数据,计算结果见表 11-1 和表 11-2,预测 2010 年的参保人数.

表 11-1   **2001—2009 年的西安市城镇职工参保人数**

年份	2001	2002	2003	2004	2005	2006	2007	2008	2009
人数/万人	14.7	107	123.4	130.5	144.8	155.72	167.57	182.43	165.3

资料来源:西安市统计局,西安市国民经济和发展统计公报.

根据运行结果,y 的对数预测模型对时间变量 t 的 R^2 最大,为 0.919 8,拟合度均符合要求,因此参保人数 y 关于时间预测模型如下:

$$y = 66.84 \ln(t) + 37.305.$$

表 11-2   **贝叶斯常均值折扣预测递推表**

序号 t	预测分布 方差 Q_t	预测分布 均值 f_t	修正系数 A_t	观测值 y_t	误差 e_t	后验分布 均值 m_t	后验分布 方差 C_t	先验分布 方差 R_t
0	—	—				170	700	—
1	7 000.010	170.000	0.999 999	14.700	−155.300	14.700	0.022	7 000.000
2	0.244	14.700	0.909 091	107.000	92.300	98.609	234.704	0.222
3	2 605.212	98.609	0.900 901	123.400	24.791	120.943	188.159	2 347.038
4	2 090.451	120.943	0.900 09	130.500	9.557	129.545	152.035	1 881.594
5	1 689.258	129.545	0.900 009	144.800	15.255	143.275	130.175	1 520.347
6	1 446.382	143.275	0.900 001	155.720	12.445	154.475	113.569	1 301.745
7	1 261.873	154.475	0.9	167.570	13.095	166.261	101.301	1 135.686
8	1 125.571	166.261	0.9	182.430	16.169	180.813	92.660	1 013.014
9	1 029.558	180.813	0.9	165.300	−15.513	166.851	85.560	926.602
10	950.667	166.851	0.9	—	—	—	—	855.601

注:初始信息由专家给出大概值,不影响之后预测,假设 $m_0 = 170$,$C_0 = 700$,$n_0 = 1$,$d_0 = 0.01$,$\delta = 0.1$.

为使预测值更加准确,我们决定采用另外一种模型来预测,用两个预测值的算术平均值作为最后的预测估计值. 参保人数作为一个时间序列,我们可以对其做关于时间变量 T 的趋势预测. 运用 Excel 做线性和非线性拟合,如一元线性回归、对数、二次多项式(即抛物线)、乘幂式、指数,根据 R^2 选取拟合度最佳的预测模型. 图 11-1 为参保人数对时间变量 t 的曲线拟合图.

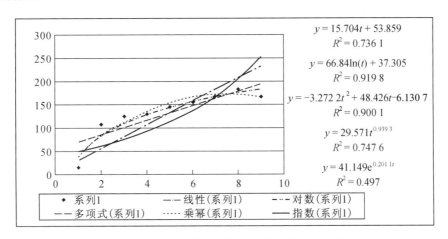

$$y = 15.704t + 53.859$$
$$R^2 = 0.736\ 1$$
$$y = 66.84\ln(t) + 37.305$$
$$R^2 = 0.919\ 8$$
$$y = -3.272\ 2t^2 + 48.426t - 6.130\ 7$$
$$R^2 = 0.900\ 1$$
$$y = 29.571t^{0.939\ 3}$$
$$R^2 = 0.747\ 6$$
$$y = 41.149e^{0.201\ 1t}$$
$$R^2 = 0.497$$

图 11-1　参保人数对时间 t 的几种曲线拟合图

注:图 11-1 中,y 为参保人数,t 为时间变量,依次用序号表示其变化,2001 年赋值为 1,2002 年赋值为 2,……,以此类推.

当 $t = 10$,11,12,13,14 时,其预测出来的数分别为 191.210,197.580,203.396,208.746,213.700.

这样,2010 年的参保人数为 $\dfrac{166.851 + 191.210}{2} = 179.031$,然后可以此作为贝叶斯常均值模型中的观测值 y_t,循环推测出之后几年的预测值,即 2010—2014 年的参保人数预测值分别为 179.031,187.696,195.052,201.482,207.228,见表 11-3.

表 11-3　　　　　　贝叶斯常均值折扣模型和对数预测模型相结合的递推表

序号 t	预测分布		修正系数 A_t	观测值 y_t	误差 e_t	后验分布		先验分布
	方差 Q_t	均值 f_t				均值 m_t	方差 C_t	方差 R_t
10	950.667	166.851	0.9	179.031	12.179	177.813	78.996	855.601
11	877.728	177.813	0.9	187.696	9.884	186.708	73.145	789.955
12	812.725	186.708	0.9	195.052	8.344	194.218	68.001	731.452
13	755.563	194.218	0.9	201.482	7.264	200.756	63.483	680.007
14	705.364	200.756	0.9	207.228	6.472	206.580	59.502	634.827

贝叶斯模型可以应用的范围很广,只要是一列在时间上有规律的时间序列值,我们都可以利用贝叶斯常均值折扣模型来进行预测,并且由于模型在循环预测中不断地矫正模型的预测值,初始值不会影响后续的值的预测,从而保证了预测的准确性.

11.11　贝叶斯方法及 WinBUGS 软件在非寿险费率分析中的应用

吕定海,王晔(2013)分析了贝叶斯视角下的广义线性模型,并通过 WinBUGS 建立分析损失频率的广义泊松模型.考虑到 WinBUGS 对数据初处理功能的不足,使用 R2WinBUGS 包交互使用 R 和 WinBUGS.通过一个数值例子,对比说明贝叶斯方法与广义线性模型结果的区别,并指出实际应用中可能遇到的困惑.

11.11.1　引言

在国内限于非寿险定价制度的束缚,一直使用传统的定价方法.实际的情况是,在得到一个简单的费率结构时无法继续深入分析费率估计值的波动性,单项分析法和最小偏差法即是如此.在国内车险市场不断改革的背景下,这些传统定价方法的实用性值得怀疑.直到 1992 年才系统地将广义线性模型引入到非寿险精算定价中来.之后的 20 多年,由于各国费率市场化改革的不断推进使得广义线性模型逐渐流行起来,并成为很多公司的标准分析方法.

相比传统方法,广义线性模型可以提供完整的统计分析框架且能考虑很多实际定价问题.然而,指数族分布的类型依然有限.在分析某些损失类型时,很难在指数族分布中找到合适的分布.Katsis & Ntzoufras(2005)讨论了到底如何选用合适的分布类型,并使用 Gibbs 抽样方法结合 WinBUGS 软件解决了分布类型选择的假设检验问题.传统定价方法及通常的广义线性模型可以归结为频率学派精算定价法,因为这些方法并不涉及先验分布和后验分布.

考虑更为复杂的分布带来了大量的数值问题,此时模型很难找到解析解.与其使用近似解,不如考虑贝叶斯方法.对实际应用而言,贝叶斯方法的优越性更为突出.将贝叶斯方法与 WinBUGS 结合可以解决任何知道概率函数的分布.Ntzoufras(2009)详细介绍了 WinBUGS 中如何建立模型,还特别分析了贝叶斯角度下的广义线性模型.

本节的分析方法,整体上属于广义线性模型的分析框架,不同之处在于考虑了更为复杂的分布类型并使用了 MCMC 方法来抽样.贝叶斯方法应用于精算定价,可称之为贝叶斯学派精算定价法.正如自助法(Bootstrap)在精算中的流行一样,贝叶斯方法与 WinBUGS 的结合运用也会显示其解决实际问题的强大之处.贝叶斯方法的优点主要体现为:提供了数据分析并结合实际经验的整体分析框架;整体分析框架仅依赖于数据和先验假设,不需要渐近分布的有关理论;如果不同的试验设计仅导致样本似然函数相差一个倍数,那么后验分布相同;可以回答一些实际问题,比如索赔额在某区间的概率;可以分析更为复杂的模型,如分层模型、混合模型等.而其缺点主要表现为:很难确定先验分布,如何将实际经验通过先验分布表达并不容易;模型结果对先验分布假设高度敏感;需要大量的时间完成计算.

11.11.2　贝叶斯视角下的广义线性模型

贝叶斯方法中的待估参数均视为随机变量,这样可以将指数族密度函数表示为

$$f(y_i \mid \theta_i, \varphi) = \exp\left\{\frac{\left[y_i\theta_i - b(\theta_i)\right]}{a(\varphi)} + c(y_i, \theta_i)\right\}. \tag{11.11.1}$$

根据广义线性模型的一般理论,有

$$\mu_i = E[Y_i \mid \theta_i, \varphi] = b(\theta_i),$$

$$g(\mu_i) = \eta_i = X_i\beta,$$

$$\theta_i = (b')^{-1}(\mu_i) = (b')^{-1}[g^{-1}(X_i\beta)].$$

将 θ_i 代入式(11.11.1)得到

$$f(y_i \mid \beta, \varphi) = \exp\left\{\frac{[y_i b^{-1}[g^{-1}(X_i\beta)] - b[(b')^{-1}(g^{-1}(X_i\beta))]}{a(\varphi)} + c(y_i, \theta_i)\right\}.$$

根据贝叶斯定理有

$$f(\beta, \varphi \mid y_i) \propto f(y_i \mid \beta, \varphi) f(\beta, \varphi) = f(y_i \mid \beta, \varphi) f(\beta \mid \varphi) f(\varphi).$$

进一步假设模型参数的先验分布为多元正态分布,即

$$\beta \mid \varphi \sim N(\mu_\beta, \Sigma_\beta).$$

在得到观测值 $\{y_i, i = 1, 2, \cdots, n\}$ 后,模型参数后验分布的密度函数为

$$f(\beta, \varphi \mid y_i) \propto \exp\left\{\frac{[y_i b^{-1}[g^{-1}(X_i\beta)] - b[(b')^{-1}(g^{-1}(X_i\beta))]}{a(\varphi)} + c(y_i, \theta_i)\right\} \cdot$$

$$\exp\left[-\frac{1}{2}\log|\Sigma_\beta| - \frac{1}{2}(\beta - \mu_\beta)^{\mathrm{T}}\Sigma_\beta^{-1}(\beta - \mu_\beta)\right] f(\varphi).$$

只有在非常特殊的情况下,上式后面一部分在模型参数取值空间的积分才能计算出来.虽可以使用一些近似计算技术,但从实际应用的角度讲,MCMC 方法可以很方便地完成抽样并估计后验分布,且可以通过 WinBUGS 软件实现.

对于保险数据的分析而言,最重要的是选择合适的分布.简单的分布可以简化模型且参数估计值也能容易找到,但在预测的准确性和有效性上不能满足实际需要.而一些复杂的分布往往导致大量的数值问题,且模型整个估计过程很难理解.接下来,本节分析适合保险数据的分布类型及如何通过软件完成模型估计.

11.11.3　损失频率模型

对保险数据的分析一般分为损失频率分析和损失强度分析,这种分法可以更为细致地分析数据,也因为损失频率和损失强度具有不同的特点,同时在保险实务中各保险公司也是如此做的.我们先分析损失频率.

指数族分布中可用来分析赔案数目的分布并不多.泊松分布往往不能刻画保险数据"过度分散"的特点;负二项分布的方差虽然大于均值,但也经常不能很好地吻合数据.为了刻画保险数据过度分散的特点,分析拉格朗日泊松分布(Lagrangian Poisson Distribution,LPD),又称广义泊松分布,还有精算模型中经常使用的堆积类分布,如 ZIP(Zero-Inflated Poisson)分布.因此,在分析实际保险数据时可考虑选用负二项分布、广义泊松分布、ZIP 分布.

1. 广义泊松分布

广义泊松分布的密度函数如下:

$$f(y \mid \zeta, \omega) = \frac{\zeta(\zeta + \omega y)^{y-1}}{y!} e^{-(\zeta+\omega)}.$$

很明显,当 $\omega = 0$ 时,即为泊松分布,则有

$$\lambda = E(Y) = \zeta(\zeta + \omega)^{-1}, \quad \mathrm{Var}(Y) = \zeta(\zeta + \omega)^{-3}.$$

那么分散指标(Dispersion Index)DI 为

$$DI = \frac{\mathrm{Var}(Y)}{E(Y)} = (\zeta + \omega)^{-2}.$$

对保险数据的分析而言,一般假设 $\omega \in [0, 1]$. 正如广义线性模型框架下分布的参数化方式,该密度函数一般表示如下:

$$f(y \mid \lambda, \omega) = (1-\omega)\lambda \frac{\left[(1-\omega)\lambda + \omega y\right]^{y-1}}{y!} e^{-[(1-\omega)\lambda+\omega]}.$$

如果数据的方差明显大于均值,可使用此分布来拟合模型. 在 R 软件中 VGAM 包可以使用此分布拟合数据;WinBUGS 软件中也能很方便地实现.

2. ZIP 分布

大量的保单才会导致并不多的赔案,即对很多保单而言基本不会发生理赔. 通常的离散型分布在零点处的概率过小并不适合保险数据. 常用的一种技巧是增加相应分布在零点处的概率值. 此处着重考虑可应用于实际定价的 ZIP 分布. 密度函数如下:

$$f_{\mathrm{ZIP}}(y) = \alpha I(y=0) + (1-\alpha)f_p(y, \mu).$$

其中 $f_p(y, \mu)$ 为泊松分布的概率函数,$\alpha \in (0, 1)$. 很明显,

$$f_{\mathrm{ZIP}}(0) = \alpha + (1-\alpha)f_p(0, \mu),$$

且

$$f_{\mathrm{ZIP}}(y) = (1-\alpha)f_p(y, \mu), \quad y > 0.$$

当然还有其他各种复杂分布,但大多是针对具体问题而言的,并不一定适合分析保险数据,故不再深入讨论. 实际上,负二项分布、广义泊松分布、ZIP 分布是分析赔案数目的可选分布. 在实际的定价中,推荐使用此三种分布.

11.11.4　损失强度模型

保险数据往往具有右偏性,因此在选择分布时要考虑这个特征. 指数族分布中的伽玛分布、逆高斯分布均具有一定的右偏性. 对数正态分布也能在广义线性模型的框架下分析,只是对数正态分布的右偏性大于逆高斯分布和伽玛分布. 在实际的定价分析中,针对数据的不同特点可酌情考虑使用这三种分布中的一种,或者同时使用以选择最合适的分布. 对数正态分布比较适合分析碰撞、火灾引起的损失.

连续型分布还有很多种,但是这些特殊的分布都是为了某一具体问题的分析而提出来的. 理论上,只要知道其概率密度函数就可以完成模型的估计. 下面介绍如何通过已有的分布来分析其他的分布(Ntzoufras, 2009).

设某分布的对数似然函数为 $l_i = \log f(y_i \mid \theta)$，则抽样之后样本联合概率函数可表示为

$$f(y \mid \theta) = \prod_{i=1}^{n} e^{l_i} = \prod_{i=1}^{n} \frac{e^{-(-l_i)}(-l_i)^0}{0!} = \prod_{i=1}^{n} f_p(0, -l_i).$$

即可以将抽样结果看成来自泊松分布的一组样本，且取值都为零，参数分别为 $-l_i$. 为了处理 $-l_i$ 为负数的情况，将上式中的 $-l_i$ 换成 $-l_i + C$，其中 C 满足 $-l_i + C > 0$，$\forall i$. 这种处理方式并不会影响模型参数的后验分布，只相当于在下式的分子、分母中乘以 e^C：

$$f(\theta \mid y) = \frac{f(y_i \mid \theta) f(\theta)}{\int_{\Theta} f(y_i \mid \theta) f(\theta) \mathrm{d}\theta}.$$

还可以通过 Bernoulli 分布来完成分析，只是对样本联合函数的变形处理方式不一样. 通过上述技巧就可以分析其他各种已知概率函数的分布. 在后面分析保险数据时，将使用此技巧建立广义泊松模型.

11.11.5　通过 R 调用 WinBUGS 软件

任何贝叶斯模型，通过 WinBUGS 软件都可以产生近似服从后验分布的随机变量. 只需要正确地建立模型，给定数据和初值就可以监测我们感兴趣的参数. MCMC 方法通过产生马尔科夫链，且使得该链的平稳分布为参数的后验分布，就能得到服从某分布的随机变量. 在去掉开始产生的一部分值，并经过相关性调整（即取链中不相关的的值）后，能确保产生的样本独立并近似服从后验分布.

然而对保险数据而言，样本量较大，此时使用 WinBUGS 软件来写数据非常烦琐，需要花费大量的时间. 好在我们可以通过 R 软件中的 R2WinBUGS 包来调用 WinBUGS 软件，这样可以借助 R 的数据处理功能以得到我们需要的数据并完成分析. Sturtz et al. (2005) 详细介绍了如何通过 R 调用 WinBUGS 软件完成模型的建立，并给出了两个具体实例. 虽然 R 和 WinBUGS 软件结合可以解决很多问题，但当实际数据量大到一定程度时，需要借助其他技术手段对数据作初步处理. 因此当运用本节同样的方法来解决实际定价问题时，需要辅以其他技术手段. 本节并不打算系统介绍 R 和 WinBUGS 的语法规则，但是要理解后面的分析需要熟练使用 R 和 WinBUGS. 关于 R 软件的书以及与数据分析、统计分析结合的书，近几年来越来越多. 关于 WinBUGS 软件及其基本使用介绍，见本书的附录 B.

11.11.6　应用案例

以下使用的数据是欧洲一家保险公司 1994—1998 年的车险数据（Ohlsson & Johansson，2010），其中给出了变量名的含义，可访问 http://www2mathsuse/~esbj/GLMbook/mccase. txt 得到这些数据. 对变量名重新命名，使其更加直观. 共有 64 548 条记录，9 个变量，其中有些观测值的保单持有期为零. 在实际定价过程中，如果保单持有期为零可以忽略此观测值（后面的分析剔除了此部分观测值）. 同时本节采用该保险公司 1995 年费率因子水平的划分办法，在建立模型时也仅仅考虑地区（zon）、MC 类别（mcclass）、车龄（vehicleage）、折扣级别（bonusclass）等四个费率因子. 在分析损失频率时，采用广义泊松分布；分析损失强度时，采用逆高斯分布. 这种选择更关注保险数据的厚尾性. 即便有时这种选择并不能很好地拟合数

据,但从风险管理的角度讲,这种选择更关注大额索赔的发生,有利于公司稳健经营.

1. 损失频率分析

此处使用广义泊松分布拟合赔案数目数据,并通过 R2WinBUGS 包交互使用 R 和 WinBUGS 软件.此部分的模型代码见本节附录 1、附录 2,只需简单修改即能在计算机上运行.2 万的样本中包含 1 万的燃烧期,并且考虑到相关性调整,每 10 个中取一个,故每个参数的样本量为 1 000.图 11-2 代表了 17 个参数中的三种不同形状,其余参数的迹图类似图中 mcclass1 对应的迹图.这说明,即便增加样本量,模型参数的改变将很小,故此处不再继续增加样本量,也不打算进一步使用其他 R 程序包(如 CODA、BOA)来完成下一小节中介绍的四种检验方法.

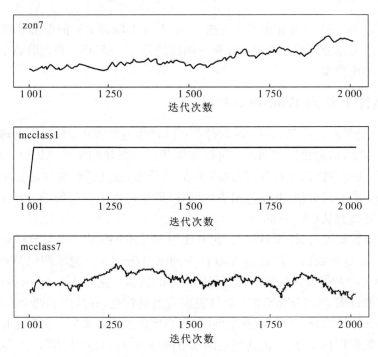

图 11-2　迹图(trace plot)

估计的损失频率相对值列于表 11-4 第 3 列中的括号内.从最终的结果来看,相比传统方法,贝叶斯方法给出了更具波动性的费率结构.比如车龄的水平 2 是水平 3 的近 1 000 倍.

表 11-4　　　　　　　　　　　　　　　　　模型结果

费率因子	水平	频率相对值	强度相对值	估计相对费率	实际相对费率
zon	1	5.154 1(16.445)	1.311 4(1.711 0)	67 588(28.137)	7.678
	2	2.722 2(11.023)	1.403 4(2.008 5)	38 202(22.14)	4.227
	3	1.703 1(99.484 3)	0.898 9(1.195 1)	1.530 8(118.9)	1.336
	4	1.000 0(1.000 0)	1.000 0(1.000 0)	1.000 0(1.000 0)	1.000
	5	0.911 3(3.669)	0.970 2(8.710 2)	0.884 1(31.958)	1.734
	6	1.040 6(8.166 2)	0.834 9(5.548 9)	0.868 8(45.313)	1.402
	7	0.731 8(0.182 7)	0.018 7(0.038 9)	0.013 6(0.007)	1.402

续表

费率因子	水平	频率相对值	强度相对值	估计相对费率	实际相对费率
mcclass	1	1.489 4(12.182 5)	0.813 1(39.905)	1.210 9(486.14)	0.625
	2	2.081 2(90.017 1)	0.716 1(2.443 4)	1.490 4(219.95)	0.769
	3	1.000 0(1.000 0)	1.000 0(1.000 0)	1.000 0(1.000 0)	1.000
	4	2.058 7(4.055 2)	0.849 5(4.724 7)	1.118 1(19.16)	1.406
	5	3.984 7(12.182 5)	0.877 5(0.694 1)	1.806 6(8.455 9)	1.875
	6	3.335 4(29.964 1)	.109 1(1.415 1)	4.419 3(42.402)	4.062
	7	1.316 1(2.225 5)	1.820 7(186.9)	6.072 6(415.95)	6.873
vehicleage	1	3.241 7(9.025)	2.513 3(4.281 1)	8.147 5(38.637)	2.000
	2	1.909 2(270.426)	2.366 8(3.407 6)	4.518 6(921.51)	1.200
	3	1.000 0(1.000 0)	1.000 0(1.000 0)	1.000 0(1.000 0)	1.000
bonusclass	1	1.272 4(24.532 5)	0.831 5(0.713 6)	1.057 9(17.533)	1.250
	2	1.452 0(27.112 6)	1.016 5(0.935 8)	1.476 0(27.56)	1.125
	3	1.000 0(1.000 0)	1.000 0(1.000 0)	1.000 0(1.000 0)	1.000

在实际应用时,这种结果不可能被消费者理解,甚至精算师自己也怀疑模型是否出错了. 无论如何,这至少说明我们需要更为细致地划分车龄这一定价因子,并使得模型的最后结果具有稳定性.

2. 损失强度分析

损失强度衡量每次赔付的大小,是发生赔付情况下的案均赔款. 因此没有发生保险事故的保单不在分析范围. 本节选用逆高斯分布初步分析损失强度. 如果在 WinBUGS 软件中完成模型估计,需要使用前文介绍的技巧,因为在 WinBUGS 软件中不能直接使用逆高斯分布. 在 SAS 中的 GENMOD 过程中,可以直接使用逆高斯分布来完成贝叶斯分析,故此处使用该过程完成模型估计. 逆高斯分布记为 $IG(\mu, \sigma^2)$ 且其均值、方差分别为 μ、$\sigma^2\mu^3$. 由于很难获得公司内部数据,此处假设模型参数的先验分布为均匀分布,而 σ^{-2} 的先验分布为 Gamma 分布(参数为 GENMOD 过程默认值).

只有产生的马尔科夫链收敛于参数的后验分布,才能据此作统计推断,因此链的收敛性至关重要. 只有当所有参数的样本均通过收敛性检验,所作的统计推断才有意义. 最开始,产生链的长度为 70 000,前 20 000 个样本为燃烧期(burning),即对每个模型参数都使用 50 000 个样本. 模型所有参数都通过了检验,我们的样本量并不足以保证所有参数收敛,因此通过此检验并考虑到运行时间,我们认为 16 万个的样本量(包括 2 万的烧热期)是合适的.

对比本节的结果与 Gamma 模型的结果(第 4 列中的值)发现,参数 zon5、mcclass1、mcclass7 分别达到 Gamma 模型结果的近 10 倍、50 倍、100 倍! 在实际使用中,如此大的差异必然带来异议. 此时需要从实际情况出发,仔细分析不同 mcclass 类别车的风险差异,并据此调整模型. 如果发现 mcclass7 类别的车辆,风险状况显著不同,应考虑单独分析这一类别. 在车险实务中,比如公交车和私家车风险状况明显不同,若将他们的赔付数据一起分析极有可能出现这种情况. 此时应单独分析公交车的赔付规律,这样能对不同业务单元制定较合理的费率结构. 另外, 由于此处赔付记录仅有 666 条, 贝叶斯方法得到的结果与传统方法相差较大也就不足为奇. 估计的费率结构为第 5 列括号内的值.

从实用的角度讲, 本节介绍的方法仅能作为发现问题的工具. 保险数据的分析建立在大量数据的基础上, 而复杂模型的运行时间会显著增加. 即便是本节看似简单的程序, 如果要得到结果也需要 24 h 以上. 同时, 模型的有效与否与数据的质量有关. 对不同险种, 其数据差异性较大, 也就很难找到一个模型适合所有数据. 虽然我们得到了一个并不适合本节数据的模型, 但并不是说这种模型对任何数据都会如此表现. 我们只是想介绍这种方法, 以便今后分析其他数据. 从商用的角度讲, 有时贝叶斯方法需要借助大型服务器的运算能力, 单独使用个人计算机计算效率低下.

传统的广义线性模型无法考虑精算师的实际经验, 本节介绍的方法可以将精算师的定价经验纳入模型中来, 这是本节最为重要的一点. 如何将精算师的实际经验通过先验分布表达出来是一个需要继续深入研究的主题. 如果有有效的方法解决此问题, 那么对于精算定价而言, 方法也不再局限于传统的广义线性模型. 综合使用各种模型以更好地把握风险的数量关系是精算师所追求的.

11.11.7 附录: 模型代码(R, WinBUGS)

附录 1: 模型代码(R):

```
library(R2WinBUGS)
    vmccase<-read. csv("vmccase. csv", header=T)
    vmccase<-as. data. frame(vmccase)
    init<-function( ){
      init<-function( ){
      list(beta=c(-6, 1.6, 1, 0.5, -0.09, 0.03, -0.3, 0.4, 0.7, 0.3, 0.7, 1.4, 1.2, 1.2, 0.6,
      0.2, 0.4))}
    claimcount. GP<-bugs(data=vmccase,inits=init, model. file="C:/Documents and Settings/
    lunwen04/sunshi. bug", parameters=c("beta"), n. chains=1, n. iter=20000,
debug=TRUE, bugs. directory="E:/tongji/WinBUGS14/")
```

附录 2: 模型代码(WinBUGS):

```
model{
c<-10000000
omega<-0.2
for(i in 1:62474){
x[i, 1]c<-1
x[i, 2]c<-equals(zon[i], 1)
x[i, 3]c<-equals(zon[i], 2)
x[i, 4]c<-equals(zon[i], 3)
x[i, 5]c<-equals(zon[i], 5)
x[i, 6]c<-equals(zon[i], 6)
x[i, 7]c<-equals(zon[i], 7)
x[i, 8]c<-equals(mcclass[i], 1)
```

```
x[i, 9]c<—equals(mcclass[i], 2)
x[i, 10]c<—equals(mcclass[i], 4)
x[i, 11]c<—equals(mcclass[i], 5)
x[i, 12]c<—equals(mcclass[i], 6)
x[i, 13]c<—equals(mcclass[i], 7)
x[i, 14]c<—equals(vehicleage[i], 1)
x[i, 15]c<—equals(vehicleage[i], 2)
x[i, 16]c<—equals(bonusclass[i], 1)
x[i, 17]c<—equals(bonusclass[i], 2)
}
for(i in 1: 62474){
zero[i]c<—0
zero[i]~dpois(zero. mean[i])
zero. mean[i]c<—l[i]+c
lamda. change[i]c<—(1—omega) * lamda[i]+omega * claimsnumber[i]
l[i]c<—log(1—omega)+log(lamda[i])+(claimsnumber[i]—1) * log(lamda. change[i])—
lamda. change[i]—loggam(claimsnumber[i]+1)
log(lamda[i])c<—inprod(x[i], beta[])+log(duration[i])
}
for(i in 1: 17){beta[i]~ dnorm(0, 1.0E—04)}}
```

11.12　贝叶斯方法在保险、精算中的应用展望

近年来,贝叶斯方法在保险、精算中的应用尝试被实践证明是非常有前途的. 因为贝叶斯方法的研究范例提供了一个更加完整的分析问题框架,例如允许将误差估计的不确定性溶入到研究过程中,所以贝叶斯方法得到了许多研究者的肯定. 刘乐平,袁卫(2002)对现代贝叶斯方法在精算学中的应用情况进行了展望.

贝叶斯的数值计算方面的研究非常多,在精算学方面的一篇文献是 Scollnik(2001). 这篇文献通过使用 BUGS 软件,利用 MCMC 方法讨论了一大类精算模型. BUGS(Bayesian inference Using Gibbs Sampling)是一种特别的软件包,它可利用 MCMC 方法来分析将未知量当作随机变量处理的完全概率模型.

MCMC 方法,可以称得上是对贝叶斯统计的一次革命. 它在保险、精算中的使用越来越广泛. 随着新问题的不断出现,MCMC 方法的研究日益增多. 另外,在 MCMC 的基础上,贝叶斯广义线性模型方面的研究也是一个值得关注的方向.

欧阳资生,谢赤,谢小良(2005)给出了 Paretian 型超出损失再保险纯保费的贝叶斯极值估计,导出全 Paretian 模型的参数的贝叶斯估计式,并将参数估计式应用于纯保费的估计,得到了超出损失再保险保单的纯保费的贝叶斯估计公式. 作为一个应用,将所得到的估计结果应用于火灾保险和汽车保险数据. 最后通过 MC 模拟说明所构造的模型的稳健性.

高海清(2012)给出了贝叶斯方法在金融保证保险模型中的应用. 主要介绍了 Hamilton 模型和转换函数模型,说明了贝叶斯方法在金融保证保险模型中的应用,将模型中的参数作

为具有先验分布的随机变量,然后根据贝叶斯定理,得出后验分布,以此为基础利用 WinBUGS 软件对模型参数进行估计,最后对纯保费和所需的风险资本总量进行预测.

先验分布研究遗留下的问题,也许可以通过采用现有的无信息先验分布理论,或者对先验分布选择的敏感性,进行稳健贝叶斯分析加以解决.在研究中引进效应函数的概率模型,可以扩大贝叶斯方法的研究范围.与之相对应,研究的结论不再仅仅是后验分布的估计(或者模型参数的估计),而可能是作出期望效用最大的决策.这种新的研究方法同时要求对先验分布和效用函数进行估计,这方面的研究今后将非常活跃.

思考与练习题 11

11.1 请结合本章的有关内容,简要说明贝叶斯统计在保险、精算中的应用的意义.

11.2 本章部分内容是对贝叶斯统计在保险、精算中应用的综述,请收集其中某个感兴趣的部分作更详细的综述.

11.3 收集感兴趣的问题的数据,请模仿本章中应用案例进行计算和分析.

第 12 章　贝叶斯时间序列及其应用

在本章中,我们先介绍贝叶斯时间序列方法研究与应用评述,内容包括一元时间序列、多元时间序列及模型识别三个方面,以期为该方面的研究与应用者提供参考;然后介绍基于 MCMC 方法的贝叶斯 AR(p)模型分析,并给出应用实例.

12.1　贝叶斯时间序列方法研究与应用评述

樊重俊,姚莎(2009)给出了贝叶斯时间序列方法研究与应用评述.贝叶斯时间序列分析与预测方法是最近几十年才发展起来的系统建模方法,其基本思想是,将人们的经验知识作为先验信息结合到实际模型中,即综合利用模型信息、数据信息及先验信息来进行分析与预测.相对于传统的回归分析、Box-Jenkins 方法,贝叶斯时间序列方法尚不很成熟.但由于其实际应用价值,特别是在社会经济领域中的应用,使这一方面研究进展很快.

贝叶斯学派和经典学派间争论已久,至今尚无定论.然而两个学派学者都认为这场争论对现代统计理论的发展起到了积极促进作用.贝叶斯方法与经典方法在基本思想和推断方法上存在着本质的差异,贝叶斯方法针对某些应用领域有其显然优点(朱慧明,韩玉启,2006);与经典方法比较贝叶斯方法充分利用了样本信息和参数的先验信息,在进行参数估计时,通常贝叶斯估计量具有更小的方差或均方误差,能够得到更精确的预测结果;贝叶斯可信区间比不考虑参数先验信息的频率置信区间短;贝叶斯方法能对假设检验或估计问题所做出的判断结果进行量化评价,而不是频率统计理论中的接受、拒绝的简单判断;在基于无失效数据的分析工作,贝叶斯统计有着更大的优点.

先验分布是贝叶斯统计推断方法的基础和出发点,但目前还没有统一的先验分布构造法,一般的讨论分为无信息先验分布和共轭先验分布两大类.贝叶斯假设是一种常见的参数先验分布选取方法.为克服贝叶斯假设均匀分布变化后不是均匀分布的矛盾,Jeffreys (1957)根据不变性要求,提出了一种基于信息函数的扩散先验分布选择方法,另外还有参照先验分布、概率匹配先验分布、最大熵原则方法、Monte Carlo 法、随机加权法和 Harr 不变测度法等(朱慧明,韩玉启,2006).张尧庭,陈汉峰(1991)认为"无信息先验分布的确定是贝叶斯理论的一大难点","我们应把重点放在怎样使用先验信息的一面,真正发挥贝叶斯方法长处".

尽管贝叶斯分析在理论上比较完美,但由于其实际计算过程中需要进行从一维甚至到多维的积分计算阻碍了贝叶斯方法的广泛应用.贝叶斯计算主要集中在二次损失函数设定下后验期望的估计上.20 世纪 90 年代以前,一些学者提出了数值和解析近似的方法来计算后验分布期望,但这些方法均需要复杂数值和解析近似技术及相应的软件支撑.近年来, MCMC 方法已经成为处理复杂统计问题的特别流行工具,它可以计算维数很大的问题,并且有很高的计算精度. MCMC 方法主要有两种:Gibbs 抽样方法和 Metroplis-Hasting 方法. 尽管 MCMC 方法应用广泛,但很难判断何时马尔可夫链已经渐近收敛于平稳分布,另外并不能说明此法已经完全代替了传统方法. 在一些特别的场合,传统方法仍有其优势. MCMC 方法是目前贝叶斯推断理论体系中的重点研究问题之一. 目前已有的研究成果中先验分布选择的随意性大,缺乏程式化的分析方法. 值得高兴的是,目前已有进行贝叶斯推断的专用软件包 WinBUGS.

12.1.1 贝叶斯时间序列方法与应用

与基于经典统计理论的时间序列模型相比,用贝叶斯方法进行时间序列分析具有其独到特点:第一,它的方法更为普遍,能运用到更加广泛的统计领域中;第二,它允许合理地利用先验信息,更利于直接明确地分析具体问题;第三,这种方法得到的结果不仅仅是一个预测值,而是一个完整的未来经济结果的概率分布,这种预测方法比其他预测方法产生的结果更加有用;第四,它相对于传统的统计方法能更明确合理地处理不确定因素问题. 然而在实际问题运用中,运用贝叶斯分析方法估计模型参数还是有限制的,这种限制是由于估计参数的增加带来的计算困难,而不是传统方法的自由度不足. 贝叶斯时序预测模型主要有贝叶斯 AR 模型、MA 模型及 ARMA 模型. 其中 AR 模型和 MA 模型可以看作是 ARMA 模型的特例.

12.1.2 一元 ARMA 模型的贝叶斯方法

樊重俊,吴可法(1995)讨论了一元 ARMA 模型的贝叶斯方法. 关于一元时间序列贝叶斯方法的研究,最早见 Box & Jenkins(1970)*Time Series Analysis*,*Forecasting and Contro*(《时间序列分析:预测和控制》),但他们所给的方法和结果离实际应用还有相当的差距. 美国著名的统计学家 Zellner(1971)系统地研究了计量经济学中的贝叶斯理论,包括回归模型、完全递归模型和分布滞后模型的贝叶斯方法,使其在理论、方法、程序、应用方面都有了很大发展. 泽尔纳的奠基性论文,在 Jeffreys 广义先验密度下导出了一阶、二阶 AR 模型参数的后验分布,以及一步预测值的分布(Zellner,1987,1995,1997).

布伦美林(Broemeling)和兰德(Land)对 AR 模型把 Jeffreys 广义先验密度扩大为共轭型正态- Gamma 分布的情形,在条件似然函数的意义下,得到系数参数的后验分布为多元 t 分布,随机误差项方差的后验分布为倒 Gamma 分布,一步预测值分布为一元 t 分布. 随后,布伦美林和沙拉维(Shaarawy)合作分别在 1984 年、1985 年发表的两篇论文中对 MA 和 ARMA 模型得到了类似结果. 然而他们的方法也存在两个不足:推断中使用条件似然函数而不是完全似然函数;仍借助 Box-Jenkins 方法来估计随机误差序列,而不是从贝叶斯方法本身来估计. 现有的时间序列模型理论体系中,AR 模型参数估计方法主要有 LS 估计和 Yule-Walker 估计,这些方法仍存在没有考虑模型参数本身信息的缺点,值得进一步探讨和研究. 随着 MCMC 方法在贝叶斯分析上的应用,许多学者开始利用 MCMC 方法解决 ARMA 模型参数的估计问题. 麦卡洛克(Mculloch)和巴尼特(Barnett)用基于 Gibbs 抽样的贝叶斯方法分别估计了同时考虑异常点的 AR 模型和 ARMA 模型中的参数,但是由于它们复杂的理论推导和缺乏容易操作的软件支持,这种方法一直没有得到广泛使用.

在时间序列模型体系中,AR 模型的应用最为成熟与广泛. 时间序列 MA 模型的贝叶斯分析,由于在似然函数的构造上在形式上比时间序列 AR 模型的贝叶斯分析复杂很多,在用贝叶斯方法分析时间序列 MA 模型过程中,并没有经典的先验分布族,这使参数边缘后验分布难以计算和解释.

时间序列 ARMA 模型在形式和方法上与 MA 模型的贝叶斯分析有许多相似之处. 在推导参数的边缘后验密度过程中,遇到 MA 模型分析中类似的问题,即参数的边缘后验密度并不属于标准的分布族,这使得参数的贝叶斯估计难以计算和分析解释,成为继续研究的一个难点和重点.

在经济应用领域,上述三类常用时间序列模型所反映的自相关函数呈指数率迅速衰减,属于线性平稳统计模型,它们是建立在随机平稳性假设条件下的,一般称为短记忆过程. 但是,在许多经济时间序列中存在着一种现象,其数据时间序列中远距离观测值的相关性尽管很小,但不能被忽视,其自相关函数呈双曲率缓慢下降,这种现象称为长记忆过程.

12.1.3　多元 AR 模型的贝叶斯方法

20 世纪 80 年代,将贝叶斯方法引进时间序列预测模型分析,且完整地建立了贝叶斯向量自回归(BVAR)模型,极大地推动了贝叶斯时序预测理论的应用和发展. 多元 AR 模型又称向量 AR 模型(Vector Auto Regressions,VAR). VAR 模型最初是在 20 世纪 70 年代末提出来的,主要用于替代联立方程结构模型,提高经济预测的准确性,尤其是在宏观经济和商业金融预测领域. 但 VAR 模型的主要缺点是参数太多,对数据序列样本长度的要求过大.

与传统的经济计量分析方法不同,贝叶斯推断理论为解决 VAR 模型参数过多时的估计问题提供一种便利的分析框架,这主要得益于 1986 年美国学者利特曼(Litterman)的开创性研究工作. 他利用贝叶斯方法对 Minnesota 州的生产总值等七个指标进行预测,并取得良好效果. 樊重俊,张尧庭(1991)在条件似然意义下,利用矩阵正态——Wishart 共轭先验分布. 得到了系数参数的后验分布为矩阵 t 分布,另外还给出了分量方程的结果,随机误差项的协方差阵已知时的结果和模型的推断方法.

12.1.4　模型识别

贝叶斯时间序列建模分析是统计学中具有重要理论意义,其模型优于非贝叶斯模型,因此,贝叶斯方法获得越来越多专家学者尤其是应用工作者的认同.

在国内,我国学者对贝叶斯时间序列建模分析、模型识别的研究相对较晚,但也取得了一系列成果(张思齐,2001;朱慧明,刘智伟,2004). 但是从总的情况来看,尤其是与西方国家相比,贝叶斯时间序列建模分析、模型识别在我国的应用与发展尚属于起步阶段. 这主要有两个方面原因:目前绝大多数的统计专著或学术论文大多采用频率学派的观点,严密系统地论述贝叶斯方法的文献很少,贝叶斯方法还不为大家所熟悉;计算复杂,特别是在高维数据分析问题中尤其如此,缺乏相应的软件支撑,这妨碍了贝叶斯方法在实际问题中的应用.

12.2　基于 MCMC 方法的贝叶斯 AR(p)模型分析

郑进城,朱慧明(2005)提出运用 Gibbs 抽样的 MCMC 方法,解决时间序列 AR(p)模型贝叶斯分析过程中所遇到的复杂的数值计算问题,借数据仿真分析来说明运用 WinBUGS 软件建模的分析过程,得出以 MCMC 为基础的 WinBUGS 软件、简便了贝叶斯 AR(p)模型的实际应用的结论.

运用贝叶斯方法进行经济时间序列分析,不仅充分利用了模型信息和样本数据信息,而且融合了模型总体分布中未知参数的信息.它克服了传统的静态模型难以处理突发事件的缺陷,具有灵活、易于适应外部变化的特点,可以很好地解决传统统计方法的样本不足及样本质量不佳的问题,更适合进行模型的预测,更能反映现实问题.

但正如运用贝叶斯方法分析其他统计模型一样,在时间序列模型的贝叶斯分析过程中,对总体参数的统计推断,同样会遇到对高维概率分布作积分的复杂问题.这使贝叶斯方法的应用受到了极大的限制.随着计算机技术的发展和贝叶斯方法的改进,特别是 MCMC 方法以及 WinBUGS 软件的发展和应用,原先异常复杂的高维计算问题随之迎刃而解,很大程度上方便了参数的后验推断问题,这使现代贝叶斯理论日趋成熟,也极大地促进了贝叶斯理论的推广应用.

运用贝叶斯方法进行 AR(p)分析,已经有不少的文章做过专门的介绍.以下基于 Gibbs 抽样的 MCMC 方法,通过实证数据利用 WinBUGS 软件进行贝叶斯 AR(p)的建模分析.

12.2.1　贝叶斯 AR(p)模型

设模型中的随机变量设为 Y_t,则它的 AR(p)模型为

$$\theta(B)Y_t = \varepsilon_t, \quad t = 1, 2, \cdots, n.$$

此处随机误差项 $\varepsilon_1, \varepsilon_2, \cdots, \varepsilon_n$ 相互独立,并且均服从正态分布 $N(0, \tau^{-1})$,$\tau > 0$ 为模型误差项 ε_t 的精度,即方差的逆:

$$\theta(B) = 1 - \theta_1 B - \theta_2 B^2 - \cdots - \theta_p B^p.$$

其中,$\theta_1, \theta_2, \cdots, \theta_p$ 为模型的自回归系数,p 为模型的阶,$B^K Y_t = Y_{t-K}$;如果多项式 $\theta(B) = 0$ 的根都落在单位圆外,则称该 AR(p)模型为平稳过程.假设本节所分析的 AR(p) 模型为平衡过程,若给定时间序列的初始值 $y_0, y_1, \cdots, y_{1-p}$,设 $\boldsymbol{\theta} = (\theta_1, \theta_2, \cdots, \theta_p)^T$,此时随机变量 Y_t 服从正态分布,即

$$(y_t \mid y_{t-1}, y_{t-2}, \cdots, y_{t-p}) \sim N(\theta_1 y_{t-1} + \theta_2 y_{t-2} + \cdots + \theta_p y_{t-p}, \tau^{-1}),$$

则模型的似然函数为

$$L(\boldsymbol{\theta}, \tau) = f(y_1, y_2, \cdots, y_n \mid \boldsymbol{\theta}, \tau) \propto \left(\frac{\tau}{2\pi}\right)^{\frac{n}{2}}$$

$$\exp\left\{-\frac{\tau}{2}\sum_{t=1}^{n}\left[y_t - (\theta_1 y_{t-1} + \theta_2 y_{t-2} + \cdots + \theta_p y_{t-p})\right]^2\right\}.$$

模型未知参数的先验分布采用正态-Gamma 分布族,即对于给定的 τ,参数 $\boldsymbol{\theta}$ 的先验分

布为正态分布,而精度参数 τ 的先验分布为 Gamma 分布,即

$$\pi(\boldsymbol{\theta},\tau)=\pi(\boldsymbol{\theta}\mid\tau)\pi(\tau).$$

其中

$$\pi(\boldsymbol{\theta}\mid\tau)\propto\tau^{\frac{p}{2}}\exp\left\{-\frac{\tau}{2}(\boldsymbol{\theta}-\mu)^{\mathrm{T}}Q(\boldsymbol{\theta}-\mu)\right\},\quad\pi(\tau)\propto\tau^{\alpha-1}\mathrm{e}^{-\tau\beta}.$$

此处超参数 $\mu\in R^{p}$, $\alpha>0$, $\beta>0$. $\boldsymbol{Q}$ 是 p 阶正定矩阵. 若记 $\boldsymbol{Y}=(y_{1},\cdots,y_{n})^{\mathrm{T}}$,根据贝叶斯定理,参数 $(\boldsymbol{\theta},\tau)$ 的联合后验分布密度函数与参数先验分布密度函数、模型拟合函数二者的乘积成正比,即

$$\pi(\boldsymbol{\theta},\tau\mid\boldsymbol{Y})\propto L(\boldsymbol{\theta},\tau)\pi(\boldsymbol{\theta},\tau).$$

由参数的联合后验分布密度函数 $\pi(\boldsymbol{\theta},\tau\mid\boldsymbol{Y})$ 在区间 $(0,\infty)$ 上进行积分,便得模型自回归系数 $\boldsymbol{\theta}$ 的边缘后验分布密度

$$\pi(\boldsymbol{\theta}\mid\boldsymbol{Y})=\int_{\tau>0}\pi(\boldsymbol{\theta},\tau\mid\boldsymbol{Y})\mathrm{d}\tau.$$

类似地,由 $\pi(\boldsymbol{\theta},\tau\mid\boldsymbol{Y})$ 对 $\boldsymbol{\theta}$ 进行积分,便得到参数 τ 的边缘后验分布密度

$$\pi(\tau\mid\boldsymbol{Y})=\int_{\theta\in R^{p}}\pi(\boldsymbol{\theta},\tau\mid\boldsymbol{Y})\mathrm{d}\theta.$$

由于上述的贝叶斯推断中,涉及高维积分,计算十分复杂. 以下通过运用 MCMC 仿真的方法来进行上述的贝叶斯统计推断,借助 WinBUGS 软件,使得运用贝叶斯方法进行时间序列更加简便可行.

12.2.2 MCMC 方法与 Gibbs 抽样

MCMC 是在贝叶斯理论框架下,通过计算机进行模拟的方法. 它提供了从待估参数的后验分布抽样的方法,从而使我们获得对待估参数或其函值及其分布的估计. MCMC 方法是与统计物理有关的一类重要随机方法,广泛使用在贝叶斯推断和机器学习中.

在 WinBUGS 中可以使用有向图模型方式对模型进行直观的描述,也可以直接编写模型程序,并给出参数的 Gibbs 抽样动态图、用 Smoothing 方法得到的后验分布的核密度估计图、抽样值的自相关图及均数和置信区间的变化图等,使抽样结果更直观、可靠. Gibbs 抽样收敛后,可以得到参数的后验分布的均数、标准差、0.95% 置信区间和中位数等信息.

12.2.3 应用案例

1. 数据

对某市 1985—1993 年各月工业生产总值的时间序列(表 12-1)进行平稳化;消除周期性做一阶差分,即 $Y_{t}=Z_{t}-Z_{t-12}$,得到平稳化后的序列 $\{Y_{t}\}$,求 $\{Y_{t}\}$ 的均值为 $\bar{Y}=1.509$,得到 $\{Y_{t}\}$ 的零均值化序列(即 $X_{t}=Y_{t}-\bar{Y}$).

表 12-1　　　　　　　某市 1985—1993 年各月工业生产总值　　　　　单位:万元

年\月	1(7)	2(8)	3(9)	4(10)	5(11)	6(12)
1985-01	10.93	9.34	11.00	10.98	11.29	11.84
1985-07	10.62	10.90	12.77	12.15	12.24	12.30
1986-01	9.91	10.24	10.41	10.47	11.51	12.45
1986-07	11.32	11.73	12.61	13.04	13.14	14.15
1987-01	10.85	10.30	12.47	12.73	13.08	14.27
1987-07	13.18	13.75	14.42	13.95	14.53	14.91
1988-01	12.94	11.43	14.36	14.57	14.25	15.86
1988-07	15.15	15.94	16.54	16.90	16.88	18.10
1989-01	13.70	10.88	15.79	16.36	17.22	17.75
1989-07	16.62	16.96	17.69	16.40	17.51	19.73
1990-01	13.73	12.85	15.68	16.79	17.59	18.51
1990-07	16.08	17.27	20.83	19.18	21.40	13.76
1991-01	15.73	13.14	17.24	17.93	18.82	19.12
1991-07	17.70	19.87	21.17	21.44	22.14	22.45
1992-01	17.88	16.00	20.29	21.03	21.78	22.51
1992-07	21.55	22.01	22.68	23.03	24.55	24.67
1993-01	19.61	17.15	22.46	13.19	23.40	26.26
1993-07	22.91	24.03	23.94	24.12	25.87	28.25

用 Box-Jenkins 方法得到适应的模型为 AR(p),即

$$y_t = \beta_0 y_{t-1} + \beta_1 y_{t-2}.$$

2. 建模过程分析

WinBUGS 中的分析过程主要包括:模型的构建,数据的导入,参数初始值的设定,迭代及数据的分析. 其中参数初始值赋以无信息先验分布,即当参数被断定在某一值(如零值)时,使模型参数趋近于这一取向而不是锁定确定值,只要有必要的数据支持,那么这种方法就可以得到更为精确的估计值. 本节参数初始值的先验分布采用前面所述的正态-Gamma 分布形式,参数的先验分布如下:$\beta_0 \sim N(0.1, 1.0E-6)$,$\beta_1 \sim N(0.1, 1.0E-6)$,$\tau \sim Ga(mma)(0.1E-6, 1.0E-3)$,其中 $\tau = \sigma^{-1}$.

本节在模型运行的过程中,先进行 1 000 次 Gibbs 预迭代,以确保参数的收敛性. 然后丢弃最初的预迭代,再进行 10 000 次 Gibbs 迭代. Doodle 图如图 12-1 所示.

迭代从第 1 001 次开始至 10 000 的 WinBUGS

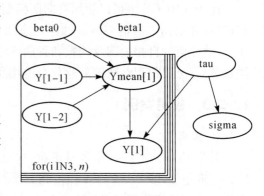

图 12-1　Doodle 图

运行结果见表 12 - 2,不难得到 β_0 的均值为 0.400 9,95% 可信(置信)区间为 (0.196 1,0.609 6), β_1 的均值为 0.068 3,95% 可信(置信)区间为(−0.137 1,0.273 3), τ 的均值为 1.077,95% 可信(置信)区间为(0.781 2,1.420 0).

表 12-2　　　　　　　　　　　　　　WinBUGS 运行结果

参数	均值	方差	MC 误差	2.5%	中位数	97.5%	开始	样本
β_0	0.400 9	0.105 1	0.001 016	0.196 1	0.400 2	0.609 6	1 001	10 000
β_1	0.068 3	0.103 5	9.422E−04	−0.137 1	0.068 5	0.273 3	1 001	10 000
sigma	0.971 7	0.074 9	7.788E−04	0.839 4	0.967 7	1.132 0	1 001	10 000
tau	1.077 0	0.164 1	0.001 683	0.781 2	1.068 0	1.420 0	1 001	10 000

后验分布的核密度估计如图 12-2,图 12-3,图 12-4 所示.

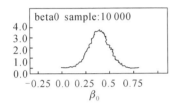

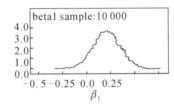

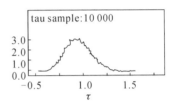

图 12-2　β_0 后验分布的核密度估计

图 12-3　β_1 后验分布的核密度估计

图 12-4　τ 后验分布的核密度估计

在模型的分析过程中,MCMC 收敛性诊断是很重要的,模拟时绝不能简单通过大量迭代作为预迭代. 在检验模型参数的收敛性方面,WinBUGS 可对参数进行多层链式迭代分析,即输入多组初始值,形成多层迭代链,当参数模型收敛,则迭代图形结果趋于重合. 本例中输入两组初始值分别进行 1 000 次迭代分析,可以看出两组初始值的迭代形成两条链的轨迹以及在收敛性诊断图中趋于重合. τ 多层叠轨迹(抽样动态图),如图 12-5 所示[β_0 和 β_1 多层叠轨迹(抽样动态图)从略].

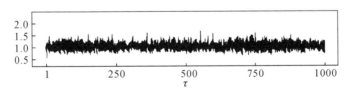

图 12-5　τ 多层迭轨迹(抽样动态图)

收敛诊断如图 12-6,图 12-7,图 12-8 所示.

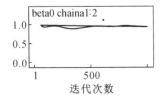

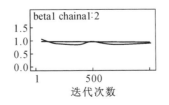

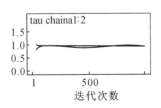

图 12-6　β_0 收敛诊断图

图 12-7　β_1 收敛诊断图

图 12-8　τ 收敛诊断图

MCMC 技术为贝叶斯统计的理论发展和实际应用带来了革命性的突破,特别是 WinBUGS 软件的推广应用,使贝叶斯方法的实际应用更加简便可行. 在 AR(p)时间序列模型贝叶斯推断过程中,基于 MCMC 方法的 WinBUGS 软件的应用,使模型参数的贝叶斯推断摆脱了烦琐的高维积分计算,程序化了贝叶斯方法的分析应用. 然而,在应用 WinBUGS 对 AR(p)时间序列模型贝叶斯分析过程中,还需继续对以下三个问题进行发展完善:

(1) 模型参数先验信息的设定合理与否仍有争论;

(2) MCMC 方法依赖于模拟的收敛性,而收敛性的判断是困难的,至今没有得到完全可靠的诊断方法;

(3) 需补充贝叶斯时间序列 AR(p)模型的预报分析方法的构建.

以上研究为贝叶斯方法分析其他时间序列模型提供了模型参考和研究思路.

思考与练习题 12

12.1　请结合本章的有关内容,简要说明贝叶斯时间序列方法研究与应用的意义.

12.2　本章部分内容是对贝叶斯时间序列方法研究与应用的评述,请收集其中某个感兴趣的部分作更详细的综述.

12.3　收集感兴趣的问题的数据,请模仿本章中应用案例进行计算和分析.

第 13 章　贝叶斯可靠性统计分析基础

早在 20 世纪 60 年代,就已有将贝叶斯方法用于可靠性统计分析.到了 20 世纪 80 年代,在美国已有这方面的专著,Martz & Waller(1982)系统地介绍了这方面的工作.由于可靠性统计分析的对象大多是比较精密、昂贵的设备,能做试验的少,数据得来不易,而贝叶斯方法正好可以利用先验信息减少试验量,这就使得在可靠性统计分析中越来越多的人对贝叶斯方法产生了兴趣.

13.1　可靠性统计分析概述

可靠性是从提高军工产品的质量中提出的.在第二次世界大战之后,局部战争不断发生,为了提高武器装备的性能,采用新技术、新材料越来越多.特别是使用了大量的电子元器件,从而使武器装备日益复杂,再加上装备使用环境的严酷,使当时的武器装备故障频繁.在朝鲜战争中,美国的军用电子装备故障最为严重,雷达有 84% 的时间是处于故障维修状态.美国在 1952 年成立了"电子设备可靠性咨询组"(AGREE),经过五年的研究,该组于 1957 年发表了《军用电子设备可靠性》的研究报告.

该报告首次给出了可靠性的定义、多种可靠性指标及其评估方法等一套系统的概念与方法,为可靠性的发展奠定了基础。

可靠性的发展很快,经历了 20 世纪三四十年代的萌芽阶段,50 年代的起步阶段,70 年代的基本成熟阶段,到 90 年代进入了向综合化、智能化、自动化的发展阶段,使可靠性成为一门综合性的可靠性工程技术学科。其研究对象也不断扩大,从电子产品到机械产品,从小的零部件到大的设备或系统,从软件到硬件,从军工产品到民用产品.特别是进入 21 世纪以来,由于核能的开发和应用日益受到重视,航天、航空工业的竞争更加激烈,高技术、智能制造等越来越受到重视,这些都更加突显了可靠性的重要性.

产品在规定的条件下和规定的时间内,完成规定的功能的能力,称为**产品的可靠性**.这是 1957 年美国"电子设备可靠性咨询组"(AGREE)的研究报告中给出的"产品的可靠性"的定义,至今一字未改.

可靠性就是在上述三个规定下,研究产品发生失效的统计规律性,从而为排除故障、提高质量提供依据.

可靠性统计分析提出了不少统计学中的新问题,它的主要特点有两个,一个是数据少,因为数据是要通过试验获得,而可靠性试验费用较大(一般可靠性寿命试验具有破坏性);另一个是数据不完全,因为可靠性试验往往与时间有关,不大可能长期进行试验而不结束,这就给数据分析带来了困难.

从统计学观点来看可靠性试验,可以分为两类:成败型试验与连续型试验.成败型试验,就是每次试验只有两个可能结果——成功或失败. 例如,卫星发射试验,只有成功与失败两个可能结果,打靶只有命中与不命中两个可能结果. 连续型试验往往与寿命试验相联系,试验的结果是样品的失效时刻,即样品使用了多长时间发生失效,因此观察到的 n 个样品中第 i 个失效时刻 t_i,显然有如下关系:

$$t_1 \leqslant t_2 \leqslant \cdots \leqslant t_r, \quad r \leqslant n.$$

成败型试验往往与二项分布、负二项分布等有关,连续型试验往往与指数分布、对数正态分布、威布尔分布等有关.

寿命试验的一般情况是把同一个总体的 n 个样品同时进行试验,记第 i 个失效时刻为 $t_i (i=1,2,\cdots,r)$,由于第一个失效的是这 n 个样品中寿命最短的,所以它是最小值. 若 x_i 表示样品中第 i 个失效时刻,于是有 $t_i = x_1, x_2, \cdots, x_n$ 中第 i 小的,即

$t_1 = \min(x_1, x_2, \cdots, x_n),$

$t_2 = x_1, x_2, \cdots, x_n$ 中第 2 小的值,

$\quad \vdots$

$t_n = \max(x_1, x_2, \cdots, x_n).$

$t_1, t_2, \cdots, t_n$ 称为 $x_1, x_2, \cdots, x_n$ 的次序统计量.

在实际可靠性试验中,一般并不能获得全部 $t_1, t_2, \cdots, t_n$,只能获得前面的 r 个值 $t_1 \leqslant t_2 \leqslant \cdots \leqslant t_r, r \leqslant n$. 由于获得前面 r 个失效时刻的方式不同,可分为如下两种情况:

(1) 定数截尾——试验到出现第 r 个失效为止,此时 r 是事先指定的常数.

(2) 定时截尾——试验到时间 T 为止,在 $(0, T)$ 这段时间内失效的个数为 r,相应的失效时刻为 $t_1 \leqslant t_2 \leqslant \cdots \leqslant t_r$,此时 r 是一个随机变量.

需要说明,可靠性统计分析方法也随截尾方式不同而不同.

13.2 成败型试验——二项分布

成败型试验中最常遇到的是二项分布. 如果我们进行 n 次独立试验,每次试验的结果只有成功与失败两个可能结果,成功的概率不随试验次数改变,是一个参数,设它为 p(又称为可靠度),于是 n 次独立试验中恰有 X 次成功,则 $X \sim B(n, p)$,即

$$P(X=k) = C_n^k p^k (1-p)^{n-k}, \quad k=0, 1, \cdots, n.$$

若取 p 的先验分布为共轭分布——Beta 分布 $Be(a, b)$,根据例 2.3.1,则 p 的后验分布为 Beta 分布 $Be(a+k, n-k+b)$,其中 k 为 n 次试验中成功的次数.

当 $a=b=1$ 时,根据例 3.1.1,在平方损失下 p 的贝叶斯估计(后验期望)为 $\hat{p} = \dfrac{k+1}{n+2}$. 根据例 3.1.2,$p$ 的最大后验估计 $\hat{p}_{MD}$ 与经典估计为 $\hat{p}_C$(它是 p 的极大似然估计)相同,即

$$\hat{p}_C = \hat{p}_{MD} = \frac{k}{n}.$$

可靠性统计分析需要给出点估计,也需要给出置信(可信)区间、置信(可信)限. 由于 Beta 分布与 F 分布有密切关系,我们可以利用 F 分布给出二项分布中参数 p 的可信限. 我们需要引入一个定理,这里只叙述,其证明,见张尧庭等(1991).

定理 13.2.1　设 $\beta \sim Be(a, b)$，其中 a, b 均为自然数，则 $F = \dfrac{b}{a} \dfrac{\beta}{1-\beta} \sim F(2a, 2b)$.

在二项分布 $B(n, p)$ 中，若 p 的先验分布为共轭分布——Beta 分布 $Be(k_0, n_0 - k_0)$，这里 $k_0, n_0 - k_0$ 均为自然数，则 p 的后验分布为 Beta 分布 $Be(k + k_0, n + n_0 - (k + k_0))$. 因此可以得到如下结果[其证明，见张尧庭等(1991)]：

(1) p 的可信水平为 $1 - \alpha$ $(0 < \alpha < 1)$ 的双侧可信区间为 (p_L, p_U)，其中

$$p_L = \frac{n_1 F_{\frac{\alpha}{2}}(n_1, n_2)}{n_2 + n_1 F_{\frac{\alpha}{2}}(n_1, n_2)}, \tag{13.2.1}$$

$$p_U = \frac{n_1 F_{1-\frac{\alpha}{2}}(n_1, n_2)}{n_2 + n_1 F_{1-\frac{\alpha}{2}}(n_1, n_2)}, \tag{13.2.2}$$

这里 $n_1 = 2(k + k_0)$，$n_2 = 2(n + n_0 - k - k_0)$.

(2) p 的可信水平为 $1 - \alpha$ $(0 < \alpha < 1)$ 的单侧可信下限、单侧可信上限分别为 p_L 和 p_U，其中

$$p_L = \frac{n_1 F_{\alpha}(n_1, n_2)}{n_2 + n_1 F_{\alpha}(n_1, n_2)}, \tag{13.2.3}$$

$$p_U = \frac{n_1 F_{1-\alpha}(n_1, n_2)}{n_2 + n_1 F_{1-\alpha}(n_1, n_2)}. \tag{13.2.4}$$

例 13.2.1　对一批产品进行随机抽样，共抽取 5 件产品，结果是 3 件合格，2 件不合格，即 $n = 5$，$k = 3$. 另外，从生产该批产品的工厂中，获得近期抽查过 10 件该产品，结果是 9 件合格，1 件不合格，即 $n_0 = 10$，$k_0 = 9$. 于是得到 p 的先验分布为 Beta 分布 $Be(k_0, n_0 - k_0) = Be(9, 1)$，$p$ 的后验分布为 Beta 分布 $Be(k + k_0, n + n_0 - (k + k_0)) = Be(12, 3)$，为了利用上述的式(13.2.1)—式(13.2.4)计算 p 的双侧可信区间、单侧可信下限、单侧可信上限，先计算 $n_1 = 2(k + k_0) = 24$，$n_2 = 2(n + n_0 - k - k_0) = 6$，查表并计算得到

$$F_{0.90}(24, 6) = 2.82, \quad F_{0.95}(24, 6) = 3.84,$$

$$F_{0.10}(24, 6) = \frac{1}{F_{0.90}(6, 24)} = \frac{1}{2.82}, \quad F_{0.05}(24, 6) = \frac{1}{F_{0.95}(6, 24)} = \frac{1}{3.84}.$$

对于给定的可信水平为 $1 - \alpha = 0.9$，则有：

(1) 根据式(13.2.1)和式(13.2.2)，p 的双侧可信区间为 (p_L, p_U)，其中

$$p_L = \frac{24 \times \dfrac{1}{3.84}}{6 + 24 \times \dfrac{1}{3.84}} = 0.510\,2,$$

$$p_U = \frac{24 \times 3.84}{6 + 24 \times 3.84} = 0.938\,9.$$

(2) 根据式(13.2.3)和式(13.2.4)，p 的单侧可信下限、单侧可信上限分别为 p_L 和 p_U，其中

$$p_L = \frac{24 \times \frac{1}{2.82}}{6 + 24 \times \frac{1}{2.82}} = 0.530\ 1,$$

$$p_U = \frac{24 \times 2.82}{6 + 24 \times 2.82} = 0.918\ 5.$$

当然，在成败型试验中，并不是只有二项分布，还有负二项分布和 Poisson 分布需要考虑，此种情形的讨论，见张尧庭等(1991).

13.3　连续型试验——指数分布

设产品的寿命 T 服从指数分布，其密度函数为

$$f(t) = \lambda e^{-\lambda t}, \quad t \geqslant 0. \tag{12.3.1}$$

其中，$\lambda > 0$ 称为产品的**失效率**.

13.3.1　定数截尾寿命试验

现在取 n 个产品进行试验，直到出现 r 个失效停止试验，此时，前 r 个失效产品的失效时间为

$$t_1 \leqslant t_2 \leqslant \cdots \leqslant t_r, \quad r \leqslant n.$$

此时似然函数为

$$L(\lambda; t_1, t_2, \cdots, t_r) = C\lambda^r \exp[-\lambda S(t_r)],$$

其中，C 为常数，$S(t_r)$ 称为总试验时间：

$$S(t_r) = \begin{cases} \sum_{i=1}^{r} t_i + (n-r)t_r, & \text{无替换截尾试验}, \\ nt_r, & \text{有替换截尾试验}. \end{cases}$$

如果对产品没有先验信息，则可用参数 λ 的无信息先验分布作为其先验分布. 对于失效率 λ，根据 Jeffreys 准则，λ 的无信息先验分布为 $\pi(\lambda) \propto \lambda^{-1}$.

根据贝叶斯定理，λ 的后验分布为

$$\pi(\lambda \mid r) = \frac{\pi(\lambda)L(\lambda; t_1, t_2, \cdots, t_r)}{\int_0^\infty \pi(\lambda)L(\lambda; t_1, t_2, \cdots, t_r)\mathrm{d}\lambda} = \frac{[S(t_r)]^r}{\Gamma(r)}\lambda^{r-1}\exp[-\lambda S(t_r)],$$

其中 $0 < \lambda < \infty$.

此分布恰好是 Gamma 分布 $Ga(r, S(t_r))$.

如果取平方损失函数,则 λ 的贝叶斯估计为其后验均值,即

$$\hat{\lambda} = \int_0^\infty \lambda \pi(\lambda \mid r) \mathrm{d}\lambda = \frac{r}{S(t_r)}.$$

这个结果与经典统计方法得到的结果是相同的.

以下引入一个定理,这里只叙述,其证明,见周源泉等(1990).

定理 13.3.1 对指数分布式(12.3.1),在无替换定数截尾寿命试验中,其总试验时间 $S(t_r) = \sum_{i=1}^r t_i + (n-r)t_r$,或在有替换定数截尾寿命试验中,其总试验时间 $S(t_r) = nt_r$,都有 $2\lambda S(t_r) \sim \chi^2(2r)$.

根据定理 13.3.1,可以得到:对于置信水平为 $1-\alpha$ $(0 < \alpha < 1)$,指数分布定数截尾寿命试验中 λ 的经典置信上限为

$$\lambda_{\mathrm{UC}} = \frac{\chi_\alpha^2(2r)}{2S(t_r)}.$$

于是平均寿命 $\theta = \dfrac{1}{\lambda}$ 的置信水平为 $1-\alpha$ $(0 < \alpha < 1)$ 的经典置信下限为

$$\theta_{\mathrm{LC}} = \frac{2S(t_r)}{\chi_\alpha^2(2r)}.$$

根据前面的结果,若 λ 的无信息先验分布为 $\pi(\lambda) \propto \lambda^{-1}$,则 λ 的后验分布为 Gamma 分布 $Ga(r, S(t_r))$.

根据周源泉等(1990),对于可信水平为 $1-\alpha$ $(0 < \alpha < 1)$,指数分布定数截尾寿命试验中 λ 的贝叶斯可信上限为

$$\lambda_{\mathrm{UB}} = \frac{\chi_\alpha^2(2r)}{2S(t_r)}.$$

于是平均寿命 $\theta = \dfrac{1}{\lambda}$ 的可信水平为 $1-\alpha$ $(0 < \alpha < 1)$ 的贝叶斯可信下限为

$$\theta_{\mathrm{LB}} = \frac{2S(t_r)}{\chi_\alpha^2(2r)}.$$

这些结果与经典统计方法得到的结果也是相同的.

若 λ 的先验分布取共轭先验分布——Gamma 分布 $Ga(a, b)$,则 λ 的后验分布为 Gamma 分布 $Ga(a+r, b+S(t_r))$. 于是有:

(1) 在平方损失下,λ 的贝叶斯估计为其后验均值,即

$$\hat{\lambda} = \frac{a+r}{b+S(t_r)}.$$

(2) 对于可信水平为 $1-\alpha$ $(0 < \alpha < 1)$,指数分布定数截尾寿命试验中 λ 的贝叶斯可信

上限 λ_{UB} 满足：

$$1-\alpha=\int_0^{\lambda_{UB}}\pi(\lambda\mid r,S(t_r))\mathrm{d}\lambda.$$

当 $2(a+r)$ 为自然数时，有

$$\lambda_{UB}=\frac{\chi_\alpha^2[2(a+r)]}{2[b+S(t_r)]}.$$

此时，平均寿命 $\theta=\dfrac{1}{\lambda}$ 的可信水平为 $1-\alpha\,(0<\alpha<1)$ 的贝叶斯可信下限为

$$\theta_{LB}=\frac{2[b+S(t_r)]}{\chi_\alpha^2[2(a+r)]}.$$

例 13.3.1 在指数分布定数截尾寿命试验中，试验的结果为 $r=1$，$S(t_r)=100$，(1)在可信水平为 0.90 时，求 λ_{UC}，θ_{LC}，$R_{LC}(10)$，在 $t\in[0,20]$ 时，画出函数 $R_{LC}(t)$ 的图形；(2)若 λ 的先验分布取共轭先验分布——Gamma 分布 $Ga(2,200)$，求 λ_{UB}，θ_{LB}，$R_{LB}(10)$，在 $t\in[0,20]$ 时，绘出函数 $R_{LB}(t)$ 的图形.

(1) 在可信水平为 0.90，$r=1$，$S(t_r)=100$ 时，有

$$\lambda_{UC}=\frac{\chi_\alpha^2(2r)}{2S(t_r)}=\frac{\chi_{0.1}^2(2)}{200}=\frac{4.605}{200}=2.303\times10^{-2},$$

$$\theta_{LC}=\frac{2S(t_r)}{\chi_\alpha^2(2r)}=43.43,$$

$$R_{LC}(10)=\exp(-10\lambda_{UC})=\exp(-2.303\times10^{-1})=0.7943.$$

(2) 若 λ 的先验分布取共轭先验分布——Gamma 分布 $Ga(2,200)$，$r=1$，$S(t_r)=100$，则有

$$\lambda_{UB}=\frac{\chi_\alpha^2[2(a+r)]}{2[b+S(t_r)]}=\frac{\chi_{0.1}^2(6)}{600}=\frac{10.645}{600}=1.774\times10^{-2},$$

$$\theta_{LB}=\frac{2[b+S(t_r)]}{\chi_\alpha^2[2(a+r)]}=56.37,$$

$$R_{LB}(10)=\exp(-10\lambda_{UB})=\exp(-1.774\times10^{-1})=0.8374.$$

在 $t\in[0,20]$ 时 $R_{LC}(t)$ 和 $R_{LB}(t)$ 的图形，如图 13-1 所示.

说明：在图 13-1 中，○表示 $R_{LC}(t)$ 的计算结果，＊表示 $R_{LB}(t)$ 的计算结果.

13.3.2 定时截尾寿命试验

现在取 n 个产品进行试验，事先规定的停止时间为 t_0，若在 t_0 前有 r 个失效，此时，前 r 个失效产品的失效时间为

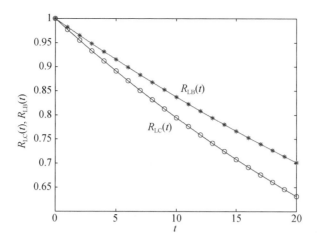

图 13-1　在 $t \in [0, 20]$ 时 $R_{LC}(t)$ 和 $R_{LB}(t)$ 的图形

$$t_1 \leqslant t_2 \leqslant \cdots \leqslant t_r \leqslant t_0, \quad r < n.$$

此时似然函数为

$$L(\lambda; t_1, t_2, \cdots, t_r, t_0) = C\lambda^r \exp[-\lambda S(t_0)],$$

其中,C 为常数,$S(t_0)$ 为总试验时间:

$$S(t_0) = \begin{cases} \sum_{i=1}^{r} t_i + (n-r)t_0, & \text{无替换截尾试验,} \\ nt_0, & \text{有替换截尾试验.} \end{cases}$$

对有替换截尾试验,此时,与定数截尾试验情形有类似的结果,但总试验时间有所不同.

例 13.3.2　在指数分布定时截尾有替换寿命试验中,试验的结果为 $r=1$,$S(t_0)=200$,(1)在可信水平为 0.90 时,求 λ_{UC},θ_{LC},$R_{LC}(10)$,在 $t \in [0, 50]$ 时,画出函数 $R_{LC}(t)$ 的图形;(2)若 λ 的先验分布取共轭先验分布——Gamma 分布 $Ga(0.5, 100)$,求 λ_{UB},θ_{LB},$R_{LB}(10)$,在 $t \in [0, 50]$ 时,绘出函数 $R_{LB}(t)$ 的图形.

(1)在可信水平为 0.90,$r=1$,$S(t_0)=200$ 时,有

$$\lambda_{UC} = \frac{\chi_\alpha^2(2r)}{2S(t_0)} = \frac{\chi_{0.1}^2(2)}{400} = \frac{4.605}{400} = 1.151\,3 \times 10^{-2},$$

$$\theta_{LC} = \frac{2S(t_0)}{\chi_\alpha^2(2r)} = 86.86.$$

$$R_{LC}(10) = \exp(-10\lambda_{UC}) = \exp(-1.151\,3 \times 10^{-1}) = 0.891\,5.$$

(2)若 λ 的先验分布取共轭先验分布——Gamma 分布 $Ga(0.5, 100)$,$r=1$,$S(t_0)=200$,则有

$$\lambda_{UB} = \frac{\chi_\alpha^2[2(a+r)]}{2[b+S(t_0)]} = \frac{\chi_{0.1}^2(3)}{600} = \frac{6.251}{600} = 1.041\,8 \times 10^{-2},$$

$$\theta_{LB} = \frac{2[b + S(t_0)]}{\chi_\alpha^2[2(a+r)]} = 95.98,$$

$$R_{LB}(10) = \exp(-10\lambda_{UB}) = \exp(-1.0418 \times 10^{-1}) = 0.9011.$$

在 $t \in [0, 50]$ 时,$R_{LC}(t)$ 和 $R_{LB}(t)$ 的图形,如图 13-2 所示.

说明:在图 13-2 中,○表示 $R_{LC}(t)$ 的计算结果,* 表示 $R_{LB}(t)$ 的计算结果.

对无替换截尾试验,此时,Cox (1953)给出的结果是:

对无替换截尾试验,对于可信水平为 $1 - \alpha$ $(0 < \alpha < 1)$,指数分布定时截尾寿命试验中 λ 的经典置信上限为

$$\lambda_{UC} \doteq \frac{\chi_\alpha^2(2r+1)}{2S(t_0)}.$$

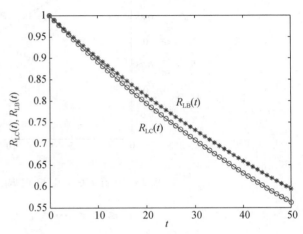

图 13-2　在 $t \in [0, 50]$ 时 $R_{LC}(t)$ 和 $R_{LB}(t)$ 的图形

例 13.3.3　在指数分布定时截尾无替换寿命试验中,试验的结果为 $r = 1$, $S(t_0) = 200$,(1)在可信水平为 0.90 时,求 λ_{UC},θ_{LC},$R_{LC}(10)$,在 $t \in [0, 50]$ 时,绘出函数 $R_{LC}(t)$ 的图形;(2)若 λ 的先验分布取共轭先验分布——Gamma 分布 $Ga(0.5, 100)$,求 λ_{UB},θ_{LB},$R_{LB}(10)$,在 $t \in [0, 50]$ 时,绘出函数 $R_{LB}(t)$ 的图形.

(1) 在可信水平为 0.90 时,把 $r = 1$, $S(t_0) = 200$ 代入

$$\lambda_{UC} \doteq \frac{\chi_\alpha^2(2r+1)}{2S(t_0)} = \frac{\chi_{0.1}^2(3)}{400} = \frac{6.251}{400} = 1.5628 \times 10^{-2},$$

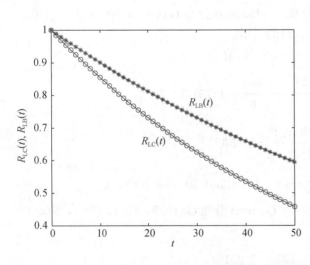

图 13-3　在 $t \in [0, 50]$ 时 $R_{LC}(t)$ 和 $R_{LB}(t)$ 的图形

$$\theta_{LC} \doteq \frac{2S(t_0)}{\chi_\alpha^2(2r+1)} = 63.99,$$

$$\begin{aligned} R_{LC}(10) &= \exp(-10\lambda_{UC}) \\ &= \exp(-1.5628 \times 10^{-1}) \\ &= 0.8553. \end{aligned}$$

(2) 与例 13.3.2 的(2)相同(从略).

在 $t \in [0, 50]$ 时 $R_{LC}(t)$ 和 $R_{LB}(t)$ 的图形,如图 13-3 所示.

说明:在图 13-3 中,○表示 $R_{LC}(t)$ 的计算结果,* 表示 $R_{LB}(t)$ 的计算结果.

13.4　电子产品可靠性的贝叶斯评估程序

大多数电子产品的寿命都服从指数分布. 随着电子产品寿命的提高, 传统的寿命试验方法能够获得的产品失效数据越来越少, 甚至出现无失效数据现象(说明:此种情形将在第 15 章中专门讨论). 针对电子产品试验数据一般为小样本数据的特点, 其可靠性评估采用贝叶斯方法. 电子产品可靠性的贝叶斯评估程序如下:

(1) 收集电子产品的各种先验信息, 常见的先验信息包括历史信息、专家经验等.

(2) 确定电子产品可靠性特征量的先验分布. 根据电子产品先验信息的结构, 选择适当的先验信息加工方法. 例如, 对于我国彩电的平均寿命 θ, 一般采用共轭先验分布为其先验分布, 即 θ 先验分布为倒 Gamma 分布 $IGa(a, b)$, 其中 a, b 为超参数. 利用先验信息确定超参数 a, b. 例如, 在例 3.2.5 中, 超参数 $a = 1.956$, $b = 2\,868$.

(3) 利用电子产品的试验数据求得可靠性特征量的后验分布, 利用后验分布对可靠性特征量进行评估. 似然函数为

$$L(\theta; r, T) \propto \theta^{-r} \exp\left[-\frac{T}{r}\right],$$

其中, r 为试验中样品失效数, T 为总试验时间(需要注意区分:定数截尾试验还是定时截尾试验、无替换截尾试验还是有替换截尾试验).

如果平均寿命 θ 的先验分布取共轭先验分布——倒 Gamma 分布 $IGa(a, b)$, 则其后验分布也为倒 Gamma 分布 $IGa(a+r-1, b+T)$, 则有:

(1) 在平方损失下, θ 的贝叶斯估计为其后验均值, 即

$$\hat{\theta} = \frac{b+T}{a+r-1}.$$

(2) 对于可信水平为 $1-\alpha$ ($0 < \alpha < 1$), 指数分布定数截尾寿命试验中平均寿命 θ 的贝叶斯可信下限 θ_{LB} 满足:

$$\alpha = \int_0^{\theta_{LB}} \pi(\theta \mid r, T)\,\mathrm{d}\theta.$$

其中, $\pi(\theta \mid r, T)$ 为 θ 的后验分布.

例 13.4.1　在我国彩电平均寿命的评估中, 我们已经获得了其平均寿命的先验分布. 现在对某型号的彩电 100 台进行 400 h 的老化试验, 在试验结束时无一台彩电出现故障, 此时总试验时间和故障数分别为 $T = 100 \times 400 = 40\,000$(h), $r = 0$.

在例 3.2.5 中我们已经获得了平均寿命 θ 的先验分布为倒 Gamma 分布 $IGa(2, 2\,868)$, 则平均寿命 θ 的后验分布为倒 Gamma 分布 $IGa(2, 46\,868)$, 于是 θ 的贝叶斯估计为其后验均值, 即

$$\hat{\theta} = \frac{b+T}{a+r-1} = \frac{46\,868}{2-1} = 46\,868.$$

对于可信水平为 0.9, 平均寿命为 θ 的贝叶斯可信下限 θ_{LB} 为

$$\theta_{\mathrm{LB}} = \frac{2(T+b)}{\chi_a^2(a)} = \frac{2 \times 46\,868}{\chi_{0.1}^2(2)} = \frac{93\,736}{4.605} = 20\,355.$$

13.5 成败型产品可靠性抽样检验的贝叶斯方案

随着科学技术的进步,产品的可靠性越来越高,应用经典统计制定的可靠性抽样检验方案的抽样量越来越大,导致可靠性试验实施越来越困难. 正是出于这种原因,近年来人们越来越重视应用贝叶斯方法制定可靠性抽样检验方案,以便充分利用产品的各类可靠性信息,从而有效地降低可靠性试验的抽样量. 对于可靠性抽样检验问题,贝叶斯统计认为它实际上是一类特殊的检验问题,因此可以借助检验方法进行研究.

对于成败型产品,其可靠性抽样检验问题实际上是如下检验问题:

$$H_0: p \leqslant p_0, \quad H_1: p > p_1. \tag{13.5.1}$$

其中, p 为产品的不合格率,且 $0 < p_0 < p_1 < 1$.

目前,应用贝叶斯统计制定成败型产品可靠性抽样检验方案主要有以下两种方法:

(1) 将可靠性抽样检验问题(13.5.1)看作是一个决策问题,在给定损失函数和试验费用的情况下,设计可靠性抽样检验方案,使可靠性试验费用最小.

(2) 将可靠性抽样检验问题看作是一个控制问题,在已知生产方和使用方所允许承担的风险情况下,设计可靠性抽样检验方案,有效控制生产方和使用方的风险. 在应用贝叶斯统计制定可靠性抽样检验方案时,由于人们对风险的认识不同,所得到的可靠性抽样检验方案也不同.

13.5.1 生产方风险为先验风险的情况

在制订成败型产品的可靠性抽样检验方案时,需要确定产品的合格质量水平 p_0 和极限质量水平 p_1,以及生产方和使用方所允许承担的风险 α, β.

应用经典统计制定可靠性抽样检验方案时,需要首先计算其抽样特征曲线. 一次抽样检验方案 (n, c) 的抽样特征曲线为

$$L(p) = P(d \leqslant c \mid p) = \sum_{i=0}^{c} \mathrm{C}_n^i p^i (1-p)^{n-i}. \tag{13.5.2}$$

由于抽样特征曲线 $L(p)$ 是不合格概率 p 的减函数,因此,通过解如下方程:

$$\begin{cases} L(p_0) = 1 - \alpha, \\ L(p_1) = \beta \end{cases}$$

就可以得到一次抽样检验方案 (n, c).

应用贝叶斯方法制定一次抽样检验方案时,可以对生产方风险有不同的认识. 对于许多产品,其抽样检验是非破坏性的,此时生产方最关心的是:在产品进行可靠性抽样检验时,当产品的质量达到要求,即 $p < p_0$ 时,该批产品应以高概率通过抽样检验试验,因此在使用一

次抽样检验方案(n,c)时,生产方所允许承受的风险实际上是一种先验概率 $P(d>c \mid p<p_0)$.

类似地,使用方所关心的是当产品通过鉴定后,产品的不合格概率 p 是否满足要求,因此当产品通过鉴定后,若实际不合格概率 p 满足:$p>p_1$,此时使用方将承受风险.具体来说,若使用一次抽样检验方案(n,c)时,当抽样的 n 个产品中出现 d 个不合格品,则当 $d \leqslant c$ 时,产品被判为合格品,此时使用方将承受风险为 $P(p>p_1 \mid d)$.显然,对于一次抽样检验方案(n,c),使用方所承受的最大风险为 $\max P(p>p_1 \mid d)$.

在给定双方风险 α,β 和产品质量水平 p_0,p_1 后,需要求:

$$\begin{cases} P(d>c \mid p<p_0) \leqslant \alpha, \\ \max P(p>p_1 \mid d) \leqslant \beta. \end{cases}$$

对于需要验收的产品,如果其不合格概率 p 的先验密度函数为 $\pi(p)$,且 $\int_0^1 \pi(p)\mathrm{d}p=1$.使用抽样检验方案$(n,c)$对产品进行检验时,如果试验结果为$(n,d)$,此时不合格数 d 和不合格概率 p 为随机变量,其联合分布为

$$\pi(p,d)=\mathrm{C}_n^d p^d(1-p)^{n-d}\pi(p).$$

对应地,不合格概率 p 的后验分布为

$$\pi(p \mid n,d)=\frac{\pi(p)p^d(1-p)^{n-d}}{\int_0^1 \pi(p)p^d(1-p)^{n-d}\mathrm{d}p}.$$

对于上述一次抽样检验方案,生产方所承受的验收风险为

$$P(d>c \mid p<p_0)=\frac{P(d>c,p<p_0)}{P(p<p_0)}.$$

由于

$$P(p<p_0)=\int_0^{p_0}\sum_{d=0}^n \pi(p,d)\mathrm{d}p=\int_0^{p_0}\pi(p)\left[\sum_{d=0}^n \mathrm{C}_n^d p^d(1-p)^{n-d}\right]\mathrm{d}p=\int_0^{p_0}\pi(p)\mathrm{d}p,$$

且 $P(d>c \mid p)=1-L(p)$ 为 p 的增函数,则有

$$P(p<p_0)=\int_0^{p_0}\sum_{d=0}^n \pi(p,d)\mathrm{d}p=\frac{P(d>c \mid p)\pi(p)\mathrm{d}p}{\int_0^{p_0}\pi(p)\mathrm{d}p} \leqslant P \quad (d>c \mid p_0).$$

对于上述抽样检验方案,使用方所承受的风险为

$$\max_{d \leqslant c} P(p>p_1 \mid d)=\max_{d \leqslant c}\int_{p_1}^1 \pi(p \mid n,d)\mathrm{d}p.$$

因此,产品一次抽样检验方案应满足方程组

$$\begin{cases} P(d \leqslant c \mid p_0)=1-\alpha, \\ \max_{d \leqslant c}\int_{p_1}^1 \pi(p \mid n,d)\mathrm{d}p \leqslant \beta. \end{cases}$$

解上述方程组,即得产品的可靠性鉴定试验的贝叶斯方案.

在制订成败型产品可靠性抽样检验方案时,人们常选取不合格率 p 的先验分布为其共轭先验分布 Beta 分布 $Be(a, b)$,即

$$\pi(a, b) = \frac{\Gamma(a+b)}{\Gamma(a)\Gamma(b)} p^{a-1}(1-p)^{b-1}, \quad 0 < p < 1.$$

对于一次抽样检验方案 (n, c),当出现不合格产品个数为 d 时,其后验分布为

$$\pi(p \mid n, d) = \frac{\Gamma(n+a+b)}{\Gamma(d+a)\Gamma(n-d+b)} p^{a+d-1}(1-p)^{n-d+b-1}, \quad 0 < p < 1.$$

则有

$$P(p > p_1 \mid d) = 1 - \frac{\Gamma(n+a+b)}{\Gamma(d+a)\Gamma(n-d+b)} \int_0^{p_1} p^{a+d-1}(1-p)^{n-d+b-1} \mathrm{d}p.$$

在此情况下,利用微分法可以证明 $P(p > p_1 \mid d)$ 为 p 的增函数,于是有

$$\max_{0 \leqslant d \leqslant c} P(p > p_1 \mid d) = P(p > p_1 \mid c).$$

此时,方程组

$$\begin{cases} P(d \leqslant c \mid p_0) = 1 - \alpha, \\ \max\limits_{d \leqslant c} \int_{p_1}^1 \pi(p \mid n, d) \mathrm{d}p \leqslant \beta \end{cases}$$

等价于

$$\begin{cases} P(d \leqslant c \mid p_0) = 1 - \alpha, \\ P(p > p_1 \mid c) \leqslant \beta. \end{cases}$$

在制定成败型产品一次抽样检验方案时,我们也可以只关心使用方所能承受的最大风险,所选择的试验方案只需要满足

$$\max_{d \leqslant c} \int_{p_1}^1 \pi(p \mid n, d) \mathrm{d}p \leqslant \beta. \tag{13.5.3}$$

显然,当给定最大允许不合格数 $c(c = 0, 1, \cdots)$ 时,就可以从上式求得所需要的试验次数 n. 称上述抽样方案为**成败型产品不合格品率的 LQB 抽样方案**.

例 13.5.1 设某成败型产品的任务可靠度为 0.999,在考虑生产方和使用方的实际情况下,确定其可靠性鉴定试验的有关参数分别为:合格质量水平(不合格率)$p_0 = 0.001$;鉴别比 $d = 2.0$;生产方和使用方风险为 $\alpha = \beta = 0.3$.

在上述鉴定试验参数确定的情况下,我们用经典统计方法可以得到产品可靠性鉴定方案为 $(n, c) = (1807, 2)$,对于给定的允许失败个数 $c = 0, 1, 2, 3$ 的情况下,其对应的 LQ 抽样方案(经典统计下的成败型产品不合格品率的抽样方案)见表 13-1.

给定的允许失效个数 c	0	1	2	3
经典抽样方案所要求的试验量 n	601	1 219	1 807	2 380
贝叶斯抽样方案所要求的试验量 n_B	1	606	1 194	1 767

表 13-1　　　　　某成败型产品鉴定试验的 LQ 抽样方案和 LQB 抽样方案

如果我们可以收集到该产品不合格率的先验信息,就可以应用这些先验信息确定不合格率 p 的先验分布.假设该产品不合格率的先验分布为 Beta 分布 $Be(0.998, 612.6)$.根据式(13.5.3),可以得到 LQB 抽样方案见表 13-1.

从表 13-1 可以看出,LQB 抽样方案比经典统计的 LQ 抽样方案减少了试验量.

13.5.2　生产方风险为后验风险的情况

在产品的抽样检验试验中,有时生产方十分关心可靠性抽样检验的后验风险,即在产品进行抽样检验后,当产品没有通过抽样检验时,若此批产品的不合格率满足 $p < p_0$,则抽样检验将给生产方带来损失,生产方所承担的风险实际上是后验概率.如使用一次抽样检验方案 (n, c),生产方所承担的最大风险为

$$\max_{d>c} P(p < p_0 \mid d).$$

类似地,使用方所承担的最大风险为

$$\max_{d \leqslant c} P(p > p_1 \mid d).$$

当生产方关心自身所承担的后验风险时,制定一次抽样检验方案将解如下方程组:

$$\begin{cases} \max\limits_{d>c} P(p < p_0 \mid d) \leqslant \alpha, \\ \max\limits_{d \leqslant c} P(p > p_1 \mid d) \leqslant \beta, \end{cases} \tag{13.5.4}$$

解得产品的可靠性抽样检验试验的贝叶斯方案.

若选取不合格率 p 的先验分布为其共轭先验分布 Beta 分布 $Be(a, b)$,则对于一次抽样检验方案 (n, c),当出现不合格产品个数为 d 时,其生产方所承担的后验风险为

$$P(p < p_0 \mid d) = \frac{\Gamma(n+a+b)}{\Gamma(d+a)\Gamma(n-d+b)} \int_0^{p_0} p^{a+d-1} (1-p)^{n-d+b-1} \mathrm{d}p.$$

在此情况下,利用微分法可以证明 $P(p > p_0 \mid d)$ 为 d 的减函数,于是有

$$\max_{d>c} P(p > p_0 \mid d) = P(p > p_0 \mid c+1) < P(p > p_0 \mid c).$$

由此可得,制定一次抽样检验的贝叶斯方案只需要解如下方程组:

$$\begin{cases} P(p < p_0 \mid c) = \alpha, \\ P(p > p_1 \mid c) = \beta. \end{cases} \tag{13.5.5}$$

在方程组(13.5.5)中,当先验分布中超参数取 $a = 1$, $b = 0$ 时,不合格率 p 的先验分布为 $\pi(p) \propto (1-p)^{-1}$, $0 < p < 1$,此时方程组(13.5.4)可以改为

$$\begin{cases} \dfrac{\Gamma(n+1)}{\Gamma(c+1)\Gamma(n-c)}\displaystyle\int_0^{p_0} p^c(1-p)^{n-c-1}\,\mathrm{d}p = \alpha, \\[3mm] \dfrac{\Gamma(n+1)}{\Gamma(c+1)\Gamma(n-c)}\displaystyle\int_0^{p_1} p^c(1-p)^{n-c-1}\,\mathrm{d}p = 1-\beta. \end{cases}$$

另外,在应用经典统计制定的一次抽样检验方案时,其特征曲线可以表示为

$$L(p) = \frac{n!}{c!\,(n-c-1)!}\int_p^1 x^c(1-x)^{n-c-1}\,\mathrm{d}x.$$

由此可见,应用经典统计制定的一次抽样检验方案实际上是一个特殊的贝叶斯方案.

例 13.5.2(续例 13.5.1) 在例 13.5.1 中,应用式(13.5.4)制定该成败型产品鉴定试验方案.

在控制生产方风险为 0.3 的情况下,对于不同的最大允许失败个数 $c=0,1,2,3$,可以分别得到其需要的抽样量,见表 13-2.

表 13-2 某成败型产品鉴定试验的贝叶斯抽样方案

给定的允许失效个数 c	0	1	2	3
生产方所要求的试验量	0	482	1 298	2 146
使用方所要求的试验量	1	606	1 194	1 767

从表 13-1 和表 13-2 可以看出,贝叶斯抽样方案比经典统计的 LQ 抽样方案减少了试验量.例如,在表 13-2 中,其贝叶斯抽样方案 $(n,c)=(1\,194,2)$,相对于经典抽样方案为 $(n,c)=(1\,807,2)$,将节省抽样量 34%.

13.6 指数型产品可靠性抽样检验的贝叶斯方案

对于指数型产品,其可靠性抽样检验问题一般可归结为如下的检验问题:

$$H_0:\lambda \leqslant \lambda_0, \quad H_1:\lambda > \lambda_1. \tag{13.6.1}$$

其中,λ 为产品的失效率,且 $0 < \lambda_0 < \lambda_1 < \infty$.

对于指数型产品,其可靠性抽样检验试验的贝叶斯方案的制定方法与成败型产品类似.因此,这里将简要介绍指数型产品可靠性抽样检验的贝叶斯方案的制定过程.

1. 选择鉴定试验参数

在制定指数型产品可靠性抽样检验方案时,应通过生产方和使用方的协商来确定合格质量水平 λ_0 和极限质量水平 λ_1(其中 $\lambda_0 < \lambda_1$),以及双方所承受的最大风险 α,β.

2. 失效率的先验分布和后验分布

为了制定数型产品可靠性抽样检验方案,必须确定失效率的先验分布.一般情况下,λ 的先验分布可以采用共轭先验分布——Gamma 分布 $Ga(a,b)$,其密度函数为

$$\pi(\lambda) = \frac{b^a}{\Gamma(a)}\lambda^{a-1}\mathrm{e}^{-b\lambda}, \quad \lambda > 0,$$

其中，$a > 0$，$b > 0$ 为超参数.

选用可靠性性抽样检验方案 (T, c)（其中 T 为总试验时间，c 为最大允许失效次数），当试验达到规定的总试验时间时，出现 r 次数失效，则其似然函数为

$$f[S(t_r), r, \lambda] \propto \lambda^r \exp[-\lambda S(t_r)].$$

由此可得到 λ 的后验分布的密度函数为

$$\pi[\lambda \mid S(t_r), r] \propto \lambda^{r+a-1} \exp\{-\lambda[S(t_r)+b]\}, \quad \lambda > 0.$$

3. 标准贝叶斯抽样检验方案

在制定指数型产品可靠性抽样检验方案时，生产方和使用方所承受的风险均为后验风险，即生产方风险为

$$\max_{r > c} P(\lambda < \lambda_0 \mid r),$$

使用方风险为

$$\max_{r > c} P(\lambda > \lambda_1 \mid r).$$

其中

$$P(\lambda < \lambda_0 \mid r) = \frac{[S(t_r)+b]^{r+a}}{\Gamma(a+r)} \int_0^{\lambda_0} \lambda^{r+a-1} \exp\{-\lambda[S(t_r)+b]\} \mathrm{d}\lambda,$$

$$P(\lambda > \lambda_1 \mid r) = 1 - \frac{[S(t_r)+b]^{r+a}}{\Gamma(a+r)} \int_0^{\lambda_1} \lambda^{r+a-1} \exp\{-\lambda[S(t_r)+b]\} \mathrm{d}\lambda.$$

应用微分法可以证明，$P(\lambda < \lambda_0 \mid r)$ 是 r 的减函数，从而 $P(\lambda > \lambda_1 \mid r)$ 是 r 的增函数. 于是有

$$\max_{r > c} P(\lambda < \lambda_0 \mid r) = P(\lambda < \lambda_0 \mid c+1) < P(\lambda < \lambda_0 \mid c),$$

$$\max_{r > c} P(\lambda > \lambda_1 \mid r) = P(\lambda > \lambda_1 \mid c).$$

由此可得标准贝叶斯抽样检验方案只需满足如下方程组：

$$\begin{cases} P(\lambda < \lambda_0 \mid c) \leqslant \alpha, \\ P(\lambda > \lambda_1 \mid c) \leqslant \beta. \end{cases} \tag{13.6.2}$$

例 13.6.1　设某产品的寿命服从指数分布，其平均寿命要求在 $1\,000\,\mathrm{h}$ 以上，即要求其失效率的极限质量水平为 $\lambda_1 = 0.001$. 假设鉴定比 $d = 3$，在生产方和使用方风险为 0.2 的情况下，制定其可靠性抽样检验方案.

应用经典统计方法制定的可靠性抽样检验方案为 $(T, c) = (4\,300, 2)$.

为了应用贝叶斯制定该产品的可靠性抽样检验方案，必须先收集其先验信息，并根据先验信息确定其先验分布. 根据该产品的历史信息，可以得到其先验分布中的超参数为 $(a, b) = (1.5, 2\,000)$ 的共轭先验分布. 因此，根据式 (13.6.2) 可以得到其标准贝叶斯抽样检验方案. 为此，在控制生产方风险为 0.2 的情况下，对于不同的最大允许失效数 $c = 0, 1, 2, 3$，根据式 (13.6.2) 可以分别得到满足产方风险所需要的总试验时间，具体结果见表 13-3.

表 13-3   某产品可靠性抽样检验试验的贝叶斯方案

给定的允许失效个数 c	0	1	2	3
生产方所要求的试验时间 T	157	2 545	5 078	7 687
使用方所要求的试验时间 T	320	1 645	2 902	4 121

从表 13-3 可以选择该产品可靠性抽样检验试验的贝叶斯方案为 $(T, c) = (1\,645, 1)$，也可以选择可靠性抽样检验试验的贝叶斯方案为 $(T, c) = (2\,902, 2)$.

我们可以看到，贝叶斯抽样检验方案为 $(T, c) = (2\,902, 2)$，比相应的经典统抽样检验方案 $(T, c) = (4\,300, 2)$ 节省试验时间(或抽样量)达 32%.

13.7　基于 OpenBUGS 软件完全样本的贝叶斯可靠性分析

最常见可靠性数据是故障时间数据，在可靠性中故障时间数据也称为寿命数据. 所谓完全样本数据，就是观察到的数据都是故障数据.

LCD 投影灯的故障数据的可靠性评估问题. 现有的计算机投影仪大多是液晶显示器(LCD)，这些投影仪最常见的故障模式是投影灯的故障. 以下是某大学 31 个 LCD 投影灯故障事件(单位：h)：387，182，244，600，627，332，418，300，798，584，660，39，274，174，50，34，1895，158，974，345，1755，1752，473，81，954，1407，230，464，380，131，1205(Michael et al.，2008).

以下结合上述 LCD 投影灯的故障数据，分别用指数分布和威布尔分布研究可靠性评估问题. 将涉及参数估计，模型拟合检验，模型选择等问题. 在前面在的第 7 章中曾讨论过模型检验和模型选择问题，但在那里并未涉及可靠性问题.

以下首先结合上述 LCD 投影灯的故障数据，给出指数分布和威布尔分布参数的估计，然后对这两种模型进行检验和选择.

13.7.1　指数分布情形的参数估计

对指数分布，若根据先验信息可以给出 lambda 的先验分布为 Gamma 分布 $Ga(2.5, 2350)$，以下给出参数 lambda 和在 $t = 100$(h)时可靠度的估计 .

以下用 OpenBUGS 软件来计算.

```
model
{
for (i in 1:n) {
time[i]~dexp(lambda)
}
lambda~ dgamma(2.5, 2350)
r.100<-exp(-lambda * 100)
}
data
list(time=c(387, 182, 244, 600, 627, 332, 418, 300, 798, 584, 660, 39, 274, 174,
```

50，34，1895，158，974，345，1755，1752，473，81，954，1407，230，464，380，131，
1205），n＝31）
list(lambda＝0.01)
list(lambda＝0.001)

　　运行结果见表 13-4.

表 13-4　　　　　　　　　　　　计算结果

参数	mean	sd	MC-error	val2.5pc	median	val97.5pc	start	sample
lambda	0.001 653	2.862E-4	1.836E-6	0.001 143	0.001 635	0.002 259	1 001	18 000
r.100	0.848	0.024 15	1.555E-4	0.797 8	0.849 2	0.892	1 001	18 000

　　从表 13-4 可以看出，lambda 的后验均值为 0.001 653，标准差为 2.862E-4，MC 误差为 1.836E-6，中位数为 0.001 635，可信水平为 0.95 的可信区间为（0.001 143，0.002 259）.

　　在 $t＝100$(h)时可靠度的后验均值为 0.848，标准差为 0.024 15，MC 误差为 1.555E-4，中位数为 0.849 2，可信水平为 0.95 的可信区间为（0.797 8，0.892）.

13.7.2　威布尔分布情形的参数估计

　　对威布尔分布，其概率密度函数为

$$f(t)=\begin{cases}\dfrac{\beta}{\alpha}\left(\dfrac{t}{\alpha}\right)^{\beta-1}\exp\left[-\left(\dfrac{t}{\alpha}\right)^{\beta}\right], & t>0,\\ 0, & \text{其他},\end{cases}$$

其中 $\alpha>0$，$\beta>0$，α 称为尺度参数，β 称为形状参数.

　　如果 $\beta=1$，则威布尔分布退化为指数分布.

　　令 $\lambda=\alpha^{-\beta}$，则威布尔分布的密度函数，分布函数和可靠度函数分别为

$$f(t)=\beta\lambda t^{\beta-1}\exp(-\lambda t^{\beta}),\quad t>0,$$
$$F(t)=1-\exp(-\lambda t^{\beta}),\quad t>0,$$
$$R(t)=\exp(-\lambda t^{\beta}),\quad t>0.$$

　　对威布尔分布，若根据先验信息可以给出 lambda 和 Beta 先验分布为 $Ga(2.5,2350)$ 和 $Ga(1,1)$，以下给出参数 lambda，Beta 和在 $t＝100$(h)时可靠度的估计.

　　以下用 OpenBUGS 软件来计算.

```
model
{
for (i in 1:n) {
time[i]~dweib(beta,lambda)
}
lambda~ dgamma(2.5, 2350)
beta~dgamma(1, 1)
r.100<-exp(-lambda * pow(100, beta))
}
```

data

list(time=c(387，182，244，600，627，332，418，300，798，584，660，39，274，174，50，34，1895，158，974，345，1755，1752，473，81，954，1407，230，464，380，131，1205)，n=31)

list(beta=0.01，lambda=1)

　　运行结果见表13-5.

表 13-5　　　　　　　　　　　计算结果

参数	mean	sd	MC-error	val2.5pc	median	val97.5pc	start	sample
beta	1.094	0.084 39	0.003 439	0.942 5	1.09	1.271	1 001	9 000
lambda	0.001 044	5.649E-4	2.208E-5	2.767E-4	9.407E-4	0.002 444	1 001	9 000
r.100	0.867 5	0.027 17	8.326E-4	0.811	0.869	0.916 9	1 001	9 000

13.7.3　两种模型贝叶斯 p 值的计算

　　1. 对指数分布贝叶斯 p 值的计算

```
model
{
for (i in 1:n) {
time[i]~dexp(lambda)
time.rep[i] ~dexp(lambda)
time.ranked[i]<- ranked(time[ ], i)
time.rep.ranked[i]<- ranked(time.rep[ ], i)
F.obs[i]<-cumulative(time[i], time.ranked[i])
F.rep[i]<-cumulative(time.rep[i], time.rep.ranked[i])
diff.obs[i]<-pow(F.obs[i]-(2*i-1)/(2*n), 2)
diff.rep[i]<-pow(F.rep[i]-(2*i-1)/(2*n), 2)
}
lambda~ dgamma(2.5, 2350)
CVM.obs<-sum(diff.obs[ ])
CVM.rep<-sum(diff.rep[ ])
p.value<-step(CVM.rep- CVM.obs)
}
data
```

list(time=c(387，182，244，600，627，332，418，300，798，584，660，39，274，174，50，34，1895，158，974，345，1755，1752，473，81，954，1407，230，464，380，131，1205)，n=31)

list(lambda=0.01)

list(lambda=0.001)

　　由此得到贝叶斯 p 值(后验均值)为

p.value=0.684 9

2. 对威布尔分布贝叶斯 p 值的计算

```
model
{
for (i in 1:n) {
time[i]~dweib(beta, lambda)
time. rep[i]~dweib(beta, lambda)
time. ranked[i]<- ranked(time[ ], i)
time. rep. ranked[i]<- ranked(time. rep[ ], i)
F. obs[i]<-cumulative(time[i], time. ranked[i])
F. rep[i]<-cumulative(time. rep[i], time. rep. ranked[i])
diff. obs[i]<-pow(F. obs[i]-(2*i-1)/(2*n), 2)
diff. rep[i]<-pow(F. rep[i]-(2*i-1)/(2*n), 2)
}
lambda~ dgamma(2.5, 2350)
beta~dgamma(1, 1)
CVM. obs<-sum(diff. obs[ ])
CVM. rep<-sum(diff. rep[ ])
p. value<-step(CVM. rep-CVM. obs)
}
data
list(time=c(387, 182, 244, 600, 627, 332, 418, 300, 798, 584, 660, 39, 274, 174,
50, 34, 1895, 158, 974, 345, 1755, 1752, 473, 81, 954, 1407, 230, 464, 380, 131,
1205), n=31)
list(beta=0.01, lambda=1)
```

由此得到贝叶斯 p 值（后验均值）为

p. value=0.715

13.7.4　两种模型 BIC 的计算

1. 对指数分布 BIC 的计算

```
model
{
for (i in 1:n) {
time[i]~dexp(lambda)
log. like[i]<-log(lambda)- lambda * time[i]
}
log. like. tot<-sum(log. like[ ])
BIC<--2 * log. like. tot+log(n)
lambda~ dgamma(2.5, 2350)
}
data
```

```
list(time=c(387，182，244，600，627，332，418，300，798，584，660，39，274，174，
50，34，1895，158，974，345，1755，1752，473，81，954，1407，230，464，380，131，
1205)，n=31)
list(lambda=0.01)
list(lambda=0.001)
```

运行结果见表 13-6.

表 13-6　　　　　　　　　　计算结果

参数	mean	sd	MC-error	val2.5pc	median	val97.5pc	start	sample
BIC	460.7	1.384	0.011 68	459.7	460.2	464.6	1 001	18 000

2. 对威布尔分布 BIC 的计算

```
model
{
for (i in 1:n) {
time[i]~dweib(beta，lambda)
log.like[i]<-log(lambda)+log(beta)+(beta-1)*log(time[i])-lambda*pow(time[i]，beta)
}
log.like.tot<-sum(log.like[ ])
BIC<--2*log.like.tot+2*log(n)
lambda~ dgamma(2.5，2350)
beta~dgamma(1，1)
}
data
list(time=c(387，182，244，600，627，332，418，300，798，584，660，39，274，174，
50，34，1895，158，974，345，1755，1752，473，81，954，1407，230，464，380，131，
1205)，n=31)
list(beta=0.01，lambda=1)
```

运行结果见表 13-7.

表 13-7　　　　　　　　　　计算结果

参数	mean	sd	MC-error	val2.5pc	median	val97.5pc	start	sample
BIC	463.8	1.451	0.022 43	462.5	463.3	467.9	1 001	9 000

13.7.5　两种模型检验和模型选择

根据前面的计算得到两种模型的贝叶斯 p 值和 BIC,其计算结果见表 13-8.

表 13-8　　　　　　　　　　计算结果

模型	指数分布	威布尔分布
贝叶斯 p 值	0.684 9	0.715
BIC	460.7	463.8

根据贝叶斯 p 值越接近 0.5 越好的要求,从上表可以看出指数分布更适合. 根据 BIC 越小越好的要求,从上表可以看出指数分布更适合. 其实两个模型的贝叶斯 p 值和 BIC 的差别并不大,而且从威布尔分布形状参数的估计结果看 beta＝1.094,与 1 也很接近(当威布尔分布形状参数为 1 时,它退化为指数分布).

当然对 LCD 投影灯的故障数据的可靠性问题,还可以结合对数正态分布和 Gamma 分布情形来讨论参数估计,模型拟合检验和模型选择问题,并可以把指数分布,威布尔分布,对数正态分布和 Gamma 分布进行比较.

13.8　基于 OpenBUGS 软件截尾样本的贝叶斯可靠性分析

以下分为定时截尾和定数截尾数据情形分别讨论.

13.8.1　定时截尾数据情形——指数分布

对可编程控制器(PLC)进行测试. 10 个 PLC 参与测试,每个运行 1 000 h. 如果有 1 个 PLC 在测试结束前故障,则记录其故障时间. 结果在测试中 2 个 PLC 分别在第 395 h 和第 982 h 故障[Kelly & Smith(2011)],测试终止时另外 8 个 PLC 仍在工作(在一些文献中称为定时截尾). 如果故障时间服参数服从指数分布,如何利用这些信息对 PLC 的故障率进行贝叶斯推断?

截尾数据的经典方法相当复杂. 处理截尾时间的关键是 OpenBUGS 软件的 C(lower, upper)结构. 如果没记录下故障时间,OpenBUGS 软件将从 lower 和 upper 给定上下界的分布抽取故障时间. 在本例中 lower＝1 000,upper＝ NA. 对于指数模型,定时截尾的似然函数为

$$f(t_1, t_2, \cdots, t_r \mid \lambda) = \lambda^r \exp\left\{-\lambda\left[\sum_{i=1}^{r} t_i + (n-r)t\right]\right\},$$

上式中:观察到 n 个元件中有 r 个的故障时间,还有 $n-r$ 个截尾时间,t 为截尾时间(即试验结束时间).

为在 OpenBUGS 软件中处理截尾数据,数据部分加入空值 NA,表示截尾时间. 由于 lower 是向量,相应的在数据部分如果观察到故障时间,那么输入故障时间,否则输入空值 NA.

```
model
{
for (i in 1:n) {
time[i]~dexp(lambda)C(lower[i],)
}
lambda~dgamma(0.01, 0.01)
}
data
list(time=c(395, 982, NA, NA, NA, NA, NA, NA, NA, NA), lower=c(395, 982, 1000,
1000, 1000, 1000, 1000, 1000, 1000, 1000), n=10)
```

list(lambda =0.001)

运行结果见表 13-9.

表 13-9 计算结果

参数	mean	sd	MC-error	val2.5pc	median	val97.5pc	start	sample
lambda	2.108E-4	1.506E-4	4.689E-6	2.403E-5	1.76E-4	5.958E-4	1 001	9 000

从表 13-9 可以看出,lambda 的后验均值为 2.108E-4,中位数为 1.76E-4,可信水平为 0.95 的可信区间为(2.403E-5, 5.958E-4).

13.8.2 定数截尾数据情形——指数分布和威布尔分布

另一类截尾方式是固定数量元件发生故障后终止试验. 因此,剩余元件的故障时间没有观测到. 此时,总的观测期是随机的,这种截尾称为定数截尾(又称为第二类截尾). 此类截尾中,我们按顺序观察到前 r 个故障时间. 如果是参数为 λ 的指数模型,此类截尾的似然函数为

$$f(t_1, t_2, \cdots, t_r \mid \lambda) = \lambda^r \exp\left\{-\lambda\left[\sum_{i=1}^{r} t_i + (n-r)t_r\right]\right\}.$$

考虑第二类截尾的例子. 观察 30 个元件并记录前 20 个故障时间(单位:天):1,3,5,7,11,11,11,12,14,14,14,16,16,20,21,23,42,47,52,62[Kelly & Smith (2011)]. 如果这些故障时间服从指数分布,计算故障率的估计.

尽管观察到 20 个故障时间,但共有 30 个元件参加试验,由于有 10 个元件正常工作到 62 天之后,这对 λ 而言是重要信息,所以直接用观察到的故障时间估计参数 λ 是错误的.

由于总试验时间为

$$T = \sum_{i=1}^{20} t_i + (30-20)t_{20}$$
$$= 1+3+5+7+11+11+11+12+14+14+14+16+16+20+21+23+$$
$$42+47+52+62+10\times62$$
$$= 1 022,$$

则参数 lambda 的极大似然估计为 $\hat{\lambda}_{MLE} = \dfrac{r}{T} = \dfrac{20}{1\ 022} = 0.019\ 569\ 47.$

```
model
{
for(i in 1:20) {
time[i]~dexp(lambda)
}
for (j in 21:n) {
time[j]~dexp(lambda) C(time[20], )
}
lambda~dgamma(0.01, 0.01)
```

```
}
data
list(time=c(1, 3, 5, 7, 11, 11, 11, 12, 14, 14, 14, 16, 16, 20, 21, 23, 42,
47, 52, 62, NA, NA, NA, NA, NA, NA, NA, NA, NA, NA), n=30)
list(lambda =0.0001)
```

运行结果见表 13-10.

表 13-10　　　　　　　　　　　　　计算结果

参数	mean	sd	MC-error	val2.5pc	median	val97.5pc	start	sample
λ	0.019 58	0.004 357	6.552E-5	0.011 95	0.019 24	0.029	1 001	9 000

从表 13-10 可以看出,λ 的后验均值为 0.019 58,中位数为 0.019 24,可信水平为 0.95 的可信区间为(0.011 95, 0.029).

注:λ 的先验分布为 Gamma 分布 $Ga(0.01, 0.01)$,它与 λ 的无信息先验分布接近.

如果截尾模型不是指数分布,截尾数据的经典估计十分困难,且需要用近似值简化分析计算。但 OpenBUGS 的 C(,)结构使得分析变得直接明了. 为了说明这一点,考虑下面的例子.

考虑下列故障间隔时间数据(单位:天):<1, 5, <10, 15, 4, 20~30, 3, 30~60, 25. 设故障时间的随机模型服从威布尔分布,计算元件工作超过 20 天的概率.

我们此时观察到的故障时间是区间截尾的,在上述故障间隔时间数据中,我们只知道第 1 个元件在 1 天内故障,第 3 个元件在 10 天前故障.

```
model
{
for (i in 1:n) {
time. fail[i]~dweib(a, b) C(lower[i], upper[i])
}
a~dgamma(0.1, 0.1)
b~dgamma(0.1, 0.1)
prob. surv<-exp(-b * pow(time. crit, a))
time. crit<-20
}
data
list(time. fail=c(NA, 5, NA, 15, 4, NA, 3, NA, 25), lower=c(0, 5, 0, 15, 4, 20,
3, 30, 25), upper=c(1, 5, 10, 15, 4, 30, 3, 60,25), n=9)
list(a=1, b=10)
```

运行结果见表 13-11.

表 13-11　　　　　　　　　　　　　计算结果

参数	mean	sd	MC-error	val2.5pc	median	val97.5pc	start	sample
prob. surv	0.253 2	0.113 9	0.001 168	0.072 13	0.24	0.508 9	501	9 500

从表 13-11 可以看出,prob. surv 的后验均值为 0.253 2,中位数为 0.24,可信水平为 0.95 的可信区间为(0.072 13, 0.508 9).

思考与练习题 13

13.1 设 θ 为一批产品的不合格率,已知它只取 0.05 和 0.10,且其先验分布为 $\pi(0.05)=0.7$, $\pi(0.10)=0.3$. 假设从这批产品中随机取出 8 个进行检验,结果发现 2 个是不合格品,求 θ 的后验分布和贝叶斯估计.

13.2 设 θ 为一批产品的不合格率,从这批产品中随机取出 8 个进行检验,结果发现 3 个是不合格品,假设 θ 的先验分布为

(1) $\theta \sim U(0, 1)$;

(2) $\theta \sim \pi(\theta) = \begin{cases} 2(1-\theta), & 0 < \theta < 1, \\ 0, & \text{其他.} \end{cases}$

分别求 θ 的后验分布和贝叶斯估计.

13.3 设 θ 为一批产品的不合格率,从这批产品中随机取出 100 个进行检验,结果发现 5 个是不合格品,若 θ 的先验分布为 $Be(2, 100)$,求 θ 的后验分布和贝叶斯估计.

13.4 设某产品的寿命服从指数分布 $\mathrm{Exp}(\lambda)$, $\theta = \dfrac{1}{\lambda}$(其中 λ 为失效率,θ 为平均寿命),从中抽取 n 个产品进行定时截尾寿命试验,$t_1 \leqslant t_2 \leqslant \cdots \leqslant t_r \leqslant \tau$ $(\tau \leqslant n)$ 为失效数据,分别从 λ 和 θ 的共轭先验分布出发求平均寿命 θ 的贝叶斯估计,二者是否相同?

13.5 从寿命服从指数分布 $\mathrm{Exp}(\lambda)$ 的产品中抽取 30 个产品进行定时截尾寿命试验(其中 $\lambda = 0.01$ 为失效率),截尾时间为 100 h,失效时间(单位:h)为 4.50, 5.10, 7.79, 8.35, 9.50, 12.02, 13.88, 22.51, 32.18, 32.65 38.31, 50.62, 57.26, 72.82, 73.53, 78.95, 79.95, 84.02, 90.80, 97.88. 若失效率 λ 先验分布为 Gamma 分布 $Ga(8, 0.01)$,求:

(1) λ 和 θ 的贝叶斯估计(θ 为平均寿命);

(2) 产品工作到 t 时,计算可靠度 $R(t)$ 的贝叶斯估计(这里 $t = 10, 50, 100, 200$(h)).

13.6 对 13.7 节中的 LCD 投影灯的故障数据的可靠性问题,请结合对数正态分布和 Gamma 分布情形,讨论参数估计,模型拟合检验和模型选择,并把得到的结果与 13.7 节中指数分布和威布尔分布情形进行比较.

第 14 章　可靠性参数的 E-Bayes 估计法及其应用

关于参数估计,近年来用 Bayes 方法取得了一些进展.特别是 Lindley & Smith(1972)提出了多层先验分布的想法、韩明(1997a)提出了多层先验分布的构造方法以来,多层 Bayes 方法在数据的处理上取得了一些进展.但用 Bayes 方法、多层 Bayes 方法得到的结果一般都要涉及积分的计算(甚至是复杂的积分计算),虽然有 MCMC 等计算方法,但在有些问题的实际应用上还是不太方便.那么在各种方法比较无甚优劣时,估计方法的易算性就显得尤为重要,这是一个值得重视的问题.

14.1　E-Bayes 估计法概述

E-Bayes 估计法是在现有理论的基础上,对多层 Bayes 方法中参数的点估计——多层 Bayes 估计进行修正,主要包括:参数的 E-Bayes 估计(expected Bayesian estimation)的定义、E-Bayes 估计及其性质等.

在韩明(2003a,2003b,2004a),Han & Ding(2004),Han(2007a,2009,2011a,2011b),徐天群,刘焕彬,陈跃鹏(2011),Jaheen & Okasha(2011),翟艳敏(2012),韩明(2013b),Okasha(2014)中,对不同的可靠性参数(失效率、失效概率、可靠度等)提出了 E-Bayes 估计法,把多层 Bayes 方法中的点估计——多层 Bayes 估计,修正为 E-Bayes 估计,并给出了有关参数的 E-Bayes 估计及其性质等.

孙亮,徐廷学,王冬梅(2004)应用韩明(2003a)提出的 E-Bayes 估计法和综合 E-Bayes 估计法,给出了失效率的 E-Bayes 估计以及失效率和可靠度的综合 E-Bayes 估计.最后,结合某型导弹实际数据进行了计算和分析,结果表明该方法简单、有效,便于导弹维护人员使用.

韩明(2006)对位置-尺度参数模型,借助失效概率的 E-Bayes 估计,给出了位置参数、尺度参数的最小二乘估计和加权最小二乘估计,从而可以得到寿命服从位置-尺度参数模型产品可靠度的估计.最后,结合某型发动机的实际问题进行了计算,结果表明本文提出的方法可行且便于应用.

王婷婷,师义民,刘英(2009)基于逐步增加Ⅱ型截尾样本,讨论了某型号液体火箭发动机可靠性指标的 Bayes 估计及 E-Bayes 估计.在刻度平方误差损失函数下,给出了火箭发动机寿命分布参数、可靠度函数及失效率函数的 Bayes 估计及 E-Bayes 估计.最后运用 Monte Carlo 方法对各种估计的均方误差进行了模拟比较.结果表明,E-Bayes 估计给出的估计精度高.

Jaheen & Okasha(2011)应用 Han(2009)提出的 E-Bayes 估计法,给出了有关参数的 E-Bayes 估计,并进行了模拟计算.该文的摘要如下:This paper is concerned with using the

E-Bayesian method［M. Han，Applied Mathematical Modeling（2009）1915—1922］for computing estimates for the parameter and reliability function of the Burr type XII distribution based on type－2 censored samples. The estimates are obtained based on squared error and LINEX loss functions. A comparison between the new method and the corresponding Bayes and maximum likelihood techniques is made using the Monte Carlo simulation.

许道军,李国望,沈浮(2013)分别给出了在特定超参数先验分布的条件下,失效率的 E-Bayes 估计和多层 Bayes 估计的计算公式.结果表明,失效率的 E-Bayes 估计避免了多层 Bayes 估计复杂的积分计算,形式上更加简洁,便于计算.并通过实例的具体计算说明,对于同一组实验数据,失效率的 E-Bayes 估计和多层 Bayes 估计的数值计算结果十分接近.研究表明,失效率的 E-Bayes 估计不仅具有多层 Bayes 估计的稳健性,而且具有多层 Bayes 估计的精确性,从而表明本文提出的失效率的 E-Bayes 估计法是可行的,且比失效率的多层 Bayes 估计更加简洁,更便于应用.

李聪,朱复康,赖民(2013)研究对称熵损失下成功概率的 Bayes 估计和 E-Bayes 估计,证明了前者的存在性及唯一性.模拟结果表明 E-Bayes 估计优于极大似然估计和 Bayes 估计.并将 E-Bayes 方法应用在证券投资预测之中,预测效果较好.

E-Bayes 估计法是在多层 Bayes 方法的基础上对多层 Bayes 方法的修正,并对多层 Bayes 方法的框架有所突破.E-Bayes 估计法将丰富现有的参数估计理论,并将对数学、统计学、可靠性理论和实际应用等起到一定的促进作用.在该领域的研究专著已出版,见韩明(2010).

E-Bayes 估计法不但可以应用于可靠性参数的估计,还可以应用于其他参数估计.例如,已将 E-Bayes 估计法用于证券投资预测等,见韩明(2005b),Han(2007b),王珊珊,刘龙(2007),李聪,朱复康,赖民(2013)等.

自从本书作者提出了 E-Bayes 估计法以来,已逐渐引起了国内外同行关注.一些学者在该领域陆续发表了一些研究论文,见:孙亮,徐廷学,王冬梅(2004),熊常伟等(2007),王珊珊,刘龙(2007),郭金龙等(2008),王建华,夏小艳(2008),周燕燕(2008),梅军建等(2009),苏清华,刘次华(2009),鞠瑞年等(2009),郭金龙(2009),王婷婷等(2009),王建华,毛娟(2009),王建华,袁力(2010),孙波等(2010),蔡国梁等(2010),Zhao & Cai(2010),Yin & Liu(2010),Jaheen & Okasha(2011).徐天群,刘焕彬,陈跃鹏(2011),徐天群,陈跃鹏,徐天河,刘焕彬(2012a,2012b),翟艳敏(2012),李聪,朱复康,赖民(2013),许道军,李国望,沈浮(2013),Okasha(2014)等.

还有一些研究生(包括作者的学生)也在该领域进行了一些研究(作为学位论文),见严惠云(2007),张琼英(2008),吴来林(2009),唐燕贞(2010),韦师(2010),刘永峰(2011),邱燕(2011),赵梦琳(2012),徐伟卿(2012),仲崇刚(2012)等.

在本书的第 8 章中,我们已经给出了 E-Bayes 估计法在证券投资预测中的应用.在本章,我们将首先给出参数的 E-Bayes 估计的定义,然后给出 E-Bayes 估计法在可靠性统计中的应用.

限于篇幅,本章只能简要地介绍可靠性参数的 E-Bayes 估计法的一些基本内容,有兴趣的读者可参考韩明(2010,2017a)等.

14.2　参数的 E-Bayes 估计法

以下将以一个超参数情形和两个超参数情形为例,分别给出参数的 E-Bayes 估计的定义.

14.2.1　一个超参数情形

以下将在参数 θ 的先验分布中含有一个超参数时,给出参数的 E-Bayes 估计的定义.设 θ 为待估参数,a 是参数 θ 的先验分布中的未知参数——超参数(hyperparameter).

定义 14.2.1　对 $a \in D$,若 $\hat{\theta}_B(a)$ 是连续的,称

$$\hat{\theta}_{EB} = \int_D \hat{\theta}_B(a)\pi(a)\mathrm{d}a$$

是参数 θ 的 **E-Bayes 估计**.其中 $\int_D \hat{\theta}_B(a)\pi(a)\mathrm{d}a$ 是存在的,D 为超参数 a 取值的集合（$D \subset \mathbf{R}$）,$\pi(a)$ 是 a 在集合 D 上的密度函数,$\hat{\theta}_B(a)$ 为 θ 的 Bayes 估计(用超参数 a 表示).

从定义 14.2.1 可以看出,参数 θ 的 E-Bayes 估计

$$\hat{\theta}_{EB} = \int_D \hat{\theta}_B(a)\pi(a)\mathrm{d}a = E[\hat{\theta}_B(a)]$$

是参数 θ 的 Bayes 估计 $\hat{\theta}_B(a)$ 对超参数 a 的数学期望(expectation),即 θ 的 E-Bayes 估计是 θ 的 Bayes 估计对超参数的数学期望.

14.2.2　两个超参数情形

以上在参数 θ 的先验分布中含有一个超参数时,给出了 θ 的 E-Bayes 估计的定义.以下将在参数 θ 的先验分布中含有两个超参数的情形下,给出参数 θ 的 E-Bayes 估计的定义.设 θ 为待估参数,a 和 b 是参数 θ 的先验分布中的两个超参数.

定义 14.2.2　对 $(a, b) \in D$,若 $\hat{\theta}_B(a, b)$ 是连续的,称

$$\hat{\theta}_{EB} = \iint_D \hat{\theta}_B(a, b)\pi(a, b)\mathrm{d}a\,\mathrm{d}b$$

是参数 θ 的 **E-Bayes 估计**.其中 $\iint_D \hat{\theta}_B(a, b)\pi(a, b)\mathrm{d}a\,\mathrm{d}b$ 是存在的,D 为超参数 a 和 b 取值的集合（$D \subset \mathbf{R}^2$）,$\pi(a, b)$ 是 a 和 b 在集合 D 上的密度函数,$\hat{\theta}_B(a, b)$ 为 θ 的 Bayes 估计(用超参数 a 和 b 表示).

从定义 14.2.2 可以看出,参数 θ 的 E-Bayes 估计

$$\hat{\theta}_{EB} = \iint_D \hat{\theta}_B(a, b)\pi(a, b)\mathrm{d}a\,\mathrm{d}b = E[\hat{\theta}_B(a, b)]$$

是参数 θ 的 Bayes 估计 $\hat{\theta}_B(a, b)$ 对超参数 a 和 b 的数学期望,即 θ 的 E-Bayes 估计是 θ 的 Bayes 估计对超参数的数学期望.

在前面的第 8 章中,我们已介绍了 E-Bayes 估计法及其在证券投资预测中的应用. 在本章中,将结合几个常见的可靠性参数(失效率、可靠度、失效概率等)给出它们的 E-Bayes 估计的定义、E-Bayes 估计及其性质,并给出模拟算例、应用实例.

14.3 λ 的 E-Bayes 估计及其应用

Han(2009)提出了失效率的一种估计方法——E-Bayes 估计法. 对寿命服从指数分布的产品,在一个超参数情形给出了失效率的 E-Bayes 估计的定义、E-Bayes 估计和多层 Bayes 估计,并在此基础上给出了 E-Bayes 估计的性质. 最后,结合某电子产品的实际问题进行了计算.

14.3.1 λ 的 E-Bayes 估计的定义

设某产品的寿命服从指数分布,其密度函数

$$f(t) = \lambda \exp\{-t\lambda\}, \tag{14.3.1}$$

其中 $t > 0$,$0 < \lambda < \infty$,λ 为指数分布式(14.3.1)的失效率(failure rate).

如果取 λ 的先验分布为其共轭分布——Gamma 分布,其密度函数为

$$\pi(\lambda \mid a, b) = b^a \lambda^{a-1} \frac{\exp(-b\lambda)}{\Gamma(a)},$$

其中 $0 < \lambda < \infty$,$\Gamma(a) = \int_0^\infty t^{a-1} e^{-t} dt$ 是 Gamma 函数,a 和 b 为超参数,且 $a > 0$,$b > 0$.

如果我们研究的产品的质量比较好,根据韩明(1997a),a 和 b 的选取应使 $\pi(\lambda \mid a, b)$ 为 λ 的单调减函数. $\pi(\lambda \mid a, b)$ 对 λ 的导数为

$$\frac{d[\pi(\lambda \mid a, b)]}{d\lambda} = \left[b^a \lambda^{a-2} \frac{\exp(-b\lambda)}{\Gamma(a)}\right][(a-1) - b\lambda].$$

注意到 $a > 0$,$b > 0$,$\lambda > 0$,当 $0 < a < 1$,$b > 0$ 时,$\dfrac{d[\pi(\lambda \mid a, b)]}{d\lambda} < 0$,因此 $\pi(\lambda \mid a, b)$ 为 λ 的单调减函数.

当 $0 < a < 1$ 时,b 越大,Gamma 分布密度函数的尾部越细. 根据 Bayes 估计的稳健性(Berger, 1985),尾部越细的先验分布常会造成 Bayes 估计的稳健性越差,因此 b 不宜过大,应该有一个界限. 设 b 的上界为 c,其中 $c > 0$ 为常数. 这样可以确定超参数 a 和 b 的范围为 $0 < a < 1$,$0 < b < c$(常数 c 的确定,见后面的应用实例).

当 $a = 1$ 和 $0 < b < c$ 时,$\pi(\lambda \mid a, b)$ 仍然是 λ 的单调减函数,此时 λ 的密度函数为

$$\pi(\lambda \mid b) = b \exp(-b\lambda), \tag{14.3.2}$$

其中 $0 < \lambda < \infty$.

定义 14.3.1 对 $b \in D$,若 $\hat{\lambda}_B(b)$ 是连续的,称

$$\hat{\lambda}_{EB} = \int_D \hat{\lambda}_B(b) \pi(b) \mathrm{d}b$$

为参数 λ 的 **E-Bayes 估计**. 其中 $\int_D \hat{\lambda}_B(b)\pi(b)\mathrm{d}b$ 是存在的, $D = \{b: 0 < b < c, b \in \mathbf{R}\}$, $c > 0$ 为常数, $\pi(b)$ 是 b 在 D 上的密度函数, $\hat{\lambda}_B(b)$ 为 λ 的 Bayes 估计 (用超参数 b 表示).

定义 14.3.1 表明, λ 的 E-Bayes 估计

$$\hat{\lambda}_{EB} = \int_D \hat{\lambda}_B(b) \pi(b) \mathrm{d}b = E[\hat{\lambda}_B(b)]$$

是 λ 的 Bayes 估计 $\hat{\lambda}_B(b)$ 对超参数 b 的数学期望, 即 λ 的 E-Bayes 估计是 λ 的 Bayes 估计对超参数的数学期望.

14.3.2　λ 的 E-Bayes 估计

Han(2009)在超参数的三个不同先验分布下, 给出了 λ 的 E-Bayes 估计.

定理 14.3.1　对寿命服从指数分布式(14.3.1)的产品进行 m 次定时截尾试验, 获得的试验数据为 $\{(n_i, r_i, t_i), i = 1, 2, \cdots, m\}$. 记 $r = \sum_{i=1}^{m} r_i$, M 为 m 次定时截尾试验的总试验时间. 若 λ 的先验密度函数 $\pi(\lambda|b)$ 由式(14.3.2)给出, 则有如下两个结论:

(1) 在平方损失下, λ 的 Bayes 估计为 $\hat{\lambda}(b) = \dfrac{r+1}{M+b}$;

(2) 若超参数 b 的先验密度函数分别为

$$\pi_1(b) = \frac{2(c-b)}{c^2}, \quad 0 < b < c, \tag{14.3.3}$$

$$\pi_2(b) = \frac{1}{c}, \quad 0 < b < c, \tag{14.3.4}$$

$$\pi_3(b) = \frac{2b}{c^2}, \quad 0 < b < c, \tag{14.3.5}$$

则 λ 的 E-Bayes 估计分别为

$$\hat{\lambda}_{EB1} = \frac{2(r+1)}{c^2} \left[(M+c)\ln\left(\frac{M+c}{M}\right) - c \right],$$

$$\hat{\lambda}_{EB2} = \frac{(r+1)}{c} \ln\left(\frac{M+c}{M}\right),$$

$$\hat{\lambda}_{EB3} = \frac{2(r+1)}{c^2} \left[c - M\ln\left(\frac{M+c}{M}\right) \right].$$

定理 14.3.1 的证明从略(其证明详见 Han, 2009).

14.3.3　λ 的多层 Bayes 估计

若 λ 的先验密度函数 $\pi(\lambda|b)$ 由式(14.3.2)给出, b 的先验密度函数分别由式(14.3.3), 式

(14.3.4)和式(14.3.5)给出,则 λ 的多层先验密度函数分别为

$$\pi_4(\lambda) = \int_0^c \pi(\lambda \mid b)\pi_1(b)\mathrm{d}b = \frac{2}{c^2}\int_0^c b(c-b)\exp(-b\lambda)\mathrm{d}b, \qquad (14.3.6)$$

$$\pi_5(\lambda) = \int_0^c \pi(\lambda \mid b)\pi_2(b)\mathrm{d}b = \frac{1}{c}\int_0^c b\exp(-b\lambda)\mathrm{d}b, \qquad (14.3.7)$$

$$\pi_6(\lambda) = \int_0^c \pi(\lambda \mid b)\pi_3(b)\mathrm{d}b = \frac{2}{c^2}\int_0^c b^2\exp(-b\lambda)\mathrm{d}b, \qquad (14.3.8)$$

其中,$0 < \lambda < \infty$.

Han(2009a)在 λ 的三个不同多层先验分布下,给出了 λ 的多层 Bayes 估计.

定理 14.3.2 对寿命服从指数分布式(14.3.1)的产品进行 m 次定时截尾试验,获得的试验数据为 $\{(n_i, r_i, t_i), i=1, \cdots, m\}$. 记 $r = \sum_{i=1}^{m} r_i$,M 为 m 次定时截尾试验的总试验时间. 若 λ 的多层先验密度函数分别由式(14.3.6),式(14.3.7)和式(14.3.8)给出,则在平方损失下 λ 的多层 Bayes 估计分别为

$$\hat{\lambda}_{HB1} = (r+1)\frac{\displaystyle\int_0^c \frac{b(c-b)}{(M+b)^{r+2}}\mathrm{d}b}{\displaystyle\int_0^c \frac{b(c-b)}{(M+b)^{r+1}}\mathrm{d}b},$$

$$\hat{\lambda}_{HB2} = (r+1)\frac{\displaystyle\int_0^c \frac{b}{(M+b)^{r+2}}\mathrm{d}b}{\displaystyle\int_0^c \frac{b}{(M+b)^{r+1}}\mathrm{d}b},$$

$$\hat{\lambda}_{HB3} = (r+1)\frac{\displaystyle\int_0^c \frac{b^2}{(M+b)^{r+2}}\mathrm{d}b}{\displaystyle\int_0^c \frac{b^2}{(M+b)^{r+1}}\mathrm{d}b}.$$

定理 14.3.2 的证明从略(其证明详见 Han,2009).

14.3.4 λ 的 E-Bayes 估计的性质

在定理 14.3.1 和定理 14.3.2 中分别给出了 λ 的 E-Bayes 估计 $\hat{\lambda}_{EBi}(i=1, 2, 3)$ 与多层 Bayes 估计 $\hat{\lambda}_{HBi}(i=1, 2, 3)$,那么 $\hat{\lambda}_{EBi}(i=1, 2, 3)$ 之间有什么关系呢?$\hat{\lambda}_{EBi}(i=1, 2, 3)$ 与 $\hat{\lambda}_{HBi}(i=1, 2, 3)$ 之间又有什么关系呢?Han(2009a)给出了 E-Bayes 估计的性质将回答这些问题.

1. $\hat{\lambda}_{EB1}$,$\hat{\lambda}_{EB2}$ 和 $\hat{\lambda}_{EB3}$ 的关系

定理 14.3.3 在定理 14.3.1 中,当 $0 < c < M$ 时,有如下两个结论:

(1) $\hat{\lambda}_{EB3} < \hat{\lambda}_{EB2} < \hat{\lambda}_{EB1}$;

(2) $\lim\limits_{M \to \infty} \hat{\lambda}_{EB1} - \lim\limits_{M \to \infty} \hat{\lambda}_{EB2} = \lim\limits_{M \to \infty} \hat{\lambda}_{EB3}$.

定理 14.3.3 的证明从略(其证明详见 Han,2009).

定理 14.3.3 的(1)表明,对超参数不同的先验分布,相应的 $\hat{\lambda}_{EBi}$ ($i=1$,2,3)也是不同的.定理 14.3.3 的(2)表明,$\hat{\lambda}_{EBi}$ ($i=1$,2,3)渐近相等;或当 M 较大时,$\hat{\lambda}_{EBi}$ ($i=1$,2,3)比较接近.

2. $\hat{\lambda}_{EBi}$ 和 $\hat{\lambda}_{HBi}$ ($i=1$,2,3)的关系

定理 14.3.4 在定理 14.3.1 和定理 14.3.2 中,当 $0 < c < M$ 时,$\hat{\lambda}_{EBi}$ 和 $\hat{\lambda}_{HBi}$ ($i=1$,2,3)满足 $\lim\limits_{M \to \infty} \hat{\lambda}_{EBi} = \lim\limits_{M \to \infty} \hat{\lambda}_{HBi}$ ($i=1$,2,3).

定理 14.3.4 的证明从略(其证明详见 Han,2009).

定理 14.3.4 表明,$\hat{\lambda}_{EBi}$ 和 $\hat{\lambda}_{HBi}$ ($i=1$,2,3)渐近相等,或当 M 较大时,$\hat{\lambda}_{EBi}$ 和 $\hat{\lambda}_{HBi}$ ($i=1$,2,3)比较接近.

14.3.5 应用案例

在某型电子产品的定时截尾可靠性试验中,获得的试验数据(Han,2009)见表 14-1(其中试验时间单位:h).

表 14-1　　　　　　　　　某型电子产品的试验数据

i	1	2	3	4	5	6	7
t_i	480	680	880	1 080	1 280	1 480	1 680
n_i	3	3	5	5	8	8	8
r_i	0	0	0	1	0	2	1

根据 Han(2009a),该电子产品的寿命服从指数分布.根据定理 14.3.1 和定理 14.3.2,可以得到 $\hat{\lambda}_{EBi}$ ($i=1$,2,3),$\hat{\lambda}_{HBi}$ ($i=1$,2,3).一些计算结果见表 14-2.

表 14-2　　　　　$\hat{\lambda}_{EBi}$ ($i=1$,2,3) 和 $\hat{\lambda}_{HBi}$ ($i=1$,2,3) 的计算结果

c	500	1 000	2 000	3 000	4 000	极差
$\hat{\lambda}_{EB1}$	1.186E-04	1.181E-04	1.172E-04	1.163E-04	1.154E-04	3.139E-06
$\hat{\lambda}_{HB1}$	1.183E-04	1.177E-04	1.164E-04	1.151E-04	1.139E-04	4.429E-06
$\hat{\lambda}_{B1-}$	2.270E-07	4.465E-07	8.497E-07	1.204E-06	1.517E-06	4.290E-06
$\hat{\lambda}_{EB2}$	1.183E-04	1.176E-04	1.163E-04	1.150E-04	1.137E-04	3.139E-06
$\hat{\lambda}_{HB2}$	1.181E-04	1.172E-04	1.155E-04	1.138E-04	1.123E-04	4.429E-06
$\hat{\lambda}_{B2-}$	2.301E-07	4.421E-07	8.306E-07	1.170E-06	1.455E-06	1.225E-06
$\hat{\lambda}_{EB3}$	1.181E-04	1.172E-04	1.154E-04	1.137E-04	1.120E-04	6.120E-06
$\hat{\lambda}_{HB3}$	1.180E-04	1.170E-04	1.150E-04	1.131E-04	1.113E-04	6.675E-06
$\hat{\lambda}_{B3-}$	1.132E-07	2.189E-07	3.963E-07	5.526E-07	6.682E-07	5.550E-07

注:$1.132E\text{-}07 = 1.132 \times 10^{-7}$,$\hat{\lambda}_{i-} = \hat{\lambda}_{EBi} - \hat{\lambda}_{HBi}$,$i=1$,2,3.

根据表 14-2,我们发现,对相同的 c(100,500,1 000,2 000,3 000,4 000),$\hat{\lambda}_{EBi}$ ($i=$

1，2，3)比较接近，并且满足定理 14.3.3. 对不同的 c(100，500，1 000，2 000，3 000，4 000)，$\hat{\lambda}_{\text{EB}i}$($i=1$，2，3)和 $\hat{\lambda}_{\text{HB}i}$($i=1$，2，3)都是稳健的，并且满足定理 14.3.4.

根据表 14-2，可以得到 $\hat{R}_{\text{EB}i}(t)=\exp(-\hat{\lambda}_{\text{EB}i}t)$ ($i=1$，2，3)和 $\hat{R}_{\text{HB}i}(t)=\exp(-\hat{\lambda}_{\text{HB}i}t)$($i=1$，2，3)．一些结算结果见表 14-3.

表 14-3 　　$\hat{R}_{\text{EB}i}(500)$ ($i=1$，2，3)和 $\hat{R}_{\text{HB}i}(500)$ ($i=1$，2，3)计算结果

c	500	1 000	2 000	3 000	4 000	极差
$\hat{R}_{\text{EB}1}(500)$	0.942 434 3	0.942 653 1	0.943 083 1	0.943 503 5	0.943 914 8	0.001 480 5
$\hat{R}_{\text{HB}1}(500)$	0.942 541 3	0.942 863 5	0.943 483 8	0.944 071 5	0.944 631 2	0.002 089 9
$\hat{R}_{\text{B}1-}(500)$	0.000 107 0	0.000 210 4	0.000 400 7	0.000 568 0	0.000 716 4	0.000 609 4
$\hat{R}_{\text{EB}2}(500)$	0.942 544 3	0.942 680 6	0.943 508 3	0.944 127 5	0.944 728 8	0.002 184 5
$\hat{R}_{\text{HB}2}(500)$	0.942 652 8	0.942 889 1	0.943 900 3	0.944 679 5	0.945 416 7	0.002 763 9
$\hat{R}_{\text{B}2-}(500)$	0.000 108 5	0.000 208 5	0.000 392 0	0.000 552 0	0.000 687 9	0.000 579 4
$\hat{R}_{\text{EB}3}(500)$	0.942 654 3	0.943 088 1	0.943 933 8	0.944 751 8	0.945 543 4	0.002 889 1
$\hat{R}_{\text{HB}3}(500)$	0.942 707 7	0.943 191 3	0.944 120 9	0.945 012 9	0.945 859 4	0.003 151 7
$\hat{R}_{\text{B}3-}(500)$	0.000 053 4	0.000 103 2	0.000 187 1	0.000 261 1	0.000 316 0	0.000 262 6

注：$\hat{R}_{i-}(500)=\hat{R}_{\text{HB}i}(500)-\hat{R}_{\text{EB}i}(500)$，$i=1$，2，3.

根据表 14-3，我们发现，对相同的 c(100，500，1 000，2 000，3 000，4 000)，$\hat{R}_{\text{EB}i}(t)$ ($i=1$，2，3)比较接近．对不同的 c(100，500，1 000，2 000，3 000，4 000)，$\hat{R}_{\text{EB}i}(t)$ ($i=1$，2，3)和 $\hat{R}_{\text{HB}i}(t)$($i=1$，2，3)都是稳健的．在应用中作者建议，常数 c 取区间$(0$，4 000]的中点，即 $c=2\,000$.

根据表 14-2，当 $c=2\,000$ 时，$\hat{R}_{\text{EB}2}(t)$ 和 $\hat{R}_{\text{HB}2}(t)$ 的计算结果，如图 14-1 所示.

说明：在图 14-1 中，* 表示 $\hat{R}_{\text{EB}2}(t)$ 的结算结果，○表示 $\hat{R}_{\text{HB}2}(t)$ 的结算结果.

从应用实例可以看出，由于超参数 b 取不同的先验分布［密度函数 $\pi(b)$ 分别由式(14.3.4)，式(14.3.5)和式(14.3.6)给出］，$\hat{\lambda}_{\text{EB}i}$，$\hat{\lambda}_{\text{HB}i}$ ($i=1$，2，3)，$\hat{R}_{\text{EB}i}(t)$ 和 $\hat{R}_{\text{HB}i}(t)$($i=1$，2，3)都是稳健的．显然，当超参数 b 的先验分布取均匀分布时，$\hat{\lambda}_{\text{EB}2}$ 和 $\hat{\lambda}_{\text{HB}2}$ 的结果（表达式）最简单.

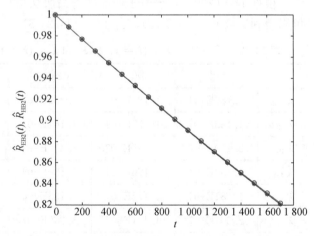

图 14-1 　$\hat{R}_{\text{EB}2}(t)$ 和 $\hat{R}_{\text{HB}2}(t)$ 的计算结果

作者认为，提出一种新的参数估计方法，必须回答两个问题：第一个问题，新的估计方法与已有估计方法（计算）结果的差异有多大；第二个问题，新的估计方法与已有估计方法相比，有哪些优点.

定理 14.3.4 已经从理论上回答了第一个问题. 另外, 又从应用实例中看到了 $\hat{\lambda}_{\text{EB}i}$ 和 $\hat{\lambda}_{\text{HB}i}$ $(i=1, 2, 3)$ 计算结果的差异——虽不同但很接近.

至于第二个问题——E-Bayes 估计法的优点, 从定理 14.3.1 和定理 14.3.2 的表达式上看, 显然 λ 的 E-Bayes 估计比多层 Bayes 估计简单. 另外, 从应用实例的具体计算中, 我们也可以体验到 λ 的 E-Bayes 估计比多层 Bayes 估计简单, 并且从表 14-2 和表 14-3 可以看出: E-Bayes 估计比多层 Bayes 估计的稳健性好. 关于 E-Bayes 估计法的其他优点, 还有待进一步研究.

14.4　p_i 的 E-Bayes 估计及其应用

Han(2007a) 提出了参数的一种估计方法——E-Bayes 估计法. 在先验分布中有两个超参数情形, 给出了失效概率的 E-Bayes 估计的定义, 在此基础上给出了失效概率的 E-Bayes 估计, 并给出了失效概率的 E-Bayes 估计的性质. 最后, 给出了模拟算例和应用实例.

14.4.1　p_i 的 E-Bayes 估计的定义

茆诗松等(1989)提出了"配分布曲线法", 其关键是要给出在时刻 $t_i(i=1, 2, \cdots, m)$ 处失效概率 $p_i = P(T \leqslant t_i)$ 的估计, 并在此基础上给出分布参数的估计, 最后给出可靠度的估计. 其中 T 是该产品的寿命.

如果取 p_i 的先验分布为其共轭分布——Beta 分布, 其密度函数为

$$\pi(p_i \mid a, b) = \frac{p_i^{a-1}(1-p_i)^{b-1}}{B(a, b)}, \tag{14.4.1}$$

其中, $0 < p_i < 1$, $B(a, b) = \int_0^1 t^{a-1}(1-t)^{b-1}\mathrm{d}t$ 是 Beta 函数, $a > 0$ 和 $b > 0$ 为超参数.

根据韩明(1997a), 选取 a 和 b 应使 $\pi(p_i|a, b)$ 是 p_i 的减函数.

$$\frac{\mathrm{d}[\pi(p_i \mid a, b)]}{\mathrm{d}p_i} = \frac{p_i^{a-2}(1-p_i)^{b-2}[(a-1)(1-p_i)-(b-1)p_i]}{B(a, b)}.$$

注意到 $a > 0, b > 0$, 且 $0 < p_i < 1$, 当 $0 < a < 1, b > 1$ 时, 有 $\dfrac{\mathrm{d}[\pi(p_i \mid a, b)]}{\mathrm{d}p_i} < 0$, $\pi(p_i \mid a, b)$ 是 p_i 的减函数.

当 $0 < a < 1$ 和 $b > 1$ 时, 根据 Bayes 估计的稳健性(Berger, 1985), 尾部越细的先验分布会造成 Bayes 估计的稳健性越差, 因此 b 不宜过大, 应该有一个界限. 设 c 是 b 一个上界, 其中 $c > 1$ 为常数. 这样可以确定超参数 a 和 b 的范围为 $0 < a < 1$ 和 $1 < b < c$.

定义 14.4.1　对 $(a, b) \in D$, 若 $\hat{p}_i(a, b)$ 是连续的,

$$\hat{p}_{i\text{EB}} = \iint\limits_D \hat{p}_{i\text{B}}(a, b)\pi(a, b)\mathrm{d}a\mathrm{d}b$$

称为 p_i 的 **E-Bayes 估计**. 其中 $\iint\limits_D \hat{p}_{i\text{B}}(a, b)\pi(a, b)\mathrm{d}a\mathrm{d}b$ 是存在的, $D = \{(a, b): 0 < a < 1, 1 < b < c, a, b \in \mathbf{R}\}$, $c > 1$ 为常数, $\pi(a, b)$ 为 a 和 b 在区域 D 上的密度函数, $\hat{p}_{i\text{B}}(a,$

$b)$ 为 p_i 的 Bayes 估计(用超参数 a 和 b 表示), $i=1, 2, \cdots, m$.

从定义 14.4.1 可以看出, p_i 的 E-Bayes 估计

$$\hat{p}_{i\text{EB}}=\iint\limits_{D} \hat{p}_{i\text{B}}(a, b)\pi(a, b)\mathrm{d}a\mathrm{d}b=E[\hat{p}_{i\text{B}}(a, b)]$$

是 $\hat{p}_{i\text{B}}(a, b)$ 对超参数 a 和 b 的数学期望, 即 p_i 的 E-Bayes 估计是 p_i 的 Bayes 估计对超参数的数学期望.

14.4.2 p_i 的 E-Bayes 估计

Han(2007a)给出了 p_i 的 E-Bayes 估计.

定理 14.4.1   对某产品进行 m 次定时截尾试验, 获得的试验数据为 $\{(n_i, r_i, t_i), i=1, 2, \cdots, m\}$, 记 $s_i=\sum\limits_{j=i}^{m} n_j$, $e_i=\sum\limits_{j=i}^{i} r_j$, $i=1, 2, \cdots, m$. 若 p_i 的先验密度函数 $\pi(p_i|a, b)$ 由式(14.4.1)给出, 则有如下两个结论:

(1) 在平方损失下, p_i 的 Bayes 估计为 $\hat{p}_{i\text{B}}(a, b)=\dfrac{a+e_i}{a+b+s_i}$;

(2) 若 a 和 b 的先验密度函数如下:

$$\pi_1(a, b)=\frac{2(c-b)}{(c-1)^2}, \quad 0<a<1, 1<b<c, \qquad (14.4.2)$$

$$\pi_2(a, b)=\frac{1}{c-1}, \quad 0<a<1, 1<b<c, \qquad (14.4.3)$$

$$\pi_3(a, b)=\frac{2b}{c^2-1}, \quad 0<a<1, 1<b<c, \qquad (14.4.4)$$

则 p_i 的 E-Bayes 估计分别为

$$\hat{p}_{i\text{EB1}}=\frac{2}{(c-1)^2}\int_1^c\int_0^1 \frac{(c-b)(a+e_i)}{a+b+s_i}\mathrm{d}a\mathrm{d}b,$$

$$\hat{p}_{i\text{EB2}}=\frac{1}{(c-1)}\int_1^c\int_0^1 \frac{a+e_i}{a+b+s_i}\mathrm{d}a\mathrm{d}b,$$

$$\hat{p}_{i\text{EB3}}=\frac{2}{c^2-1}\int_1^c\int_0^1 \frac{b(a+e_i)}{a+b+s_i}\mathrm{d}a\mathrm{d}b.$$

定理 14.4.1 的证明这里从略(其证明详见 Han, 2007a).

14.4.3 p_i 的 E-Bayes 估计的性质

在定理 14.4.1 中, 给出的三个 p_i 的 E-Bayes 估计 $\hat{p}_{i\text{EB1}}$, $\hat{p}_{i\text{EB2}}$ 和 $\hat{p}_{i\text{EB3}}$, 那么它们之间有什么关系呢? 以下将要给出的定理 14.4.2 回答了这个问题(Han, 2007a).

定理 14.4.2   在定理 14.4.1 中, 如果 $1<c<s_i+3$, 则有如下两个结论:

(1) $\hat{p}_{iEB1} > \hat{p}_{iEB2} > \hat{p}_{iEB3}$；

(2) $\lim\limits_{s_i \to \infty} \hat{p}_{iEB1} = \lim\limits_{s_i \to \infty} \hat{p}_{iEB2} = \lim\limits_{s_i \to \infty} \hat{p}_{iEB3}$.

定理 14.4.2 的证明从略(其证明详见 Han，2007a).

定理 14.4.2 的(1)说明，超参数 a 和 b 的先验分布不同，相应的 E-Bayes 估计 $\hat{p}_{iEB1}$，$\hat{p}_{iEB2}$ 和 $\hat{p}_{iEB3}$ 也是不同的.

定理 14.4.2 的(2)说明，$\hat{p}_{iEB1}$，$\hat{p}_{iEB2}$ 和 $\hat{p}_{iEB3}$ 是渐进相等的，或当 s_i 较大时，$\hat{p}_{iEB1}$，$\hat{p}_{iEB2}$ 和 $\hat{p}_{iEB3}$ 是比较接近的.

14.4.4　模拟算例

根据定理 14.4.1，通过模拟 s_i 和 e_i，可以得到 $\hat{p}_{iEBj}$($j=1$，2，3)，其计算结果见表 14-4 和表 14-5($\hat{p}_{i-} = \hat{p}_{iEB1} - \hat{p}_{iEB3}$).

表 14-4　　　　$\hat{p}_{iEBj}$($j=1$, 2, 3) 和 $\hat{p}_{i-}$ 的计算结果 ($e_i=1$)

s_i	c	2	3	4	5	6	极差
10	$\hat{p}_{iEB1}$	0.126 290	0.122 973	0.119 901	0.117 042	0.114 371	0.011 919
10	$\hat{p}_{iEB2}$	0.124 565	0.119 785	0.115 459	0.111 520	0.107 913	0.016 652
10	$\hat{p}_{iEB3}$	0.123 990	0.118 190	0.112 794	0.107 839	0.103 300	0.020 690
10	$\hat{p}_{i-}$	0.002 300	0.004 783	0.007 107	0.009 203	0.011 071	0.008 771
50	$\hat{p}_{iEB1}$	0.028 909	0.028 727	0.028 547	0.028 371	0.028 198	0.000 711
50	$\hat{p}_{iEB2}$	0.028 817	0.028 545	0.028 281	0.028 022	0.027 770	0.001 047
50	$\hat{p}_{iEB3}$	0.028 786	0.028 455	0.028 120	0.027 789	0.027 464	0.001 322
50	$\hat{p}_{i-}$	0.000 123	0.000 272	0.000 426	0.000 581	0.000 734	0.000 611
100	$\hat{p}_{iEB1}$	0.014 722	0.014 674	0.014 627	0.014 580	0.014 534	0.000 188
100	$\hat{p}_{iEB2}$	0.014 698	0.014 627	0.014 556	0.014 487	0.014 418	0.000 280
100	$\hat{p}_{iEB3}$	0.014 690	0.014 603	0.014 514	0.014 425	0.014 336	0.000 354
100	$\hat{p}_{i-}$	3.20E-05	7.13E-05	1.13E-04	1.55E-04	1.98E-04	1.66E-04
1 000	$\hat{p}_{iEB1}$	0.001 497	0.001 497	0.001 496	0.001 496	0.001 495	1.99E-06
1 000	$\hat{p}_{iEB2}$	0.001 497	0.001 497	0.001 495	0.001 495	0.001 494	2.98E-06
1 000	$\hat{p}_{iEB3}$	0.001 497	0.001 496	0.001 495	0.001 494	0.001 493	3.78E-06
1 000	$\hat{p}_{i-}$	3.32E-07	7.46E-07	1.19E-06	1.65E-06	2.13E-06	1.79E-06

表 14-5　　　　$\hat{p}_{iEBj}$($j=1$, 2, 3) 和 $\hat{p}_{i-}$ 的计算结果 ($e_i=2$)

s_i	c	2	3	4	5	6	极差
10	$\hat{p}_{iEB1}$	0.210 880	0.205 333	0.200 194	0.195 413	0.190 947	0.019 933
10	$\hat{p}_{iEB2}$	0.207 995	0.199 999	0.192 765	0.186 179	0.180 148	0.027 847
10	$\hat{p}_{iEB3}$	0.207 033	0.197 332	0.188 308	0.180 023	0.172 434	0.034 598
10	$\hat{p}_{i-}$	0.003 847	0.008 001	0.011 886	0.015 390	0.018 513	0.014 667
50	$\hat{p}_{iEB1}$	0.048 203	0.047 898	0.047 599	0.047 305	0.047 017	0.001 186

续表

s_i	c	2	3	4	5	6	极差
50	$\hat{p}_{iEB2}$	0.048 049	0.047 596	0.047 154	0.046 723	0.046 302	0.001 747
50	$\hat{p}_{iEB3}$	0.047 998	0.047 445	0.046 887	0.046 335	0.045 792	0.002 206
50	$\hat{p}_{i-}$	2.05E-04	4.53E-04	7.11E-04	9.70E-04	0.001 225	0.001 020
100	$\hat{p}_{iEB1}$	0.024 542	0.024 462	0.024 384	0.024 306	0.024 228	0.000 314
100	$\hat{p}_{iEB2}$	0.024 502	0.024 350	0.024 266	0.024 150	0.024 036	0.000 467
100	$\hat{p}_{iEB3}$	0.024 489	0.024 344	0.024 195	0.024 046	0.023 898	0.000 591
100	$\hat{p}_{i-}$	5.34E-05	1.19E-04	1.88E-04	2.59E-04	3.30E-04	2.77E-04
1 000	$\hat{p}_{iEB1}$	0.002 495	0.002 494	0.002 493	0.002 493	0.002 492	3.31E-06
1 000	$\hat{p}_{iEB2}$	0.002 495	0.002 494	0.002 492	0.002 491	0.002 490	4.96E-06
1 000	$\hat{p}_{iEB3}$	0.002 495	0.002 493	0.002 492	0.002 490	0.002 488	6.30E-06
1 000	$\hat{p}_{i-}$	5.53E-07	1.24E-06	1.99E-06	2.76E-06	3.54E-06	2.99E-06

从表 14-4 和表 14-5,我们发现,对相同的 $c(c=2,3,4,5,6)$,$\hat{p}_{iEBj}$ $(j=1,2,3)$ 是比较接近的,并且对不同的 $c(c=2,3,4,5,6)$,$\hat{p}_{iEBj}$ $(j=1,2,3)$ 都是稳健的. 在应用中作者建议,c 取区间 $[2,6]$ 的中点,即 $c=4$.

对超参数 a 和 b 取不同的先验分布,其密度函数分别由式(14.4.2),式(14.4.3)和式(14.4.4)给出,相应的 $\hat{p}_{iEBj}$ $(j=1,2,3)$ 都是稳健的,并且满足定理 14.4.2.因此作者建议,超参数 a 和 b 的先验分布取均匀分布.

14.4.5 应用案例

某型发动机在定时截尾的寿命试验中获得的试验数据见表 14-6(时间单位:h).

表 14-6 发动机的试验数据

i	1	2	3	4	5	6	7	8	9
t_i	250	450	650	850	1 050	1 250	1 450	1 650	1 850
n_i	3	3	3	3	4	4	4	4	4
r_i	0	0	0	0	0	1	0	1	1
e_i	0	0	0	0	0	1	1	2	3
s_i	32	29	26	23	20	16	12	8	4

根据定理 14.4.1 和表 14-6,可以得到 $\hat{p}_{iEB2}$(取 $c=4$),其计算结果见表 14-7.

表 14-7 $\hat{p}_{iEB2}$ 的计算结果

i	1	2	3	4	5
$\hat{p}_{iEB2}$	0.014 227	0.015 556	0.017 159	0.019 131	0.021 615
i	6	7	8	9	
$\hat{p}_{iEB2}$	0.078 898	0.099 998	0.228 157	0.507 020	

根据 Han(2007a),该发动机的寿命服从 Weibull 分布,其分布函数为

$$F(t) = 1 - \exp\left\{-\left(\frac{t}{\eta}\right)^m\right\}, \quad \eta > 0, \; m > 0, \; t > 0. \tag{14.4.5}$$

根据茆诗松与罗朝斌(1989)，Weibull 分布式(14.4.5)中分布参数 η 和 m 的最小二乘估计为

$$\hat{\eta} = \exp(\hat{\mu}), \quad \hat{m} = \frac{1}{\hat{\sigma}}, \tag{14.4.6}$$

其中，$\hat{\mu} = \dfrac{BC - AD}{mB - A^2}$，$\hat{\sigma} = \dfrac{mD - AC}{mB - A^2}$，$A = \sum\limits_{i=1}^{m} x_i$，$B = \sum\limits_{i=1}^{m} x_i^2$，$C = \sum\limits_{i=1}^{m} y_i$，$D = \sum\limits_{i=1}^{m} x_i y_i$，$x_i = \ln\ln[(1 - \hat{p}_i)^{-1}]$，$\hat{p}_i$ 是 p_i 的估计(如 E-Bayes 估计)，$y_i = \ln t_i$，$i = 1, 2, \cdots, m$.

根据式(14.4.6)可以得到时刻 t 处该型发动机可靠度的估计

$$\hat{R}(t) = \exp\left\{-\left(\frac{t}{\hat{\eta}}\right)^{\hat{m}}\right\}, \tag{14.4.7}$$

其中 $\hat{\eta}$，$\hat{m}$ 由式(14.4.6)给出.

根据式(14.4.6)和表 14-7 可以得到 $\hat{\eta}$ 和 $\hat{m}$，其计算结果见表 14-8.

表 14-8　　　　　　　　　　　　$\hat{\eta}$ 和 $\hat{m}$ 的计算结果

$\hat{m}$	$\hat{\eta}$
2.644 292 622	2 739.153 494

根据式(14.4.7)和表 14-8 可以得到 $\hat{R}(t)$，其计算结果见表 14-9 和图 14-2.

表 14-9　　　　　　　　　　　　$\hat{R}(t)$ 的计算结果

t	200	400	600	800	1 000
$\hat{R}(t)$	0.999 013	0.993 845	0.982 124	0.962 138	0.932 736
t	1 200	1 400	1 600	1 800	2 000
$\hat{R}(t)$	0.893 356	0.844 070	0.785 602	0.719 297	0.647 047

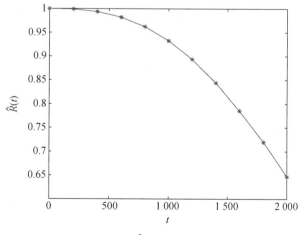

图 14-2　$\hat{R}(t)$ 的计算结果

14.5   *R* 的 E-Bayes 估计及其应用

在有些情况下,很难确定产品的寿命分布类型,有时虽然产品的寿命分布类型已知,但获得的数据仅仅是失效个数,而无精确的失效时间,这时我们可以借助非参数方法来获得可靠度的估计.

设某产品的寿命分布类型是未知的,现从中随机抽取 n 个样品进行定时截尾试验,若在截尾时间段内有 X 个样品失效,又产品的失效与否是互相独立的,则 X 是一个服从二项分布的随机变量(茆诗松,王玲玲,1984),于是有

$$P\{X=r\}=C_n^r R^{n-r}(1-R)^r, \quad r=0,1,\cdots,n. \tag{14.5.1}$$

其中,$0<R<1$,R 为产品的可靠度(reliability).

这样研究可靠度的非参数估计问题,就转化为研究二项分布式(14.5.1)中参数 R 的估计问题.

Han(2011a)提出了可靠度的 E-Bayes 估计法,对二项分布,在可靠度的先验分布中有一个超参数时,给出了可靠度的 E-Bayes 估计的定义,在此基础上给出了可靠度的 E-Bayes 估计和多层 Bayes 估计. 韩明(2013b)在 Han(2011a)的基础上,给出了 E-Bayes 估计的性质.

14.5.1   *R* 的 E-Bayes 估计的定义

若 R 的先验分布为其共轭分布——Beta 分布,其密度函数为

$$\pi(R\mid a,b)=\frac{R^{a-1}(1-R)^{b-1}}{B(a,b)},$$

其中,$0<R<1$,$B(a,b)=\int_0^1 t^{a-1}(1-t)^{b-1}\mathrm{d}t$ 是 Beta 函数,$a>0$ 和 $b>0$ 为超参数.

根据韩明(1997a),选取 a 和 b 应使 $\pi(R\mid a,b)$ 是 R 的单调增函数,为此求 $\pi(R\mid a,b)$ 对 R 的导数

$$\frac{\mathrm{d}[\pi(R\mid a,b)]}{\mathrm{d}R}=\frac{R^{a-2}(1-R)^{b-2}[(a-1)(1-R)-(b-1)R]}{B(a,b)}.$$

注意到 $a>0$,$b>0$,且 $0<R<1$,当 $a>1$,$0<b<1$ 时,有 $\dfrac{\mathrm{d}[\pi(R\mid a,b)]}{\mathrm{d}R}>0$,$\pi(R\mid a,b)$ 是 R 的单调增函数.

当 $b=1$ 和 $a>1$ 时,$\pi(R\mid a,b)$ 仍然是 R 的增函数,此时(称为幂分布)其密度函数为

$$\pi(R\mid a)=aR^{a-1}. \tag{14.5.2}$$

其中,$0<R<1$,$a>1$ 为超参数.

从 Bayes 估计的稳健性的角度看,尾部越细的先验分布常会造成 Bayes 估计的稳健性越差,因此 a 不宜过大,应有一个界限.设 c 为 a 的上限($c>1$ 为常数),这样可以确定超参数 a 的范围是 $1<a<c$.

定义 14.5.1　设 $a \in D$，若 $\hat{R}_B(a)$ 是连续的，称

$$\hat{R}_{EB} = \int_D \hat{R}_B(a)\pi(a)\mathrm{d}a$$

为 R 的 **E-Bayes 估计**. 其中 $\int_D \hat{R}_B(a)\pi(a)\mathrm{d}a$ 是存在的，$D = \{a : 1 < a < c, a \in \mathbf{R}\}$，$c > 1$ 为常数，$\pi(a)$ 是 a 在区间 D 上的密度函数，$\hat{R}_B(a)$ 为 R 的 Bayes 估计（用超参数 a 表示）.

从定义 14.5.1 可以看出，R 的 E-Bayes 估计

$$\hat{R}_{EB} = \int_D \hat{R}_B(a)\pi(a)\mathrm{d}a = E[\hat{R}_B(a)]$$

是 R 的 Bayes 估计 $\hat{R}_B(a)$ 对超参数的 a 数学期望. 即 R 的 E-Bayes 估计是 R 的 Bayes 估计对超参数的数学期望.

14.5.2　R 的 E-Bayes 估计

Han(2011a)在 a 的三个先验分布下分别给出了 R 的 E-Bayes 估计，叙述在如下的定理 14.5.1 中.

定理 14.5.1　对二项分布式(14.5.1)，若 n 个样品中有 $r(r = 0, 1, \cdots, n)$ 个失效，R 的先验密度函数 $\pi(R|a)$ 由式(14.5.2)给出，则有如下两个结论：

(1) 在平方损失下，R 的 Bayes 估计为 $\hat{R}_B(a) = \dfrac{a+n-r}{a+n+1}$；

(2) 若超参数 a 的先验密度函数分别为

$$\pi_1(a) = \frac{2(c-a)}{(c-1)^2}, \quad 1 < a < c, \tag{14.5.3}$$

$$\pi_2(a) = \frac{1}{c-1}, \quad 1 < a < c, \tag{14.5.4}$$

$$\pi_3(a) = \frac{2a}{c^2-1}, \quad 1 < a < c, \tag{14.5.5}$$

则 R 的 E-Bayes 估计分别为

$$\hat{R}_{EB1} = 1 - \frac{2(r+1)}{(c-1)^2}\left[(n+c+1)\ln\left(\frac{n+c+1}{n+2}\right) - (c-1)\right],$$

$$\hat{R}_{EB2} = 1 - \frac{(r+1)}{(c-1)}\ln\left(\frac{n+c+1}{n+2}\right),$$

$$\hat{R}_{EB3} = 1 - \frac{2(r+1)}{c^2-1}\left[(c-1) - (n+1)\ln\left(\frac{n+c+1}{n+2}\right)\right].$$

定理 14.5.1 的证明从略（其证明详见 Han，2011a）.

14.5.3 R 的多层 Baeys 估计

若 R 的先验密度函数 $\pi(R|a)$ 由式(14.5.2)给出,超参数 a 的先验密度函数分别由式 (14.5.3),式(14.5.4)和式(14.5.5)给出,则 R 的多层先验密度函数分别为

$$\pi_4(R) = \frac{2}{(c-1)^2}\int_1^c a(c-a)R^{a-1}\mathrm{d}a, \tag{14.5.6}$$

$$\pi_5(R) = \frac{1}{c-1}\int_1^c a R^{a-1}\mathrm{d}a, \tag{14.5.7}$$

$$\pi_6(R) = \frac{2}{c^2-1}\int_1^c a^2 R^{a-1}\mathrm{d}a, \tag{14.5.8}$$

其中,$0 < R < 1$.

定理 14.5.2 对二项分布式(14.5.1),若 n 个样品中有 $r(r=0,1,\cdots,n)$ 个失效,R 的多层先验密度函数 $\pi_4(R),\pi_5(R),\pi_6(R)$ 分别由式(14.5.6),式(14.5.7)和式(14.5.8)给出,则在平方损失下 R 的多层 Bayes 估计分别为

$$\hat{R}_{\mathrm{HB1}} = \frac{\displaystyle\int_1^c a(c-a)B(a+n-r+1,r+1)\mathrm{d}a}{\displaystyle\int_1^c a(c-a)B(a+n-r,r+1)\mathrm{d}a},$$

$$\hat{R}_{\mathrm{HB2}} = \frac{\displaystyle\int_1^c aB(a+n-r+1,r+1)\mathrm{d}a}{\displaystyle\int_1^c aB(a+n-r,r+1)\mathrm{d}a},$$

$$\hat{R}_{\mathrm{HB3}} = \frac{\displaystyle\int_1^c a^2 B(a+n-r+1,r+1)\mathrm{d}a}{\displaystyle\int_1^c a^2 B(a+n-r,r+1)\mathrm{d}a}.$$

定理 14.5.2 的证明从略(其证明详见 Han,2011a).

14.5.4 R 的 E-Bayes 估计的性质

以上在定理 14.5.1 中,在超参数的三个不同先验分布下给出了 R 的三个 E-Bayes 估计,那么它们之间有什么关系呢? 在定理 14.5.1 和定理 14.5.2 中分别给出了 R 的 E-Bayes 估计和多层估计,那么它们之间又有什么关系呢? 以下将要给出的两个定理回答了这些问题(韩明,2013b).

1. $\hat{R}_{\mathrm{EB1}},\hat{R}_{\mathrm{EB2}}$ 和 $\hat{R}_{\mathrm{EB3}}$ 的关系

定理 14.5.3 在定理 14.5.1 中,当 $1 < c < n+3$ 时,有以下两个结论:

(1) $\hat{R}_{\mathrm{EB1}} < \hat{R}_{\mathrm{EB2}} < \hat{R}_{\mathrm{EB3}}$;

(2) $\lim\limits_{n\to\infty}\hat{R}_{EB1}=\lim\limits_{n\to\infty}\hat{R}_{EB2}=\lim\limits_{n\to\infty}\hat{R}_{EB3}$.

定理 14.5.1 的证明从略(其证明详见韩明,2013b).

定理 14.5.3 的(1)说明,超参数 a 的先验分布不同,相应的 E-Bayes 估计 $\hat{R}_{EBi}$($i=1$,2,3) 也不同. 定理 14.5.3 的(2)说明,$\hat{R}_{EBi}$($i=1$,2,3) 是渐进相等的;或当 n 较大时,$\hat{R}_{EBi}$($i=1$,2,3) 是比较接近的.

2. $\hat{R}_{EBi}$ 和 $\hat{R}_{HBi}$ 的关系

定理 14.5.4　在定理 14.5.1 和定理 14.5.2 中,当 $1<c<n+3$ 时,$\hat{R}_{EBi}$($i=1$,2,3) 和 $\hat{R}_{HBi}$($i=1$,2,3) 满足:$\lim\limits_{n\to\infty}\hat{R}_{EBi}=\lim\limits_{n\to\infty}\hat{R}_{HBi}$($i=1$,2,3).

定理 14.5.4 的(1)说明,$\hat{R}_{EBi}$($i=1$,2,3) 和 $\hat{R}_{HBi}$($i=1$,2,3) 是渐进相等的,或当 n 较大时,$\hat{R}_{EBi}$($i=1$,2,3) 和 $\hat{R}_{HBi}$($i=1$,2,3) 是比较接近的.

定理 14.5.4 的证明从略(其证明详见韩明,2013b).

14.5.5　模拟算例

根据定理 14.5.1 和定理 14.5.2,通过模拟 n 和 r,可以得到 $\hat{R}_{EBi}$($i=1$,2,3) 和 $\hat{R}_{HBi}$($i=1$,2,3). 一些结算结果见表 14-10—表 14-15.

表 14-10　　　　　　　　　$\hat{R}_{EB1}$ 和 $\hat{R}_{HB1}$ 的结算结果 ($r=0$)

n	c	2	3	4	5	6	极差
10	$\hat{R}_{EB1}$	0.918 890	0.920 945	0.922 855	0.924 636	0.926 303	0.007 413
10	$\hat{R}_{HB1}$	0.919 546	0.921 746	0.923 836	0.925 869	0.927 749	0.008 203
10	$\hat{R}_{1-}$	0.000 656	0.000 801	0.000 981	0.001 233	0.001 446	0.000 790
20	$\hat{R}_{EB1}$	0.955 219	0.955 864	0.956 481	0.957 074	0.957 644	0.002 425
20	$\hat{R}_{HB1}$	0.955 651	0.956 494	0.957 389	0.958 236	0.959 041	0.003 390
20	$\hat{R}_{1-}$	0.000 432	0.000 630	0.000 908	0.001 162	0.001 397	0.000 965
50	$\hat{R}_{EB1}$	0.980 891	0.981 011	0.981 129	0.981 244	0.981 358	0.000 467
50	$\hat{R}_{HB1}$	0.980 902	0.981 027	0.981 168	0.981 324	0.981 446	0.000 544
50	$\hat{R}_{1-}$	1.07E-05	1.57E-05	3.89E-05	7.98E-05	8.81E-05	7.75E-05
100	$\hat{R}_{EB1}$	0.990 228	0.990 260	0.990 291	0.990 322	0.990 352	0.000 124
100	$\hat{R}_{HB1}$	0.990 245	0.990 280	0.990 319	0.990 366	0.990 412	0.000 167
100	$\hat{R}_{1-}$	1.70E-05	2.04E-05	2.80E-05	4.42E-05	5.95E-05	4.25E-05
500	$\hat{R}_{EB1}$	0.998 009	0.998 011	0.998 012	0.998 013	0.998 015	6.26E-06
500	$\hat{R}_{HB1}$	0.998 010	0.998 013	0.998 014	0.998 016	0.998 018	8.13E-06
500	$\hat{R}_{1-}$	1.01E-06	2.61E-06	2.92E-06	3.24E-06	3.51E-06	2.50E-06
1 000	$\hat{R}_{EB1}$	0.999 002	0.999 002	0.999 003	0.999 003	0.999 004	2.32E-06
1 000	$\hat{R}_{HB1}$	0.999 002	0.999 002	0.999 003	0.999 003	0.999 004	2.50E-06
1 000	$\hat{R}_{1-}$	2.72E-07	3.31E-07	4.09E-07	6.78E-07	7.48E-07	4.76E-07

注:$\hat{R}_{i-}=|\hat{R}_{HBi}-\hat{R}_{EBi}|$($i=1$,2,3).

表 14-11　　　　　　　　　$\hat{R}_{EB2}$ 和 $\hat{R}_{HB2}$ 的计算结果 $(r=0)$

n	c	2	3	4	5	6	极差
10	$\hat{R}_{EB2}$	0.920 313	0.923 914	0.927 277	0.930 375	0.930 375	0.010 062
10	$\hat{R}_{HB2}$	0.920 601	0.924 616	0.928 328	0.931 698	0.934 753	0.014 152
10	$\hat{R}_{2-}$	0.000 288	0.000 702	0.001 051	0.001 323	0.004 378	0.004 090
20	$\hat{R}_{EB2}$	0.955 656	0.956 810	0.957 933	0.959 011	0.959 011	0.003 353
20	$\hat{R}_{HB2}$	0.955 753	0.957 053	0.958 315	0.959 512	0.960 642	0.004 889
20	$\hat{R}_{2-}$	9.69E-05	0.000 243	0.000 382	0.000 501	0.001 631	0.001 534
50	$\hat{R}_{EB2}$	0.980 972	0.981 189	0.981 408	0.981 625	0.981 626	0.000 654
50	$\hat{R}_{HB2}$	0.980 990	0.981 237	0.981 487	0.981 732	0.981 972	0.000 982
50	$\hat{R}_{2-}$	1.82E-05	4.83E-05	7.85E-05	0.000 107	0.000 346	0.000 328
100	$\hat{R}_{EB2}$	0.990 249	0.990 307	0.990 365	0.990 424	0.990 424	0.000 175
100	$\hat{R}_{HB2}$	0.990 254	0.990 320	0.990 387	0.990 454	0.990 461	0.000 207
100	$\hat{R}_{2-}$	4.84E-06	1.30E-05	2.15E-05	2.96E-05	3.71E-05	3.23E-05
500	$\hat{R}_{EB2}$	0.998 010	0.998 013	0.998 015	0.998 017	0.998 018	7.54E-06
500	$\hat{R}_{HB2}$	0.998 010	0.998 013	0.998 016	0.998 018	0.998 020	9.54E-06
500	$\hat{R}_{2-}$	2.01E-07	5.54E-07	9.26E-07	1.29E-06	3.19E-06	2.99E-06
1 000	$\hat{R}_{EB2}$	0.999 002	0.999 002	0.999 003	0.999 003	0.999 004	2.32E-06
1 000	$\hat{R}_{HB2}$	0.999 002	0.999 002	0.999 003	0.999 003	0.999 004	2.35E-06
1 000	$\hat{R}_{2-}$	1.38E-07	1.54E-07	2.32E-07	3.26E-07	4.06E-07	2.68E-07

表 14-12　　　　　　　　　$\hat{R}_{EB3}$ 和 $\hat{R}_{HB3}$ 的计算结果 $(r=0)$

n	c	2	3	4	5	6	极差
10	$\hat{R}_{EB3}$	0.921 025	0.924 904	0.928 383	0.931 523	0.934 374	0.013 349
10	$\hat{R}_{HB3}$	0.921 208	0.925 363	0.929 095	0.932 449	0.935 474	0.014 266
10	$\hat{R}_{3-}$	0.000 183	0.000 459	0.000 712	0.000 926	0.001 100	0.000 917
20	$\hat{R}_{EB3}$	0.955 877	0.957 125	0.958 296	0.959 398	0.960 438	0.004 561
20	$\hat{R}_{HB3}$	0.955 938	0.957 286	0.958 560	0.959 757	0.960 882	0.004 944
20	$\hat{R}_{3-}$	6.07E-05	0.000 161	0.000 264	0.000 359	0.000 444	0.000 383
50	$\hat{R}_{EB3}$	0.981 012	0.981 248	0.981 478	0.981 702	0.981 919	0.000 907
50	$\hat{R}_{HB3}$	0.981 024	0.981 281	0.981 533	0.981 779	0.982 019	0.000 995
50	$\hat{R}_{3-}$	1.17E-05	3.25E-05	5.49E-05	7.75E-05	9.95E-05	8.78E-05

续表

n	c	2	3	4	5	6	极差
100	$\hat{R}_{EB3}$	0.990 259	0.990 322	0.990 384	0.990 445	0.990 505	0.000 246
100	$\hat{R}_{HB3}$	0.990 263	0.990 331	0.990 399	0.990 467	0.990 533	0.000 270
100	$\hat{R}_{3-}$	4.12E−06	8.77E−06	1.51E−05	2.16E−05	2.81E−05	2.40E−05
500	$\hat{R}_{EB3}$	0.998 010	0.998 013	0.998 016	0.998 018	0.998 019	8.55E−06
500	$\hat{R}_{HB3}$	0.998 011	0.998 014	0.998 017	0.998 019	0.998 020	8.66E−06
500	$\hat{R}_{3-}$	5.23E−07	5.72E−07	6.54E−07	7.47E−07	1.85E−06	1.33E−06
1 000	$\hat{R}_{EB3}$	0.999 002	0.999 002	0.999 003	0.999 003	0.999 004	2.32E−06
1 000	$\hat{R}_{HB3}$	0.999 002	0.999 002	0.999 003	0.999 003	0.999 004	2.07E−06
1 000	$\hat{R}_{3-}$	1.12E−07	1.20E−07	1.62E−07	2.40E−07	3.18E−07	2.06E−07

从表 14-10—表 14-12 可以看出,对相同的 c ($c=2$, 3, 4, 5, 6),$\hat{R}_{EBi}$ ($i=1, 2, 3$) 和 $\hat{R}_{HBi}$ ($i=1, 2, 3$) 比较接近,并且 $\hat{R}_{EBi}$ ($i=1, 2, 3$) 和 $\hat{R}_{HBi}$ ($i=1, 2, 3$) 满足定理 14.5.4,$\hat{R}_{EBi}$ ($i=1, 2, 3$) 满足定理 14.5.3. 对不同的 c ($c=2$, 3, 4, 5, 6),$\hat{R}_{EBi}$ ($i=1, 2, 3$) 和 $\hat{R}_{HBi}$ ($i=1, 2, 3$) 都是稳健的.

表 14-13　　　　　　　$\hat{R}_{EB1}$ 和 $\hat{R}_{HB1}$ 的计算结果 ($r=1$)

n	c	2	3	4	5	6	极差
10	$\hat{R}_{EB1}$	0.837 779	0.841 891	0.845 710	0.849 272	0.852 606	0.014 827
10	$\hat{R}_{HB1}$	0.833 362	0.840 046	0.846 226	0.850 539	0.854 447	0.021 085
10	$\hat{R}_{1-}$	0.004 417	0.001 845	0.000 516	0.001 267	0.001 841	0.003 901
20	$\hat{R}_{EB1}$	0.910 438	0.911 727	0.912 963	0.914 148	0.915 288	0.004 850
20	$\hat{R}_{HB1}$	0.911 060	0.912 157	0.913 171	0.914 510	0.915 885	0.004 825
20	$\hat{R}_{1-}$	0.000 622	0.000 430	0.000 208	0.000 362	0.000 597	0.000 414
50	$\hat{R}_{EB1}$	0.961 784	0.962 022	0.962 258	0.962 489	0.962 715	0.000 931
50	$\hat{R}_{HB1}$	0.961 538	0.961 905	0.962 266	0.962 619	0.962 963	0.001 425
50	$\hat{R}_{1-}$	0.000 246	0.000 117	8.52E−05	0.000 130	0.000 248	0.000 163
100	$\hat{R}_{EB1}$	0.980 457	0.980 519	0.980 582	0.980 644	0.980 705	0.000 248
100	$\hat{R}_{HB1}$	0.980 393	0.980 477	0.980 583	0.980 676	0.980 769	0.000 376
100	$\hat{R}_{1-}$	6.40E−05	4.21E−05	1.36E−06	3.24E−05	6.41E−05	6.27E−05
500	$\hat{R}_{EB1}$	0.996 018	0.996 022	0.996 024	0.996 027	0.996 029	1.13E−05
500	$\hat{R}_{HB1}$	0.996 016	0.996 019	0.996 025	0.996 028	0.996 032	1.63E−05
500	$\hat{R}_{1-}$	2.58E−06	2.52E−06	1.51E−06	1.32E−06	2.90E−06	1.39E−06

续表

n	c	2	3	4	5	6	极差
1 000	$\hat{R}_{EB1}$	0.998 005	0.998 006	0.998 006	0.998 007	0.998 008	3.12E-06
1 000	$\hat{R}_{HB1}$	0.998 006	0.998 006	0.998 006	0.998 007	0.998 008	2.10E-06
1 000	$\hat{R}_{1-}$	3.72E-07	3.31E-07	2.09E-07	4.78E-07	7.48E-07	3.76E-07

表 14-14　　　$\hat{R}_{EB2}$ 和 $\hat{R}_{HB2}$ 的计算结果 $(r=1)$

n	c	2	3	4	5	6	极差
10	$\hat{R}_{EB1}$	0.839 915	0.845 850	0.851 238	0.856 159	0.860 678	0.020 763
10	$\hat{R}_{HB1}$	0.836 386	0.843 480	0.850 143	0.855 363	0.859 643	0.023 257
10	$\hat{R}_{1-}$	0.003 529	0.002 370	0.001 095	0.000 796	0.001 035	0.002 733
20	$\hat{R}_{EB1}$	0.911 096	0.912 989	0.914 778	0.916 473	0.918 082	0.006 986
20	$\hat{R}_{HB1}$	0.910 077	0.911 659	0.913 570	0.915 461	0.917 285	0.007 208
20	$\hat{R}_{1-}$	0.001 019	0.001 330	0.001 208	0.001 012	0.000 797	0.000 533
50	$\hat{R}_{EB2}$	0.961 904	0.962 226	0.962 608	0.962 947	0.963 277	0.001 373
50	$\hat{R}_{HB2}$	0.960 437	0.960 899	0.961 362	0.961 818	0.962 263	0.001 826
50	$\hat{R}_{2-}$	0.001 467	0.001 327	0.001 246	0.001 129	0.001 014	0.000 453
100	$\hat{R}_{EB2}$	0.980 490	0.980 582	0.980 675	0.980 767	0.980 858	0.000 368
100	$\hat{R}_{HB2}$	0.980 478	0.980 555	0.980 716	0.980 843	0.980 939	0.000 461
100	$\hat{R}_{2-}$	1.21E-05	2.69E-05	4.08E-05	6.73E-05	8.14E-05	6.93E-05
500	$\hat{R}_{EB2}$	0.996 020	0.996 024	0.996 028	0.996 032	0.996 036	1.57E-05
500	$\hat{R}_{HB2}$	0.996 017	0.996 023	0.996 029	0.996 034	0.996 039	2.23E-05
500	$\hat{R}_{2-}$	2.58E-06	1.22E-06	1.51E-06	1.52E-06	2.90E-06	1.39E-06
1 000	$\hat{R}_{EB2}$	0.998 006	0.998 006	0.998 007	0.998 008	0.998 009	3.01E-06
1 000	$\hat{R}_{HB2}$	0.998 006	0.998 006	0.998 007	0.998 008	0.998 009	3.12E-06
1 000	$\hat{R}_{2-}$	6.11E-07	7.60E-07	6.40E-07	5.10E-07	2.79E-07	4.81E-07

表 14-15　　　$\hat{R}_{EB3}$ 和 $\hat{R}_{HB3}$ 的计算结果 $(r=1)$

n	c	2	3	4	5	6	极差
10	$\hat{R}_{EB3}$	0.840 626	0.847 829	0.854 555	0.860 751	0.866 443	0.025 817
10	$\hat{R}_{HB3}$	0.840 017	0.849 085	0.857 185	0.864 460	0.871 031	0.031 014
10	$\hat{R}_{3-}$	0.000 609	0.001 256	0.002 630	0.003 709	0.004 588	0.003 979
20	$\hat{R}_{EB3}$	0.911 316	0.913 619	0.915 867	0.918 023	0.919 978	0.008 662

续表

n	c	2	3	4	5	6	极差
20	$\hat{R}_{HB3}$	0. 911 678	0. 912 985	0. 914 590	0. 916 921	0. 918 675	0. 006 997
20	$\hat{R}_{3-}$	0. 000 362	0. 000 634	0. 001 277	0. 001 102	0. 001 303	0. 000 941
50	$\hat{R}_{EB3}$	0. 961 044	0. 962 379	0. 962 817	0. 963 252	0. 963 678	0. 002 634
50	$\hat{R}_{HB3}$	0. 961 050	0. 962 442	0. 962 964	0. 963 470	0. 963 964	0. 002 934
50	$\hat{R}_{3-}$	5. 89E−05	6. 36E−05	0. 000 147	0. 000 218	0. 000 286	0. 000 227
100	$\hat{R}_{EB3}$	0. 980 498	0. 980 613	0. 980 731	0. 980 849	0. 980 967	0. 000 469
100	$\hat{R}_{HB3}$	0. 980 488	0. 980 629	0. 980 679	0. 980 907	0. 981 043	0. 000 555
100	$\hat{R}_{3-}$	1. 02E−05	1. 57E−05	5. 20E−05	5. 79E−05	7. 64E−05	6. 62E−05
500	$\hat{R}_{EB3}$	0. 996 021	0. 996 025	0. 996 031	0. 996 035	0. 996 041	1. 99E−05
500	$\hat{R}_{HB3}$	0. 996 020	0. 996 026	0. 996 032	0. 996 038	0. 996 044	2. 40E−05
500	$\hat{R}_{3-}$	3. 39E−07	8. 31E−07	1. 84E−06	2. 77E−06	3. 67E−06	3. 33E−06
1 000	$\hat{R}_{EB3}$	0. 998 006	0. 998 006	0. 998 008	0. 998 009	0. 998 010	4. 04E−06
1 000	$\hat{R}_{HB3}$	0. 998 006	0. 998 006	0. 998 008	0. 998 009	0. 998 010	4. 42E−06
1 000	$\hat{R}_{3-}$	3. 79E−07	3. 13E−07	4. 30E−07	1. 53E−07	3. 64E−07	1. 50E−08

从表 14-13—表 14-15 可以看出,对相同的 c（$c=2$, 3, 4, 5, 6）,$\hat{R}_{EBi}$（$i=1$, 2, 3）和 $\hat{R}_{HBi}$（$i=1$, 2, 3）比较接近,并且 $\hat{R}_{EBi}$（$i=1$, 2, 3）和 $\hat{R}_{HBi}$（$i=1$, 2, 3）满足定理 14.5.4,$\hat{R}_{EBi}$（$i=1$, 2, 3）满足定理 14.5.3;对不同的 c（$c=2$, 3, 4, 5, 6）,$\hat{R}_{EBi}$（$i=1$, 2, 3）和 $\hat{R}_{HBi}$（$i=1$, 2, 3）都是稳健的.

从表 14-10—表 14-15 可以看出,超参数 a 的先验密度函数由式(14.5.3),式(14.5.4)和式(14.5.5)给出,相应的 $\hat{R}_{EBi}$（$i=1$, 2, 3）和 $\hat{R}_{HBi}$（$i=1$, 2, 3）都是稳健的.

在应用中作者建议:①超参数 a 的先验分布取均匀分布;②c 取区间[2,6]的中点,即 $c=4$.

在表 14-10—表 14-15 中,当 $c=4$ 时,$\hat{R}_{EBi}$（$i=1$, 2, 3）和 $\hat{R}_{HBi}$（$i=1$, 2, 3）的计算结果如图 14-3—图 14-8 所示($n=10$, 20, 50, 100, 500, 1 000).

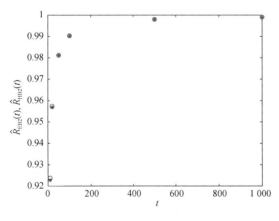

图 14-3　$\hat{R}_{EB1}$ 和 $\hat{R}_{HB1}$（$r=0$）的计算结果

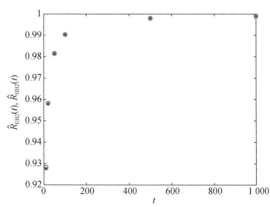

图 14-4　$\hat{R}_{EB2}$ 和 $\hat{R}_{HB2}$（$r=0$）的计算结果

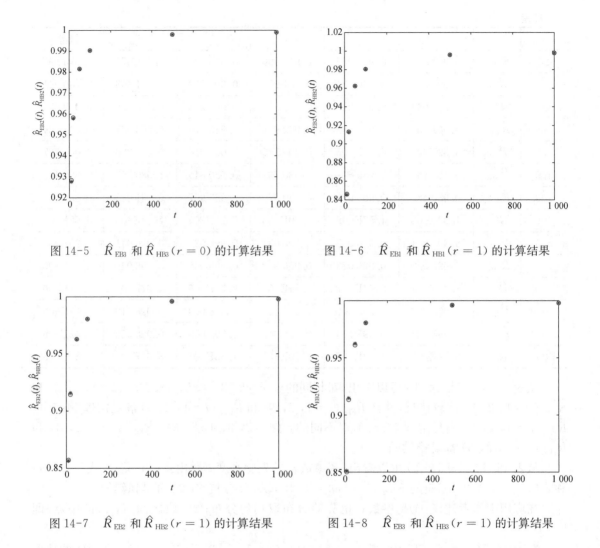

图 14-5 $\hat{R}_{EB3}$ 和 $\hat{R}_{HB3}(r=0)$ 的计算结果　　　图 14-6 $\hat{R}_{EB1}$ 和 $\hat{R}_{HB1}(r=1)$ 的计算结果

图 14-7 $\hat{R}_{EB2}$ 和 $\hat{R}_{HB2}(r=1)$ 的计算结果　　　图 14-8 $\hat{R}_{EB3}$ 和 $\hat{R}_{HB3}(r=1)$ 的计算结果

说明：在图 14-3—图 14-8 中，* 表示 $\hat{R}_{EBi}$ $(i=1,2,3)$ 的计算结果，○表示 $\hat{R}_{HBi}$ $(i=1,2,3)$ 的计算结果.

从图 14-3—图 14-8 可以看出，当 $n=10,20,50,100,500,1\,000(r=0,1)$ 时，对 $i=1,2,3$，$\hat{R}_{EBi}$ 和 $\hat{R}_{HBi}$ 的接近程度——比较接近，且随着 n 的增加 $\hat{R}_{EBi}$ 和 $\hat{R}_{HBi}$ 越来越接近.

思考与练习题 14

14.1　结合本章的内容，说明参数的 E-Bayes 估计与多层 Bayes 估计的区别和联系.

14.2　结合本章的内容，说明参数的 E-Bayes 估计与多层 Bayes 估计相比各自的优缺点.

14.3　在某型电子产品的定时截尾可靠性试验中，获得的试验数据见下表(其中试验时间单位:h).

i	1	2	3	4	5	6
t_i	800	1 200	1 600	2 000	2 400	2 800
n_i	4	5	6	7	7	7
r_i	1	0	1	0	1	1

若该电子产品的寿命服从指数分布,(1)根据定理 14.3.1 和定理 14.3.2,计算 $\hat{\lambda}_{EB2}$ 和 $\hat{\lambda}_{HB2}$;(2)计算 $\hat{R}_{EB2}(t)=\exp(-\hat{\lambda}_{EB2}t)$ 和 $\hat{R}_{HB2}(t)=\exp(-\hat{\lambda}_{HB2}t)$,其中 $\hat{\lambda}_{EB2}$ 和 $\hat{\lambda}_{HB2}$ 由(1)给出.

14.4　某型发动机在定时截尾的寿命试验中获得的试验数据见下表(单位时间:h).

i	1	2	3	4	5	6	7
t_i	450	650	850	1 050	1 250	1 450	1 650
n_i	10	10	10	10	10	10	10
r_i	0	0	0	0	1	1	2
e_i	0	0	0	0	1	2	4
s_i	70	60	50	40	30	20	10

(1)根据定理 14.4.1 和表 14-6,计算 $\hat{p}_{iEB2}$(取 $c=4$);

(2)若发动机的寿命服从 Weibull 分布,其分布函数为由式(14.4.5)给出,根据式(14.4.6)求分布参数 η 和 m 的最小二乘估计;

(3)根据式(14.4.6)求可靠度的估计 $\hat{R}(t)$,其中 $t=200,400,600,800,1 200,1 400,1 600$(h).

14.5　根据定理 14.5.1 和定理 14.5.2,当 $n=15$,$r=0$,$c=4$ 和 $n=25$,$r=1$,$c=4$ 时,(1)计算 $\hat{R}_{EB2}$ 和 $\hat{R}_{HBi}$,并将计算结果分别列表和绘图;(2)把(1)中 $\hat{R}_{EB2}$ 和 $\hat{R}_{HB2}$ 的计算结果进行比较,它能说明什么?

第 15 章　无失效数据的贝叶斯可靠性分析

本章将简要地介绍无失效数据的贝叶斯可靠性分析,主要包括:无失效数据问题概述,λ 的经典置信限和 Bayes 可信限,λ 的 E-Bayes 估计及其应用,p_i 的 E-Bayes 估计及其应用——一个超参数情形,p_i 的 E-Bayes 估计及其应用——两个超参数情形,指数分布中分布参数的加权综合 E-Bayes 估计,由 p_i 的估计求分布参数的加权综合 E-Bayes 估计.

15.1　无失效数据问题概述

在可靠性试验中,获得的数据常是各种截尾数据. 在定时截尾可靠性试验中,如果失效数大于零,对这种情形获得的数据(称为失效数据)进行可靠性研究,已有相对比较成熟的方法. 但随着科学技术的进步,高可靠性产品(如航空航天产品等)迅速发展,在定时截尾试验中获得的数据有时是**无失效数据**(zero-failure data),即在规定的试验时间内没有样品失效.

从一批产品中随机抽取若干个样品进行寿命试验,如果到规定的试验时间还没有失效样品发生,那么如何估计该产品的各项可靠性指标呢? 这就是**无失效数据问题**. 无失效数据问题,对于建立在失效数据分析基础上的现有可靠性理论来说,是一个有一定难度的问题. 寻找在无失效数据条件下进行科学、有效的估计方法,现已成为可靠性统计研究中一个新的而又十分重要的领域. 对无失效数据问题的研究,是可靠性领域中前沿的研究课题. 无失效数据问题,是高可靠性产品可靠性研究中迫切需要解决的问题,具有重要的理论意义和实际应用价值.

研究无失效数据问题最早的文献是 Martz & Waller(1979),在此以前人们虽然也遇到过这类问题,但嫌它在数学处理上太"麻烦"而作为异常数据被剔除,或简单地做一个保守处理. 随着科学技术的进步,产品的质量不断提高,在定时截尾可靠性试验中,常会遇到无失效数据,于是人们不得不面对现实,来重视对无失效数据问题的研究. 在工程技术领域中早已出现涉及无失效数据的实际问题,但运用数理统计方法对无失效数据进行理论上的研究和分析则时间并不长,可以说无失效数据的有关问题只是近二三十年才引起工程技术人员、统计学家的重视.

在可靠性试验中,由于各种条件的限制,人们常会采用各种截尾试验. 对某产品进行 m 次定时截尾试验,在第 i 次定时截尾试验中($i=1, 2, \cdots, m$),截尾时间为 $t_i(t_1 < t_2 < \cdots < t_m)$,相应试验样品数为 n_i,若试验的结果是 n_i 个样品中有 r_i 个失效($r_i = 0, 1, \cdots, n_i$),称 $\{(t_i, n_i, r_i), i = 1, 2, \cdots, m\}$ 为该定时截尾试验获得的数据. 特别地,当 $r_i = 0$ 时,称 $\{(t_i, n_i), i = 1, 2, \cdots, m\}$ 为**无失效数据**(或零失效数据).

无失效数据问题给我们带来了不少"麻烦"(韩明,2003c),人们为了解决这些麻烦作出了各种探索. 为了说明无失效数据问题给我们带来的"麻烦",以下先来看一个例子. 设某产品的寿命服从指数分布,其分布函数为 $F(t)=1-\exp\left(-\dfrac{t}{\theta}\right)$,其中 $t>0$,$\theta>0$,θ 为指数分布的平均寿命.

对寿命服从指数分布的产品进行 m 次定时截尾试验,其平均寿命 θ 的极大似然估计(MLE)为 $\hat{\theta}=\dfrac{T^{*}}{r}$,其中 T^{*} 为 m 次定时截尾试验的总试验时间,r 为在截尾时间段内样品的总失效个数. 对无失效数据情形,即 $r=0$,于是平均寿命 θ 的极大似然估计为 $\hat{\theta}=\dfrac{T^{*}}{0}=+\infty$.

这个例子说明在无失效数据情形下,平均寿命 θ 的极大似然估计为无穷大(即此时 θ 的极大似然估计不能收敛).这个结果显然是不合理的,这说明在指数分布无失效数据情形,极大似然估计法已经不能适用.无失效数据问题给我们带来了不少"麻烦",人们为了解决这些"麻烦"提出了不少方法.如为了解决极大似然估计法给我们带来的"麻烦",已经提出了近似极大似然估计(AMLE)法(叶尔骅等,1997)、修正极大似然估计(MMLE)法(王玲玲等,1996)等.

回顾可靠性发展的历程,其实无失效数据问题从可靠性诞生起就引起人们的注意了,但早期由于各方面的困难,对无失效数据问题的研究几乎没有什么进展. 1957 年 Bartholomew(1957)在著名的统计杂志 JASA(*Journal of the American Statistical Association*)上发表论文认为,在指数分布无失效数据情形,由于数学上的困难不得不规定其总试验时间 T^{*} 为其平均寿命的估计值,即 $\hat{\theta}=T^{*}$. 这是一个保守的估计,它相当于在某一停止时刻恰好发生一个样品失效的平均寿命估计. 1985 年,我国参照国际 IEC/TC56 办公室第 92 号文件的第四部分(点估计和区间估计)制定了国家标准《设备可靠性测定试验的点估计和区间估计方法(指数分布)》(GB 5080.4—85),该标准指出:在指数分布场合,如果在测定点没有观测到失效,平均寿命点估计的推荐公式为 $\hat{\theta}=3T^{*}$. 这是一个经验公式,至今还没有见到对此公式的评价.

航天产品可靠性试验经常会出现无失效数据情况,而无失效试验数据的评估一直以来是一个难题. 由于航天产品长寿命高可靠的特点,地面试验时通常采用定时截尾试验,试验结果出现无失效的情况非常普遍. 航天工程上通常采用假定一个失效的方法解决无失效评估问题,这种方法偏保守,造成很多产品达到可靠性指标要求所需开展的试验时间过长,难以完成(朱炜,王伟,董澍,2010).

世界家电巨头 GE 公司贴牌采购中经常会用到无失效可靠性验证试验方案,如对洗衣机用 20 台连续运转 2 000 h 无故障(失效)作为验收标准,这实际上就是无失效数据问题(汪林生,2006).

研究无失效数据问题最早的文献,在国外要算 Martz & Waller(1979),在国内要算茆诗松,罗朝斌(1989),张忠占,杨振海(1989). 对无失效数据问题研究起步的时间不长,有关的研究文献也相对较少(李国英,石磊(1990)),特别国外的有关研究文献更少(殷弘,杨瑛,丁邦俊,郑祖康,1996). 韩明(1993)综述了 1992 年及以前,该领域的研究进展情况. 茆诗松,王玲玲,濮晓龙(1996),综述了 Weibull 分布和指数分布无失效数据的处理方法. 郑祖康(1999),关于寿命试验进行了一个综述,其中论及无失效数据的处理问题. 在该领域的研究专著——《无失效数据的可靠性分析》(韩明,1999),介绍了该领域 1998 年及以前的主要研究成果.关于无失效数据问题在 2000 年及以前的研究进展情况,见发表在《数学进展》上的一篇综述性论文"无失效数据可靠性进展"(韩明,2002).无失效数据可以看作一种不完全数据,关于这方面的情况见李国英(2002),韩明(2003d).在该领域的另一部研究专著——《基于无失效数据的可靠性参数估计》(韩明,2005),介绍了该领域 2004 年以前的主要研究成果(这是在作者的博士学位论文基础上整理出来的).Rahrouh(2005),Coolen et al.(2006)等研究了 Bayes 无失效可靠性验证.关于无失效数据情形可靠性参数的 M-Bayes 可信限(M-Bayesian credible limit)的研究,见 Han(2008,2012),Xu & Chen(2104)等.关于无失效数据的其他相关研究,见:韩明,赵仁杰(1992),陈家鼎,孙万龙,李补喜(1995),Nagata et al.(2004),郭荣化,吴玉生,陈庆荣(2011),Quigley & Revie(2011),张勇波,傅惠民,王治华(2013),韩明(2013a)等.

本章简要地介绍"无失效数据的贝叶斯可靠性分析"的一些基本内容,更多相关研究,有兴趣的读者可参考韩明(2013a)等.

15.2　λ 的经典置信限和 Bayes 可信限

15.2.1　λ 的经典置信上限和 Bayes 可信上限

以下首先给出 λ 的经典置信上限(Classical Confidence Upper Limit),然后给出 λ 的 Bayes 可信上限(Bayesian Credible Upper Limit),并给出二者的比较.

韩明(1998)给出了 λ 的经典置信上限,现在把它叙述在定理 15.2.1 中:

定理 15.2.1　对寿命服从指数分布式(14.3.1)的产品进行 m 次定时截尾试验,结果所有样品无一失效,获得的无失效数据为 (n_i, t_i), $i=1, 2, \cdots, m$,则 λ 的置信水平为 $1-\alpha$ 的经典置信上限为

$$\hat{\lambda}_{CU} = \frac{-\ln \alpha}{\sum_{i=1}^{m} n_i t_i}.$$

定理 15.2.1 的证明,详见韩明(1998).

在无失效数据情形下,失效率 λ 不会很大,若根据先验信息或专家经验可以给出 λ 的一个(比较保守)的上界,记为 $\lambda_0 (0 < \lambda_0 < \infty)$.若只知道 $0 < \lambda < \lambda_0$,而其他一无所知,按 Berger(1985)的建议,取 $(0, \lambda_0)$ 上的均匀分布作为 λ 的先验分布,其密度函数为

$$\pi(\lambda) = \frac{1}{\lambda_0}, \tag{15.2.1}$$

其中 $0 < \lambda_0 < \infty$.由此可得(韩明,2004b):

定理 15.2.2　对寿命服从指数分布式(14.3.1)的产品进行 m 次定时截尾试验,结果所有样品无一失效,获得的无失效数据为 (n_i, t_i), $i=1, 2, \cdots, m$,若 λ 的先验密度函数 $\pi(\lambda)$ 由式(15.2.1)给出,则 λ 的可信水平为 $1-\alpha$ 的 Bayes 可信上限为

$$\hat{\lambda}_{BU} = \frac{1}{N} \ln \left[\frac{1}{\alpha + (1-\alpha)\exp(-\lambda_0 N)} \right],$$

其中 $N = \sum_{i=1}^{m} n_i t_i$.

由于 $0 < \lambda < \lambda_0 < \infty$, $0 < \alpha < 1$, 所以 $\alpha < \alpha + (1-\alpha)\exp(-\lambda_0 N)$, $\frac{1}{\alpha} > \frac{1}{\alpha + (1-\alpha)\exp(-\lambda_0 N)}$, 于是 $\hat{\lambda}_{CU} > \hat{\lambda}_{BU}$, 这说明在定理 15.2.1 和定理 15.2.2 中, 对同一置信(可信)水平, 在置信(可信)上限越小越"优"的意义下, λ 的 Bayes 可信上限 $\hat{\lambda}_{BU}$ 优于经典置信上限 $\hat{\lambda}_{CU}$.

15.2.2　应用案例 1

对上海萨澳液压传动有限公司生产的某型液压电动机进行定时截尾试验, 结果所有样品无一失效, 获得的无失效数据(韩明, 2000)见表 15-1(时间单位: h).

表 15-1　　　　　　　　　　　某型液压电动机的无失效数据

i	1	2	3	4	5	6
t_i	145	270	396	720	1 080	1 230
n_i	2	1	3	5	4	3

根据韩明(2000a), 该型液压电动机的寿命服从指数分布, 根据表 15-1 得 $N = \sum_{i=1}^{6} n_i t_i = 13\,358$.

根据定理 15.2.1 计算的可靠性参数的经典置信下限, 见表 15-2.

表 15-2　　　　　　　　　　　可靠性参数的经典置信下限

$1-\alpha$	$\hat{\theta}_L$	$\hat{R}_L(500)$	$\hat{R}_L(1\,000)$
0.90	5 801.305 7	0.917 42	0.841 67
0.80	8 299.792 1	0.943 26	0.889 73

注: $\hat{\theta}_L = \frac{1}{\hat{\lambda}_{BU}}$, $\hat{R}_L(t) = \exp\left(-\frac{t}{\hat{\lambda}_{BU}}\right)$.

根据定理 15.2.1 和定理 15.2.2, λ 的经典置信上限和 Bayes 可信上限的计算的结果见表 15-3.

表 15-3　　　　　　　　　λ 的经典置信上限和 Bayes 可信上限

$1-\alpha$	$\hat{\lambda}_{CU}$	$\hat{\lambda}_{BU}$	λ_0
0.90	$1.723\,75 \times 10^{-4}$	$1.723\,74 \times 10^{-4}$	1.0×10^{-3}
0.80	$1.204\,85 \times 10^{-4}$	$1.204\,84 \times 10^{-4}$	1.0×10^{-3}

从表 15-3 可以看出 $\lambda_{CU} > \lambda_{BU}$, 这就验证了在定理 15.2.1 和定理 15.2.2 中, 对同一置

信(可信)水平 $1-\alpha$，λ 的 Bayes 可信上限优于 λ 的经典置信上限(由于 $\hat{\lambda}_{CU}$ 和 $\hat{\lambda}_{BU}$ 相差很小，因此这种"优于"性也很小).

15.2.3 应用案例 2

诸德放，方辉，张立海(2011)应用定理 15.2.2，根据 A 型空地导弹飞行训练弹在使用过程中获得的无失效数据评估了模拟器的可靠性水平，为训练弹弹上设备的维修和定寿提供重要依据.

在监控使用的条件下，导弹模拟器均未出现不可修复故障. 因此对于模拟器而言，该监控使用过程属于无失效样品的定时截尾寿命试验. 试验次数 $n=10$，每次试验的样品个数为 1，试验的截尾时间即模拟器的通电时间(单位:h)如下:

$t_1 = 467$，$t_2 = 547$，$t_3 = 567$，$t_4 = 662$，$t_5 = 710$，$t_6 = 802$，$t_7 = 857$，$t_8 = 895$，$t_9 = 992$，$t_{10} = 1\,027$.

应用定理 15.2.2 估计模拟器的可靠性水平，首先要估计出失效率 λ 的上限 λ_0.

A 型空地导弹飞行训练弹生产研制单位给出的可靠性指标为:无故障完成 100 次挂飞任务的概率不小于 0.95. 模拟器在此期间内的通电总时间 $T \approx 250$ h，则模拟器在 T 时刻最低的可靠度 $R(T) = 0.95$，即 $\exp(-250\lambda_0) = 0.95$，此时 $\lambda_0 = 2.051\,7 \times 10^{-4}$.

$N = \sum_{i=1}^{10} n_i t_i = 6\,633$，以下分别在 $1-\alpha = 0.95$、$1-\alpha = 0.99$ 置信水平下，求训练弹模拟器的可靠度下限.

(1) 在 $1-\alpha = 0.95$ 置信水平下，根据定理 15.2.2 求得 $\hat{\lambda}_{BU} = 1.847\,4 \times 10^{-4}$. 则训练弹模拟器的可靠度下限为 $\hat{R}_L(t) = \exp(-\hat{\lambda}_{BU}t) = \exp(-1.847\,4 \times 10^{-4}t)$，模拟器的可靠度下限 $\hat{R}_L(t)$ 随通电时间 $t \in (0, 2\,000)$ 和 $t \in (0, 250)$ 的变化趋势分别如图 15-1 和图 15-2 所示.

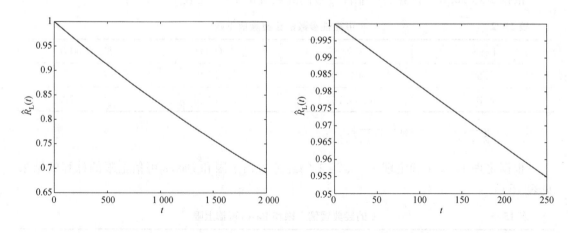

图 15-1　在置信水平为 0.95 下 $\hat{R}_L(t)$　　　图 15-2　在置信水平为 0.95 下 $\hat{R}_L(t)$

(2) 在 $1-\alpha = 0.99$ 置信水平下，根据定理 15.2.2 求得 $\hat{\lambda}_{BU} = 2.008\,4 \times 10^{-4}$. 则训练弹模拟器的可靠度下限为 $\hat{R}_L(t) = \exp(-\hat{\lambda}_{BU}t) = \exp(-2.008\,4 \times 10^{-4}t)$，模拟器的可靠度下限 $\hat{R}_L(t)$ 随通电时间 $t \in (0, 2\,000)$ 和 $t \in (0, 250)$ 的变化趋势分别如图 15-3 和图 15-4

所示.

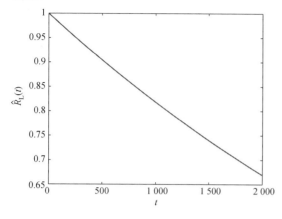
图 15-3　在置信水平为 0.99 下 $\hat{R}_{\mathrm{L}}(t)$

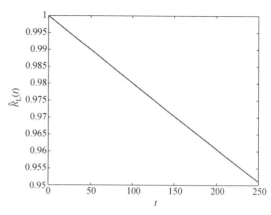
图 15-4　在置信水平为 0.99 下 $\hat{R}_{\mathrm{L}}(t)$

从图 15-1—图 15-4 都可以看出,模拟器的可靠性水平是很高的,特别当通电时间小于 250 h 时,在置信水平为 0.95,0.99 下,其可靠度下限都大于 0.95,这与实际挂飞训练情况是相符的.

从以上分析可以看出,A 型空地导弹飞行训练弹生产研制单位给出的可靠性指标为"无故障完成 100 次挂飞任务的概率不小于 0.95"是可以达到的.

15.3　λ 的 E-Bayes 估计及其应用

韩明(2008a)对寿命服从指数分布的产品,在无失效数据情形,提出了 E-Bayes 估计法. 给出了失效率的 E-Bayes 估计的定义、E-Bayes 估计和多层 Bayes 估计,并在此基础上给出了 E-Bayes 估计的性质. 最后,结合发动机的实际问题进行了计算.

15.3.1　λ 的 E-Bayes 估计的定义

在韩明(2003a)中,当 λ 的先验密度函数的核为 $\exp(-a\lambda)$ 且超参数 $0<a<1$ 时,给出了 λ 的先验密度函数为

$$\pi(\lambda \mid a)=A\exp(-a\lambda),\qquad(15.3.1)$$

其中,$0<\lambda<\infty$,$A^{-1}=\int_{0}^{\infty}\exp(-a\lambda)\mathrm{d}\lambda=\dfrac{1}{a}$,$0<a<1$,$a$ 为超参数.

式(15.3.1)给出的这个先验密度函数,符合韩明(1997a)提出的先验分布的构造方法.

定义 15.3.1　对 $a\in D$,若 $\hat{\lambda}_{\mathrm{B}}(a)$ 为连续的,称

$$\hat{\lambda}_{\mathrm{EB}}=\int_{D}\hat{\lambda}_{\mathrm{B}}(a)\pi(a)\mathrm{d}a$$

是参数 λ 的 **E-Bayes 估计**. 其中 $\int_{D}\hat{\lambda}_{\mathrm{B}}(a)\pi(a)\mathrm{d}a$ 是存在的,$D=\{a:0<a<1,a\in\mathbf{R}\}$,$\pi(a)$ 是 a 在 D 上的密度函数,$\hat{\lambda}_{\mathrm{B}}(a)$ 为 λ 的 Bayes 估计(用超参数 a 表示).

定义 15.3.1 表明,λ 的 E-Bayes 估计

$$\hat{\lambda}_{EB} = \int_D \hat{\lambda}_B(a)\pi(a)\mathrm{d}a = E[\hat{\lambda}_B(a)]$$

是 λ 的 Bayes 估计 $\hat{\lambda}_B(a)$ 对超参数 a 的数学期望,即 λ 的 E-Bayes 估计是 λ 的 Bayes 估计对超参数的数学期望.

15.3.2 λ 的 E-Bayes 估计

韩明(2008)在超参数的三个不同先验分布下,给出了 λ 的 E-Bayes 估计.

定理 15.3.1 对寿命服从指数分布式(14.3.1)的产品进行 m 次定时截尾试验,结果所有样品无一失效,获得的无失效数据为 $\{(t_i, n_i), i = 1, 2, \cdots, m\}$,记 $N = \sum_{i=1}^{m} n_i t_i$. 若 λ 的先验密度函数 $\pi(\lambda|a)$ 由式(15.3.1)给出,则有如下两个结论:

(1) 在平方损失下,λ 的 Bayes 估计为 $\hat{\lambda}_B(a) = \dfrac{1}{N+a}$;

(2) 若超参数 a 的先验密度函数分别为

$$\pi_1(a) = 2(1-a), \quad 0 < a < 1, \tag{15.3.2}$$

$$\pi_2(a) = 1, \quad 0 < a < 1, \tag{15.3.3}$$

$$\pi_3(a) = 2a, \quad 0 < a < 1, \tag{15.3.4}$$

则 λ 的 E-Bayes 估计分别为

$$\hat{\lambda}_{EB1} = 2\left[(1+N)\ln\left(\frac{N+1}{N}\right) - 1\right],$$

$$\hat{\lambda}_{EB2} = \ln\left(\frac{N+1}{N}\right),$$

$$\hat{\lambda}_{EB3} = 2\left[1 - N\ln\left(\frac{N+1}{N}\right)\right].$$

15.3.3 λ 的多层 Bayes 估计

若 λ 的先验密度函数 $\pi(\lambda|a)$ 由式(15.3.1)给出,那么超参数 a 如何确定呢? Lindley & Smith(1972)提出了多层先验分布的想法,即在先验分布中含有超参数时,可对超参数再给出一个先验分布.

若 λ 的先验密度函数 $\pi(\lambda|a)$ 由式(15.3.1)给出,超参数 a 的先验密度函数分别由式(15.3.2),式(15.3.3)和式(15.3.4)给出,则 λ 的多层先验密度函数分别为

$$\pi_4(\lambda) = 2\int_0^1 (1-a)a\exp(-\lambda a)\mathrm{d}a, \tag{15.3.5}$$

$$\pi_5(\lambda) = \int_0^1 a\exp(-\lambda a)\mathrm{d}a, \tag{15.3.6}$$

$$\pi_6(\lambda) = 2\int_0^1 a^2\exp(-\lambda a)\mathrm{d}a. \tag{15.3.7}$$

其中 $0 < \lambda < \infty$.

韩明(2008a)在 λ 的三个不同多层先验分布下,给出了 λ 的多层 Bayes 估计.

定理 15.3.2　对寿命服从指数分布式(14.3.1)的产品进行 m 次定时截尾试验,结果所有样品无一失效,获得的无失效数据为 $\langle (t_i, n_i), i=1, 2, \cdots, m \rangle$,记 $N = \sum_{i=1}^{m} n_i t_i$. 若 λ 的多层先验密度函数 $\pi_4(\lambda), \pi_5(\lambda), \pi_6(\lambda)$ 分别由式(15.3.5),式(15.3.6)和式(15.3.7)给出,则在平方损失下 λ 的多层 Bayes 估计分别为

$$\hat{\lambda}_{HB1} = \frac{(1+2N)\ln\left(\frac{N+1}{N}\right) - 2}{N + \frac{1}{2} - N(N+1)\ln\left(\frac{N+1}{N}\right)},$$

$$\hat{\lambda}_{HB2} = \frac{\ln\left(\frac{N+1}{N}\right) - \frac{1}{N+1}}{1 - N\ln\left(\frac{N+1}{N}\right)},$$

$$\hat{\lambda}_{HB3} = \frac{\frac{2N+1}{N+1} - 2N\ln\left(\frac{N+1}{N}\right)}{\frac{1}{2} - N + N^2\ln\left(\frac{N+1}{N}\right)}.$$

15.3.4　λ 的 E-Bayes 估计的性质

在定理 15.3.1 和定理 15.3.2 中分别给出了 λ 的 E-Bayes 估计 $\hat{\lambda}_{EBi}$ $(i=1, 2, 3)$ 与多层 Bayes 估计 $\hat{\lambda}_{HBi}$ $(i=1, 2, 3)$,那么 $\hat{\lambda}_{EB1}, \hat{\lambda}_{EB2}$ 和 $\hat{\lambda}_{EB3}$ 之间有什么关系呢? λ 的 E-Bayes 估计与多层 Bayes 估计之间又有什么关系呢? 根据 λ 的 E-Bayes 估计与多层 Bayes 估计得到的可靠度的估计之间又有什么关系呢? 韩明(2008)给出了 E-Bayes 估计的几个性质,可以回答这些问题.

1. $\hat{\lambda}_{EB1}, \hat{\lambda}_{EB2}$ 和 $\hat{\lambda}_{EB3}$ 之间的关系

定理 15.3.3　在定理 15.3.1 中,$\hat{\lambda}_{EB1}, \hat{\lambda}_{EB2}$ 和 $\hat{\lambda}_{EB3}$ 满足:

(1) 当 $N > 2$ 时,有 $\hat{\lambda}_{EB3} < \hat{\lambda}_{EB2} < \hat{\lambda}_{EB1}$;

(2) $\lim\limits_{N \to \infty} \hat{\lambda}_{EB3} = \lim\limits_{N \to \infty} \hat{\lambda}_{EB2} = \lim\limits_{N \to \infty} \hat{\lambda}_{EB1}$.

定理 15.3.3 的(1)表明,对超参数 a 的不同先验分布,相应的 $\hat{\lambda}_{EB1}, \hat{\lambda}_{EB2}$ 和 $\hat{\lambda}_{EB3}$ 也是不同的(后面的实例将说明,三者虽然不同,但差别很小).

定理 15.3.3 的(2)表明,$\hat{\lambda}_{EB1}, \hat{\lambda}_{EB2}$ 和 $\hat{\lambda}_{EB3}$ 是渐近相等的(当 $N \to \infty$ 时,$\hat{\lambda}_{EB1}, \hat{\lambda}_{EB2}$ 和 $\hat{\lambda}_{EB3}$ 是相等的);当 N 较大时,$\hat{\lambda}_{EB1}, \hat{\lambda}_{EB2}$ 和 $\hat{\lambda}_{EB3}$ 比较接近.

2. $\hat{\lambda}_{EBi}$ 和 $\hat{\lambda}_{HBi}$ $(i=1, 2, 3)$ 的关系

定理 15.3.4　在定理 15.3.1 和定理 15.3.2 中,$\hat{\lambda}_{EBi}$ 和 $\hat{\lambda}_{HBi}$ $(i=1, 2, 3)$ 满足:

(1) $\hat{\lambda}_{EBi} > \hat{\lambda}_{HBi}$;

(2) $\lim\limits_{N \to \infty} \hat{\lambda}_{EBi} = \lim\limits_{N \to \infty} \hat{\lambda}_{HBi}$.

定理 15.3.4 的(1)表明，$\hat{\lambda}_{EBi}$ 和 $\hat{\lambda}_{HBi}$ $(i=1, 2, 3)$ 是不同的(后面的实例将说明，它们的差别非常小).

定理 15.3.4 的(2)表明，$\hat{\lambda}_{EBi}$ 与 $\hat{\lambda}_{HBi}$ $(i=1, 2, 3)$ 是渐进相等的(当 $N \to \infty$ 时，$\hat{\lambda}_{EBi}$ 与 $\hat{\lambda}_{HBi}$ $(i=1, 2, 3)$ 是相等的);或当 N 较大时，$\hat{\lambda}_{EBi}$ 与 $\hat{\lambda}_{HBi}$ $(i=1, 2, 3)$ 比较接近.

3. $\hat{R}_{EB1}(t)$，$\hat{R}_{EB2}(t)$ 和 $\hat{R}_{EB3}(t)$ 的关系

定理 15.3.5 $\hat{R}_{EB1}(t)$，$\hat{R}_{EB2}(t)$ 和 $\hat{R}_{EB3}(t)$ 满足：

(1) $\hat{R}_{EB3}(t) > \hat{R}_{EB2}(t) > \hat{R}_{EB1}(t)$;

(2) $\lim\limits_{N \to \infty} \hat{R}_{EB3}(t) = \lim\limits_{N \to \infty} \hat{R}_{EB2}(t) = \lim\limits_{N \to \infty} \hat{R}_{EB1}(t)$.

其中 $\hat{R}_{EBi}(t) = \exp(-\hat{\lambda}_{EBi} t)$，$\hat{\lambda}_{EBi}$ 由定理 2.4.1 给出 $(i=1, 2, 3)$.

定理 15.3.5 可以由定理 15.3.3 直接得到.

定理 15.3.5 的(1) 说明，$\hat{R}_{EB1}(t)$，$\hat{R}_{EB2}(t)$ 和 $\hat{R}_{EB3}(t)$ 有大小关系(后面的实例将说明，它们的差别非常小).

定理 15.3.5 的(2) 说明，$\hat{R}_{EB1}(t)$，$\hat{R}_{EB2}(t)$ 和 $\hat{R}_{EB3}(t)$ 是渐近相等的;或当 N 较大时，$\hat{R}_{EB1}(t)$，$\hat{R}_{EB2}(t)$ 和 $\hat{R}_{EB3}(t)$ 比较接近.

4. $\hat{R}_{EBi}(t)$ 和 $\hat{R}_{HBi}(t)$ 的关系

定理 15.3.6 $\hat{R}_{EBi}(t)$ 和 $\hat{R}_{HBi}(t)$ 满足 $(i=1, 2, 3)$:

(1) $\hat{R}_{EBi}(t) < \hat{R}_{HBi}(t)$;

(2) $\lim\limits_{N \to \infty} \hat{R}_{EBi}(t) = \lim\limits_{N \to \infty} \hat{R}_{HBi}(t)$.

其中 $\hat{R}_{EBi}(t) = \exp(-\hat{\lambda}_{EBi} t)$，$\hat{R}_{HBi}(t) = \exp(-\hat{\lambda}_{HBi} t)$;$\hat{\lambda}_{EBi}$ 和 $\hat{\lambda}_{HBi}$ 分别由定理 15.3.1 和定理 15.3.2 给出 $(i=1, 2, 3)$.

定理 15.3.6 可以由定理 15.3.4 直接得到. 定理 15.3.6 中的(1)和(2)的解释与定理 15.3.4，定理 15.3.5 的解释类似.

15.3.5 应用案例

韩明(2003a)给出了某型发动机的无失效数据(其中试验时间单位:h),共有 6 组 20 个数据,见表 15-4.

表 15-4　　　　　　　　　　　　发动机的无失效数据

i	1	2	3	4	5	6
t_i	136	282	370	667	1 188	1 335
n_i	2	2	3	5	4	4

根据韩明(2003a),该型发动机的寿命服从指数分布. 根据表 15-4,定理 15.3.1 和定理 15.3.2,可以得到 λ 的 E-Bayes 估计和多层 Bayes 估计,其计算结果见表 15-5.

表 15-5　　　　　　　　　　$\hat{\lambda}_{EBi}$ 和 $\hat{\lambda}_{HBi}$ 的计算结果

i	1	2	3	极差
$\hat{\lambda}_{EBi}$	$6.504\,77 \times 10^{-5}$	$6.504\,70 \times 10^{-5}$	$6.504\,63 \times 10^{-5}$	1.40×10^{-9}
$\hat{\lambda}_{HBi}$	$6.504\,65 \times 10^{-5}$	$6.504\,63 \times 10^{-5}$	$6.503\,78 \times 10^{-5}$	8.70×10^{-9}
$\hat{\lambda}_{EBi} - \hat{\lambda}_{HBi}$	$0.000\,12 \times 10^{-5}$	$0.000\,07 \times 10^{-5}$	$0.000\,85 \times 10^{-5}$	7.80×10^{-9}

从表 15-5 可以看出，$\hat{\lambda}_{EB1}$，$\hat{\lambda}_{EB2}$ 和 $\hat{\lambda}_{EB3}$ 很接近；$\hat{\lambda}_{HB1}$，$\hat{\lambda}_{HB2}$ 和 $\hat{\lambda}_{HB3}$ 也很接近；并且 $\hat{\lambda}_{EBi}$ $(i=1，2，3)$ 满足定理 15.3.3，$\hat{\lambda}_{EBi}$ 和 $\hat{\lambda}_{HBi}$ $(i=1，2，3)$ 满足定理 15.3.4.

根据表 15-5，可以得到该型发动机可靠度的 E-Bayes 估计和多层 Bayes 估计，其计算结果见表 15-6.

表 15-6　　　　　　　　　　　$\hat{R}_{EBi}(t)$ 和 $\hat{R}_{HBi}(t)$ 的计算结果

i	1	2	3	极差
$\hat{R}_{EBi}(100)$	0.993 516 34	0.993 516 41	0.993 516 48	0.000 000 14
$\hat{R}_{HBi}(100)$	0.993 516 44	0.993 516 47	0.993 517 32	0.000 000 88
$\hat{R}_{HBi}(100)-\hat{R}_{EBi}(100)$	0.000 000 10	0.000 000 06	0.000 000 84	0.000 000 74
$\hat{R}_{EBi}(300)$	0.980 674 86	0.980 675 07	0.980 675 28	0.000 000 42
$\hat{R}_{HBi}(300)$	0.980 675 16	0.980 675 27	0.980 677 77	0.000 002 61
$\hat{R}_{HBi}(300)-\hat{R}_{EBi}(300)$	0.000 000 70	0.000 000 20	0.000 002 51	0.000 002 19
$\hat{R}_{EBi}(500)$	0.967 999 36	0.967 99970	0.968 000 05	0.000 000 69
$\hat{R}_{HBi}(500)$	0.967 999 85	0.968 000 04	0.968 004 15	0.000 004 30
$\hat{R}_{HBi}(500)-\hat{R}_{EBi}(500)$	0.000 000 49	0.000 000 34	0.000 004 10	0.000 003 61
$\hat{R}_{EBi}(700)$	0.955 487 69	0.955 488 17	0.955 488 64	0.000 000 95
$\hat{R}_{HBi}(700)$	0.955 488 37	0.955 488 64	0.955 494 32	0.000 005 95
$\hat{R}_{HBi}(700)-\hat{R}_{EBi}(700)$	0.000 000 68	0.000 000 47	0.000 005 68	0.000 005 00
$\hat{R}_{EBi}(1\,000)$	0.937 022 76	0.937 023 43	0.937 024 09	0.000 001 33
$\hat{R}_{HBi}(1\,000)$	0.937 023 70	0.937 024 08	0.937 032 04	0.000 008 43
$\hat{R}_{HBi}(1\,000)-\hat{R}_{EBi}(1\,000)$	0.000 000 94	0.000 000 65	0.000 007 95	0.000 007 10
$\hat{R}_{EBi}(1\,300)$	0.918 914 67	0.918 915 51	0.918 916 36	0.000 001 69
$\hat{R}_{HBi}(1\,300)$	0.918 915 87	0.918 916 34	0.918 926 50	0.000 010 63
$\hat{R}_{HBi}(1\,300)-\hat{R}_{EBi}(1\,300)$	0.000 001 20	0.000 000 83	0.000 010 14	0.000 008 94

从表 15-6 可以看出，当 $t=100，300，500，700，1\,000，1\,300(h)$ 时，$\hat{R}_{EB1}(t)$，$\hat{R}_{EB2}(t)$ 和 $\hat{R}_{EB3}(t)$ 很接近；$\hat{R}_{HB1}(t)$，$\hat{R}_{HB2}(t)$ 和 $\hat{R}_{HB3}(t)$ 也很接近；并且 $\hat{R}_{EBi}(t)$ 满足定理 2.1.5 $(i=1，2，3)$，$\hat{R}_{EBi}(t)$ 和 $\hat{R}_{HBi}(t)$ 满足定理 15.3.6 $(i=1，2，3)$.

15.4　p_i 的 E-Bayes 估计及其应用——一个超参数情形

韩明(2007a)在无失效数据情形，给出了失效概率的 E-Bayes 估计的定义，在此基础上给出了失效概率的 E-Bayes 估计和多层 Bayes 估计，并给出了失效概率的 E-Bayes 估计的性质——E-Bayes 估计和多层 Bayes 估计的关系. 最后，给出了模拟算例.

15.4.1　p_i 的 E-Bayes 估计的定义

如果取 p_i 的先验分布为其共轭分布——Beta 分布，其密度函数为

$$\pi(p_i \mid a, b) = p_i^{a-1}(1-p_i)^{b-1}/B(a, b),$$

其中，$0 < p_i < 1$，$B(a, b) = \int_0^1 t^{a-1}(1-t)^{b-1}\mathrm{d}t$ 是 Beta 函数，$a > 0$ 和 $b > 0$ 为超参数.

根据韩明(1997)，选取 a 和 b 应使 $\pi(p_i \mid a, b)$ 是 p_i 的单调减函数. 为此求 $\pi(p_i \mid a, b)$ 对 p_i 的导数

$$\frac{\mathrm{d}[\pi(p_i \mid a, b)]}{\mathrm{d}p_i} = p_i^{a-2}(1-p_i)^{b-2}[(a-1)(1-p_i) - (b-1)p_i]/B(a, b).$$

注意到 $a > 0$，$b > 0$，且 $0 < p_i < 1$，当 $0 < a < 1$，$b > 1$ 时，有 $\dfrac{\mathrm{d}[\pi(p_i \mid a, b)]}{\mathrm{d}p_i} < 0$，$\pi(p_i \mid a, b)$ 是 p_i 的单调减函数.

当 $a = 1$，$b > 1$ 时，$\pi(p_i \mid a, b)$ 仍然是 p_i 的单调减函数，此时 p_i 的密度函数为

$$\pi(p_i \mid b) = b(1-p_i)^{b-1}, \tag{15.4.1}$$

其中，$0 < p_i < 1$.

当 $a = 1$，$b > 1$ 时，根据 Bayes 估计的稳健性(Berger, 1985)，尾部越细的先验分布常会造成 Bayes 估计的稳健性越差，因此 b 不宜过大，应该有一个界限. 设 c 是 b 的一个上界，其中 $c > 1$ 为常数. 这样可以确定超参数 b 的范围为 $1 < b < c$.

定义 15.4.1 对 $b \in D$，若 $\hat{p}_{iB}(b)$ 是连续的，称

$$\hat{p}_{i\mathrm{EB}} = \int_D \hat{p}_{iB}(b)\pi(b)\mathrm{d}b$$

是 $p_i(i = 1, 2, \cdots, m)$ 的 **E-Bayes 估计**. 其中 $\int_D \hat{p}_{iB}(b)\pi(b)\mathrm{d}b$ 是存在的，$D = \{b: 1 < b < c, b \in \mathbf{R}\}$，$c > 1$ 为常数，$\pi(b)$ 为 b 在区间 D 上的密度函数，$\hat{p}_{iB}(b)$ 为 $p_i(i = 1, 2, \cdots, m)$ 的 Bayes 估计(用超参数 b 表示).

从定义 3.3.1 可以看出，p_i 的 E-Bayes 估计

$$\hat{p}_{i\mathrm{EB}} = \int_D \hat{p}_{iB}(b)\pi(b)\mathrm{d}b = E[\hat{p}_{iB}(b)]$$

是 $\hat{p}_{iB}(b)$ 对超参数 b 的数学期望，即 p_i 的 E-Bayes 估计是 p_i 的 Bayes 估计对超参数的数学期望.

15.4.2 p_i 的 E-Bayes 估计

韩明(2007a)给出了 p_i 的 E-Bayes 估计.

定理 15.4.1 对某产品进行 m 次定时截尾试验，结果所有样品无一失效，获得的无失效数据为 $\{(n_i, t_i), i = 1, 2, \cdots, m\}$. 记 $s_i = \sum\limits_{j=i}^m n_j$，$i = 1, 2, \cdots, m$. 若 p_i 的先验密度函数 $\pi(p_i \mid b)$ 由式(15.4.1)给出，则有如下两个结论：

(1) 在平方损失下，p_i 的 Bayes 估计为 $\hat{p}_{iB}(b) = \dfrac{1}{s_i + b + 1}$；

（2）若 b 的先验分布为区间 D 上的均匀分布，其密度函数为 $\pi(b)=\dfrac{1}{c-1}$，$1<b<c$，则 p_i 的 E-Bayes 估计为

$$\hat{p}_{iEB}=\frac{1}{(c-1)}\ln\left(\frac{s_i+c+1}{s_i+2}\right).$$

15.4.3　p_i 的多层 Bayes 估计

若 p_i 的先验的先验密度函数由式(15.4.1)给出，超参数 b 的先验分布取区间 $(1,c)$ 上的均匀分布，则 p_i 的多层先验密度函数为

$$\pi(p_i)=\int_1^c\pi(p_i\mid b)\pi(b)\mathrm{d}b=\frac{1}{(c-1)}\int_1^c b(1-p_i)^{b-1}\mathrm{d}b.\tag{15.4.2}$$

其中，$0<p_i<1$。

定理 15.4.2　对某产品进行 m 次定时截尾试验，结果所有样品无一失效，获得的无失效数据为 $\{(n_i,t_i),i=1,2,\cdots,m\}$。记 $s_i=\displaystyle\sum_{j=i}^m n_j$，$i=1,2,\cdots,m$。若 p_i 的多层先验密度函数 $\pi(p_i)$ 由式(15.4.2)给出，则在平方损失下，p_i 的多层 Bayes 估计为

$$\hat{p}_{iHB}=\frac{(s_i+1)\ln\left(\dfrac{s_i+c+1}{s_i+2}\right)-s_i\ln\left(\dfrac{s_i+c}{s_i+1}\right)}{(c-1)-s_i\ln\left(\dfrac{s_i+c}{s_i+1}\right)}.$$

15.4.4　p_i 的 E-Bayes 估计的性质

韩明(2007a)给出了 $\hat{p}_{iEB}(i=1,2,\cdots,m)$ 的"保序性"以及 $\hat{p}_{iEB}$ 与 $\hat{p}_{iHB}$ 的关系。

1. $\hat{p}_{iEB}(i=1,2,\cdots,m)$ 的"保序性"

由于 $p_i(i=1,2,\cdots,m)$ 满足 $p_1<p_2<\cdots<p_m$，我们自然希望 p_i 的 E-Bayes 估计 $\hat{p}_{iEB}(i=1,2,\cdots,m)$ 也具有这种序关系。

以下给出 p_i 的 E-Bayes 估计 $\hat{p}_{iEB}$ 的一个性质——"保序性"，即 $\hat{p}_{iEB}(i=1,2,\cdots,m)$ 满足 $\hat{p}_{1EB}<\hat{p}_{2EB}<\cdots<\hat{p}_{mEB}$。

定理 15.4.3　在定理 15.4.1 中，$\hat{p}_{iEB}(i=1,2,\cdots,m)$ 满足：$\hat{p}_{1EB}<\hat{p}_{2EB}<\cdots<\hat{p}_{mEB}$。

2. $\hat{p}_{iEB}$ 与 $\hat{p}_{iHB}$ 的关系

在定理 15.4.1 和定理 15.4.2 中，分别给出了 p_i 的 E-Bayes 估计 $\hat{p}_{iEB}$ 和 p_i 的多层 Bayes 估计 $\hat{p}_{iHB}$，那么它们之间有什么关系呢？以下将要给出的定理 15.4.4 回答了这个问题[韩明(2007a)]。

定理 15.4.4　在定理 15.4.1 和定理 15.4.2 中，p_i 的 E-Bayes 估计 $\hat{p}_{iEB}$ 和 p_i 的多层 Bayes 估计 $\hat{p}_{iHB}(i=1,2,\cdots,m)$ 满足：

（1）$\hat{p}_{iEB}>\hat{p}_{iHB}$；

（2）$\displaystyle\lim_{s_i\to\infty}\hat{p}_{iEB}=\lim_{s_i\to\infty}\hat{p}_{iHB}$。

定理 15.4.4 的证明从略[其证明比较长，详见韩明(2007a)]。

定理 15.4.4 的(1)说明, $\hat{p}_{iHB}$ 和 $\hat{p}_{iEB}$ 是不同的;定理 15.4.4 的(2)说明, $\hat{p}_{iHB}$ 和 $\hat{p}_{iEB}$ 是渐近相等的;或当 s_i 较大时, $\hat{p}_{iHB}$ 和 $\hat{p}_{iEB}$ 比较接近.

15.4.5　模拟算例

根据定理 15.4.1 和定理 15.4.2,以下具体通过模拟 s_i ,计算 $\hat{p}_{iHB}$, $\hat{p}_{iEB}$ 和 $\hat{p}_{iEB} - \hat{p}_{iHB}$,其计算结果见表 15-7.

表 15-7　　　　　　　　　　$\hat{p}_{iHB}$, $\hat{p}_{iEB}$ 和 $\hat{p}_{iEB} - \hat{p}_{iHB}$ 的计算结果

s_i	c	2	3	4	5	6	极　差
5	$\hat{p}_{iEB}$	0.133 531	0.125 657	0.118 892	0.112 996	0.107 799	0.025 732
5	$\hat{p}_{iHB}$	0.132 761	0.123 713	0.115 891	0.109 126	0.103 234	0.029 527
5	$\hat{p}_{iEB} - \hat{p}_{iHB}$	0.000 771	0.001 944	0.003 001	0.003 870	0.004 566	0.003 795
50	$\hat{p}_{iEB}$	0.019 048	0.018 870	0.018 696	0.018 527	0.018 362	0.000 686
50	$\hat{p}_{iHB}$	0.019 029	0.018 813	0.018 596	0.018 382	0.018 172	0.000 857
50	$\hat{p}_{iEB} - \hat{p}_{iHB}$	1.96E-05	5.73E-05	0.000 100	0.000 145	0.000 190	0.000 170
100	$\hat{p}_{iEB}$	0.009 756	0.009 709	0.009 663	0.009 617	0.009 571	0.000 185
100	$\hat{p}_{iHB}$	0.009 751	0.009 694	0.009 635	0.009 576	0.009 518	0.000 233
100	$\hat{p}_{iEB} - \hat{p}_{iHB}$	5.21E-06	1.54E-05	2.74E-05	4.01E-05	5.30E-05	0.000 048
500	$\hat{p}_{iEB}$	0.001 990	0.001 988	0.001 986	0.001 984	0.001 982	0.000 008
500	$\hat{p}_{iHB}$	0.001 990	0.001 987	0.001 985	0.001 982	0.001 980	0.000 010
500	$\hat{p}_{iEB} - \hat{p}_{iHB}$	2.19E-07	6.56E-07	1.18E-06	1.74E-06	2.33E-06	0.000 002
1 000	$\hat{p}_{iEB}$	0.000 998	0.000 997	0.000 997	0.000 996	0.000 996	0.000 002
1 000	$\hat{p}_{iHB}$	0.000 997	0.000 997	0.000 996	0.000 996	0.000 995	0.000 002
1 000	$\hat{p}_{iEB} - \hat{p}_{iHB}$	5.53E-08	1.65E-07	2.97E-07	4.40E-07	5.88E-07	5.33E-07

从表 15-7 中的极差可以看出,对不同的 c ($c = 2$, 3 , 4 , 5 , 6), $\hat{p}_{iHB}$ 和 $\hat{p}_{iEB}$ 都是稳健的,并且 $\hat{p}_{iHB}$ 和 $\hat{p}_{iEB}$ 满足定理 15.4.4, $\hat{p}_{iEB}$ 满足定理 15.4.3.在应用中作者建议, c 在 2, 3, 4, 5, 6 中居中取值,即取 $c = 4$.

在表 15-7 中,取 $c = 4$, $\hat{p}_{iEB}$ 和 $\hat{p}_{iHB}$ 的计算结果,如图 15-5 所示.

说明:在图 15-5 中, $*$ 表示 $\hat{p}_{iEB}$ ($i = 1, 2, \cdots, 5$)的计算结果,○表示 $\hat{p}_{iHB}$ ($i = 1, 2, \cdots, 5$)的计算结果($s_i = 5, 50, 100, 500, 1\,000$).

作者认为,提出一种新的参数估计方法,必须回答两个问题:

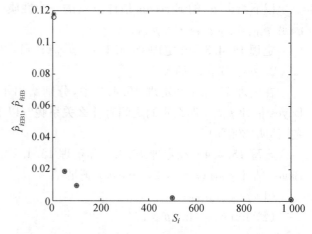

图 15-5　 $\hat{p}_{iEB}$ 和 $\hat{p}_{iHB}$ ($i = 1, 2, \cdots, 5$)的计算结果

第　个问题,新的估计方法与已有估计方法(计算)结果的差异有多人;

第二个问题,新的估计方法与已有估计方法相比,有哪些优点.

定理 15.4.4 已经从理论上回答了第一个问题. 另外,又从模拟算例中看到了 $\hat{p}_{iEB}$ 和 $\hat{p}_{iHB}$ 计算结果的差异——虽不同但十分接近.

至于第二个问题——E-Bayes 估计法的优点,从定理 15.4.1 和定理 15.4.2 的表达式上看,显然 p_i 的 E-Bayes 估计比多层 Bayes 估计简单(另外从模拟算例中也能体会到). 关于 E-Bayes 估计法的其他优点,还有待进一步研究.

15.4.6　应用案例

韩明(2011b)中给出了某型液体火箭发动机的无失效数据,见表 15-8(时间单位:s).

表 15-8　　　　　　　　　液体火箭发动机的无失效数据

i	1	2	3	4	5	6	7	8	9
t_i	46	665	1 239	1 377	1 868	2 178	2 473	2 786	3 078
n_i	9	8	7	6	5	4	3	2	1
s_i	45	36	28	21	15	10	6	3	1

根据定理 15.4.1 和定理 15.4.2,取 $c=4$(c 取 2,3,4,5 和 6 时,$\hat{p}_{iEB}$ 和 $\hat{p}_{iHB}$ 的计算结果是比较稳健的),$\hat{p}_{iEB}$ 和 $\hat{p}_{iHB}$ 的计算结果见表 15-9.

表 15-9　　　　　　$\hat{p}_{iEB}$,$\hat{p}_{iHB}$ 和 $\hat{p}_{iEB}-\hat{p}_{iHB}$ 的计算结果

i	1	2	3	4	5	6	7	8	9
$\hat{p}_{iEB}$	0.020 63	0.025 33	0.031 77	0.040 87	0.054 17	0.074 38	0.106 15	0.156 67	0.231 05
$\hat{p}_{iHB}$	0.020 50	0.025 15	0.031 49	0.040 41	0.053 40	0.073 01	0.103 64	0.152 27	0.225 56
$\hat{p}_{iEB}-\hat{p}_{iHB}$	0.000 13	0.000 18	0.000 28	0.000 44	0.000 77	0.001 37	0.002 51	0.004 40	0.005 49

从表 15-9 可以看出,$\max\{\hat{p}_{iEB}-\hat{p}_{iHB}\}<0.006$,因此 $\hat{p}_{iEB}$ 和 $\hat{p}_{iHB}$ 的计算结果接近,且 $\hat{p}_{iEB}$ 和 $\hat{p}_{iHB}$ 满足定理 15.4.4.

15.5　p_i 的 E-Bayes 估计及其应用——两个超参数情形

若 p_i 的先验分布为 Beta 分布——Beta(a,b),其密度函数为

$$\pi(p_i \mid a,b)=\frac{1}{B(a,b)}p_i^{a-1}(1-p_i)^{b-1}. \tag{15.5.1}$$

其中,$0<p_i<1$,$B(a,b)=\int_0^1 t^{a-1}(1-t)^{b-1}\mathrm{d}t$ 为 Beta 函数.

茆诗松等(1993)在 p_i 的先验密度函数由式(14.4.1)给出,而超参数 a 和 b 的先验分布分别取(0,1)和(1,c)上的均匀分布(这里 $c>1$ 为常数)时,给出的 p_i($i=1,2,\cdots,m$)的多层 Bayes 估计为

$$\hat{p}_{i\text{HB}} = \frac{\displaystyle\int\!\!\int_1^c\!\int_0^1 \frac{B(a+1,\, s_i+b)}{B(a,\, b)} \mathrm{d}a\,\mathrm{d}b}{\displaystyle\int\!\!\int_1^c\!\int_0^1 \frac{B(a,\, s_i+b)}{B(a,\, b)} \mathrm{d}a\,\mathrm{d}b}. \tag{15.5.2}$$

以下给出 p_i 的 E-Bayes 估计的定义,然后在此基础上给出 p_i 的 E-Bayes 估计及其性质(Han & Ding, 2004).

15.5.1 p_i 的 E-Bayes 估计的定义

定义 15.5.1 称

$$\hat{p}_{i\text{EB}} = \iint_D \hat{p}_{i\text{B}}(a,\, b)\pi(a,\, b)\mathrm{d}a\,\mathrm{d}b$$

为 $p_i(i=1,2,\cdots,m)$ 的"E-Bayes 估计",其中 $D = \{(a,\, b): 0 < a < 1, 1 < b < c\}$,$c > 1$ 为常数,$\pi(a,\, b)$ 为 a 和 b 在区域 D 上的密度函数,$\hat{p}_{i\text{B}}(a,\, b)$ 为 p_i 的 Bayes 估计(用超参数 a 和 b 表示的).

从定义 15.5.1 可以看出,p_i 的 E-Bayes 估计

$$\hat{p}_{i\text{EB}} = \iint_D \hat{p}_{i\text{B}}(a,\, b)\pi(a,\, b)\mathrm{d}a\,\mathrm{d}b = E[\hat{p}_{i\text{B}}(a,\, b)]$$

是 $\hat{p}_{i\text{B}}(a,\, b)$ 对超参数 a 和 b 的数学期望,即 p_i 的 E-Bayes 估计是 p_i 的 Bayes 估计对超参数的数学期望.

15.5.2 p_i 的 E-Bayes 估计

根据定义 15.5.1 可得到(Han & Ding, 2004):

定理 15.5.1 对某产品进行 m 次定时截尾试验,结果所有样品无一失效,获得的无失效数据为 $(n_i,\, t_i)$,$s_i = \sum_{j=i}^m n_j$,$i=1,2,\cdots,m$,若 p_i 的先验密度函数 $\pi(p_i|a,\, b)$ 由式 (15.5.1) 给出,则有:

(1) 在平方损失下,p_i 的 Bayes 估计为 $\hat{p}_{i\text{B}} = \dfrac{a}{s_i+a+b}$;

(2) 若 a 和 b 的先验分布为区域 D 上的均匀分布,则 p_i 的 E-Bayes 估计为

$$\hat{p}_{i\text{EB}} = \frac{1}{(c-1)}\int_1^c\!\int_0^1 \frac{a}{s_i+a+b}\mathrm{d}a\,\mathrm{d}b.$$

15.5.3 p_i 的 E-Bayes 估计的性质

定理 15.4.1 给出了 p_i 的 E-Bayes 估计,茆诗松等(1993)给出了 p_i 的多层 Bayes 估计 [见式(15.5.2)],那么它们之间有什么关系呢? 以下将要给出 p_i 的 E-Bayes 估计的一个性质,回答了这个问题.

定理 15.5.2 在定理 15.5.1 和式(15.5.2)中,p_i 的 E-Bayes 估计 $\hat{p}_{i\text{EB}}$ 和 p_i 的多层

Bayes 估计 $\hat{p}_{iHB}$ 满足:

(1) $\hat{p}_{iEB} > \hat{p}_{iHB}$;

(2) $\lim\limits_{s_i \to \infty} \hat{p}_{iEB} = \lim\limits_{s_i \to \infty} \hat{p}_{iHB}$.

定理 15.5.2 由韩明(2005a)提出,但并未给出证明,只给出了数值计算验证. 定理 15.5.2 的证明,见王建华,袁力(2010).

定理 15.5.2 的(1)说明, $\hat{p}_{iEB}$ 比 $\hat{p}_{iHB}$ 大($\hat{p}_{iEB} > \hat{p}_{iHB}$).

定理 15.5.2 的(2)说明,当 s_i 为无穷大时, $\hat{p}_{iHB}$ 和 $\hat{p}_{iEB}$ 是相等的;或当 s_i 较大时, $\hat{p}_{iHB}$ 和 $\hat{p}_{iEB}$ 比较接近.

15.5.4 应用案例

在茆诗松等(1993)中,给出了某型轴承的无失效数据,见表 15-10,共有 6 组 20 个数据(其中试验时间单位:h).

表 15-10   某型轴承的无失效数据

i	1	2	3	4	5	6
t_i	422	539	602	770	847	924
n_i	2	4	2	4	4	4
s_i	20	18	14	12	8	4

按定理 15.5.1 和式(15.5.2)(茆诗松等,1993)计算的 $\hat{p}_{iHB}$, $\hat{p}_{iEB}$ 和 $\hat{p}_{iEB} - \hat{p}_{iHB}$ 的结果见表 15-11.

表 15-11 $\hat{p}_{iHB}$, $\hat{p}_{iEB}$ 和 $\hat{p}_{iEB} - \hat{p}_{iHB}$ 的计算结果

i	c	2	3	4	5	6	极 差
1	$\hat{p}_{iEB}$	0.022 563	0.022 076	0.021 615	0.021 179	0.020 766	0.001 797
1	$\hat{p}_{iHB}$	0.022 455	0.022 962	0.021 361	0.020 883	0.020 442	0.002 013
1	$\hat{p}_{iEB} - \hat{p}_{iHB}$	0.000 108	0.000 114	0.000 254	0.000 296	0.000 324	0.000 216
2	$\hat{p}_{iEB}$	0.024 802	0.024 216	0.023 665	0.023 146	0.022 655	0.002 147
2	$\hat{p}_{iHB}$	0.024 673	0.024 068	0.023 361	0.022 696	0.022 134	0.002 539
2	$\hat{p}_{iEB} - \hat{p}_{iHB}$	0.000 129	0.000 148	0.000 304	0.000 450	0.000 521	0.000 392
3	$\hat{p}_{iEB}$	0.030 944	0.030 042	0.029 206	0.028 429	0.027 704	0.003 240
3	$\hat{p}_{iHB}$	0.030 778	0.029 862	0.028 809	0.027 858	0.027 021	0.003 757
3	$\hat{p}_{iEB} - \hat{p}_{iHB}$	0.000 166	0.000 180	0.000 397	0.000 571	0.000 683	0.000 517
4	$\hat{p}_{iEB}$	0.035 319	0.034 153	0.033 083	0.032 098	0.031 185	0.004 134
4	$\hat{p}_{iHB}$	0.035 130	0.033 917	0.032 671	0.031 489	0.030 439	0.004 691
4	$\hat{p}_{iEB} - \hat{p}_{iHB}$	0.000 189	0.000 236	0.000 412	0.000 609	0.000 746	0.000 557
5	$\hat{p}_{iEB}$	0.049 247	0.047 037	0.045 069	0.043 303	0.041 706	0.007 541

续表

i	c	2	3	4	5	6	极 差
5	$\hat{p}_{i\mathrm{HB}}$	0.049 043	0.046 719	0.044 608	0.042 673	0.040 918	0.008 125
5	$\hat{p}_{i\mathrm{EB}}-\hat{p}_{i\mathrm{HB}}$	0.000 204	0.000 318	0.000 461	0.000 630	0.000 788	0.000 584
6	$\hat{p}_{i\mathrm{EB}}$	0.081 383	0.075 671	0.070 898	0.066 833	0.063 316	0.018 067
6	$\hat{p}_{i\mathrm{HB}}$	0.081 045	0.075 180	0.070 297	0.066 051	0.062 355	0.018 690
6	$\hat{p}_{i\mathrm{EB}}-\hat{p}_{i\mathrm{HB}}$	0.000 338	0.000 491	0.000 601	0.000 782	0.000 961	0.000 623

从表 15-11 可以看出,$\hat{p}_{i\mathrm{HB}}$ 和 $\hat{p}_{i\mathrm{EB}}$ 满足定理 15.5.2,并且对不同的 c ($c=2,3,4,5,$ 6),$\hat{p}_{i\mathrm{HB}}$ 和 $\hat{p}_{i\mathrm{EB}}$ 是稳健的(并且可以看出 $\hat{p}_{i\mathrm{EB}}$ 比 $\hat{p}_{i\mathrm{HB}}$ 的稳健性好).

15.6 指数分布中分布参数的加权综合 E-Bayes 估计

韩明,丁元耀(2005)提出了可靠性参数的一种估计方法——加权综合估计法. 在无失效数据情形下给出了失效率的 E-Bayes 估计的定义,并给出了失效率的 E-Bayes 估计. 在引进失效信息后,给出了失效率的 E-Bayes 估计,并在此基础上给出了失效率和其他参数的加权综合估计. 最后,结合实际问题进行计算.

现有对无失效数据问题的研究文献,几乎都是用无失效数据得到参数估计,然后直接用于产品可靠性的评定. 这样做有一个问题,就是在外推时间处是否会有失效样品出现还不能确定. 如果此时有失效样品出现,那么对产品可靠性的评定就可能会产生"冒进"现象. 在实际工程问题中,一些工程技术人员认为根据无失效数据直接对产品进行可靠性评定可能会出现"冒进"现象. 这些促使我们想到,在无失效数据问题的研究中,能否引进失效信息,然后再进行综合处理呢?基于此韩明,丁元耀(2005)提出了参数的加权综合估计法. 郭金龙等(2008)应用韩明与丁元耀(2005)提出的参数的加权综合估计法对船舶寿命进行了研究,并称该方法便于工程应用.

15.6.1 λ 的 E-Bayes 估计

设某产品的寿命服从指数分布,其密度函数为

$$f(t)=\lambda\exp\{-t\lambda\}, \tag{15.6.1}$$

其中,$t>0$,$0<\lambda<\infty$,λ 为指数分布式(15.6.1)的失效率.

如果取 λ 的先验分布为其共轭分布——Gamma 分布,其密度函数为

$$\pi(\lambda\mid a,b)=b^{a}\lambda^{a-1}\frac{\exp(-b\lambda)}{\Gamma(a)},$$

其中 $0<\lambda<\infty$,$\Gamma(a)=\int_{0}^{\infty}t^{a-1}\mathrm{e}^{-t}\mathrm{d}t$ 是 Gamma 函数,a 和 b 为超参数,且 $a>0$,$b>0$.

根据韩明(1997a),a 和 b 的选取应使 $\pi(\lambda\mid a,b)$ 为 λ 的减函数. $\pi(\lambda\mid a,b)$ 对 λ 的导数为

$$\frac{\mathrm{d}\big[\pi(\lambda\mid a,b)\big]}{\mathrm{d}\lambda}=\left[b^{a}\lambda^{a-2}\,\frac{\exp(-b\lambda)}{\Gamma(a)}\right]\big[(a-1)-b\lambda\big].$$

注意到 $a>0$, $b>0$, $\lambda>0$, 当 $0<a<1$, $b>0$ 时, $\dfrac{\mathrm{d}\big[\pi(\lambda\mid a,b)\big]}{\mathrm{d}\lambda}<0$, 因此 $\pi(\lambda\mid a,b)$ 为 λ 的减函数.

对 $0<a<1$, b 越大, Gamma 分布的密度函数的尾部越细. 根据 Bayes 估计的稳健性 (Berger, 1985), 尾部越细的先验分布常会造成 Bayes 估计的稳健性越差, 因此 b 不宜过大, 应该有一个界限. 设 b 的上界为 c, 其中 $c>0$ 为常数. 这样可以确定超参数 a 和 b 的范围为 $0<a<1$, $0<b<c$.

取 $a=a_0$, 其中 $0<a_0<1$ (a_0 为常数, 它的具体确定方法在后面将给出), 此时 λ 的密度函数为

$$\pi(\lambda\mid b)=b^{a_0}\lambda^{a_0-1}\,\frac{\exp(-b\lambda)}{\Gamma(a_0)}.\tag{15.6.2}$$

韩明, 丁元耀 (2005) 给出了 λ 的 E-Bayes 估计, 叙述在如下的定理 15.6.1 中.

定理 15.6.1　对寿命服从指数分布式 (15.6.1) 的产品进行 m 次定时截尾试验, 结果所有样品无一失效, 获得的无失效数据为 $\{(n_i,r_i),i=1,\cdots,m\}$, 记 $N=\sum\limits_{i=1}^{m}n_it_i$. 若 λ 的先验密度函数 $\pi(\lambda\mid b)$ 由式 (15.6.2) 给出, 则有如下两个结论:

(1) 在平方损失下, λ 的 Bayes 估计为 $\hat{\lambda}_{\mathrm{B}}(b)=\dfrac{a_0}{N+b}$;

(2) 若超参数 b 的先验密度函数为 $(0,c)$ 上的均匀分布, 则 λ 的 E-Bayes 估计为

$$\hat{\lambda}_{\mathrm{EB}}=\frac{a_0}{c}\ln\!\left(\frac{N+c}{N}\right).$$

定理 15.6.1 的证明从略, 详见韩明, 丁元耀 (2005).

以下来确定常数 a_0. 由于 $0<a_0<1$, 根据定理 15.6.1 的 (1), 在无失效数据情形下, a_0 起等效失效数的作用. 根据王玲玲, 王炳兴 (1996), 无失效数据情形下, 取 $a_0=\dfrac{1}{2}\chi_\alpha^2(2)=-\ln\alpha$ (其中 $\chi_\alpha^2(2)$ 是自由度为 2 的 χ^2 分布的 α 分位数). 取置信水平为 0.5 的置信上限作为无失效数据情形下的点估计, 于是 $a_0=-\ln0.5=0.693\,147$. 韩明 (2000) 也是采用了这种做法.

15.6.2　引进失效信息后 λ 的 E-Bayes 估计

韩明, 丁元耀 (2005) 提出了把无失效情况的结果与引进失效信息后的结果进行综合处理——提出了可靠性参数的另一种"加权综合估计法".

现在已知 m 次定时截尾试验的结果是所有样品无一失效, 获得的无失效数据为 $\{(n_i,t_i),i=1,2,\cdots,m\}$. 若在第 $m+1$ 次定时截尾试验中, 截尾时间为 t_{m+1}, 相应的试验样品数为 n_{m+1}, 结果有 r 个样品失效 ($r=0,1,2,\cdots,n_{m+1}$). 那么如何确定 t_{m+1} 和 n_{m+1} 以及 r

呢? 由于第 $m+1$ 次定时截尾试验实际上并没有进行(也不允许进行),所以 t_{m+1} 和 n_{m+1} 以及 r 还是未知的. 以下给出 t_{m+1} 和 n_{m+1} 的一种确定方法(韩明,丁元耀,2005).

$$t_{m+1}=t_m+\frac{1}{(m-1)}\sum_{i=2}^{m}(t_i-t_{i-1}) \tag{15.6.3}$$

可以作如下解释: t_{m+1} 是 t_m 再加上前 m 次定时截尾试验的平均试验间隔时间.

$$n_{m+1}=\left[\frac{1}{m}\sum_{i=1}^{m}n_i\right]. \tag{15.6.4}$$

其中 $[x]$ 表示不超过 x 的最大整数.

可以作如下解释: n_{m+1} 是前 m 次定时截尾试验的平均样品数(取整数).

定理 15.6.2 对寿命服从指数分布式(15.6.1)的产品进行 m 次定时截尾试验,结果所有样品无一失效,获得的无失效数据为 $\{(n_i,r_i),i=1,2,\cdots,m\}$. 若在第 $m+1$ 次定时截尾试验中,截尾时间为 t_{m+1},相应的试验样品数为 n_{m+1},结果有 r 个样品失效 $(r=0,1,2,\cdots,n_{m+1})$, t_{m+1} 和 n_{m+1} 分别由式(15.6.3)和式(15.6.4)给出. 记 $M=\sum_{i=1}^{m+1}n_it_i$. 若 λ 的先验密度 $\pi(\lambda\mid b)$ 由式(15.6.2)给出,则有如下两个结论:

(1) 在平方损失下, λ 的 Bayes 估计为 $\hat{\lambda}_B(b)=\dfrac{a_0+r}{M+b}$;

(2) 若超参数 b 的先验分布为 $(0,c)$ 上的均匀分布,则 λ 的 E-Bayes 估计为

$$\hat{\lambda}_{EB}=\frac{(a_0+r)}{c}\ln\left(\frac{M+c}{M}\right).$$

定理 15.6.2 的证明从略,详见韩明,丁元耀(2005).

15.6.3 引进失效信息后参数的加权综合估计

在无失效数据情形下,定理 15.6.1 给出了 λ 的 E-Bayes 估计,记作 $\hat{\lambda}_{EB1}$;在引进失效信息后定理 15.6.2 给出了 λ 的 E-Bayes 估计,记作 $\hat{\lambda}_{EB2}(r)$, $r=0,1,2,\cdots,n_{m+1}$.

定义 15.6.1 称

$$\hat{\lambda}^*=\frac{1}{\sum_{i=1}^{m+1}n_it_i}\left[\left(\sum_{i=1}^{m}n_it_i\right)\hat{\lambda}_1+(n_{m+1}t_{m+1})\hat{\lambda}_2\right]$$

为指数分布在无失效数据为 $\{(n_i,t_i),i=1,2,\cdots,m\}$ 时, λ 的加权综合估计. 其中 $\hat{\lambda}_1=\hat{\lambda}_{EB1}$ 由定理 5.4.1 给出, $\hat{\lambda}_{EB2}(r)$ 由定理 15.6.2 给出 $(r=0,1,2,\cdots,n_{m+1})$, $\hat{\lambda}_2$ 由下式给出

$$\hat{\lambda}_2=\sum_{r=0}^{n_{m+1}}\omega_r\hat{\lambda}_{EB2}(r),\quad \omega_r=\frac{n_{m+1}-r+1}{\sum_{r=0}^{n_{m+1}}n_{m+1}-r+1},\quad r=0,1,2,\cdots,n_{m+1}.$$

从定义 15.6.1 可以看出, $\hat{\lambda}^*$ 是 $\hat{\lambda}_1$ 和 $\hat{\lambda}_2$ 的加权平均,而 $\hat{\lambda}_2$ 是 $\hat{\lambda}_{EB2}(0)$, $\hat{\lambda}_{EB2}(1)$, $\cdots$, $\hat{\lambda}_{EB2}(n_{m+1})$ 的加权平均.

定义 15.6.2　称

$$\hat{R}^*(t) = \exp(-\hat{\lambda}^* t)$$

为指数分布在无失效数据为 $\{(n_i, t_i), i = 1, 2, \cdots, m\}$ 时,可靠度的加权综合估计. 其中 $\hat{\lambda}^*$ 由定义 15.6.1 给出.

15.6.4　应用案例 1

韩明(2000)给出了某型液压电动机的无失效数据,见表 15-12. 共有 6 组 18 个数据(其中试验时间单位:h).

表 15-12　　　　　　　　　　液压电动机的无失效数据

t_i	145	270	369	720	1 080	1 230
n_i	2	1	3	5	4	3

根据韩明(2000a),该型液压电动机的寿命服从指数分布. 在引进失效信息后,根据表 15-12,式(15.6.3)和式(15.6.4),有 $t_7 = t_6 + \dfrac{1}{5}\sum\limits_{i=2}^{6}(t_i - t_{i-1}) = 1\,447$,$n_7 = \left[\dfrac{1}{6}\sum\limits_{i=1}^{6} n_i\right] = 3$.

根据定理 15.6.1,定理 15.6.2,定义 15.6.1 和表 15-12,对不同的 c($50 \leqslant c \leqslant 6\,000$),$\hat{\lambda}_1$,$\hat{\lambda}_{EB2}(r)$(其中 $r = 0, 1, 2, 3$),$\hat{\lambda}_2$,$\hat{\lambda}^*$ 的计算结果见表 15-13.

表 15-13　　　　　　　$\hat{\lambda}_1$,$\hat{\lambda}_{EB2}(r)$,$\hat{\lambda}_2$,$\hat{\lambda}^*$ 的计算结果(10^{-5})

c	50	200	800	1 200	2 000	3 000	4 000	6 000	极差
$\hat{\lambda}_1$	5.210 9	5.181 7	5.069 4	4.998 1	4.863 0	4.706 9	4.563 4	4.307 7	0.903 2
$\hat{\lambda}_{EB2}(0)$	3.928 7	3.912 1	3.847 6	3.806 1	3.726 6	3.633 0	3.545 5	3.385 9	0.542 8
$\hat{\lambda}_{EB2}(1)$	9.596 6	9.556 1	9.398 2	9.297 0	9.102 4	8.874 0	8.660 1	8.270 2	1.326 4
$\hat{\lambda}_{EB2}(2)$	15.265	15.200	14.949	14.788	14.479	14.116	13.776	13.155	2.110 0
$\hat{\lambda}_{EB2}(3)$	20.933	20.844	20.500	20.279	19.856	19.357	18.891	18.040	2.893 0
$\hat{\lambda}_2$	9.596 8	9.556 4	9.398 7	9.297 4	9.102 9	8.874 6	8.660 6	8.271 0	1.325 8
$\hat{\lambda}^*$	6.291 5	6.259 6	6.136 1	6.057 3	5.907 7	5.733 8	5.572 9	5.284 1	1.007 4

从表 15-13 可以看出,对不同的 c($50 \leqslant c \leqslant 6\,000$),$\hat{\lambda}_1$,$\hat{\lambda}_{EB2}(r)$,$\hat{\lambda}_2$,$\hat{\lambda}^*$ 都是稳健的. 根据表 15-13 和定义 15.6.2,可靠度的加权综合估计的计算结果见表 15-14.

表 15-14　　　　　　　　　可靠度的加权综合估计的计算结果

c	50	200	800	1 200	2 000	3 000	4 000	6 000	极差
$\hat{R}^*(200)$	0.987 6	0.987 5	0.987 8	0.987 9	0.988 2	0.988 5	0.988 9	0.989 5	0.001 9
$\hat{R}^*(400)$	0.975 2	0.975 2	0.975 7	0.976 0	0.976 6	0.977 3	0.977 9	0.979 1	0.003 9
$\hat{R}^*(600)$	0.962 9	0.963 1	0.963 8	0.964 3	0.965 1	0.966 1	0.967 1	0.968 8	0.005 9
$\hat{R}^*(800)$	0.950 9	0.951 1	0.952 0	0.952 6	0.953 8	0.955 1	0.956 3	0.958 6	0.007 7
$\hat{R}^*(1\,000)$	0.939 0	0.939 3	0.940 4	0.941 2	0.942 6	0.944 2	0.945 7	0.948 5	0.009 5
$\hat{R}^*(1\,200)$	0.927 3	0.927 6	0.929 0	0.929 8	0.931 5	0.933 5	0.935 3	0.938 6	0.011 3

从表 15-14 可以看出,对不同的 c($50 \leqslant c \leqslant 6\,000$),可靠度的加权综合估计,在 200,400,600,800,1\,000,1\,200 h 处的最大极差为 0.011\,3(1.13%),对不同的 c($50 \leqslant c \leqslant 6\,000$),可靠度的加权综合估计是比较稳健的. 据此作者提出,c 在区间$[50,6\,000]$可以居中(附近)取值,取 $c=3\,000$.

现在把"引进失效信息后与没有引进失效信息"情形的参数估计进行比较.

取 $c=3\,000$,在定理 15.6.1 中给出了 λ 的 E-Bayes 估计 $\hat{\lambda}_{EB1}$,根据表 15-13,$\hat{\lambda}_{EB1}=4.706\,9\times 10^{-5}$. 在引进失效信息后,根据表 15-14,$\lambda$ 的加权综合估计为 $\hat{\lambda}^{*}=5.733\,8\times 10^{-5}$. 根据 λ 的 E-Bayes 估计 $\hat{\lambda}_{EB1}$ 和加权综合估计为 $\hat{\lambda}^{*}$ 得到的可靠度的估计和可靠度的加权综合估计分别为 $\hat{R}_{EB}(t)=\exp(-t\hat{\lambda}_{EB1})$ 和 $\hat{R}^{*}(t)=\exp(-t\hat{\lambda}^{*})$,其计算结果如图 15-6 所示.

说明:在图 15-6 中,$*$ 表示 $\hat{R}_{EB}(t)$ 的计算结果,○表示 $\hat{R}^{*}(t)$ 的计算结果.

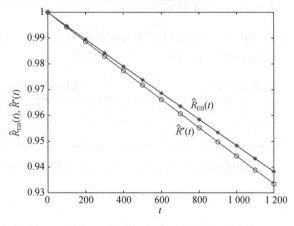

图 15-6　$\hat{R}_{EB}(t)$ 和 $\hat{R}^{*}(t)$ 的计算结果

15.6.5　应用案例 2

郭金龙等(2008)给出了Ⅰ型和Ⅱ型船舶寿命试验中获得的无失效数据,见表 15-15(试验时间单位:月).

表 15-15　　　　　　　　　　　　船舶的无失效数据

i	Ⅰ型船舶		Ⅱ型船舶	
	n_i	t_i	n_i	t_i
1	1	36	2	36
2	1	60	1	48
3	1	84	1	72
4	2	120	4	84
5	1	132	2	96
6	2	144	3	108
7	2	168	2	120
8	1	180	1	132
9	1	204	1	144
10	2	240	3	168
11	1	276	5	180
12	—	—	1	192
13	—	—	3	204
14	—	—	1	216
15	—	—	2	228
16	—	—	1	240

在引进失效信息后,根据表 15-15,式(15.6.4)和式(15.6.3),对 I 型船舶,$n_{12} = \left[\frac{1}{11}\sum_{i=1}^{11} n_i\right] = 1$,$t_{12} = t_{11} + \frac{1}{10}\sum_{i=2}^{11}(t_i - t_{i-1}) = 300$;对 II 型船舶,$n_{17} = \left[\frac{1}{16}\sum_{i=1}^{16} n_i\right] = 2$,$t_{17} = t_{16} + \frac{1}{15}\sum_{i=2}^{16}(t_i - t_{i-1}) = 253.6$.

根据定理 15.6.1,定理 15.6.2,定义 15.6.1 和表 15-15,对不同的 c($50 \leqslant c \leqslant 6\,000$),$\hat{\lambda}_1$,$\hat{\lambda}_{EB2}(r)$(其中对 I 型船舶,$r = 0, 1$;对 II 型船舶,$r = 0, 1, 2$),$\hat{\lambda}_2$,$\hat{\lambda}^*$ 的计算结果见表 15-16 和表 15-17.

表 15-16　　　　对 I 型船舶 $\hat{\lambda}_1$,$\hat{\lambda}_{EB2}(r)$,$\hat{\lambda}_2$,$\hat{\lambda}^*$ 的计算结果(10^{-4})

c	50	200	800	1 200	2 000	3 000	4 000	6 000	极差
$\hat{\lambda}_1$	2.961 0	2.870 6	2.570 8	2.411 5	2.157 4	1.919 7	1.738 5	1.476 8	1.484 2
$\hat{\lambda}_{EB2}(0)$	2.624 6	2.553 2	2.311 9	2.180 9	1.968 1	1.765 2	1.607 8	1.377 0	1.247 6
$\hat{\lambda}_{EB2}(1)$	6.411 2	6.236 8	5.647 1	5.327 2	4.807 5	4.311 7	3.927 4	3.363 6	3.047 6
$\hat{\lambda}_2$	3.886 8	3.781 1	3.423 6	3.229 6	2.914 6	2.614 0	2.381 0	2.039 2	1.847 6
$\hat{\lambda}^*$	3.067 2	2.975 0	2.668 6	2.505 3	2.244 2	1.999 4	1.812 2	1.541 3	1.525 9

表 15-17　　　　对 II 型船舶 $\hat{\lambda}_1$,$\hat{\lambda}_{EB2}(r)$,$\hat{\lambda}_2$,$\hat{\lambda}^*$ 的计算结果(10^{-4})

c	50	200	800	1 200	2 000	3 000	4 000	6 000	极差
$\hat{\lambda}_1$	1.473 2	1.450 3	1.367 3	1.318 5	1.233 2	1.144 4	1.070 4	0.953 2	0.520 1
$\hat{\lambda}_{EB2}(0)$	1.276 8	1.259 5	1.196 2	1.158 3	1.091 3	1.020 2	0.960 0	0.862 8	0.414 0
$\hat{\lambda}_{EB2}(1)$	3.118 7	3.076 6	2.921 8	2.829 5	2.665 7	2.492 1	2.345 0	2.107 5	1.011 3
$\hat{\lambda}_{EB2}(2)$	4.960 7	4.893 6	4.647 5	4.500 6	4.240 1	3.964 0	3.730 0	3.352 2	1.608 5
$\hat{\lambda}_2$	2.504 7	2.470 9	2.346 6	2.272 4	2.140 9	2.001 5	1.883 3	1.692 6	0.812 2
$\hat{\lambda}^*$	1.570 9	1.546 9	1.460 1	1.408 9	1.319 3	1.225 7	1.147 5	1.023 3	0.547 6

从表 15-16 和表 15-17 可以看出,对不同的 c($50 \leqslant c \leqslant 6\,000$),$\hat{\lambda}_1$,$\hat{\lambda}_{EB2}(r)$,$\hat{\lambda}_2$,$\hat{\lambda}^*$ 都是稳健的.因此建议 c 在区间 $[50, 6\,000]$ 的中点附近取值,比如取 $c = 3\,000$.

现在把"引进失效信息后与没有引进失效信息"情形的参数估计进行比较.

对 I 型船舶,取 $c = 3\,000$,根据表 15-16,$\hat{\lambda}_1 = 1.919\,7 \times 10^{-4}$.在引进失效信息后,根据表 15-16,$\lambda$ 的加权综合估计为 $\hat{\lambda}^* = 1.999\,4 \times 10^{-4}$.

对 II 型船舶,取 $c = 3\,000$,根据表 15-17,$\hat{\lambda}_1 = 1.144\,4 \times 10^{-4}$.在引进失效信息后,根据表 15-17,$\lambda$ 的加权综合估计为 $\hat{\lambda}^* = 1.225\,7 \times 10^{-4}$.

根据 $\hat{\lambda}_1$ 和 $\hat{\lambda}^*$ 得到的可靠度的估计和可靠度的加权综合估计分别为 $\hat{R}_{EB}(t) = \exp(-t\hat{\lambda}_1)$ 和 $\hat{R}^*(t) = \exp(-t\hat{\lambda}^*)$,其计算结果如图 15-7(I 型船舶)和图 15-8(II 型船舶)所示.

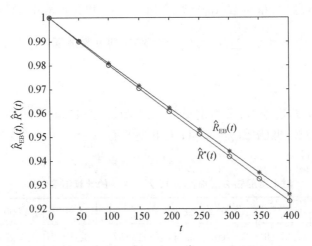

图 15-7 Ⅰ型船舶 $\hat{R}_{EB}(t)$ 和 $\hat{R}^*(t)$ 的计算结果

说明：在图 15-7 中，∗ 表示 $\hat{R}_{EB}(t)$ 的计算结果，○表示 $\hat{R}^*(t)$ 的计算结果.

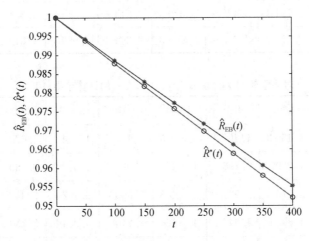

图 15-8 Ⅱ型船舶 $\hat{R}_{EB}(t)$ 和 $\hat{R}^*(t)$ 的计算结果

说明：在图 15-8 中，∗ 表示 $\hat{R}_{EB}(t)$ 的计算结果，○表示 $\hat{R}^*(t)$ 的计算结果.

15.7　由 p_i 的估计求分布参数的加权综合 E-Bayes 估计

Han & Ding(2004)提出了分布参数的加权综合估计法. 给出了无失效数据情形 p_i 的 E-Bayes 估计，在引进失效信息后给出了 p_{m+1} 的加权综合估计和分布参数的加权综合估计，并给出了应用实例.

15.7.1　p_i 的 E-Bayes 估计

在无失效数据情形，Han & Ding(2004)给出了 p_i 的 E-Bayes 估计，叙述在如下的定理 15.7.1 中(即定理 15.5.1).

定理 15.7.1　对某产品进行 m 次定时截尾试验,结果所有样品无一失效,获得的无失效数据为 $\{(n_i, t_i), i=1, 2, \cdots, m\}$. 记 $s_i=\sum\limits_{j=i}^{m} n_j$, $i=1, 2, \cdots, m$. 若 p_i 的先验密度函数 $\pi(p_i|a, b)$ 由式(15.5.1)给出,则有如下两个结论:

(1) 在平方损失下, p_i 的 Bayes 估计为 $\hat{p}_{iB}(a, b)=\dfrac{a}{a+b+s_i}$;

(2) 若 a 和 b 的先验分布为区域 D 上的均匀分布,其密度函数为 $\pi(a, b)=\dfrac{1}{c-1}$, $0<a<1, 1<b<c$,则 p_i 的 E-Bayes 估计为

$$\hat{p}_{iEB}=\frac{1}{(c-1)}\int_1^c\int_0^1\frac{a}{a+b+s_i}\mathrm{d}a\,\mathrm{d}b.$$

15.7.2　引进失效信息后 p_{m+1} 的加权综合 E-Bayes 估计

以下首先引进失效信息,然后给出 p_{m+1} 的加权综合估计. 现在已知 m 次定时截尾试验的结果是所有样品无一失效,获得的无失效数据为 $\{(n_i, t_i), i=1, 2, \cdots, m\}$. 若在第 $m+1$ 次定时截尾试验中,截尾时间为 t_{m+1},相应的试验样品数为 n_{m+1},结果有 r 个样品失效 $(r=0, 1, 2, \cdots, n_{m+1})$. 记第 $m+1$ 次定时截尾试验中, n_{m+1} 个样品中有 r 个失效时的失效概率 $p_{m+1}(r)=P\{T\leqslant t_{m+1}\}$, $r=0, 1, 2, \cdots, n_{m+1}$. 记 $p_{m+1}(r)=p_{m+1}$.

在引进失效信息后,Han & Ding(2004) 给出了 p_{m+1} 的 E-Bayes 估计,叙述在如下的定理 15.7.2 中.

定理 15.7.2　对某产品进行 m 次定时截尾试验,结果所有样品无一失效,获得的无失效数据为 $\{(n_i, t_i), i=1, 2, \cdots, m\}$. 若在第 $m+1$ 次定时截尾试验中,截尾时间为 t_{m+1},相应的试验样品数为 n_{m+1},结果有 r 个样品失效 $(r=0, 1, 2, \cdots, n_{m+1})$. 若 p_{m+1} 的先验密度函数 $\pi(p_{m+1} \mid a, b)$ 由式(15.5.1)给出,则有如下两个结论:

(1) 在平方损失下, p_{m+1} 的 Bayes 估计为 $\hat{p}_{(m+1)B}(a, b)=\dfrac{a+r}{a+b+n_{m+1}}$;

(2) 若 a 和 b 的先验分布为区域 D 上的均匀分布,其密度函数为 $\pi(a, b)=\dfrac{1}{c-1}$, $0<a<1, 1<b<c$,则 p_{m+1} 的 E-Bayes 估计为

$$\hat{p}_{(m+1)EB}(r)=\frac{1}{(c-1)}\int_1^c\int_0^1\frac{a+r}{a+b+n_{m+1}}\mathrm{d}a\,\mathrm{d}b.$$

定理 15.7.2 的证明从略,其证明详见 Han & Ding(2004).

15.7.3　p_{m+1} 的加权综合 E-Bayes 估计

定义 15.7.1　称

$$\hat{p}_{m+1}^{*}=\sum_{r=0}^{n_{m+1}}\omega_r\hat{p}_{m+1}(r)$$

为在无失效数据为 $\{(n_i, t_i)(i=1, 2, \cdots, m)\}$ 时，p_{m+1} 的加权综合估计. 其中 $\omega_i(i=1, 2, \cdots, m+1)$ 是不等权，$\hat{p}_{m+1}(r)=\hat{p}_{(m+1)EB}(r)$ 由定理 5.6.2 给出.

从定义 15.7.1 可以看出，$\hat{p}^*_{m+1}$ 是 $\hat{p}_{m+1}(0)$，$\hat{p}_{m+1}(1)$，$\cdots$，$\hat{p}_{m+1}(n_{m+1})$ 的加权平均.

15.7.4 引进失效信息后分布参数的加权综合 E-Bayes 估计

以下以 Weibull 分布为例，给出引进失效信息后分布参数的加权综合估计.

根据式(14.4.6)(Weibull 分布中分布参数 η 和 m 的最小二乘估计)和定义 15.7.1，可以给出 Weibull 分布中分布参数 η 和 m 的加权综合估计.

定义 15.7.2 对寿命服从 Weibull 分布式(15.7.5)的某产品进行 m 次定时截尾试验，结果所有样品无一失效，获得的无失效数据为 $\{(t_i, n_i), i=1, 2, \cdots, m\}$，称

$$\hat{\eta}^* = \exp(\hat{\mu}^*), \quad \hat{m}^* = \frac{1}{\hat{\sigma}^*}$$

为 η 和 m 的加权综合估计. 其中

$$\hat{\mu}^* = \frac{B'C' - A'D'}{B' - A'^2}, \quad \hat{\sigma}^* = \frac{D' - A'C'}{B' - A'^2},$$

$A' = \sum_{i=1}^{m+1} \omega_i x_i$，$B' = \sum_{i=1}^{m+1} \omega_i x_i^2$，$C' = \sum_{i=1}^{m+1} \omega_i y_i$，$D' = \sum_{i=1}^{m+1} \omega_i x_i y_i$，$x_i = \ln \ln\{(1-\hat{p}_i)^{-1})\}$，$y_i = \ln t_i (i=1, 2, \cdots, m, m+1)$，$\hat{p}_i$ 是 p_i 的估计 $(i=1, 2, \cdots, m)$，$\hat{p}_{m+1}=\hat{p}^*_{m+1}$ 由定义 15.7.1 给出，ω_i 为不等权 $(i=1, 2, \cdots, m, m+1)$.

定义 15.7.3 对寿命服从 Weibull 分布式(14.4.5)的某产品进行 m 次定时截尾试验，结果所有样品无一失效，获得的无失效数据为 $\{(t_i, n_i), i=1, 2, \cdots, m\}$，在 t 时刻处的可靠度的加权综合估计为

$$\hat{R}^*(t) = \exp\left\{-\left(\frac{t}{\hat{\eta}^*}\right)^{\hat{m}^*}\right\},$$

其中，$\hat{\eta}^*$ 和 $\hat{m}^*$ 由定义 15.7.2 给出.

15.7.5 应用案例

茆诗松，夏剑锋与管文琪(1993)给出了轴承寿命试验中无失效数据，见表 15-18(试验时间单位：h).

表 15-18　　　　　　　　　　　轴承的无失效数据

i	1	2	3	4	5	6
t_i	422	539	602	770	847	924
n_i	2	4	2	4	4	4
s_i	20	18	14	12	8	4

根据定理 15.7.1 和表 15-18，可以得到 p_i 的 E-Bayes 估计 $\hat{p}_{iEB}$，其计算结果见表 15-19.

表 15-19　　　　　　　　　　$\hat{p}_{iEB}(i=1,2,\cdots,6)$ 的计算结果

c	$\hat{p}_{1EB}$	$\hat{p}_{2EB}$	$\hat{p}_{3EB}$	$\hat{p}_{4EB}$	$\hat{p}_{5EB}$	$\hat{p}_{6EB}$
2	0.022 563	0.024 802	0.030 944	0.035 319	0.049 247	0.081 383
3	0.022 076	0.024 216	0.030 042	0.034 153	0.047 037	0.075 671
4	0.021 615	0.023 665	0.028 429	0.033 083	0.045 069	0.070 898
5	0.021 179	0.023 146	0.028 429	0.032 098	0.043 303	0.066 833
6	0.020 766	0.022 265 5	0.027 704	0.031 185	0.041 706	0.063 316
7	0.020 373	0.022 191	0.027 025	0.030 337	0.040 253	0.060 234
8	0.019 999	0.021 752	0.026 387	0.029 546	0.038 923	0.057 506
极差	0.002 564	0.003 050	0.004 557	0.005 773	0.010 547	0.033 877

根据茆诗松,夏剑锋与管文琪(1993),该型轴承的寿命服从 Weibull 分布.根据表 15-18,表 15-19 和式(14.4.6),可以得到 Weibull 分布中分布参数 η 和 m 的最小二乘估计,其计算结果见表 15-20.

表 15-20　　　　　　　　　η 和 m 的最小二乘估计的计算结果

c	2	3	4	5	6	7	8	极差
$\hat{m}$	2.185 564	2.085 780	2.000 840	1.927 300	1.862 780	1.805 540	1.754 280	0.431 280
$\hat{\eta}$	3 078.202	3 367.980	3 667.684	3 978.101	4 299.865	4 633.516	4 979.525	1 901.323

根据式(15.6.3)和表 15-18,有 $t_7=t_6+\dfrac{1}{(6-1)}\sum_{i=2}^{6}(t_i-t_{i-1})=1\,024.4$.取 $n_7=2$, $r=1$, $\omega_r=\dfrac{n_{m+1}-r+1}{\sum\limits_{r=0}^{n_{m+1}}n_{m+1}-r+1}$.根据定义 15.7.2 和表 15-13,可以得到 η 和 m 的加权综合估计,其计算结果见表 15-21.

表 15-21　　　　　　　　　η 和 m 的加权综合估计的计算结果

c	2	3	4	5	6	7	8	极差
$\hat{m}^*$	2.162 380	2.034 510	1.950 140	1.902 110	1.836 200	1.763 820	1.724 190	0.438 190
$\hat{\eta}^*$	3 031.481	3 262.740	3 552.985	3 832.835	4 225.826	4 583.396	4 859.702	1 828.221

根据定义 15.7.3 和表 15-21,可以得到该型轴承可靠度的加权综合估计,其计算结果见表 15-22.

表 15-22　　　　　　　　轴承可靠度的加权综合估计的计算结果

c	2	3	4	5	6	7	8	极差
$\hat{R}^*(77)$	0.999 64	0.999 50	0.999 43	0.999 41	0.999 36	0.999 26	0.999 21	0.000 43
$\hat{R}^*(177)$	0.997 85	0.997 27	0.997 12	0.997 11	0.997 05	0.996 79	0.996 70	0.001 85
$\hat{R}^*(277)$	0.994 35	0.993 24	0.993 12	0.993 27	0.993 31	0.992 94	0.992 87	0.001 48

续表

c	2	3	4	5	6	7	8	极差
$\hat{R}^*(377)$	0.989 04	0.983 73	0.987 49	0.987 93	0.988 25	0.987 87	0.987 89	0.001 15
$\hat{R}^*(477)$	0.981 83	0.979 70	0.980 28	0.981 19	0.981 95	0.981 69	0.981 89	0.002 13
$\hat{R}^*(577)$	0.972 71	0.973 24	0.971 54	0.973 09	0.974 50	0.974 48	0.974 95	0.002 24
$\hat{R}^*(677)$	0.961 66	0.959 05	0.961 33	0.963 71	0.965 95	0.966 31	0.967 13	0.006 05
$\hat{R}^*(777)$	0.948 70	0.946 16	0.949 72	0.953 09	0.956 36	0.957 24	0.958 50	0.009 80
$\hat{R}^*(877)$	0.933 86	0.931 65	0.936 76	0.941 31	0.945 80	0.947 34	0.949 12	0.015 26

从表 15-21 和表 15-22 可以看出,对不同的 c($c=2,3,4,5,6,7,8$),虽然 η 和 m 的加权综合估计有些波动,但可靠度的加权综合估计是比较稳健的. 因此在应用中建议 c 可以在 2,3,4,5,6,7,8 中居中取值,即取 $c=5$.

现在把"引进失效信息后与没有引进失效信息"情形的参数估计进行比较.

在取 $c=5$ 时,根据表 15-20,$\hat{m}=1.927\,300$,$\hat{\eta}=3\,978.101$;根据表 15-21,$\hat{m}^*=1.902\,110$,$\hat{\eta}^*=3\,832.835$.

根据 $\hat{m}$,$\hat{\eta}$ 和式(14.4.7),$\hat{m}^*$,$\hat{\eta}^*$ 和定义 15.7.3 计算的可靠度的估计 $\hat{R}_{EB}(t)$ 和可靠度的加权综合估计 $\hat{R}^*(t)$ 的计算结果,如图 15-9 所示.

说明:在图 15-9 中,$*$ 表示 $\hat{R}_{EB}(t)$ 的计算结果,$\circ$ 表示 $\hat{R}^*(t)$ 的计算结果.

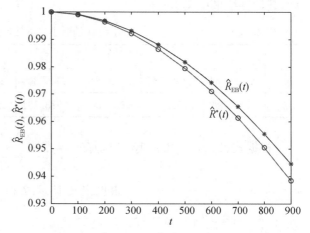

图 15-9　$\hat{R}_{EB}(t)$ 和 $\hat{R}^*(t)$ 的计算结果

思考与练习题 15

15.1　某产品在定时截尾寿命试验中获得的无失效数据见下表(单位时间:s).

i	1	2	3	4	5	6	7
t_i	100.18	109.93	115.01	130.15	150.00	179.94	190.36
n_i	3	21	2	1	3	8	1
i	8	9	10	11	12	13	
t_i	250.15	783.03	849.94	870.03	909.77	1 450.03	
n_i	1	4	3	1	1	2	

若该产品的寿命服从指数分布,(1)根据定理 15.3.1 和定理 15.3.2,计算 $\hat{\lambda}_{EBi}$($i=1$,

2，3) 和 $\hat{\lambda}_{HBi}$ $(i-1,2,3)$；(2)计算 $\hat{R}_{EBi}(t)=\exp(-\hat{\lambda}_{EBi}t)$，和 $\hat{R}_{HBi}(t)=\exp(-\hat{\lambda}_{HBi}t)$ $(i=1,2,3)$，其中 $\hat{\lambda}_{EBi}$ 和 $\hat{\lambda}_{HBi}$ $(i=1,2,3)$ 由(1)给出.

15.2　在习题 15.1 中，模仿本章相关内容引进失效信息，并在引进失效信息后计算参数的加权综合 E-Bayes 估计.

15.3　某型发动机在定时截尾寿命试验中获得的无失效数据见下表(其中试验时间单位：h).

i	1	2	3	4	5	6	7	8
t_i	450	550	650	750	850	950	1 050	1 150
n_i	4	4	4	4	4	4	4	4
s_i	32	28	24	20	16	12	8	4

(1) 根据定理 15.5.1 和式(15.5.2)计算 $\hat{p}_{iEB}$ 和 $\hat{p}_{iHB}$(取 $c=4$)；

(2) 若发动机的寿命服从 Weibull 分布，其分布函数为由式(14.4.5)给出，根据式(14.4.6)求分布参数 η 和 m 的最小二乘估计；

(3) 计算可靠度的估计 $\hat{R}_{EB}(t)$ 和 $\hat{R}_{iHB}(t)$，其中 $t=500,600,700,800,900,$ $1\,000$(h).

15.4　在习题 15.3 中，模仿本章相关内容引进失效信息，并在引进失效信息后计算参数的加权综合 E-Bayes 估计.

第 16 章　贝叶斯计算方法及有关软件

现代统计分析涉及大量的模拟计算、数值积分、非线性方程的迭代求解等.贝叶斯分析更是如此,还有一些问题需要借助 MCMC 方法完成有关计算.

贝叶斯定理简捷直观,贝叶斯推断清晰自然.由于应用领域广泛,受到了众多学者的青睐.除了先验分布的选择之外,贝叶斯分析在发展过程中遭遇最大的瓶颈就是后验分布的计算,特别是面对复杂高维的问题时,难以用解析的方法求得明确的后验分布.

16.1　MCMC 方法概述

计算技术的进步和 MCMC 方法的发展,重新唤醒了人们对贝叶斯分析这个古典统计思想的认识.梅特罗波利斯(Metropolis)等学者另辟蹊径,没有沿用先通过复杂的数学分析方法积分得到后验分布,再求其期望值、中位数和可信区间这些统计特征值的传统方法,而是充分利用现代计算技术,基于马尔可夫理论,使用蒙特卡洛模拟方法,回避后验分布表达式复杂的计算,创造性地使用 MCMC 方法,直接对后验分布的独立随机样本进行模拟,再通过分析模拟样本来获得相关统计特征值信息.MCMC 方法的发展,解开了贝叶斯分析计算的"紧箍咒",现代贝叶斯分析重获春天,再次生机勃发.

MCMC 方法的发展,对现代贝叶斯分析的复兴起着至关重要的作用.MCMC 方法和现代贝叶斯统计二者的发展和兴起,不仅给出了解决问题的方法,更重要的是改变了考虑问题的思路(刘乐平,高磊,杨娜,2014).

一系列以 MCMC 方法和贝叶斯为主题的学术会议,展示了 Gibbs 抽样爆炸式的发展过程.1986 年夏,阿德里安·史密斯(Adrian Smith)作了关于分层模型(Hierarchical models)的系列学术演讲;1989 年 6 月,在加拿大魁北克省舍布鲁克市(Sherbrooke, Quebec)举行的贝叶斯学术会议上,阿德里安·史密斯第一次详细阐释了 Gibbs 抽样的本质,这种方法的广度与深度震撼了与会者.1990 年,Gelfand & Smith 发表论文 *Sampling-based approaches to calculating marginal densities*(《基于抽样的边际密度计算方法》),将这种思想阐述得更为深刻和完整,成为主流统计学界大规模使用 MCMC 方法的真正起点.

20 世纪 90 年代,是 MCMC 方法发展的黄金时期,理论研究方面在这一时期获得了很多突破:1991 年,Alan Gelfand, Prenatal Goel & Adrian Smith 在俄亥俄州立大学(Ohio State University)举办了 MCMC 方法会议,相关讨论成果都已成为 MCMC 领域非常有影响力的论文.1992 年的 5 月,皇家统计学会(Royal Statistical Society)召开了关于"Gibbs 抽样与其他 MCMC 方法"的会议,有四篇论文得到了众多学者的重视,并发表在 *Journal of the Royal Statistical Society* 1993 年的第一期上.

16. 2　MCMC 方法简介

在贝叶斯分析中,一个统计模型可以概括为:先验分布 $\pi(\theta)$ 和似然函数 $L(x\mid\theta)$,其中 $x=(x_1,x_2,\cdots,x_n)$ 为容量为 n 样本,$\theta=(\theta_1,\theta_2,\cdots,\theta_k)$ 为参数,样本和参数都是随机的.

在第 2 章中我们已经介绍过,贝叶斯统计分析的基本框架就是综合先验信息、总体信息与样本信息为后验信息. 为叙述方便,这里我们仅考虑先验分布和样本分布都是连续的情形. 根据贝叶斯定理,则 θ 的后验分布的密度函数为

$$\pi(\theta\mid x)=\frac{L(x\mid\theta)\pi(\theta)}{\displaystyle\int_{\Theta}L(x\mid\theta)\pi(\theta)\mathrm{d}\theta}\propto L(x\mid\theta)\pi(\theta). \tag{16.1.1}$$

其中,$\pi(\theta)$ 为 θ 的先验密度函数,$L(x\mid\theta)$ 为似然函数,$\theta\in\Theta$.

在平方损失函数下参数 θ 的贝叶斯估计为

$$\hat{\theta}=\frac{\displaystyle\int_{\Theta}\theta L(x\mid\theta)\pi(\theta)\mathrm{d}\theta}{\displaystyle\int_{\Theta}L(x\mid\theta)\pi(\theta)\mathrm{d}\theta}=\int_{\Theta}\theta\pi(\theta\mid x)\mathrm{d}\theta=E(\theta\mid x). \tag{16.1.2}$$

各种贝叶斯统计推断大多可以归结为计算后验分布的各阶矩(如后验均值、后验方差)等.

设 $g(\theta)$ 为参数 θ 的函数,则 $g(\theta)$ 的贝叶斯估计为

$$\widehat{g(\theta)}=\frac{\displaystyle\int_{\Theta}g(\theta)L(x\mid\theta)\pi(\theta)\mathrm{d}\theta}{\displaystyle\int_{\Theta}L(x\mid\theta)\pi(\theta)\mathrm{d}\theta}. \tag{16.1.3}$$

当 $g(\theta)=\theta$ 时,就是后验均值,若 $g(\theta)=[\theta-E(\theta)]^2$,则得到后验方差.

要得到参数 θ 或其函数 $g(\theta)$ 的估计,或更为一般地,它们的后验分布需要求得上述公式中的积分. 除一些简单的情形外,对于实际问题,通常采用数值积分等近似方法. 但在参数的维数较大时,这些方法也很难实现. 随着计算机计算速度的不断提高,统计计算理论与方法也不断发展,特别是高效快速抽样方法的出现,贝叶斯分析中涉及的大量复杂的计算问题已不再成为解决实际问题的障碍.

以下通过 $g(\theta)$ 在平方损失函数下的贝叶斯估计[由式(16.1.3)表示]来说明贝叶斯分析中一个积分计算问题. 式(16.1.3)可用后验分布来表示

$$\widehat{g(\theta)}=\int_{\Theta}g(\theta)\pi(\theta\mid x)\mathrm{d}\theta=E[g(\theta)\mid x]. \tag{16.1.4}$$

式(16.1.4)表明,$g(\theta)$ 的贝叶斯估计 $\widehat{g(\theta)}$ 即为后验均值 $E[g(\theta)\mid x]$,它可以用下面的平均值近似求得:

$$\bar{g} = \frac{1}{s} \sum_{i=1}^{s} g(\theta^{(i)}), \qquad (16.1.5)$$

其中 $\theta^{(1)}$, $\theta^{(2)}$, $\cdots$, $\theta^{(s)}$ 为来自后验分布 $\pi(\theta|x)$ 的容量为 s 的样本.

如果此样本为独立的,则根据大数定律,样本均值 $\bar{g}$ 依概率收敛于 $E[g(\theta)|x]$. 只要样本容量 s 足够大,此估计的精度可以达到任意所需的精度. 这样的估计称为蒙特卡罗 (Monte Carlo)估计(注:Monte Carlo,简记为 MC,它是"MCMC"中后面的 MC),它已经成为最为常用的近似计算方法.

蒙特卡罗方法是一种随机模拟方法,随机模拟的思想由来已久(参见下面的蒲丰投针的例子),但是由于难于取得随机数,随机模拟的方法一直发展缓慢,而蒙特卡罗方法的出现得益于现代电子计算机的诞生.

例如(蒲丰投针),1777 年,法国学者蒲丰提出的一种用随机试验来求圆周率 π 的方法. 以下用蒙特卡罗方法来求圆周率 π 的近似值,其 R 代码如下:

```
l<−0.8    # 针的长度
n<−100000    # 重复 100 000 次
u1<−runif(n)    # 取随机数
x<−1/2 * u1    # x 是针中心到最近的线的距离
u2<−runif(n)
y<−l/2 * sin(u2 * 2 * pi)
z<−as.numeric(x<=y)    # 相交的充要条件是 x<=y
pi.e<−n * l/sum(z)    # π 的估计式
pi.e
```

运行结果为

3.141443

但是在有些问题中,从 $\pi(\theta|x)$ 中抽取独立样本是非常困难的. 如果通过某种方法可以获得 $\pi(\theta|x)$ 中的一个非独立"样本"(严格地讲它是一条链在一些状态下的值),但具有一些好的性质,且与从 $\pi(\theta|x)$ 中抽取独立样本的作用是一样的,那么上述的蒙特卡罗方法仍然是可以使用的,这就是马氏链(Markov Chain)所做的工作(注:Markov Chain,简记为 MC,它是"MCMC"中前面的 MC). 因此,这里的蒙特卡罗方法就是用平均值式(16.1.5)估计积分式(16.1.4),而马氏链提供从目标分布 $\pi(\theta|x)$ 中抽取随机"样本"的方法. 这样的链 $\{\theta^{(0)}$, $\theta^{(1)}$, $\theta^{(2)}$, $\cdots\}$ 需要满足一些基本的要求才可以使用,这些要求包括:马氏性、不可约性、非周期性、遍历性等.

MCMC 方法的研究对推广贝叶斯统计推断理论和应用开辟了广阔的前景,使贝叶斯方法的研究与应用得到了再度复兴. 目前 MCMC 已经成为一种处理复杂统计问题特别流行的工具,尤其是在经常需要复杂的高维积分运算的贝叶斯分析领域更是如此.

本章以下只简要地介绍 MCMC 的一些基本内容,更深入地研究见 Given & Hoeting (2005):*Computational Statistics* 的第 7 章"MCMC 方法"、第 8 章"MCMC 中的深入论题";Albert(2009):*Bayesian Computation with R* 的第 6 章"Markov Chain Monte Carlo Methods"、第 10 章"Gibbs Sampling"、第 11 章"Using R to Interface with WinBUGS". 关于 MCMC 方法研究综述,见:朱新玲(2009),刘乐平,高磊,杨娜(2014).

16.3　MCMC 中的有关算法

20 世纪 70 年代以来,统计计算技术发展极为迅速.贝叶斯方法的计算是非常大的一类计算问题,目前计算方法很多.这些方法大致可分为两大类,一类是直接应用于后验分布得到后验均值的估计值,主要包括直接抽样、重要抽样、筛选抽样等;它们只能用于比较简单、维数较低的后验分布.第二大类为 MCMC 方法,近年发展很快,应用非常广泛.若后验分布为高维、复杂的非常见分布,很难直接从后验分布中抽取样本,但 MCMC 方法突破了这一原本极为困难的计算问题,为贝叶斯方法的大量应用开辟了道路.算法的基本思想是把一个复杂的抽样问题转化为一系列简单的抽样问题,而不是直接从复杂的后验分布抽取样本(实际上无法直接抽样).构造一个平稳分布恰好为后验分布 $\pi(\theta \mid x)$ 的马尔科夫链,当马尔科夫链收敛后,取该链上的样本点序列 $\theta_{m+1}, \cdots, \theta_n$,由遍历性定理得 θ 任一函数的后验期望的估计值为

$$\hat{E}\big[g(\theta) \mid x\big] = \frac{1}{n-m} \sum_{i=m+1}^{n} g(\theta_i).$$

建立上述马尔科夫链的关键是设法构造合适的转移核,不同的转移核就对应不同的 MCMC 方法.根据转移核的不同,MCMC 方法主要有两种:Gibbs 抽样和 Metropolis-Hastings 算法.

16.3.1　Gibbs 抽样

Gibbs 抽样是最简单、最直观、应用最广泛的 MCMC 方法,这种算法结合数据添加 (data augmentation) 技术,已成为贝叶斯计算的强有力工具.若 x 是数据,θ 是未知参数,且 $\theta = (\theta_{(1)}, \cdots, \theta_{(k)})$.选取参数 θ 的一个初始值 $\theta^{(0)}$,若第 i 次迭代开始时参数 θ 的值是 $\theta^{(i-1)}$,则第 i 次迭代如下:

Step 1:从满条件分布 $\pi(\theta_{(1)} \mid x, \theta_{(2)}^{(i-1)}, \theta_{(3)}^{(i-1)}, \cdots, \theta_{(k)}^{(i-1)})$ 中抽取一个样本 $\theta_{(1)}^{(i)}$;

Step 2:从满条件分布 $\pi(\theta_{(2)} \mid x, \theta_{(1)}^{(i-1)}, \theta_{(3)}^{(i-1)}, \cdots, \theta_{(k)}^{(i-1)})$ 中抽取一个样本 $\theta_{(2)}^{(i)}$;

$\vdots$

Step k:从满条件分布 $\pi(\theta_{(k)} \mid x, \theta_{(1)}^{(i-1)}, \theta_{(2)}^{(i-1)}, \cdots, \theta_{(k-1)}^{(i-1)})$ 中抽取一个样本 $\theta_{(k)}^{(i)}$.

对 $i = 1, 2, \cdots, n$ 重复以上各步,从而得到样本 $\theta^{(1)}, \theta^{(2)}, \cdots, \theta^{(n)}$.有了后验样本,就可以计算后验分布的各阶矩,进行统计推断了.值得注意的是,不同的初始值对 Gibbs 抽样几乎没有影响,可以先对 Gibbs 抽样器进行预热,当收敛以后再取后验样本进行计算.由以上过程可以看出,Gibbs 抽样要求参数的条件分布容易求出或是熟悉的分布,这样才可以从这些条件分布中进行抽样.条件后验未知或不是常见分布时,无法使用 Gibbs 抽样,可以考虑用下面的复杂算法.

16.3.2　Metropolis-Hastings 算法

这类算法比 Gibbs 抽样出现得更早,也更一般化,由梅特罗波利斯等人于 1953 年提出,黑斯廷斯(Hastings)于 1970 年加以推广.其基本方法如下:设法寻求一个和后验分布近似

的简单分布,称为待选生成密度(candidate generating density),记为 $q(\theta;\theta^{(i-1)})$;选取一个初始值 $\theta^{(0)}$;设第 i 次迭代开始时参数 θ 的值是 $\theta^{(i-1)}$,则第 i 次迭代如下:

第一步:从待选产生密度 $q(\theta;\theta^{(i-1)})$ 抽取一个待选样本 θ^*;

第二步:计算接受概率

$$\alpha(\theta;\theta^{(i-1)},\theta^*)=\min\left\{\frac{p(\theta=\theta^*\mid x)q(\theta=\theta^{(i-1)};\theta^*)}{p(\theta=\theta^{(i-1)}\mid x)\,q(\theta=\theta^*;\theta^{(i-1)})},1\right\};$$

第三步:以概率 $\alpha(\theta;\theta^{(i-1)},\theta^*)$ 接受 $\theta(i)=\theta^*$,以概率 $1-\alpha(\theta;\theta^{(i-1)},\theta^*)$ 接受 $\theta^{(i)}=\theta^{(i-1)}$;

第四步:重复 Step 1—Step 3 n 次,则得到后验样本 $\theta^{(1)},\theta^{(2)},\cdots,\theta^{(n)}$;

第五步:求均值即得

$$\hat{E}\left[g(\theta)\mid x\right]=\frac{1}{n-m}\sum_{i=m+1}^{n}g(\theta^{(i)}).$$

初看上去,M-H 算法很完美,任何后验模拟问题都可以解决,表面看来只要从任一简便的分布中随机抽样,然后按照接受概率接受待选样本就可以了,但事情并没有这么简单. 待选产生密度要精心挑选和设计才能保证算法收敛,有许多策略,这里介绍两个最常用的.

(1) 独立链 M-H 算法. 这种算法的待选产生密度独立于以前的样本,不依赖于 $\theta^{(i-1)}$,即 $q(\theta;\theta^{(i-1)})=q^*(\theta)$,接受概率为

$$\alpha(\theta;\theta^{(i-1)},\theta^*)=\min\left\{\frac{p(\theta=\theta^*\mid x)q^*(\theta=\theta^{(i-1)})}{p(\theta=\theta^{(i-1)}\mid x)\,q^*(\theta=\theta^*)},1\right\};$$

(2) 随机步链 M-H 算法. 若无法找到后验分布的一个好的近似,则可以根据 $\theta^*=\theta^{(i-1)}+z$ 抽取待选样本,此时 $q(\theta=\theta^{(i-1)};\theta^*)=q(\theta=\theta^*;\theta^{(i-1)})$,接受概率为

$$\alpha(\theta;\theta^{(i-1)},\theta^*)=\min\left\{\frac{p(\theta=\theta^*\mid x)}{p(\theta=\theta^{(i-1)}\mid x)},1\right\},$$

随机变量 z 的密度决定待选抽样密度,一个简单而常用的选择是多元正态分布;

(3) 综合应用 Gibbs 方法和 M-H 算法. Gibbs 抽样中大多数满条件后验易求或是常见分布,但少数或极个别满条件后验很难或无法求出,对前者使用 Gibbs 抽样器,对后者使用 M-H 算法进行抽样,这样既可以简化计算,又解决了后验模拟中的难题.

16.3.3　收敛性的监控

MCMC 方法构造的马尔科夫链是否收敛到后验分布是贝叶斯计算中一个非常重要的问题,也是许多学者近年来才研究的难题. 这里介绍两种最常用的判断算法是否收敛的方法.

方法一是选取多个不同的初值,同时产生多条马尔科夫链,在同一个图中绘出它们产生的参数的后验样本值对迭代次数的散点折线图;如若干次迭代后,这些散点折线图基本稳定、重合在一起,则说明算法收敛了.

方法二是计算 EPSR (Estimated Potential Scale Reduction). 这种方法也要用多个不同的初值,同时产生多条马尔科夫链,设 $\theta^{(0,j)}$ 表示第 j 个不同的初始值,$j=1,2,\cdots,T$;假

设要计算 $E[g(\theta)x]$. 第 j 条链的方差的估计为

$$s_j^2 = \frac{1}{S-1} \sum_{i=m+1}^{n} [g(\theta^{(i,j)}) - \hat{g}^{(j)}]^2,$$

链内方差的均值为 $W = \frac{1}{T} \sum_{j=1}^{T} s_j^2$, 链间方差为 $B = \frac{1}{T} \sum_{j=1}^{T} (\hat{g}^{(j)} - \hat{g})^2$, 这里 $\hat{g} = \frac{1}{T} \sum_{j=1}^{T} \hat{g}^{(j)}$, $S = n - m$, 则 MCMC 方法收敛性监测的一个常用统计量为

$$\hat{R} = \sqrt{\frac{Var[g(\theta) \mid x]}{W}},$$

其中, $Var[g(\theta) \mid x] = \frac{m-1}{m} W + \frac{1}{m} B$.

$\hat{R}$ 称为 EPSR, 它一般大于 1, 其值接近于 1, 说明 Gibbs 抽样器收敛. 一个常用的标准是 $\hat{R} < 1.2$ 表明收敛性较好, 可以画出 $\hat{R}$ 对迭代次数的散点折线图, 通过观察图判断收敛性.

16.4　R 中 MCMC 的实现及使用 R 包解决 MCMC 计算问题

以下给出两个例子, 来分别说明在 R 中 MCMC 的实现和使用 R 包解决 MCMC 计算问题.

16.4.1　在 R 中 MCMC 的实现

假设在多元分布中所有的一元条件分布(每个分量对所有其他分量的条件分布, 这个分布也叫做满条件分布)都是可以确定的. 记 m 维随机向量 $\boldsymbol{X} = (X_1, X_2, \cdots, X_m)'$, X_{-i} 表示 X 中去掉分量 X_i 后剩余的 $m-1$ 维向量. 那么一元条件分布就是 $f(X_i \mid X_{-i})$.

Gibbs 抽样就是在这 m 个条件分布中迭代产生样本. 算法步骤如下:

(1) 给出初值 $X_{(0)}$;

(2) 对 $t = 1, 2, \cdots, T$, 进行迭代:

① 令 $x_1 = X_1(t-1)$;

② 依次更新每一个分量, 即对 $i = 1, 2, \cdots, m$, (1) 从 $f(X_i \mid X_{-i}(t-1))$ 中产生抽样 $X_i(t)$;

③ 更新 $x_i(t) = X_i(t)$; (c) 令 $X(t) = (X_1(T), X_2(T), \cdots, X_m(T))'$ (每个抽取的样本都被接受了);

④ 更新 t.

在这个算法里, 对每一个状态 t, $X(t)$ 的分量是依次更新的. 这个分量更新的过程是在一元分布 $f(X_i \mid X_{-i})$ 中进行的, 所以抽样是比较容易的.

关于马氏链的收敛, 图形方法是简单直观的方法. 我们可以利用这样一些图形:

(1) 迹图(trace plot):将所产生的样本对迭代次数作图, 生成马氏链的一条样本路径.

如果当 t 足够大时,路径表现出稳定性没有明显的周期和趋势,就可以认为是收敛了.

(2) 自相关图(autocorrelation plot):如果产生的样本序列自相关程度很高,用迹图检验的效果会比较差. 一般自相关随迭代步长的增加而减小,如果没有表现出这种现象,说明链的收敛性有问题.

(3) 遍历均值图(ergodic mean plot):MCMC 的理论基础是马尔科夫链的遍历定理. 因此可以用累积均值对迭代步骤作图,观察遍历均值是否收敛.

以下通过一个例子来看在 R 中 MCMC 的实现.

使用 Gibbs 抽样抽取二元正态分布 $N(\mu_1, \mu_2, \sigma_1^2, \sigma_2^2, \rho)$ 的随机数在二元正态分布的条件下,两个分量的一元条件分布依然是正态分布:

$$x_1 \mid x_2 \sim N(\mu_1 + \rho\sigma_1\sigma_2(x_2 - \mu_2), \quad (1 - \rho^2)\sigma_1^2),$$

$$x_2 \mid x_1 \sim N(\mu_2 + \rho\sigma_2\sigma_1(x_1 - \mu_1), \quad (1 - \rho^2)\sigma_2^2).$$

采用上面所述的 Gibbs 抽样方法,对给定参数值的一个二元正态分布进行抽样. R 代码如下:

```
n <- 5000
burn. in <- 2500
X <- matrix(0, n, 2)
mu1 <- 1
mu2 <- -1
sigma1 <- 1
sigma2 <- 2
rho <- 0.5
s1. c <- sqrt(1 - rho^2) * sigma1
s2. c <- sqrt(1 - rho^2) * sigma2
X[1, ] <- c(mu1, mu2)
for (i in 2:n) {
    x2 <- X[i-1, 2]
    m1. c <- mu1 + rho * (x2 - mu2) * sigma1/sigma2
    X[i, 1] <- rnorm(1, m1. c, s1. c)
    x1 <- X[i, 1]
    m2. c <- mu2 + rho * (x1 - mu1) * sigma2/sigma1
    X[i, 2] <- rnorm(1, m2. c, s2. c)
}
b <- burn. in + 1
x. mcmc <- X[b:n, ]

library(MASS)
MVN. kdensity <- kde2d(x. mcmc[, 1], x. mcmc[, 2], h=5)
plot(x. mcmc, col="blue", xlab="X1", ylab="X2")
contour(MVN. kdensity, add=TRUE)
```

运行结果如图 16-1 所示.

图形的诊断,对第一个分量:

1. 直方图

hist(x. mcmc[，1])

运行结果如图 16-2 所示.

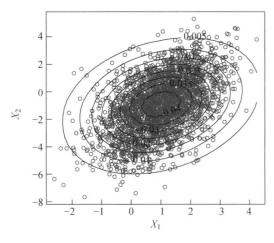

图 16-1　二元正态分布等高线图

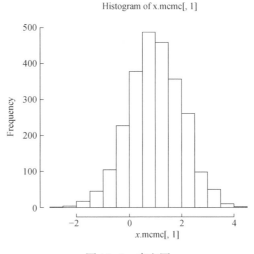

图 16-2　直方图

2. 自相关图

library(stats)

acf(x. mcmc[，1])

运行结果如图 16-3 所示.

3. 迹图

index ＜－1:n

plot(index，X[，1]，type＝"l")

运行结果如图 16-4 所示.

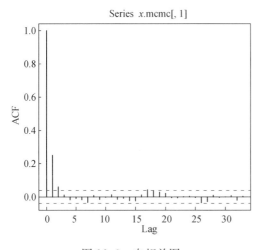

图 16-3　自相关图

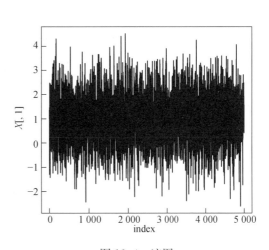

图 16-4　迹图

通过以上的迹图、自相关图,上述马氏链是收敛的.

16.4.2　使用 R 包解决 MCMC 计算问题

我们介绍了 MCMC 常用的两种抽样方法,无论是 M-H 算法还是 Gibbs 抽样,都有一些扩展的算法,以便更好地解决问题.但是在使用这两种方法的时候,需要对于统计知识有比较深入的了解.那么为了方便快捷地解决应用问题,与其每一次按照算法进行抽样的设计,不如采用 R 语言的一些集成了这些抽样方法的贡献包.在 R 语言中,可以解决 MCMC 计算问题的贡献包是比较多的.下面的例子我们采用 MCMCpack 和 coda 这两个包,用 MCMCpack 包的函数进行建模,用 coda 包的函数进行链的诊断.

MCMCpack 包提供了进行贝叶斯推断和贝叶斯计算的工具(特别是 MCMC). MCMCpack 包的设计思想是针对特定的模型运用 MCMC 方法. MCMCpack 当前包括 18 种统计模型:线性回归模型 (linear regression with Gaussian errors, a singular value decomposition regression, and regression for a censored dependent variable),离散选择模型 (logistic regression, multinomial logistic regression, ordinal probit regression, and probit regression),测量模型(a one-dimensional IRT model, a k-dimensional IRT model, a k-dimensional ordinal factor model, a k-dimensional linear factor model, a k-dimensionl mixed factor model, and a k-dimensional robust IRT model),计数数据模型(a Poisson regression model),生态推断模型(a hierarchical ecological inference model and a dynamic ecological inference model),变点问题的时间序列模型(a binary change-pointmodel, a probit change-point model, an ordinal probit change-point model, and a Poisson change-point model).其中特别是测量模型尤其适合采用 MCMC 处理.这个包同时还包括了下列分布 Dirichlet, inverse Gamma, inverse Wishart, noncentral Hypergeometric, Wishart 的概率密度和伪随机数生成器.

MCMCpack 包在函数设计上和相应问题的其他 R 函数在语法上是一致的.例如,对线性回归问题:

lm(y ～ x1＋x2＋x3, data＝mydata).

MCMCpack 包的相应的函数是:

MCMCregress(y ～ x1＋x2＋x3, data＝mydata).

下面讨论一个例子——贝叶斯线性回归.

来自 R 包 dataset 的数据集 swiss(这个数据集是 1888 年对瑞士的 47 个法语地区的社会经济指标的调查).

```
library(MCMCpack)

data(swiss)
swiss. posterior1 <－MCMCregress(Fertility ～ Agriculture＋Examination＋Education＋
    Catholic＋Infant. Mortality, data＝swiss)
summary(swiss. posterior1)
```

运行结果为

Iterations＝1001：11000

Thinning interval＝1

Number of chains＝1

Sample size per chain＝10000

1. Empirical mean and standard deviation for each variable，

   plus standard error of the mean：

	Mean	SD	Naive SE	Time-series SE
(Intercept)	67.0208	11.08133	0.1108133	0.1117344
Agriculture	−0.1724	0.07306	0.0007306	0.0007306
Examination	−0.2586	0.26057	0.0026057	0.0026057
Education	−0.8721	0.18921	0.0018921	0.0018921
Catholic	0.1040	0.03602	0.0003602	0.0003602
Infant.Mortality	1.0737	0.39580	0.0039580	0.0038190
sigma2	54.0498	12.68601	0.1268601	0.1459495

2. Quantiles for each variable：

	2.5%	25%	50%	75%	97.5%
(Intercept)	45.53200	59.56526	67.0600	74.31604	88.87071
Agriculture	−0.31792	−0.22116	−0.1715	−0.12363	−0.02705
Examination	−0.76589	−0.43056	−0.2579	−0.08616	0.24923
Education	−1.24277	−0.99828	−0.8709	−0.74544	−0.49851
Catholic	0.03154	0.08008	0.1037	0.12763	0.17482
Infant.Mortality	0.28590	0.81671	1.0725	1.33767	1.85495
sigma2	34.57714	45.06332	52.3507	61.03743	83.85127

　　MCMCregresss 默认的参数值是无信息先验[采取这样的先验,参数估计的结果(在贝叶斯回归里就是我们所求的参数均值)和最小二乘法求得的回归系数是一致的]. MCMC 包的模型函数返回由 coda 包所定义的 mcmc 对象[见 str(swiss.posterior1)]. MCMCpack 要依赖 coda 来实现后验分布的摘要和模拟数据的收敛诊断.

　　摘要包括后验均值,标准差,均值标准误以及分位数.

　　作为对比,用经典方法——"最小二乘法"的普通线性回归:

swiss.lm ＜−lm(Fertility ～ Agriculture＋Examination＋Education＋Catholic＋

　　Infant.Mortality, data＝swiss)

summary(swiss.lm)

　　运行结果为

Call：

lm(formula＝Fertility ～ Agriculture＋Examination＋Education＋

　　Catholic＋Infant.Mortality, data＝swiss)

Residuals：

Min	1Q	Median	3Q	Max
−15.2743	−5.2617	0.5032	4.1198	15.3213

Coefficients：

	Estimate Std.	Error t	value	Pr($>$|t|)	
(Intercept)	66.91518	10.70604	6.250	1.91e−07	* * *
Agriculture	−0.17211	0.07030	−2.448	0.01873	*
Examination	−0.25801	0.25388	−1.016	0.31546	
Education	−0.87094	0.18303	−4.758	2.43e−05	* * *
Catholic	0.10412	0.03526	2.953	0.00519	* *
Infant. Mortality	1.07705	0.38172	2.822	0.00734	* *
……					

Signif. codes：0 ' * * * ' 0.001 ' * * ' 0.01 ' * ' 0.05 '.' 0.1 ' ' 1

Residual standard error：7.165 on 41 degrees of freedom

Multiple R−squared：0.7067， Adjusted R−squared：0.671

F−statistic：19.76 on 5 and 41 DF， p−value：5.594e−10

用 coda 包的 plot 命令，可以表现模拟迹图和后验密度函数图.

plot(swiss. posterior1[, 1:2], col=4)

运行结果如图 16-5 所示.

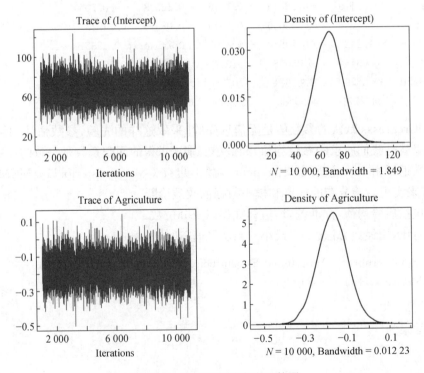

图 16-5　迹图和后验密度函数图

16.5　有关软件

在通常情况下，贝叶斯统计的算法实现起来并不是一件轻松的事情.计算量比较大，若未知参数的维数较高,更是如此.如果有速度快,效率高的贝叶斯计算软件,则可以让研究者免于花费大量的时间和精力编写程序,极大地方便运用贝叶斯方法去研究问题.

16.5.1　WinBUGS 和 OpenBUGS

关于 MCMC 方法最重要的软件包是 BUGS 和 WinBUGS. BUGS 是 Bayesian Inference Using Gibbs Sampling 的缩写,它是一种通过贝叶斯分析利用 MCMC 方法解决复杂统计模型的软件.该软件 1989 年开始由剑桥大学的生物统计医学研究所(MRC:Biostatistics the Medical Research Council,Cambridge,United Kingdom)开发研制,现在由 MRC 和伦敦 St. Mary's 的皇家医学院(Imperial College School of Medicine at St Mary's,London)共同开发.BUGS 的运行以 MCMC 方法为基础,它将所有未知参数都看作随机变量,然后对此种类型的模型进行求解.它所使用的编程语言非常容易理解,允许使用者直接对研究的模型作出说明.WinBUGS 是在 BUGS 基础上开发面向对象交互式的 Windows 版本,它可以在 Windows 95/98/NT/XP 等中使用,WinBUGS 提供了图形界面,允许通过鼠标的点击直接建立研究模型.

目前,关于 WinBUGS 最权威、资源最丰富的是"The BUGS Project"(http://www.mrc-bsu. cam. ac. uk/bugs/winbugs/contents. shtml).

WinBUGS1. 4 软件现在免费提供下载,WinBUGS 软件非常小(压缩后只有 2.86M),安装的方法非常简单,先将软件包(zipped version of the whole file structure)下载到你的计算机中,解压缩,然后双击 WinBUGS14. exe 即可.

关于 BUGS 和 WinBUGS 方面的书:

(1) Bayesian Analysis Made Simple:An Excel GUI for WinBUGS. Series:Chapman & Hall/CRC Biostatistics Series,Published:August 26,2011 by Chapman and Hall/CRC,Content:364 Pages — 222 Illustrations,Author(s):Phil Woodward.

(2) This is the supporting website for The BUGS Book-A Practical Introduction to Bayesian Analysis by David Lunn,Christopher Jackson,Nicky Best,Andrew Thomas and David Spiegelhalter,published by CRC Press/Chapman and Hall (2012).

另外,在 Albert(2009)中,专门有一章"Using R to Interface with WinBUGS".

可以通过 R 调用 WinBUGS. 通常情况下,在通过 R 调用 WinBUGS 之前,请做好如下的准备:

(1) 安装 WinBUGS ,C:/Program Files/WINBUGS14;

(2) 安装 OpenBUGS ,C:/Program Files/OpenBUGS/;

(3) 安装最近版本的 R;

(4) 通常情况下,每次用 R 调用 WinBUGS 之前都请调用如下的 R package:arm,Brugs,R2WinBUGS.

一个应用例子,见李欣海(2013),用 R 和 WinBUGS 实现贝叶斯分级模型(第六届中国 R 语言会议,2013(北京),http://cos. name/wp-content/uploads/2013/05/Hierarchical-modeling-with-R. pdf).

另一个应用例子,R 软件 R2WinBUGS 程序包在网状 Meta 分析中的应用,见曾宪涛,张超,郭毅(2013).

也可以通过 MATLAB 调用 WinBUGS,应用例子见袁敏(2013).

关于 WinBUGS 软件,在本书的第 10 章、11 章、12 章中的应用案例都有应用.关于 WinBUGS 软件及其基本使用介绍,见本书的附录 B.

关于 WinBUGS 软件,更多的内容,见:

(1) Introduction to WinBUGS:http://wenku.it168.com/d001456499.shtml.

(2) R and WinBUGS:http://wenku.it168.com/d_001241068.shtml.

16.5.2 通过 R 调用 JAGS

MCMC 方法最早的实现是 Linux 下的 BUGS,主要是用于 Bayesian models 涉及的统计计算,后来移植到 Windows 下发展成为 WinBUGS,并终止了在 Linux 下的研发.它并不是开源的,于是芬兰的 Helsinki 大学搞了一个开源的 OpenBUGS,法国人 Martyn Plummer 研发了个开源的 JAGS.

JAGS,全称是 Just another Gibbs sampler,是基于 BUGS 语言开发的利用 MCMC 来进行贝叶斯建模的软件包.它没有提供建模所用的 GUI 以及 MCMC 抽样的后处理,这些要在其他的程序软件上来处理,比如说利用 R 包(rjags)来调用 JAGS 并后处理 MCMC 的输出.JAGS 相对于 WinBUGS/OpenBUGS 的主要优点在于平台的独立性,可以应用于各种操作系统,而 WinBUGS/OpenBUGS 只能应用于 windows 系统;JAGS 也可以在 64-bit 平台上以 64-bit 应用来进行编译.

JAGS 和 R 的交互非常好.运行一个 JAGS 模型是指在参数的后验分布中生成抽样,需要这样 5 个步骤:定义模型,初始化,编译,适应,监测.后续的 MCMC 收敛诊断、模型评价等工作是要由 R 来完成的.当然,在使用 rjags 之前,要保证 JAGS 已经安装在你的电脑上(JAGS 下载:http://sourceforge.net/projects/\\mcmc-jags/files/).一个例子应用:R 软件调用 JAGS 软件实现网状 Meta 分析,见张超,孙凤,曾宪涛(2014).

16.6 R 中 MCMC 相关程序包

在近年颇为流行的统计分析软件 R 中,基于 MCMC 采样的现代贝叶斯分析越来越方便,许多可以实现 MCMC 的 R 程序包如雨后春笋般出现.在 R 主站上搜索关于 MCMC 的程序包,目前共有 103 个,而相对于传统的贝叶斯计算软件包(如 BUGS、WinBUGS、OpenBUGS 等),这些程序包功能能更加强大与灵活.R 中 MCMC 相关程序包大致可以分为 5 类(刘乐平,高磊,杨娜,2014):

(1) 用于一般统计模型拟合.比较核心的包有:MCMC 包,可以自定义后验分布函数,并从中进行 M-H 采样;MCMCpack 包,包含了许多经典统计模型的贝叶斯分析工具;bayesSurv 包,提供了进行贝叶斯生存回归分析的函数;DPpackage 包,所包含的函数可以完成贝叶斯非参数、半参数分析;bayesm 包,可以用于微观经济研究中的各种贝叶斯分析,如线性回归模型、多项 logit 模型、多项 probit 模型、密度估计等.

(2) 用于特殊统计模型的贝叶斯分析.例如 MCMCglmm 包,专门求解贝叶斯广义线性混合模型;lmm 包,拟合贝叶斯线性混合模型;BayesTree 包,完成贝叶斯回归树分析.

(3) 将 R 与其他采样器连接起来的程序包.R 的优势在于方便灵活的统计分析,进行超大规模的模拟运算可能逊色于专业的采样器(如 WinBUGS, BUGS). R 提供了与各种专业采样器连接起来的接口,并封装在程序包中,可自由加载使用. 在 R 中定义贝叶斯分析模型,然后利用接口传递给采样器并在采样器中进行 MCMC 模拟,模拟结束后,再利用接口将结果传递到 R 中,在 R 中对模拟结果进行分析. 这类包有:R2winBUGS(与 WinBUGS 的接口);BRUGS(与 OpenBUGS 的接口);rjags、R2jags 与 runjags(与 JAGS 的接口).

(4) 处理 MCMC 样本的包. coda 包是核心的处理 MCMC 样本的包,可以用于收敛诊断与输出分析,几乎所有关于 MCMC 的包都会依赖于 coda 包,足见此包的重要性.

(5) 辅助学习贝叶斯分析课程的包. 这是 R 最人性化的一面,不仅提供了分析问题的工具,还是学习贝叶斯分析方法的良师益友. 在有关贝叶斯分析的参考书目里,经典的当属 *Bayesian Data Analysis*(Gelman, 2003),为了方便学习,与该书对应的包 BayesDA 可以从 CRAN 加载使用,该包涵盖了书中所涉及的数据集和函数,对于贝叶斯爱好者来说,这无异于一学习利器. 类似的包还有 LearnBayes(*Bayesian Computation with R*,Albert, 2009),此包由浅入深,其中编写的 rwmetrop( )和 rgibbs( )两个函数对于理解 M-H 算法和 Gibbs 采样很有帮助.

关于 MCMC 相关程序包的其他介绍,见:

http://mcmcpack. berkeley. edu/,

http://site. douban. com/182577/widget/notes/10567181/note/280112466/.

16.7　本章附录:贝叶斯统计计算中的 R 包

作为本章附录,这里简要介绍贝叶斯统计计算中的 R 包(http://cran. r-project. org/web/views/Bayesian. html).

16.7.1　一般模型贝叶斯包(Bayesian packages for general model fitting)

arm 包:使用 lm,glm,mer,polr 等对象进行贝叶斯推断的 R 函数.

BACCO:随机函数的贝叶斯分析. 包含 3 个子包:emulator, calibrator, and approximator,进行贝叶斯估计和评价计算机程序.

bayesm:市场与微经济分析模型的许多贝叶斯推断函数. 模型包括线性回归,多项式 logit,多项式 probit,多元 probit,多元混合 normals(包括聚类),密度估计-使用有限混合正态模型与 Dirichlet 先验过程,层次线性模型,层次多元 logit,层次负二项回归模型,线性工具变量模型(linear instrumental variable models).

bayesSurv:生存回归模型的贝叶斯推断.

DPpackage:贝叶斯非参数和半参数模型. 现在还包括密度估计,ROC 曲线分析,区间一致数据,二项回归模型,广义线性模型和 IRT 类型模型的半参数方法.

MCMCpack:特定模型的 MCMC 模拟算法,广泛用于社会和行为科学. 拟合很多回归模型的 R 函数. 生态学模型推断. 还包括一个广义 Metropolis 采样器,适合任何模型.

mcmc:随机行走 Metropolis 算法,对于连续随机向量.

16.7.2　特殊模型或方法贝叶斯包（Bayesian packages for specific models or methods）

AdMit：拟合适应性混合 t 分布拟合目标密度使用核函数.

bark：实现（Bayesian Additive Regression Kernels）.

BayHaz：贝叶斯估计 smooth hazard rates，通过 Compound Poisson Process（CPP）先验概率.

bayesGARCH：贝叶斯估计 GARCH(1, 1)模型，使用 t 分布.

BAYSTAR：贝 叶 斯 估 计 threshold autoregressive models BayesTree：implements BART（Bayesian Additive Regression Trees）by Chipman，George，and McCulloch（2006）.

BCE：从生物注释数据中估计分类信息.

bcp：a Bayesian analysis of changepoint problem using the Barry and Hartigan product partition model.

BMA：BPHO：贝叶斯预测高阶相互作用，使用 slice 采样技术.

bqtl：拟合 quantitative trait loci（QTL）模型. 可以估计多基因模型，使用拉普拉斯近似. 基因座内部映射（interval mapping of genetic loci）.

bim：贝叶斯内部映射，使用 MCMC 方法.

bspec：时间序列的离散功率谱贝叶斯分析.

cslogistic：条件特定的 logistic 回归模型（conditionally specified logistic regression model）的贝叶斯分析.

deal：逆运算网络分析：当前版本覆盖离散和连续的变量，在正态分布下.

dlm：贝叶斯与似然分析动态信息模型. 包括卡尔曼滤波器和平滑器的计算，前向滤波后向采样算法.

EbayesThresh：thresholding methods 的贝叶斯估计. 尽管最初的模型是在小波下开发的，当参数集是稀疏的，用户也可以受益.

eco：使用 MCMC 方法拟合贝叶斯生态学推断 in two by two tablesevdbayes：极值模型的贝叶斯分析.

exactLoglinTest：log-linear models 优度拟合检验的条件 P 值的 MCMC 估计.

HI：transdimensional MCMC 方法几何途径和随机多元 Adaptive Rejection Metropolis Sampling.

G1DBN：动态贝叶斯网络推断. Hmisc 内的 gbayes（ ）函数，当先验和似然都是正态分布，导出后验（且最优）分布，且当统计量来自 2－样本问题. geoR 包的 krige. bayes（ ）函数地理统计数据的贝叶斯推断，允许不同层次的模型参数的不确定性. geoRglm 包的 binom. krige. bayes（ ）函数进行贝叶斯后验模拟，二项空间模型的空间预测.

MasterBayes：MCMC 方法整合家谱数据（由分子和形态数据得来的）lme4 包的 mcmcsamp（ ）函数信息混合模型和广义信息混合模型采样.

lmm：拟合信息混合模型，使用 MCMC 方法.

MNP：多项式 probit 模型，使用 MCMC 方法.

MSBVAR：估计贝叶斯向量自回归模型和贝叶斯结构向量自回归模型.

pscl：拟合 item-response theory 模型, 使用 MCMC 方法, 且计算 beta 分布和逆 gamma 分布的最高密度区域.

RJaCGH：CGH 微芯片的贝叶斯分析, 使用 hidden Markov chain models. 正态数目的选择根据后验概率, 使用 reversible jump Markov chain Monte Carlo Methods 计算.

sna：社会网络分析, 包含函数用于从 Butt's 贝叶斯网络精确模型, 使用 MCMC 方法产生后验样本.

tgp：实现贝叶斯 treed 高斯过程模型. 一个空间模型和回归包提供完全的贝叶斯 MCMC 后验推断, 对于从简单线性模型到非平稳 treed 高斯过程等都适合.

Umacs：Gibbs 采样和 Metropolis algorithm 的贝叶斯推断.

vabayelMix：高斯混合模型的贝叶斯推断, 使用多种方法.

16.7.3　后验估计工具（Post-estimation tools）

BayesValidate：实现了对贝叶斯软件评估的方法.

boa：MCMC 序列的诊断, 描述分析与可视化. 导入 BUGS 格式的绘图. 并提供 Gelman and Rubin, Geweke, Heidelberger and Welch, and Raftery and Lewis 诊断. Brooks and Gelman 多元收缩因子.

coda：（Convergence Diagnosis and Output Analysis）MCMC 的收敛性分析, 绘图等. 可以轻松导入 WinBUGS, OpenBUGS 和 JAGS 软件的 MCMC 输出. 亦包括 Gelman and Rubin, Geweke, Heidelberger and Welch, and Raftery and Lewis 诊断.

mcgibbsit：提供 Warnes and Raftery MCGibbsit MCMC 诊断. 作用于 mcmc 对象上面.

ramps：高斯过程的贝叶斯几何分析, 使用重新参数化和边际化的后验采样算法.

rv：基于模拟的随机变量类, 后验模拟对象可以方便地作为随机变量来处理.

scapeMCMC：处理年龄和时间结构的人群模型贝叶斯工具. 提供多种 MCMC 诊断图形, 可以方便地修改参数.

16.7.4　学习贝叶斯统计包（Packages for learning Bayesian statistics）

BaM：Jeff Gill's book, "Bayesian Methods：A Social and Behavioral Sciences Approach(Second Edition)"(CRC Press, 2007).

Bolstad：此书的包. Introduction to Bayesian Statistics, by Bolstad, W. M. (2007).

LearnBayes：学习贝叶斯推断的很多的函数. 包括 1 个, 2 个参数后验分布和预测分布, MCMC 算法来描述分析用户定义的后验分布. 亦包括回归模型, 层次模型. 贝叶斯检验, Gibbs 采样的实例.

16.7.5　链接 R 的其他抽样引擎（Packages that link R to other sampling engines）

bayesmix：JAGS 软件, 贝叶斯混合模型.

BRugs：windows 系统下的 OpenBUGS 接口. R2WinBUGS 提供 windows 和 linux 的 WinBUGS 的接口.

rbugs：支持 OpenBUGS 的 linux 接口（LinBUGS）rjags，R2jags，and runjags；都提供 Just Another Gibbs Sampler（JAGS）接口 gR；BUGS 引擎的图形接口部分.

思考与练习题 16

16.1 简要叙述 MCMC 方法的发展对贝叶斯统计的意义.

16.2 外科手术直接关系到公众的身心健康和生命安全,因此所有医生必须尽职尽责,每家医院都要严格控制事故的发生率,医疗管理部门也需要严格监管.下表给出了 9 家医院的医疗事故数据,哪家医院的手术更安全、事故的发生率更低呢？最简单的办法就是按照事故情况对医院进行排序.但是观测数据有随机误差,简单的排序不能反映真实的情况.为此,应用 Beta-二项分布模型及 MCMC 算法分析数据,要求考虑数据的观测误差,并对医院的医疗事故作出评估(高敏雪,蒋妍,2013).

9 家医院的医疗事故数据

医院	医疗事故次数	外科病例数
1	1	10
2	0	10
3	1	12
4	5	60
5	1	5
6	10	320
7	30	152
8	50	510
9	27	320

16.3 请收集自己感兴趣的问题,应用 MCMC 方法进行计算和分析.

附　　录

附录 A：贝叶斯学派开山鼻祖——托马斯·贝叶斯小传[①]

托马斯·贝叶斯的文章《机遇理论中一个问题的求解》，必定是科学史上最著名的论文之一. 此文发表后，很长一个时期在学术界并没有引起什么反响，但 20 世纪以来突然受到人们的重视，成为贝叶斯学派的奠基石. 贝叶斯的思想，经过其支持者的发展和其在应用中的良好表现，如今已成长为数理统计学中的两个主要学派之一，贝叶斯学派，占据了数理统计学这块领地的半壁江山. 一个人所处的时代，他的社会背景、生活环境等，必将对其产生重要影响. 在此对贝叶斯的生平略作介绍，希望能对人们理解和认识贝叶斯的学术成果和研究方法有所帮助.

托马斯·贝叶斯的父亲，乔舒亚·贝叶斯，是英格兰任命的第一批六名新教牧师之一. 1694 年他获得任命，来到博文顿的博克斯巷教堂工作，此处距离伦敦有 25 英里远. 托马斯的母亲叫安妮·卡彭特. 托马斯·贝叶斯出生于 1702 年，地点是在赫特福德郡. 对于他确切的出生或者接受洗礼的日期，由于历史资料遗失，我们无法得知. 也有人猜测，由于父亲是新教徒，托马斯是在非国教徒的礼拜堂受洗，因此英格兰的天主教教堂没有他的出生记录. 在托马斯还很年幼时，他们家搬到了伦敦的绍斯瓦克（southwark），在那时他父亲乔舒亚成为圣托马斯教堂的一名助手，同时也在霍尔本的皮巷教堂工作. 贝叶斯夫妇有七个孩子，四个男孩和三个女孩，托马斯·贝叶斯是长子.

哈金声称，托马斯接受的是家庭教育. 在那个时候，身为一个长老会牧师的儿子，这是必然的选择. 在当时的英国，经过伊丽莎白一世的宗教改革，新教徒的境遇有所改善，所以乔舒亚·贝叶斯能在英格兰公开成为牧师. 但是天主教仍很强势. 英格兰对新教徒的权利作了限制，新教徒及其子女不准进入大学就是其中一条. 如果是这样的话，那么我们对他的导师一无所知，但巴纳德（Barnard）提出了一个有趣的可能性，托马斯接受过棣莫弗（de Moivre）的指导，因为刚好在那个时候棣莫弗在伦敦做家庭教师. 但是其他历史学家认为，托马斯接受的是成为一个牧师的通才教育. 在这种情况下，托马斯很可能是在滕特巷的一所学校就读，这是唯一一所离家不远又与长老会有联系的学校.

1719 年，贝叶斯被爱丁堡大学录取，在那里他研究逻辑学和神学. 爱丁堡大学有关于贝叶斯的两次布道的记录，这些记录现在还保存着. 后来贝叶斯成为一名实习牧师，离开了大学，但他并未被正式任命. 在一段时间内贝叶斯必定学习了数学方面的知识，但没有证据表明他在爱丁堡大学学过.

[①]　本部分选自孙建州（2011）.

托马斯·贝叶斯像他父亲一样,成为新教牧师,一开始是在霍尔本作父亲的助手.大约在 1733 年,坦布里奇韦尔斯(Tunbridge Wells)长老会教堂的牧师约翰·阿彻去世,贝叶斯成为继任者.这所教堂在伦敦东南方向,有 35 mile(1 mile=1.609 km)远.然而,有证据表明在 1733 年以前,贝叶斯和坦布里奇韦尔斯长老会教堂就有联系.一份报告指出:"约翰·阿彻于 1733 年去世,在 1730 年由托马斯·贝叶斯继任,他是一个非常适合的人.看来,托马斯·贝叶斯在 1728 年离开坦布里奇韦尔斯,并于 1731 年返回.在此期间,他在伦敦的皮巷长老会教堂.他的父亲乔舒亚·贝叶斯是那里的牧师."

对于托马斯·贝叶斯在坦布里奇韦尔斯担任牧师的生活经历,我们知之甚少.在当时,坦布里奇韦尔斯是作为时尚和高雅的中心而出名.它是伦敦市民度假的最佳地点,并且这里的环境十分受人们喜爱.笛福的小说中对这个优美的地方有过介绍.当时的贵族、上流社会经常举办宴会等一些社交活动,一些人遗留下来的回忆录和信件告诉我们这里曾经来过很多名人,还有他们参加各种活动时的情形.贝叶斯是一个富有的牧师,肯定经常有机会参加这类聚会.但是有关他的记录少之又少.这让我们无法更多了解这个"生性孤僻、哲学气味重于数学气味的学术怪杰".

威廉·惠斯顿(继牛顿之后成为剑桥大学卢卡斯教授,后来由于宗教原因离开),在回忆录中介绍了 1746 年 8 月 24 日与贝叶斯共进早餐的情形,并对贝叶斯作出评价:"……一个在坦布里奇韦尔斯任职的长老会牧师.一个继任者,……是一个很好的数学家."1749 年,贝叶斯似乎试图从牧师职位上退下来,但一直到 1752 才正式退休,但他仍然继续生活在坦布里奇韦尔斯.1761 年 4 月 7 日,贝叶斯离开了人世.

贝叶斯在《机遇理论中一个问题的解》中陈述了他的概率理论,这篇著名的论文发表在 1764 年伦敦的皇家学会哲学会刊上.论文是由贝叶斯的朋友理查德·普莱斯送到皇家学会,普莱斯信中写道:"我现在寄给你们一篇论文,这是我从我们已故的朋友贝叶斯先生的遗稿中找到的.这篇文章,在我看来,具有很大的价值……在他写给这篇文章的引言中,他说:"他的主要思想是,找到一个方法判断,在给定情况下,某一事件发生的概率.假设我们除了知道在同样情况下此事件发生和没发生的次数以外,别的一无所知.""

贝叶斯对统计推理的主要贡献是使用了"逆概率"这个概念,并把它作为一种普遍的推理方法提出来.贝叶斯公式

$$P(B \mid A) = \frac{P(A \mid B)P(B)}{P(A)}$$

从形式上看它不过是条件概率定义的一个简单推论,但却包含了归纳推理的一种新思想. $P(B)$ 是 B 的先验概率,$P(A \mid B)$ 是 A 的条件概率,称 $P(B \mid A)$ 为后验概率.即:后验概率=标准相似度×先验概率.贝叶斯用一个别出心裁的"台球模型"给出了参数的先验分布.后来的学者把它发展为一种关于统计推断的系统的理论和方法,成为贝叶斯学派.

贝叶斯学派的基本观点:把未知量 θ 看作一个随机变量,用一个概率分布去描述对 θ 的未知状况.这个概率分布称为先验分布.贝叶斯统计推断的原则是,对参数 θ 所作的任何推断(估计、检验等)必须基于且只能基于 θ 的后验分布.这些也是同频率学派最根本的区别之处.

代尔(Dale)对贝叶斯这篇文章的学术价值作出了客观评价,他认为"文章主要是因为其

中贝叶斯提出的问题解法受到人们关注,当然其中对纯数学的贡献也是不容忽视的". 拉普拉斯在 1774 年的文章中对贝叶斯的思想进行了全面而通俗的阐述,使得贝叶斯的逆概率思想在学术界得以流行,并促进了贝叶斯方法在实际中的应用. 拉普拉斯指出是孔多塞(Condorcet)重新发现了贝叶斯的理论. 后来贝叶斯思想一直未受到过多关注,直到布尔在《思维法则》(*Law of Thought*)中对它提出质疑. 从那时起,人们对贝叶斯方法的争议从未间断.

贝叶斯还写了一篇文章,《流数论引论,以及针对'分析者'作者的异议的一个数学家的辩护》(1736),文中是他针对伯克利对微积分的攻击进行辩护. 当时,牛顿发明微积分,受到了多方的猛烈攻击和恶意侮辱. 伯克利主教,是一个出名的哲学家和神学家. 1734 年他发表文章 *The Analyst* 批判牛顿的微积分,这引发了 18 世纪关于新数学思想的哲学争论. 牛顿的支持者们进行了回击,这其中最有力的就是贝叶斯发表的这篇文章. 贝叶斯在序言中给出了写作此文的理由:

"……(流数论)不会对 Analyst 的聪明作者所提出的、热切的反对意见感到不快. ……但是伯克利在文章中提出(牛顿的文章)对宗教利益的影响,这一点是诽谤. 我认为(他的观点)是不合理的,而且太轻率."

"……伯克利认识到数学家之间的争执和争论,并把它作为反驳数学家的方法的证据……他认为逻辑学和哲学是认识世界的方法,并且能解决遇到的任何难题. ……如果因为某个学科中,教授之间的争论而贬损学科本身,那么(我认为)逻辑学和哲学比数学更容易受到贬低."

贝叶斯于 1742 年当选英国皇家学会会员,尽管当时他没有发表数学方面的文章. 事实上是在他有生之年没有用自己的名字发表过,上面提及的关于流数论的文章是匿名发表. 另一篇关于渐近级数的文章是在他死后发表的,在文中他讨论了斯特林和棣莫弗提出的 logz! 的发散性.

如今,另外一些贝叶斯写的数学方面的东西重见天日. 现在我们看看其中的一部分. 首先,值得一提的是他写给约翰·康顿(英国物理学家)的一封信. 信中他们讨论了辛普森对天文观测数据误差处理的问题. 另外还有一本小册子,这里面包含了大量数学方面的内容,包括对概率、三角、几何的讨论,方程求解,级数,微分学. 也有部分内容是自然哲学方面的,包括电学,光学,天体力学.

附录 B:WinBUGS 软件及其基本使用介绍

WinBUGS 是在 BUGS 基础上开发的面向对象交互式的 Windows 版本,它提供了图形界面,允许通过鼠标的点击直接建立研究模型. BUGS 是对 Bayesian Inference Using Gibbs Sampling 只取首字母的缩写,最初是由剑桥大学的生物统计研究所研制的. 可用简单的 Directed graphical model(有向图模型)进行直观的描述. 它是一款通过 MCMC 方法来分析复杂统计模型的软件,其基本原理就是通过 Gibbs 抽样和 Metropolis-Hastings 算法,从完全条件概率分布中抽样,从而生成马尔科夫链,通过迭代,最终估计出模型参数.

该软件可方便地对许多常用或复杂模型(如分层模型、交叉设计模型、空间和时间作为随机效应的一般线性混合模型、潜变量模型、脆弱模型、协变量、截尾数据、限制性估计、缺失值问题等)和分布进行 Gibbs 抽样,还可用简单的有向图模型进行直观的描述,并给出参数的 Gibbs 抽样动态图. 抽样收敛后,用 Smoothing 方法得到后验分布的核密度估计图、抽样值的自相关图及均值、标准差、95% 置信区间和中位数等信息的变化图等,使抽样结果更直观、可靠. 引入 Gibbs 抽样与 MCMC 的好处是不言而喻的,由此可避免计算一个具有高维积分形式的完全联合后验概率公布,而代之以计算每个估计参数的单变量条件概率分布.

WinBUGS 可以在 Windows 95/98/NT/XP 等中使用,它提供了图形界面,允许通过鼠标的点击直接建立模型. 关于 WinBUGS 软件的介绍,见:Sturtz et al.(2005),孟海英,刘桂芬,罗天娥(2006),刘乐平,张美英,李姣娇(2007),Ntzoufras(2009),Woodward(2011),Lunn et al.(2012)等. 关于 WinBUGS 在统计分析中的应用,见 http://cos. name/tag/winbugs/.

B.1　下载安装

目前,关于 WinBUGS 最权威、资源最丰富的是"The BUGS Project"网站:http://www.mrc-bsu. cam. ac. uk/bugs/winbugs/contents. shtml.

WinBUGS1.4 软件现在免费提供下载,WinBUGS 软件非常小(压缩后只有 2.86M),安装的方法非常简单,先将软件包(zipped version of the whole file structure)下载到你的机器中,解压缩,然后双击 WinBUGS14. exe 即可(为了使用方便,你可右键 WinBUGS 图标在桌面上创建快捷方式). 安装成功后,点击图标,打开 WinBUGS,其图形界面如图 B1 所示.

B.2　应用实例

以下通过一个例子,来说明通过贝叶斯统计计算软件 WinBUGS 来模拟后验密度的具体操作步骤.

图 B1　WinBUGS 的图形界面

引自于 WinBUGS 软件帮助手册中的 Volum I:George et al (1993) 讨论了分层模型的贝叶斯分析(Bayesian analysis of hierarchical models),其中,第一层采用了共轭先验分布.

该例考虑了 10 个发电站的水泵,假设发生故障的水泵个数 x_i 服从 Poisson 分布,即 $x_i \sim Poisson(\theta_i t_i)$, $i=1, 2, \cdots, 10$. 其中,θ_i 表示水泵 i 的发生故障率,t_i 表示水泵运行时间的长度(单位:千小时),数据见下表.

i	1	2	3	4	5	6	7	8	9	10
t_i	94.3	15.7	62.9	126	5.24	31.4	1.05	1.05	2.1	10.5
x_i	5	1	5	14	3	19	1	1	4	22

故障率的先验分布取共轭分布 Gamma 分布,即为 $\theta_i \sim Ga(\alpha,\beta)$, $i=1, 2, \cdots, 10$.

对上述 Gamma 分布中的参数——超参数 α 和 β,假设 α 服从指数分布,即 $\alpha \sim Exp(1.0)$,β 服从 Gamma 分布,即 $\beta \sim Ga(0.1, 1.0)$. 可以给出 β 的后验分布,但 α 的标准

后验分布无法给出. 因而, 可使用 Gibbs sampler 模拟得到 α 的后验密度.

以上表达式可用贝叶斯图建模方法表示成如下有向关系图(图 B2), 在 WinBUGS 中称作 Doodle 模型. 说明: α 用 alpha 表示, x_i 用 x[i] 表示, λ_i 用 lambda[i] 表示, 其余类似.

启动 WinBUGS14, 会出现两个窗口, 关闭其中一个(Licence Agreement 窗口), 你会看到如下 WinBUGS 主窗口(图 B3): 窗口简单明了, WinBUGS 主窗口和 Windows 常用窗口结构类似, 关闭、最小化等基本操作相同. WinBUGS 主窗口最上面一行为标题栏(heading line), 下一行是菜单栏(menu heading line)——有 File, Tools, Edit, Attributes, Info, Model, Inference, Options, Doodle, Map, Window, Help——12 个菜单, 最下面一行是状态栏(status line).

下面分四个步骤解释怎样通过 WinBUGS 软件解决以上问题.

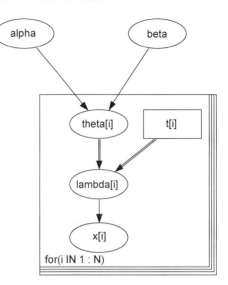

图 B2　Doodle 模型

图 B3　WinBUGS 主窗口

步骤 1: Doodle 模型的建立和检验.

(1) 建立 Doodle 模型(图 B4).

在 WinBUGS 的使用中, Doodle 模型非常特别, 它以节点(nodes)、箭头(edges)和平板(plates)等图形方式出现(对应图 B1: 包含 alpha 的小椭圆形和包含 t[i] 的小矩形都为节点; 箭头分实线箭头和双线空心箭头; 右侧和下侧边线较粗的大矩形称为"平板"), 可以用图形的方式来构建模型. 模型的每个节点, 都含有特定的属性, 如名称、类型、分布或逻辑函数的定义等(name, type, distribution, or logical function definition). 以下我们按照图 B2 的形

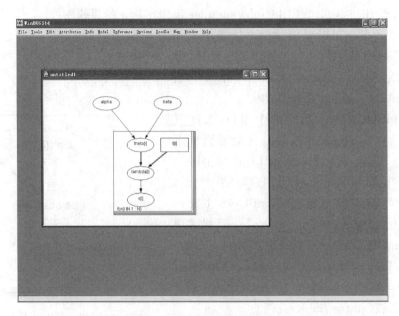

图 B4 Doodle 模型的建立

状,以从上到下、从左至右的顺序,利用 Doodle 菜单构建 Doodle 模型.

① 打开 Doodle 菜单,选择 New(新建)命令,可以打开一个名为"New Doodle"的对话框. 键入 200、150 和 20,作为编辑窗口的显示宽度、显示高度和节点的宽度. 这三个选项控制编辑窗口和节点的大小,输入数值的大小应与模型相适合. 点击 OK,一个无标题名(untitled1)的 DoodleBUGS 编辑窗口就产生了(注:可以按默认值打开,窗口大小可以按调节 windows 窗口的一般方法调节).

② 在此 DoodleBUGS 编辑窗口(untitled1)中的空白处单击(左键,下同)鼠标,会自动产生一个椭圆形节点(node)(注:在此窗口中,不能按习惯任意点击,因为一点就会出现一个节点. 多余节点删除与一般删除不同,先用鼠标将需删除的节点点击选中,然后按住 Ctrl 键不放,再按下 delete 键或 backspace 键删除),窗口左上方也会同时出现七个蓝色的标题,分别为 name(名称),type(类型),density(密度),mean(均值),precision(精度),lower bound(下界),upper bound(上界),光标在第一个名称栏(name)内闪烁,节点可以用鼠标点中后随意拖动. 在名称栏(name)内,输入"alpha"(表示 α) 作为此节点的名称. 然后,name 右侧的是类型栏(type),单击此栏不放,它会自动出现下拉菜单,菜单中有三个选项:随机、逻辑和常量(stochastic, logical, and constant),第一项是默认值. 由于 alpha 是随机变量,故选择默认值;再往右是密度栏(density),单击此栏会出现 16 种分布的下拉菜单栏(默认值是正态分布 dnorm). 因为假设 alpha 服从 Exponential 指数分布,所以选择 dexp(表示 Exponential 分布)密度. 接下来,在 scale 框中输入数值 $1.0(\alpha \sim \text{Exp}(1.0))$. 对于下界和上界(lower bound and upper bound)栏,不用输入数值,因为不需要对此节点的数值范围加以限制. 这样,就完成了对模型中参数 α 的节点属性定义.

在窗口中的其他位置重新再点击鼠标,生成一个新的节点,命名为 beta(表示 β). 这个新的节点的颜色相比之前的节点会显得"高亮"(highlighted),称之为选中状态.(注:节点只有处于选中状态时,才能对节点的属性进行修改和编辑.)参照以上方法对此节点按假设条

件 ($\beta \sim Ga(0.1, 1.0)$) 进行属性设置. 类型栏(type)中默认 stochastic, 在密度(density)类型中按要求选择 dgamma 分布, 在形状参数框(shape)中输入 0.1, 在尺度参数框(scale)中输入 1.0.

创建一个新的节点 theta[i], name 后输入 theta[i], type 中默认 stochastic, density 中按要求选择 dgamma 分布. 注意, 对于此节点, shape 和 scale 中不用输入值, 因为按假设它们分别为 alpha 和 beta ($\theta_i \sim Ga(\alpha, \beta)$), 通过下面箭头关系的操作, 程序会自动生成 shape 和 scale 中的值.

保持节点 theta[i] 处于选中状态, 按住 Ctrl 键不放, 点击 alpha 节点(内部), 这时会在两个节点之间产生一个实线箭头(表示随机节点到随机节点), 箭头的方向从 alpha 节点指向 theta[i]节点——即将父节点与子节点进行连接——这时, 在形状框(shape)中就会自动出现 alpha. 同样操作, 建立从 beta 节点指向 theta[i]节点的实线箭头, 这时, 在尺度框(scale)中就会自动出现 beta[为了以后的应用, 先将怎样进行箭头移动和删除的方法进行说明, 想移动箭头, 不要去点击箭头, 通过移动节点, 箭头会随着自动调整. 要想删除箭头, 先选中子节点(箭头所指), 然后按住 Ctrl 键不放, 再次点击父节点(箭尾), 箭头删除要注意次序, 否则会加上一个新箭头].

按照以上方式继续进行下去, 创建节点 t[i]. 对这个节点, 选择它的类型(type)为常数(constant), 这时, 你会发现节点 t[i] 的形状会变成矩形. (注意: 属性栏也随之发生变化.)

接着创建并定义一个新的节点, 命名为 lambda[i], 选择它的类型(type)为逻辑 logical, 在 value 栏中, 输入逻辑表达式 theta[i] * t[i].

按前述方法创建从父节点 theta[i] 到子节点 lambda[i] 的箭头, 注意, 这次显示的箭头与以前有区别, 呈双线空心箭头, 这种箭头表示随机变量到逻辑变量之间的联系, 区别于两个随机变量之间联系的实线箭头. 同理, 也可建立从父节点 t[i] 到子节点 lambda[i] 的双线空心箭头.

最后, 根据条件 $x_i \sim Poisson(\theta_i t_i)$, 创建节点 x[i], density 中选择密度为 dpois(表示 poisson 分布), 创建从父节点 lambda[i] 到它的箭头, 父节点的名称 lambda[i] 会自动出现在 mean 栏中.

③ 建立矩形"平板"(plates). 按住 Ctrl 键不放, 在 Doodle 窗口内的空白处点击鼠标, 就可创建一个矩形"平板". 用鼠标点击"平板"右侧或下侧较粗的边线, 就可选中激活它, 并且可以对它进行移动. 想对"平板"的大小进行调整, 将鼠标点击"平板"的右下角顶点进行拖动(如同对一般窗口调整大小). 想删除"平板", 选中(点击"平板"右侧或下侧较粗的边线), 按住 Ctrl 键不放, 再按下 delete 键或 backspace 键删除. 此例中, 将创建的"平板"的大小调整到如图 B2 所示, 包含下半部分的四个节点.

当一个"平板"被选中后(点击"平板"右侧或下侧较粗的边线), 窗口的左上方会出现三个蓝色的标题: 指标、起始和结束(index, from, up to). 首先在指标文本框(index)中输入指标名称, 它表示一列整数序列数值, 从 from 中的数值到 up to 中的数值, 在此例中, index 中输入 i, from 中输入 1, up to 中输入 N.

这样就完成了例子的全部 Doodle 模型的构建(图 B4). 这时比较明智的选择应该是把刚才辛苦的工作保存下来, 在 File 菜单中, 选择 Save as 命令, 然后在对话框中, 输入便于记忆的文件名(用英文), WinBUGS 会自动在文件名之后加上后缀名 .odc, 选择合适的目录保存,便于以后使用.(使用 WinBUGS 经常将做过的内容保存下来,如同用 Word 编辑文档时需要经常点击保存一样.)

(2) 对 Doodle 模型进行检验(check).

构建完 Doodle 模型后,下一步是对此模型进行检验,检验 WinBUGS 对它是否识别,检验模型在程序语法上是否正确. 在 Modle 菜单中选择 Specification 命令,会出现一个标题为"Specification Tool"的对话窗口(图 B5)(用完后不要关闭,以下步骤还需使用). 在窗口中点击"check model"按钮,如果你建立的 Doodle 模型正确,在 WinBUGS 主窗口的左下角的状态栏(status line)上就会出现一条信息"model is syntactically correct"(图 B6). 否则,你必须对你的 Doodle 模型的每一个节点、每一个箭头和每一块平板进行检查,耐心检查它们的名称和属性,改正错误的地方. 然后,重新对模型进行检验……,直到 WinBUGS 宣布"model is syntactically correct".

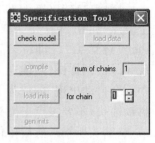

图 B5 "Specification Tool" 的对话窗口

注:Doodle help 例子中的 Doodle 模型,可以"复制"和"粘贴"到窗口中,如果你对以上操作多次都通不过. 不妨将软件帮助中的例子中现成的 Doodle 模型通过 Edit(编辑)菜单中的 copy 和 paste to window 直接复制过来,然后进行比较,找出错误.

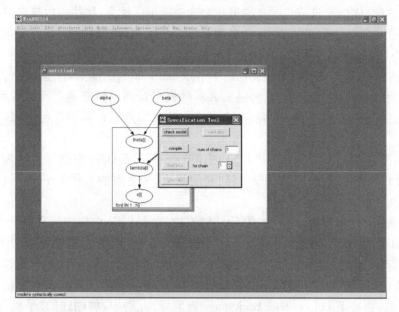

图 B6 Doodle 模型的检验

步骤 2:数据输入、模型编译和初始值设定(图 B7).

(1) 输入数据(data loaded).

模型检验合格后,需要对数据进行定义和输入. 例中的数据可以按以下方式进行定义

$$list(t=c(94.3, 15.7, 62.9, 126, 5.24, 31.4, 1.05, 1.05, 2.1, 10.5),$$
$$x=c(5, 1, 5, 14, 3, 19, 1, 1, 4, 22), N=10)$$

这种数据的表示格式被称为 S-PLUS 格式. 观测值 t 和 x 被定义成数组(如有缺失数

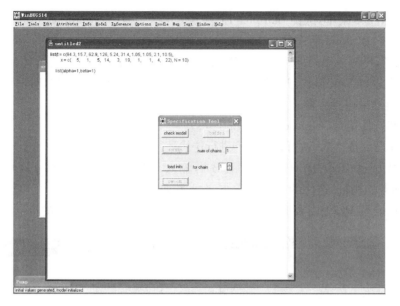

图 B7　数据输入、模型编译和初始值设定

据,用 NA 表示).

在 File 菜单中选择 New 命令. 出现的窗口可以对文本进行编辑. 将数据在英文输入状态下按以上形式分两行输入. 输入完毕,检查确定无误后,选中输入内容(将光标点中以上输入内容中任意位置即可),然后在"Specification Tool"对话窗口中点击"load data"按钮. 信息"data loaded"将会在状态栏显示.

(2) 对模型进行编译(compile).

继续在"Specification Tool"的对话窗口中通过"compile"按钮完成. 在对模型进行编译之前,注意在"compile"按钮右边上的文本框中的正整数应大于或等于默认值 1(这个数字表示使用者希望同时模拟互相独立的链的个数). 模型的编译需要运行 Gibbs samping,模型需要对数据的完整性和一致性进行检验. 当模型编译成功后,信息"model compiled"会出现在状态栏中[如果输入数据有误,则需要从模型检验(check)步骤开始重做].

(3) 对模型进行初始值设定(load inits).

在编译好的模型真正运行之前,还需要对模型进行初始值设定(load inits). 以下的语句可以执行这项任务.

$$list(alpha=1, beta=1)$$

注意,这只是模拟的初始值,并不一定要与实际期望的参数值很接近. 将这条命令继续输入到数据窗口中(可换行,在刚才输入的两行数据下输入),选中这个语句,按"Specification Tool"的对话窗口中的"load inits"按钮,状态栏中会出现信息"this initial value does not correspond to a stochastic node". 这时,"Specification Tool"的对话窗口中的"gen inits"按钮将被激活,按下"gen inits"按钮,状态栏上会出现信息"initial values generated,model initialized"(图 B7).

步骤 3:变量监控和模型迭代.

(1) 对变量进行监控设置(Monitor).

打开 Inference 菜单,选择 Samples 命令.会产生一个名为"Sample Monitor Tool"的对话窗口(图 B8),在 node 框中输入 alpha,然后按下"set";输入 beta,按下"set";输入 theta[1],按下"set",再输入 theta[2],……,WinBUGS 可以同时控制多个变量,但必须分别输入变量名和依次进行"set"操作.进行以上操作后,WinBUGS 会在运行时,对输入的控制变量的运行过程及结果进行存储.

(2) 模型迭代运行(iterations, or updates).

当以上步骤完成之后,就可以对模型进行迭代运行了.在 Model 菜单中选择 Update 命令,会出现一个"Update Tool"的对话窗口(图 B9),输入需要迭代(iterations/updates)的次数,按"update"按钮开始执行.迭代的速度非常快,对此模型进行 10 000 次迭代运算,在 150 MHz Pentium laptop 的 PC 上需要 5 s,而在 a dual 200 MHz Pentium Pro 的机器上只需 2 s.

 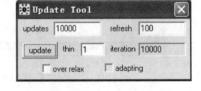

图 B8 "Sample Monitor Tool"的对话窗口　　图 B9 "Update Tool"的对话窗口

步骤 4:模拟结果输出和收敛性判别

再次选中"Sample Monitor Tool"的对话窗口(图 B8),在 node 框中,可以按需要输入想观测的变量(节点)的名称(步骤 3 已输入的控制变量),也可以输入万能替代符" * "来表示"输入的所有需要控制的变量",然后,点击"stats",会同时产生所有控制的变量的统计量模拟估计结果,如图 B10 所示;"density"按钮可以对连续变量画出光滑的核密度估计(kernel density estimate),对离散变量绘出直方图(histogram);按"trace"按钮,被选择作为控制的变量的样本路径会由动态轨迹图(a dynamic trace plot)显示出来.(注:WinBUGS 的图形功能非常强大,且都是彩色图形,由于篇幅的关系,许多图形只好省略,读者可亲自操作软件体会.)

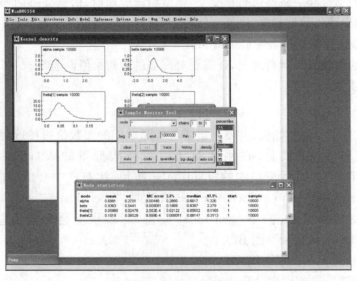

图 B10　模拟结果的输出

注：(1)单击"coda"按钮可以打开两个输出窗口.一个窗口,我们将其称为"ind"窗口,它包含了控制变量的名称和列数的范围(a range of row numbers).这些列数相应的输入行出现在另一个窗口——"out"窗口中,这个窗口包含控制变量的模拟值.这两个窗口给出了模拟数据的 ASCⅡ表示方式,这种表示方式可以复制到其他应用软件中使用,例如 Excel 或 S-PLUS.

另外,软件会自动产生模型的源程序(在 Doodle 窗口激活的条件下,在 Doodle 菜单中,点击 Write Code 命令)：

```
model；
{
  for(i in 1 ：N) {
      x[i] ~ dpois(lambda[i])
  }
  for(i in 1 ：N) {
      lambda[i] <－theta[i] * t[i]
  }
  for(i in 1 ：N) {
      theta[i] ~ dgamma(alpha, beta)
  }
  alpha ~ dexp(1.0)
  beta ~ dgamma(0.1, 1.0)
}
```

(2) 收敛性的判别：对于任何以 MCMC 为基础的完全概率模型分析,关于 MCMC 模拟的监测和收敛性的判断都是非常重要的一步.一个 MCMC 模拟称为收敛的,是指模拟结果来自于真的 Markov chain 的稳定或目标分布.能从理论上证明收敛性的情形非常少,大多数情况,我们只能满足于有效收敛(effective convergence).

(3) Log(日志)窗口会记录以上操作的信息,Log 窗口可以通过选择 Info 菜单中的 Open Log 命令打开.

附录 C：OpenBUGS 软件及其基本使用介绍

BUGS 是 Bayesian inference Using Gibbs Sampling 的缩写,于 1989 年研制,适用于 DOS 操作系统. WinBUGS 软件是 BUGS 软件在 Windows 操作系统下的版本,最新版本为 1.4.3,已于 2007 年停止更新. 2004 年,Andrew Thomas 在赫尔辛基大学开始研制 OpenBUGS 软件,经过十余年的开发,目前这一软件已越来越显示出其独特的优势. 虽然该软件基于的理论方法与 WinBUGS 软件基本相同,但用户能够根据自己的需求进行二次开发,也无需考虑操作系统问题(OpenBUGS 软件可以在 Windows、Unix、Linux 操作系统下使用).

OpenBUGS 和 WinBUGS 都是在 BUGS 的基础上开发的面向对象交互式软件,二者在功能、使用方法等很多方面非常接近. OpenBUGS 软件是在 WinBUGS 软件基础上研制的一款实现贝叶斯统计推断的工具软件. OpenBUGS 目前已经更新到 OpenBUGS 3.2.3 版本,可以从 http://www.openbugs.net/w/Downloads 上免费下载使用(不需要注册即可使用软件的全部功能). 目前国内外关于 OpenBUGS 软件的基本操作介绍比较少(与 WinBUGS 软件的基本操作介绍比较),但还是可以找到一些,如:Kelly 和 Smith(2011),杨维维等(2016),张继巍等(2017)等(下面的内容是根据前面提到的几篇文献综合整理的,并加上了作者自己的使用经验).

本附录以下简要介绍如下四个方面:OpenBUGS 软件基本操作步骤,OpenBUGS 软件的特点,OpenBUGS 软件与 WinBUGS 软件区别,OpenBUGS 中的资源简介.

C.1　OpenBUGS 软件基本操作步骤

在采用 OpenBUGS 软件构建贝叶斯模型时,其操作流程与 WinBUGS 软件基本一致(后面将介绍它们的区别),主要分为六个步骤.

步骤 1:模型的构建与数据的输入.

在文件窗口中编写模型程序,完成数据的输入并赋予初始值,File 菜单中选择"Save AS"将编写好的程序保存到文档中(后缀名为.odc).

步骤 2:模型的定义.

选择菜单 Model \Specification,光标移动到模型框架内或者选中"model",单击对话框中的"check model"按钮,若无语法错误,窗口底部将显示"model is syntactically correct",然后依次进行加载数据(loda data)、给定模拟链数、编译程序(compile)、加载初始值(lodainits)或者由系统自动产生初始值(gen inits),窗口底部将显示"model is initialized".

步骤 3:考察参数的选定.

选择菜单 Inference /Samples,在 Sample MonitorTool 对话框中的 node 处输入需要考察的参数,每输入一个参数名均单击 set,在 node 中输入"∗"即指定所有需考察的未知参数,trace、history 等按钮点击后不能打开相应的窗口,需在迭代更新后打开.

步骤 4:迭代运算.

选择菜单 Model /Update,在 updates 中输入 MCMC 预迭代次数,单击 update 按钮开始模拟运算,若要中途停止更新,再次单击 update 按钮即可.

步骤 5：收敛性诊断.

点击 Sample Monitor Tool 对话框中 history 按钮观察迭代历史图，trace 按钮给出 Gibbs 动态抽样踪迹图，如果迭代历史图和踪迹图趋于稳定，说明收敛性较好，不收敛则重复步骤4，增加迭代次数，若迭代很多次后仍不收敛，则需考虑对模型进行相应的修改.

步骤 6：后验分析.

在 beg 中输入丢弃初始迭代结果的次数，减少初始值的影响，单击 Sample Monitor Tool 对话框中 stats 按钮输出后验参数的描述性统计量，包括均值、中位数、标准差、MC 误差等. coda 按钮可将模拟结果保存到外部文件，供 R 等软件进一步分析和作图使用.

C. 2　OpenBUGS 软件的特点

基本原理：通过 Gibbs 抽样和 Metropolis 算法，从完全条件概率分布中抽样，从而生成马尔科夫链，通过迭代，最终估计出模型的参数.

作用及过程：OpenBUGS 软件是通过 Gibbs 抽样和 MCMC（Markov Chain Monte Carlo）方法从任意复杂模型的后验分布中产生样本，提供了一个有效的方法估计贝叶斯统计模型，极大地推进了贝叶斯的应用. 因为它将所有的未知参数都视为随机变量，故可以方便的对许多缺失数据、异常数值、小样本资料和非参数模型及分布进行 Gibbs 抽样，实现 Gibbs 抽样的建模，并对其进行拟合和分析，最终得到模型参数的估计，并给出参数的 Gibbs 抽样动态图、核密度图、均值及其可信区间的变化图等，使抽样结果更直观、可靠. Gibbs 抽样收敛后，还可以方便地得到参数后验分布的均值、标准差、95％置信区间和中位数等信息.

分布类型：OpenBUGS 中提供了 29 种常用的分布（用于指定似然函数和先验分布），主要有离散型单变量分布（discrete univariate distribution）、连续型单变量分布（continuous univariate distribution）、离散型多变量分布（discrete multivariate distribution）、连续型多变量分布（continuous multivariate distribution）四种. 在本附录的最后（C. 4 中）将具体介绍最常见的有几种分布.

C. 3　OpenBUGS 软件与 WinBUGS 软件区别

OpenBUGS 软件的开发主要以操作系统运行环境的扩充、其他软件的调用和开放源代码为主要目的，同时，OpenBUGS 软件的开发应用并不会对已安装 WinBUGS 软件的用户产生任何危害. 二者之间其他方面的区别如下：

（1）二者间最主要的不同在于模型更新算法方面，OpenBUGS 软件的 Updater Options 包含"updaters"和"parameters"两个标签（图 C1），updaters 标签下的列表框给出大量可用的更新算法系统名称，可以改变当前 node 的更新方法（在模型编译后），并且可通过菜单 Info /Updaters （by name）来查看各 node 算法更新的相关信息；parameters 标签下对话框给出为解决当前问题所采用的更新方法的系统名称，可改变算法的默认参数值（如 iterations 等），而 WinBUGS 软件的更新选项界面如图 C2 所示，其只有"parameter"对话框的作用，可见 OpenBUGS 软件拥有更好的灵活性和可扩展性.

（2）OpenBUGS 软件的 Model 菜单除了增加"Updater Options"外，还增加了 Externalize 和 Internalize 两个选项，Externalize 可以将编译好模型的所有内部数据结构信息以 bug 文件形式保存在 OpenBUGS 软件安装目录下的"Restar"文件夹中，Internalize 选项可以从"Restar"文件夹读入编译好的模型数据结构信息，这两个选项为保存和调用模型提供了便捷，不需要再对模型从头进行模型验证、数据加载、编译等步骤，直接可以进行迭代

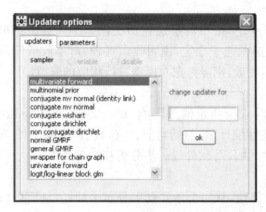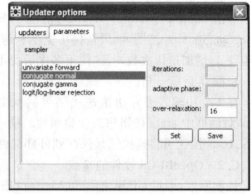

图 C1　OpenBUGS 软件中 Updater options 界面

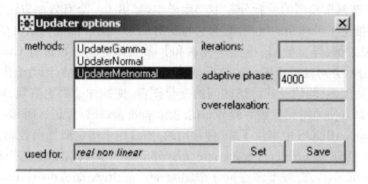

图 C2　WinBUGS 软件中 Updater options 界面

和观测后验参数的描述性统计量,当然,Externalize 和 Internalize 选项也会产生很大的文件. Model 菜单中的 Latex 选项将给出 Latex 代码来描述当前的模型.

(3) OpenBUGS 软件中 Script 命令的语法与 WinBUGS 软件的 Script 有很大差别,与其在 R 中调用 OpenBUGS 所产生的脚本命令相似,通过 Script 命令可以自动进行一些常规分析和建立可重复的分析,通过 R 软件可以将 WinBUGS 软件中的脚本转化为 OpenBUGS 软件的脚本. 为了更好地展现不同 nodes 迭代的信息,OpenBUGS 软件的 Info 菜单中增加了很多选项,例如:Updaters by name 和 Updaters by depth,将 nodes 分别按名称和更新深度列出. 选择 Info 菜单中的 Show data 选项,将打开一个窗口显示模型中的数据部分.

(4) OpenBUGS 软件新增了一些函数功能和分布,例如 eigen. vals, integral, gammap, ode, prod, p. valueM, solution,等等,同时也对一些分布进行重命名使其符合 R 中的相应分布规范命名,例如把狄里雷特分布从 ddirch 改为 ddirich 等. 除此之外,OpenBUGS 软件在处理删失 C(lower,upper)和截尾分布 T(lower,upper)采用的函数不一样,而 WinBUGS 软件则均通过 I(lower,upper)来处理删失和截尾分布,通常不赞成这种做法.

(5) OpenBUGS 软件 Help 菜单中增加了索引选项,可以输入关键词在指南和案例中快速检索,将函数功能和分布单独作为选项,并且增加了 Examples 菜单,提供更多的使用例子,这些改变都更方便用户的使用和学习.

C.4　OpenBUGS 中的资源简介

在 OpenBUGS 中有丰富的资源,以下对部分内容:Appendix Ⅰ Distributions, Appendix Ⅱ Functions and Functionals,Examples 进行简要介绍.

(1) 在 OpenBUGS 的下拉菜单 Help 中,Appendix Ⅰ Distributions 包括很多概率分布,最常见的有(在以下部分中,前面是分布的名称,后面是在 OpenBUGS 中的函数,( )里的是分布参数):

Binomial,dbin(p, n)

Poisson,dpois(lambda)

Beta,dbeta(a, b)

Gamma,dgamma(r, mu)

Uniform,dunif(a, b)

Exponential,dexp(lambda)

Normal,dnorm(mu, tau)

Log-normal,dlnorm(mu, tau)

Pareto,dpar(alpha, c)

Weibull,dweib(v, lambda)

以上仅举几个常见分布为例,关于其他分布,需要时可以到 OpenBUGS 的下拉菜单 Help 中 Appendix Ⅰ Distributions 去查.

(2) 在 OpenBUGS 的下拉菜单 Help 中,Appendix Ⅱ Functions and Functionals 包括很多函数,例如(在以下部分中,前面是在 OpenBUGS 中函数的表示,后面是该函数通常的意义):

① abs(a), $|a|$

② exp(a),$\exp(a)$

③ sqrt(b), $b^{1/2}$

④ pow(c, d), c^d

以上仅举几个最常见函数为例,关于其他函数,需要时可以到 OpenBUGS 的下拉菜单 Help 中 Appendix Ⅱ Functions and Functionals 去查.

(3) 在 OpenBUGS 的下拉菜单 Examples 中包括很多例子,例如在 Examples vol Ⅱ 中有 Asia：expert system

Evidence propagation

Lauritzen and Spiegelhalter (1988) introduce a fictitious "expert system" representing the diagnosis of a patient presenting to a chest clinic, having just come back from a trip to Asia and showing dyspnoea (shortness-of-breath). The BUGS code is shown below and the conditional probabilities used are given in Lauritzen and Spiegelhalter (1988). Note the use of max to do the logical-or. The dcat distribution is used to sample values with domain (1,2) with probability distribution given by the relevant entries in the conditional probability tables.

```
model
    {
        smoking ~ dcat(p. smoking[1:2])
        tuberculosis ~ dcat(p. tuberculosis[asia,1:2])
        lung. cancer ~ dcat(p. lung. cancer[smoking,1:2])
        bronchitis ~ dcat(p. bronchitis[smoking,1:2])
        either <- max(tuberculosis,lung. cancer)
        xray ~ dcat(p. xray[either,1:2])
        dyspnoea ~ dcat(p. dyspnoea[either,bronchitis,1:2])
    }
```

Data (click to open)：

```
list(asia = 2, dyspnoea = 2,
        p. tuberculosis = structure(. Data = c(0.99,0.01,0.95,0.05), . Dim = c(2,2)),
        p. bronchitis = structure(. Data = c(0.70,0.30,0.40,0.60), . Dim = c(2,2)),
        p. smoking = c(0.50,0.50),
        p. lung. cancer = structure(. Data = c(0.99,0.01,0.90,0.10), . Dim = c(2,2)),
        p. xray = structure(. Data = c(0.95,0.05,0.02,0.98), . Dim = c(2,2)),
        p. dyspnoea = structure(. Data = c(0.9,0.1,
            0.2,0.8,
            0.3,0.7,
            0.1,0.9), . Dim = c(2,2,2)))
```

Inits for chain 1 Inits for chain 2 (click to open)：

```
list(smoking = 2, tuberculosis = 2, lung. cancer = 2, bronchitis = 2, xray = 2)
```

Results：

	mean	sd	MC_error	val2.5pc	median	val97.5pc	start	sample
bronchitis	1.815	0.388 1	0.001 938	1.0	2.0	2.0	5 001	100 000
either	1.181	0.384 7	0.002 014	1.0	1.0	2.0	5 001	100 000
lung. cancer	1.1	0.299 5	0.001 643	1.0	1.0	2.0	5 001	100 000
smoking	1.626	0.483 9	0.002 182	1.0	2.0	2.0	5 001	100 000
tuberculosis	1.086	0.279 8	0.001 451	1.0	1.0	2.0	5 001	100 000
xray	1.218	0.412 9	0.0019 1	1.0	1.0	2.0	5 001	100 000

在 OpenBUGS 中还有很多资源,这里不再赘述,读者可自行查找.

参考文献

[1] Albert J. Bayesian Computation with R[M]. 2nd ed. New York：Springer，2009.

[2] Ando T. Bayesian Model Selection and Statistical Modeling[M]. London/Boca Raton：Chapman and Hall/CRC，2010.

[3] Banerjee S，Carlin B P，Gelfand A E. Hierarchical Modeling and Analysis for Spatial Data [M]. London/Boca Raton：Chapman and Hall/CRC，2003.

[4] Baio G. Bayesian Methods in Health Economics [M]. London/Boca Raton：Chapman and Hall/CRC，2012.

[5] Bartholomew D J. A Problem in Life Testing[J]. Journal of the American Statistical Association，1957(52)：350-355.

[6] Berger J O. Statistical Decision Theory[M]. New York：Springer-Verlag，1980.

[7] Berger J O. Statistical Decision Theory and Bayesian Analysis[M]. 2nd ed. New York：Springer-Verlag，1985.（中译本：统计决策论及贝叶斯分析. 贾乃光译，吴喜之校. 北京：中国统计出版社，1998.）

[8] Berger J O. Bayesian Analysis：A Look at Today and Thoughts of Tomorrow[J]. Journal of the American Statistical Association，2000(95)：1269-1276.

[9] Broemeling L D. Bayesian Biostatistics and Diagnostic Medicine [M]. London/Boca Raton：Chapman and Hall/CRC，2007.

[10] Broemeling L D. Advanced Bayesian Methods for Medical Test Accuracy [M]. Boca Raton：CRC Press，2011.

[11] Box G E P，Tiao G C. Bayesian Inference in Statistical Analysis[M]. Reading：Addison-Wesley，1973.

[12] Box G E P，Jenkins G M. Time Series Analysis，Forecasting and Control[M]. San Francisco：Holden-Day，1970.

[13] Box G E P. Sampling and Bayes Inference in Scientific Modelling and Robustness (with discussion) [J]. Journal of Royal Statistical Society (Series A)，1980 (143)：383-430.

[14] Buhlmann H. Experience Rating and Probability [J]. ASTIN Bulletin，1967 (4)：199-207.

[15] Buhlmann H. Experience Rating and Probability [J]. ASTIN Bulletin，1969 (5)：157-165.

[16] Buhlmann H，Stranb E. Glaubwurdigkeit fur Schadensatze[J]. Mitteilungender Vereinigung Schweizerischer Versicherungsmathematiker. 1970(70)：111-13.

[17] Carlin B P. State Space Modeling of Non-standard Actuarial Time Series[J]. Insurance, Mathematics and Economics, 1992,11(2): 209-222.

[18] Carlin B P, Louis T A. Bayesian Methods for Data Analysis[M]. Third Edition. London/Boca Raton: Chapman and Hall/CRC, 2008.

[19] Cai G L, Xu W Q. Application of E-Bayes Method in Stock Forecast[C]// International Conference on Information and Computing, 2011:504-506.

[20] Clark J S. Models for Ecological Data: An Introduction; Statistical Computation for Environmental Sciences in R: Lab Manual for Models for Ecological Data[M]. [s. l.]: Princeton University Press, 2007.(中译本:面向生态学数据的贝叶斯统计——层次模型、算法和 R 编程. 沈泽昊,等译. 北京:科学出版社,2013.)

[21] Clayton D, Kaldor J. Empirical Bayes Estimates of Age-standardized Relative Risks Use in Disease Mapping[J]. Biometrics, 1987(43):671-681.

[22] Chen M H, Kuo L, Lewis P O. Bayesian Phylogenetics: Methods, Algorithms, and Applications [M]. London/Boca Raton: Chapman and Hall/CRC, 2014.

[23] Colosimo B M, Castillo E. Bayesian Process Monitoring, Control and Optimization [M]. London/Boca Raton: Chapman and Hall/CRC, 2006.

[24] Cornfield J. The Bayesian outlook and iis applications[J]. Biometrics, 1965 (28):617-657.

[25] Coolen F P A, Coolen-Schrijner P. On Zero-Failure Testing for Bayesian High-Reliability Demonstration [J]. Proceedings of the Institution of Mechanical Engineers, Part O: Journal of Risk and Reliability, 2006(220): 35-44.

[26] Cox D P. Some Simple Approximate Tests for Poisson Variates[J]. Biometrika, 1953(40):354-360.

[27] Cramer H. Mathematical Methods in Statistics[M]. [s. l.]: Princeton University Press, 1946.

[28] Cryer J D. Chan K S. Time Series Analysis with Applications in R[M]. 2nd ed. [s. l.]: Springer Science+Business Media, 2008.

[29] De Finetti B. Theory of Probability[M]. Vols. 1 and 2. New York: Wiley, 1974, 1975.

[30] Dey D K, Ghosh S K, Mallick B K. Generalized Linear Models: A Bayesian Perspective [M]. Boca Raton: CRC Press, 2000.

[31] Dey D K, Ghosh S K, Mallick B K. Bayesian Modeling in Bioinformatics[M]. London/Boca Raton: Chapman and Hall/CRC, 2010.

[32] Duan J. C. Maximum Likelihood Estimation Using Price Data of the Derivative Con tract [J]. Mathematical Finance, 1994,4(2):155-167.

[33] Efron B. Bayes' Theorem in the 21st Century[J]. Science, 2013, 340, 1177-1178.

[34] Given H G, Hoeting J A. Computational Statistics[M]. Hoboken,John Wiley & Sons, Inc, 2005.

[35] Geweke J. Contem Porary Bayesian Econometrics and Statistics[M]. Hoboken, N.

J：John Wiley，2005.

［36］Gill J. Bayesian Methods：A Social and Behavioral Sciences Approach［M］. Second Edition. London/Boca Raton：Chapman and Hall/CRC，2007.

［37］Good I J. The Probabilistic Explication of Evidence，Surprise，Causality，Explication，and Utility［C］// In Foundations of Statistical Inference. V. P. Godambe and D. A. Sprott(Eds.). Holt，Rinebert，and Winston，Toronto：1973.

［38］Han M，Li Y Q. Hierarchical Bayesian Estimation of the Products Reliability Based on Zero-failure data［J］. Journal of Systems Science and Systems Engineering，1999,8(4)：467−471.

［39］Han M. Estimation of Parameter in the Case of Zero-Failure Data［J］. Journal of Systems Science and Systems Engineering，2001,10(4)：450−456.

［40］Han M，Cui Y P. Processing for Zero-Failure Data of the Products［J］. Journal of Systems Engineering and Electronics，2002,13(3)：91−97.

［41］Han M，Ding Y Y . Synthesized Expected Bayesian Method of Parameter Estimate ［J］. Journal of Systems Science and Systems Engineering，2004,13(1)：98−111.

［42］Han M. E-Bayesian Estimation of Failure Probability and Its Application［J］. Mathematical and Computer Modelling，2007a(45)：1272−1279.

［43］Han M. E-Bayesian Estimation and Hierarchical Bayesian Estimation of Estate Probability［C］//The Proceedings of the China Association for Science and Technology. Beijing：Science Press，2007b,4(1)：16−19.

［44］Han M. Two-sided M-Bayesian Credible Limits Method of Reliability Parameters and Its Applications［J］. Communications in Statistics-Theory and Methods，2008 (37)：1658−1670.

［45］Han M. E-Bayesian Estimation and Hierarchical Bayesian Estimation of Failure Rate［J］. Applied Mathematical Modelling，2009,33(4)：1915−1922.

［46］Han M. E-Bayesian Estimation of the Reliability Derived from Binomial Distribution［J］. Applied Mathematical Modelling，2011a(35)：2419−2424.

［47］Han M. E-Bayesian Estimation and Hierarchical Bayesian Estimation of Failure Probability［J］. Communications in Statistics-Theory and Methods，2011b，40：3303−3314.

［48］Han M. The M-Bayesian Credible Limits of the Reliability and its Applications［J］. Communications in Statistics-Theory and Methods，2012(41)：3814−3830.

［49］Herzog T N. Credibility：The Bayesian Model Versus Buhlmann Model［J］. Transaction of Society of Actuaries，1990(41)：43−88.

［50］Huang S，Yu J. Bayesian Analysis of Structural Credit Risk Models with Microstructure Noises［R］. Singapore：Working paper，Singapore Management University，2008.

［51］Ioannis Ntzoufras. Petros Dellaportas Bayesian Modeling of Outstanding Liabilities Incorporating Claim Count Uncertainty［J］. North American Actuarial Journal，

2002,6(1)：113-136.

[52] Jeffveys H. Theory of Probability[M]. Oxford：Clarendon Press，1939.

[53] Jeffveys H. Scientific Inference[M]. London：Cambridge University Press，1957.

[54] Jeffveys H. Theory of Probability[M]. 3ed. Oxford：Clarendon Press，1961.

[55] Jeffveys H. Prior Probabilities[J]. IEEE Transactions on Systems Science and Cybernetics，1968：SSC-4：227-241.

[56] Jaheen Z F, Okasha H M. E-Bayesian Estimation for the Burr Type XII Model Based on Type-2 Censoring[J]. Applied Mathematical Modelling, 2011(35)：4730-4737.

[57] Koop G. Bayesian Econometrics [M]. Chichester：John Wiley & Sons Ltd，2003.

[58] Katsis A，Ntzoufras I. Bayesian Hypothesis Testing for the Distribution of Insurance Claim Counts Using the Gibbs Sampler[J]. Journal of Computational Methods in Sciences and Engineering，2005(5)：201-214.

[59] Klugman S A, Panjer H H, Willmot G E. Loss Models：From Data to Decisions [M] Second Edition. New York：John Wiley and Sons, Inc，2004.(中译本:损失模型:从数据到决策. 吴岚译. 北京:人民邮电出版社,2009.)

[60] King R，Morgan B，Gimenez O，et al. Bayesian Analysis for Population Ecolog [M]. London/Boca Raton：Chapman and Hall/CRC，2009.

[61] Laplace P S. Theorie Analytique des Probabilites[M]. Paris：Courcier，1812.

[62] Laird N M，Ware J H. Random Effects Models for Longitudinal Data [J]. Biometrics，1982(38)：963-974.

[63] Lawson A B. Bayesian Disease Mapping：Hierarchical Modeling in Spatial Epidemiology[M]. London/Boca Raton：Chapman and Hall/CRC，2008.

[64] Lindley D V. Introduction to Probability and Statistics from a Bayesian Viewpoint，Part 2，Inference[M]. Cambridge：Cambridge University Press，1965.

[65] Lindley D V，Smith A F. Bayes Estimates for the Linear Model[J]. Journal of the Royal Statistical Society，Series B，1972(34)：1-41.

[66] Lancaster T. An Introduction to Modern Bayesian Econometrics[M]. Malden，MA：Blackwell Publishing Lt，2004.

[67] Lavine M. Sensitivity in Bayesian Statistics：the Prior and the Likelihood[J]. Journal of American Statistical Society，1991(86)：400-403.

[68] Liu X H. Bayesian Inference of Credit Risk Model[R]. [s. l.]：Rutgers University，2008.

[69] Litterman R B. Forecasting with Bayesian Vector Autoregressions-Five Years of Experience [J]. Journal of Business & Economic Statistics，1986a,4(1)：25-38.

[70] Litterman R B. Specifying Vector Autoregressions for Microeconomic Forecasting in Bayesian Inference and Decision Techniques [M]. [s. l.]：Elsevier Science Publishers B V，1986b.

[71] Lehmann E L，Casella G. Theory of Point Estimation[M]. Second Edition. New

York：Springer-Verlag，1998.（中译本：点估计理论. 郑忠国，将建成，童行伟 译. 北京：中国统计出版社，2005.）

［72］ Lee S Y. Structural Equation Modeling：A Bayesian Approach［M］. ［s. l. ］：John Wiley & Sons Limited，2007.（中译本：结构方程模型：贝叶斯方法. 蔡敬衡，等译. 北京：高等教育出版社，2011.）

［73］ Lunn D，Jackson C，Best N，et al. The BUGS Book：A Practical Introduction to Bayesian Analysis［M］. London/Boca Raton：Chapman and Hall/CRC，2012.

［74］ Martz H F，Waller R A. A Bayesian Zero-Failure （BAZE） Reliability Demonstration Testing Procedure［J］. Journal of Quality Technology，1979，11（3）：128-138.

［75］ Martz H F，Waller R A. Bayesian Reliability Analysis［M］. New York：John Wiley，1982.

［76］ Makov U E，Smith A F M，Liu Y H. Bayesian Methods in Actuarial Science［J］. The Statistician，1996，45：503-515.

［77］ Makov U E. Principal Applications of Bayesian Methods in Actuarial Science：A Perspective，（with discus sion）［J］. North American Actuarial Journal，2001，5（4）：53-73.

［78］ Moye L A. Elementary Bayesian Biostatistics ［M］. London/Boca Raton：Chapman and Hall/CRC，2007.

［79］ Nagata H，Li Y，Maack D R，et al. Reliability Estimation from Zero-failure LiNbO$_3$ Modulator bias Drift Data［J］. Photonics Technology Letters，IEEE，2004，16（6）：1477-1479.

［80］ Novick M R，Hall W J. A Bayesian Indifference Procedure ［J］. Journal of American Statistical Association，1965，60：1104-1117.

［81］ Ntzoufras I. Beyesian Modeling Using WinBUGS［M］. Hoboken，New Jersey：John Wiley & Sons，2009.

［82］ Ohlsson E，Johansson B. Non-life Insurance Pricing with Generalized Linear Models ［M］. Berlin：Springer，2010.

［83］ Okasha H M. E-Bayesian Estimation for the Lomax Distribution Based on Type-II Censored Data［J］. Journal of the Egyptian Mathematical Society，2014（22）：489-495.

［84］ Poirier D J. The Growth of Bayesian Methods in Statistics and Economics Since 1970［J］. Bayesian Analysis，2006，1（4）：969-980.

［85］ Press S J. Bayesian Statistics：Principles，Models，and Applications［M］. New York：John Wiley and Sons，Inc，1989.（中译本：贝叶斯统计学：原理、模型及应用. 廖文等译. 北京：中国统计出版社，1992.）

［86］ Qin D. Bayesian Econometrics：the First Twenty Years［J］. Econometric Theory，1996，12（3）：500-516

［87］ Quigley J，Revie M. Estimating the Probability of Rare Events：Addressing Zero

Failure Data[J]. Risk Analysis, 2011,31(7):1120-1132.

[88] Raiffa H, Schlaifer R. Applied Statistical Decision Theory[R]. Boston: Harvard University, 1961.

[89] Rahrouh M. Bayesian Zero-failure Reliability Demonstration[D]. England, U. K. : Durham University, 2005.

[90] Rosner G L, Laud P. An Introduction to Bayesian Biostatistics[M]. London/Boca Raton: Chapman and Hall/CRC, 2015.

[91] Savage L J. The Foundations of Statistics[M]. New York: Wiley, 1954.

[92] Savage L J. The Subjective Basis of Statistical Practice[R]. Technical Report, Development of Statistics, Ann Arbor: University of Michigan, 1961.

[93] Smith A F M, Skene A M, Shaw J E H, et al. The Implementation of the Bayesian paradigm[J]. Communications in Statistics, 1985,A14:1079-1102.

[94] Smith A F M, Skene A M, Shaw J E H, et al. Progress with Numerical and Graphical Methods for Practical Bayesian Statistics[J]. The Statistician, 1987(36): 75-82.

[95] Singpurwalla N D. Case Studies in Bayesian Statistics[M]. New York: Springer-Verlag, 1991.

[96] Singpurwalla N D. Case Studies in Bayesian Statistics: Volume II[M]. New York: Springer-Verlag, 1995.

[97] Scollnik D P M. Actuarial Modeling with MCMC and BUGS[J]. North American Actuarial Journal, 2001,5(2): 96-124.

[98] Sturtz S, Ligges U, Gelman A. R2WinBUGS: A Package for Running WinBUGS from R[J]. Journal of Statistical Software, 2005,12(3): 1-16.

[99] Scollnik D R M. Actuarial Modeling with MCMC and BUGS[J]. North American Actuarial Journal, 2000(2):96-125.

[100] Tsay R S. An Introduction to Analysis of Financial Data with R[M]. New York: John Wiley and Sons, 2012.

[101] Tsutakawa R K. Mixed Model for Analyzing Geographic Variability in Mortality Rates[J]. Journal of American Statistical Association, 1998(83):37-42.

[102] Vassalou M, Xing Y. Default Risk in Equity Returns. Working Paper [R]. Columbia: Columbia University, 2002.

[103] Verrall R. A Bayesian Generalised Linear Model for the Bornhuetter-Ferguson Method of Claims Reserving [J], North American Actuarial Journal, 2004 (8): 67-89.

[104] Wald A. Statistical Decision Functions[M]. New York, Wiley, 1950. (中译本:统计决策函数. 张福保译. 上海:上海科学技术出版社,1963)

[105] Woodward P. Bayesian Analysis Made Simple: An Excel GUI for WinBUGS[M]. London/Boca Raton: Chapman and Hall/CRC, 2011.

[106] Xu T Q, Chen Y P. Two-sided M-Bayesian Credible Limits of Reliability

Parameters in the Caseof Zero-failure Data for Exponential Distribution[J]. Applied Mathematical Modelling，2014(38)：2586-2600.

[107] Yau C，Papaspiliopoulos O，Roberts G O，et al. Bayesian Non-Parametric Hidden Markov Models with Applications in Genomics[J]. Journal of the Royal Statistical Society. Series B，2011(73)：37-57.

[108] Yin Q，Liu H B. E-Bayesian Estimation of Failure Rate and Its Application[C]// Computer and Communication Technologies in Agriculture Engineering (CCTAE)，2010 International Conference On. [s. l.]：CCTAE，2010：81-84.

[109] Zhao S，Cai G L. E-Bayesian Statistical Analysis for Constant Stress Accelerated Life Testing under the Exponential Distribution[C]//Proceedings of Third ICMS. [s. l.]：ICMS，2010：260-265.

[110] Zellner A. An Introduction to Bayesian Inference in Econometrics[M]. Chichester：John & Wiley，1971.（中译本：计量经济学贝叶斯推断引论. 张尧庭译. 上海：上海财经大学出版社，2005.）

[111] Zellner A. Bayesian Econometrics[J]. Econometrica，1985,53(2)：253-270.

[112] Zellner A. An Introduction to Bayesian Inference in Econometrics[M]. 2nd edition. New York：Wiley，1987.

[113] Zellner A. Min C. Gibbs Sampler Convergence Criteria [J]. Journal of American Statistical Association，1995(90)：921-927.

[114] Zellner A. Bayesian Estimation in Econometrics and Statistics：the Zellner's View and Papers[M]. Cheltenham：Edward Elgar，1997.

[115] Zellner A，Tobias J. Further Results on Bayesian Method of Moments Analysis of the Multiple Regression Model [J]. International Economic Review，2001，42(1)：121-140.

[116] 蔡国梁,吴来林,唐晓芬. 双超参数无失效数据的 E-Bayes 可靠性分析[J]. 江苏大学学报：自然科学版,2010,31(6)：736-739.

[117] 蔡洪,张士峰,张金槐. Bayes 试验分析与评估[M]. 长沙：国防科技大学出版社,2004.

[118] 成平. 对贝叶斯统计的几点看法[J]. 数理统计与应用概率,1990,5(4)：383-388.

[119] 陈家鼎,孙万龙,李补喜. 关于无失效数据情形下的置信限[J]. 应用数学学报,1995,18(1)：90-100.

[120] 陈家鼎. 生存分析与可靠性[M]. 北京：北京大学出版社,2005.

[121] 陈希孺. 数理统计中的两个学派——频率学派和 Bayes 学派[J]. 数理统计与应用概率,1990,5(4)：389-400.

[122] 陈希孺. 数理统计学简史[M]. 长沙：湖南教育出版社,2002.

[123] 陈正,汪飞飞. 贝叶斯方法在调整保险费率中的应用[J]. 西安财经学院学报,2012,25(5)：51-55.

[124] 陈明镜. 准备金发展年相关的贝叶斯估计[J]. 四川理工学院学报：自然科学版,2011,24(3)：296-298.

[125] 丁东洋,周丽莉,刘乐平. 贝叶斯方法在信用风险度量中的应用研究进行了综述[J].

数理统计与管理,2013,32(1):42-56.

[126] 方开泰.实用多元统计分析[M].上海:华东师范大学出版社,1989.

[127] 樊重俊,张尧庭.多元自回归模型的 Bayes 分析方法[J].工程数学学报,1991,8(2):143-148.

[128] 樊重俊,吴可法.关于 Bayes 公式的一些极限性质[J].西安统计学院学报,1995,10(1):43-45.

[129] 樊重俊,姚莎.贝叶斯时间序列方法研究与应用评述[J].统计与决策,2009(6):158-161.

[130] 高敏雪,蒋妍.统计学专业课程教学案例选编[M].北京:中国人民大学出版社,2013.

[131] 高海清.贝叶斯方法在金融保证保险模型中的应用[J].重庆工商大学学报:自然科学版,2012,29(10):37-44.

[132] 郭涛.基于贝叶斯统计的未决赔款准备金预测研究[D].天津:天津财经大学,2008.

[133] 郭金龙,施久玉,沈继红,等.综合 E-Bayes 估计船舶寿命的研究[J].哈尔滨工程大学学报,2008,29(6):573-377.

[134] 郭金龙.基于无失效数据船体可靠性的研究[D].哈尔滨:哈尔滨工程大学,2009.

[135] 郭荣化,吴玉生,陈庆荣.定时截尾试验中故障数为零装备的平均无故障间隔时间评估方法研究[J].兵工学报,2011,32(8):1036-1040.

[136] 韩猛,王晓军.Lee-Carter 模型在中国城市人口死亡率预测中的应用与改进[J].保险研究,2010(10):6-12.

[137] 韩明,赵仁杰.成败型无失效数据的可靠性分析[J].信息工程学院学报,1992,11(3):27-35.

[138] 韩明.无失效数据可靠性研究进展[J].宁波大学学报,1993,6(2):1-7.

[139] 韩明.Bayes 统计的兴起、发展及应用[J].宁波大学学报,1995,8(4):12-17.

[140] 韩明,徐波.Bayes 方法在股市预测中的应用[J].统计与决策,1995(12):22-23.

[141] 韩明.二项分布可靠度的 Bayes、多层 Bayes 估计[J].数理统计与应用概率,1996,11(3):232-239.

[142] 韩明.多层先验分布的构造及其应用[J].运筹与管理,1997a,6(3):31-40.

[143] 韩明.Fisher 判别模型与负点法在处理微量超差中的应用[J].系统工程与电子技术,1997b,19(5):73-76.

[144] 韩明.定时截尾指数分布先验参数的适合域[J].数理统计与应用概率,1997c,12(1):81-85.

[145] 韩明,丁义明.正态总体的 Bayes 判别模型与负点法在处理微量超差中的应用[J].运筹与管理,1997,6(2):21-30.

[146] 韩明,丁元耀,陈涛.指数分布无失效数据的多层 Bayes 分析[J].数理统计与管理,1998,17(4):24-27.

[147] 韩明.某型发动机无失效数据的可靠性分析[J].系统工程与电子技术,1998,20(12):103-105.

[148] 韩明.无失效数据的可靠性分析[M].北京:中国统计出版社,1999.

[149] 韩明.无失效数据情形失效率的估计及其应用[J].数学物理学报,2000,20

(3):364-369.

[150] 韩明.证券投资预测中的多层 Bayes 方法[J].预测,2001,20(2):42-44.

[151] 韩明.无失效数据可靠性进展[J].数学进展,2002,31(1):7-19.

[152] 韩明.产品无失效数据的综合处理[J].机械工程学报,2003a,39(2):129-132.

[153] 韩明.可靠性工程中参数的一种估计方法[J].中国工程科学,2003b,5(3):51-56.

[154] 韩明.无失效数据问题给统计学带来的麻烦[J].统计与信息论坛,2003c,18(4):18-20.

[155] 韩明.基于不完全数据分布参数的估计[J].机械强度,2003d,25(1):64-66.

[156] 韩明.可靠度的一种新估计方法[J].兵工学报,2004a,25(1):60-64.

[157] 韩明.无失效数据情形可靠性参数的置信限[J].工程数学学报,2004b,21(2):245-248.

[158] 韩明,丁元耀.失效率的综合 E-Bayes 估计[J].数学物理学报,2005,25(5):678-684.

[159] 韩明.基于无失效数据的可靠性参数估计[M].北京:中国统计出版社,2005a.

[160] 韩明.证券投资预测的 E-Bayes 方法[J].运筹与管理,2005b,14(5):98-102.

[161] 韩明.从诺贝尔经济学奖看计量经济学的发展[J].统计与信息论坛,2005c,20(6):100-104.

[162] 韩明.位置-尺度参数模型的可靠性分析[J].兵工学报,2006,27(4):690-694.

[163] 韩明.失效概率的 E-Bayes 估计及其性质[J].数学物理学报,2007a,27(3):488-495.

[164] 韩明.证券投资预测的马氏链法和 E-Bayes 法[J].运筹与管理,2007b,16(3):119-123.

[165] 韩明.失效率的 E-Bayes 估计和多层 Bayes 估计[J].高校应用数学学报,2008,23(4):399-407.

[166] 韩明.可靠性工程中参数的 E-Bayes 估计法及其应用[J].兵工学报,2009,30(11):1473-1476.

[167] 韩明.可靠性参数的修正 Bayes 估计法及其应用[M].上海:同济大学出版社,2010.

[168] 韩明.无失效数据下液体火箭发动机的 E-Bayes 可靠性分析[J].航空学报,2011,32(12):2213-2219.

[169] 韩明.无失效数据可靠性参数估计的研究与应用[M].上海:上海交通大学出版社,2013a.

[170] 韩明.二项分布可靠度 E-Bayes 估计的性质[J].数学物理学报,2013b,33(1):62-70.

[171] 韩明.关于贝叶斯[J].中国统计,2014,9:32-33.

[172] 韩明.应用多元统计分析[M].2 版.上海:同济大学出版社,2017.

[173] 韩明.概率论与数理统计教程[M].2 版.上海:同济大学出版社,2018.

[174] 韩明.参数的 E-Bayes 估计和 M-Bayes 可信限法及其应用[M].上海:上海交通大学出版社,2017a.

[175] 韩明.贝叶斯统计——基于 R 和 BUGS 的应用[M].上海:同济大学出版社,2017.

[176] 韩平,韩明.诺贝尔奖与数学中的大奖[J].数学通报,2003,3:39-40.

[177] 鞠瑞年,赵春颖,杨芳.无失效数据的失效概率的 E-Bayes 估计[J].科学技术与工程,2009,9(16):4757-4759.

[178] 金博轶.动态死亡率建模与年金产品长寿风险的度量——基于有限数据条件下的贝叶斯方法[J].数量经济技术经济研究,2012,12:124-135.

[179] Kotz S,吴喜之.现代贝叶斯统计学[M].北京:中国统计出版社,2000.

[180] 李小胜,夏玉华.当代贝叶斯计量经济学分析框架与展望[J].财贸研究,2007(6):29-33.

[181] 李小胜.贝叶斯计量经济学及面板数据中的贝叶斯推断[J].统计与决策,2010(10):11-12.

[182] 李聪,朱复康,赖民.对称熵损失下成功概率 P 的 E-Bayes 估计[J].大学数学,2013,29(1):25-30.

[183] 李国英,石磊.在储存可靠性分析中应用 Bayes 方法的几个问题[J].数理统计与应用概率,1990,5(4):445-451.

[184] 林静,韩玉启,朱慧明.一种基于 MCMC 的变点模型在可靠性数据分析中的应用[J].中国机械工程,2006,17(14):1451-1455.

[185] 林静,韩玉启,朱慧明,等.基于 MCMC 稳态模拟方法的弹药贮存可靠性评估模型[J].兵工学报,2007,28(3):315-318.

[186] 林静.基于 MCMC 的贝叶斯生存分析理论及其在可靠性评估中的应用[D].南京:南京理工大学,2008.

[187] 林叔荣.实用统计决策与 Bayes 分析[M].厦门:厦门大学出版社,1991.

[188] 铃木雪夫,国友直人.ベイズ統計學とその応応[M].东京:东京大学出版会,1989.

[189] 刘永峰.Bayes 方法在无失效数据可靠性中的若干应用[D].温州:温州大学,2011.

[190] 刘乐平,袁卫.现代 Bayes 方法在精算学中的应用及展望[J].统计研究,2002a(8):45-49.

[191] 刘乐平,袁卫.未决赔款准备金估计方法的最新进展[J].保险研究,2002b,11:47-49.

[192] 刘乐平.不确定性与 Bayes 统计[J].中国统计,2003(7):17-18.

[193] 刘乐平,彭萍,艾涛.诺贝尔经济学奖、计量经济学与现代贝叶斯方法[J].东华理工学院学报:社会科学版,2004,23(1):1-6.

[194] 刘乐平,袁卫.现代贝叶斯分析与现代统计推断[J].经济理论与经济管理,2004,24(6):64-69.

[195] 刘乐平,袁卫,张琅.保险公司未决赔款准备金的稳健贝叶斯估计[J].数量经济技术经济研究,2006(7):82-89.

[196] 刘乐平,张美英,李姣娇.基于 WinBUGS 软件的贝叶斯计量经济学[J].东华理工学院学报:社会科学版,2007,26(2):101-107.

[197] 刘乐平,高磊,卢志义.贝叶斯身世之谜——写在贝叶斯定理发表 250 周年之际[J].统计研究,2013,30(12):3-9.

[198] 刘乐平,高磊,杨娜.MCMC 方法的发展与现代贝叶斯的复兴——纪念贝叶斯定理发现 250 周年[J].统计与信息论坛,2014,29(2):3-11.

[199] 刘淳,刘庆,张晗.使用 Bayes 方法识别股市变结构模型[J].清华大学学报:自然科学版,2011(2):245-249.

[200] 吕定海,王晔.贝叶斯方法及 WinBUGS 在非寿险费率分析中的应用[J].保险职业学

院学报,2013,27(1):77-82.

[201] 茆诗松,王玲玲.可靠性统计[M].上海:华东师范大学出版社,1984.

[202] 茆诗松,罗朝斌.无失效数据的可靠性分析[J].数理统计与应用概率,1989,4(4):489-506.

[203] 茆诗松,王玲玲,濮晓龙.威布尔分布场合无失效数据的可靠性分析[J].应用概率统计,1996,12(1):95-107.

[204] 茆诗松,王静龙,濮晓龙.高等数理统计[M].北京:高等教育出版社,1998.

[205] 茆诗松.贝叶斯统计[M].北京:中国统计出版社,1999.

[206] 茆诗松.统计手册[M].北京:科学出版社,2003.

[207] 茆诗松,汤银才,王玲玲.可靠性统计[M].北京:高等教育出版社,2008.

[208] 茆诗松,程依明,濮晓龙.概率论与数理统计教程[M].2版.北京:高等教育出版社,2011.

[209] 茆诗松,汤银才.贝叶斯统计[M].2版.北京:中国统计出版社,2012.

[210] 梅军建,石成英,李强.炸药无失效数据的Bayes估计[J].弹箭与制导学报,2009,29(1):270-273.

[211] 明志茂,陶俊勇,陈盾,等.动态分布参数的贝叶斯可靠性分析[M].北京:国防工业出版社,2011.

[212] 孟海英,刘桂芬,罗天娥.WinBUGS软件应用[J].中国卫生统计,2006,23(4):375-377.

[213] 欧阳光中,李敬湖.证券组合与投资分析[M].北京:高等教育出版社,1997.

[214] 欧阳资生,谢赤,谢小良.Paretian型超出损失再保险纯保费的贝叶斯极值估计[J].系统工程,2005,23(2):78-81.

[215] 平新乔,蒋国荣."三角债"的博弈理论分析[J].经济研究,1994(1):65-76.

[216] 钱正培,贺学强.公司信用风险研究的贝叶斯方法[J].兰州学刊,2010(9):204-207.

[217] 孙瑞博.计量经济学的贝叶斯统计方法[J].南京财经大学学报,2007(6):17-21.

[218] 孙建州.贝叶斯统计学派开山鼻祖——托马斯·贝叶斯小传[J].中国统计,2011,7:24-25.

[219] 孙波,罗文强,樊孝菊.刻度平方误差损失下Pareto分布的E-Bayes和多层Bayes估计[J].襄樊学院学报,2010,31(11):27-29.

[220] 孙亮,徐廷学,王冬梅.某型导弹无失效数据的处理方法[J].战术导弹技术,2004,3:29-32.

[221] 苏清华,刘次华.熵损失下负二项分布可靠度的E-Bayes估计[J].湖北师范学院学报:自然科学版,2009,29(3):14-17.

[222] 施久玉,胡程鹏.股票投资中一种新的技术分析方法[J].哈尔滨工程大学学报,2004(5):680-684.

[223] 史树中.诺贝尔经济学奖与数学[M].北京:清华大学出版社,2002.

[224] 汤银才.R语言与统计分析[M].北京:高等教育出版社,2008.

[225] 唐燕贞.可靠性参数的E-Bayes估计和M-Bayes可信限[D].福州:福建师范大学,2010.

[226] 田志伟.贝叶斯神经网络在股票预测中的应用[D].无锡:江南大学,2011.

[227] 汪林生.家用电器寿命实验中无失效数据的统计方法[J].家电科技,2006(3): 46-47.

[228] 王春峰,万海辉,李刚.基于 MCMC 的金融市场风险 VaR 的估计[J].管理科学学报, 2000,3(2):54-61.

[229] 王晓军,黄顺林.中国人口死亡率随机预测模型的比较与选择[J].人口与经济,2010 (1):82-86.

[230] 王连连.医疗保险参保人数的贝叶斯预测分析[J].中国证券期货,2011(1):22.

[231] 王玲玲,王炳兴.无失效数据的统计分析——修正似然函数方法[J].数理统计与应用 概率,1996,11(1):64-70.

[232] 王婷婷,师义民,刘英.某型号液体火箭发动机可靠性分析[J].航天控制,2009,27 (6):79-82.

[233] 王佐仁,杨琳.贝叶斯统计推断及其主要进展[J].统计与信息论坛,2012,27(12): 3-8.

[234] 王宏炜.瓦伦西亚往事——著名的国际贝叶斯统计会议的历史回顾[J].中国统计, 2008a(8):37-38.

[235] 王宏炜.关于三个重要国际贝叶斯组织——SBIES、ASA-SBSS、ISBA 简介[J].统计 研究,2008b,25(5):107-112.

[236] 王建华,夏小艳.指数分布参数多层 Bayes 和 E-Bayes 估计的性质[J].应用数学, 2008,21(S):33-36.

[237] 王建华,毛娟.二项分布参数多层 Bayes 和 E-Bayes 估计的性质[J].纯粹数学与应用 数学,2009,25(2):223-230.

[238] 王建华,袁力.无失效数据下失效概率的多层 Bayes 和 E-Bayes 估计的性质[J].工程 数学学报,2010,27(1):78-84.

[239] 王珊珊,刘龙.证券投资风险预测的 E-Bayes 估计[J].技术经济与管理研究,2007,6: 12-14.

[240] 王晓园.贝叶斯方法在保险精算中的应用[D].重庆:重庆理工大学,2011.

[241] 韦师.几种分布参数的 E-Bayes 估计及其应用[D].桂林:广西师范学院,2010.

[242] 韦博成.漫谈统计学的应用与发展(1)[J].数理统计与管理,2011,30(1):85-97.

[243] 韦来生.贝叶斯分析[M].合肥:中国科学技术大学出版社,2013.

[244] 吴来林.无失效数据可靠性参数的 E-Bayes 统计分析和改进[D].镇江:江苏大 学,2009.

[245] 吴喜之.复杂数据统计方法——基于 R 的应用[M].2 版.北京:中国人民大学出版 社,2013.

[246] 吴永,王晓园.贝叶斯方法估计极端损失再保险纯保费[J].重庆理工大学学报.自然 科学,2011,25(40):106-111.

[247] 谢志刚,韩天雄.风险理论与非寿险精算[M].天津:南开大学出版社,2001.

[248] 熊常伟,张德然,张怡.不同先验分布下几何分布参数的 E-Bayes 估计[J].阜阳师范 学院学报.自然科学版,2007,24(3):33-35.

[249] 徐伟卿. 改进的 E-Bayes 分析方法及其在股票预测中的应用[D]. 镇江:江苏大学,2012.

[250] 徐天群,刘焕彬,陈跃鹏.无失效数据情形失效率的综合估计 E-Bayes 估计[J].数理统计与管理,2011,30(4):644-654.

[251] 徐天群,陈跃鹏,徐天河,等.无失效数据情形指数分布可靠性参数的估计[J].统计与决策,2012a(5):19-22.

[252] 徐天群,陈跃鹏,徐天河,等.威布尔分布场合下无失效数据的可靠性参数估计[J].统计与决策,2012b(13):17-19.

[253] 许道军,李国望,沈浮.熵损失下失效率的 E-Bayes 估计及其性质[J].重庆师范大学学报:自然科学版,2013,30(3):77-80.

[254] 言茂松.贝叶斯风险决策工程[M].北京:清华大学出版社,1989.

[255] 严惠云. Bayes 理论在二项分布可靠性分析中的应用[D].西安:西北大学,2007.

[256] 岳金凤.贝叶斯方法在保险精算中的应用综述[D].长春:吉林大学,2009.

[257] 叶尔骅,陈怡南,华就昆.基于无失效数据指数分布参数的 ALME[J].高校应用数学学报,1997,12(2):183-190.

[258] 殷弘,杨瑛,丁邦俊,等.关于无失效数据的分析[J].数理统计与应用概率,1996,11(3):257-265.

[259] 于忠义,王宏炜.第一个国际贝叶斯组织——"经济计量学与统计学贝叶斯推断研究会"简介[J].中国统计,2009(8):45-47.

[260] 袁敏.MATLAB 与 WinBUGS 在贝叶斯方法测量不确定度评定中的应用[J].机电工程技术,2013,42(7):147-150.

[261] 张金槐,唐雪梅.Bayes 方法[M].长沙:国防科学技术大学出版社,1993.

[262] 张金槐,刘琦,冯静.Bayes 试验分析方法[M].长沙:国防科学技术大学出版社,2007.

[263] 张思齐.中国贝叶斯向量自回归(BVAR)预测模型,数量经济与技术经济研究所经济模型集[M].北京:社会科学文献出版社,2001.

[264] 张尧庭,陈汉锋.贝叶斯统计推断[M].北京:科学出版社,1991.

[265] 张琼英.参数的 E-Bayes 估计和多层 Bayes 估计[D].武汉:华中师范大学,2008.

[266] 张勇波,傅惠民,王治华.恒定应力无失效加速寿命试验可靠性分析方法[J].航空动力学报,2013,28(3):520-524.

[267] 张志华.加速寿命试验及其统计分析[M].北京:北京工业大学出版社,2002.

[268] 张志华.可靠性理论及其工程应用[M].北京:科学出版社,2012.

[269] 张忠占,杨振海.无失效数据的处理[J].数理统计与应用概率,1989,4(4):507-516.

[270] 张超,孙凤,曾宪涛.R 软件调用 JAGS 软件实现网状 Meta 分析[J].中国循证医学杂志,2014,14(2):241-248.

[271] 郑祖康.关于寿命试验[J].应用概率统计,1999,15(3):319-328.

[272] 仲崇刚.逆威布尔分布参数的 Bayes 估计及其在可靠性研究中的应用[D].桂林:广西师范学院,2012.

[273] 周源泉,翁朝曦.可靠性评定[M].北京:科学出版社,1990.

[274] 周燕燕.二项分布可靠度的 Bayes 估计[J].西安文理学院学报:自然科学版,2008,11(4):50-53.

[275] 赵梦琳.几种不同分布的 Bayes 估计[D].秦皇岛:燕山大学,2012.

[276] 赵岩,李宏伟,彭石坚.基于贝叶斯 MCMC 方法的 VaR 估计[J].统计与决策,2010,7:25-27.

[277] 郑进城,朱慧明.基于 MCMC 方法的贝叶斯 AR(p)模型分析[J].统计与决策,2005,20:4-6.

[278] 翟艳敏.双参数指数分布无失效数据的可靠性分析[J].统计与决策,2012,13:20-22.

[279] 曾宪涛,张超,郭毅.R 软件 R2WinBUGS 程序包在网状 Meta 分析中的应用[J].中国循证医学杂志,2013,13(9):1137-1144.

[280] 诸德放,方辉,张立海.基于无失效数据的飞行训练导弹弹上设备可靠性分析[J].弹箭与制导学报,2011,31(2):215-216.

[281] 祝伟,陈秉正.中国城市人口死亡率的预测[J].数理统计与管理,2009,28(4):736-744.

[282] 朱慧明.现代贝叶斯统计理论的基本点与研究现状[J].江苏统计,2003,1:12-13.

[283] 朱慧明,刘智伟.时间序列向量自回归模型的贝叶斯推断理论[J].统计与决策,2004(1):11-12.

[284] 朱慧明,韩玉启,吴正刚.多重线性回归模型的贝叶斯预报分析[J].运筹与管理,2005,14(3):44-48.

[285] 朱慧明,韩玉启.贝叶斯多元统计推断理论[M].北京:科学出版社,2006.

[286] 朱慧明,郝立亚.非寿险精算中的贝叶斯信用模型分析[J].数量经济技术经济研究,2007(1):109-117.

[287] 朱慧明,林静.贝叶斯计量经济模型[M].北京:科学出版社,2009.

[288] 朱炜,王伟,董澍.无失效指数分布可靠性评估方法及在航天工程中的应用[J].质量与可靠性,2010,6:17-19.

[289] 朱新玲.假设检验:从 p 值到贝叶斯因子[J].统计教育,2008(5):17-18.

[290] 朱新玲.马尔科夫链蒙特卡罗方法研究综述[J].统计与决策,2009(21):151-153.

[291] 朱喜安,陈巧玉.我国贝叶斯研究进展的计量分析[J].统计与决策,2012(13):35-38.